甲醇制烯烃

Methanol to Olefins

刘中民 等 著

科学出版社

北京

内 容 简 介

本书是作者在长期从事甲醇制烯烃相关基础研究、技术开发及工程化的基础上，结合国内外进展撰写的一部学术专著。本书围绕甲醇制烯烃 DMTO 技术，从基础研究到工业化逐步展开，介绍甲醇制烯烃的发展历程、反应机理、催化剂及其放大、工艺研究、中试、工业性试验、工程化、技术经济性及后续产业与技术发展等方面的内容。

本书可供从事甲醇制烯烃及相关领域研究与开发的科研人员、企业技术人员，以及高等院校相关专业研究生和教师参考。

图书在版编目（CIP）数据

甲醇制烯烃=Methanol to Olefins / 刘中民等著. —北京：科学出版社，2015

ISBN 978-7-03-043306-0

Ⅰ.①甲… Ⅱ.①刘… Ⅲ.①烯烃–化工生产 Ⅳ.①TQ221.2

中国版本图书馆 CIP 数据核字(2015)第 021037 号

责任编辑：耿建业 吴凡洁 刘翠娜 / 责任校对：桂伟利
责任印制：吴兆东 / 封面设计：华路天然

科 学 出 版 社 出版
北京东黄城根北街 16 号
邮政编码：100717
http://www.sciencep.com

北京中科印刷有限公司 印刷
科学出版社发行 各地新华书店经销

*

2015 年 3 月第 一 版 开本：787×1092 1/16
2024 年 2 月第十次印刷 印张：28 1/2

字数：656 000

定价：158.00 元
(如有印装质量问题，我社负责调换)

前　言

在全球生产和消费量最大的几种基础化工产品中，乙烯、丙烯和甲醇的排名分别位于第一、二、四位。2011 年，乙烯、丙烯和甲醇的需求量分别为 1.15 亿 t、7350 万 t 和 6000 万 t 左右。乙烯和丙烯主要来源于石油；甲醇来源广泛，煤、石油、天然气和生物质都可以作为甲醇的生产源头，目前，甲醇生产的主要原料是煤炭和天然气。乙烯和丙烯是庞大的石油化工产业的基石，绝大多数石油化工产品都是从乙烯和丙烯衍生出来的。甲醇则是煤化工和天然气化工最重要的产品和中间体，支撑着煤炭和天然气的下游产业链。传统的甲醇工业与石油化学工业之间联系并不紧密，除了少部分作为燃料，甲醇主要用来生产甲醛、二甲醚、甲基叔丁基醚(MTBE)、乙酸等甲醇衍生品，乙烯、丙烯和甲醇之间没有直接的关联。而甲醇制烯烃(methanol to olefins, MTO)技术的出现使现有的石油化工、煤化工、天然气化工技术路线出现交叉，产业格局发生变化，它一方面将消费量最大的三种基础化工产品紧密地联系在一起，另一方面使石油化工、煤化工、天然气化工三个产业发生融合。

甲醇制烯烃技术对我国具有特别重要的意义。随着我国经济的高速发展，国内乙烯、丙烯的需求量持续增加，现有产能远不能满足要求。其根本原因是，我国以石脑油为主要原料的烯烃生产严重受制于原料的供应，虽然经过努力，但炼油工业仍不能提供充足的烯烃生产原料。作为世界第二大经济体，我国石油消费量巨大，国内石油资源严重不足，近年来石油对外依存度已近 60%，严重制约下游产业发展并对国家能源安全构成了威胁。因此，单靠进口原油也不能彻底解决我国的烯烃供给不足问题。我国煤炭资源相对丰富，如果能够通过煤化工路线生产石油化工的基础原料——烯烃，将是解决我国烯烃供给问题相对自主和长效的途径。甲醇制烯烃技术的出现使该途径成为了现实，它能够使煤化工的产品直接对接石油化工下游，减轻了国内炼油和石油化工产业的压力，同时为我国石油化工产业结构调整提供了新机遇。甲醇制烯烃技术促进了国内烯烃生产技术和来源的多元化，也有利于我国以民营企业为主体的下游精细化工产业摆脱基础原料短缺的长期困扰，促进相关产业发展和完善。我国西部地区煤炭资源丰富，在合理利用水资源的前提下发展甲醇制烯烃产业，有助于西部地区发挥资源优势，大力促进其经济发展。另外在沿海发达地区利用进口甲醇发展烯烃产业也是一个值得探索的途径，对减少原油进口量，降低我国石油对外依存度也具有积极意义。

甲醇制烯烃技术概念的提出距今已经有三十多年，其间经历了石油价格的多次大幅度变动，技术的发展也历经了几轮高潮和低谷，国际上很多相关的研究计划中途停止，但也有一直坚持并最终成功工业应用的实例。美国 ExxonMobil 公司、环球油品公司(UOP)、德国 Lurgi 公司及日本相关研究机构均较早开展甲醇制烯烃研究和开发，部分公司成功地开发了甲醇制烯烃技术并实现了工业化。如德国 Lurgi 公司致力于甲醇制丙烯(methanol to propene, MTP)技术开发，先后有三套 MTP 工业装置在神华宁夏煤业集团公司(简称神华宁煤)和大唐内蒙古多伦煤化工有限公司(简称大唐多伦)建成投产。我国的科学家也是最早从事 MTO 研究与开发的重要力量,从 20 世纪 80 年代初坚持至今,通过实验研究和工程化的紧密结合,发展了甲醇制烯烃(DMTO)技术,并于 2010 年成功应用于世界首套煤制烯烃装置。目前已经有神华包头煤化工有限公司、宁波富德能源有限公司、陕西延长中煤榆林能源化工有限公司、中煤陕西榆林能源化工有限公司、宁夏宝丰能源集团有限公司、山东神达化工有限公司和陕西蒲城清洁能源化工有限责任公司等 7 套 DMTO 工业装置投产运行。甲醇制烯烃不论是研究开发还是工业应用均迎来了新的高潮。

本书内容是长期从事甲醇制烯烃研究开发和工程化研究与实践的一线科技人员的工作总结,也是为了满足甲醇制烯烃技术发展和产业发展形势的需要。主要内容包括从甲醇制烯烃反应机理、催化剂及放大到工艺研究、中试、工业性试验及工程化所涉及的各方面,围绕 DMTO 技术从基础研究到工业化逐步展开,很多内容以前并没有发表,在本书中是首次公开。同时还兼顾对相关基础知识、发展历程及文献进展的介绍和总结。希望甲醇制烯烃工厂的技术人员通过本书能够在更深入理解反应和工艺原理的基础上,对工业装置操作作进一步的优化。本书也向从事实验室研究的科研人员提供一个从技术的角度了解实验室研究如何通过与工程化研究结合走向应用的可借鉴实例。笔者深深认识到,甲醇制烯烃新兴产业才刚刚起步,虽然前期取得了很好的进展,但后续技术发展与进步的道路还很长远,需要更多科技人员广泛和持续的投入才能真正支撑其长期健康发展。因此,也希望本书能够为甲醇制烯烃研究开发和工业应用高潮的到来起到推动作用。

本书由刘中民负责全书策划、统稿和审定,刘昱组织和审核部分内容(第 8 章、第 9 章、第 11 章、第 12 章),著者有刘中民(第 2 章、第 6 章部分、第 14 章)、刘昱(第 8 章、第 9 章部分、第 12 章部分)、田鹏(第 4 章、第 5 章)、叶茂(第 6 章部分、第 7 章)、魏迎旭(第 3 章)、徐云鹏(第 1 章)、乔立功(第 11 章)、张今令(第 10 章)、王雷(第 9 章部分)、张洁(第 12 章部分)、沈江汉(第 13 章部分)、施磊(第 13 章部分)。王亮、乔立功负责组织校对。

陈俊武院士自 1996 年起一直指导 DMTO 技术的放大、工程化及工业应用研究。中国科学院大连化学物理研究所、中石化洛阳工程有限公司和新兴能源科技有限公司是 DMTO 技术发展的主体,本书的主要内容也是这些单位的同事分别或共同研究的成果。DMTO 技术的成功应用是本书的基础,国家发展与改革委员会前副主任张国宝先生给予了大力支持,同时也离不开用户的信任。在此,一并表示感谢!

本书内容涉及面广、时间跨度大,虽然我们以科学求实的态度认真对待,但由于学识或认识水平的限制,内容、观点和文字或有不妥,诚望专家和读者指教。

目　　录

第1章　烯烃及其生产技术概述

烯烃(olefin 或 alkene)是指含有碳碳双键的碳氢化合物[1]。按碳链结构，烯烃可分为环烯烃和链烯烃，按双键数量可分为单烯烃、双烯烃、三烯烃等。含有 2~4 个碳原子的烯烃在常温常压下是气体，含有 5 个以上碳原子的烯烃在常温常压下是液体[1]。烯烃种类繁多、用途广泛，可以作为燃料使用，同时也是重要的化工原料，用于制备各种化工产品。例如：汽油中含有烯烃组分，质量分数约为 20%[2]；汽车工业中大量使用的顺丁橡胶(顺式 1,4-聚丁二烯橡胶)就是含有两个双键的烯烃——1,3-丁二烯通过聚合反应生成[3]；性能优异的全合成润滑油基础油聚 α-烯烃(PAO)就是由末端为双键的 α-烯烃通过可控聚合反应而获得[4,5]。

在众多的烯烃化合物中，最简单的两种小分子烯烃——乙烯(ethylene)和丙烯(propylene)的用途最为广泛[6]。它们可以通过自聚或共聚反应合成各种塑料、橡胶等高分子材料，也可以通过氧化、卤化、歧化、烷基化等反应生成各种化工中间体，进而合成种类繁多的化工产品，其应用遍布国计民生的各个领域，因此，乙烯和丙烯在整个石油化工产业中占有极其重要的地位。

乙烯、丙烯生产技术和生产能力是衡量一个国家石油化工技术发展水平和产业发达水平的重要标志[7]。乙烯、丙烯的生产，尤其是乙烯的生产，主要采用高温蒸汽裂解技术，也称为管式炉裂解技术[8]。烃类催化裂解[9-14]、低碳烷烃脱氢[15-19]、烯烃歧化[20-22]等技术也应用到乙烯、丙烯的生产过程中，目前，近一半的丙烯就是通过这些技术来获得的[23]。近年来，甲醇制烯烃技术的工业应用为乙烯、丙烯生产技术注入了新的活力[24,25]，由于该技术可以摆脱烯烃生产对石油资源的依赖，特别适合贫油富煤的我国国情。我国甲醇制烯烃的生产能力预计 2015 年可以达到 1000 万 t/a 以上[26]，能够大幅度提高我国烯烃消费的自给率。另外生物乙醇制烯烃[27]、甲烷制烯烃[28-30]、合成气制烯烃[31,32]等新的烯烃合成技术也在积极地发展和探索中。

1.1　烯烃的性质和用途

乙烯和丙烯属于小分子烯烃，只含有一个碳碳双键。乙烯分子含有两个碳原子、四个氢原子，两个碳原子分别以一个 sp^2 杂化轨道形成 σ 键，两个碳原子的其余四个 sp^2 杂化轨道分别与氢原子形成碳氢键。乙烯分子中所有碳、氢原子处于同一平面上，其中两个碳原子未杂化的 2p 轨道与这个平面垂直，它们之间互相平行，彼此肩并肩重叠形成 π 键。所以，乙烯分子中的碳碳双键是由一个 σ 键与一个 π 键组成。碳氢键与碳碳双键的夹角是 121.3°，同一碳原子上碳氢键的夹角是 117.4°。(图 1.1)。

乙烯分子中的一个氢原子被甲基取代后就成为丙烯分子,丙烯分子含有三个碳原子、六个氢原子。乙烯和丙烯分子都含有碳碳双键,碳碳双键区域的电子云密度较高(图 1.2),因此，乙烯和丙烯分子能够发生与该区域密切相关的各种各样的化学反应，从而得到许多具有特殊性质的产品，这也是乙烯和丙烯用途广泛的本质原因。

图 1.1　乙烯的分子结构

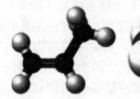

图 1.2　丙烯的分子结构

1.1.1　烯烃的性质

1. 物理性质

在常温常压下，乙烯和丙烯都是气体，其主要物理性质如表 1.1 所示。

表 1.1　乙烯和丙烯的主要物理性质[33]

项目	乙烯	丙烯
化学式	C_2H_4	C_3H_6
相对分子质量	28.05	42.08
外观性状	无色、无臭、稍带有甜味的气体	无色、稍带有甜味的气体
熔点/℃	−169.2	−185.3
沸点/℃	−103.8	−47.7
密度(l)/(g/cm³)	0.5679	0.6094
密度(g)/(g/L)	1.2611(0℃，1bar[a])	1.9138(0℃，1bar)
饱和蒸气压(0℃)/kPa	4083.40	602.88
燃烧热/(kJ/mol)	1411.0	2049
临界温度/℃	9.2	91.8
临界压力/MPa	5.02	4.66
闪点/℃	−136	−108
引燃温度/℃	425	485
爆炸上限/vol%[b]	32.6	11.2
爆炸下限/vol%	2.4	1.8
溶解性	不溶于水，微溶于乙醇、酮、苯，溶于醚，溶于四氯化碳等有机溶剂	不溶于水，可溶于乙醇，溶于有机溶剂

a. 1bar = 0.1MPa。
b. 本书为尊重行业习惯，wt%表示质量分数，vol%表示体积分数，mol%表示物质的量分数。

2. 化学性质

乙烯化学性质活泼，能够发生以下化学反应。

(1) 与氧气在催化剂存在下发生氧化反应生成乙醛[34]：

$$C_2H_4 + O_2 \xrightarrow{Pd/V_2O_5} CH_3CHO \tag{1-1}$$

(2) 与氯气[35]、溴单质[36]、氯化氢[37]、氢气[38]、水[39]等发生加成反应分别生成二氯乙烷、二溴乙烷、氯乙烷、乙烷和乙醇：

$$C_2H_4 + Cl_2 \longrightarrow C_2H_4Cl_2 \tag{1-2}$$

$$C_2H_4 + Br_2 \longrightarrow C_2H_4Br_2 \tag{1-3}$$

$$C_2H_4 + HCl \longrightarrow C_2H_5Cl \tag{1-4}$$

$$C_2H_4 + H_2 \longrightarrow C_2H_6 \tag{1-5}$$

$$C_2H_4 + H_2O \longrightarrow C_2H_5OH \tag{1-6}$$

(3) 与苯发生烷基化反应生成乙苯[40]：

$$C_2H_4 + C_6H_6 \xrightarrow{催化剂} C_2H_5C_6H_5 \tag{1-7}$$

(4) 与氢气和一氧化碳发生氢甲酰化反应[41]：

$$C_2H_4 + CO + H_2 \xrightarrow{Rh} C_2H_5CHO \tag{1-8}$$

(5) 乙烯分子自身之间能够发生聚合反应生成大分子或者高分子化合物[42-45]：

$$nC_2H_4 \xrightarrow{催化剂} (C_2H_4)_n \tag{1-9}$$

丙烯与乙烯化学性质相似，也可以发生氧化、加成、烷基化、聚合等反应。

(1) 与硫酸[46]、溴单质[47]、氯气和水[48,49]等发生加成反应：

$$C_3H_6 + H_2SO_4 \longrightarrow i\text{-}C_3H_7SO_3OH \tag{1-10}$$

$$C_3H_6 + Br_2 \longrightarrow C_3H_6Br_2 \tag{1-11}$$

$$C_3H_6 + Cl_2 + H_2O \longrightarrow CH_3CHOHCH_2Cl \tag{1-12}$$

$$C_3H_6 + H_2O \longrightarrow i\text{-}C_3H_7OH \tag{1-13}$$

(2) 与苯[40,50]、异丁烷[51]发生烷基化反应：

$$C_3H_6 + C_6H_6 \xrightarrow{\text{催化剂}} i\text{-}C_3H_7C_6H_5 \tag{1-14}$$

$$C_3H_6 + iC_4H_{10} \xrightarrow{\text{硫酸}} i\text{-}C_4H_9C_3H_6 \tag{1-15}$$

(3) 与氧、氨分子发生氧化和氨氧化反应[52]：

$$C_3H_6 + O_2 \xrightarrow{\text{催化剂}} CH_2CHCHO \tag{1-16}$$

$$C_3H_6 + O_2 + NH_3 \xrightarrow{\text{催化剂}} CH_2CHCN \tag{1-17}$$

(4) 与氢和一氧化碳分子发生氢甲酰化反应[41]：

$$C_3H_6 + CO + H_2 \xrightarrow{\text{Rh}} C_3H_7CHO \tag{1-18}$$

(5) 丙烯自身之间可以发生聚合反应生成低聚物和高分子化合物[53]：

$$nC_3H_6 \xrightarrow{\text{催化剂}} \left(C_3H_6\right)_n \tag{1-19}$$

(6) 与乙烯分子发生聚合反应生成乙丙橡胶[54]。

1.1.2 烯烃的用途

1. 乙烯

乙烯是石油化工最基本原料之一，是消费量最大的基础化工品。乙烯最主要的用途是生产聚乙烯(polyethylene，PE)，2013 年全球聚乙烯原料占总乙烯产量的 61%[55]。乙烯与苯发生烷基化反应生产乙苯，乙苯脱氢生产苯乙烯(styrene)，苯乙烯可以用来生产聚苯乙烯(PS)、丙烯腈–丁二烯–苯乙烯三元共聚物(ABS)、苯乙烯–丙烯腈共聚物(SAN)、离子交换树脂、不饱和聚酯及苯乙烯热塑性弹性体等[56]；乙烯可以通过环氧化生产环氧乙烷，环氧乙烷水解制备乙二醇，乙二醇与对苯二甲酸或 1, 6-萘二甲酸共聚制备树脂材料聚对苯二甲酸乙二醇酯(PET)或聚萘二甲酸乙二醇酯(PEN) [57]；乙烯是生产氯乙烯单体的主要原料，氯乙烯单体通过聚合反应生成聚氯乙烯塑料[58]；乙烯通过选择性氧化可以生成乙醛、乙酸等重要的化工原料[59]；乙烯氢甲酰化的反应可以生产丙醛，丙醛进一步氧化生成丙酸[60]；经卤化反应，乙烯可以生成氯代乙烷[61,62]、溴代乙烷等重要的化工原料和溶剂[36]；乙烯的齐聚反应可生成 α-烯烃，进而生产高级醇、烷基苯、合成油等[63]；乙烯也可以通过水合反应生产乙醇[64]。

2. 丙烯

丙烯与乙烯相似，也是重要的基础化工原料。丙烯用量最大的是用来生产聚丙烯(polypropylene，PP)，2010 年聚丙烯消费量占丙烯需求总量的 65%[65]。丙烯经气相氧化反应可以得到丙烯醛，用于生产丙烯酸、羟基乙醛、烯丙醇、甘油醛及蛋氨酸等重要的化学中间体和产品[66]；丙烯经氨氧化反应生成的丙烯腈是合成纤维、合成橡胶和塑料的聚合单体原料[67]；丙烯氯化反应可以生成氯丙烯，进而合成烯丙醇、氯丙腈丙烯、二氯丙醇等，可用于生产表面活性剂、甘油、氯醇橡胶、环氧树脂等化工产品[68]；丙烯与苯通过烷基化反应可以制备异丙苯，异丙苯是目前生产苯酚的主要中间体，在生产苯酚的同时联产丙酮[69]；丙烯经羰基合成可以获得正丁醛和异丁醛，进而合成丁辛醇，也可作为许多有机合成反应的中间体，用于制备染料、增塑剂、农药、溶剂等[70]；丙烯水合反应是制备异丙醇的重要途径，异丙醇可用来生产异丙胺、异丙酯及丙酮[71]；丙烯齐聚反应可以制备己烯、壬烯、十二碳烯等重要的化工原料和中间体[72]。

　　总之，乙烯和丙烯的用途涉及汽车、航天、制药、电子、农业及日用品等非常广泛的领域，在国民经济和社会发展中占有极其重要的地位，如图 1.3 所示。

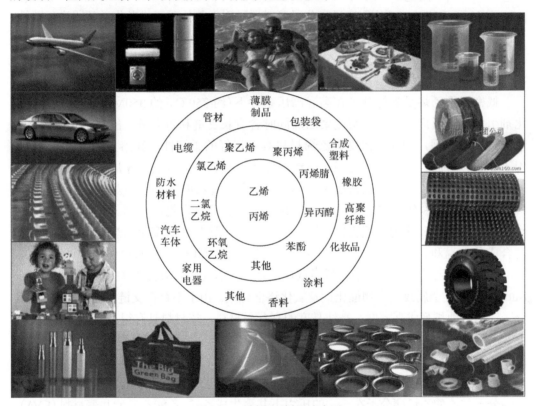

图 1.3　乙烯和丙烯用途广泛

1.1.3　聚烯烃

　　聚乙烯是乙烯经聚合制得的一种热塑性树脂[73]。在工业上，也包括乙烯与少量 α-烯烃的共聚物。聚乙烯无臭、无毒、手感似蜡，具有优良的耐低温性能(最低使用温度可达 −100～−70℃)，化学稳定性好，能耐大多数酸碱的侵蚀(不耐具有氧化性的酸)。常温下不溶于一般溶剂，吸水性小，电绝缘性优良[74]。

　　聚乙烯是一种轻质的通用型树脂材料，通过乙烯单体聚合得到。聚乙烯是聚烯烃合成树脂家族的重要成员，是世界上应用最广泛的树脂材料。聚乙烯的应用范围可以从日用包装、纺织、汽车等民用领域一直延伸到航空航天等高技术领域[73]。

聚乙烯是由乙烯分子发生加成聚合反应生成。乙烯分子由两个亚甲基通过双键连接构成，在聚合催化剂的作用下，碳碳双键中的一个化学键发生断裂后与另外一个乙烯分子中的碳形成新的碳碳键，该反应步骤不断重复，乙烯分子就像手拉手一样形成含有多个乙烯分子单元的链状高分子，氢原子连接在碳原子骨架上。这种链状聚乙烯高分子既可以是直链状也可以是支链状。支链状的聚乙烯高分子有两类，一类是低密度聚乙烯（low-density polyethylene，LDPE），另一类是线性低密度聚乙烯（linear low-density polyethylene，LLDPE）。直链状的聚乙烯高分子也包括两种类型，高密度聚乙烯（high-density polyethylene，HDPE）和超高相对分子质量聚乙烯（ultrahigh-molecular-weight polyethylene，UHMWPE）。聚乙烯高分子可以通过引入其他元素或者化学基团进行改性，从而形成具有特殊性能的改性聚乙烯高分子材料，如氯化或者氯磺化聚乙烯高分子材料。乙烯分子还可以与其他分子，如乙酸乙烯酯、丙烯等，发生加聚反应生成一类乙烯共聚高分子材料[73]。

低密度聚乙烯是乙烯分子在高温高压条件下（约350℃、约350MPa），经氧化物催化剂引发聚合反应生成。低密度聚乙烯同时含有长支链和短支链，能够阻止聚乙烯分子刚性紧密排列，因此低密度聚乙烯材料具有很好的柔韧性，其熔点约为110℃，可用于制备包装膜、购物袋、地膜、电缆绝缘皮、塑料瓶、玩具、家居用品等。线性低密度聚乙烯的分子结构与低密度聚乙烯相似，它通过乙烯与1-丁烯及少量的1-己烯和1-辛烯共聚生成，使用Ziegler-Natta催化剂或金属茂络合物催化剂。线性低密度聚乙烯含有线性骨架和均匀的短支链，因此其性能和用途与低密度聚乙烯相似，它的优点是合成条件温和、能耗低，而且其性能可以通过改变共聚组分的种类进行调变[73]。

高密度聚乙烯是乙烯分子在低温低压条件下聚合生成，使用的催化剂包括Ziegler-Natta催化剂、金属茂络合物催化剂及氧化铬催化剂。由于不存在支链，线性的聚乙烯高分子链紧密地排列成高密度、高结晶度的高分子材料，该材料具有很高的强度及中等硬度。高密度聚乙烯的熔点比低密度聚乙烯高20℃以上，它可以反复耐受120℃的高温，因此，可以进行高温消毒处理，使用范围更加广泛[73]。

乙烯共聚高分子材料是乙烯分子与其他有机物分子共聚而生成的特殊材料。例如：乙烯分子与乙酸乙烯酯分子在一定的压力下共聚生成乙烯-乙酸乙烯酯共聚材料（EVA），使用的是自由基催化剂。乙酸乙烯酯分子在共聚物中的比例的变化范围为5%～50%。乙烯-乙酸乙烯酯共聚材料比聚乙烯材料具有更好的透气性、透明度和抗油性等性能。乙烯分子与丙烯酸分子或者甲基丙烯酸分子共聚生成乙烯-丙烯酸或者乙烯-甲基丙烯酸共聚高分子材料，聚合反应也是用自由基催化剂。丙烯酸分子或者甲基丙烯酸分子在共聚物中的比例为5%～20%。这类共聚物被广泛应用于汽车零部件、包装膜、鞋类、表面涂层等领域。另外还有一类重要的乙烯共聚物——乙烯-丙烯共聚物，又被称为乙丙橡胶。乙丙橡胶除了具有弹性和柔韧性外，还具有优异的绝缘性和抗氧化性，可应用于汽车引擎、电缆及建筑领域[73]。

聚丙烯是丙烯聚合得到的一种合成树脂[75]，为无毒、无臭、无味的乳白色高结晶的聚合物，密度只有 0.90～0.91g/cm³，是目前所有塑料中最轻的品种之一。它对水特别稳定，在水中的吸水率仅为 0.01%，相对分子量为 8 万～15 万。成型性好，但收缩率大（1%～2.5%）。聚丙烯制品表面光泽好，易于着色[76]。

聚丙烯分子具有碳链骨架，甲基均匀地连接在碳链骨架上，能够以多种构象形式存在。但实际上，甲基以全同构象存在的聚丙烯高分子（甲基完全分布在碳链一侧）应用最为广泛，该类聚丙烯又称为等规聚丙烯。等规聚丙烯在低温低压下合成，使用 Ziegler-Natta 催化剂。聚丙烯具有与聚乙烯相似的性能，只是聚丙烯材料强度、硬度更大，而且软化温度更高（聚丙烯的软化温度为 170℃左右）。相比聚乙烯，聚丙烯更容易被氧化，因此需要添加稳定剂和抗氧化剂。通过吹塑或者注塑成型技术，聚丙烯可以用于制作食品容器、家居日用品、汽车零部件、户外家具等，用途非常广泛[75]。

聚丙烯材料最主要的用途是熔融纺丝。聚丙烯纤维是家纺行业的重要成员，用于制造家居饰品、地毯等。聚丙烯纤维可用于制造绳索、无纺布等，在医疗、建筑、筑路等行业发挥着重要作用，这主要得益于聚丙烯纤维较高的强度和优异的柔韧性、防水性及化学惰性。因为聚丙烯纤维的染色性、熨烫性较差，所以聚丙烯纤维并不是主要的服装纤维原料[75]。

等规聚丙烯高分子是由意大利化学家纳塔（Natta）和他的助手基尼（Chini）于 1954 年发现的，其合作公司是蒙特卡蒂尼公司（现在的蒙提迪森公司）。当时使用的是德国化学家齐格勒（Ziegler）发明的聚乙烯催化剂。基于此成就，纳塔与齐格勒共同获得了 1963 年诺贝尔化学奖。聚丙烯的商业化生产始于 1957 年，当时的生产企业有意大利的蒙提迪森公司、美国的赫克力士股份有限公司及德国的赫斯特公司。由于蒙提迪森公司和日本三井石油化学工业公司开发出更加高效的聚丙烯催化剂，从 20 世纪 80 年代初期开始，聚丙烯的生产和消费量显著增加，直至今日成为五大工业塑料之一[75]。

1.2　烯烃在现代化学工业中的地位

石油化工是现代化学工业的骨干产业，石油化工产品的销售额占所有化工产品的 45%[77]，而烯烃是石油化工产业的核心，因此，烯烃在现代化学工业中占有重要地位，主要表现在以下几个方面。

首先，以乙烯和丙烯为代表的烯烃是现代化学工业中的重要平台化合物，从乙烯和丙烯出发能够生产众多的化工产品，从而形成庞大的产业链（图 1.4、图 1.5）。如图 1.4 所示，乙烯可以通过自身加聚反应生成高分子化合物；通过氧化反应生成环氧乙烷、乙醛等化工中间体；通过烷基化反应合成乙苯、乙基甲苯、烷基铝等基础化工原料；通过卤化反应生成氯乙烷、二氯乙烷、溴乙烷等化合物；通过水合反应合成乙醇；通过齐聚反应合成 α-烯烃等。丙烯同样可以合成多种重要的化工原料。

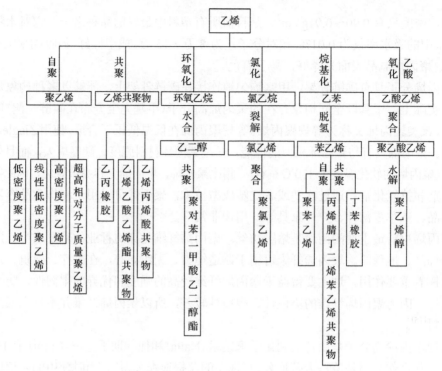

图 1.4 乙烯产业链

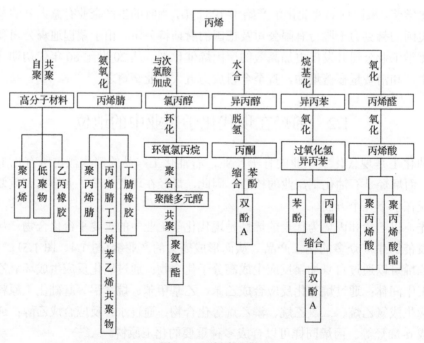

图 1.5 丙烯产业链

如图 1.5 所示，丙烯可以通过聚合反应合成聚丙烯、乙丙橡胶等高分子材料；通过环氧化反应生成环氧丙烷；通过氧化反应合成丙烯酸；通过卤化反应合成氯丙醇、环氧氯丙烷等；通过烷基化反应合成异丙苯；通过水合反应合成异丙醇；通过氢甲酰化反应合成丁辛醇及通过氨氧化反应合成丙烯腈、丙烯酰胺等高分子材料单体。

其次，众多的关乎国计民生的化工产品都是从烯烃平台化合物出发的，因此烯烃是保障国民经济和社会发展的基础大宗化学品，消费量巨大。自 2008 年以来，全球乙烯的产能和产量持续增加，乙烯产能从 2008 年的 1.3 亿 t 左右增加到 2013 年的 1.5 亿 t 左右。相应的，乙烯产量从 1.1 亿 t 左右增长到 1.3 亿 t 左右。据预测，乙烯的产能和产量还将持续增加，2015 年，乙烯的产能和产量将分别增加到 1.6 亿 t 和 1.4 亿 t 以上，而到 2020 年将分别达到 2 亿 t 和 1.7 亿 t 以上，而且 2015 年后乙烯产能和产量增速将加快，全球乙烯装置的开工率将达到 88%左右[78]。未来几年全球乙烯市场规模将由 2012 年的 1318.8 亿美元攀升至 2017 年的 1778.3 亿美元，年均增长率为 6.2%[79]。我国 2000 年乙烯需求当量为 940 万 t，2006 年乙烯的需求当量为 1957 万 t，平均年增长率为 13%，2006 年以后乙烯需求增速有所放缓[80]。但 2008 年以后，我国乙烯消费当量呈逐年增加趋势，2013 年国内乙烯的消费当量达到 3420 万 t[81]。同乙烯一样，丙烯的消费量巨大，并且呈增长趋势。2010 年丙烯全球消费量为 7696.3 万 t，预计 2015 年将达到 9832.4 万 t，年均增长率为 5.0%[65]。2010 年，我国丙烯的消费量在 1400 万 t 左右，2010～2015 年，国内的丙烯需求量的年均增长率将达到 10.3%，到 2015 年将增长到 2200 万 t 左右[65]。

烯烃在现代化学工业中的重要性还体现在它的生产技术方面。乙烯技术是石油化工的龙头技术，它能够为石油化工广泛的下游产业生产除了乙烯和丙烯以外的各种反应原料，包括丁烯、丁二烯、苯、甲苯、二甲苯等，这些最基本的反应原料支撑着下游庞大的石油化工产业[6]。因此，乙烯技术和产能一直是衡量一个国家石油化工发展水平的重要标志。我国烯烃生产技术经历了从无到有的发展历程。自 20 世纪 60 年代建设乙烯装置以来[82]，我国乙烯技术不断发展和进步，2005 年迈上一个新台阶，乙烯生产能力超越日本，跃居成为第二大乙烯生产国，仅次于美国[83]。烯烃产业为我国综合国力的提升提供了重要支撑。

1.3　烯烃的生产技术

烯烃的生产主要包括四种原料路线：石油、煤、天然气、生物质[84]。这四大原料路线又可细分为甲烷、乙烷、丙烷、C_4 烃类、石脑油、煤油、柴油、重油、甲醇、乙醇等[85]。从技术角度划分，烯烃生产技术包括蒸汽裂解(热裂解)、催化裂解、催化脱氢、烯烃歧化、乙醇脱水、甲醇制烯烃、甲烷氧化偶联、甲烷无氧催化转化等[86]。从技术成熟度来看，蒸汽裂解技术是当前烯烃生产的主要技术，催化裂解是丙烯生产的一个主要技术，催化脱氢、烯烃歧化、乙醇脱水等技术虽然也投入应用，但是所占比例较低(10%左右)[13]，甲醇制烯烃技术是最晚投入使用的工业化烯烃生产技术，但是具有一定的发展潜力。甲烷直接转化为烯烃技术目前还处于探索阶段。图 1.6 为烯烃生产技术框图。

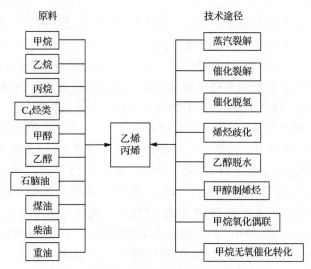

图 1.6 烯烃主要生产原料和生产技术

1.3.1 蒸汽裂解技术

蒸汽裂解是指石油烃类和水蒸气的混合物在高温(800℃以上)和无催化剂存在的条件下发生分子断裂和脱氢反应，同时伴随其他歧化、芳构化、聚合、缩合、开环等复杂反应的过程[87]，是当前烯烃生产的主要技术。

烃类蒸汽裂解反应实际上就是烃类的热裂解反应，在反应过程中既包括分子反应又包括自由基反应，既有平行反应又有串联反应的存在，反应机理十分复杂。长期以来，人们对于烃类的热裂解反应的自由基机理进行了大量研究[88-99]，提出了比较完整的自由基反应机理，主要包括链引发、链增长、链终止几个主要过程[87]。在机理研究的基础上，研究者提出了众多的烃类热裂解反应模型，包括自由基模型和分子动力学模型[87]，用于指导工业实践。各种烃类的热裂解反应特性如表 1.2 所示[87]。

表 1.2　各种烃类的热裂解反应特性[87]

类别	易发生反应	特征反应式
烷烃	脱氢反应	$C_nH_{2n+2} \longleftrightarrow C_nH_{2n}+H_2$
	断链反应	$C_nH_{2n+2} \longrightarrow C_lH_{2l+2}+C_mH_{2m}$
烯烃	断链反应	$C_nH_{2n} \longrightarrow C_lH_{2l}+C_mH_{2m}$
	脱氢反应	生成二烯烃或炔烃 $C_nH_{2n} \longleftrightarrow C_nH_{2n-2}+H_2$
	歧化反应	两分子烯烃歧化成两个不同的烃分子
		$2C_nH_{2n} \longrightarrow C_lH_{2l}+C_mH_{2m}$
		$2C_nH_{2n} \longrightarrow C_lH_{2l-2}+C_mH_{2m+2}$
		$2C_nH_{2n} \longleftrightarrow C_{2n}H_{4n-2}+H_2$
	二烯合成反应(Diels-Alder 反应)	二烯烃和烯烃合成环烯烃，进一步脱氢生成芳烃
	芳构化反应	$C_6H_{11}\text{-R} \longrightarrow C_6H_5\text{-R}+3H_2$

续表

类别	易发生反应	特征反应式
环烷烃	开环分解	$C_6H_{12} \longrightarrow C_2H_4 + C_4H_8$
	脱氢反应	$C_6H_{12} \longrightarrow C_6H_{10} + H_2 \longrightarrow C_6H_8 + 2H_2 \longrightarrow C_6H_6 + 3H_2$
	侧链断裂	$C_5H_9 - C_2H_5 \longrightarrow C_5H_{10} + C_2H_4$
芳烃	烷基芳烃：侧链脱烷基或断碳链生成烯烃，侧链脱氢生成烯基芳烃	
	环烷基芳烃：环烷基发生反应，有脱氧、异构脱氧反应及缩合脱氢反应	
	无烷基芳烃缩合反应生成多环芳烃	

　　蒸汽裂解的主产物是乙烯、丙烯，副产物包括芳烃(苯、甲苯、二甲苯)、丁二烯等。蒸汽裂解所使用的原料十分广泛，早期蒸汽裂解使用乙烷、丙烷等轻质烃类作为反应原料，随着烯烃需求量的不断增加，裂解原料除了使用轻质烷烃外开始向重质化发展。20 世纪60 年代开始大量使用石脑油作为反应原料，70 年代开始使用煤油、轻柴油、重柴油，到了 90 年代原料又扩展到加氢尾油[85]。不同原料的蒸汽裂解产物分布如表 1.3 所示[13]。基本规律是：原料越轻，乙烯和丙烯的单程收率越高；以轻柴油为裂解原料时，乙烯和丙烯总收率不到30%；而以乙烷或者丙烷为原料时，乙烯和丙烯总收率可达 50%以上。不同国家和地区根据自己的资源和技术状况在蒸汽裂解原料使用上有所不同，如表1.4 和表 1.5[100]所示。美国和拉美地区的蒸汽裂解原料以乙烷等轻质烃为主，尤其是美国，其轻质原料的比例达到 70%以上。欧洲和亚太地区的蒸汽裂解原料以石脑油为主，占 70%左右。过去我国乙烯装置的原料偏重，以轻柴油为主，目前也以石脑油为主。蒸汽裂解原料对乙烯生产成本影响较大，一般原料越轻、质量越好，分离流程会越简单，设备投资就会越低，装置运转周期将延长，物耗、能耗、操作费用等将显著降低[100]，因此世界范围内蒸汽裂解原料的轻质化趋势十分明显[101]。不同原料对乙烯成本的影响如表 1.6[100]所示。

表 1.3　不同原料的蒸汽裂解产物分布[13]（一次通过）　　　（单位为 wt%）

产品	原料				
	乙烷	丙烷	丁烷	石脑油	常压瓦斯油(轻柴油)
$CO+H_2$	4.06	1.70	1.23	1.03	0.71
CH_4	3.67	23.37	21.75	15.35	10.69
C_2H_2	0.50	0.67	0.50	0.69	0.34
C_2H_4	52.45	39.95	31.74	31.02	24.85
C_2H_6	34.76	4.57	3.67	3.42	2.75
$C_3H_6+C_3H_4$	1.15	13.28	19.85	16.21	14.28
C_3H_6/C_3	86.70	58.30	99.00	98.30	96.70
C_3H_8	0.12	7.42	0.68	0.38	0.31
C_4	2.24	4.03	12.90	9.54	9.61
裂解汽油	0.87	4.27	6.41	19.33	20.60
裂解燃料油	0.16	1.11	1.26	3.01	15.78
稀释蒸汽/原料	0.30	0.35	0.40	0.50	0.80
单位耗能/(kJ/kg 乙烯)	16000	20000		23000	27000

表 1.4　世界不同国家和地区蒸汽裂解装置所使用的主要原料[100]　　　（单位：wt%）

原料	美国		西欧		拉美		亚太	
	1997 年	2005 年	1997 年	2005 年	1997 年	2005 年	1997 年	2005 年
石脑油	13.5	18.3	72.7	73.2	48.2	52.3	77.9	81.1
乙烷	50.7	45.0	5.5	5.3	46.1	44.0	6.9	8.8
丙烷	19.7	21.7	3.9	3.5	4.9	3.1	0.7	0.8
丁烷	4.4	3.8	6.3	6.3	0.4	0.3		
轻柴油	7.8	7.2	9.6	9.7			11.7	6.6
其他	3.9	4.0	2.0	2.0	0.4	0.3	2.8	2.7

表 1.5　我国乙烯装置原料构成[100]

年份	乙烯产量/万 t	原料总量/万 t	原料构成			
			轻烃/%	石脑油/%	轻柴油/%	加氢尾油/%
1992	200.34	694.3	10	35.7	52.7	1.6
1996	303.67	1026	6.94	47.01	38.56	7.46
1997	358.46	1189.41	5.79	48.62	33.96	9.96
1998	377.24	1232.64	6.51	47.51	30.22	10.87
1999	435.08	1406.89	6.27	58.16	19.17	8.81
2000	469.77	1504.91	5.54	61.52	16.07	11.9

表 1.6　不同原料对乙烯成本的影响[100]　　　（单位：美元/t）

项目	乙烷	丙烷	正丁烷	全沸程石脑油	粗柴油	减压柴油
原料价格	120	123	121	146	126	99
原料费用	142	266	291	433	486	487
操作费用	128	131	133	155	185	207
乙烯成本	270	397	424	588	671	690

　　蒸汽裂解过程是强吸热反应，当前工业上主要使用的是管式裂解炉技术[102]。通常的蒸汽裂解反应工艺过程为：一定比例的原料和水蒸气经预热后进入加热炉炉管，加热至800℃以上，发生裂解反应，产物进入急冷锅炉，迅速降温，再进入急冷器和深冷分离装置，先后获得各种裂解产品。典型的工艺流程如图 1.7 所示[84]。

　　蒸汽裂解装置系统的核心是裂解炉，图 1.8 是应用非常广泛的 SRT（short residence time）型裂解炉的结构图和炉管排列示意图，图 1.9 是 USC 型裂解炉的炉管结构示意图[103]。裂解炉技术决定了蒸汽裂解的产物分布、能耗、操作难易、维护成本等[102]。以裂解炉为特点的主要代表性技术有：美国 Lummus 公司的 SRT 裂解炉技术[85,104-106]、KBR 公司的 SC 裂解技术[85,106-108]、Linde 公司的 Pyrocrack 型裂解炉工艺[85,106,109]、美国 Stone & Webster（S&W）公司的 USC 技术[85,106,110]、荷兰动力技术国际公司（简称 KTI 公司）开发的 KTI 技术（后被法国 Technip 公司收购）[85,106,111]，以及中国石油化工股份有限公司（简称中国石化）的北方炉（CBL）裂解技术等[85,106]。

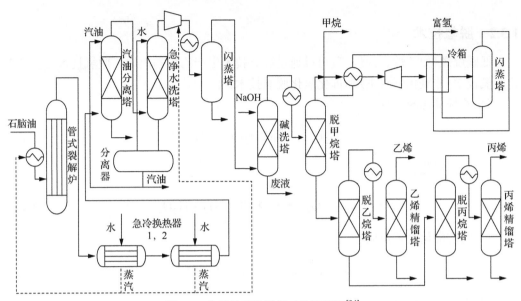

图 1.7　典型的蒸汽裂解工艺流程图[84]

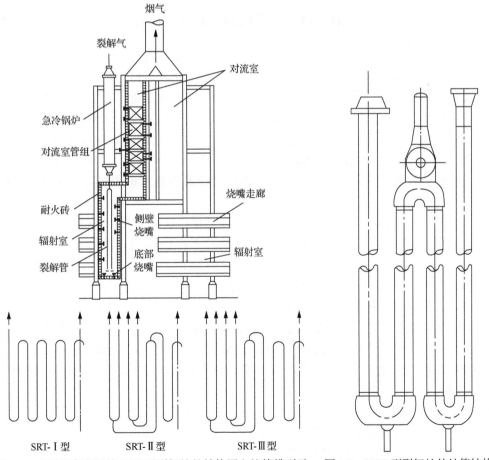

图 1.8　应用非常广泛的 SRT 型裂解炉的结构图和炉管排列示意图[103]

图 1.9　USC 型裂解炉的炉管结构示意图[103]

1.3.2 脱氢技术

低碳烷烃(如乙烷、丙烷等)可以通过脱氢技术生产乙烯和丙烯。脱氢技术又包括催化脱氢技术(非氧化气氛下)和催化氧化脱氢技术。

(1)乙烷催化脱氢反应：

$$C_2H_6 \overset{催化剂}{\rightleftharpoons} CH_2CH_2 + H_2 \qquad (1-20)$$

(2)乙烷氧化脱氢反应：

$$C_2H_6 + O_2 \xrightarrow{催化剂} CH_2CH_2 + H_2O \qquad (1-21)$$

(3)丙烷催化脱氢反应：

$$C_3H_8 \overset{催化剂}{\rightleftharpoons} CH_3CHCH_2 + H_2 \qquad (1-22)$$

(4)丙烷氧化脱氢反应：

$$C_3H_8 + O_2 \xrightarrow{催化剂} CH_3CHCH_2 + H_2O \qquad (1-23)$$

乙烷和丙烷催化脱氢反应在热力学上都是吸热、分子数增加的可逆反应，乙烷和丙烷分子的碳氢键较难活化，因此需要在较高的温度下脱氢比较有利，降低反应系统压力也有利于反应向右进行[17,112,113]。乙烷和丙烷催化脱氢反应的机理是通过催化剂上的脱氢活性中心对烷烃分子进行吸附活化，从而造成碳氢键的断裂生成相应的烯烃和氢分子[114-116]。乙烷、丙烷催化脱氢的催化剂体系比较相近，研究较多的是 $Pt-Sn/Al_2O_3$、Cr_2O_3/Al_2O_3 两个系列催化剂[112-118]，这两个体系的催化剂在丙烷脱氢反应中已经实现了工业应用。另外，研究者还研究了热稳定性高的 $MgAl_2O_4$、$ZnAl_2O_4$ 等尖晶石载体和 ZSM-5 分子筛载体负载的 Pt 系催化剂[117]。

通过脱氢技术生产烯烃最为成熟的技术是丙烷催化脱氢技术，目前有多套工业装置正在运行，是丙烯生产的一个重要来源。代表性技术有 UOP 公司的 Oleflex 工艺，采用移动床反应器，催化剂为 Pt/Al_2O_3，反应温度为 550～650℃，压力大于 0.1MPa，丙烯的选择性为 80%～85%，有 9 套工业装置在运行[119,120]；ABB Lummus 公司的 Catofin 工艺采用固定床反应器，催化剂为 Cr_2O_3/Al_2O_3，反应温度为 560～620℃，压力为 0.03～0.05MPa，丙烯选择性为 80%～85%，有两套工业装置在运行[121]；Krupp Uhde 公司的 Star 工艺采用固定床反应器，催化剂为 $Pt/Sn/Zn/Al_2O_3$，反应温度为 500～580℃，压力为 0.05MPa，丙烯选择性为 75%～85%[122]；由 Linde 公司、BASF 公司、Statoil 公司合作开发的 Linde 工艺采用固定床反应器，催化剂为 Cr_2O_3/Al_2O_3，反应温度为 590℃，压力大于 0.1MPa，丙烯选择性为 80%～90%[123]；Snamproggetti 公司和 Yarsintez 公司合作开发的 FBD 工艺采用流化床反应器，催化剂为 Cr_2O_3/Al_2O_3，反应温度为 540～590℃，压力为 0.12～0.15MPa，丙烯选择性 90%[124]。

乙烷催化脱氢制乙烯技术目前还未工业应用，主要是因为热力学平衡因素的限制，乙烯收率难以提高，造成其过程经济性无法满足工业化要求。但因为乙烷催化脱氢技术具有产品单一、副产大量氢气、选择性高、分离工艺简单等优点，该技术的研发还在进行。当前比较具有代表性的成熟技术有[125]：UOP 公司的 Oleflex 工艺，乙烷转化率为 25% 时，乙烯选择性可达 98% 以上；Dow 化学公司开发的乙烷催化脱氢工艺，采用改性的丝光沸石系列催化剂，反应温度为 700℃ 时，乙烷转化率为 50%，乙烯选择性为 86%。

乙烷、丙烷催化氧化脱氢生成乙烯和丙烯的反应是在氧化气氛下进行的，因为从烷烃分子脱下来的氢原子能够与氧分子发生氧化反应，所以催化氧化脱氢克服了无氧脱氢的热力学平衡限制，在热力学上十分有利[16]，是一条低能耗的烯烃生产技术，因此相关研究工作很多，但目前还未有成熟的工业应用技术[126]。

乙烷催化氧化脱氢反应的机理如图 1.10 所示[16]，乙烷与催化剂表面氧的反应是整个反应的决速步骤，紧接着发生一系列复杂的表面反应和气相反应，随着反应温度的不同反应途径有所倾向性，基本规律是低温倾向于表面反应机理，高温倾向于气相反应机理[16]。

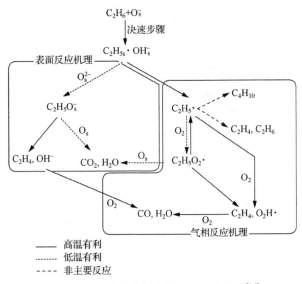

图 1.10　乙烷催化氧化脱氢反应的机理[16]

O_s^- 代表表面氧

学者对丙烷催化氧化脱氢的反应机理研究很多，大致分为三种机理模型[113]。

（1）Redox 反应机理：

$$C_3H_8 + MeO_x \longrightarrow C_3H_7 + MeO_xH \longrightarrow C_3H_6 + MeO_{x-1} + H_2O \qquad (1-24)$$

$$MeO_{x-1} + 1/2O_2 \longrightarrow MeO_x \qquad (1-25)$$

（2）非计量氧物种活化作用机理：

$$C_3H_8 + MeO_x{-}O_{ad} \longrightarrow C_3H_7 + MeO_x{-}H \longrightarrow C_3H_6 + MeO_{x-1} + H_2O \quad (1-26)$$

$$MeO_{x-1} + 1/2O_2 \longrightarrow MeO_x{-}O_{ad} \qquad (1-27)$$

式中，O_{ad} 代表吸附氧。

(3)晶格氧物种活化作用机理：

$$C_3H_8 + MeO_x \longrightarrow C_3H_7 + MeO_xH \longrightarrow C_3H_6 + MeO_{x-1} + H_2O \qquad (1\text{-}28)$$

$$C_3H_7 + MeO_xH + 1/2O_2 \longrightarrow C_3H_6 + MeO_x + H_2O \qquad (1\text{-}29)$$

在 Redox 反应机理中，金属氧化物的氧与丙烷分子中的一个氢原子形成 OH 基团，然后从催化剂表面以水的形式脱除，催化剂变为还原态。该还原态的催化剂紧接着与气相氧物种发生反应而被氧化，从而形成一个循环。非计量氧物种活化作用机理中，气相氧在催化剂表面吸附形成非计量氧物种参与反应，与丙烷分子的氢原子反应，在催化剂表面形成 OH 基团，然后脱水。晶格氧物种活化作用机理中，研究者认为晶格氧活性物种与丙烷分子反应的同时，催化剂重新被氧化[113]。

催化氧化脱氢技术的核心是催化剂，如何获得同时兼备高活性和高选择性的催化剂一直是研发工作的重点。乙烷催化氧化脱氢的催化剂体系包括负载型贵金属 Pt 系列[127,128]、碱金属和碱土金属混合氧化物系列[129,130]、过渡金属氧化物系列[131-133]及稀土氧化物系列等[134]。主要催化剂的性能如图 1.11 所示[16]。

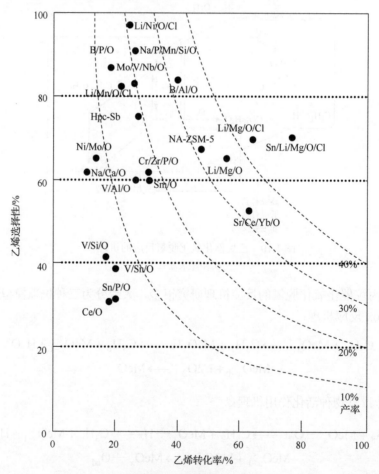

图 1.11　乙烷催化氧化脱氢的催化剂体系及性能[16]

相关丙烷催化氧化脱氢技术的催化剂研究很多，所研究的催化剂体系包括 V 基[135,136]、Mo 基[137]、稀土[138,139]、磷酸盐[140,141]、铁酸盐[142]等负载型或混合氧化物催化剂，所研究的载体非常广泛，从普通的氧化铝、氧化硅到微孔、中孔分子筛材料，再到碳纤维、纳米碳管等新兴材料[143]。主要催化剂的性能如图 1.12 所示[16]。

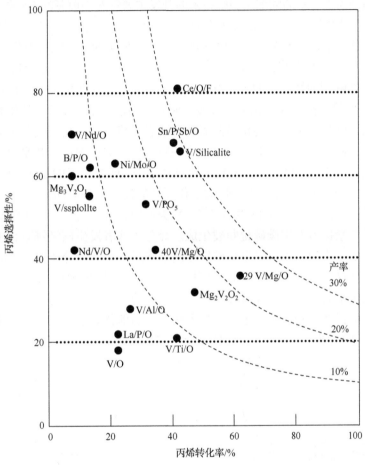

图 1.12　丙烷催化氧化脱氢的催化剂体系及性能[16]

在探索性能优异的催化剂的同时，催化氧化脱氢的工艺研究也成为将该技术推向工业应用的重要一环。比较有代表性的工艺有自热反应工艺[144,145]、联产乙酸工艺[146,147]、耦合反应工艺[148]等。另外膜反应器也被应用到催化脱氢反应中，研究目的是利用膜技术来突破催化脱氢反应的热力学平衡限制，提高原料转化率[149-151]。在催化氧化脱氢技术研究中，以 CO_2 作为氧化剂的氧化脱氢技术研究最为深入，该技术的优点在于 CO_2 是一种温和的氧化剂，在提高原料转化的同时能够保持较高的烯烃选择性，而且能够延缓催化剂的积碳，延长催化剂寿命[152-157]。

1.3.3　催化裂解技术

催化裂解技术是指反应原料在催化裂解催化剂的作用下通过碳链断裂和脱氢等反应

生成烯烃的技术，与蒸汽裂解技术相比，催化裂解反应温度低，产物选择性高，而且产品结构灵活可调[12,158]。催化裂解制烯烃技术可以分为两大类：一类是以生产烯烃(乙烯、丙烯)为目的的催化裂解技术[159]；另一类是以增产丙烯为目的的催化裂解技术，主要用于流化床催化裂化(fluid catalytic cracking，FCC)过程[160]。

　　以生产烯烃为主要目的的催化裂解技术的开发主要针对当前蒸汽裂解技术的不足，希望在能耗、烯烃选择性、产品灵活性等方面进行技术提升，所研发的催化剂种类包括碱性催化剂、酸性催化剂及过渡金属氧化物催化剂[12]。所使用的反应原料十分广泛，包括 C_4 烃类[161-163]、石脑油[11,164,165]、汽油[166,167]、煤油[168]、重油[169-171]、高碳烯烃[172-174]等。

　　鉴于催化裂解制烯烃反应的重要意义，研究者对于催化裂解的反应机理进行了系统的研究和总结[12,158]。在碱性催化剂或过渡金属氧化物催化剂作用下，催化裂解反应一般需要氧气存在，催化剂上的碱性位吸附氧物种或者晶格氧来活化烃类分子形成自由基，然后发生气相 β 断裂反应生成烯烃。该反应的特点是乙烯产率高，几乎没有芳烃生成，发生深度氧化反应生成 CO_x[12]。在酸性催化剂体系中，研究最多的是 ZSM-5 分子筛催化剂体系。在 ZSM-5 酸性催化剂上，烃类催化裂解的反应机理有两种[158]：一种是单分子机理(质子传递裂解)，如图 1.13 所示[175]，烃类反应物分子首先被分子筛酸中心质子化生成碳正离子，紧接着发生碳碳键断裂生成烷烃分子或者发生碳氢键断裂生成氢分子和碳正离子，后者生成的碳正离子发生碳氢键断裂将质子传递给分子筛酸中心，从而生成烯烃；另一种是双分子机理，如图 1.14[175]所示，反应中生成的仲碳和叔碳正离子发生 β 断裂反应生成更小的碳正离子和烯烃产物，所生成的小碳正离子与烃类分子发生氢转移反应生成新的碳正离子和烃类分子。酸性催化剂上的催化裂解反应的一个重要特点是生成大量的芳烃副产物[12]。主要代表性技术和研究结果如下[159]。

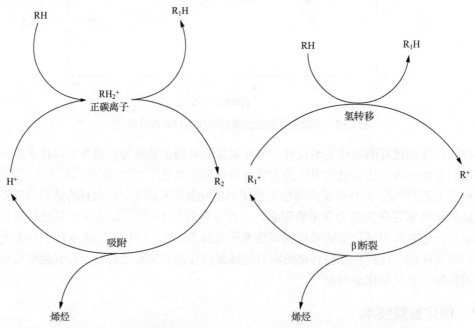

图 1.13　单分子催化裂解反应机理[175]　　　　　图 1.14　双分子催化裂解反应机理[175]

　　日本的公司和研究机构开发了系列石脑油催化裂解技术,所研发的催化剂包括改性分子筛类、碱金属氧化物类[12,176-178];俄罗斯的研究机构开发的石脑油催化裂解技术,使用过渡金属氧化物催化剂[179];韩国的公司开发了系列石脑油催化裂解技术,其中 SK 公司和韩国化工技术研究所合作开发的 ACO 技术进入商业化阶段[180];美国一些公司开发了几种有代表性的催化裂解技术,其中 Stone&Webster 公司与 Chevron 公司合作开发的 QC 技术,已经完成减压柴油原料的工业性试验[181];德国 Linde 公司和国内研究机构开发了针对劣质裂解原料和柴油的催化裂解技术,重点研究钙铝系列催化剂,用于蒸汽裂解过程的改进[182]。我国公司和研究机构的研究重点是重质油品的催化裂解技术,中国石化石油化工科学研究院开发出以乙烯为主产品的重油催化热裂解新技术(CPP)[183,184],使用的是含磷及碱土金属的五元环族沸石催化剂;中石化洛阳工程有限公司开发了重油直接接触裂解制乙烯工艺(HCC)[185,186];中国科学院大连化学物理研究所(以下简称大连化物所)开发了一种基于流化床反应的催化裂解耦合反应工艺,对于解决催化裂解反应过程的热量传递问题具有重要意义[187,188];除了重油裂解技术外,中国石化集团北京化工研究院(简称北京化工研究院)还开展了石脑油催化裂解技术研究,取得了一些重要成果[189,190]。几种代表性的催化裂解制烯烃技术的数据结果如表 1.7 所示。

表 1.7　几种代表性的催化裂解制烯烃技术的对比

项目	技术名称				
	ACO	QC	Thermocat (Pyrocat)	CPP	HCC
开发者	日本旭化成工业公司	韩国 SK 公司	美国 Stone&Webster 公司	德国 Linde 公司	中石化石油化工科学研究院	中石化洛阳工程有限公司
反应原料	轻质烃类	石脑油	减压柴油	常压柴油	重油	常渣
催化剂	有机过氧化物修饰的中孔径硅铝分子筛			钙铝氧化物		
反应温度/℃	680	650	800～1000		640	660～700
乙烯收率/%	23.6		22.5	30.56	20.4	24～28
丙烯收率/%	24.7	65	13.9	11.73	18.2	14～16
丁烯收率				6.73	7.5	8～9
参考文献	[191]				[183]	[185]

　　以高级烯烃(C_4 烯烃、C_5 烯烃)为原料的催化裂解技术也是国内外公司和研发机构的研究重点,已成功开发出一系列技术[180,192],主要有 Lyondell/KBR 公司的 Superflex 工艺、ExxonMobil 公司的 MOI 工艺、Lurgi/Linde 公司的 Propylur 工艺、Total/UOP 公司的 OCP 工艺、日本旭化成工业公司的 Omega 工艺、中国石化集团上海石油化工研究院的 OCC 工艺、北京化工研究院的 BOC 工艺[193]等。2010 年,大连化物所与陕西煤化工技术工程中心有限公司、上海河图石化工程有限公司合作开展了高烯烃混合碳四催化裂解制烯烃技术研发,并完成千吨级工业性试验,该技术采用循环流化床工艺,反应温度为 570～610℃,反应压力为 0.1MPa,以 C_4 烯烃为基准的乙烯和丙烯单程收率可以达到 58.2%。表 1.8 给出了几种代表性的烯烃催化裂解技术的数据结果。

表 1.8　几种代表性的烯烃催化裂解技术的对比[192]

项目	技术名称				
	Superflex	MOI	Propylur	OCP	Omega
开发者	Lyondell/KBR	Exxon Mobil	Lurgi/Linde	Total/UOP	日本旭化成
反应原料	$C_4 \sim C_8$ 烯烃	混合 C_4/C_5 烯烃	$C_4 \sim C_7$ 烯烃	$C_4 \sim C_8$ 烯烃	$C_4 \sim C_8$ 烯烃
催化剂	磷改性 ZSM-5	改性 ZSM-5	ZSM-5	ZSM-5	ZSM-5
反应器型	流化床	流化床	固定床	固定床	固定床
反应温度/℃	$500 \sim 700$		$420 \sim 490$	$500 \sim 600$	$530 \sim 600$
乙烯收率/%	20	29	13		约 12
丙烯收率/%	40	55	$40 \sim 45$		46.6

　　FCC 过程可以副产 3%～6%的丙烯，是丙烯原料的第二大来源[13]。随着丙烯需求量的增加，将新的催化裂解技术引入 FCC 过程从而产生多产丙烯的 FCC 新工艺一直是国内外公司和科研机构研发的重点。在 FCC 过程中，影响丙烯收率的因素很多，例如：催化剂、反应工艺、催化剂助剂、反应原料等。大量的研究工作表明，采用含有 ZSM-5 分子筛作为活性组分的特殊催化剂或者催化剂助剂是 FCC 过程增产丙烯的有效途径。拥有成熟的增产丙烯催化剂及技术的主要有[194]Albemarle 公司(TOM 技术、AFX 技术)、Grace Davison 公司(OlefinsMax 技术、OlefinsUltra 技术、PMC 系列技术)、Engelhard 公司(MPA 系统、DMS 技术)、日本旭化成工业公司(OCTUP 系列助剂)、Intercat 公司(Z-Cat-HP 助剂、PropylMax CX 助剂、Super-Z 助剂等)、中石化洛阳工程有限公司(LPI 系列助剂)、中国石化石油化工科学研究院(MP031、MP051、MMC-1、MMC-2、DMMC-1 等系列助剂)、中国石油兰州化工研究中心(LCC-1、LCC-2、LCC-A、LOP-A 等助剂)、岳阳三生化工有限公司(LOSA-1)、中国石油大学(华东)(LTB-1、LTB-2)等。截至目前，所有成熟的增产丙烯催化剂及助剂技术都是建立在 ZSM-5 分子筛材料基础之上。

　　增产丙烯的 FCC 新工艺主要有[195,196]UOP 公司的 PetroFCC 工艺，Lummus 公司的 SCC 工艺，Mobil/KBR 公司的 Maxofin 工艺，新日本石油公司的 HS-FCC 工艺，印度石油公司(IOC)的 Indmax 技术，中国石化石油化工科学研究院的 DCC、ARGG、MIP-CGP、MGD 等系列工艺技术，中石化洛阳工程有限公司的 FDFCC 工艺，中国石油天然气集团公司(以下简称中石油)的 TSRFCC-MPE 技术，上海鲁奇信息科技有限公司的 MSR 工艺等，所有这些工艺技术都在 FCC 装置上成功应用，取得了显著的丙烯增产效果。表 1.9 给出了几种代表性的 FCC 增产丙烯技术的数据结果。

表 1.9　几种代表性的 FCC 增产丙烯技术的对比[195,196]

项目	技术名称				
	PetroFCC	SCC	Maxofin	HS-FCC	DCC
开发者	UOP	Lummus	Mobil/KBR	新日本石油公司	中国石化石油化工科学研究院
催化剂	添加 ZSM-5	高含量 ZSM-5	高含量 ZSM-5	添加 10%ZSM-5	
反应器型	双反应器提升管	提升管	双提升管	逆流式反应器	提升管
反应温度/℃	$538 \sim 566$		$538 \sim 593$	600	$538 \sim 582$
丙烯收率/%	22.0	$16 \sim 17$	18.4	15.9	21.0

1.3.4　烯烃复分解技术

烯烃复分解反应又称烯烃歧化反应，是指两个烯烃分子在催化剂的作用下碳碳双键断裂，又相互之间重新结合形成一种或者两种新的烯烃分子的反应过程，也称作烯烃易位反应[197,198]。

生成丙烯的烯烃复分解反应主要包括以下两个反应。

(1)乙烯和 2-丁烯反应生成丙烯：

$$C_2H_4 + CH_3CHCHCH_3 \xrightarrow{\text{催化剂}} 2CH_2CHCH_3 \tag{1-30}$$

(2)1-丁烯和 2-丁烯可以生成丙烯、2-戊烯：

$$CH_2CHCH_2CH_3 + CH_3CHCHCH_3 \xrightarrow{\text{催化剂}} CH_2CHCH_3 + CH_3CHCHCH_2CH_3 \tag{1-31}$$

通过这两个反应可以将乙烯和丁烯转化成丙烯，因此烯烃复分解技术可以灵活地调变乙烯、丙烯、丁烯的产品比例。烯烃复分解反应的机理如下[199]：

参与反应的一个烯烃分子首先与催化剂的金属活性中心形成金属卡宾物种，然后与另一个烯烃分子形成包含金属活性中心的四元环过渡态，该过渡态接着发生化学键断裂重组，形成新的烯烃分子和金属卡宾物种。

烯烃复分解技术的催化剂体系包括 MoO_3/SiO_2、Re_2O_7/Al_2O_3、WCl_6/Bu_4Sn、钼(Mo)或钨(W)的亚烷基配合物、钌(Ru)或锇(Os)的金属卡宾配合物等，催化剂的性能特点如表 1.10 所示[200]。

表 1.10　烯烃复分解技术的催化剂体系及其性能[200]

时间	名称		代表体系	特点
50 年代起	多组分	非均相催化体系	MoO_3/SiO_2、Re_2O_7/Al_2O_3	制备方法简单，成本较低 通常需要苛刻的反应条件(高温或高压)及很强的路易斯酸 对许多官能团如醇、酸的耐受性差；对空气、水、硫等非常敏感，容易失活
		均相催化体系	WCl_6/Bu_4Sn	由于催化剂混合物中活性位相对较少，导致反应的引发慢，且反应不易控制
80 年代	单组分	均相催化体系	Mo 或 W 的亚烷基配合物	催化体系更容易引发，具有更高反应活性和更温和的反应条件 对某些官能团如醇、醛的耐受性较差；对氧、水的存在极为敏感
90 年代			Ru 或 Os 的金属卡宾配合物	该催化体系的催化活性比上述催化剂提高了至少 2 个数量级，同时选择性更高 催化剂克服对官能团允许范围小的缺点，不但对空气稳定，甚至在水、醇、酸的存在下仍可保持催化活性

目前已经工业化的工艺有 Lummus 公司的 OCT 技术、Axens 公司的 Meta-4 技术，另外还有 BASF 公司、UOP 公司、Equistar 公司开发的针对 C₄ 烯烃利用的复分解技术，南非开发的针对 F-T 合成产物中轻质烯烃利用的复分解工艺，Lyondell 公司开发的从乙烯出发的烯烃复分解制取丙烯技术等。在我国，大连化物所、中国石化集团上海石油化工研究院也开展了 C₄ 烯烃歧化生产丙烯技术研究，取得了一些进展，但还未工业化应用[201]。

Lummus 公司的 OCT 技术应用最为广泛，具有代表性，其简单工艺流程如图 1.15 所示[20]。该技术最先是由美国菲利普斯石油公司开发，命名为 "Philips Triolefin Process"，在 1966~1972 年用于从丙烯生产乙烯和丁烯，这主要是因为当时的丙烯需求量低。该过程的逆向工艺技术目前归 Lummus 公司所有，命名为 OCT 技术，用来从乙烯和丁烯出发生产丙烯。在 OCT 工艺中，新鲜的混合 C₄ 原料和循环 C₄ 组分与乙烯原料和循环乙烯混合后首先进入保护床层除去杂质，紧接着进入复分解反应器进行反应。在复分解反应器中混合装填烯烃复分解催化剂（WO₃/SiO₂）和烯烃异构催化剂（MgO），因此，该反应器中发生两个主要反应：乙烯和 2-丁烯的复分解反应和 1-丁烯异构化为 2-丁烯。复分解反应器的操作条件是温度大于 260℃、压力为 30~35bar。在该反应条件下，一次通过时丁烯的转化率大于 60%，丙烯选择性大于 90%，复分解反应器中的催化剂可以定期再生。

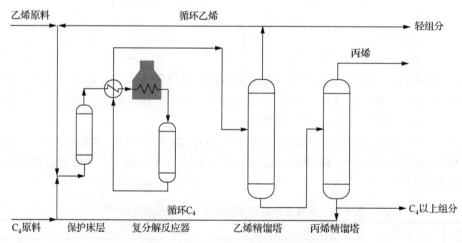

图 1.15　OCT 技术的简单工艺流程图[20]

1.3.5　生物乙醇制乙烯技术

生物乙醇脱水制乙烯技术是指利用生物发酵获得的乙醇经过脱水反应制备乙烯的过程，该技术是石油化工发展之前获得乙烯的主要方法，目前仍在小规模工业应用[27]。乙醇脱水制乙烯的反应属于单活性位表面反应，乙醇转化强烈依赖于反应物和产物在催化剂颗粒中的扩散[27]，被普遍接受的反应机理如下：

$$2CH_3CH_2OH \longrightarrow CH_3CH_2OCH_2CH_3 + H_2O \longrightarrow H_2C =\!\!\!= CH_2 + 2H_2O$$

研究认为，乙醚是一个中间产物而非副产物，乙醚和乙烯的最佳生成温度不同，在 150～300℃适合乙醚生成，而在 320～500℃乙烯是最终产物[27]。在该反应条件下，乙醇脱氢生成乙醛的反应也能够发生，另外产物中还有乙酸、乙酸乙酯、丙酮、甲醇、甲烷、乙烷、丙烷、高碳数烃类、CO_x 等副产物[27]。根据催化剂的特性，乙醇脱水反应的工艺有所不同，但普遍规律是乙醇的转化率都超过 95%，有的可以达到 99.5%，而乙烯的选择性可达 95%～99%。图 1.16 是典型的乙醇脱水制乙烯的工艺流程图[27]。

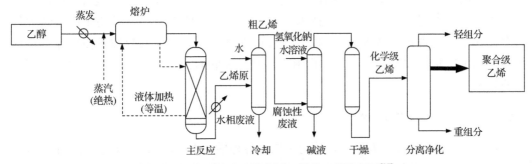

图 1.16 典型的乙醇脱水制乙烯的工艺流程图[27]

生物乙醇制乙烯工业装置规模比较小，主要集中在巴西、印度、巴基斯坦、秘鲁、澳大利亚等国家[27]，我国的一些中小化工企业也使用该技术。生物乙醇制乙烯技术包含两个技术层面：一是生物乙醇获取技术；另一个是乙醇脱水技术。在国际上，美国、加拿大、日本、荷兰等国家的研发机构在生物质发酵制乙醇技术研发方面取得了许多重大进展，膜技术也被应用到生物乙醇的分离提纯方面，这些技术的进步不断地降低生物乙醇的生产成本[202]。我国在甜高粱生产生物乙醇技术、低成本乙醇发酵技术等方面的研究也取得了重要进展[203]。乙醇脱水技术的催化剂体系包括氧化铝系列、分子筛系列、磷酸、磷酸盐、杂多酸系列、金属氧化物系列等，目前工业应用最为成熟的是氧化铝系列催化剂[27]。具有乙醇脱水工艺的公司主要有 Halcon/Scientific Design 公司、英国化学工业公司(ICI)、ABB Lummus 公司、巴西石油公司(Petrobras)、Solvay 公司、联碳公司(Union Carbide)、Nikki/JGC 公司等。代表性的工艺有[27]：①等温固定床工艺。该工艺应用时间最早，也最为广泛。在该工艺中催化剂被放置于管式反应器中，反应管外壁有热流体供热来维持反应温度。反应温度的控制非常重要，高温将导致脱氢副反应发生，而低温则导致乙醚生成。通常情况下，反应温度控制在 330～380℃，液态空速(LHSV)控制在 $0.2～0.4h^{-1}$，乙醇转化率为 98%～99%，乙烯选择性为 95%～99%。反应过程中有积碳反应发生，因此，催化剂需要定期再生，根据催化剂的处理量，再生周期 1～6个月不等。该工艺装置规模的扩大受困于供热和温度控制问题。②绝热固定床反应工艺。该工艺是 20 世纪 70 年代开发出来的，工艺特点是使用预热蒸汽与反应原料混合进入催化剂床层，反应所需热量由预热蒸汽提供。一般情况下，该工艺由三个串联的反应器组成，每一段床层都补加乙醇原料和预热蒸汽。乙醇 LHSV 控制在 $0.15～0.5h^{-1}$，蒸汽量/乙醇量控制在 2～3，反应温度为 450～500℃，乙醇转化率可达 99%以上，乙烯选择性为 97%～99%。因为反应气氛中有水蒸气的存在，所以工艺中催化剂积碳量较低，催化剂运行周期较长，催化剂再生周期通常为 6～12 个月。③流化床反应工艺。该工艺也是在 20 世纪 70 年代开发出来的，但是没有商业化运行。该工艺的特点是反应温度可以控制在最优条件下，最大限度抑制积碳和副反应发生。反应温度在 400℃时，乙醇转化率可达 99.5%，乙烯选择性可达 99.9%。反应热量通过预热原料和从再生反应器出来的催化剂提供。另外，空速大也应该是流化床的一个重要特点。

我国的研究者也对新的乙醇脱水工艺进行了探索，如微波脱水工艺、发酵–脱水耦合工艺等[204]。生物乙醇制乙烯技术发展的关键是低成本生物乙醇的生产，装置的大型化和集成化也是该技术面临的主要问题。另外，发展生物乙醇技术需要注意耕地的使用和国家粮食安全问题，尤其我国人均耕地面积较少，这是我国发展生物乙醇技术的资源瓶颈。

1.3.6　其他烯烃生产技术

基于烯烃的重要性，人们一直致力于探索各种烯烃生产技术，力图找到成本更低、资源利用效率更高的烯烃生产路线，虽然这些技术离工业应用还有一段距离，但从长远角度来看，这些研究极大地丰富了获取烯烃的途径，对于烯烃的生成机理、催化作用本质有了更深入的理解。

1. 甲烷氧化偶联

甲烷氧化偶联制取烯烃技术是指甲烷在氧化气氛下直接发生脱氢偶联反应生成乙烯的过程[205]。该过程工艺简单，无论从热力学还是经济性上都具有吸引力，为天然气化工指出了一个新方向[206]。甲烷氧化偶联反应机理是一个典型的多相–均相反应机理[28]：甲基自由基在催化剂表面生成，而后脱附到气相中发生偶联反应生成乙烷、乙烯等产物。甲基自由基除了发生偶联反应，还发生链式自由基反应生成 CO 和 CO_2。而且研究者发现，甲烷转化率低时，CO_x 主要来自甲烷氧化，而在甲烷转化率较高时，CO_x 主要来自乙烯的深度氧化，该反应属于固相催化反应。因此，甲烷氧化偶联催化剂面临的挑战是尽可能抑制乙烯的深度氧化，同时要保持对甲烷分子较高的活化性能。自 20 世纪 80 年代以来，全世界的研发机构都对该技术进行了深入研究，掀起了一股研究热潮，虽然该技术还未达到工业应用阶段，但也取得了许多重要的研究进展[30,207,208]。主要的催化剂体系包括碱土氧化物系列、稀土氧化物系列、过渡金属氧化物系列，如表 1.11 所示。研究中发现锂金属修饰的催化剂可以普遍获得较好的催化活性和选择性，其中具有代表性的是 Li/MgO 催化剂[206]，该催化剂可以获得 19.4%的 C_2 烃产物收率。

表 1.11　国内外几种有代表性的甲烷氧化偶联催化剂的性能[207,208]

催化剂	反应温度/℃	$V(CH_4):V(O_2):V(稀释剂)$	CH_4转化率/%	C_2烃选择性/%
$LiCl/Sm_2O_3$	750	2:1:37	28.8	69
La_2O_3	750	8:2:90	12	67
Sr/La_2O_3	880	91:9:0	16	81
Ba/MgO	825	42:4:54	17	78
$LiCa_2Bi_3O_4Cl_6$	720	20:10:70	42	47
$MnNa_2WO_4/SiO_2$	800	45:15:39	37	65
$Li/Al/Ti/PO_4$	750	3:1:0	28	67
Zr/MgO	800	16:20:20	35.2	66
Li/Sm_2O_3	750	40:20:44	37	57
Li/MgO	720	38:20:42	38	50
$MgO/BaCO_3$	780	4:1:0	23	67
$Mn-Na_2WO_4/MgO$	800	67:9:0	20	80
$NaCl-Mn-W/ZrO_2$	800	10:5:85	48	62
Na_2WO_4/CeO_2	780	48:10:42	22	74
$BiOCl-Li_2CO_3/MgO$	750	20:5:75	18	83
$Mn-Na_2P_7O_5/SiO_2$	900	24:1:0	66	15.8

另外，$Na-W-Mn/SiO_2$ 系列催化剂、SrO/La_2O_3 也是性能优异的甲烷氧化偶联催化剂，这两个系列催化剂在甲烷转化率 20%时可以实现 C_2 烃产物选择性大于 80%，其中乙烯占 C_2 烃总量的一半[28]。但是大量的研究表明，无论如何优化催化剂及反应工艺，甲烷氧化偶联反应的乙烯收率都无法突破 25%的极限[28]，限制了该技术的进一步发展。因此，各种非常规的技术手段也被应用到甲烷氧化偶联反应中，如电催化、等离子技术、激光技术、膜技术、微波技术等，都取得了许多有意义的研究结果[209]。但目前看来，甲烷氧化偶联技术的工业应用道路还非常漫长。

2. 合成气制低碳烯烃

合成气制低碳烯烃技术源于传统的费托合成技术(Fischer-Tropsch synthesis)，该技术是通过催化剂的选择性调控，克服费托合成产物的 Schulz-Flozy 分布规律限制，并最大程度抑制甲烷的产生，高选择性地生成 $C_2 \sim C_4$ 烯烃[31]。合成气制低碳烯烃的反应机理遵从传统的费托合成机理，研究者对费托合成机理提出了各种推测，主要包括本体碳化物机理、烯醇机理、CO 插入机理及新碳化物机理等[210]。国内外研究的催化剂体系主要有德国鲁尔化学公司开发的铁系金属混合物系列、北京化工大学开发的铁系活性炭负载型催化剂系列、大连化物所开发的铁系分子筛负载型催化剂、天津大学开发的 Ni-Cu 系催化剂系列等[211]。几种典型的合成气制低碳烯烃催化的性能如表 1.12 所示[210]。

表 1.12　几种典型的合成气制低碳烯烃催化的性能[210]

类型		催化剂组成	反应条件	CO 转化率/%	$C_2^=\sim C_4^=$选择性/%
非负载型催化剂	多组分	Fe-TiO₂-ZnO-K₂O	280℃，0.25 MPa，960h⁻¹	45	68
		ZrO₂-ZnO	360℃，0.8 MPa，965h⁻¹		
	超细粒子	Fe-C-Mn-K	320℃，1.5 MPa，600h⁻¹	97	82
负载型催化剂	金属/非金属氧化物	Mn-Fe/MgO	327℃，2.0 MPa，1000h⁻¹	83.4	62.1
		Mn-Fe/SrO	327℃，2.0 MPa，1000h⁻¹	80.1	62.9
		Mn-Fe/BaO	327℃，2.0 MPa，1000h⁻¹	82.1	63.8
	活性炭	Fe-Mn-K/AC	320℃，1.5 MPa，600h⁻¹	97	63.0
	分子筛	Fe₃(CO)₁₂/ZSM-5	260℃，0.1 MPa，1500h⁻¹	26	99.8
		K-Fe-Mn/Silicalite-2	350℃，1.0 MPa，2000h⁻¹	70～80	72～74

3. 其他甲烷制烯烃技术

从甲烷出发的制取烯烃技术除了甲烷氧化偶联技术，人们还研究了甲烷氯化法、甲烷高温无氧脱氢反应等技术。甲烷氯化法是指甲烷和氯气先在高温条件下与氯气反应生成一氯甲烷，一氯甲烷在高温裂解成乙烯，生成的氯化氢与氧气催化燃烧生成氯气循环使用。该工艺可以将 85%的甲烷转化为乙烯、乙炔、乙烷和少量其他烷烃。但是该技术存在一些技术难点，还未达到应用水平[212]。

2014 年，大连化物所报道了一种新型的甲烷高温无氧脱氢反应制备乙烯的技术[213]，该技术使用硅化物晶格限域的单铁中心催化剂，成功地实现了甲烷在无氧条件下选择活化，一步高效生产乙烯、芳烃和氢气等高值化学品。在反应温度 1090℃和空速为 21.4L/[g(cat)·h]条件下，甲烷的单程转化率达 48.1%，乙烯的选择性为 48.4%，所有产物(乙烯、苯和萘)的选择性大于 99%。在 60h 的寿命评价过程中，催化剂保持了极好的稳定性，如图 1.17 所示。与天然气转化的传统路线相比，该技术彻底摒弃了高耗能的合成气制备过程，大大缩短了工艺路线，反应过程本身实现了二氧化碳的零排放，碳原子利用效率达到 100%，是一个具有发展前景的烯烃生产新技术。

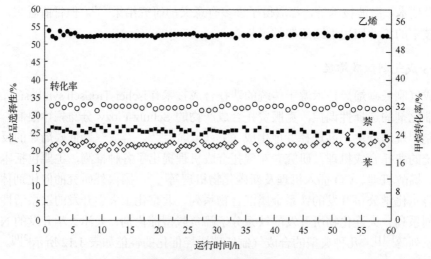

图 1.17　甲烷无氧催化转化制乙烯反应结果[213]

1.4　甲醇制烯烃的作用与地位

甲醇制烯烃技术能够高效地将甲醇转化为乙烯、丙烯，而获得甲醇的路线很多，从天然气和煤出发经合成气制甲醇都是非常成熟的路线。因此，甲醇制烯烃技术架起了天然气(甲烷)和煤炭到石油化工的桥梁。

1.4.1　石油烯烃的现状

目前以石油为原料的烯烃在市场中仍占主导地位，其产能处于增长趋势。世界乙烯原料中 50% 以上来源于石油馏分[214]，而丙烯原料 90% 以上来自石油[13]。从 2009 年到 2013 年，除了煤制烯烃和乙醇制乙烯外，全球乙烯产能增加 2900 万 t 以上，主要集中在非洲、中东、中国及中国周边地区。新增乙烯产能中 45% 以上使用石油馏分作为原料。在这个时期内，丙烯产能也增加了 1700 万 t 以上，主要也是石油原料的丙烯生产技术[215]。

随着烯烃生产轻质化和多元化趋势的影响，石油烯烃的比例呈下降趋势。2012 年中东地区以天然气为原料的乙烯产能比例由 2007 年的 75% 上升到 77%，北美地区则由 65% 上升到 84%[101]。以石油馏分为主要原料的丙烯生产技术也在慢慢发生改变，丙烷脱氢、乙烯歧化、丁烯歧化等轻质原料的产能也在逐年上升[215]。另外，我国的煤制烯烃、甲醇制烯烃和巴西的乙醇制烯烃的技术也在迅速发展[215,216]，石油烯烃在市场中的统治地位正在动摇。

石油烯烃生产原料的重质化趋势明显。世界常规原油储量只有 3100 亿 t，而非常规石油、重质油的储量则有 4000 亿～7000 亿 t，并且常规石油正在大量开采使用，重油的开采使用量很低。作为石油烯烃的主要原料——石脑油的供应量明显不足，而且价格不断攀升，石油烯烃原料的稳定供应和成本因素严重影响了石油烯烃的市场竞争力。因此，从长远来看，重油为原料的烯烃生产技术，尤其丙烯生产技术，是石油烯烃生产技术发展的主要方向[217]。

1.4.2　我国石油化工产业的现状及缺陷

经过长期的发展，我国已建立起适应我国国情的现代化石油化工产业体系，在规模上位居世界前列。2013 年的数据显示，我国原油加工量达到 4.786 亿 t，乙烯总产能 1872.5 万 t/a，乙烯产量 1623 万 t，位居世界第二位[101]。丙烯总产能 2088.8 万 t，产量 1460 万 t。聚乙烯产能 1350 万 t/a，聚丙烯产能 1400 万 t/a，合成树脂全年总产量 5837 万 t，位居世界第一[101]。合成橡胶生产能力 509 万 t/a，产量 409 万 t，成为世界最大的橡胶生产国。PX(对二甲苯)产能达到 1110.8 万 t/a，PTA(对苯二甲酸)产能突破 4000 万 t/a，构建出世界一流的 PX-PTA-PET(对二甲苯–对苯二甲酸–聚对苯二甲酸乙二酯)芳烃产业链[101]。经过一段时间的产业结构调整，我国已经初步形成了以炼油基地和乙烯生产基地为基础的基地型石油化工产业格局。截至 2013 年，全国共建成 20 个千万吨级炼油基地，炼油能力占全国的 45.9%；共建成 6 个百万吨级乙烯生产基地，装置规模不断扩大。2012 年全国乙烯装置平均规模 59.2 万 t，高于世界 52 万 t 的平均水平，充分体现规模效应[101]。

　　随着我国石油化工产业的发展，一些问题逐渐凸显出来。①我国国内石油资源不足，原油生产能力无法满足下游石化企业的生产需求，需要大量进口原油。随着经济的发展，我国的原油消费量不断增加，因此，原油对外依存度也不断上升。统计数据显示，我国原油的对外依存度 2010 年为 53%，2012 年为 56.4%，2013 年达到 57.4%[218]。工业和信息化部发布的最新数据显示，2014 年我国原油的对外依存度已达到 59.4%。高的原油对外依存度意味着我国石化企业一半以上的原料油要到国际期货和现货市场购买，一方面进一步推高的油价造成国内企业生产成本升高，竞争力变弱，另一方面国家能源安全受到严重威胁。②国内石油化工产业结构不合理，成品油生产过剩，优质烯烃生产原料(石脑油)供应不足。在我国原油对外依存度不断升高的同时，国内炼油生产能力和成品油生产量都严重过剩。2013 年国内炼油能力 6.27 亿 t，实际炼油 4.786 亿 t，成品油供过于求近 1000 万 t[218]。但是在成品油过剩的同时，国内烯烃生产原料(石脑油)却供应不足，烯烃产品市场存在巨大缺口。2013 年乙烯进口量 170.4 万 t[81]，丙烯进口量 264.1 万 t[219]，其他烯烃衍生物及产品的进口量更是巨大。③烯烃生产所使用的原料偏重，优质烯烃原料——石脑油主要依赖进口。国内乙烯蒸汽裂解装置的原料包括石脑油、轻柴油、加氢尾油、轻烃及抽余油等。2013 年的数据显示，国内乙烯装置使用石脑油原料所占比例最大，达到 61.4%，加氢尾油占 14%左右，轻烃占 10%左右[81]。2013 年国内石化行业丙烯生产能力构成为：蒸汽裂解占 42.3%，催化裂化占 44.5%，丙烷脱氢占 3.0%[219]。我国生产的原油偏重，石脑油主要依赖进口，且供应紧张，制约了烯烃产业的发展。④面对国际烯烃生产的原料轻质化趋势，国内烯烃的生产成本高，市场竞争力减弱。中东、北美的乙烯生产原料逐渐以更加廉价的天然气、乙烷为主，烯烃生产成本显著降低。以 2012 年为例，中东的天然气基乙烯和美国的乙烷基乙烯成本分别只有石油基乙烯成本的 30%和 38%，中东地区的聚丙烯成本只有我国的 75%[101]。因此，我国烯烃产业同时面临着开工原料不足和产品失去市场竞争力的严峻挑战。

1.4.3　甲醇制烯烃在我国的地位

　　我国富煤、贫油、少气的资源状况决定了甲醇制烯烃在国家能源化工产业中的战略定位。2011 年的数据表明，我国煤炭 1145 亿 t，占世界探明储量的 13.3%，居世界第三位[220,221]。而我国石油的探明储量为 147 亿桶，占世界探明储量的 0.9%，天然气探明储量 3.1 万亿 m^3，占世界探明储量的 1.5%。2012 年我国能源消费结构数据显示，煤炭占 66.6%，石油占 18.8%，天然气占 5.2%，其余水电、风电、核电占 9.4%[220]。从数据可以看出，中国化石能源消费结构中，石油消费比例严重背离储量，因此我国石油的对外依存度会长期居高不下，甚至逐渐增加。解决这一困境的唯一方式是寻找合适的石油替代品，逐渐降低石油消费的比例。石油替代主要包括两个方面，一是生产燃料的石油替代品，另一个是生产化工产品的石油替代品。在生产燃料的石油替代技术中，煤制油技术适合我国国情，也能有效缓解石油资源紧缺的压力，是当前煤代油技术发展的重点方向[222]。生物质燃料具有可持续性和可再生性，符合未来清洁能源的战略目标，只是当前技术还未成熟，应用道路比较漫长[223]。甲醇制烯烃是生产化工产品的石油替代路线的突出代表，该技术对于解决我国当前面临的能源问题具有重要的战略意义和现实意义[224]。

甲醇制烯烃技术可以使我国成功摆脱烯烃产品对石油资源的严重依赖，发挥国内资源优势，有效降低石油对外依存度。甲醇来源广泛，煤、天然气、生物质等通过造气过程都能够高效地合成甲醇[225]。煤和天然气通过造气过程合成甲醇是当前最为成熟的工业化技术[225]。我国煤炭资源相对丰富，利用甲醇制烯烃技术可以充分发挥国内资源优势，利用煤炭资源来生产烯烃，降低石油的消费量，减少原油进口。我国原油偏重，石脑油资源严重不足[226,227]，中东地区原油较轻，进口石油的一个主要目的是为了给国内石脑油蒸汽裂解装置提供反应原料，采用甲醇制烯烃技术就可以减轻烯烃生产对国外轻油的依赖。国内采用甲醇制烯烃的另外一个思路就是改进口原油为进口甲醇[228]。国外甲醇生产主要集中在天然气资源富集地，装置规模大，生产成本低，进口甲醇具有价格优势。预计 2015 年全球甲醇生产能力将超过 1 亿 t/a，甲醇产能过剩将成必然[228]。因此，从未来发展形势来看，相比进口原油，我国进口甲醇在商业操作上主动性更强。当前，国内宁波的甲醇制烯烃工业装置就是采用进口甲醇作为原料，商业化运行非常成功，验证了该条路线的可行性[229]。

甲醇制烯烃技术将有助于我国石油化工产业的结构优化和调整。我国炼油能力过剩、行业布局分散和平均规模较低，部分炼厂生产的石脑油数量有限，难以配套合理经济规模的乙烯生产装置[101]。甲醇制烯烃技术可以有效缓解国内烯烃市场供需矛盾对石化产业的压力，能够使石化产业放下包袱进行结构调整和资源优化，进一步促进我国石油化工产业链化、一体化、基地化、集约化的发展。甲醇制烯烃技术的应用也将有助于我国发展和建立完善和成熟的现代煤化工产业，从而形成与石油化工产业优势互补、相互联动、相辅相成的化工产业格局。

另外，受国际上烯烃原料轻质化的影响，国际烯烃产品价格优势明显，我国以石脑油为主要原料的烯烃产业面临着非常严酷的市场竞争。相比国内石脑油蒸汽裂解，甲醇制烯烃路线的烯烃成本更低。因此，甲醇制烯烃技术可以有效抵御进口烯烃对国内烯烃市场的冲击，对于提高我国烯烃产品的国际竞争力具有重要意义。

经过几十年的努力，我国发展出具有知识产权的甲醇制烯烃成套技术，开发并建设了世界首套每年生产 60 万 t 烯烃的神华包头煤制烯烃示范工程，采用大连化物所开发的 DMTO 技术，商业化运行顺利，在为企业创造出可观利润的同时，也为国家解决当前烯烃的供需矛盾提供了一条切实可行的技术途径[230]。在首套甲醇制烯烃成功商业化示范工程的带动下，截至 2015 年 3 月，甲醇制烯烃产能已达到 453 万 t，2014 年产量达到 236.6 万 t。甲醇制烯烃工业化运行的成功为拓宽烯烃原料来源、进一步推进石油替代战略奠定了基础。

1.4.4　甲醇制烯烃与石油化工的关系

在石油化工产业崛起之前，煤化工和天然气化工一直承担着为社会提供各种化工产品的主要任务。随着石油化工产业的发展壮大，传统煤化工和天然气化工的角色也在转变，生产烯烃、芳烃的主要任务改由石油化工承担。煤化工和天然气化工在化肥、氯碱化工等领域仍然发挥着重要作用[231,232]。由于经济、环境和技术等众多因素限制，通过石油资源生产的化工产品的质量、数量及经济性逐渐体现出优势，因而石油化工在烯烃、芳烃等现代生活所必需的大宗化学品生产中占主导地位，煤化工、天然气化工与石油化工产业功能逐渐分化。煤化工以生产甲醇、焦炭、电石、合成氨为主[231]，天然气化工以生产甲醇、合成氨、氢气、乙炔等为主[232]，石油化工以生产"三烯、三苯"等具有更高附加值的产品为主[6]。这种分化产生的弊端是，煤化工、天然气化工与石油化工之间不能形成有效的互联、互动、互补，尤其在石油化工产业遭遇石油资源短缺的困境时，一些关键的大宗化工产品供应出现危机，例如烯烃。甲醇制烯烃技术的出现恰好解决了这一问题。

甲醇制烯烃成为了联系煤化工、天然气化工与石油化工的重要的桥梁和纽带。从煤和天然气出发，经合成气生产甲醇技术是最成熟的工业技术之一，甲醇的生产量巨大，在世界基础有机化工原料中仅次于乙烯、丙烯和苯，位居第四位[233]。在现有的甲醇消费结构中，排在第一位的是生产甲醛(33%)，第二位是生产二甲醚(21%)，第三位是作为燃料使用(16%)，第四位是生产甲基叔丁基醚(MTBE)(15%)，第五位是生产醋酸(9.8%)[234]。而甲醇制烯烃技术能够将甲醇与消费量最大的乙烯和丙烯相关联，甲醇在基础有机化工原料中的地位将大大提升。因此甲醇制烯烃技术将煤化工、天然气化工与石油化工三大产业紧密地联系在了一起，共同生产最为重要的三种基础有机化学品——乙烯、丙烯和甲醇。从另一个角度来看，甲醇制烯烃技术打通了煤化工、天然气化工通往石油化工的道路，从而有助于建立全新的现代煤化工和天然气化工产业。烯烃的生产不再受石油资源的制约，这对保障国家能源安全极为重要。

甲醇制烯烃技术打通煤化工、天然气化工通往石油化工的道路并不意味着石油制烯烃产业被完全代替，该技术只是石油制烯烃产业的必要补充。相比甲醇制烯烃，石油制烯烃产业不仅仅能够提供乙烯、丙烯两种大宗化工基本原料，其产品更加多元化。例如：石脑油蒸汽裂解制烯烃不仅能够提供乙烯和丙烯，还是大宗基础化学品芳烃(苯、甲苯、二甲苯)的主要来源，另外橡胶工业的基本单体原料丁二烯、异戊二烯也主要通过蒸汽裂解过程来获得[6]。在流化床催化裂化过程中，丙烯只是副产品，其更主要的任务是提供汽、煤、柴、润四大油品[235]。因此，石油制烯烃产业在石油化工中的基础地位在很长一段时间内不可动摇，甲醇制烯烃产业将起到重要的辅助作用，与石油烯烃产业长期共存，共同确保烯烃市场的稳定。

参 考 文 献

[1] Encyclopaedia Britannica Inc. Olefin. Encyclopaedia Britannica Online Academic Edition. http://academic. eb. com/Ebchecked/topic/15710/olefin. 2014-12-01

[2] 中华人民共和国标准. 车用汽油(GB 17930—2011), 2011

[3] Friebe L, Nuyken O, Obrecht W. Neodymium-based Ziegler/Natta catalysts and their application in diene polymerization. Advances in Polymer Science, 2006, 204: 1-154.

[4] Kioupis L I, Maginn E J. Molecular simulation of poly-alpha-olefin synthetic lubricants: Impact of molecular architecture on performance properties. Journal of Physical Chemistry B, 1999, 103(49): 10781-10790

[5] Shubkin R L, Baylerian M S, Maler A R. Olefin oligomer synthetic lubricants-structure and mechanism of formation. Industrial & Engineering Chemistry Product Research and Development, 1980, 19(1): 15-19

[6] 王松汉, 何细藕. 乙烯工艺与技术. 北京: 中国石化出版社, 2000: 3-5

[7]　王松汉, 何细藕. 乙烯工艺与技术. 北京: 中国石化出版社, 2000: 1

[8]　王松汉, 何细藕. 乙烯工艺与技术. 北京: 中国石化出版社, 2000: 83

[9]　Corma A, Melo F V, Sauvanaud L, et al. Different process schemes for converting light straight run and fluid catalytic cracking naphthas in a FCC unit for maximum propylene production. Applied Catalysis a-General, 2004, 265(2): 195-206

[10]　Degnan T F, Chitnis G K, Schipper P H. History of ZSM-5 fluid catalytic cracking additive development at Mobil. Microporous and Mesoporous Materials, 2000, 35-6(2): 245-252

[11]　Wei Y X, Liu Z M, Wang G W, et al. Production of light olefins and aromatic hydrocarbons through catalytic cracking of naphtha at lowered temperature. Studies in Surface Science & Catalysis, 2005, 158: 1223-1230

[12]　Yoshimura Y, Kijima N, Hayakawa T, et al. Catalytic cracking of naphtha to light olefins. Catalysis Surveys from Japan, 2000, 4(2): 157-167

[13]　王建明. 催化裂解生产低碳烯烃技术和工业应用的进展. 化工进展, 2011, 30(5): 911-917

[14]　王巍, 谢朝钢. 催化裂解(DCC)新技术的开发与应用. 石油化工技术经济, 2005, 21(1): 8-13

[15]　Bhasin M M, McCain J H, Vora B V, et al. Dehydrogenation and oxydehydrogenation of paraffins to olefins. Applied Catalysis a-General, 2001, 221(1-2): 397-419

[16]　Cavani F, Trifiro F. The oxidative dehydrogenation of ethane and propane as an alternative way for the production of light olefins. Catalysis Today, 1995, 24(3): 307-313

[17]　Frey F E, Huppke W F. Equilibrium dehydrogenation of ethane, propane, and the Butanes. Industrial and Engineering Chemistry, 1933, 25: 54-59

[18]　赵万恒. 低碳烷烃脱氢技术评述. 化工设计, 2000, 10(3): 11-13, 36

[19]　Zhang Y, Zhou Y, Xu Y, et al. Research progress of propane dehydrogenation catalysts. Chemical Industry and Engineering Progress, 2005, 24(7): 729-732

[20]　Mol J C. Industrial applications of olefin metathesis. Journal of Molecular Catalysis a-Chemical, 2004, 213(1): 39-45

[21]　Oneill P P, Rooney J J. Direct transformation of ethylene to propylene on an olefin metathesis catalyst. Journal of the American Chemical Society, 1972, 94(12): 4383

[22]　Zhang H. Advances in catalytic conversion of C_4 olefin to propylene. Petrochemical Technology, 2008, 37(6): 637-642

[23]　Wang J M. Development of catalytic cracking to produce low carbon olefins and its commercialization. Chemical Industry and Engineering Progress, 2011, 30(5): 911-917

[24]　Nan H, Wen Y, Wu X, et al. Recent development of methanol to olefins technology. Modern Chemical Industry, 2014, 34(7): 41-46

[25]　Wu X. Latest progress of coal to light olefins industrial demonstration project. Chemical Industry and Engineering Progress, 2014, 33(4): 787-794

[26]　Xiang D, Peng L, Yang S, et al. A review of oil-based and coal-based processes for olefins production. Chemical Industry and Engineering Progress, 2013, 32(5): 959-970

[27]　Morschbacker A. Bio-ethanol based ethylene. Polymer Reviews, 2009, 49(2): 79-84

[28]　Lunsford J H. Catalytic conversion of methane to more useful chemicals and fuels: A challenge for the 21st century. Catalysis Today, 2000, 63(2-4): 165-174

[29]　Mleczko L, Baerns M. Catalytic oxidative coupling of methane-reaction-engineering aspects and process schemes. Fuel Processing Technology, 1995, 42(2-3): 217-248

[30]　Wang H, Liu Z M. Progress in direct conversion of methane. Progress in Chemistry, 2004, 16(4): 593-602

[31]　Snel R. Olefins from syngas. Catalysis Reviews-Science and Engineering, 1987, 29(4): 361-445

[32]　Dong L, Yang X, 杨学萍. New advances in direct production of light olefins from syngas. Petrochemical Technology, 2012, 41(10): 1201-1206

[33]　IFAG. Substance database. Linolic acid Alemanha,2011. http://gestis-en.itrust.de/nxt/gateway.dll/gestis_en/l/014230.xml

[34] Evnin A B, Rabo J A, Kasai P H. Heterogeneously catalyzed vapor-phase oxidation of ethylene to acetaldehyde. Journal of Catalysis, 1973, 30(1): 109-117

[35] Stewart T D, Weidenbaum B. The reaction between ethylene and chlorine in the presence of chlorine acceptors the photochlorination of ethylene. Journal of the American Chemical Society, 1935, 57: 2036-2040

[36] Nozaki K, Ogg R A. Halogen addition to ethylene derivatives. I. Bromine additions in the presence of bromide ions. Journal of the American Chemical Society, 1942, 64: 697-704

[37] Terakawa A, Nakanish J, Hirayama T. Radiation-induced addition of hydrogen chloride to ethylene. Bulletin of the Chemical Society of Japan, 1966, 39(5): 892

[38] Zaera F, Somorjai G A. Hydrogenation of ethylene over platinum(111) single-crystal surfaces. Journal of the American Chemical Society, 1984, 106(8): 2288-2293

[39] Haber J, Pamin K, Matachowski L, et al. Potassium and silver salts of tungstophosphoric acid as catalysts in dehydration of ethanol and hydration of ethylene. Journal of Catalysis, 2002, 207(2): 296-306

[40] Becker K A, Karge H G, Streubel W D. Benzene alkylation with ethylene and propylene over h-mordenite as catalyst. Journal of Catalysis, 1973, 28(3): 403-413

[41] Sussfink G. Cluster anion (HRu$_3$(CO)$_{11}$) as catalyst in hydroformylation of ethylene and propylene. Journal of Organometallic Chemistry, 1980, 193(1): C20-C22

[42] Alt H G, Koppl A. Effect of the nature of metallocene complexes of group IV metals on their performance in catalytic ethylene and propylene polymerization. Chemical Reviews, 2000, 100(4): 1205-1221

[43] Bohm L L. The ethylene polymerization with Ziegler catalysts: Fifty years after the discovery. Angewandte Chemie-International Edition, 2003, 42(41): 5010-5030

[44] McDaniel M P. Supported chromium catalysts for ethylene polymerization. Advances in Catalysis, 1985, 33: 47-98

[45] Small B L, Brookhart M. Iron-based catalysts with exceptionally high activities and selectivities for oligomerization of ethylene to linear alpha-olefins. Journal of the American Chemical Society, 1998, 120(28): 7143-7144

[46] Pelofsky A H. Propylene-sulfuric acid reaction. Industrial & Engineering Chemistry Product Research and Development, 1972, 11(2): 187

[47] Ogata Y, Aoki K. Haloacyloxylation. 2. Addition of bromine or chlorine to propylene in presence of peracetic acid. Journal of Organic Chemistry, 1966, 31(12): 4181

[48] Huang J, Haruta M. Gas-phase propene epoxidation over coinage metal catalysts. Research on Chemical Intermediates, 2012, 38(1): 1-24

[49] Kaiser J R, Beuther H, Odioso R C, et al. Direct hydration of propylene over ion-exchange resins. Industrial & Engineering Chemistry Product Research and Development, 1962, 1(4): 296

[50] Kaeding W W, Holland R E. Shape-selective reactions with zeolite catalysts. 6. Alkylation of benzene with propylene to produce cumene. Journal of Catalysis, 1988, 109(1): 212-216

[51] Oden E C, Burch W J. Alkylation of isobutane with propylene - commercial production using sulfuric acid catalyst. Industrial and Engineering Chemistry, 1949, 41(11): 2524-2530

[52] Callahan J L, Grassell R K, Milberge E C, et al. Oxidation and ammoxidation of propylene over bismuth molybdate catalyst. Industrial & Engineering Chemistry Product Research and Development, 1970, 9(2): 134

[53] Ewen J A. Mechanisms of stereochemical control in propylene polymerizations with soluble group-4b metallocene methylalumoxane catalysts. Journal of the American Chemical Society, 1984, 106(21): 6355-6364

[54] Natta G, Sartori G, Mazzanti G, et al. Ethylene-propylene copolymerization in presence of catalysts prepared from vanadium triacetylacetonate. Journal of Polymer Science, 1961, 51(156): 411

[55] 舒朝霞, 骆红静. 2013年世界和中国石化工业综述. 国际石油经济, 2014, 22(5): 35-42

[56] Shen J, Chen J, Hong C, et al. Status and development trends of styrene production. Modern Chemical Industry, 2011, 31(11): 9-11

[57] Pang J, Zheng M, Jiang Y, et al. Progress in ethylene glycol production and purification. Chemical Industry and Engineering Progress, 2013, 32(9): 2006-2014

[58] Wang H. Present staturs and progress in the manufacturing technology of vinyl chloride. Petrochemical Technology, 2002, 31(6): 483-487

[59] Wang L. Progress in production technology of acetic Acid. Petrochemical Technology, 2005, 34(8): 797-801

[60] 吴鑫干, 刘含茂. 丙酸的合成方法及其生产与应用. 精细石油化工, 2003(2): 60-64

[61] 顾卫民. 乙烯直接氯化生产二氯乙烷的技术进展. 中国氯碱, 2006(3): 21-22

[62] 郝丛, 蒋子超, 武朋涛, 等. 二氯乙烷裂解制取氯乙烯的研究. 现代化工, 2013, 33(11): 89-92

[63] 郭子方, 陈伟, 李杨, 等. 乙烯齐聚制备高级 α-烯烃的研究新进展. 合成树脂及塑料, 2003, 20(5): 61-66

[64] 孙继卫. 乙烯水合乙醇的反应工艺的工程改进研究. 北京: 北京化工大学硕士学位论文, 2000

[65] 王玉瑛. 丙烯生产及市场分析// 2012 年 C4/C5/C9/C10 分离技术及资源综合利用论坛论文集, 2012: 265-273

[66] 张业, 周梅, 魏文珑, 等. 丙烯醛合成工艺及催化剂研究进展. 天然气化工, 2008, 33(2): 54-59

[67] 钱伯章, 朱建芳. 丙烯腈生产的国内外市场分析. 江苏化工, 2007, 35(1): 56-59

[68] 崔小明. 氯丙烯及其衍生产品的开发和利用. 氯碱工业, 2000(5): 17-19

[69] 杜泽学, 闵恩泽. 异丙苯生产技术进展. 石油化工, 1999, 28(8): 562-563

[70] 鲁凤兰. 丁辛醇: 技术进展及市场分析. 中国石油和化工(综合版), 2006, (1): 50-53

[71] 郑珍辉. 异丙醇生产技术进展. 化工科技, 2000, 8(1): 65-70

[72] 张君涛, 王海军, 张国利, 等. 丙烯齐聚催化剂的研究进展. 石油化工, 2008, 37(3): 305-311

[73] Encyclopaedia Britannica Inc. Polyethylene(PE). Encyclopaedia Britannica Online Academic Edition. Encyclopaedia Britannica Inc., 2014

[74] 张志国. 塑料热成型技术问答. 北京: 印刷工业出版社, 2012:23

[75] Encyclopaedia Britannica Inc. Polypropylene(PE). Encyclopaedia Britannica Online Academic Edition. Encyclopaedia Britannica Inc.http://academic. eb. com/EBchecked/topic/15762/olefin. 2014-12-01

[76] 百度百科. 聚丙烯,2014. http://baike. baidu. com/view/49047. htm?fr=aladdin

[77] 黄蕾蕾. 浅谈中国石油化工产业现状与竞争力分析. 中国石油和化工标准与质量, 2014(9): 224

[78] 宋婷. 乙烯工业发展动向. 乙烯工业, 2014(3): 1-4, 13

[79] 中国化工信息网. 全球乙烯市场将继续扩张. 工程塑料应用, 2014, (1): 87

[80] 张勇. 烯烃技术进展. 北京: 中国石化出版社, 2008: 20-50

[81] 高春雨.2013 年国内乙烯市场分析及 2014 年预测. 煤炭加工与综合利用, 2014, (2): 47-50

[82] 王松汉, 何细藕. 乙烯工艺与技术. 北京: 中国石化出版社, 2000:1-2

[83] 张勇. 烯烃技术进展. 北京: 中国石化出版社, 2008: 67-90

[84] 项东, 彭丽娟, 杨思宇, 等. 石油与煤路线制烯烃过程技术评述. 化工进展, 2013(5): 959-970

[85] 何细藕. 烃类蒸汽裂解制乙烯技术发展回顾. 乙烯工业, 2008, 20(2): 59-64

[86] 张勇. 烯烃技术进展. 北京: 中国石化出版社, 2008: 114-273

[87] 何细藕. 烃类蒸汽裂解原理与工业实践(一). 乙烯工业, 2008, 20(3): 49-55

[88] Rice F O. The thermal decomposition of organic compounds from the standpoint of free radicals. I. Saturated hydrocarbons. Journal of the American Chemical Society, 1931, 53(2): 1959-1972

[89] Rice F O. The thermal decomposition of organic compounds from the standpoint of free radicals. III. The calculation of the products formed from paraffin hydrocarbons. Journal of the American Chemical Society, 1933, 55: 3035-3040

[90] Rice F O, Dooley M D. The thermal decomposition of organic compounds from the standpoint of free radicals. XII. The decomposition of methane. Journal of the American Chemical Society, 1934, 56(7): 2747-2749

[91] Rice F O, Evering B L. The thermal decomposition of organic compounds from the standpoint of free radicals. IX. The combination of methyl groups with metallic mercury. Journal of the American Chemical Society, 1934, 56(7): 2105-2107

[92] Rice F O, Glasebrook A L. The thermal decomposition of organic compounds from the standpoint of free radicals. Ⅺ. The methylene radical. Journal of the American Chemical Society, 1934, 56(7): 2381-2383

[93] Rice F O, Glasebrook A L. The thermal decomposition of organic compounds from the standpoint of free radicals. Ⅹ. The identification of methyl groups as dimethyl ditelluride. Journal of the American Chemical Society, 1934, 56(7): 2472

[94] Rice F O, Herzfeld K F. The thermal decomposition of organic compounds from the standpoint of free radicals. Ⅵ. The mechanism of some chain reactions. Journal of the American Chemical Society, 1934, 56: 284-289

[95] Rice F O, Johnston W R. The thermal decomposition of organic compounds from the standpoint of free radicals. V. The strength of bonds in organic molecules. Journal of the American Chemical Society, 1934, 56: 214-219

[96] Rice F O, Johnston W R, Evering B L. The thermal decomposition of organic compounds from the standpoint of free radicals. Ⅱ. Experimental evidence of the decomposition of organic compounds into free radicals. Journal of the American Chemical Society, 1932, 54: 3529-3543

[97] Rice F O, Rodowskas E L. The thermal decomposition of organic compounds from the standpoint of free radicals. ⅩⅢ. The decomposition of ethyl nitrite. Journal of the American Chemical Society, 1935, 57(1): 350-352

[98] Rice F O, Whaley F R. The thermal decomposition of organic compounds from the standpoint of free radicals. Ⅷ. A comparison of the thermal and electrical decomposition of organic compounds into free radicals. Journal of the American Chemical Society, 1934, 56: 1311-1313

[99] Rich F O, Glasebrook A L. The thermal decomposition of organic compounds from the standpoint of free radicals. Ⅶ. The ethylidene radical. Journal of the American Chemical Society, 1934, 56: 741-743

[100] 袁晴棠. 关于优化乙烯原料的若干思考. 当代石油石化, 2001, 9(10): 5-10

[101] 袁晴棠. 应对世界石化产业格局重大变化的对策思考. 当代石油石化, 2013, 21(7): 1-6, 14

[102] 张勇. 烯烃技术进展. 北京: 中国石化出版社, 2008: 8

[103] 互动百科. 管式裂解炉. http://www.baike.com/wikdoc/sp/qr/history/version.do?ver=1&hisiden=oX, FlBVUV, HBQAIRF-pbWUlWRQ, 2014

[104] Kuritsyn V A, Arapov D V, Ekimova A M, et al. Modeling of pyrolysis of straight-run naphtha in a large-capacity type SRT-Ⅵ furnace. Chemistry and Technology of Fuels and Oils, 2008, 44(3): 180-189

[105] Fernandezbaujin J M, Solomon S M. Industrial application of pyrolysis technology - lummus srt-3 module. Acs Symposium Series, 1976(32): 345-372

[106] 王子宗, 何细藕. 乙烯装置裂解技术进展及其国产化历程. 化工进展, 2014, (1): 1-9

[107] Ji Y, Zhang Y, Liu J, et al. Optimization of cracking pyrolysis performance with heavy hydrocarbons and naphtha as materials in the SC-1 cracking furnace. Modern Chemical Industry, 2011, 31(10): 72-74

[108] Jones D C, Holland W S C W F, Sethness J C L E D, et al. Sc series semi-continuous gas-liquid quench furnaces. Metallurgy and Metal Forming, 1972, 39(8): 299

[109] 王基铭, 袁晴棠. 石油化工技术进展. 北京: 中国石化出版社, 2002: 24

[110] Chen J, Maddock M J. How much spare heater for ethylene plants. Hydrocarbon Processing, 1973, 52(5): 147-150

[111] 张勇. 烯烃技术进展. 北京: 中国石化出版社, 2008: 13

[112] 梁奇, 高利珍, 李庆, 等. 乙烷脱氢制乙烯研究动向. 石油与天然气化工, 1999, 28(3): 160-162

[113] 余长林, 葛庆杰, 徐恒泳, 等. 丙烷脱氢制丙烯研究新进展. 化工进展, 2006, 25(9): 977-982

[114] Barias O A, Holmen A, Blekkan E A. Propane dehydrogenation over supported Pt and Pt-Sn catalysts: Catalyst preparation, characterization, and activity measurements. Journal of Catalysis, 1996, 158(1): 1-12

[115] Derossi S, Ferraris G, Fremiotti S, et al. Propane dehydrogenation on chromia silica and chromia alumina catalysts. Journal of Catalysis, 1994, 148(1): 36-46

[116] Vincent R S, Lindstedt R P, Malik N A, et al. The chemistry of ethane dehydrogenation over a supported platinum catalyst. Journal of Catalysis, 2008, 260(1): 37-64

[117] 张一卫, 周钰明, 许艺, 等. 丙烷临氢脱氢催化剂的研究进展. 化工进展, 2005, 24(7): 729-732

[118] 林励吾, 杨维慎, 贾继飞, 等. 负载型高分散双组分催化剂的表面结构及催化性能研究. 中国科学 B 辑, 1999, 29(2): 109-117

[119] Bricker J C. Advanced catalytic dehydrogenation technologies for production of olefins. Topics in Catalysis, 2012, 55(19-20): 1309-1314

[120] Pujado P R, Vora B V. Make C_3-C_4 olefins selectively. Hydrocarbon Processing, 1990, 69: 65

[121] Feldman R J, Duffalo J M, Tucci E L, et al. Metal oxides as selective hydrogen combustion (SHC) catalysts. DeWitt Petrochemical Review, Houston, 1992, 1:1- 6

[122] Dunn R O, Brinkmeyer F M, Schuette G F. The Phillips STAR process for the dehydrogenation of C_3, C_4, and C_5 paraffins//Proceedings of the NPRA Annual Meeting, New Orleans, 1992: 22-24

[123] Boelt M, Zimmermann H. AIChE Spring Meeting, Houston, 1991: 26b

[124] Sanfilippo D, Buonomo F, Fusco G, et al. Fluidized-bed reactors for paraffins dehydrogenation. Chemical Engineering Science, 1992, 47(9-11): 2313-2318

[125] 张勇. 烯烃技术进展. 北京: 中国石化出版社, 2008: 114

[126] Cavani F, Ballarini N, Cericola A. Oxidative dehydrogenation of ethane and propane: How far from commercial implementation. Catalysis Today, 2007, 127(1-4): 113-131

[127] Donsi F, Williams K A, Schmidt L D. A multistep surface mechanism for ethane oxidative dehydrogenation on Pt- and Pt/Sn-coated monoliths. Industrial & Engineering Chemistry Research, 2005, 44(10): 3453-3470

[128] Flick D W, Huff M C. Oxidative dehydrogenation of ethane over a Pt-coated monolith versus Pt-loaded pellets: Surface area and thermal effects. Journal of Catalysis, 1998, 178(1): 315-327

[129] Morales E, Lunsford J H. Oxidative dehydrogenation of ethane over a lithium-promoted magnesium-oxide catalyst. Journal of Catalysis, 1989, 118(1): 255-265

[130] Conway S J, Lunsford J H. The oxidative dehydrogenation of ethane over chlorine-promoted lithium magnesium-oxide catalysts. Journal of Catalysis, 1991, 131(2): 513-522

[131] Botella P, Garcia-Gonzalez E, Dejoz A, et al. Selective oxidative dehydrogenation of ethane on MoVTeNbO mixed metal oxide catalysts. Journal of Catalysis, 2004, 225(2): 428-438

[132] Argyle M D, Chen K D, Bell A T, et al. Effect of catalyst structure on oxidative dehydrogenation of ethane and propane on alumina-supported vanadia. Journal of Catalysis, 2002, 208(1): 139-149

[133] Thorsteinson E M, Wilson T P, Young F G, et al. Oxidative dehydrogenation of ethane over catalysts containing mixed oxides of molybdenum and vanadium. Journal of Catalysis, 1978, 52(1): 116-132

[134] Buyevskaya O V, Wolf D, Baerns M. Ethylene and propene by oxidative dehydrogenation of ethane and propane-'Performance of rare-earth oxide-based catalysts and development of redox-type catalytic materials by combinatorial methods. Catalysis Today, 2000, 62(1): 91-99

[135] Chaar M A, Patel D, Kung H H. Selective oxidative dehydrogenation of propane over v-mg-o catalysts. Journal of Catalysis, 1988, 109(2): 463-467

[136] Khodakov A, Yang J, Su S, et al. Structure and properties of vanadium oxide zirconia catalysts for propane oxidative dehydrogenation. Journal of Catalysis, 1998, 177(2): 343-351

[137] Chen K D, Xie S B, Iglesia E, et al. Structure and properties of zirconia-supported molybdenum oxide catalysts for oxidative dehydrogenation of propane. Journal of Catalysis, 2000, 189(2): 421-430

[138] Fang Z M, Hong Q, Zhou Z H, et al. Oxidative dehydrogenation of propane over a series of low-temperature rare earth orthovanadate catalysts prepared by the nitrate method. Catalysis Letters, 1999, 61(1-2): 39-44

[139] Zhang W D, Zhou X P, Tang D L, et al. Oxidative dehydrogenation of propane over fluorine promoted rare earth-based catalysts. Catalysis Letters, 1994, 23(1-2): 103-106

[140] Jimenez-Lopez A, Rodriguez-Castellon E, Santamaria-Gonzalez J, et al. Insertion of porous chromia in gamma-zirconium phosphate and its catalytic performance in the oxidative dehydrogenation of propane. Langmuir, 2000, 16(7): 3317-3321

[141] Aaddane A, Kacimi M, Ziyad M. Oxidative dehydrogenation of ethane and propane over magnesium-cobalt phosphates $CO_xMg_{3-x}(PO_4)$ (2). Catalysis Letters, 2001, 73 (1): 47-53

[142] Xu A J, Getu Z R, Lin Q, et al. Study on M-Fe-O catalysts for oxidative dehydrogenation of propane to propene. Journal of Molecular Catalysis (China), 2007, 21 (5): 447-452

[143] 张勇. 烯烃技术进展. 北京: 中国石化出版社, 2008: 131-136

[144] Beretta A, Forzatti P, Ranzi E. Production of olefins via oxidative dehydrogenation of propane in autothermal conditions. Journal of Catalysis, 1999, 184 (2): 469-478

[145] Yokoyama C, Bharadwaj S S, Schmidt L D. Platinum-tin and platinum-copper catalysts for autothermal oxidative dehydrogenation of ethane to ethylene. Catalysis Letters, 1996, 38 (3-4): 181-188

[146] Bergh S, Cong P J, Ehnebuske B, et al. Combinatorial heterogeneous catalysis: Oxidative dehydrogenation of ethane to ethylene, selective oxidation of ethane to acetic acid, and selective ammoxidation of propane to acrylonitrile. Topics in Catalysis, 2003, 23 (1-4): 65-79

[147] Galownia J M, Wight A P, Blanc A, et al. Partially reduced heteropolyanions for the oxidative dehydrogenation of ethane to ethylene and acetic acid at atmospheric pressure. Journal of Catalysis, 2005, 236 (2): 356-365

[148] Choudhary V R, Uphade B S, Mulla S A R. Coupling of endothermic thermal-cracking with exothermic oxidative dehydrogenation of ethane to ethylene using a diluted SrO/La_2O_3 catalyst. Angewandte Chemie-International Edition in English, 1995, 34 (6): 665-666

[149] Collins J P, Schwartz R W, Sehgal R, et al. Catalytic dehydrogenation of propane in hydrogen permselective membrane reactors. Industrial & Engineering Chemistry Research, 1996, 35 (12): 4398-4405

[150] Wang H H, Cong Y, Yang W S. High selectivity of oxidative dehydrogenation of ethane to ethylene in an oxygen permeable membrane reactor. Chemical Communications, 2002 (14): 1468-1469

[151] Champagnie A M, Tsotsis T T, Minet R G, et al. A high-temperature catalytic membrane reactor for ethane dehydrogenation. Chemical Engineering Science, 1990, 45 (8): 2423-2429

[152] Mimura N, Takahara I, Inaba M, et al. High-performance Cr/H-ZSM-5 catalysts for oxidative dehydrogenation of ethane to ethylene with CO_2 as an oxidant. Catalysis Communications, 2002, 3 (6): 257-262

[153] Solymosi F, Nemeth R. The oxidative dehydrogenation of ethane with CO_2 over Mo_2C/SiO_2 catalyst. Catalysis Letters, 1999, 62 (2-4): 197-200

[154] Takahara I, Chang W C, Mimura N, et al. Promoting effects of CO_2 on dehydrogenation of propane over a SiO_2-supported Cr_2O_3 catalyst. Catalysis Today, 1998, 45 (1-4): 55-59

[155] Xu B J, Zheng B, Hua W M, et al. Support effect in dehydrogenation of propane in the presence of CO_2 over supported gallium oxide catalysts. Journal of Catalysis, 2006, 239 (2): 470-477

[156] 杨宏, 徐龙伢, 王清遐, 等. Cr 系催化剂上二氧化碳氧化乙烷脱氢制乙烯反应的研究. 石油与天然气化工, 2001, 30 (5): 215-217, 224

[157] 徐龙伢, 贾继飞, 杨力, 等. 二氧化碳与乙烷反应制乙烯的 M / Si-2 催化剂//第九届全国催化学术会议论文集. 北京: 海潮出版社, 1998:238-239

[158] Rahimi N, Karimzadeh R. Catalytic cracking of hydrocarbons over modified ZSM-5 zeolites to produce light olefins: A review. Applied Catalysis a-General, 2011, 398 (1-2): 1-17

[159] 张勇. 烯烃技术进展. 北京: 中国石化出版社, 2008: 149-161

[160] 张勇. 烯烃技术进展. 北京: 中国石化出版社, 2008: 192-220

[161] Zhao G L, Teng J W, Jin W Q, et al. Catalytic cracking C-4 olefins over P-modified HZSM-5 zeolite. Chinese Journal of Catalysis, 2004, 25 (1): 3-4

[162] Zhu X X, Liu S L, Song Y Q, et al. Catalytic cracking of C4 alkenes to propene and ethene: Influences of zeolites pore structures and Si/Al-2 ratios. Applied Catalysis a-General, 2005, 288 (1-2): 134-142

[163] Ji D, Wang B, Qian G, et al. A highly efficient catalytic C$_4$ alkane cracking over zeolite ZSM-23. Catalysis Communications, 2005, 6(4): 297-300

[164] Corma A, Mengual J, Miguel P J. Stabilization of ZSM-5 zeolite catalysts for steam catalytic cracking of naphtha for production of propene and ethene. Applied Catalysis a-General, 2012, 421: 121-134

[165] Liu D, Choi W C, Lee C W, et al. Steaming and washing effect of P/HZSM-5 in catalytic cracking of naphtha. Catalysis Today, 2011, 164(1): 154-157

[166] Wang G, Wu Y T, Xu C M, et al. Catalytic pyrolysis of fluid catalytic cracking gasoline for the production of light olefins. Journal of Fuel Chemistry and Technology, 2009, 37(5): 552-559

[167] Chen X, Zhang X, Han Z, et al. Preparation of lower olefins from fluid catalytic cracking gasoline. Petrochemical Technology, 2005, 34(10): 943-947

[168] Choi S, Kim Y S, Park D S, et al. Producing light olefin by catalytic cracking process involves supplying naphtha/kerosene feedstock into riser using fast fluidization regime; and separating effluent of the reaction into the catalyst and product of ethylene and propylene: WO,2007108573-A1. 2008

[169] Li Q, Wang L, Zhang Q, et al. Heavy oil deep catalytic cracking process in downer reactor to produce light olefins. Journal of Chemical Industry and Engineering (China), 2004, 55(7): 1103-1108

[170] Dai L, Gao Y, Hu D, et al. Production of low-carbon olefin and monocyclic aromatic hydrocarbon by mixing wax oil, cracking light circulation oil and/or catalytic cracking heavy circulation oil with hydrogen, and rectifying catalytic cracking gas and liquefied gas: CN,101747935-A. 2010

[171] Rana M S, Samano V, Ancheyta J, et al. A review of recent advances on process technologies for upgrading of heavy oils and residua.Fuel, 2007, 86(9): 1216-1231

[172] Haitao J I, Jun L, Zheng L I, et al. Cracking performance of olefins on zeolite catalyst. I. Cracking reaction rate and product distribution. Acta Petrolei Sinica. Petroleum Processing Section, 2008, 24(6): 630-634

[173] Ji H T, Li Z, Hou S D, et al. Cracking performance of olefins on zeolite catalyst. II. Product selectivity patterns in olefin Cracking. Acta Petrolei Sinica. Petroleum Processing Section, 2009, 25(1): 14-19

[174] Chen C J, Rangarajan S, Hill I M, et al. Kinetics and thermochemistry of C4-C6 olefin cracking on H-ZSM-5. Acs Catalysis, 2014, 4(7): 2319-2327

[175] Kotrel S, Knozinger H, Gates B C. The Haag-Dessau mechanism of protolytic cracking of alkanes. Microporous and Mesoporous Materials, 2000, 35-6: 11-20

[176] Sato G, Ogata M, Ida T, et al. Catalyst composition for catalytic cracking of hydrocarbon and its preparation:JP,61227843.1986

[177] Shibahara N, Ito T. Method for catalytic cracking of heavy hydrocarbon oil:JP,63008481. 1988

[178] Mizutani Y, Iwana T, Tsujii M, et al. Catalyst composition for catalytic cracking of hydrocarbon oil and catalytic cracking method using same:JP,02086846. 1990

[179] 张勇. 烯烃技术进展. 北京: 中国石化出版社, 2008: 155

[180] Park Y K, Lee C W, Kang N Y, et al. Catalytic cracking of lower-valued hydrocarbons for producing light olefins. Catalysis Surveys from Asia, 2010, 14(2): 75-84

[181] Jobbs K. The DME prospect. Eur Chem News, 1996, 65(1710): 24

[182] Raad M, Zimmermmann H. 烯烃技术新进展//Linde A G. 石油化工新技术研讨会论文集, 北京. Linde AG Process Engineering and Contracting Division, 1995

[183] 谢朝钢, 汪燮卿, 郭志雄, 等. 催化热裂解(CPP)制取烯烃技术的开发及其工业试验. 石油炼制与化工, 2001, 32(12): 7-10

[184] 王大壮, 王鹤洲, 谢朝钢, 等. 重油催化热裂解(CPP)制烯烃成套技术的工业应用. 石油炼制与化工, 2013, 44(1): 56-59

[185] 王明党, 沙颖逊, 崔中强, 等. 重油接触裂解制乙烯的 HCC 工艺研究. 河南石油, 2002, 16(3): 50-52

[186] 沙颖逊, 崔中强, 王明党, 等. 重质油裂解制烯烃的 HCC 工艺. 石油化工, 1999, 28(9): 618-621

[187] 张今令, 谢鹏, 刘中民, 等. 烃类催化裂解和氧化耦合反应制低碳烯烃. 石油化工, 2006, 35 (3): 212-216

[188] 张今令, 谢鹏, 刘中民, 等. 烃类氧化催化裂解反应制低碳烯烃. 石油化工, 2005, 34 (z1): 82-84

[189] 吉媛媛, 王焕茹, 满毅, 等. ZSM-5 分子筛晶粒尺寸对石脑油催化裂解性能的影响. 石油化工, 2010, 39 (8): 844-848

[190] 郭敬杭, 吉媛媛, 郝雪松, 等. 石脑油催化裂解技术开发中的经济评估初析// 中国化工学会2010 年石油化工学术年会论文集. 石油工业, 2010, 增刊: 83-85

[191] 张勇. 烯烃技术进展. 北京: 中国石化出版社, 2008: 154-157

[192] 刘俊涛, 谢在库, 徐春明, 等. C$_4$ 烯烃催化裂解增产丙烯技术进展. 化工进展, 2005, 24 (12): 1347-1351

[193] 张勇. 烯烃技术进展. 北京: 中国石化出版社, 2008: 187

[194] 张勇. 烯烃技术进展. 北京: 中国石化出版社, 2008: 195-207

[195] 李涛. 国内外多产丙烯的催化裂化技术进展//2013 中国石油炼制技术大会论文集, 2013: 364-370

[196] 张勇. 烯烃技术进展. 北京: 中国石化出版社, 2008: 208-218

[197] Encyclopaedia Britannica Inc. Yves Chauvin. Encyclopaedia Britannica Online Academic Edition. Encyclopaedia Britannica Inc., 2014. http://academic. eb. com/EBchecked/topic/1090475/Yves-Chauvin

[198] 张勇. 烯烃技术进展. 北京: 中国石化出版社, 2008: 161

[199] Katz T J, McGinnis J. Mechanism of olefin metathesis reaction. Journal of the American Chemical Society, 1975, 97 (6): 1592-1594

[200] 冯静. 烯烃歧化技术在增产丙烯方面的工艺进展. 化学推进剂与高分子材料, 2006, 4 (3): 20-23

[201] 张勇. 烯烃技术进展. 北京: 中国石化出版社, 2008: 164-172

[202] 张勇. 烯烃技术进展. 北京: 中国石化出版社, 2008: 262-263

[203] 梅晓岩, 刘荣厚. 中国甜高粱茎秆制取乙醇的研究进展. 中国农学通报, 2010, 26 (5): 341-345

[204] 杨波, 周海. 生物质乙醇制乙烯技术研究进展. 化工技术与开发, 2009, 38 (12): 27-32

[205] Keller G E, Bhasin M M. Synthesis of ethylene via oxidative coupling of methane. Determination of active catalysts. Journal of Catalysis, 1982, 73 (1): 9-19

[206] Ito T, Lunsford J H. Synthesis of ethylene and ethane by partial oxidation of methane over lithium-doped magnesium-oxide. Nature, 1985, 314 (6013): 721-722

[207] 张志翔, 王凤荣, 苑慧敏, 等. 甲烷氧化偶联反应制乙烯的研究进展. 现代化工, 2007, 27 (3): 20-25

[208] 谢光全. 甲烷氧化偶联制乙烯进展. 天然气化工, 1999, 24 (4): 34-39

[209] 张勇. 烯烃技术进展. 北京: 中国石化出版社, 2008: 244-246

[210] 张丽平, 辛忠. 合成气直接制低碳烯烃研究进展. 应用化工, 2009, 38 (5): 731-736

[211] 张勇. 烯烃技术进展. 北京: 中国石化出版社, 2008: 247-248

[212] Benson S W, Weissman M A. Complete modeling of the production of higher hydrocarbons from methane using the reaction with chlorine at high-temperatures. Abstracts of Papers of the American Chemical Society, 1990, 199: 69-IAEC

[213] Guo X G, Fang G Z, Li G, et al. Direct, nonoxidative conversion of methane to ethylene, aromatics, and hydrogen. Science, 2014, 344 (6184): 616-619

[214] 徐海丰, 朱和. 中东北美乙烯生产优势及其对我国的影响. 国际石油经济, 2013, 21 (1): 111-115

[215] 梁晓霏, 江慧娟. 制备烯烃的各类原料的现状与发展前景. 石油化工技术与经济, 2011, 27 (1): 7-14

[216] 梁晓霏, 江慧娟. 制备烯烃的各类原料的现状与发展前景. 石油化工技术与经济, 2011, 27 (2): 5-10

[217] 许帆婷. 用技术的多元应对原料的多元——访中国工程院院士汪燮卿. 中国石化, 2014, (9): 45-47

[218] 洪定一. 2013 年我国石油化工行业进展回顾与展望. 化工进展, 2014, (7): 1633-1658

[219] 雷丽晶, 包雪莹. 我国丙烯市场供应格局预期. 化学工业, 2014, 32 (8): 19-21, 28

[220] 国家煤矿安全监察局. 中国煤炭工业年鉴 2012. 北京: 煤炭工业出版社, 2014: 1-56

[221] 中国化学工业年鉴编辑委员会. 中国化学工业年鉴(2011-2012). 下卷. 北京: 中国工业出版社, 2013: 114

[222] 王连勇, 蔡九菊, 冯杰, 等. 煤代油技术研究进展. 中国冶金, 2005, 15 (8): 45-48

[223] 闫强, 王安建, 王高尚, 等. 生物燃料进展研究. 安徽农业科学, 2009, 37(20): 9568-9571

[224] 朱杰, 崔宇, 陈元君, 等. 甲醇制烯烃过程研究进展. 化工学报, 2010, 61(7): 1674-1684

[225] Klier K. Methanol synthesis. Advances in Catalysis, 1982, 31: 243-313

[226] 李亚军, 李国庆, 华贲. 发展催化重整装置改善我国油品质量. 现代化工, 2005, 25(2): 5-8

[227] 姚国欣. 世界炼化一体化的新进展及其对我国的启示. 国际石油经济, 2009, 17(5): 11-19

[228] 龚华俊. 进口甲醇制烯烃可行性和竞争力分析. 化学工业, 2010, 28(10): 11-14

[229] 范中明, 陈丽萍. 沿海地区甲醇制烯烃项目的机遇与风险分析. 安徽化工, 2014(3): 15-18

[230] 吴秀章. 煤制低碳烯烃工业示范工程最新进展. 化工进展, 2014, 33(4): 787-794

[231] 顾宗勤. 煤化工产业发展分析. 化学工业, 2012(6): 7-11, 20

[232] 王熙庭. 天然气化工发展现状及前景展望. 化工进展, 2008, 27(z1): 301-308

[233] 李峰. 我国甲醇工业的发展与趋势分析. 煤化工, 2013, 41(1): 7-12

[234] 李静, 苏栋根. 甲醇市场现状与未来发展//中国石油化工信息学会. 2013中国石油炼制技术大会论文集.北京: 中国石化出版社, 2013: 392-397

[235] 伏胜军, 阮铃清, 胡建良. 催化裂化反应工艺技术进展. 科技创新导报, 2014(18): 94-97

第2章 甲醇制烯烃技术的研究与发展

甲醇转化为烃类的最早报道可以追溯到 1880 年，LeBel 和 Greene 发现甲醇与熔融的氯化锌接触可以生成六甲基苯和甲烷[1]，之后还发现固体氧化物催化剂，如 P_2O_5、Al_2O_3[2,3]、SiO_2-Al_2O_3[4]、$CoMoO_2$[5]等也能够催化转化甲醇。直到 20 世纪 70 年代，Mobil 公司的科学家偶然发现分子筛可以催化甲醇转化为烃类，且与同期发生的石油危机联系起来之后，该类反应才显示出巨大的意义，并得到广泛的关注。Mobil 公司随后对甲醇催化转化进行了系统的研究，以 ZSM-5 分子筛为基础，提出了著名的甲醇制汽油(methanol to gasoline, MTG)过程和甲醇制烯烃过程[6-8]，为石油替代描绘了可能的解决途径。

这些技术概念的提出距今已经四十多年，其间经历了石油价格的多次大幅度变动，MTG 和 MTO 技术的发展也历经了几轮的高潮和低谷，很多相关的研究计划中途停止，但也有一直坚持并最终成功工业应用的实例。美国 ExxonMobil 公司、UOP 公司、德国 Lurgi 公司及日本相关研究机构均较早开展甲醇制烯烃研究和开发，部分公司成功地开发了甲醇制烯烃技术并实现了工业化。如 UOP 和惠生公司合作，2013 年在南京建成了一套年产 29.5 万 t 烯烃的 MTO 装置并投产。德国 Lurgi 公司致力于甲醇制丙烯(MTP)技术开发，先后有三套 MTP 工业装置在神华宁夏煤业集团公司(以下简称神化宁煤)和大唐内蒙古多伦煤化工有限公司(以下简称大唐多伦)建成投产。

我国的科学家并非 MTO 研发的首先倡导者，但是最早从事 MTO 研究与开发的重要力量，从 20 世纪 80 年代初坚持至今，发展了 DMTO 技术，并于 2010 年成功应用于世界首套煤制烯烃装置。目前已经有中国神华煤制油化工有限公司包头煤化工分公司(以下简称神华包头)、宁波富德能源有限公司(以下简称宁波富德)、陕西延长中煤榆林能源化工有限公司(以下简称延长靖边)、中煤陕西榆林能源化工有限公司(以下简称中煤榆林)、宁夏宝丰能源集团有限公司(以下简称宁夏宝丰)、山东联泓新材料有限公司(原山东神达化工有限公司，以下简称山东神达)和蒲城清洁能源化工有限责任公司(以下简称蒲城能化)等 7 套 DMTO 工业装置投产运行，总产能已超过 400 万 t/a。近年来，中国石化集团公司(以下简称中石化)和清华大学也在开发自己的甲醇制烯烃工艺，其中，中石化的 S-MTO 工艺在河南建成了一套年产 20 万 t 烯烃的工业装置。MTO 技术之所以能够在我国首先应用，其原因不仅与技术有关，还与我国缺油、少气、富煤的资源禀赋、经济发展和国际石油价格及供求关系密切相关。

在本书更深入地介绍甲醇制烯烃的原理和技术之前，首先回顾和总结 MTO 技术的研究与发展，希望对于 MTO 技术的后续发展或其他新技术的研发具有借鉴意义。同时，为了全面了解技术进展，本章也对相关的 MTG 技术发展和国内外典型 MTO 技术进行了介绍。

2.1　MTO 技术在国外的研发情况

Mobil 公司的科学家偶然发现分子筛可以有效地催化甲醇转化为烃类之后，在 20 世纪 70 年代两次石油危机的促进下，一些国家和大型的国际化公司启动了相关研究计划。国外主要有 Mobil 公司、Exxon 公司、UOP 公司、德国 Lurgi 公司等。日本也联合国立实验室和一些公司启动了"烃类合成新途径(new synthetic route to hydrocarbon)"项目。

2.1.1　Mobil 公司的早期研究

Mobil 公司最早对分子筛催化甲醇转化为烃类开展了系统的研究。通过对不同分子筛的催化性能的考察建立了分子筛结构与催化性能，特别是产物分布之间的基本关系。表 2.1 为不同分子筛在 370℃的典型转化结果[9]。对比表 2.2 中甲醇在小孔分子筛上的转化结果[12]，可以明显地发现分子筛的形状选择性效应对转化产物的分布起到限制作用。中孔 ZSM-5 分子筛和 ZSM-11 分子筛的产物可以集中在汽油馏分。Mobil 公司基于中孔分子筛的产物分布特征，结合对反应影响因素(温度、压力、空速等)的系统考察结果，提出了甲醇制汽油的过程概念；随后该公司将催化剂选择性改进研究的目标集中在小分子烯烃，提出了甲醇制烯烃的技术概念[6-8]。

表 2.1　不同分子筛上甲醇转化结果(370℃，0.1MPa，LHSV=1h^{-1})[10]

产品组成	烃类分布/wt%				
	毛沸石(erionite)	ZSM-5	ZSM-11	ZSM-4	丝光沸石(mordenite)
C_1	5.5	1.0	0.1	8.5	4.5
C_2	0.4	0.6	0.1	1.8	0.3
C_2^{2-}	36.3	0.5	0.4	11.2	11.0
C_3	1.8	16.2	6.0	19.1	5.9
C_3^{2-}	39.1	1.0	2.4	8.7	15.7
C_4	5.7	24.2	25.0	8.8	13.8
C_4^{2-}	9.0	1.3	5.0	3.2	9.8
C_{5+}脂肪烃	2.2	14.0	32.7	4.8	18.6
A_6		1.7	0.8	0.1	0.4
A_7		10.5	5.3	0.5	0.9
A_8		18.0	12.4	1.3	1.0
A_9		7.5	8.4	2.2	1.0
A_{10}		3.3	1.5	3.2	2.0
A_{11+}		0.2		26.6	15.1

表 2.2　小孔分子筛上甲醇转化结果[11]

	项目	Erionite[a]	Zeolite T	Chabazite	ZK-5
反应条件	温度/℃	370	341~378	538	538
	压力/atm[b]	1	1	1	1
	LHSV (WHSV)/h⁻¹	1	(3.8)	c	c
	转化率/%	9.6	11.1	100	100
烃类/wt%	CH₄	5.5	3.6	3.3	3.2
	CH₂H₆	0.4	0.7	4.4	0
	C₂H₄	36.3	45.7	25.4	21.4
	C₃H₉	1.8	0	33.3	31.8
	C₃H₆	39.1	30.0	21.2	13.5
	C₄H₁₀	5.7	6.5	10.4	22.6
	C₄H₈	9.0	10.0		
	C₅₊	2.2	3.1	2.0	7.5

a. 脱铝型，SiO2/Al2O3=16。

b. 1atm=1.01325 × 10⁵Pa。

注：c 代表脉冲微型反应器，1μL MeOH，氦气为载气，500h⁻1 GHSV。

甲醇转化与反应条件关系密切[9]，不同压力和接触时间的影响如图 2.1～图 2.3 所示。MTG 一般在 0.01～0.1h 的接触时间范围内操作，基于反应机理，短的接触时间会产生多的低碳烯烃，甲醇转化率随接触时间增大而提高。

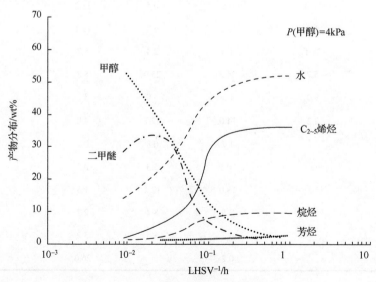

图 2.1　低压反应时产物分布[9]

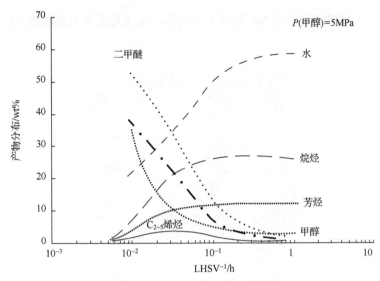

图 2.2　高压反应时产物分布[9]

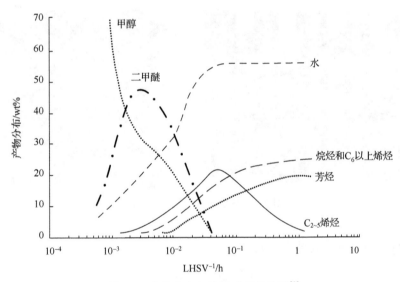

图 2.3　产物分布与接触时间的关系[9]

1. ZSM-5 分子筛

ZSM-5 是具有十元环孔道和 MFI 结构的硅铝分子筛,最早由 Argauer 和 Landolt 在 1972 年合成[12]。ZSM-5 分子筛在早期发展 MTG 和 MTO 过程中是至关重要的,目前也是广泛应用于工业技术的重要分子筛之一。对于 MTG 过程,目前仍无其他分子筛的性能优于该分子筛。几乎所有的固定床 MTO 技术均基于该分子筛。

ZSM-5 的化学组成为: $|Na_n^+(H_2O)_{16}|$ $[Al_nSi_{96-n}O_{192}]$-MFI, $n<27$。

ZSM-5 的晶体结构中包含了平行于(010)晶面的椭圆形(0.51nm×0.54nm)直通道和平行于[100]方向的近圆形(0.54nm×0.56nm)正弦孔道。在孔道交叉处形成了 0.89nm 的空间

（图 2.4、图 2.5）。ZSM-5 中的 Na$^+$ 被质子交换后，即成为氢型 HZSM-5，具有酸性和酸催化性能。

图 2.4　ZSM-5 分子筛骨架结构图

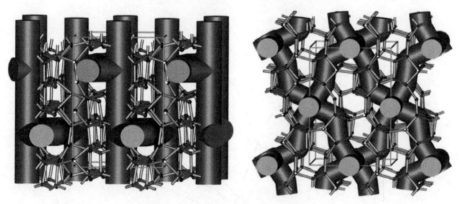

图 2.5　ZSM-5 孔道结构示意图

2. MTG 过程的研究发展与应用

Mobil 公司先后发展了固定床和流化床 MTG 过程。

1）固定床 MTG 技术

Mobil 公司在 1970 年完成了每天 4～8L 甲醇处理量的实验，之后进行了每天 640L 甲醇处理量的中试[13]。1982 年新西兰采用 Mobil 公司的 MTG 技术在 Motunui 建设年产 57 万 t 汽油的工厂[9,13-17]，该厂于 1985 年建成，1986 年投产。1996 年该厂甲醇制汽油部分停产。该技术还用于 2008 年在山西晋城建设 10 万 t/a 的甲醇制汽油工厂。

Mobil 固定床 MTG 流程示意如图 2.6[18] 所示。含水 17wt% 的粗甲醇升温至 300～320℃并加压至 2.6～2.7MPa 后，通过第一个绝热反应器利用氧化铝催化剂转化为二甲醚，然后直接进入装有 ZSM-5 分子筛的第二个绝热反应器转化为烃类。第二反应器的温度为 350～370℃（入口）、412～420℃（出口），压力 1.9～2.3MPa。产物经分离后，轻组分（主要是 C$_3$、C$_4$ 烯烃）循环至第二反应器，以增加汽油产率；重汽油馏分（≥170℃）进一步在多功能催化剂上转化(220~270℃，3.1~4.1MPa)，在保持辛烷值的情况下使均四甲苯含量从 5wt%降低至 2wt%。Motunui 工厂包括 5 个并列的 MTG 反应器，其中一个用于再生，再生周期为 20~50 天(依操作条件有所变化)。据报道，催化剂寿命可达两年。典型的收率、产物组成及产品如表 2.3 所示。烃类收率为 43.4%，其中 85%为汽油馏分产品。汽油 RON 辛烷值 92~95，MON 辛烷值为 82.6~83[18]。

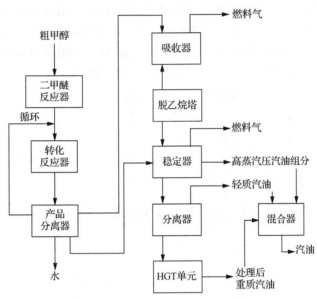

图 2.6　固定床 MTG 流程简图[18]

表 2.3　固定床 MTG 技术典型的收率、产物组成及产品[9]　　　　(单位：wt%)

参数		数值
收率	甲醇+二甲醚	0
	烃类	43.4
	水	56.0
	CO，CO_2	0.4
	焦炭，其他	0.2
产物组成	干气	1.4
	丙烷	5.5
	丙烯	0.2
	异丁烷	8.6
	正丁烷	3.3
	丁烯	1.1
	C_{5+}汽油	79.9
产品	汽油	85
	液化石油气	13.6
	燃料气	1.4

2)流化床 MTG 技术

Mobil 公司还发展了恒温流化床转化技术。1982~1985 年，在美国能源部和联邦德国科技部(BMFT)的支持下，Mobil 公司与德国伍德公司(Uhde GmbH)合作，在德国韦塞林(Wessling)建设了 4000t/a 的示范工厂[17,19,20]，运行约 8600h 以考察和优化条件[20]。典型的操作条件是：温度为 380～430℃，压力为 0.24～0.45MPa，甲醇空速为 0.5～1.3h^{-1}，气体线速度为 0.2～0.55m/s。催化剂连续反应-再生。C_3、C_4 等轻烯烃产物循环反应。与固定床相比，重汽油馏分中的均四甲苯含量不高，不必再进一步转化提质。流程示意如图 2.7 所示，典型的收率、产物组成及产品如表 2.4 所示。流化床技术与固定床的差别之一是产物分布不随时间变化，另外，轻烯烃与异丁烯的烷基化可以增加汽油收率，且汽油的辛烷值有所提高(RON 辛烷值 95，MON 辛烷值 85)。流化床在能耗和投资方面也显示了一定的优势。但到目前为止，流化床技术并没有得到工业应用。

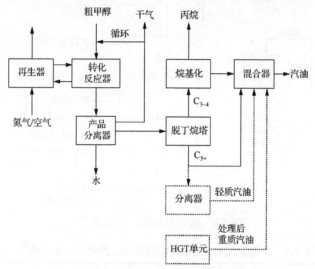

图 2.7　流化床 MTG 流程简图[18]

HGT(heavy gasoline treating)为重汽油处理

表 2.4　流化床 MTG 技术典型的收率、产物组成及产品[9]　　（单位：wt%）

参数		数值
收率	甲醇+二甲醚	0.2
	烃类	43.5
	水	56.0
	CO，CO_2	0.1
	焦炭，其他	0.2
产物组成	干气	5.6
	丙烷	5.9
	丙烯	5.0
	异丁烷	14.5
	正丁烷	1.7
	丁烯	7.3
	C_{5+}汽油	60.0

续表

参数		数值
产物组成	异链烷烃	44.6
	正链烷烃	9.2
	烯烃	16.5
	环烷烃	5.0
	芳烃	24.7
产品	汽油(含烷基化)	88.0
	液化石油气	6.4
	燃料气	5.6

3. Mobil 公司 MTO 过程发展

Mobil 公司在完成实验室 160t/a(4BPD，4 桶/d)装置的实验基础上，对在德国韦塞林建设的 4000t/a 的流化床 MTG 技术示范工厂进行改造，开展了 MTO 的研究和示范工作[25-27]。简化的流程如图 2.8 所示。

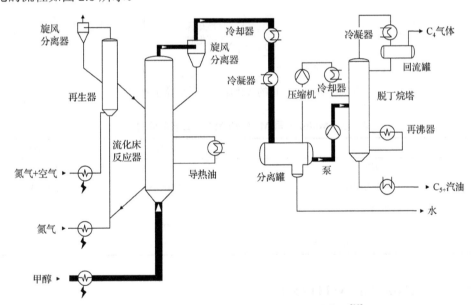

图 2.8　Mobil 公司的流化床 MTO 流程示意图[28]

反应系统包括一个内置取热盘管的密相流化床反应器(内径 0.6m，高 18m)和催化剂再生器，可以实现催化剂的连续反应-再生。反应器示意图如图 2.9 所示。

示范工厂在 MTG 和 MTO 两种模式下的操作条件对比如表 2.5 所示。可以看出，MTO 采用了更高的反应温度。利用该装置，考察和优化了操作条件，包括乙烯循环反应模式。据称，乙烯循环可以提高丙烯选择性。丙烷/丙烯比(定义为反应指数或选择性指数、R-因子)随反应循环时间延长而降低，原因是烯烃选择性提高。升高温度可以提高烯烃选择性，但同时造成积碳和低碳烷烃增加；减压也有利于烯烃选择性提高。稳态操作甲醇转化率可以达到 99.9%(催化剂碳含量固定)。

利用该装置，进行了 3600h MTO 试验，甲醇累积处理量为 2130t[21]。

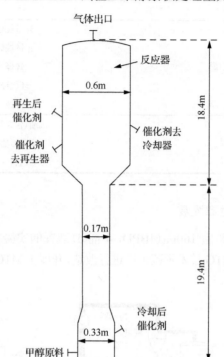

图 2.9　Mobil 公司的流化床中试反应器示意图。

表 2.5　Mobil 公司 MTG 和 MTO 工艺条件对比[21]

工艺条件	MTG	MTO
温度/℃	380～430	470～515
压力/kPa	270～450	220～350
甲醇进料/(kg/h)	500～1000	580～620
在线时间/h	8600	3600
在线系数(含计划停车)/%	65	57

2.1.2　ExxonMobil 的 MTO 技术

1999 年 11 月 30 日，Exxon 公司与 Mobil 公司合并成立 ExxonMobil 公司。在此之前，双方均分别开展了 MTO 方面的研究与开发。本次合并，使双方在分子筛合成、催化剂及工艺等方面的优势进行了全面联合。但该公司很少公开技术资料，在专利申请方面，美国 ExxonMobil 公司持有大量关于 MTO 工艺、催化剂方面的专利，其数量远远超过其他任何研究机构，其专利范围涉及分子筛合成、催化剂、反应器、反应工艺、装置操作方法等。可以判断出 ExxonMobil 公司仍在长期进行 MTO 过程的开发。据了解，1997 年左右，ExxonMobil 公司就计划进行提升管直径为 10in①的中试试验。ExxonMobil 公司

---

① 1in = 2.54cm。

网站的公开资料(2007 Financial & Operation Review)称，他们发展了很好的 MTO 技术，并将研究扩展至甲醇制芳烃项目。这里只能给出 ExxonMobil 的部分技术特征，具体结果可能不足以代表其水平。

从 ExxonMobil 公司一系列公开的 MTO 催化剂专利来看，其催化剂主要是模版剂为四乙基氢氧化铵(WO2003057627)的 SAPO-34 分子筛催化剂。同时，ExxonMobil 公司的专利中也强调通过减小 SAPO-34 分子筛晶体尺寸来提高低碳烯烃选择性(US200505256354)。ExxonMobil 公司 MTO 催化剂的典型组成为 40%的 SAPO-34 分子筛、10%的黏结剂和 50%的高岭土(WO2003000413)。

ExxonMobil 公司公开的 MTO 反应工艺专利覆盖面很广，包括早期的密相床反应器到后来的提升管反应器。其提升管反应器包括单提升管、双提升管和多提升管等多种形式。图 2.10 是专利公开的一种双提升管反应-再生系统。该系统采用了两个相同的提升管反应器，其顶部均与一个大型沉降器相连，用于收集反应后的催化剂颗粒。催化剂颗粒在沉降器顶部通过气固旋风分离器与产品气分开。沉降器中收集到的催化剂一部分循环返回提升管反应器。由于提升管反应器中催化剂停留时间仅为几秒，反应气体和催化剂接触时间短，催化剂结碳量少，因此催化剂循环可以增加催化剂结碳量。同时，为了保持催化剂活性，一部分催化剂颗粒从沉降器中被直接送到再生器烧碳再生。通过改变

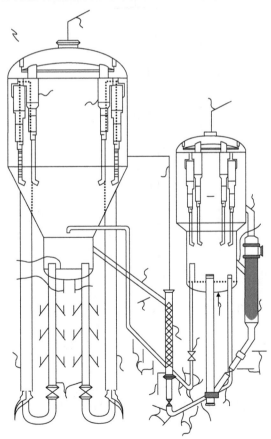

图 2.10　美国 ExxonMobil 公司 MTO 装置的反应-再生系统

返回提升管的催化剂量与再生催化剂量的比例，可以调节提升管反应器入口的催化剂积碳量。沉降器和再生器下游都设有汽提器，最大限度地减少催化剂携带产品气（或者烟气）到再生器（或者反应器）。提升管反应器的操作温度通过部分甲醇液相进料及改变催化剂循环量来控制。同时还在再生器侧设有催化剂外取热器，保证系统热量能及时移出。

根据专利（WO2001085871），ExxonMobil 公司 MTO 提升管反应器的操作气速大于 8m/s，反应温度约为 420℃，提升管温升为 25℃，乙烯和丙烯选择性约为 78%，并且乙烯、丙烯收率相当。使用提升管反应器的优点是可以借鉴 FCC 反应器设计的经验，可以液相甲醇进料。但是也会带来一系列问题，比如甲醇单程转化不完全，仅达到 93%，同时要求催化剂抗磨损性能好、活性高。

有专利公开了另一种从甲醇等含氧化合物生产烯烃的方法，所采用的反应-再生系统之一如图 2.11 所示。反应采用提升管反应器，反应器内催化剂量为 36kg，再生器内催化剂量为 200kg，催化剂总量为 300kg，甲醇进料量为 550kg/h（纯度为 95%，AA 级），反应温度为 490℃，反应物料线速度约为 6.5m/s，再生温度为 685℃。该专利称，提高反应区催化剂相对于反应区催化剂＋循环区催化剂的比例，可以改善产品质量（降低副产品量）。典型的反应结果如表 2.6 所示。

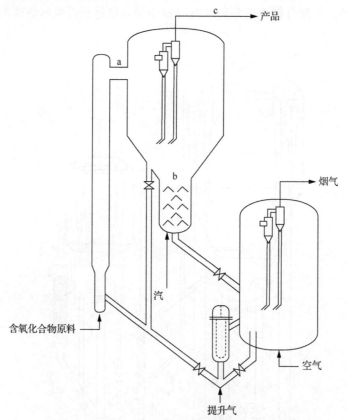

图 2.11 美国 ExxonMobil 公司的另一种 MTO 反应-再生系统示意图

表 2.6　ExxonMobil 公司在 USP6673978 中公开的反应结果

参数		取样点		
		a	b	c
流量(烃类 + 未转化甲醇) / (kg/h)		235	14.2	249
烃类组成(选择性)/wt%	乙烯	36.7	26.2	35.6
	丙烯	39.8	31.3	39.4
	甲烷+乙烷	2.04	5.67	2.37
	丙烷	2.77	8.43	3.46
	C_4	12.5	14.8	12.8
	C_{5+}	6.19	13.6	6.37

注：参照图 2.11a 代表离开反应区 309 进入 315 处；b 代表 333 处催化剂上部；c 代表反应气出口管线 345 处(反应温度 490℃，再生温度 685℃，催化剂总量 300kg，反应区催化剂量 36kg，甲醇(95%)进料 550kg/h)。

1999 年，ExxonMobil 公司在美国 Texas 的 Baytown 建立了规模为 60t/d 的全流程 MTO 中试装置，包括完整的深冷分离系统和聚烯烃系统。该 MTO 试验装置配套烯烃转化成汽油和馏分油 MOGD (mobil olefins to gasoline/distillates) 系统，可将 MTO 产品中的聚合级低碳烯烃转化为汽油和馏分油。

从公开渠道难以掌握 ExxonMobil 公司 MTO 开发的具体进展，该公司没有推介其 MTO 工艺，也没有任何有关 ExxonMobil 公司将建设大型化 MTO 工业化装置的报道。据悉，ExxonMobil 的目标是利用所掌握的技术通过烯烃产品占有市场，而不转让技术。

2.1.3　UOP/Hydro 的 MTO 技术及与烯烃裂解的联合技术

1988 年，美国联合碳化物公司的分子筛研究部门并入了 UOP 公司，UOP 公司在 SAPO-34 分子筛的基础上开发出了 MTO-100 甲醇转化制烯烃专用催化剂。1995 年 11 月，UOP 公司和挪威海德罗(Norsk Hydro)公司在南非第四次天然气转化国际会议上首次公布了他们联合开发的天然气经合成甲醇后进一步生产烯烃(乙烯、丙烯及丁烯)的 MTO 过程及中试装置的运行数据，并称该过程已可以实现年产 50 万 t 乙烯的工业化生产规模，可从挪威海德罗获得建厂许可证。两家公司合作在规模为 0.75t/d 甲醇进料的流化床中试装置上进行了 MTO 工艺和 MTO-100 催化剂性能试验，中试装置提升管的长度为 6m，内径为 0.1m，沉降段直径为 0.4m，沉降器内有两个旋风分离器，沉降器外还有一个旋风分离器，反应器的催化剂藏量快速床时为 5kg(鼓泡流化床时为 6kg)，再生器为鼓泡流化床，再生器催化剂藏量为 5~6kg。装置包括反应-再生系统和烯烃分离系统。根据报道，该装置连续运行了 90 多天，甲醇转化率接近 100%。通过反应苛刻度的调节，UOP 的 MTO 中试装置产物中乙烯和丙烯的质量比可在 0.75~1.5 调节。当 MTO 中试装置运行在乙烯收率最大模式时，乙烯、丙烯和丁烯的质量收率分别为 46%、30%和 9%，其余副产物为 15%。

据称，MTO-100 催化剂具有优良的耐磨性，其磨耗低于标准的 FCC 催化剂；具有良好的稳定性，经 450 次反应-再生循环后仍可保持稳定的活性和选择性；连续运行 90 天，甲醇转化率仍保持接近 100%。乙烯＋丙烯选择性(碳基)为 75%~80%，乙烯/丙烯在 0.75～1.25 可以通过改变反应条件进行调节，当乙烯、丙烯选择性相同时达到最佳的乙烯＋丙烯选择性，典型结果如表 2.7、图 2.12、图 2.13 所示。UOP 公司认为上述试验已取得放大至乙烯生产能力为 30 万～50 万 t/a 工业化装置的设计基础数据，推荐的工艺流程如图 2.14 所示。

表 2.7　UOP/Hydro MTO 技术的典型产物比例

产品/wt%	高乙烯方案	高丙烯方案
乙烯	0.57	0.43
丙烯	0.43	0.57
丁烯及以上	0.19	0.28
$C_3^=/C_2^=$	0.77	1.33

注：资料来源www.uop.com，2006-7-30。

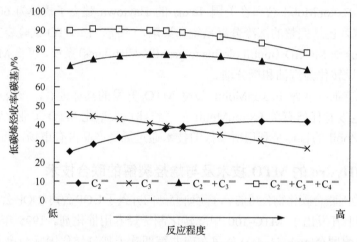

图 2.12　UOP/Hydro MTO 中试结果：低碳烯烃选择性(高纯度甲醇进料)[24]

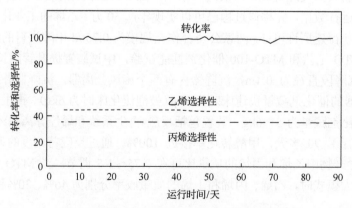

图 2.13　UOP/Hydro MTO 技术中试典型结果

资料来源：UOP 技术交流资料

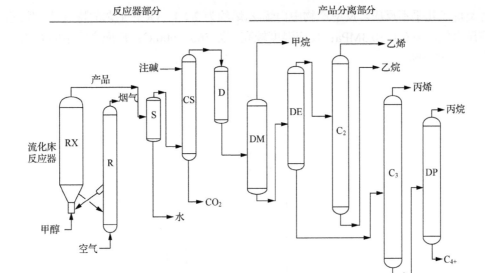

图 2.14　UOP/Hydro MTO 技术推荐的工艺流程简图[30]

RX. 反应器；R. 再生器；S. 分离器；CS. 碱洗塔；D. 干燥塔；DM. 脱甲烷塔；DE. 脱乙烷塔；C_2. C_2 分离塔；

C_3. C_3 分离塔；DP. 脱丙烷塔

UOP 公司在 MTO 工艺开发中充分利用了其在 FCC 再生器设计方面的优势，采用快速流化床作为 MTO 反应器、鼓泡流化床作为 MTO 再生器。USP6166282 中对 MTO 的反应器有所描述，如图2.15所示。这种快速床反应器选择除了有利于减少返混和减小反应器尺寸外，其设计明显移植了 UOP 高效燃烧型 FCC 再生器的设计，即 UOP 公司所申请的专利。该专利中对比了鼓泡流化床反应器和快速床反应器，推荐 MTO 过程采用快速流化床反应器，有利于减少返混合、减小反应器尺寸。反应器分为底部反应段、中间过渡段及顶部沉降段。底部反应段操作气速接近 1m/s，是一个密相湍动流化床；中间过渡段尺寸较小，从而使操作气速增加到 3～4m/s，形成快速流化床。甲醇进料在底部密相湍动流化床先部分转化，然后在快速床过渡段完全转化。在顶部沉降段有快速气固分离装置和旋风分离器。这种反应器的设计能够减少反应器尺寸，不过结构相对复杂，是 UOP 的专利技术。MTO 反应器和催化剂外取热器相连接，用于及时移去反应热。根据 UOP 公开的文献，其反应器密相段设计直径最大为 11m，据此可以推算出 UOP 单套 MTO 装置的产能为 87.5 万 t/a 低碳烯烃（乙烯+丙烯）。

2005 年[31]，UOP 公司提出了 MTO 工艺结合烯烃裂解过程(olefin cracking process，OCP)工艺，进一步提高乙烯、丙烯的选择性。OCP 由法国石油化工公司(Total Petrochemicals)开发，并与 UOP 联合用于 MTO 工艺的改进。据称，MTO 结合 OCP 工艺后，乙烯+丙烯选择性可以达到 85%～90%。丙烯/乙烯可以从 MTO 的 1.3 调节至 2.1(图 2.16、图 2.17)。技术上，MTO 与 OCP 的结合是进一步利用 MTO 反应副产的 C_4 以上烃类，将其催化裂解制乙烯、丙烯。基于催化裂解的原理，其裂解产物必然富含丙烯。

OCP 工艺采用固定床反应器，催化剂为沸石类催化剂。反应原料为高烯烃含量的 C_4～C_7 混合物料，产物为低碳烯烃(丙烯和乙烯)，反应过程中异丁烯的转化率非常低，而各类烷烃几乎不反应。反应产物中丙烯/乙烯约为 2∶1。OCP 工艺的特点是：空速高；反应压力低，为 0.1～0.3MPa；反应温度较高，为 560～600℃；反应产物中的 C₃ 馏分中丙烯达到 95wt%。

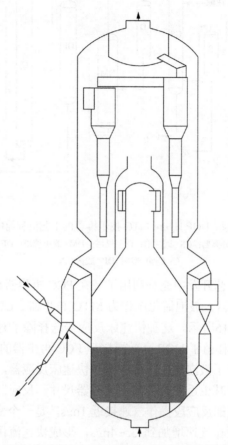

图 2.15　UOP 公司在 USP6166282 专利中所描述的反应器形式

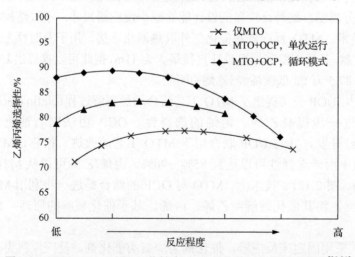

图 2.16　UOP/hydro MTO 工艺结合 OCP 工艺前后的烯烃选择性[29,31]

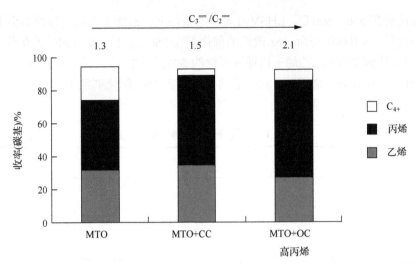

图 2.17　UOP/hydro MTO 工艺结合 OCP 工艺前后的烯烃收率和丙烯/乙烯比例[25]

2008 年，Total 石油公司和 UOP 公司投资 4500 万欧元，在 Total 的比利时弗雷（Feluy）生产地建设 MTO 和烯烃裂解一体化工艺验证装置。该装置由 MTO 和 OCP 组成，用甲醇生产以丙烯为主的轻质烯烃。将来自 MTO 工艺的 $C_4 \sim C_6$ 烯烃送入 OCP 单元，与固定床反应器中的专用沸石催化剂接触，在 $500 \sim 600℃$ 和 0.1MPa 下裂解为丙烯和少量乙烯。组合后的工艺可使低碳烯烃的选择性提高到 $85\% \sim 90\%$，同时丙烯/乙烯产出比超过2.0。验证装置获得的数据将用于优化该组合工艺，Total 将使其用于工业化装置设计。自 2010 年 5 月起，该装置已生产出聚丙烯和聚乙烯产品。

惠生（南京）清洁能源股份有限公司 2011 年宣布选择了 UOP 技术，在江苏南京建设甲醇制烯烃装置。装置规模为 90 万 t/a 甲醇制 30 万 t 烯烃。MTO 装置于 2013 年 9月开车成功，据称，至 2014 年 6 月 23 日，累计生产超过 13.4 万 t 的轻质烯烃产品。

2.1.4　日本在 MTO 方面的相关研究

1980 年 12 月至 1987 年 2 月，日本工业科学与技术局（Agency of Industrial Science and Technology，AIST）在国立研究与开发计划框架下启动并支持了 C_1 化学项目。该项目旨在从 C_1 原料（煤或天然气）发展具有经济竞争力的基础化学品生产技术，包括乙二醇、乙醇、乙酸和烯烃，总经费额为 105 亿日元，参加的研究人员达 200 多人。其中包括两个子项目，一是基础化学品的新生产技术，二是合成气的膜分离技术。子项目一的任务是发展催化剂，完成小试和中试试验，并规定了具体的技术指标。但到 1986 年，由于外围形势特别是石油价格的降低，该项目在完成催化剂小试之后停止，之后项目仅对中试装置进行了设计。烯烃项目中，同时开展了合成气直接制烯烃和甲醇制烯烃两条技术路线的研究。

在 MTO 方面，该项目对不同的催化剂进行了广泛的探索，包括各种金属改性的分子筛催化剂。同时考察了低温和高温两种转化技术方案。对不同碱土金属改性的分子筛催化剂进行了寿命考察（表 2.8），分别选用 Ca 改性和 Sr 改性的催化剂进行了长周期寿命考察。

Ca 改性催化剂在 550～600℃、LHSV=1.4h^{-1} 的条件下，乙烯＋丙烯选择性不小于 60%，两次再生可以达到 1000h 寿命。Sr 改性的催化剂在 550℃、LHSV=1.6h^{-1} 的条件下，三次再生寿命可以达到 2000h，乙烯＋丙烯选择性约 50%（图 2.18）。并对 Ca、Sr 共同改性的分子筛进行了 4000h 的寿命试验。对磷酸钙改性的 ZSM-5 催化剂经 10 余次再生后进行了 3000 多小时的寿命试验。表 2.9 是一些典型催化剂寿命试验结果。

表 2.8 Ca 改性分子筛的寿命试验结果

序号	催化剂(AEZ-Ca 分子筛[a])		收率(碳基)[b]/%										催化剂寿命[c]/h
	与分子筛复合的物质	复合物质质量/[g/g(分子筛)]	C_2	C_3	C_4	C_5	C_2～C_5	CH_4	BTX	C_{6+}	CO+CO_2	DME+MeOH	
1			16.0	44.4	19.9	4.3	1.2	1.1	4.1	6.0	1.0	0	22
2	MgO	0.5	14.6	45.6	21.1	5.4	1.2	1.0	1.1	7.4	2.6	0	22
3	$CaCO_3$	0.3	14.2	46.3	21.9	5.1	1.2	0.9	0.3	6.5	3.6	0	122
4	$CaCO_3$	0.5	13.3	45.7	21.9	6.1	1.2	0.9	0.2	5.8	4.9	0	150
5	$CaCO_3$	1.0	11.4	44.0	21.5	7.7	1.1	1.0	0.1	6.4	6.8	0	126
6	$SrCO_3$	0.3	13.6	46.4	22.0	6.1	1.2	0.9	0.5	6.3	3.0	0	105
7	$SrCO_3$	0.5	13.3	46.4	22.2	6.5	1.2	0.9	0.3	5.2	4.0	0	125
8	$SrCO_3$	1.0	12.0	46.6	22.5	7.4	1.0	1.1	0.2	4.3	4.9	0	113
9	$BaCO_3$	0.3	14.8	48.3	22.5	5.1	1.3	1.0	0.7	3.0	3.3	0	79
10	$BaCO_3$	0.5	13.1	47.2	22.5	6.4	1.1	1.0	0.3	3.7	4.7	0	92
11	$BaCO_3$	1.0	11.6	45.1	21.9	7.5	1.1	1.1	0.2	5.9	5.6	0	75
12	硅沸石	0.5	13.4	43.1	19.9	5.9	1.1	1.5	4.6	9.2	1.3	0	15

a. AEZ-Ca 为含 Ca 分子筛，SiO_2/Al_2O_3=200；复合物、MgO、$CaCO_3$、$SrCO_3$、$BaCO_3$ 由其金属乙酸盐在 500℃焙烧(空气中)18h 得到；硅沸石为 SiO_2/Al_2O_3=3300 的 ZSM-5。

b. 反应条件：600℃，LHSV=4.6h^{-1}，甲醇/氩气=1.1(物质的量比)。

c. 寿命：反应至可在尾气中检测到二甲醚的时间。

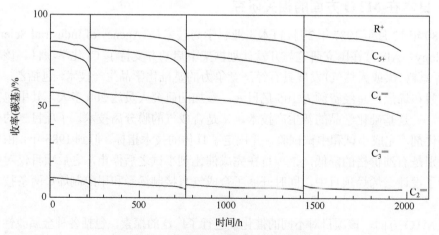

图 2.18 Sr 改性分子筛的寿命试验结果

反应条件：LHSV=1.6h^{-1}，氩气稀释[MeOH/Ar=1(物质的量比)]，温度 550℃；R 是烷烃、C_{5+}烯烃、苯、甲苯、二甲苯、CO、CO_2 的总和

表 2.9　不同催化剂的寿命和选择性(经二甲醚的两段反应)

催化剂	温度/℃	寿命/h	选择性/%
含 Ca 分子筛再浸渍 Ca	550~800	1000	>60
含 Ca 的硼分子筛再浸渍 Ca	550~600	1300	>50，4 次再生
	550~600	900	>60，6 次再生
亚微米分子筛浸渍磷酸钙	550~600	3000	>50，14 再生（二甲醚为原料）
醇法合成分子筛	295~320	>2100	>55，11 次再生

　　该项目还建立了专门装置对反应工艺和条件进行考察和研究，对比研究了固定床和流化床两种反应方式。得出了固定床优于流化床的结论。表 2.10 是典型的对比结果。

表 2.10　固定床与流化床结果对比(LHSV=1.4h^{-1}，600℃)

项目		反应类型	
		固定床	流化床
催化剂		CC-E300	UC-1
催化剂量/mL		143	286
N$_2$/MeOH(物质的量比)		1:1	1:1
MeOH 转化率/%		100.00	99.73
二甲醚转化率/%		100.00	99.70
C$_2^=$ + C$_3^=$选择性/C%		65.53	55.21
H$_2$ 收率/%		9.56	4.76
选择性/%	CO	2.09	0.62
	CO$_2$	1.99	1.17
	C$_1$	1.35	2.56
	C$_2$	0.36	1.13
	C$_2^=$	20.13	16.71
	C$_3$	0.85	1.38
	C$_3^=$	45.40	38.50
	C$_4$	0.92	1.06
	C$_4^=$	19.06	17.64
	C$_4$H$_6$	0.23	1.25
	C$_5$	0.44	0.39
	C$_5^=$	3.21	8.35
	BTX	2.34	4.43
	C$_6$以上	1.63	4.81
总计		100.00	100.00

注：BTX 为苯。

2.1.5　德国 Lurgi 公司的甲醇制丙烯技术

基于传统的 ZSM-5 分子筛,德国 Lurgi 公司发展出了富产丙烯的改性 ZSM-5 催化剂,开发了甲醇制丙烯(MTP)工艺[18,26,27]。据悉,该工艺采用了德国南方化学公司生产的 ZSM-5 分子筛催化剂,比表面积为 $300 \sim 600 \text{m}^2/\text{g}$,孔容为 $0.3 \sim 0.8 \text{m}^3/\text{g}$,具有较高的丙烯选择性、低焦炭和丙烷产率。

德国 Lurgi 公司的 MTP 工艺中,反应器采用固定床,工艺流程与 20 世纪 80 年代在新西兰建成的 MTG 装置基本一样。甲醇原料首先在固定床预反应器与酸性催化剂进行反应,生成二甲醚、甲醇和水蒸气的平衡化合物,该混合物之后在串联的固定床反应器中于 $450 \sim 500 ℃$ 条件下进行转化生成以丙烯为主的低碳烯烃混合物。甲醇和二甲醚的转化率大于 99%。将含有不同烯烃的物流进行分离,非丙烯类产物循环回反应系统,可得到基于甲醇的碳基 71% 的丙烯收率。

1999~2000 年,Lurgi 公司在德国法兰克福的研发中心建设了一套甲醇进料规模为 3.6kg/h(包括三个反应器,每个反应器甲醇进料 1.2kg/h)的中试试验装置。随后又与挪威国家石油公司(Statoil)合作,在 Tjeldbergodden 甲醇联合企业建设了一套甲醇进料为 1080kg/d(包括三个反应器,每个反应器甲醇进料 360kg/d)的中试示范装置。2002 年,MTP 中试示范装置平稳运行 1100h,主要技术指标为甲醇转化率大于 96%,丙烯碳基收率为 71.2%,生焦率小于 0.01%,催化剂再生周期为 $500 \sim 600 \text{h}$,其选择性数据如表 2.11 所示。Lurgi 公司推荐的 MTP 工艺流程如图 2.19 所示。

表 2.11　Lurgi 公司 MTP 工艺中试产品分布数据

组成		选择性/mol%
烯烃	$C_2^=$	4.6
	$C_3^=$	46.6
	$C_4^=$	21.1
	$C_5^=$	8.9
	$C_6^=$	4.9
	$C_7^=$	0.6
	$C_{8+}^=$	0.3
烷烃		7.9
环烷烃		1.7
芳烃		2.8

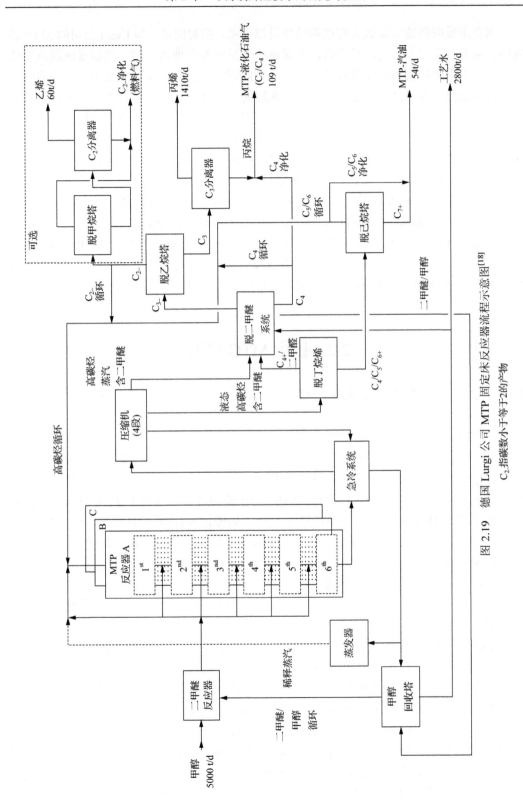

图 2.19 德国 Lurgi 公司 MTP 固定床反应器流程示意图[18]

C_{2-}指碳数小于等于2的产物

固定床反应器的工业放大有成熟经验可以借鉴，相对简单。但 Lurgi 公司的 MTP 装置中，需要设置三个固定床反应器，以保证一个反应器就地再生时，其他反应器能连续运行。由于甲醇转换为烯烃是强放热反应，因此固定床反应器还需要采用复杂的多级取热，以控制反应器温度。固定床反应器沿床层的压力降比较大并且分布不均匀，对设备要求也较高。此外，在进料量相同的情况下，固定床反应器的尺寸也相对较大。

2004 年，Lurgi 公司公布了其开发的工业 MTP 固定床反应器，单台反应器直径约 10m，催化剂床层分为 5～6 层，每层床高 50～100mm，催化剂水平布置。Lurgi 公司报出的产品收率数据是对于大型化的 MTP 装置(A 级甲醇 5000t/d，167 万 t/a)可产出聚合级丙烯 47.4 万 t/a(28.38wt%)、汽油 18.5 万 t/a(11.08wt%)、液化气 4.1 万 t/a(2.46wt%)、乙烯 2 万 t/a(1.20wt%)及少量自用燃料气、水 93.5 万 t/a(56.00wt%)。

2010 年 11 月，大唐多伦采用 Lurgi 公司技术建成年产 46 万 t 烯烃 MTP 工业装置，2012 年宣布开车投产。2011 年初神华宁煤采用 Lurgi 公司技术建成了产量为 50 万 t/a 丙烯的 MTP 工业装置，并投料运行。2014 年 8 月神华宁煤二期 50 万 t/a 烯烃项目也试车成功。

2.2　国内 MTO 研究

2.2.1　大连化物所 MTO 相关研究

1. 固定床 MTO 技术的研究与开发

大连化物所在 20 世纪 80 年代初便率先开展了由天然气或煤等非石油资源制低碳烯烃的研究工作，研究的重点集中在 MTO 方面。"六五"期间，甲醇制烯烃催化剂研制曾列为中国科学院重大课题，以改性 ZSM-5 分子筛为基础，发展了 5200 系列多产乙烯催化剂(乙烯选择性约为 30%)和 M792 系列高丙烯催化剂(丙烯选择性为 50%～60%)，完成了实验室小试，1985 年通过了中国科学院组织的技术鉴定。在此基础上，MTO 技术中试项目被列为国家"七五"重大科技攻关项目和中国科学院"重中之重"项目(1987～1993)，进行催化剂中试放大和固定床反应工艺中试放大。为此，在大连化物所建成了甲醇中试试验楼和甲醇处理量 300t/a 的 MTO 中试装置。经过艰苦的努力，最终于 1993 年全面完成了中试工作。

固定床 MTO 中试流程简图如图2.20 所示。为了避免反应器床层温升过大和及时移出反应热，采用稀释的甲醇(30wt%)为反应原料，同时利用甲醇脱水反应器(γ-Al$_2$O$_3$ 催化剂，后改为分子筛催化剂)先将甲醇转化为二甲醚(实际物料为甲醇、水、二甲醚的平衡混合物)以预先去除部分反应热。尽管如此，催化剂仍采用了分段装填的方式，以达到合理的床层温度分布。利用固定床 MTO 中试装置，验证了催化剂性能，优化了反应工艺，并结合催化剂间歇再生(7 个周期)完成了 1000h 稳定性试验。代表性的结果如表 2.12 所示。固定床 MTO 技术从中试规模和技术指标两方面均达到了当时的国际领先水平。值得提出的是，固定床 MTO 中试试验后期，大连化物所曾与意大利一家公司合作共同开发 MTO 工业化技术，但该公司最后被其他公司重组，进一步的合作未能继续开展。

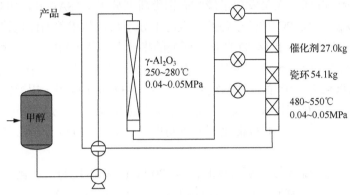

图 2.20　大连化物所 300t/a 甲醇制烯烃中试流程简图

表 2.12　大连化物所 300t/a MTO 中试结果 [a]

周期	TOS^b /h	甲醇空速 /h^{-1}	MeOH /wt%	产物分布/wt%							$C_2^=\sim C_4^=$ 选择性[c] /wt%
				CH_4	$C_2^=$	$C_3^=$	$C_4^=$	$C_2^o\sim C_4^o$	C_{5+}	CO_x	
1	162	1.54	34.5	1.75	24.8	39.6	20.7	5.90	5.46	1.61	85.2
2	324	1.49	36.4	1.69	23.8	39.2	21.7	5.34	6.77	1.49	84.6
3	486	1.55	33.9	1.95	24.3	39.6	20.9	5.44	5.87	1.79	84.8
4	638	1.58	36.9	2.07	23.8	40.2	20.9	5.07	6.05	1.86	84.9
5	744	1.56	44.3	1.82	23.3	39.3	22.0	5.51	6.26	1.72	84.6
6	890	1.56	34.6	2.37	24.2	40.3	20.7	5.50	4.70	1.91	85.2
7	1022	1.52	34.5	2.04	23.3	40.0	21.3	5.38	6.24	1.59	84.6

注：　$C_2^o\sim C_4^o$ 代表碳数为 2~4 的饱和烃，即乙烷、丙烷和丁烷。

a. 反应条件:第一反应器,甲醇脱水至二甲醚,250~280℃,0.04~0.05 MPa,第二反应器, 480~550℃, 0.04~0.05MPa。

b. 在线时间。

c. 转化率 100%。

以改性 ZSM-5 催化剂为基础的固定床 MTO 技术，总体上乙烯的选择性并不十分理想，但丙烯的选择性在高温时也可以达到约 40wt%，改变反应条件(如降低反应温度)，丙烯选择性可以更高。

2. 流化床 MTO 技术的研究与开发

MTO 的核心技术之一是催化剂，催化剂的性质和性能将主要决定 MTO 新工艺技术的发展方向。前期的固定床 MTO 技术基于改性 ZSM-5 催化剂，虽然证明是成功的，但乙烯的选择性和乙烯＋丙烯选择性偏低。从分子筛催化的形状选择性原理可以看出，以中孔 ZSM-5 分子筛的改性发展催化剂,对于进一步大幅度提高低碳烯烃尤其是乙烯的选择性是非常困难的。探索和应用新型小孔分子筛催化剂，是实现 MTO 技术总体上再突破的关键，也是 MTO 技术开发初期便已经开始探索的研究工作。

　　20 世纪 80 年代，美国联合碳化物公司在分子筛合成方面具有世界范围内的优势地位。该公司的分子筛研究人员发现了磷酸硅铝类新型分子筛(SAPO)，1982 申请了美国专利(1984 年授权)。SAPO 类分子筛的发现对于分子筛及其相关的催化领域具有里程碑的意义。大连化物所是从事 MTO 催化剂研究的指导者，从 SAPO 分子筛的酸性构成原理和结构，敏感地认识到 SAPO 类分子筛作为新催化材料对甲醇转化具有的特殊意义，成功合成了 SAPO-34 分子筛，并首次报道了 SAPO-34 分子筛用于甲醇转化制烯烃的效果[28,29]：在转化率 100%时，C_2～C_4 烯烃选择性达到 89wt%，乙烯选择性达到 57wt%～59wt%。随后的众多研究将 MTO 催化剂的研制集中在小孔 SAPO 分子筛尤其是 SAPO-34 分子筛方面。

　　为了使合成气制烯烃技术更合理和高效，20 世纪 90 年代初大连化物所又在国际上首创了"合成气经二甲醚制取低碳烯烃新工艺方法(简称 SDTO 工艺)"，被列为国家"八五"重点科技攻关课题(85-513-02)。该新工艺是由两段反应构成，第一段反应是合成气(H_2+CO)在所发展的金属–沸石双功能催化剂上高选择性地转化为二甲醚，第二段反应是二甲醚在 SAPO-34 分子筛催化剂上高选择性地转化为乙烯、丙烯等低碳烯烃，并由所开发的以水为溶剂分离和提浓二甲醚步骤，将两段反应串接成完整的工艺过程。与合成气经甲醇制低碳烯烃相比，由于第一个反应步骤的产物为二甲醚(耦合了合成甲醇与甲醇脱水两个反应)，热力学平衡转化率比合成甲醇大幅度提高(单程 90%以上)，相应地，装置的建设费用和操作成本也有所降低；第二个反应，即二甲醚转化为烯烃的反应，在原理上和甲醇转化制烯烃是相同的，催化剂也是相同的，差别只是反应热相对减少。

　　SDTO 新工艺具有如下特点：①由合成气制二甲醚打破了合成气制甲醇体系的热力学限制，CO 转换率高者可达 90%以上，与合成气经甲醇制低碳烯烃相比，可节省投资 5%～8%，节省操作费用约 5%；②采用小孔磷硅铝(SAPO-34)分子筛催化剂，乙烯的选择性大大提高(50%～60%)；③在 SAPO-34 分子筛合成与催化剂成本方面有大的突破，催化剂成本的降低对于流化床反应工艺具有特别重要的意义；④第二段反应采用流化反应器，可有效地导出反应热，实现反应-再生连续操作，能耗大大降低；⑤SDTO 新工艺具有灵活性，它包含的两段反应工艺即可以联合成为合成气制烯烃工艺的整体，又可以单独应用。特别要指出的是，所发展的 SAPO-34 分子筛催化剂可直接用作 MTO 过程。

　　"八五"期间，大连化物所研制出了具有我国特色和廉价的新一代微球小孔磷硅铝(SAPO)分子筛型催化剂(DO123 型)，在实验室和常压、500～550℃及二甲醚(或甲醇)质量空速 6h^{-1} 的反应条件下，取得二甲醚(或甲醇)转化率约 100wt%、$C_2^=$～$C_4^=$ 低碳烯烃选择性 85wt%～90wt%、乙烯选择性 50wt%～60wt%及 $C_2^=$～$C_3^=$ 烯烃选择性约 80wt%的优异结果。对于 DO123 型催化剂及其基质小孔 SAPO-34 分子筛，均成功地进行了接近工业规模的放大制备试验(租用工厂有关制造设备)，放大催化剂性能达到了小试水平。

　　在流化反应工艺方面，大连化物所在上海青浦化工厂相继建设和改造建设了下行式稀相并流流化反应装置[Ⅰ型和Ⅱ型,二者的差别在于一级气固分类采用了不同的分类器,Ⅰ型为轴流式导叶旋风(图 2.21),Ⅱ型为常规旋风分类器(图 2.22)]和密相流化反应装置,对多种流化反应方式进行了考察。在中试初期,本着反应工艺总体创新的思想,重点对下行式稀相并流反应进行了研究。进料的热试研究发现下行式稀相并流反应虽然代表了发展的方向,但也存在甲醇转化率偏低、与实验室结果关联困难及进一步放大无成熟经验可以借鉴等问题。在综合分析反应特点、工艺放大难度、能否借鉴 FCC 成熟经验等因素的基础上,最终决定采用密相循环流化反应作为 SDTO 工艺的研究重点。利用中型密相循环流化反应装置,优化了反应工艺条件,确定了最佳反应参数。为流化反应工艺的进一步放大奠定了基础。

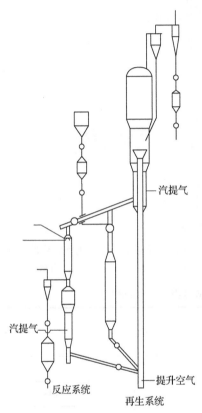

图 2.21　"八五"期间大连化物所建设的下
行式稀相并流(Ⅰ型)流化反应装置示意图
地点:上海青浦化工厂,中国科学院北京化学冶
金研究所(现中国科学院过程工程研究所)设计并加工

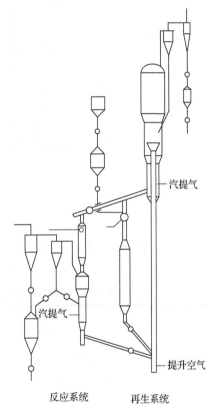

图 2.22　"八五"期间大连化物所建设的下行
式稀相并流(Ⅱ型)流化反应装置示意图
地点:上海青浦化工厂,中国科学院北京化学冶金
研究所(现中国科学院过程工程研究所)设计并加工

在上海青浦化工厂建成的反应器直径为 100mm 的流化反应中间扩大试验装置上(图 2.23),催化剂装入量 30kg 左右,年处理二甲醚原料的能力约 100t,利用放大制备的 DO123 型催化剂,在反应温度为 530~550℃与反应接触时间为 1s 左右的反应条件下,二甲醚的转化率为 98wt%以上,$C_2^=$~$C_4^=$烯烃选择性接近 90wt%及乙烯选择性 50wt%左右,乙烯+丙烯选择性大于 80wt%,基本重复了实验室小试结果。表 2.13 列出了 SDTO 流化

反应中试代表性的反应结果。根据物料平衡测定结果所得到的原料消耗列于表 2.14。

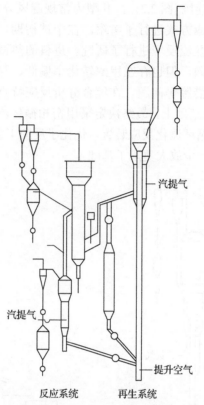

图 2.23　"八五"期间大连化物所建设的二甲醚转化制低碳烯烃密相循环流化反应装置示意图

地点：上海青浦化工厂，中科院北京化学冶金研究所(现中国科学院过程工程研究所)设计并加工

表 2.13　甲醇或二甲醚制烯烃反应结果(二甲醚进料)

项目		反应温度/℃	
		550	560
烃类分布	CH₄/wt%	5.03	5.56
	C₂H₄/wt%	50.32	53.48
	C₂H₆/wt%	1.89	1.68
	C₃H₆/wt%	30.69	28.96
	C₃H₈/wt%	3.39	3.35
	C₄H₈/wt%	8.02	4.38
	转化率/%	98.1	99.27
	C₂⁼~C₄⁼/wt%	89.68	89.32
	C₂⁼~C₃⁼/wt%	81.01	82.44

表 2.14　"八五"期间大连化物所中试结果（甲醇或二甲醚原料消耗指标）

项目	原料	原料	产品[a]
甲醇	2405		
二甲醚		1729	
乙烯			500
丙烯			328
丁烯			109
其他			114
水		676	1354
合计	2405	2405	2405

a. 单位质量 $C_2 \sim C_4$ 混合烯烃的原料消耗指标为：甲醇 2.567，二甲醚 1.845。

SDTO 新工艺经"八五"期间连续攻关，取得了重大进展，1995 年在上海青浦化工厂最终取得了中试规模放大成功。于 1995 年年底在北京通过了国家计划委员会的验收和由中国科学院主持的专家鉴定，确认在总体上达到国际领先水平，所发展的适合两段反应的催化剂及流化反应工艺达到国际先进水平，并于 1996 年获得中国科学院科技进步特等奖和国家三部委（计划委员会、科学技术委员会与财政部）联合颁发的"八五"重大科技成果奖。

3. DO123 催化剂的性能及特点

催化剂是 MTO 和 SDTO 工艺的核心技术。DO123 催化剂为"八五"期间发展的定性催化剂，分子筛合成及催化剂制备均经放大试验验证，所用原料全部为工业级。其中，分子筛合成采用了具有自主知识产权的新合成方法，其核心之一是采用了廉价的模板剂，不仅使 SAPO-34 的催化性能得到改善，同时也大幅度地降低了合成成本。以廉价 SAPO-34 为活性基质，经过改性、添加黏接剂、喷雾干燥成型及适当温度焙烧后，即为适用于流化床用的二甲醚（或甲醇）高选择性转化为低碳烯烃的催化剂。采用 DO123 型催化剂，在实验室和中试装置上取得了大量数据，该催化剂的性能得到了全面的考察和验证。综合评价结果表明，DO123 型催化剂具有优异的催化性能的同时，兼有易再生、热稳定性及水热稳定性高、反应原料不需额外添加水等稀释剂、既适用于二甲醚为原料也适用于甲醇为原料等诸多优点，分述如下。

1) 优异的反应性能

(1) 适用于大空速操作。

DO123 型催化剂除具有乙烯、丙烯选择性高的特点外，还特别适用于大空速操作。从图 2.24 中空速或线速度对产物烯烃选择性的影响可以看出，在维持原料甲醇转化率 100% 的前提下，随着甲醇质量空速或线速度的增加，乙烯＋丙烯选择性逐渐增大，特别是乙烯的选择性的增加非常明显。在甲醇质量空速为 10h^{-1} 时，可大于 60wt%，在上述类似的考察中，甲醇质量空速增大至 100h^{-1} 以上，仍保持完全转化，比传统 ZSM-5 催化剂高出近 2 个数量级。充分说明 DO123 型催化剂具有非常合适的孔结构。这一特点可容许实际过程中以较大的原料空速操作，以减小设备规模，节省投资。

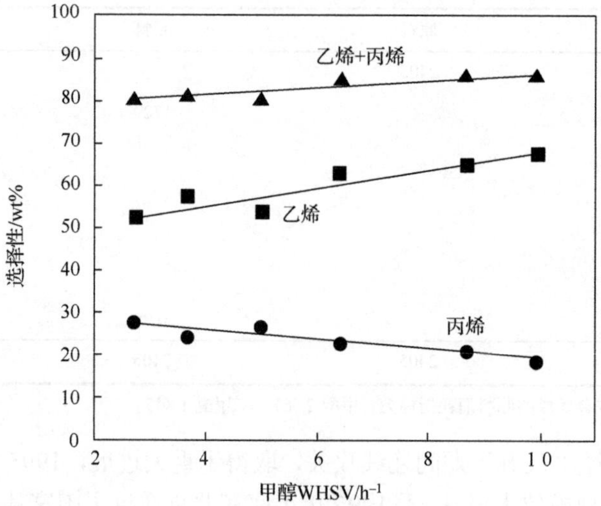

图 2.24 空速或线速度对选择性的影响

反应温度为550℃，反应时间为10min，转化率为100%；再生：温度为600℃，时间为30min，空气

（2）反应物不需添加水。

很多文献曾报道，反应原料中添加水可有效地改善低碳烯烃尤其是乙烯的选择性。采用传统催化剂 ZSM-5 时，水的添加是必需的，甚至达到原料总量的 70%，即使这样，乙烯选择性较好者仍只能达到 30%左右。采用 DO123 型催化剂和流化反应技术，不论反应原料是否添加水、二甲醚或甲醇，对反应结果并不产生明显的影响（表 2.15），这是传统 ZSM-5 催化剂和固定床反应方式所远不及的，同样带来实际操作费用和成本的大幅度降低，这也是 SDTO 工艺的又一特色。

表 2.15 不同原料的流化反应结果 [a]（流化床，温度为 550℃，转化率为 100%）

原料	产物/ wt%			
	C_2H_4	C_3H_6	$C_2^=\sim C_3^=$	$C_2^=\sim C_4^=$
甲醇 [b]	62.79	22.34	85.13	89.57
二甲醚 + 水 [c]	62.80	22.65	85.45	90.23
二甲醚 [d]	59.35	24.22	83.57	88.32

a. 反应温度为550℃，反应 10min 时的产品组成，转化率为100%。

b. 甲醇质量空速为 $6.45h^{-1}$，物料线速为 15.21cm/s。

c. 二甲醚质量空速为 $4.64h^{-1}$，物料线速为 15.21cm/s。

d. 二甲醚质量空速为 $7.16h^{-1}$，物料线速为 11.75cm/s。

2）良好的再生性能

小孔 SAPO-34 型催化剂，因分子筛结构中有"笼"的存在而失活相对较快。采用流化反应方式时需要对其进行频繁的再生操作。因此，催化剂良好的再生性能是必要条件。在小型流化床反应器上对 DO123 型催化剂的再生性能考察结果列于表 2.16，表明经约10 次再生后，催化剂的活性和选择性基本达到稳定。在该稳定状态下，催化剂的活性基本不变，仍使二甲醚完全转化，而低碳烯烃尤其是乙烯的选择性则比新鲜催化剂有所提高。采用反应-再生间歇方式对再生条件的考察表明，当再生温度控制在 550～650℃时，直接利用空气可在短时间内烧除催化剂上的积碳，使活性恢复，当再生温度为 550℃时，再生可在 30～40min 内完成；再生温度为 600℃，积碳可在 10min 内完全烧除(图 2.25)，温度更高则烧碳时间更短。催化剂具有优良的再生重复性能。

表 2.16   流化床反应结果中的烯烃选择性[a]

项目	再生次数						b
	0	10	30	60	80	100	
反应温度/℃	500	530	530	530	530	530	450
$C_2^=$ /wt%	35.66	49.49	52.55	52.53	52.33	50.69	42.82
$C_3^=$ /wt%	39.76	34.09	34.41	31.46	32.08	35.88	40.10
$C_2^=$～$C_3^=$ /wt%	75.42	83.58	86.96	83.99	84.41	86.57	82.92
$C_2^=$～$C_4^=$ /wt%	87.16	92.19	94.81	92.51	92.66	93.46	86.75

a. WHSV(Me_2O)=2.0h^{-1}，Me_2O 转化率为 100%。

b. 该列为固定床结果。

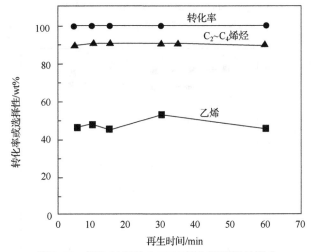

图 2.25   再生时间对 DO123 催化剂性能的影响

反应条件：温度为 505℃，甲醇质量空速 WHSV=3.25h^{-1}，甲醇线速度为 14.2cm/s；再生条件：温度为 600℃，空气

3)优异的热稳定性及水热稳定性

由于反应产物中有大量的水存在，且催化剂运行中需要在高温下频繁再生烧碳，催化剂应具有较高的热稳定性及水热稳定性。这一性能将是影响催化剂化学寿命的决定因素。选择苛刻的条件对 DO123 型催化剂的稳定性进行考察，结果如图 2.26 和图 2.27 所示，在温度为 800℃条件下经长时间的连续焙烧和 100%水蒸气处理，催化剂的活性只有微小的下降，$C_2^=$～$C_4^=$总低碳烯烃选择性基本维持不变，处理后的催化剂经 X 射线衍射检验，其中活性组分 SAPO-34 型分子筛的结晶度仅稍有下降，表明所研制的催化剂具有优异的热稳定性及水热稳定性，预示该催化剂有较长的化学寿命。

4)物理性能与 FCC 催化剂类似

为了使甲醇制烯烃技术在工程放大中能够充分借鉴已经成熟并得到广泛应用的流化催化裂化的经验，DO123 型催化剂在研制过程中注重流化喷雾干燥技术的改进，使

DO123 型催化剂的物理性质和性能与工业 FCC 催化剂接近。

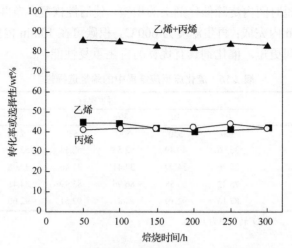

图 2.26　800℃焙烧处理对催化剂性能的影响

固定床，温度为 450℃，甲醇质量空速 WHSV=1.0h^{-1}，反应时间为 60min

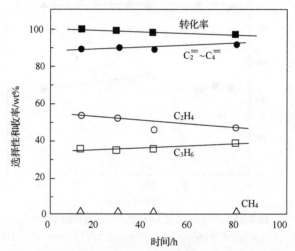

图 2.27　800℃水蒸气处理对催化剂性能的影响

固定床，反应条件：温度为 450℃，甲醇质量空速 WHSV=1h^{-1}，反应时间为 60min

4. 新一代催化剂

"八五"攻关任务完成后，大连化物所向中石化洛阳工程有限公司通报了中试结果，并进行了技术交流。根据中石化洛阳工程有限公司一些长期从事催化裂化工艺和装置设计的专家意见，认为基于中试技术直接放大建设工业规模的装置存在很大风险，有必要进行中间级的工业性试验。因此，大连化物所加紧联系有关企业，着手进行工业性放大试验。由于当时石油价格比较低，中国的煤化工发展未到紧迫程度，同时，天然气的勘探有较大的突破，发现了世界级的整装天然气田(陕北)，MTO 技术因此受到重视。一度中石油将 MTO 工业性试验列入计划，联合大连化物所、中石化洛阳工程有限公司和四川石油管理局进行论证，但在完成可行性研究之后，最终还是取消了该计划。

大连化物所一方面加紧 MTO 的推广放大工作，同时也认识到 MTO 的工业化可能是一个漫长的过程，而核心技术的创新与发展将是持续性的。因此，在完善中试技术的同时，又回过头来从基础研究和新材料探索开始，着手发展新一代催化剂。也着手利用新的研究成果开展新一轮专利申请，从根本上保持 MTO 技术的持续领先。

这期间的研究得到了中国科学院"九五"重大项目"甲醇(二甲醚)制烯烃催化剂改进；(KY951-A1-201-09，1998～1999 年)"的支持，以及国家重点基础研究发展计划"天然气制乙烯(G1999022403，1999～2004 年)"的支持。

主要的研究成果为以下几点。

(1)在基础研究方面，明确了 SAPO-34 型分子筛的合成机理和分子筛的组成、结构、性质、催化性能之间的关系，找到了通过改变分子筛合成的条件控制其组成和催化性能的途径，对研制新一代催化剂具有重要的理论指导意义。

(2)使用元素周期表中所有可能的元素如钛、钒、铬、锰、铁、钴、镍、铜、锌、锆、钼、镁、钙、锶、钡和镧等碱土金属和过渡金属盐进行分子筛改性，成功地合成出了十几种 MeAPSO-34 分子筛。其中一些杂原子分子筛催化反应性能指标达到：甲醇转化率为 100%，乙烯＋丙烯选择性大于 90%；成功合成出了 6 种小孔 SAPO 型分子筛：SAPO-17、SAPO-18、SAPO-35、SAPO-44、SAPO-47、SAPO-56 和相应的 MeAPSO 分子筛，为催化剂进一步发展和知识产权的大范围覆盖奠定了基础。

(3)发展了 SAPO-34 型分子筛的廉价合成新技术，分子筛的合成收率进一步提高，成本进一步降低。

(4)建立了催化剂喷雾干燥中试试验装置，完善了流化反应用微球催化剂的制备工艺，各项物理性能指标达到或超过工业催化裂化催化剂的水平。提出催化剂生产的工艺流程，并提出工业放大催化剂的产品规格和生产控制指标。

(5)研制出了新一代甲醇/二甲醚制低碳烯烃的催化剂，其催化反应性能指标达到：在 450℃(固定床，流化反应温度为 525℃)，甲醇质量空速为 $2h^{-1}$ 的条件下，转化率为 100%，乙烯＋丙烯最佳选择性约 90wt%。

(6)新申请了一批专利，其中一份为欧洲专利。形成了围绕甲醇/二甲醚制低碳烯烃催化剂及相关的分子筛方面的知识产权覆盖，对于推动天然气制烯烃过程的顺利工业化及保持 MTO 技术的持续领先，具有重要的意义。

5. 新一代催化剂性能与中试结果

为了配合工业性试验，大连化物所又在实验室建立了中型循环流化床反应装置。目的是：①验证工业放大催化剂的性能；②工业性试验方案的预先验证；③结合工业性试验结果，建立实验室中试装置和工业性试验装置的原理性联系，为以后的大规模工业过程的实验室模拟奠定基础。该循环流化床装置的催化剂装量 5kg，催化剂循环量可以在 0.5～10kg/h 内调节，反应器预留多处进料口，可以实现多种进料方式和甲醇与其他原料的共进料反应。

利用中型循环流化床反应装置，对工业放大的催化剂(D803C-II01)的性能进行了验证。典型的反应结果如图 2.28 所示。

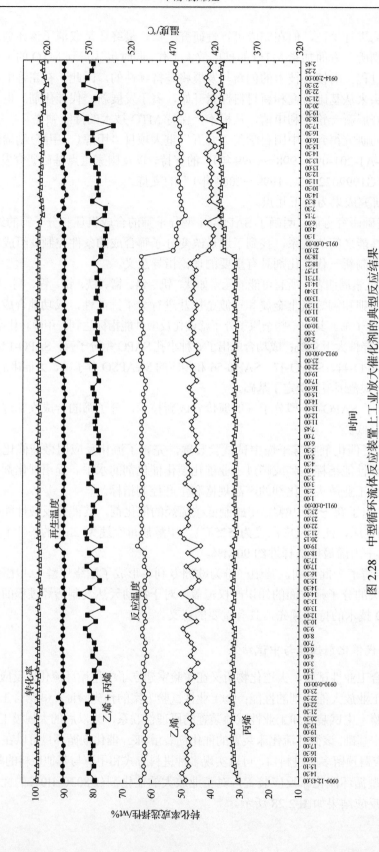

图 2.28　中型循环流化体反应装置上工业放大催化剂的典型反应结果

6. DMTO 工业性试验

2004 年,在国家发展和改革委员会(简称发改委)和陕西省省委省政府的支持下,大连化物所与新兴能源科技有限公司、中石化洛阳工程有限公司合作进行流化床工艺的DMTO 工业性试验,建设了世界第一套万吨级 DMTO 工业性试验装置。2006 年 2 月实现投料试车一次成功,累积平稳运行近 1150h,甲醇转化率近 100%,乙烯+丙烯原料消耗为 2.96t。取得了专用分子筛合成及催化剂制备、工业化 DMTO 工艺包设计基础条件、工业化装置开停工和运行控制方案等系列技术成果。2006 年 6 月 17 日,受发改委委托,中国石油化工协会组织相关单位和专家对该工业化试验装置进行了 72h 现场考核。DMTO 工业性试验期间,代表性的平稳运行结果如图 2.29 所示。2006 年 8 月 23 日,DMTO工业性试验项目在北京通过了专家技术鉴定。专家组一致认为:甲醇制烯烃工业性试验取得了突破性进展,项目规模和各项指标已达到世界领先水平,为我国建设年产百万吨级 DMTO 工业化示范项目奠定了基础。

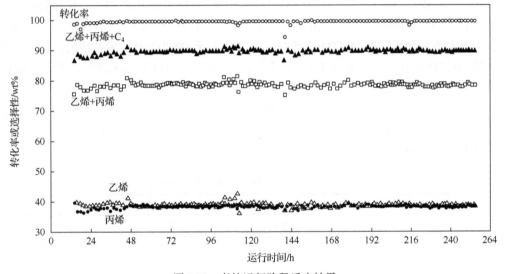

图 2.29 考核运行阶段反应结果

DMTO 工业性试验取得了如下主要结论[30]。

(1)成功建设世界上第一套 DMTO 工业化试验装置,该装置达到了设计预定参数和目标,能够满足反应-再生系统温度、压力、循环量、取热和烧焦的要求,仪表控制和DCS 系统工作正常,数据采集及时、准确,原料和产品分析方法合理,分析结果可靠。

(2)在设计规模 50t/d 的试验装置上,进行了近 1150h 的工业性试验,其中考核运行阶段连续 241h 运行的平均结果为:甲醇转化率 99.83%,乙烯选择性 40.07wt%,丙烯选择性 39.06wt%,乙烯+丙烯选择性 79.13wt%,乙烯+丙烯+C₄选择性 90.21wt%。在运行期间,现场考核专家组对 DMTO 装置进行了 72h 的考核标定,其结果为:甲醇转化率99.18%,乙烯选择性 39.81wt%,丙烯选择性 38.90wt%,乙烯+丙烯选择性 78.71wt%,乙烯+丙烯+C₄选择性 89.15wt%,每吨烯烃甲醇消耗指标 2.96t。表明该次工业性试验在规模和技术指标等各方面已处于世界领先水平。

（3）DMTO 工业性试验表明，工业放大的 DMTO 专用催化剂理化指标和粒度分布合理，水热稳定性好，活性和选择性优良，可满足工业化生产装置的要求。

（4）通过 DMTO 工业性试验，确认了中试试验装置和工业化试验装置之间的内在联系和差异，进一步认识到进行工业性试验的必要性，考核了 DMTO 工艺和工程技术，获得了开发大型 DMTO 工业装置设计工艺包的基础数据，为建设 DMTO 大型工业生产装置奠定了基础。

（5）分析检测结果表明，该试验装置排放物无特殊环保要求，经处理后可以达标。

（6）通过 DMTO 工业性试验，锻炼了一批高素质的技术管理干部，培训了一支熟练的操作队伍，能熟练应对 DMTO 装置开、停工的全过程，并能及时处理各种不同的异常工况，为 DMTO 技术工业化奠定了人才基础。

7. DMTO-Ⅱ技术

为进一步提高低碳烯烃产率，在 DMTO 基础上，大连化物所提出了将甲醇转化与其产物中 C_4 以上组分的催化裂解采用同一种催化剂进行反应耦合的 DMTO-Ⅱ技术方案。事实上，大连化物所发展 DMTO 工艺时，就开始着手 DMTO-Ⅱ技术的研发，特别是所研制的 DMTO 催化剂已经兼顾了 C_{4+} 转换反应，保障 DMTO-Ⅱ技术基础及其与 DMTO 技术的延续性。

为了发展 DMTO-Ⅱ工艺技术，进行了系统的小试和中试研究，所用催化剂即为 DMTO 专用催化剂，首先保证了甲醇转化的效果，然后优化 C_{4+} 催化转化的工艺和条件。以丁烯为原料在 DMTO 专用催化剂上的典型转化结果如表 2.17 和表 2.18 所示。

表 2.17　反应温度对转化率和选择性的影响（WHSV=8h^{-1}）

项目	反应温度		
	500℃	550℃	600℃
丁烯转化率/%	45.32	49.04	52.86
（乙烯＋丙烯）选择性/wt%	76.09	80.78	84.41
丙烯/乙烯	4.81	3.83	3.02

表 2.18　反应接触时间对转化率和选择性的影响（600℃）

项目	WHSV=4h^{-1}		WHSV=8h^{-1}		
接触时间/s	1.41	0.94	0.71	0.55	0.44
丁烯转化率/%	57.65	59.4	49.04	45.83	42.9
乙烯＋丙烯选择性/wt%	76.73	82.75	80.78	84.46	86.88
丙烯/乙烯	2.15	2.4	3.83	4.13	4.33

根据甲醇转化反应和 C_{4+} 转化反应的特点，设计建设了一套中型循环流化床装置（图 2.30，催化剂装量 20kg），该装置两个反应器共用一个再生器，两个反应器可以分别进不同的原料，分别进行甲醇转化和高烯烃混合 C_4 烯烃转化反应。二者联合反应结果

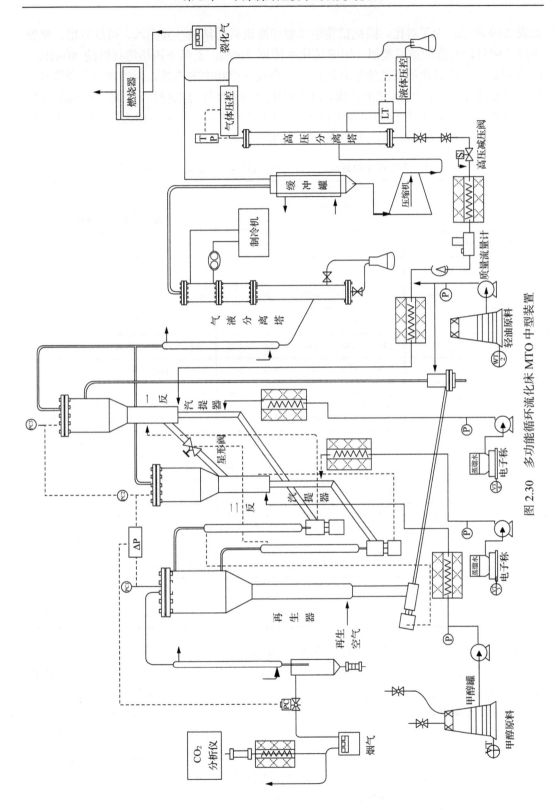

图 2.30　多功能循环流化床 MTO 中型装置

如表 2.19 所示，为了对比，同批试验中单独甲醇进料的结果一并列入。可以看出，单独甲醇反应时，与前期结果类似，甲醇转化率接近 100%，乙烯＋丙烯选择性约 80wt%。C_4 进料后，甲醇转化反应仍然独立进行，混合反应产物中的乙烯、丙烯含量有所降低。如果把 C_4 原料作为甲醇转化的产物，以进料甲醇为基准计算选择性，乙烯＋丙烯的选择性明显升高；在 C_4 进料仅为甲醇进料 5.5wt%的条件下，乙烯＋丙烯选择性即可达到约 85wt%。验证了甲醇转化和 C_4 反应的联合效果。

表 2.19　甲醇转化和高烯烃混合 C_4 转化联合反应结果(循环流化床)

项目		甲醇单独进料					C_4、甲醇同时进料				
反应温度/℃		504	505	502	502	507	502	500	499	504	506
C_4 或甲醇进料量/wt%							5.1	5.2	5.4	5.5	5.5
催化剂循环量/C_4进料量							8.4	7.8	7.9	7.6	7.5
催化剂循环量/甲醇进料量		0.43	0.43	0.38	0.43	0.41	0.43	0.41	0.42	0.42	0.41
甲醇转化率/%		99.32	99.49	99.51	99.50	99.39	99.94	99.90	99.90	99.89	99.88
产物组成/wt%	CH_4	1.85	1.84	1.82	1.80	1.81	1.69	1.63	1.60	1.63	1.67
	C_2H_4	46.38	47.29	48.21	45.53	46.97	43.25	41.89	42.52	42.65	43.08
	C_2H_6	1.25	1.30	1.26	1.26	1.26	1.45	1.32	1.33	1.36	1.36
	C_3H_6	32.84	32.80	32.30	32.94	32.76	31.75	32.33	32.28	32.30	32.43
	C_3H_8	2.31	2.32	2.28	2.59	2.27	3.15	3.23	3.11	3.06	2.89
	C_4	10.25	9.87	9.47	10.58	10.10	13.98	14.38	14.23	14.22	14.06
	C_5	4.05	3.68	3.70	4.26	3.84	3.92	4.30	4.06	3.98	3.74
	C_6	1.07	0.89	0.96	1.04	0.99	0.80	0.93	0.86	0.80	0.77
	合计	100.00	100.00	100.00	100.00	100.00	100.00	100.00	100.00	100.00	100.00
选择性(对甲醇)/wt%	C_2H_4	46.38	47.29	48.21	45.53	46.97	48.34	46.86	47.75	48.03	48.49
	C_3H_6	32.84	32.80	32.30	32.94	32.76	35.48	36.17	36.25	36.38	36.50
	$C_2H_4 + C_3H_6$	79.22	80.09	80.51	78.47	79.73	83.82	83.03	83.99	84.41	84.98

　　DMTO-Ⅱ技术工业性试验累计完成了 813h 的运行，进行了各种工艺条件试验，验证了 DMTO-Ⅱ工艺的可行性，获取了大型商业化 DMTO-Ⅱ设计基础数据，为建设 DMTO-Ⅱ大型工业生产装置奠定了基础。同时，进一步考核了工业批量生产的 DMTO 催化剂的性能和磨耗。2010 年 5 月 14 日~19 日，中国石油和化学工业联合会组织专家组到陕西华县陕西煤化工技术工程中心有限公司试验基地，对 DMTO-Ⅱ技术工业性试验装置、运行情况和结果进行了现场考察和连续运行考核，并于 5 月 16 日~19 日进行了 72h 现场标定考核。2010 年 6 月 26 日，中国石油和化学工业联合会在北京组织并主持召开了"新一代甲醇制低碳烯烃(DMTO-Ⅱ)技术"成果鉴定会。

DMTO-Ⅱ技术主要鉴定结论如下[31]。

(1)DMTO-Ⅱ技术中甲醇转化和C_{4+}转化系统使用了同一种催化剂,均采用了流化床技术,实现了甲醇转化系统和C_{4+}转化系统的耦合。

(2)完成了 DMTO-Ⅱ工业性试验装置的工程技术开发、工程设计、工业性试验,取得了大型商业化 DMTO-Ⅱ设计基础数据,为建设 DMTO-Ⅱ大型工业生产装置奠定了基础。

(3)在陕西华县建成的 DMTO-Ⅱ工业化试验装置上,累计完成了 813h 的运行试验。现场 72h 的考核标定结果表明,在平均甲醇进料为 2003kg/h、C_{4+}进料为 144kg/h 时,甲醇转化率为 99.97%,乙烯+丙烯选择性(对甲醇)为 85.68wt%,每吨乙烯+丙烯的甲醇消耗为 2.67t。该次考核所用工业批量生产的 DMTO 催化剂经过 440 多小时的运转,结果表明:该催化剂流化性能良好,磨损率较低,甲醇转化单元每吨甲醇的催化剂消耗为 0.25kg。

(4)DMTO-Ⅱ工业性试验装置工艺合理、运行安全可靠、技术指标先进,是 DMTO 技术的再创新,也是目前世界上第一套新一代甲醇制低碳烯烃(DMTO-Ⅱ)技术工业化试验装置,与 DMTO 技术相比,DMTO-Ⅱ技术吨烯烃甲醇消耗降低 10%以上,具有良好的应用前景。装置规模和技术指标均处于国际领先水平。科技查新表明,该技术具有自主知识产权。

8. DMTO 技术工业应用

DMTO 工业性试验的成功,引起了许多大型煤炭企业的高度关注,纷纷要求采用 DMTO 技术建设大型煤制烯烃装置。2006 年 12 月,神华包头获发改委核准(发改工业[2006]2772 号),采用 DMTO 技术在内蒙古包头市建设 60 万 t/a 煤经甲醇制烯烃项目,这是国内外首次甲醇制烯烃的大型工业化实践。

项目建设内容包括 180 万 t/a 甲醇装置、60 万 t/a DMTO 装置、30 万 t/a 聚乙烯装置、30 万 t/a 聚丙烯装置。该工业化项目已于 2010 年 8 月一次投料成功,2011 年正式进入商业化运营,并于 2011 年 3 月顺利通过了性能考核,其装置运行负荷、每吨烯烃甲醇原料消耗、催化剂及公用工程消耗等各项技术指标均圆满达到合同要求,目前处于满负荷平稳生产状态,标志着采用我国自主知识产权的 DMTO 技术的煤制烯烃生产示范项目和新兴产业取得突破进展,开创了煤基能源化工产业新途径,奠定了我国在世界煤基烯烃工业化产业中的国际领先地位,对于我国石油化工原料替代、保障国家能源安全具有重大意义。

截至 2015 年 1 月,DMTO 技术已经签署了 18 个技术实施许可合同,共计 20 套工业装置,烯烃产能共计约 1126 万 t/a;其中 7 套装置已经开工运行,分别是神华包头、宁波富德、延长靖边、中煤榆林、宁夏宝丰、山东神达、陕西蒲城等项目,标志着 DMTO 技术带动了我国新兴的以煤或甲醇为原料的烯烃工业的兴起。

2.2.2　中石化的 SMTO 和 SMTP

关于 SMTO 技术的公开报道很少。近期在《炼油技术与工程》上发表的《600kt/a 甲醇进料制烯烃装置反应操作因素优化》的文章[32]才给出了相对详细的信息。

据悉,中国石化集团上海石油化工研究院于 2000 年开始进行 MTO 技术的开发。2004 年中石化完成了 SAPO-34 分子筛的工业放大生产,2006 年完成 MTO 流化床催化剂制备。2003～2006 年,中国石化集团上海石油化工研究院对 MTO 反应的反应机理、催化剂失活和积碳等进行了研究,并于 2005 年建立了一套处理量为 12t/a 的 MTO 循环流化床热模试验装置,在该试验装置上进行了反应工艺验证。2007 年,中国石化集团上海石油化工研究院和中国石化工程公司合作,在中国石化集团北京燕山石油化工有限公司(简称燕山石化)建成了规模为 100t/d 的甲醇制烯烃 SMTO 工业性试验装置。该装置连续运行了 116 天,公开的技术指标为甲醇转化率 99.5%、乙烯丙烯选择性大于 81wt%。SMTO 装置采用专用 SAPO-34-1/2 型分子筛催化剂。图 2.31 为中石化 SMTO 装置的反应再生系统示意图。与 UOP 公司类似,中石化的 SMTO 装置中也采用了快速流化床反应器。SMTO 装置的再生采用了烧焦罐和密相流化床不完全再生相结合的方式。SMTO 装置中,反应器和再生器都设置了外取热器用于及时转移甲醇转化反应与催化剂烧焦再生放出的热量。

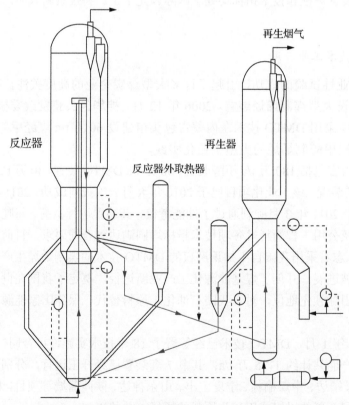

图 2.31　中石化 SMTO 装置中反应–再生系统示意图

在此基础上,2011 年中石化在濮阳市中原石化工程有限公司(以下简称中原石化)建设了年产 20 万 t 烯烃的 SMTO 工业装置并顺利投料运行。据报道，中原石化 SMTO 装置首次开车装入 SMTO-1 型催化剂 152t，连续运行 6.5 个月后更换为 SMTO-2 型催化剂。其中 2011 年 10 月 9 日~28 日，SMTO 装置采用完全再生方式运行，期间乙烯和丙烯的收率分别为 41.91vol%和 39.44vol%。2011 年 10 月 28 日~2012 年 4 月 26 日，SMTO 装置采用不完全再生方式，其主要操作参数和性能指标如表 2.20 所示。

表 2.20　中石化 SMTO 装置主要操作参数和性能指标

参数	完全再生	不完全再生
甲醇平均进料量/(t/h)	56.3	59.20
甲醇最大进料量/(t/h)	65.5	78
甲醇最小进料量/(t/h)	48	52
待生剂结碳量/wt%	4.5~5.0	4.0~4.5
再生剂结碳量/wt%	<0.5	1~2
生焦率/wt%	1.72	1.74
甲醇单耗/(t 甲醇/t 双烯)		2.92
丙烯/乙烯	0.94	0.92
双烯实际收率(含碳)/wt%		34.22
甲醇转化率/%	99.93	99.91
双烯碳基转化率/wt%	81.35	81.02
总物料平衡率(水、碳)/%		98.98
剂耗/(kg 催化剂/t 甲醇进料)		0.123~0.139
能耗/(kg 标油/t 烯烃)		545.53

姜瑞文等[32]对"优化的操作数据部分"有如下描述："2012 年 1~4 月装置反应压力 0.15MPa，再生压力 0.15MPa，甲醇平均进料量 60t/h，产品总收率 40.79%，双烯收率 32.7%，其他产品收率 8.32%，产出的聚合级乙烯纯度达到 99.99%，聚合级丙烯纯度达到 99.6% 以上，烯烃能耗为 22986 MJ/t。"从该描述中的双烯收率推算出每吨烯烃甲醇消耗为 3.06t，与表 2.20 中的 2.92t 甲醇不符。

在开发 SMTO 工艺的同时，中石化还在开展甲醇制丙烯(SMTP)技术开发。2010 年 1 月由中国石化集团上海石油化工研究院、中国石化扬子石油化工有限公司(以下简称扬子石化)、中石化上海工程有限公司联合开展 SMTP 催化剂扩试及 5000t/a SMTP 工业侧线试验。2012 年 6 月完成详细设计，11 月工业侧线装置中交，12 月开车成功。2014 年 7 月，5000t/a SMTP 工业侧线试验及 180 万 t 甲醇/a SMTP 成套技术工艺包开发通过中石化科技部组织的审查。

2.2.3　清华大学的 FMTP 技术

清华大学和中国化工集团等单位合作，开发了基于流化床反应器的甲醇制丙烯 FMTP 工艺[33]。与 Lurgi 公司 MTP 工艺使用 ZSM-5 催化剂不同，清华大学采用 SAPO-18/34 混晶分子筛作为催化剂。其优势在于该分子筛催化剂微孔道结构可有效限制 C_4 烯烃及以上组分的产生，从而提高产物中乙烯和丙烯收率。

图 2.32 给出了清华大学 FMTP 工艺流程简图，图 2.33 给出了 FMTP 装置中反应–再生系统简图。如图 2.33 所示，清华大学的 FMTP 工艺包括两个主要反应，即甲醇转化反应（methanol conversion reaction，MCR）与乙烯、丁烯制丙烯（ethene & butylene to propylene，EBTP）反应。因此 FMTP 装置中包括两个流化床反应器（MCR 反应器和 EBTP 反应器）和一个流化床再生器。在 MCR 反应器中，甲醇首先脱水形成二甲醚，二甲醚在催化剂活性中心上形成表面甲基，并基于碳池机理形成 C—C 键，相连的表面甲基从催化剂表面上脱落生成低碳烯烃混合物。MCR 反应是放热过程，采用流化床反应器有利于热量移出。在 EBTP 反应器中，低碳烯烃在 SAPO-18/34 催化剂上发生二聚、裂解等反应，在反应器操作条件下达到热力学平衡，其中异丁烯、C_5 以上烯烃受孔道限制而产量较低，因此主要产物仍是低碳烯烃，其中丙烯为最高。MCR 与 EBTP 反应中主要的副反应为丙烯生成丙烷的氢转移反应。因此，MCR 与 EBTP 反应器均采用两层设计减少丙烯的返混，以降低丙烷的生成。FMTP 工艺中 EBTP 与 MCR 反应器并联，并通过合理分配催化剂的积碳量来优化丙烯总收率。

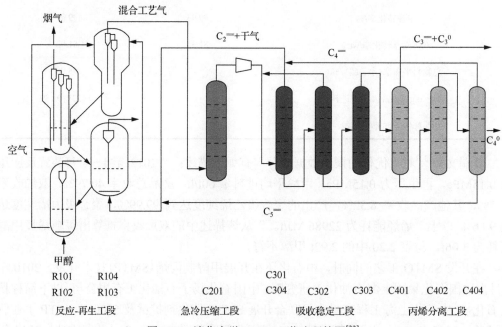

图 2.32　清华大学 FMTP 工艺流程简图[33]

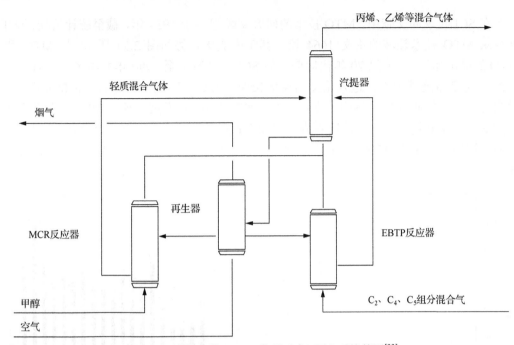

图 2.33　清华大学 FMTP 装置反应– 再生系统简图[33]

　　2006 年年初，清华大学、中国化工集团公司及安徽淮化集团有限公司等合作建设甲醇处理量 3 万 t/a 的流化床 FMTP 工业试验装置。2008 年年底，FMTP 工业试验装置建成。在完成几次流态化试验后，2009 年 9 月 19 日装置开工投料，连续运行 21 天，取得预期的试验成果。2009 年 11 月 27 日通过了由中国石油和化学工业协会组织的验收鉴定，公开的技术指标为甲醇转化率 99.5%，丙烯总收率 67.3%，原料消耗 3.39t 甲醇产 1t 丙烯。目前还没有关于 FMTP 工业化的报道。

2.3　小　　结

　　MTO 从概念的产生到技术的真正工业应用经历了 30 年时间。近年来，不论是基础研究方面还是应用研究方面均吸引了科学界和产业界的巨大关注。对我国而言，一个新兴的 MTO 产业正在快速兴起。技术的进步是无止境的，从本章介绍的内容也可以看出，除了以分子筛为基础的催化剂的创新之外，因对 MTO 新过程的理解不同，类似的催化剂也会产生不同的工艺技术，其中最大的差别是反应器类型的不同。但分析现有技术的特征，大多还没有发挥出催化剂应有的最佳性能，因此，MTO 技术还有充分的创新空间。

　　本章在介绍技术发展的部分，虽然尽量兼顾时间尺度，但涉及不同技术时仍然是困难的，主要原因是这些技术的研发很多是同期进行的。2010 年，中国科学院国家科学图书馆和大连化物所图书馆合作进行了"基于文献计量学统计分析的甲醇制烯烃技术国际发展态势分析"[34]。近期，国家知识产权局[35]、大连化物所[36]、神华集团[37]、中石化[38,39]等也对 MTO 专利进行了专门分析。从文献与专利的角度，也许更能够了解 MTO 发展过程中的历程与起伏。

在 SCI 收录的文献中，MTO 技术的研究文献起始于 1954 年，截至统计日期，SCI 共收录 MTO 技术领域的论文 1664 篇，其年度变化趋势如图 2.34 所示[41]。MTG 和 MTO 的提出始于 20 世纪 70 年代后期，但 SCI 文献数量至 1990 年并不多，1991 年、1992 年文献量连续突增，进入论文高速增长期，而这一时期的国际石油价格并不高，说明这一时期的研究仍然得到了支持。在 2007～2009 年发展加速，2008 年产出论文达到最高值 120 篇，与我国首次完成了工业性试验的带动效应有关。从 2010 年之前 3 年的数据判断，未来 MTO 技术的论文数量还会继续增加，反映出该领域的研究会继续增加。

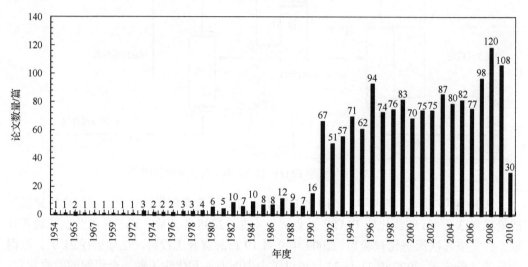

图 2.34   MTO 技术 SCI 论文数量的年度变化趋势（发表年份：1954～2010 年）[41]

对 1991～2009 年以来的文献的逐年分析，美国从 1995 年以来处于稳定发展阶段，年发文量保持在 10～20 篇；日本的研究高峰在 1998 年，发表论文 18 篇，随后论文量有所下降，在 2008 年开始回升；德国、意大利、英国、西班牙等国的研究高峰都出现在 2000 年左右；中国、法国、韩国和挪威在近几年发展较快。尤其是我国，相关研究在 2000 年以后得到较快发展，发文量在 2007 年出现突增，首次超过美国，上升至世界排名第一，进入论文高产期，2008 年发表论文最多，有 32 篇。从这些结果可以看出，MTO 相关研究又迎来了新的高潮期，这与产业发展的现状是吻合的。

图 2.35 总结了 MTO 技术研究的整体发展历程，列出了专利和文章的总体趋势，标明了重要专利和文章首次出现的时间。可以看出，MTO 发展至今，也是新知识积累的过程，1999 年左右论文和专利总量特别是专利数量的突然增多，说明 MTO 相关研究已经到了实用技术发展阶段，而真正的工业化还在 10 年之后。在"急功近利"或单纯追求 SCI 影响因子的研究者看来，这样的长期坚持也许是一件不可思议的事情。毕竟 MTO 的相关研究和技术发展又迎来了新的高潮，目前积极参与者众多，这是值得庆幸的，希望新一轮的研究能够使 MTO 技术得到跨越式的新发展。

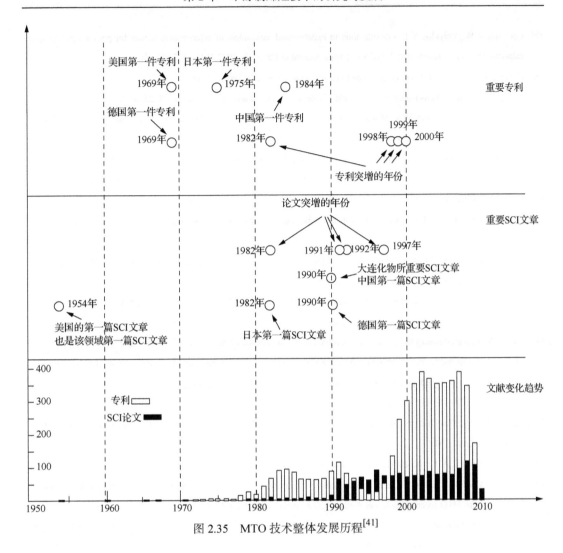

图 2.35　MTO 技术整体发展历程[41]

参 考 文 献

[1] Le Bel J A, Greene W H. On the decomposition of alcohols,etc.,by zinc chloride at high temperatures. American Chemical Journal, 1880, 2: 20

[2] Adkins H, Perkins P D. The behavior of methanol over aluminum and zinc oxides. The Journal of Physical Chemistry, 1928, 32(2): 221-224

[3] Cullinane N M, Chard S J, Meatyard R. The preparation of methylpyridines by catalytic methods. Journal of the Society of Chemical Industry, 1948, 67(4): 142-143

[4] Gorin E. Conversion of dimethyl ether: US,2456584. 1948-12-14

[5] Faweett F S, Howk B W. Conversion of methanol to hydrocarbons at superatmospheric pressure over modified metal molybdite catalysis:US, 2744151

[6] Chang C D. Methanol conversion to light olefins. Catal Rev-Sci Eng, 1984, 26(3-4): 323-345

[7] Coughlin R W, Verykios X E. Consideration in experimental assessment of effectiveness factors for porous heterogeneous catalysts with nonuniformly distributed active sites. Journal of Catalysis, 1977,48 (1-3) : 249-257

[8] Chang C D, Silvestri A J. MTG-origin, evolution, operation. Chemtech, 1987, 17(10): 624-631

[9] Chang C D. Hydrocarbons from methanol. Catalysis Reviews-Science and Engineering, 1983, 25:1-118

[10] Chang C D, Lang W H, Bell W K. Molecular shape-selective catalysis in zeolites. Dekker : Chemical Industries,1981: 73-94

[11] Chang C D, Lang W H, Silvestri A J. Manufacture of light olefins: US, 4062905

[12] Argauer R J, Landolt G R, Audubon N J. Crystalline zeolite ZSM-5 and method of preparing the same: US, 3702886

[13] Bibby D M, Chang C D, Howe R F, et al. Studies in Surface Science and Catalysis. Amsterdam: Elsevier , 1988

[14] Bibby D M, Chang C D, Howe R F, et al. Melconian in Studies in Surface Science and Catalysis. Amsterdam: Elsevier, 1988

[15] Bibby D M, Chang C D, Howe R F, et al. Methane Conversion, Studies in Surface Science and Catalysis. Amsterdam: Elsevier, 1988

[16] Mokrani T, Scurrell M. Gas conversion to liquid fuels and chemicals: The methanol route-catalysis and processes development.Catalysis Reviews-Science and Engineering, 2009, 51: 1-145

[17] Keil F J. Methanol-to-hydrocarbons: Process technology.Microporous and Mesoporous Materials,1999(1), 29:49-66

[18] Bertau M, Wernicke H J, Schmidt F, et al. Methanol Utilisation Technologies. Berlin: Springer, 2014: 327-601

[19] Stöcker M. Gas phase catalysis by zeolites. Microporous and Mesoporous Mater, 2005, 82 (3) : 257-292

[20] Mills G A. Status and future opportunities for conversion of synthesis gas to liquid fuels. Fuel, 1994, 73 (8) : 1243-1279

[21] Volz S E, Wise J J. Development studies on conversion of methanol and related oxygenates to gasoline. Final Report ERDA Contract No, E (49-18) -1773, 1976

[22] Kam A, Lee W. Fluid-bed process studies of the conversion of methanol to high octane gasoline. Final Report Contract No, EX-76-C-01-2490, 1978

[23] Vora B V, Lentz R A. Petrochemical review. Houston:World Petrochemical Conference CMAI, 1996

[24] Chen J Q, Vora B V, Pujado P R, et al. Most recent developments in ethylene and propylene production from natural gas using the UOP/Hydro MTO process. Studies in Surface Science and Catalysis, 2004, 147: 1-6

[25] Chen John Q, Bozzano A, Glover B, et al. Recent advancements in ethylene and propylene production using the UOP/Hydro MTO process. Catalysis Today, 2005, 106 (1-4) : 103-107

[26] Koempel H, Liebner W. Lurgi's methanol To propylene (MTP) report on a successful commercialization. Studies in Surface Science & Catalysis, 2007, 167:261-267

[27] Trabold P. Sustainable routes to petrochemical products//The 7th International Petrochemical Conference, Athene, 2005

[28] Liang J, Li H, Zhao S, et al. Characteristics and performance of SAPO-34 catalyst for methanol-to-olefin conversion. Applied Catalysis, 1990, 64: 31-40

[29] Li H, Liang J, Wang R, et al. Selective synthesis of monomethylamine (MMA) over zeolites. Petrochem Technol, 1987, 16: 340-346

[30] 中国科学院大连化学物理研究所. 甲醇制低碳烯烃(DMTO)技术及工业性试验鉴定材料. 内部资料, 2006

[31] 大连化学物理研究所. 新一代甲醇制低碳烯烃(DMTO-II)技术鉴定材料.内部资料, 2010

[32] 姜瑞文, 王家纯, 孙培志. 600 kt/a 甲醇进料制烯烃装置反应操作因素优化. 炼油技术与工程, 2014, 44 (7) : 7-10

[33] 魏飞, 高雷, 罗国华, 等.一种由甲醇或二甲醚生产低碳烯烃的工艺方法及其系统: 中国, CN1356299, 2001

[34] 中国科学院国家科学图书馆和大连化学物理研究所图书馆. 基于文献计量学统计分析的甲醇制烯烃技术国际发展态势分析.内部资料, 2010-5

[35] 李慧，李曦. 甲醇制烯烃技术中国专利申请状况分析. 专利文献研究, 2014, 88: 111-118

[36] 杜伟, 等. 甲醇制烯烃专利战略研究报告. 大连: 中国科学院大连化学物理研究所, 2013

[37] 董斌琦. 甲醇制烯烃技术中国专利现状分析. 神华科技，2014，12(3): 3-7

[38] 史建公，刘志坚，张敏宏，等. MTO 催化剂中国专利技术进展(一)——ZSM-5 系列分子筛. 中外能源, 2013, 18(8): 70-75

[39] 史建公，刘志坚，张敏宏，等. MTO 催化剂中国专利技术进展(二)——SAPO 系列分子筛. 中外能源, 2013, 18(9): 63-72

第3章 甲醇转化制烯烃机理

甲醇转化成烃类的研究发展始于 20 世纪 70 年代 Mobil 公司研究小组的两个偶然发现[1]。在使用 ZSM-5 催化剂研究甲醇转化为其他含氧化合物及甲醇与异丁烷烷基化的这两个反应中，都收获了意想不到的处于汽油馏分的烃类产物，由此发现了甲醇制汽油(methanol to gasoline，MTG)过程[2,3]。此后，Mobil 公司又报道了甲醇在分子筛上转化为烯烃的过程(methanol to olefins，MTO)[4]。这两个过程的相继报道说明以甲醇为原料能够合成出原本以石油为原料的石化产品[5]。

通常认为甲醇转化为烯烃的反应包含甲醇转化为二甲醚和甲醇或二甲醚转化为烯烃两个反应(图 3.1)，固体酸是有效的催化剂。通常的无定形固体酸(如 Al_2O_3、Al_2O_3-SiO_2)可使甲醇转化为二甲醚，但生成低碳烯烃的选择性较低。采用合适的分子筛催化剂可以显著提高低碳烯烃的选择性[1,5-7]，低碳烯烃在固体酸催化剂上进一步反应生成烷烃、芳烃和环烷烃等副产物。

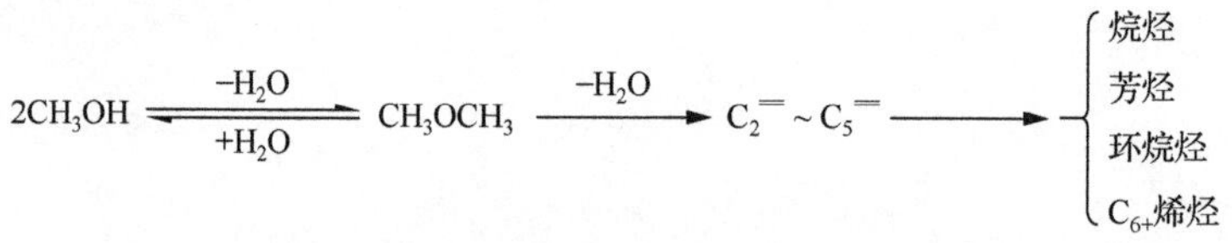

$$2CH_3OH \underset{+H_2O}{\overset{-H_2O}{\rightleftharpoons}} CH_3OCH_3 \xrightarrow{-H_2O} C_2^= \sim C_5^= \longrightarrow \begin{cases} 烷烃 \\ 芳烃 \\ 环烷烃 \\ C_{6+}烯烃 \end{cases}$$

图 3.1 MTO 反应

高效分子筛催化剂的使用是 MTO 发展的关键。1977 年，美国 Mobil 公司的 Chang 和 Silvestrz[1]、Chang[4]首次报道了采用具有 MFI 晶体结构的 ZSM-5 沸石分子筛催化 MTO 反应。Koempel 和 Liebner[8]采用 ZSM-5 分子筛催化甲醇制烯烃，并侧重于丙烯的选择性生成，研究出甲醇制丙烯(methanol to propene，MTP)的过程[8]。1984 年，Brent 等开发了新型硅磷铝系列分子筛(SAPO-n，n 代表结构类型)[9]。SAPO 系列分子筛孔径在 0.3～0.8nm，具有中等强度的酸性，其中具有 CHA(chabazite)拓扑结构的 SAPO-34 分子筛用于 MTO 反应，极大地促进了低碳烯烃选择性的提高。Liang 等[6]、Liu 和 Liang[7]发现具有 CHA 结构的 SAPO-34 分子筛作为催化剂的甲醇转化过程可获得极高的低碳烯烃选择性，特别是乙烯和丙烯的选择性可达到 90%，而丁烯及 C_4 以上产物的生成则被极大地抑制[6,7]。研究人员前后经历近 30 年的研究历程，发展出以小孔 SAPO-34 为核心催化剂的流化床 DMTO 技术[10]，实现了世界首套 DMTO 技术工业装置的商业运转。目前 ZSM-5 分子筛和 SAPO-34 分子筛已成为最为重要的 MTO 反应催化剂。在开发新的甲醇转化反应过程和催化剂的同时，研究者致力于甲醇转化反应机理的探究，希望在理解反应如何发生的基础上优化反应过程并指导新的催化剂的开发。

大量的甲醇转化的基础研究工作表明，甲醇转化反应体系非常复杂，已证实反应物甲醇到烯烃产物的转化存在多种反应途径、涉及多种类型的反应中间体并遵循各自不同的反应机理，所生成的烯烃产物在酸性催化环境中又具有很高的反应活性，能够与甲醇发生甲基化反应生成高级烯烃，同时烯烃产物也能够发生聚合-环化-氢转移反应生成积碳物种而导致催化剂失活。甲醇制烯烃技术中催化剂和过程的进一步发展都要求在深入理解甲醇转化机理基础上对分子筛催化的甲醇转化及产物有更为精准的把握和控制，同时抑制反应中间体和反应产物向积碳物种的转化，建立分子筛催化甲醇转化的选择性控制原理。本章将总结甲醇制烯烃反应机理的研究进展，内容包括早期提出的甲醇转化的直接机理、甲醇转化所独具的自催化反应特征、广泛接受的间接反应机理(包括芳烃和烯烃循环两种途径)、反应途径和反应产物选择性的控制及反应积碳失活。

3.1　甲醇转化反应的直接机理

甲醇转化为烃类的反应是从 C_1 原料甲醇生成具有新的 C—C 的化合物的反应过程，因此甲醇制烯烃反应机理研究中最重要的科学问题是 C—C 的生成机理[5,11,12]。

早期研究者提出的反应机理都集中在从甲醇生成包含一个 C—C 物种的直接反应机理，他们认为烯烃产物通过一种直接反应机理生成，在这个过程中，C—C 是由来源于甲醇或者二甲醚的 C_1 物种发生直接偶联反应生成。为了解释 C—C 是如何由甲醇产生的，先后提出了 20 余种直接反应机理[5]，分别包含多种反应中间体，如氧鎓叶立德[13-15]、碳正离子[16,17]、卡宾[1,18,19]、自由基[20,21]等，并以关键的反应中间体或者生成 C—C 的过渡态物种来命名与之相关的反应机理(图 3.2)[11]。但是这些直接反应机理所包含的

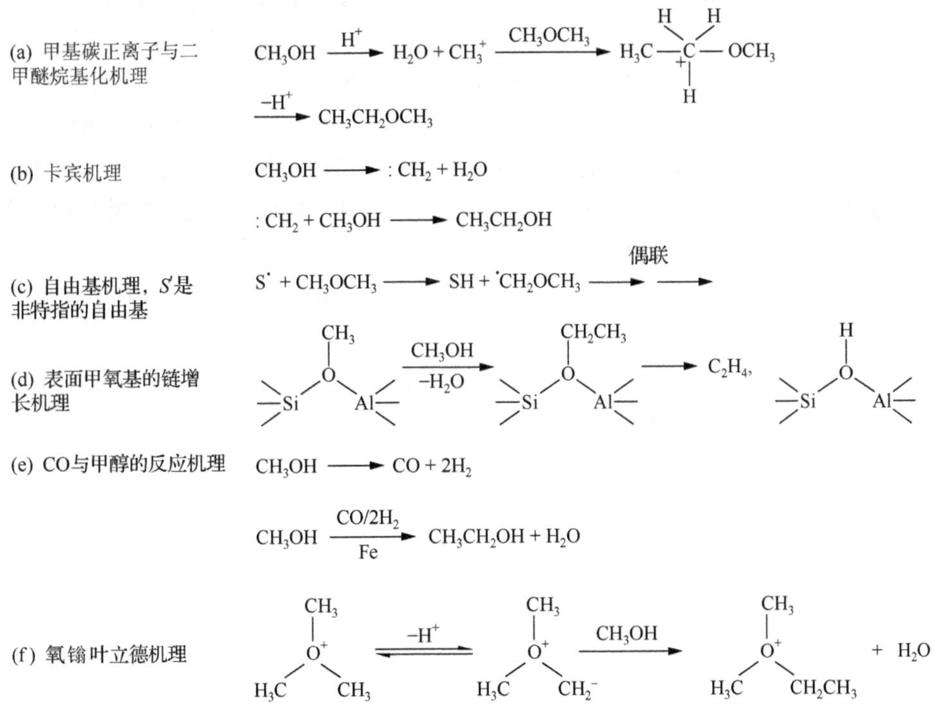

图 3.2　甲醇/二甲醚转化为烯烃(或其前驱体)的直接机理[11]

C_1 物种的直接偶联反应需要克服高的反应能垒[12,22]，直接反应机理缺乏实验证据的支持，并且这些直接反应机理都不能成功地解释所有实验现象。一些实验观察到从甲醇进料反应到反应器出口收集到的产物中出现第一批烯烃产物之间存在一段时间滞后[23-25]。在反应初期甲醇转化率非常低，但反应进行一段时间后甲醇转化率迅速升高至 100%。这段被称作"动力学诱导期"的反应时期的出现难以用任何一种直接反应机理来解释[26]。直接机理提出十余年之后，研究者们又提出了另外的间接反应机理，认为存留在催化剂内部的烃类物种起到共催化的作用[27-29]。目前，普遍认为 MTO 反应是遵循一种间接反应机理，其中烃类物种在产物生成过程中扮演反应活性中心的角色[11,12,27-29]。作为反应活性中心的物种可能是芳烃物种[11,26,30-35]、烯烃物种[36,37]或者二者同时发挥作用[38-40]。

3.2　甲醇转化的自催化反应特征

对于一个化学反应，如果其反应产物能够作为该反应的催化剂促进反应的进行，则该化学反应为自催化反应。自催化反应的特征在于产物浓度随反应进行出现 S 形曲线。在反应初期，当仅有极少量的产物生成并起催化作用，反应进行得非常缓慢，反应速率随产物生成不断上升，导致反应物大量消耗。在 20 世纪 70 年代和 80 年代，研究者逐渐认识到甲醇转化的自催化现象。Chen 和 Reagan[41]对 Chang 等[1]在 1977 年发表的数据进行处理后发现甲醇和二甲醚转化率随接触时间变化的 S 形曲线，即接触时间短时转化率极低，但随接触时间的延长转化率迅速上升。此后，他们在温度为 350℃、常压条件下的 HZSM-5 催化甲醇转化的反应中也观察到了这一现象。由此说明初始烃类产物的缓慢生成启动了甲醇转化反应，并随着烃类产物的生成反应进一步加速。Ono 和 Mori[17]研究了密闭体系中 HZSM-5 催化剂上的甲醇转化反应。在 219℃和常压条件下，在 HZSM-5 表面引入分压为 7.71×10^3 Pa 的甲醇气，并随反应时间检测气相组成，结果获得如图 3.3 所示的变化趋势。在反应开始的 8h，主要生成二甲醚和极少量的烃类化合物；反应时间达到 12h 后，烃类的收率迅速上升；在反应时间达到 18h，收率上升到 80%。产物收率

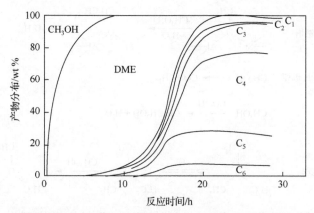

图 3.3　HZSM-5 催化甲醇转化产物的生成(反应温度为 219℃，甲醇初始压力为 7.71×10^3 Pa)

在 12~15h 迅速上升的过程表现了反应自催化的特征。升高反应温度，自催化现象依然存在。反应温度升至 239℃，也表现出相同的反应趋势，但进程加速，在 4~5h 时即发生烃类产率迅速上升的现象。在更高的反应温度如 258℃ 条件下，1.5~2.5h 时即可观察到烃类产率的上升。

这些数据都证实在一个恒温反应体系中，自催化过程的反应速率远高于初始生成乙烯的速率。因此甲醇转化反应被分为以下两步：

$$CH_3OH \longrightarrow 烯烃（第一步）$$

$$烯烃 + CH_3OH \longrightarrow 烯烃（+链烷烃）（第二步，自催化步骤）$$

Ono 和 Mori[17]以此为基础，研究了自催化反应动力学。用 A 代表原料甲醇或者二甲醚，B 代表烯烃产物，得到的反应式如下：

$$A + A \xrightarrow{\ k_1\ } B \tag{3-1}$$

$$A + B \xrightarrow{\ k_2\ } B \tag{3-2}$$

假设式(3-1)为二级反应、式(3-2)对 A 和 B 分别为一级反应，以 x 为 A 的转化率，$[A]=[A]_0(1-x)$ 且 $[B]=[B]_0+[A]_0x$，k_1 和 k_2 分别为式(3-1)和式(3-2)的速率常数，设定 $k_1/k_2=\alpha$ 且 $[B]_0/[A]_0=\beta$，W 作为催化剂的质量，得到式(3-3)：

$$\frac{dx}{dt} = k_2 W[A]_0(1-x)[(\alpha+\beta)+(1-\alpha)x] \tag{3-3}$$

对等式(3-3)进行积分，得到等式(3-4)：

$$\ln \frac{\alpha+\beta+(1-\alpha)x}{(\alpha+\beta)(1-x)} = k_2 W[A]_0(1+\beta)t \tag{3-4}$$

当 $t=0$ 时，烯烃初始浓度$[B]_0$等于 0，因而 $\beta=0$，且 α 远小于 1，等式(3-4)可简化为

$$\ln \frac{\alpha+x}{\alpha(1-x)} = k_2 W[A]_0 t \tag{3-5}$$

式(3-4)在假定反应式(3-1)是一级反应，烯烃初始浓度$[B]_0$ 为 0，且 k_1 远小于 k_2 时则可得到转化率随反应时间变化的 S 形曲线。

早期工作中，研究者用甲基碳正离子和表面甲氧基的反应来解释反应(3-1)中初始烯烃的生成，而式(3-2)则属于用甲基碳正离子和烯烃的链增长反应[17]。此后甲醇转化机理研究的发展，特别是对间接反应机理的建立为甲醇转化的自催化反应过程提供了更为合理和详细的解释。笔者研究团队近年的研究针对流动状态和脉冲状态甲醇转化反应开展，均观察到了甲醇自催化反应的特征，并对诱导期中分子筛从低活性催化剂转化为高活性催化剂的过程进行研究，发现了促进甲醇转化的活性物种，并建立了这些活性物种参与烯烃生成的反应途径。

3.3　甲醇转化反应的间接机理

3.3.1　MTO 反应间接反应机理的提出

1982 年，Mobil 公司的 Dessau[36]、Dessau 和 Lapierre 等[37]首次利用 ^{13}C-甲醇和 ^{12}C-烯烃或 ^{12}C-芳烃共进料技术对 MTO 反应机理进行研究。Dessau[36]在 H-ZSM-5 分子筛上进行的共进料反应研究结果表明，MTO 反应遵循一种包含连续甲基化反应和裂解反应的间接反应机理(图 3.4)，一旦甲醇转化达到稳定状态，乙烯和更高级烯烃主要通过重复的甲基化反应、低聚反应和裂解反应产生。

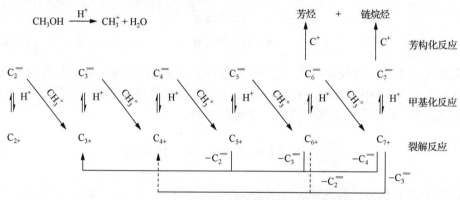

图 3.4　Dessau 等提出的烯烃甲基化裂解机理[36]

Dessau 等提出了与 Chen 等[41]观点一致的甲醇转化的自催化反应机制，猜测最初的第一个烯烃分子可能来自于 C—C 形成反应，也可能来自于反应采用的分子筛催化剂、反应原料甲醇或载气中所包含的杂质。初始烯烃产物仅在反应引发过程中起到重要作用，而对于此后的反应产物生成几乎没有贡献。实际的产物形成过程在反应诱导期内生成一定量烯烃后即开始进行，单个烯烃分子被认为足以激发甲醇至烃类(methanol to hydrocarbon，MTH) 反应的发生。Dessau[36]、Dessau 和 Lapierre[37]提出的 MTH 反应机理认为乙烯是初级烯烃产物经过二次再平衡反应后的产物，而并非由甲醇生成的初级反应产物；同时，MTH 反应中生成的芳烃物种是氢转移反应生成的二次产物(或积碳前驱体)，对烯烃反应产物的生成没有贡献，烯烃产物主要以烯烃甲基化裂解机理进行。

同样在这一时期，Langner[42]研究高碳醇对 MTO 反应诱导期的影响也获得了甲醇转化间接机理的证据。当在甲醇进料中加入微量高级醇类(比如 3.6×10^{-3} mol%的环己醇)，结果发现，实验观察到的反应诱导期缩短了 1/18。该结果与 Dessau[36]提出的反应机理相符，Langner[42]推测环状反应中间体在反应中起到重要作用，反应机理中包含多甲基取代的环状反应中间体，并认为该反应中间体能够发生修边反应(paring reaction)生成低碳烯烃，而修边反应早在 1961 年即由 Sullivan 等[43]首次提出用以解释六甲苯生成烯烃(尤其是异丁烯)的反应，修边反应包括缩环反应和扩环反应。

1983 年，Mole 等[44,45]以实验为基础提出了芳烃循环途径的间接反应机理在 H-ZSM-5

上进行甲苯和甲醇共进料反应时观察到甲苯的共催化效应，在甲醇进料中添加 1wt%的甲苯或者对二甲苯能够提高甲醇转化率。为了解释实验中观察到的甲苯共催化效应，Mole 等[44,45]提出了侧链烷基化机理，该报道与目前广泛认同的烃池(hydrocarbon pool)机理非常相似，该机理包含多甲基苯与甲醇反应增加一个烷基侧链并释放出一个水分子，然后烷基侧链发生消去反应生成乙烯，同时生成比最初参加反应的多甲基苯少一个甲基的多甲基苯分子。

3.3.2　烃池机理

在 20 世纪 90 年代初期，受早期有关 MTO 反应机理研究结果的启发，Dahl 和 Kolboe[27-29]提出烃池机理。他们在 SAPO-34 上进行 ^{13}C 甲醇和 ^{12}C 乙烯或丙烯的共进料反应时，发现几乎所有烃类产物都含有 ^{13}C 同位素，只有少量反应产物含 ^{12}C 原子，意味着只有少量反应产物来自于 ^{12}C 乙烯或者丙烯，大部分反应产物都来自于甲醇反应生成的活性物种；也就是说，乙烯或丙烯共进料对甲醇转化几乎没有影响，而且这些烯烃分子不具有反应活性，这些发现证实甲醇的碳原子连续加入烯烃并裂解的反应途径是不可行的。这些现象促使 Dahl 和 Kolboe[29]提出了如图 3.5 所示的烃池机理，$(CH_2)_n$ 代表烃池物种，是类似于积碳、吸附在分子筛孔道内的碳氢化合物，是参与烯烃生成的活性物种，催化剂孔道中存在的这些活性物种在甲醇转化为烯烃产物的过程中起共催化剂的作用。这些烃类物种通过连续的甲基化反应而长大并随后发生消去反应生成低碳烯烃，使烃池物种能够重新生成并完成催化循环。

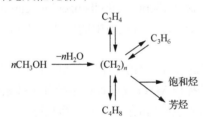

图 3.5　Dahl 和 Kolboe 提出的烃池机理模型[29]

反应初始阶段甲醇在分子筛孔道内先形成活性烃池物种，与此同时甲醇的转化率逐渐升高进入稳态反应阶段，甲醇与活性烃池物种反应生成乙烯、丙烯、丁烯等低碳烯烃，低碳烯烃进一步通过缩聚、烷基化、环化和氢转移等反应生成高级烃类、饱和烷烃和芳烃化合物，这些反应一般被称为二次反应。烃池机理最核心的两个问题是：烃池究竟包含哪些物种？甲醇如何与烃池物种反应生成低碳烯烃？烃池机理提出后研究者们围绕这两个问题在不同结构的催化剂上做了大量研究工作。

1. 烃池物种的确定

烃池物种是 MTO 反应过程中的有机活性中间体，研究烃池物种的本质属性及在烃池物种上甲醇如何反应生成烯烃，对理解 MTO 反应机理具有重要意义。烃池机理提出后，研究者们并没有确定烃池物种的准确属性。Dahl 和 Kolboe[27~29]发现乙烯和丙烯在 SAPO-34 上几乎没有反应活性，并且通过芳烃和甲醇共进料反应得到了芳烃参与甲醇反应的结论。20 世纪 80 年代 Mole 等[44,45]报道了甲醇制烃类反应中加入少量芳烃(例如甲苯和对二甲苯)时甲醇转化率得到很大提升。这些结果促使许多研究团队对芳烃化合物是烃池物种的主要组成这一假设进行了深入研究,并获得一系列进展。

2000 年,Mikkelsen 等[32]在 H-ZSM-5、丝光沸石和 H-Beta 分子筛上进行了 ^{13}C 甲醇和 ^{12}C 苯或甲苯共进料反应,结果表明:反应生成的乙烯、丙烯中含有 50%～75%的 ^{13}C 原子,而多甲基苯 ^{13}C 同位素分布紊乱。说明多甲基苯确实参与了生成烯烃的反应过程中,H-Beta 分子筛上的活性物种主要是六甲苯,H-ZSM-5 和丝光沸石上的活性中间体分别主要是三/四甲苯和五甲苯。Song 等[34]利用固体核磁共振实验手段证实多甲基苯是 SAPO-34 上 MTO 反应活性中心,并且揭示了 SAPO-34 笼中甲基苯的出现与烯烃生成的关系。Arstad 和 Kolboe[31]通过分析 SAPO-34 上短时间反应后分子筛内有机物种的反应活性,进一步证实多甲基苯就是 SAPO-34 中的反应活性中心的主要成分。Sassi 等[46]在十二元环 H-Beta 分子筛上用多甲基苯进料反应,结果发现,多甲基苯在 H-Beta 上反应生成烯烃活性很高。烯烃产率和丙烯选择性随着苯环上甲基取代数目的增加而增加,即使六甲苯单独进料依然可以反应生成低碳烯烃。

1998 年,Haw 研究组[35,47-50]利用其发展的一套脉冲-液氮淬冷反应装置,借助固体核磁共振技术对烃池机理进行了深入研究并取得了重要进展。确定了在 H-ZSM-5 分子筛中形成了 1,3-二甲基环戊烯基碳正离子(1,3-dimethylcyclopentenyl,diMCP$^+$),并且认为 diMCP$^+$是催化剂上生成甲苯的前驱体[48]。进一步的研究确定了分子筛催化剂上存在的其他环状碳正离子,如五甲基环戊烯基碳正离子(pentamethylcyclopentenyl cation, pentaMCP$^+$)和七甲基苯碳正离子(heptamethylbenzenium cation, heptaMB$^+$)[35,49],并通过实验确认了 SAPO-34 和 H-Beta 分子筛孔道中的环状碳正离子和多甲基苯作为反应活性中心的重要作用[26,46,48,51]。

烃池物种和分子筛骨架结构之间的相互作用在 MTO 反应过程中扮演非常重要的角色。Haw 和 Marcus[26]、Song 等[33]提出 MTO 反应过程中超分子体系催化剂的概念,认为分子筛性质(元素组成、骨架结构和酸强度)和存在于分子筛孔道中烃池物种的具体属性共同决定了超分子催化剂独一无二的属性,超分子的概念如图 3.6 所示。多甲基苯分子和它所占据的 SAPO-34 纳米笼被看做一个超分子体系[26]。通过实验发现苯环上甲基取代数目较高时生成产物中乙烯/丙烯比例降低,二甲苯和三甲苯主要反应生成乙烯,而更多甲基数目取代的四甲苯到六甲苯则倾向于生成丙烯;并且还发现甲基苯的甲基取代数目的增加会提高其反应活性,如有利于生成丙烯的六甲苯比有利于生成乙烯的三甲苯反应活性更高。Song 等[52]指出,除了多甲基苯,多甲基萘也是活性烃池物种,并且多甲基萘显示出高的乙烯选择性。

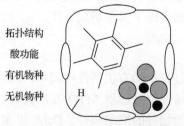

拓扑结构
酸功能
有机物种
无机物种

图 3.6　Haw 等提出的超分子分子筛笼[26]

研究者通过实验证实多甲基苯、多甲基环戊二烯及它们对应的碳正离子是反应活性较高的烃池物种[30,34,53]。借助固体核磁共振实验手段，已经发现的碳正离子包括在H-ZSM-5 中观察到二甲基和三甲基环戊烯基碳正离子、茚基碳正离子和五甲基苯碳正离子，在 H-Beta 中观察到七甲基苯碳正离子(heptaMB⁺)，在 SAPO-34 中观察到七甲基环戊烯基碳正离子[35,48-50,54]。但是大部分碳正离子的生成均通过非甲醇进料反应或共进料反应等间接方式得到证实。目前已经发现作为烃池物种的碳正离子包括环戊烯基碳正离子和苯基碳正离子（表 3.1）。这些碳正离子的结构与分子筛的结构密切相关。在由硅铝或者 SAPO 分子筛催化的真实的 MTO 反应过程中，对碳正离子的直接观察及对它们所起作用的证实仍然是 MTO 机理研究的重要方向和具有挑战性的工作。

表 3.1 通过固体核磁观察到的分子筛催化甲醇转化反应中形成的碳正离子

碳正离子	反应和催化剂
1,1,2,4,6-五甲基苯基碳正离子	甲醇+苯，H-ZSM-5[50] 甲醇，H-ZSM-5[55]
1,1,2,3,4,5,6-七甲基苯基碳正离子	甲醇+苯，H-beta[35] 甲醇，DNL-6[56]或 H-SSZ-13[57]
1,3-二甲基环戊烯基碳正离子	甲醇，H-ZSM-5[58]
1,2,3-三甲基环戊烯基碳正离子	甲醇，H-ZSM-5[55]
1,3,4-三甲基环戊烯基碳正离子	甲醇，H-ZSM-5[55]
1,2,3,4,5-五甲基环戊烯基碳正离子（pentaMCP⁺）	甲醇，DNL-6[56]，H-SSZ-13[57]，SAPO-34[59]

heptaMB⁺是 MTO 反应过程中重要的反应中间体[11,60]。研究者们在 H-Beta、H-MCM-22 和丝光沸石上进行苯和甲醇共进料反应中均观察到了 heptaMB⁺的形成[35,61,62]。由于孔口的扩散限制，在孔口为十二元环 H-Beta 分子筛上进行的苯和甲醇共进料反应难以在八元环小孔分子筛（如 SAPO-34）上实现。为了充分认识 MTO 催化过程并详细揭示在能量上占优势的烃池机理，在真实 MTO 反应条件下实现对碳正离子的直接观察显得尤为重要。对 SAPO-34 的 CHA 笼中形成的 heptaMB⁺的直接观察过程所遇到的困难，与 heptaMB⁺非常高的反应活性，以及 SAPO 分子筛同液体酸或者硅铝沸石相比所具有的较弱酸性相关。因此，需要找到具有特殊结构和酸性环境的催化剂以容纳和稳定体积较大的 heptaMB⁺，2012 年，Li 等[56]对这一碳正离子的观察研究取得了突破性进展。采用一种新型 SAPO 分子筛——DNL-6[63]催化甲醇转化反应，这种分子筛具有大的 α 超笼和较高的酸密度，为容纳和稳定体积较大的反应中间体 heptaMB⁺提供了可能。当在低温进行 DNL-6 催化的甲醇转化反应时，利用色质联用技术和固体核磁技术，首次在真实 MTO 反应条件下实现了对 heptaMB⁺及其去质子化产物 1,2,3,3,4,5-六甲基-6-亚甲基-1,4-环己二烯(1,2,3,3,4,5-hexamethyl-6-methylene-1,4-cyclohexadiene，HMMC) 的直接观察(图 3.7)[56]。这是首次在八元环小孔分子

筛上实现对甲醇转化重要反应中间体的直接捕获和确认。

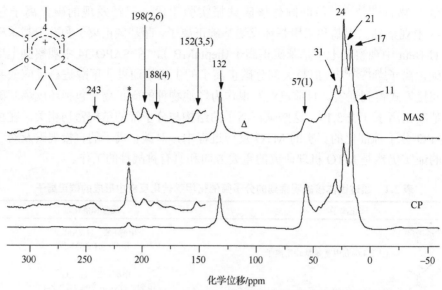

图 3.7　DNL-6 催化剂上甲醇转化过程中 heptaMB$^+$的固体核磁观察

275℃ ^{13}C 甲醇反应 50min；*代表边带；Δ为背景信号 [56]

^{12}C-甲醇/^{13}C-甲醇的同位素切换实验证实了多甲基苯的高活性，特别是作为 heptaMB$^+$去质子化产物的 HMMC 在参与甲醇转化成烯烃反应中表现出最高的反应活性，表明这一碳正离子及其去质子化产物在烯烃生成机理中的重要性[56,64]。此后，笔者研究团队将具有 CHA 笼结构的硅铝分子筛 H-SSZ-13 用于催化 MTO 反应。在真实 MTO 反应条件下，首次在 CHA 结构硅铝分子筛 H-SSZ-13 上直接观察到 MTO 反应过程中两种重要的碳正离子 pentaMCP$^+$和 heptaMB$^+$。实验研究和理论计算的结果表明，对于这两种碳正离子的观察取决于酸性催化环境和催化反应过程中这些碳正离子的反应活性[57]。pentaMCP$^+$发生进一步转化反应需要克服更高的能垒，因而在 CHA 纳米笼中比 heptaMB$^+$更容易被观察到。^{13}C 固体核磁检测结果和同位素切换实验结果提供了充足的证据证明 pentaMCP$^+$和 heptaMB$^+$两种碳正离子都是 MTO 反应过程中重要的反应中间体[57]。

2. 烃池物种的来源

烃池物种是如何生成的一直是一个让研究者们困惑的问题。Wang 等[25]采用原位停止–流动(stop-flow)魔角旋转固体核磁共振技术，在 HY、H-ZSM-5 和 SAPO-34 分子筛上分别制备单纯的表面甲氧基，通过引入不同的探针分子(如甲苯、环己烷等)与表面甲氧基反应，证明了表面甲氧基具有很高的反应活性。把表面甲氧基加热到 250℃以上，发现表面甲氧基自身能够发生反应生成烃类和芳香类化合物。上述研究表明，在 MTO 反应诱导期，分子筛表面甲氧基对第一个 C—C 的生成起重要作用；但是 Haw 等[65]采用高度纯化的反应试剂、载气和催化剂进行研究，结果显示在这些反应条件下甲醇几乎完全没有活性，认为直接的 C—C 偶联反应速率非常低，同微量杂质化合物在引发反应时所起的作用相比微不足道，所以直接的 C—C 偶联反应可能从来没有发生过，而烃池物种来源于普通甲醇和/或催化剂中包含的含碳杂质物种所发生的反应。这些结果同 Jiang 等[66]的实验结果相矛盾，他们认为甲醇中的微量有机杂质并不影响表面甲氧基反应生成初始烃类物种。Vandichel 等[67]提出一条理论上可行的反应路径，初始生成的少量小分子烯烃——乙烯或丙烯在分子筛的催化环境下能够聚合、环化生成环状有机物种。总之，关于烃池物种是如何形成的争论迄今为止仍然没有明确的结论。

3.烃池机理生成烯烃的反应途径

目前，广泛认同的是 MTO 反应过程的芳烃反应循环，包括多甲基苯甲基化反应和随后发生的消去反应生成烯烃，但是发生消去反应生成烯烃的反应机理一直是研究者们争论的焦点。为了解释甲醇通过芳烃循环生成烯烃的反应过程，研究者们提出了两种烯烃生成途径：修边机理（paring mechanism）和侧链烷基化机理（side-chain methylation mechanism），这两种反应路径如图 3.8 所示。两种机理均包含六甲苯发生甲基化反应生成 heptaMB[+]的过程，并将其作为第一步。修边机理由 Sullivan 等[43]在 1961 年首先提出。修边机理可以认为是连续的缩环和扩环反应，包含六甲基苯基碳正离子或者七甲基苯基碳正离子发生重排反应生成一个带有烷基取代基的五元环物种，接下来该五元环物种直接发生消去反应生成丙烯或者进一步发生重排反应后消去生成异丁烯，紧接着发生去质子化反应和扩环反应重新生成六元环物种（图 3.8 左侧）。1983 年 Mole 等[44,45]在研究 ZSM-5 上芳烃物种作用时提出了侧链烷基化机理。Sassi 等进行了更为详细的研究，该机理通过去质子化形成环外双键和发生连续的侧链烷基化反应及随后的侧链消去反应来解释烯烃的生成[46,69]。heptaMB[+]发生去质子化反应生成带有环外双键的中性化合物 HMMC，紧接着环外双键经过一次或者两次甲基化反应形成一个乙基或异丙基侧链，然后侧链消去

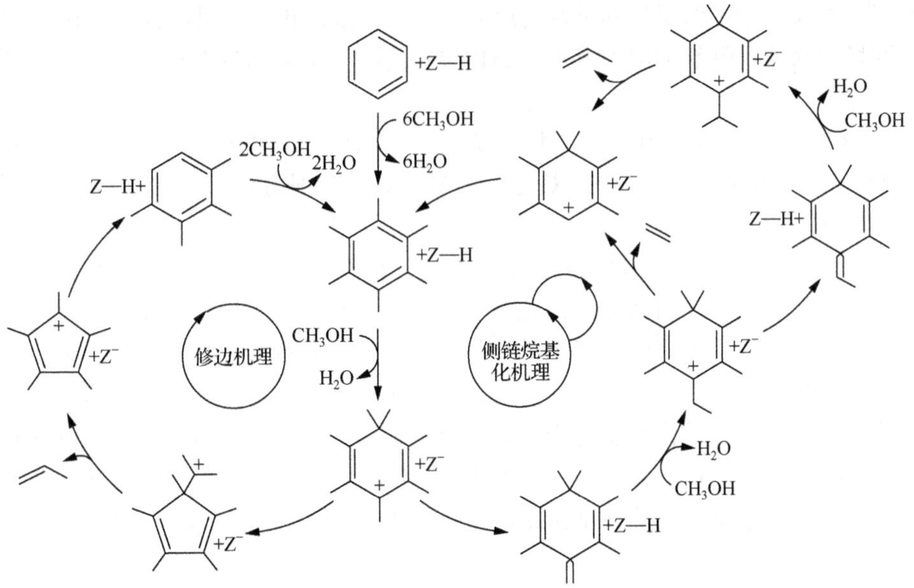

图 3.8　修边机理和侧链烷基化机理[68]

生成乙烯或丙烯。这两种机理都从重复的甲基化反应出发直到形成乙基、丙基或异丁基取代的物种为止(图3.8右侧)。

修边机理和侧链烷基化机理的显著区别在于修边机理利用环上碳原子生成烷基侧链，而按照侧链烷基化机理进行的反应过程不破坏芳环结构。Bjorgen 等[62]和 Sassi 等[46]深入研究了两种机理的差异，做了大量同位素标记实验和共进料反应以揭示 H-Beta 分子筛上脱烷基反应机理。Sassi 等[46]发现在高温(350~450℃)反应条件下，侧链烷基化机理是生成烯烃的主要反应途径。Bjorgen 等[62]发现反应温度低于300℃时，生成的大量丙烯和异丁烷分子中(由异丁烯发生简单氢转移反应生成)包含来自于苯环上的碳原子，反应以修边机理反应途径进行。

将侧链烷基化机理与修边机理区分开来的依据是同时具有乙基、丙基或者其他烷基基团的多甲基苯中间体的形成[46]。Sassi 等[46]在 H-Beta 分子筛上 350℃条件下 ^{13}C-甲醇和 ^{12}C-乙苯及 ^{12}C-异丙苯的共进料反应结果显示，这些物种能够分别反应生成大量的乙烯和丙烯。H-Beta 分子筛上单独的乙苯不具有反应活性，但单独的异丙苯确实能够发生消去反应生成丙烯，并且在甲醇存在的条件下，乙苯和异丙苯发生消去反应生成烯烃的反应活性更高，该结果表明，芳烃甲基化反应能够促进烯烃的消去反应。在没有甲醇的条件下，丁苯同分异构体在 H-Beta 分子筛上 350℃的反应结果显示这些分子发生消去反应生成丁烯的反应活性与碳正离子的结构有关：邻近芳环碳是异丁基和叔丁基的丁苯具有显著的反应活性(转化率87%~96%)，而在相同条件下邻近芳环碳为正丁基的丁苯异构体反应活性较低(只有10%~13%的转化率)[69]。以上结果说明侧链烷基化机理是 H-Beta 上生成烯烃的可能途径。

笔者在研究八元环笼结构分子筛 DNL-6 上的甲醇转化机理时，以苯基碳正离子中间体观察和 ^{12}C-甲醇/^{13}C-甲醇的同位素切换实验为基础，区分侧链甲基化反应途径和修边机理途径[56]。在实验中不但观察到重要的反应中间体 heptaMB$^+$，并且通过对同位素切换实验后重要烃池物种六甲苯(HMB)和 heptaMB$^+$的去质子化产物 HMMC 的质谱图分析，判断采用烃池机理生成烯烃的具体反应途径。

对比图3.9中未标记的和同位素切换试验后 HMB 和 HMMC 的质谱图，发现切换实验后在 HMB 和 HMMC 中出现的 ^{13}C 原子的最高数目分别为6和7，与这两种芳烃物种侧链上的甲基数目相同，因而 ^{13}C 原子出现在侧链上的可能性要高于出现在苯环上。同时，在质谱图中，电离后产生的失去一个甲基的碎片离子与 HMB 或 HMMC 分子离子峰的质量数差为16，由此证明从侧链位置断裂的甲基应为同位素标记的甲基(—^{13}CH$_3$质量数为16)，进一步确认了 ^{13}C-甲醇中的碳原子在与烃池物种作用时基本都进入到苯环的侧链位，而非烃池物种多甲基苯苯环上的位置，因而苯环上的碳原子与侧链碳原子发生交换的修边机理在这一催化剂上并未起到显著的作用，烯烃的生成以侧链甲基化机理的途径实现。由此提出了 DNL-6 催化甲醇转化的侧链烷基化机理，其中的关键步骤为六甲基苯和 heptaMB$^+$的侧链甲基化和此后消去侧链生成乙烯和丙烯的反应(图3.10)。

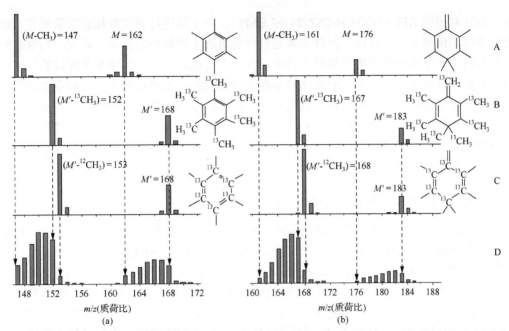

图 3.9　未标记的（A）、模拟在侧链位置（B）和苯环位置（C）进行标记的和同位素切换实验后（D）的 HMB（a）和 HMMC（b）的质谱图对比[56]

DNL-6 催化 [12]C-甲醇/[13]C-甲醇的同位素切换实验条件：275℃，流动态 [12]C-甲醇反应 60min 后，脉冲进样 9μL [13]C-甲醇，甲醇空速=2.0h^{-1}，He/MeOH（物质的量比）=3；M. 未标记的 HMB 和 HMMC；M'. 模拟的 [13]C-标记的 HMB 和 HMMC

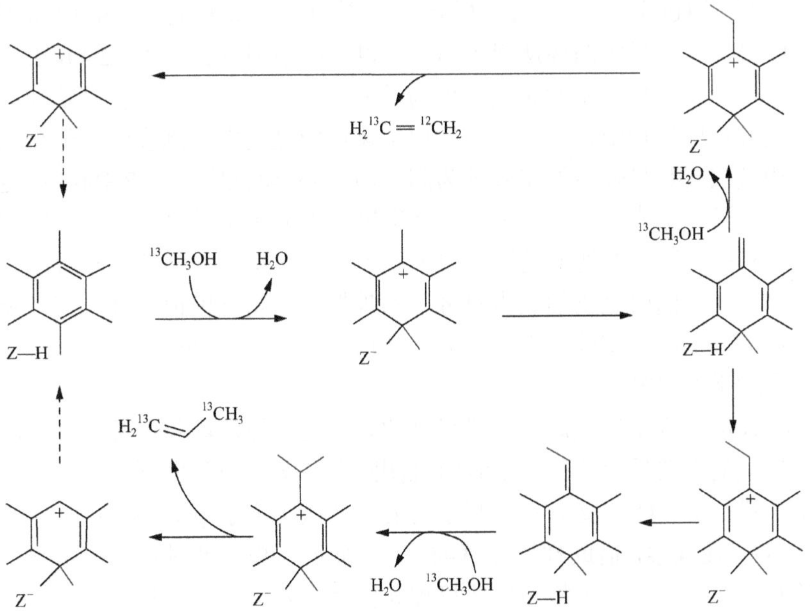

图 3.10　DNL-6 催化甲醇转化生成烯烃的侧链烷基化机理[64]

Bjorgen 等[62]和 Arstad 等[70]研究了苯和 [13]C-甲醇在 H-Beta 上的共进料反应后，得出在较低反应温度下修边机理是主要的烯烃生成途径的结论，Bjorgen 等[61]进一步在 H-MCM-22 和丝光沸石上开展研究，得出了相似结论。Erichsen 等[71,72]在低温反应条件下，对具有相同 AFI 结构的 H-SSZ-24 和 SAPO-5 分子筛进行同位素标记实验研究，也给出两种催化剂上芳烃反应中间体主要通过修边机理生成烯烃的结论。研究中均观察到一个来自于苯环的碳原子进入烯烃产物中，充分表明低温条件下多甲基苯脱烷基反应包含一个扩环或缩环反应步骤。但在高温条件下侧链烷基化机理是否变得更加重要仍然是一个需要研究的问题，在没有发生脱烷基化反应的情况下依然有可能发生某些反应，导致苯环上碳原子和环外甲基碳原子的交换[46,62]，再加上与芳烃循环平行的烯烃反应循环同时也能发生反应生成烯烃，因此，在典型 MTO 反应条件下进行的同位素标记实验结果有时会非常难以分析。

4. 修边机理和侧链烷基化机理的理论计算研究

研究者们借助于理论计算方法研究修边机理和侧链烷基化机理两种反应途径，但是仍然缺少在同一种催化剂上对两种反应机理的直接比较研究。McCann 等[73]和 Lesthaeghe 等[68]分别研究了 H-ZSM-5 上修边机理和侧链烷基化机理反应途径，但他们考虑的反应产物不同。McCann 等[73]对于修边机理的研究表明，烯烃生成过程不包含瓶颈步骤。Lesthaeghe 等[68]发现邻二甲苯能够与甲醇反应生成乙烯侧链，但消去生成乙烯具有高于 200kJ/mol 的反应能垒。随后 Kolboe[74,75]和 Kolboe 等[76]的研究揭示出烷基侧链的消去反应能够通过苯环和烷基片段形成 π 络合物进行，因而可以大幅度降低反应能垒。受上述结果启发，2013 年，Wispelaere 等[77]提出了一个完整的低反应能垒侧链烷基化机理反应途径，其中所有反应步骤的能垒均低于 100kJ/mol。

McCann 等[73]通过实验和理论计算相结合首次建立了完整的 H-ZSM-5 催化 MTO 反应路径(图 3.11)。这个反应循环从甲苯出发，以实验中观察到的 1,1,2,4,6-五甲基苯基碳正离子和 1,3-二甲基环戊烯基碳正离子作为反应中间体，建立修边机理解释异丁烯的形成。在修边机理反应途径中，甲苯的初始甲基化反应是速率控制步骤。值得注意的是，这些机理以甲基取代数目较少的甲苯为起点，符合实验证实的 H-ZSM-5 中这些烃池物种反应活性较高的结果[40,78-80]。理论计算结果进一步证实了过渡态择形效应的重要性，因为 H-ZSM-5 的孔道交叉处缺乏均四甲苯发生甲基化反应生成过渡态所需的空间[81]。迄今为止，理论计算的研究仍然缺少对分子筛骨架的高精度模拟，并且芳烃反应循环的烃池机理也不能完全解释实验中观察到 H-ZSM-5 上的产物分布，因此，需要进一步研究 H-ZSM-5 上的产物生成机理。

对 MTO 反应过程中低碳烯烃生成机理的理解是调控乙烯和丙烯选择性的关键。为了弄清甲醇转化的主要反应途径，笔者研究团队在真实反应条件下研究了 H-SSZ-13 分子筛催化剂上进行的 MTO 反应[57]。基于对五元环碳正离子 pentaMCP[+]和六元环碳正离子 heptaMB[+]的直接观察，借助理论计算的手段，研究了以这两种碳正离子作为中间体的烯烃生成途径。图 3.12 给出了按照修边机理和侧链烷基化机理两种反应途径进行的甲醇转化的催化循环和反应能垒[57]。在两个催化循环中，消去反应生成丙烯的反应步骤的活化能分别为 36.66kcal[①]/mol 和 26.65kcal/mol，这两个步骤分别是修边机理和侧链烷基化

---

① 1kcal=4.186kJ。

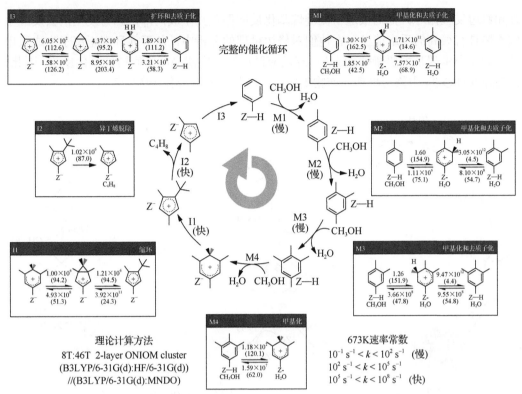

图 3.11　H-ZSM-5 上甲醇与多甲基苯和环戊烯基碳正离子按照修边机理反应生成异丁烯的完整催化循环[73]

机理的速率控制步骤。在存在竞争反应的体系中，反应一般通过活化能较低的反应途径进行，因此，在 H-SSZ-13 分子筛催化剂上，MTO 反应过程中侧链烷基化机理占主导地位。但值得注意的是，两种反应机理活化能的差异并不大（约 10kcal/mol），因此，MTO 反应过程中这两种反应途径可能同时进行。这个结果也得到烯烃产物详细同位素分布结果的支持。pentaMCP⁺能够在 SAPO-34 和 H-SSZ-13 两种分子筛催化剂的 CHA 笼中生成并保留于笼中，且 pentaMCP⁺参与了甲醇转化反应过程，直接证实了 pentaMCP⁺参与的修边机理的存在，但从反应能垒的角度，修边机理对生成烯烃的贡献应该是次要的，而侧链烷基化机理是 MTO 反应过程中更重要的反应途径。在提出以碳正离子作为重要反应中间体的催化循环基础上，对两种碳正离子 pentaMCP⁺和 heptaMB⁺的可观察性差异进行理论分析。鉴于这两种碳正离子在酸性催化剂上都可以形成，对它们进行捕捉的难易取决于它们的稳定性和寿命，而它们的稳定性和寿命又与它们进一步转化生成其他反应中间体的反应能垒密切相关。根据图 3.12 所示的催化循环，pentaMCP⁺的转化反应（能垒分别为 32.45kcal/mol 和 33.04kcal/mol）需要越过比 heptaMB⁺的转化反应（能垒 17～23kcal/mol）更高的反应能垒。因此，H-SSZ-13 分子筛上生成的 pentaMCP⁺比 heptaMB⁺更加稳定，从而更容易通过 ¹³C 固体核磁共振等手段观察到。上述理论计算得出的结论同实验中只能在低温反应条件下观察到 heptaMB⁺的实验结果相符。

Wang 等[60]使用周期性模型研究了 SAPO-34 内从六甲基苯开始的侧链烷基化反应机

理和修边反应循环。他们报道了侧链烷基化反应循环只生成丙烯，因为发生消去反应生成乙烯具有很高的反应能垒。在他们对修边机理的分析中，从五元环碳正离子生成多甲基苯的反应步骤是主要瓶颈。修边机理反应循环的反应能垒高于侧链烷基化反应，因此，认为在 SAPO-34 中修边机理在产物生成过程中仅起到次要作用[82]。

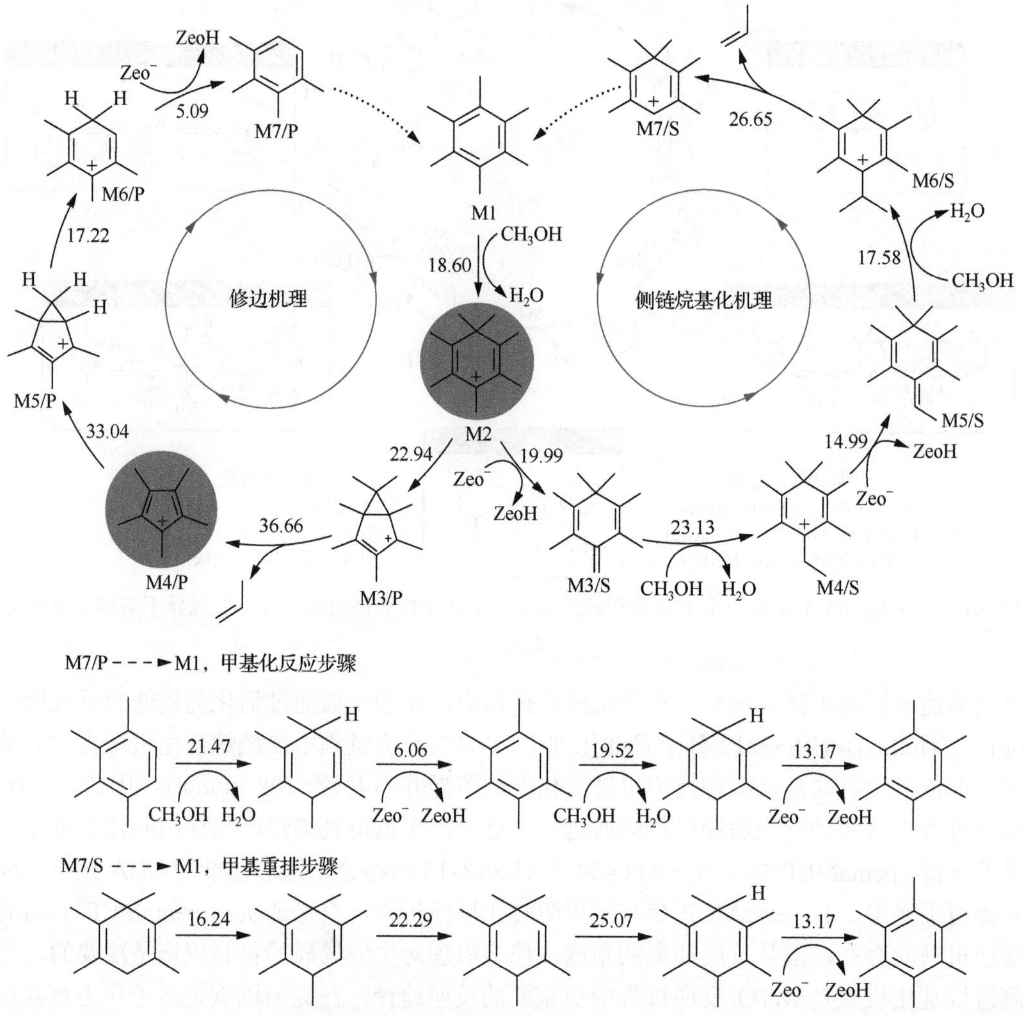

图 3.12　H-SSZ-13 催化 MTO 反应过程中 pentaMCP⁺和 heptaMB⁺参与的修边机理和侧链烷基化机理的催化循环途径(计算能垒单位为 kcal/mol)[57]

3.3.3　双循环机理

　　以芳烃和环状有机中间体为基础的烃池机理作为甲醇转化的间接反应机理，合理解释了笼结构分子筛 SAPO-34 和具有宽阔的孔道结构的 H-Beta 分子筛上甲醇转化的反应途径，体积较大的多甲基苯和它们对应的质子化产物能够在超笼和十二元环孔道中形成，成为这两种催化剂上主要的活性中间体[33,34,46,69,83]。在 H-Beta 上 heptaMB⁺显示出高反应活性，而在 SAPO-34 上六甲苯基表现高反应活性，因而具体的反应机理会随孔道结构的改变而异。2006 年，Olsbye 研究组详细研究了 H-ZSM-5 上 MTO 反应机理[38-40]，通过 ^{12}C-甲醇/^{13}C-甲醇切换实验区分催化剂中高反应活性的活泼物种和不活泼物种，因为高活性物种在切换实验后会显示出较快的 ^{13}C 进入速度，导致其具有更高 ^{13}C 含量。图 3.13 中显示了随同位素原料切换后，来自于 ^{13}C-甲醇中的 ^{13}C 原子在气相产物和存留于催化剂中的有机物种中的分布随反应时间的变化趋势[39]。实验结果表明，多甲基苯的 ^{13}C 进入速度随着甲基取代数目的增加而降低，甲基取代数目较多的多甲基苯反应活性较低，这与在 SAPO-34[26,30,31,33,34,52,83] 和 H-Beta[11,46,48,51,53,62,69,80,84,85] 上的实验结果并不一致。由于乙烯和二甲苯及三甲苯具有非常相似的总 ^{13}C 含量及其随时间的变化规律，建立了乙烯生成同二甲苯和三甲苯之间的反应机理联系，并得出在 H-ZSM-5 上基于芳烃的烃池机理是生成乙烯的主要途径的结论。与乙烯和最活泼的多甲基苯相比，丙烯及更高级烯烃具有更快的 ^{13}C 进入速度，表明有相当多的丙烯和更高级烯烃来自于与烯烃相关的反应，可能通过烯烃甲基化和裂解反应的反应途径实现[38-40]。这里提出的烯烃甲基化裂解反应机理与早期 Dessau[36,37] 提出的基于烯烃的反应机理最大的区别在于前者不包括乙烯，因为已有报道证明乙烯并非高级烯烃裂解反应的可能产物[86]。由此 Olsbye 等提出 H-ZSM-5 上甲醇转化反应通过两种反应循环同时进行：乙烯（和丙烯[78]）由甲基取代数目较少的多甲基苯经过甲基化和消去反应生成，烯烃甲基化裂解机理反应循环则生成丙烯及更高级烯烃，该观点被称为双循环机理，如图 3.14 所示[39]。图中显示了芳烃循环和烯烃循环的关系，芳烃反应循环也可能生成少量丙烯，这些丙烯分子在烯烃循环中能够直接起到共催化剂的作用，同时烯烃经过二次反应（齐聚反应和环化反应）生成多甲基苯。在双循环机理中，乙烯和丙烯的生成机理不同，为最终实现在 MTO 反应过程中通过反应途径的选择调控乙烯和丙烯产物比例提供可能。作为另一种间接反应机理，双循环机理是对 Dahl 和 Kolboe[27-29] 提出的烃池机理的进一步发展。

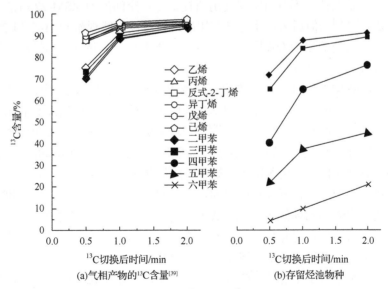

图 3.13 H-ZSM-5 分子筛上 ^{12}C-甲醇/^{13}C-甲醇切换实验结果

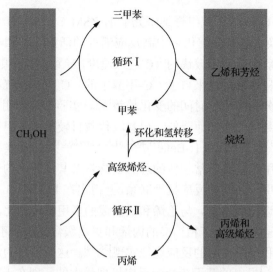

图 3.14　H-ZSM-5 上甲醇转化双循环机理示意图[38]

3.3.4　甲醇与烯烃的甲基化反应

　　分子筛催化的甲醇转化是一个复杂的反应体系，存在着甲醇的反应、烯烃的反应及甲醇和烯烃甲基化反应这些竞争性的反应途径。在双循环机理提出后，从对反应机理的认识出发解决反应途径和产物选择性控制的问题是研究者更为关注的问题。双循环机理的两个循环能否完全独立进行或者以某种方式关联起来？有人认为在 H-ZSM-5 上单一反应循环不能完全独立进行，反应过程中芳烃物种需要通过烯烃甲基化裂解反应循环生成的较高级烯烃的芳构化反应生成。在采用一维十元环直孔道 H-ZSM-22 分子筛作为 MTO 催化剂时，曾经认为不具有交叉孔道所提供充足空间的 H-ZSM-22 可能会抑制芳烃反应循环的进行[87,88]。但后来证实在某些甲醇进料条件下能观察到 H-ZSM-22 上明显的甲醇转化和相当长的催化剂寿命[89-93]，且反应产物中包含大量 C_{5+} 烯烃和少量芳烃，反应仍然具有较宽范围的产物分布。

　　在研究 H-ZSM-22 和 H-ZSM-5 催化的乙烯和甲醇的共进料反应中，笔者确实发现存在甲醇反应、乙烯反应及甲醇和乙烯甲基化反应等多种反应，但通过对催化剂酸性的修饰，能够实现单纯甲醇转化的完全抑制[89,94-96]，使反应以单纯的甲醇和烯烃的甲基化反应途径进行。使用预积碳改性的 ZSM-22 作为催化剂，能够抑制甲醇和乙烯的单独转化，当将这一预积碳 ZSM-22 催化剂用于乙烯和甲醇的共进料反应时[89]，则能够观察到明显的乙烯甲基化反应的发生，延长反应时间，丙烯的选择性逐步上升并达到 80%，说明此时主要发生的是甲醇和乙烯的甲基化生成丙烯的反应（表 3.2）。在对 P、La 改性 H-ZSM-5 分子筛进行高温水热处理脱除酸性中心后，在这个仅具有极少量酸性中心的催化剂上共进料 ^{12}C-乙烯和 ^{13}C-甲醇，结果发现反应也以丙烯为主要产物，并且生成的丙烯中 89% 的分子中含有一个来自于甲醇的 ^{13}C 原子，证实了烯烃甲基化反应为这一催化条件下主要的反应机理[94,96]。因此，对于分子筛催化剂，改性获得的极低酸性中心的催化条件能够促进有利于丙烯生成的乙烯甲基化反应的进行，在极弱酸性催化条件下实现单纯的烯烃甲基化反应。从另一方面来看，烯烃的甲基化反应能够在极弱酸性条件下发生，使得酸性分子筛催化的 MTO 复杂反应体系必然包括一系列的烯烃甲基化反应。

表 3.2　ZSM-22 催化甲醇、乙烯和两种原料共进料的反应结果[89]

项目		反应 1[a,b]			反应 2[a,b]		反应 3[a,b]		
进料 /(mL/min)	CH_3OH	20			0		20		
	C_2H_4	0			40		40		
	He	40			20		0		
反应时间/min		6	60	87	6	25	6	33	60
出口流出物分布(按碳数计算的物质的量分数)/%	C_2H_4	12.3	0.23	0.22	98.7	98.8	61.8	73.8	77.5
	C_3H_6	29.0	0.10	0.06	0.11	0.09	14.1	5.62	2.35
	C_{4+}	51.1	0.37	0.13	1.18	1.08	17.6	3.94	0.37
	CH_3OH/CH_3OCH_3	3.47	98.5	99.2			6.11	16.5	19.7
	$C_1^0 \sim C_3^0$	4.13	0.80	0.42	0.04	0.03	0.31	0.16	0.11
CH_3OH 转化率[c]/%		96.5	1.51	0.83			71.0	21.7	6.60
C_2H_4 转化率/%					1.33	1.21	21.6	6.51	1.78
C_3H_6 选择性(按碳数计算的物质的量分数)/%		30.0	6.80	6.64	8.15	7.47	44.0	57.8	83.0

a. 温度=500℃, 乙烯空速=18h^{-1}, 甲醇空速=10h^{-1}。

b. 在不更换催化剂条件下，三个反应连续进行：反应 1 为单独甲醇进料反应；反应 2 为使用氦气吹扫催化剂床层后，单纯乙烯进料反应；反应 3 为使用氦气吹扫催化剂床层后，甲醇和乙烯共进料反应。

c. 转化率计算时，二甲醚作为反应物。

3.4　分子筛催化 MTO 反应途径和反应产物的选择性控制

3.4.1　MTO 的反应网络

在众多的分子筛催化剂中，虽然已经有多种不同结构和组成的分子筛被用于 MTO 反应中，但 ZSM-5 和 SAPO-34 仍然是性能最好的催化剂[8,10]。不同于上述两种催化剂，ZSM-22 分子筛由于其催化 MTO 反应具有大量的 C_{3+} 烯烃和极少量芳烃这样特殊的反应产物分布[89-93]也备受关注。近年大量机理方面的研究工作也是围绕这几种分子筛上甲醇转化反应开展的。当不同结构的分子筛应用于甲醇转化反应时，产物的选择性表现出非常大的差异。造成这种差异的一部分原因来自分子筛孔道尺寸对产物形状的择型效应，例如 ZSM-5 和 SAPO-34 的孔口分别为十元环(约 5.6Å)和八元环(约 3.8Å)，因此，芳烃是 ZSM-5 上甲醇转化反应的产物之一，而 SAPO-34 的产物中没有芳烃。另外，不同的分子筛结构对甲醇转化反应的机理也可能产生影响，从而也会造成产物选择性的差异。

　　由于 SAPO-34 分子筛中存在超笼,被限制在纳米笼中的多甲基芳烃是甲醇转化反应的活性中心,产物乙烯、丙烯主要通过基于芳烃物种的烃池机理产生[33,34,83]。在 ZSM-5 分子筛上,乙烯、丙烯(及更高级烯烃)的生成机理存在差异,乙烯主要通过基于芳烃循环的烃池机理产生,而丙烯和高级烯烃主要通过烯烃甲基化–裂解机理产生[38-40]。在孔道尺寸与 ZSM-5 相当,但结构不同的一维十元环直孔道的 ZSM-22 分子筛上,甲醇的转化反应表现出不同的现象。高空速下的甲醇转化反应表现出极低的甲醇转化率和产物收率[87,88],而在相对较低的空速下进行的 ZSM-22 上的甲醇转化反应则发现在适当的反应温度下,甲醇转化率可以达到 100%[89-93],同位素实验研究表明烯烃甲基化–裂解机理是烯烃生成的主要途径。这与 ZSM-22 催化甲醇转化反应的产物中乙烯的选择性较低、丙烯及其 C_{3+} 烯烃的选择性较高,且几乎没有芳烃的反应特征相一致。

　　在前面介绍的反应机理研究中,已经建立并被广泛接受的间接反应机理基本可以解释所有分子筛催化剂催化甲醇制烯烃的反应。但需要了解的是,每种催化剂的特定结构决定其间接反应机理的特质,例如反应机理具有芳烃循环和烯烃循环两种途径[38-40],而芳烃循环途径又由于催化剂空间限制作用而在烃池物种的种类上存在显著的差异[33,34,46,69,83],同时也存在着修边机理和侧链机理两种烃池机理的可能性[43-46,69]。可见甲醇在酸性分子筛上转化生成烯烃的反应是一个极其复杂的催化过程,这一过程包含多个反应步骤并存在多种反应途径,形成复杂的反应网络,整体的反应网络如图 3.15 所示。

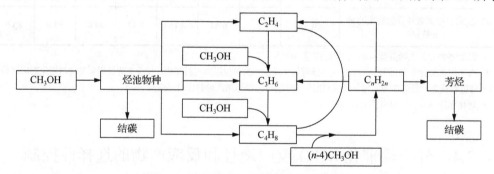

图 3.15　分子筛催化甲醇制烯烃反应网络

3.4.2　反应途径和选择性的控制

　　分子筛的孔道结构和酸碱性是其催化作用的基础,但不同于通常的酸催化反应和分子筛择型特征,在以间接反应机理发生的分子筛催化的甲醇转化反应中,催化剂酸中心为重要反应中间体——碳正离子的形成和稳定提供酸性环境,而分子筛的孔道或者笼结构又对反应中间体的结构和相应的烯烃生成途径选择具有限域效应,因而分子筛的拓扑结构及酸性的改变对烯烃产物选择性的控制都具有重要意义。

　　1. 分子筛催化剂拓扑结构的选择

　　早在 1982 年,Langner[42]就研究了 NaH-Y、H-L、H-ZSM-5、H-T(OFF-ERI 共晶)

等一系列分子筛催化甲醇转化的反应性能,发现在 H-ZSM-5 上能够催化生成大量的单环芳烃,而在 H-T 上能够生成低碳烯烃,在具有大孔孔道的 NaH-Y 和 H-L 沸石分子筛上则生成异丁烷和异戊烷。此后,有关催化剂的构效关系一直是甲醇制烯烃催化研究的核心问题。近年来,随着对反应机理研究的深入,研究者尝试从分子水平理解反应机理来关联实际催化反应中产物选择性的差异。

Teketel 等[92]研究了四种分子筛催化剂 H-SAPO-34、H-ZSM-22、H-ZSM-5 和 H-Beta 上甲醇的转化。结果发现,产物分布存在较大的差异。H-SAPO-34 和 H-ZSM-22 以烯烃为主要产物,两者的差异在于 H-SAPO-34 以低碳烯烃为主,乙烯和丙烯的选择性均较高,而 H-ZSM-22 的甲醇反应产物具有极高的丙烯/乙烯,同时生成较多的 C_{4+} 烯烃。已有的实验证实 H-SAPO-34 催化 MTO 反应时遵循芳烃循环的烃池机理[33,34,83],而 H-ZSM-22 上由于一维十元环孔道空间限制,芳烃循环无法工作,反应以烯烃甲基化机理进行[89-93]。在 H-ZSM-5 和 H-Beta 分子筛上,甲醇转化都产生较大量的乙烯和丙烯,这归因于以芳烃循环的烃池机理的作用。值得注意的是,虽然具有相似的烯烃生成途径,但两种分子筛在丙烯/乙烯比例上也存在较大差距。Song 等[33]在研究 SAPO-34 上烯烃选择性时,提出了催化剂中停留的有机物种甲基苯上甲基取代数目与丙烯和乙烯生成的关系。多甲基苯(4~6 个甲基取代)作为反应中间体有利于丙烯的生成,而在少甲基取代苯的(2 或 3 个甲基取代)反应中间体上主要生成乙烯[33],H-ZSM-5 和 H-Beta 催化剂上在生成甲基苯物种方面的差异被用来解释它们在催化甲醇反应时生成烯烃产物所表现出不同的乙烯和丙烯选择性[40]。

笔者开展了 SAPO-34、H-ZSM-5 和 H-ZSM-22 催化的甲醇转化反应的工作[90],反应以脉冲形式进行。通过更为详尽的 ^{12}C-甲醇/^{13}C-甲醇切换实验比较研究,获得了如图 3.16 所示的随脉冲反应次数改变的烯烃产物的 ^{13}C 分布,尽管在三种分子筛上烯烃产物中都有来自于 ^{12}C-甲醇中的碳原子,但 SAPO-34 上生成的烯烃产物中这一趋势更为明显,说明烃池机理是 SAPO-34 上最为重要的反应途径。H-ZSM-5 上烯烃产物中 ^{12}C 原子的含量低于 SAPO-34 上的 ^{12}C 含量,说明烯烃甲基化裂解机理是 H-ZSM-5 上生成 C_{3+} 烯烃的主要途径,但乙烯相对较低的 ^{13}C 含量依然说明 H-ZSM-5 上乙烯的生成主要遵循烃池机理的反应途径。在 H-ZSM-22 上,C_{3+} 烯烃的 ^{13}C 含量超过 95%,这说明烯烃甲基化裂解反应途径是更为重要的烯烃生成途径,但乙烯中相对较低的 ^{13}C 含量依然说明烃池机理在 H-ZSM-22 催化甲醇反应生成乙烯中的作用,但此时在 H-ZSM-22 上乙烯的选择性极低,这也预示着 H-ZSM-22 催化剂的一维十元环孔道结构会抑制烃池机理的作用[91]。根据这些实验结果,在图 3.17 中比较了三种不同结构的分子筛催化剂上甲醇转化的反应途径。在这三种催化剂上更进一步的 ^{12}C-丁烯和 ^{12}C-对二甲苯与 ^{13}C-甲醇的共进料反应表明,芳烃的共进料加入能够促进以烃池机理进行的烯烃生成途径,有利于乙烯的生成,而烯烃的共进料加入则有利于促进甲醇的烯烃甲基化裂解反应,生成更为高级的烯烃。这些工作说明通过选择不同结构的分子筛和在特定结构的分子筛催化的甲醇反应中引入烯烃或者芳烃反应原料,都能够在一定程度上控制反应途径和调变相应烯烃产物的生成。

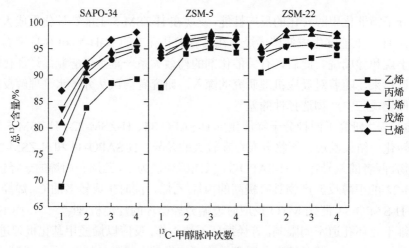

图 3.16　^{12}C-甲醇/^{13}C-甲醇切换的连续脉冲反应研究[90]

15 次 ^{12}C-甲醇后进行 4 次 ^{13}C-甲醇进样，反应温度 450℃，CT=0.08s

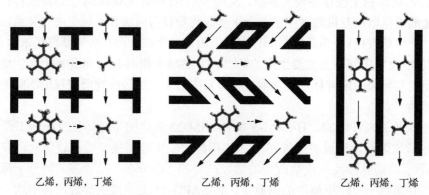

图 3.17　甲醇在 SAPO-34、H-ZSM-5 和 H-ZSM-22 上反应的烯烃生成途径[90]

2. 分子筛特定笼结构的选择

　　以 SAPO-34 为代表的具有超笼结构的八元环小孔分子筛是一类具有优秀的甲醇制烯烃反应性能的催化剂[7,10]。这类分子筛具有非常接近的孔道尺寸，狭窄的八元环孔道窗口对产物扩散的控制抑制了高碳烃和芳烃的生成，但其宽阔的超笼结构使得反应以烃池机理途径进行。Haw 等[33]在对 SAPO-34 催化的 MTO 反应进行研究时曾发现丙烯/乙烯选择性比例与笼中生成甲基苯的甲基取代数目相关。采用具有不同笼结构小孔分子筛催化甲醇转化反应，通过笼结构的空间限制能够影响烃池物种的结构和活性，形成笼结构控制的催化性能[59,97,98]。

　　笔者选择具有不同笼结构但近似的中等 Brønsted 酸强度的 SAPO 分子筛催化剂——SAPO-34（CHA 笼）、SAPO-18（AEI 笼）和 SAPO-35（LEV 笼）作为甲醇制烯烃研究体系[97,98]（图 3.18）。在反应温度为 300~400℃条件下性能评价结果表明，低碳烯烃（包括乙烯、丙烯和丁烯）是三种催化剂上主要的反应产物，表明这三种八元环小孔 SAPO 分子筛都是具有高选择性的 MTO 催化剂。值得注意的是，虽然这三种 SAPO 分子筛具有一致的八元环孔口，但不同催化剂上的 MTO 反应产物仍然存在差异。SAPO-18 和 SAPO-34 上主要生成丙烯和丁烯，而在相同反应条件下，SAPO-35 上反应主产物是乙烯和丙烯，尤以乙烯为主，该差异可能源于在这三种催化剂中 SAPO-35 具有尺寸最小的 LEV 笼。与 SAPO-34 相比，在 SAPO-18 上丁烯生成更加有利，可能原因是 SAPO-18 分子筛内部的梨形 AEI 笼能够提供比 SAPO-34 中 CHA 笼更大的空间以容纳活性烃池物种，在此基础上，对不同分子筛笼中产生的有机物种进行确认和对比。

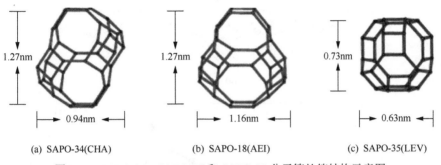

(a) SAPO-34(CHA)　　　(b) SAPO-18(AEI)　　　(c) SAPO-35(LEV)

图 3.18　SAPO-34、SAPO-18 和 SAPO-35 分子筛的笼结构示意图

SAPO-34、SAPO-18 和 SAPO-35 的笼结构对反应过程中笼内生成有机物种组成表现出明显的空间限制作用。笼尺寸较大的 SAPO-34 和 SAPO-18 中有较大量的五甲基苯生成，六甲基苯的峰很弱，但仍然可以检测到，而笼尺寸较小的 SAPO-35 上邻二甲苯、1,2,3-三甲基苯和 1,2,3,5-四甲基苯含量较高，其中二甲苯是更为主要的存留物种。利用 ^{12}C-甲醇/^{13}C-甲醇切换实验区分存留在催化剂上的有机物种的活性(图 3.19)。SAPO-34、SAPO-18 和 SAPO-35 三种分子筛中多甲基苯 ^{13}C 含量较高，这说明多甲基苯是反应活性较高的烃池物种。在甲基苯物种的活性比较中，SAPO-34 中五甲基苯和六甲基苯的反应活性最高，SAPO-18 中六甲基苯的反应活性最高，而 SAPO-35 上四甲基苯的反应活性最高。不同笼结构内有机物种活性的差异说明笼结构的改变能够选择性地改变生成的活性烃池物种的种类，并进一步控制产物分布。以甲基取代数目较多的甲基苯(五甲基苯和六甲基苯)作为烃池物种倾向于反应生成丙烯，以甲基取代数目较少的甲基苯(二甲苯、三甲基苯和四甲基苯)作为烃池物种倾向于生成乙烯。SAPO-34、SAPO-18 和 SAPO-35 三种分子筛中多甲基苯活性的差别解释了反应中烯烃产物收率的差异，也提示通过改变笼的结构可以对低碳烯烃的选择性进行调变[59,97,98]。

笔者研究团队的近期工作在笼结构 SAPO 分子筛对 MTO 反应中间体形成的限域作用方面获得了更为充分的实验证据。以 2012 年首次在 DNL-6 上发现 heptaMB$^+$ 为基础[56]，对比研究了 SAPO-35、SAPO-34 和 DNL-6 三种不同笼结构 SAPO 分子筛的甲醇转化及反应中间体的形成[59]。在真实的甲醇反应条件下，在笼尺寸小于 DNL-6(α 笼)的 SAPO-34 和 SAPO-35 分子筛上也成功捕捉到了甲醇转化反应的重要中间体——多甲基苯基碳正离子和多甲基环戊烯基碳正离子。固体核磁和色质联用对催化剂上有机物种进行了确认，不同于在 DNL-6 上捕捉到的体积较大的在五甲基环戊烯基碳正离子(pentaMCP$^+$)和七甲基

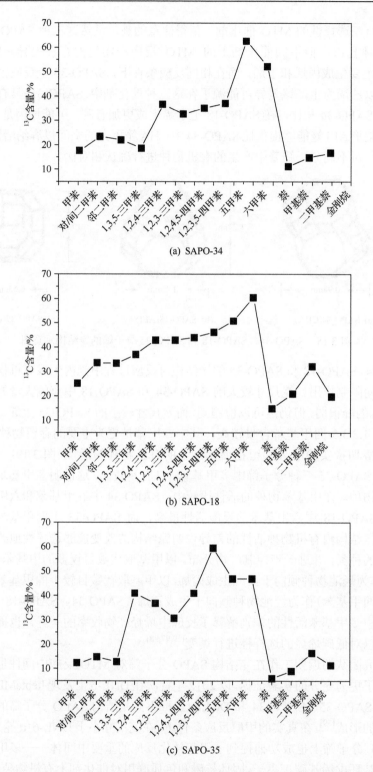

(a) SAPO-34

(b) SAPO-18

(c) SAPO-35

图 3.19 SAPO-34、SAPO-18 和 SAPO-35 进行 ^{12}C-甲醇/^{13}C-甲醇同位素切换实验后存留在分子筛笼中的有机物种的 ^{13}C 含量[98]

苯基碳正离子(heptaMB$^+$)，实验观察到在 SAPO-35 上生成了三甲基和四甲基取代的环戊烯基碳正离子(triMCP$^+$和 tetraMCP$^+$)及五甲基苯基碳正离子(pentaMB$^+$)，而在 SAPO-34上生成了三甲基、四甲基和五甲基取代环戊烯基碳正离子(triMCP$^+$、tetraMCP$^+$和pentaMCP$^+$)。利用同位素切换反应甄别出高活性的反应中间体，不同于 SAPO-34 和DNL-6 上六甲基苯所表现出的高活性，SAPO-35 上五甲基苯和六甲基苯的反应活性低于四甲基苯，小尺寸的 LEV 笼抑制了多甲基苯的作用。这种笼结构对反应中间体形成的限域作用也得到了理论计算的证实，图 3.20 对比了三种结构分子筛上通过甲基苯的甲基化反应生成相应的苯基碳正离子的基元反应的能垒。在 SAPO-34 和 DNL-6 上，预测的反应能垒随甲基数增加而降低，但在 SAPO-35 上却出现了相反的趋势，六甲基苯的甲基化生成 heptaMB$^+$的反应能垒最高，体现出笼结构分子筛对碳正离子中间体形成具有明确的过渡态择型作用。LEV 笼结构对大的反应中间体形成的空间限制作用解释了 SAPO-35 催化剂上乙烯的高选择性，由此笼结构控制的选择性，即笼结构影响反应中间体的形成和活性进而控制烯烃产物分布，将成为未来烯烃选择性调控的一个有效途径。

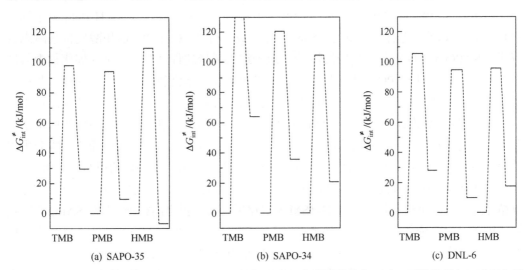

图 3.20　275℃三种分子筛 SAPO-35、SAPO-34 和 DNL-6 上四甲基苯(TMB)、五甲基苯(PMB)和六甲基苯(HMB)甲基化反应的自由能能垒[59]

3. 分子筛酸性

甲醇制烯烃反应使用酸性分子筛作为催化剂，虽然反应采用间接反应机理[11,12,27-29]，但在多步的反应途径中，碳正离子的形成和稳定、烷基化反应、重排反应、裂解生成烯烃等多个反应步骤都需要酸性中心的参与，在生成具有 C—C 的烯烃产物的同时，烯烃在酸性中心上转化为积碳也会导致催化剂的失活，由此形成了复杂的酸催化的反应网络。分子筛的酸性包括酸强度和酸性中心密度两个方面，已经实现工业应用的 SAPO-34 和 ZSM-5 分子筛在酸性方面存在很大的差异。SAPO-34 酸强度低但酸性中心密度高，而通常采用的较高硅铝比的 ZSM-5 酸强度高于 SAPO 分子筛，但酸性中心密度较低。酸性(包括酸强度和酸性中心密度)的改变都会影响甲醇反应的发生和烯烃产物的生成。

1) 分子筛的酸强度

在 1994 年, Yuen 等[99]比较了具有 AFI 结构和 CHA 结构的两组分子筛——具有 AFI 结构磷硅铝分子筛 SAPO-5、硅铝分子筛 H-SSZ-24 及具有 CHA 结构的硅磷铝分子筛 SAPO-34、硅铝分子筛 H-SSZ-13。发现同样结构的分子筛在酸强度方面的差异会导致甲醇转化反应性能的改变,虽然反应初始都能够实现甲醇的完全转化,但对比 SAPO 分子筛,硅铝分子筛随反应进行更容易被甲醇原料穿透,发生失活现象。在 2009 年 Bleken 等[100]发表的成果中,也比较了 H-SAPO-34 和 H-SSZ-13 的反应性能,硅铝分子筛 H-SSZ-13 表现出高的反应活性并在高温反应时快速失活。

Erichsen 等[101,102]研究了与 SAPO-34 具有相似中等酸强度的 SAPO-5 分子筛上甲醇转化的反应途径, SAPO-5 分子筛具有开放的一维十二元环孔道, SAPO-5 上的研究结果与此前被广泛研究的酸性更强的十二元环的 H-Beta 分子筛上的反应机理进行对比。在 350~450℃, 甲醇在 SAPO-5 上的反应产生大量的 C_3~C_5 烯烃, 而在 H-Beta 分子筛上除 C_3~C_5 产物外, 也有较大量的乙烯和芳烃生成。利用 ^{12}C-甲醇/^{13}C-甲醇同位素瞬态反应研究 SAPO-5 中间物种的反应活性, ^{13}C 原子进入烯烃的程度要高于进入催化剂中芳烃物种的程度, 表明 SAPO-5 上烯烃生成主要采用烯烃甲基化裂解这一反应途径。芳烃的共进料反应表现出对乙烯和丙烯生成的促进作用, 说明芳烃是 SAPO-5 上低碳烯烃生成的反应中间体。更为详细的同位素标记的甲醇和苯的共进料反应 C_2~C_5 烯烃的同位素分布结果表明, 在共进料芳烃导致多甲基苯大量存在的情况下, 乙烯和丙烯的生成会采用芳烃循环中的修边机理途径, 而异丁烯和异戊烯的生成则来自于烯烃的甲基化裂解反应。基于这些观察, 研究者提出了 SAPO-5 上甲醇转化的双循环机理模型(图 3.21)[102]。这种双循环反应途径虽然类似于针对 H-ZSM-5 催化甲醇转化提出的机理, 但在 SAPO-5 的双循环机理中, 无论芳烃循环还是烯烃循环都包含了许多体积更大的中间体或者产物。虽然同为具有十二元环开放孔道的分子筛, H-Beta 和 SAPO-5 都拥有芳烃循环所需要的大的空间结构, 但不同于主要采用芳烃循环进行 H-Beta 分子筛上的甲醇反应, SAPO-5 上烯烃甲基化裂解机理对于烯烃生成更为重要, 导致反应以 C_3~C_5 烯烃作为主要产物。

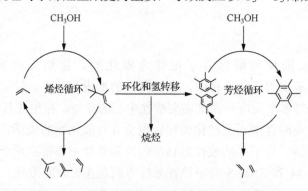

图 3.21　SAPO-5 催化甲醇转化的双循环机理[102]

反应途径的差异应归因于两者在分子筛酸中心强度方面的差距。芳烃循环的核心在于生成能够作为反应中间体的五元环或者六元环的碳正离子，相比中等酸强度的 SAPO 分子筛，硅铝分子筛的强酸性更有利于碳正离子的生成。笔者研究团队[57]发现在具有同样 CHA 结构的催化剂上进行的甲醇反应，对比 SAPO-34，重要烃池物种 heptaMB+在具有强酸性的 SSZ-13 上更容易形成和捕捉。

2）分子筛的酸性中心密度

在分子筛催化的 MTO 反应中，Brønsted 酸中心在 MTO 反应过程中起到关键作用。在研究者们提出的基于芳烃反应循环的烃池机理中，Brønsted 酸性与 MTO 反应过程中重要活性烃池物种（多甲基苯和相应的碳正离子）的形成和低碳烯烃产物的生成紧密相关[56,57]，大量的 Brønsted 酸中心也会导致烃池物种进一步发生缩合反应生成积碳物种稠环芳烃而导致催化剂失活[11]。Dai 等[103-105]发现 Brønsted 酸中心密度对 MTO 催化剂的催化反应活性和寿命具有重要影响。对于具有复杂反应机理的酸催化的 MTO 反应，分子筛催化剂的 Brønsted 酸密度也是调控反应途径和产物选择性的重要因素。

在 AlPO-18 和不同 Si 含量的 SAPO-18 分子筛合成基础上，陈等[106]和袁翠峪[107]研究了这些分子筛催化的 MTO 反应和机理[106,107]。这些分子筛具有统一的 AEI 笼结构和八元环孔道，但随着 Si 含量的增加，酸性中心密度系列变化。在甲醇转化反应中，SAPO-18 分子筛中 Brønsted 酸密度的增加提升了催化剂的甲醇转化能力。在真实的 MTO 反应条件下，在较高 Brønsted 酸性中心密度的 SAPO-18 催化剂上直接捕捉到了 pentaMCP+的生成，较低 Brønsted 酸密度的催化剂上碳正离子虽然能够形成，但浓度很低，以至于在不具有 Brønsted 酸位点的 AlPO-18 分子筛上无法观察到任何碳正离子，说明 Brønsted 酸中心对反应中间体形成具有重要作用，较高的 Brønsted 酸密度有利于重要烃池物种——pentaMCP+和多甲基苯的形成和积累。Brønsted 酸中心这一作用直接影响到具有不同酸性中心密度的催化剂上甲醇转化的反应途径。

通过 ^{12}C-甲醇/^{13}C-甲醇同位素切换实验的对比研究，发现具有较高 Brønsted 酸密度的 SAPO-18 分子筛笼中有大量的多甲基苯生成，并且多甲基苯很大程度上参与到烯烃产物的生成过程中，因而具有高 Brønsted 酸密度的 SAPO-18 分子筛上的甲醇转化遵循基于芳烃反应循环的烃池机理。较低 Brønsted 酸密度 SAPO-18 分子筛中存留的芳烃物种和烯烃产物在 ^{13}C 含量方面差别显著，在催化剂具有较低的酸密度条件下，不能排除甲醇转化反应按照烯烃甲基化裂解机理进行的可能性，芳烃反应循环和烯烃循环在烯烃生成中都会起到作用。在更为极端的条件下，甲醇在不具有 Brønsted 酸位点的 AlPO-18 分子筛上反应，催化剂表面只有极少量的芳烃生成，且烯烃的反应活性远高于芳烃，说明此时甲醇转化只能以烯烃甲基化裂解机理的反应途径进行。由此可见，Brønsted 酸密度在很大程度上会影响甲醇转化反应中基于烃池机理和烯烃甲基化裂解机理两种反应途径的选择。图 3.22 给出了在 Brønsted 酸密度改变的条件下，AlPO-18 和 SAPO-18 催化的 MTO 反应烯烃生成的可能途径。

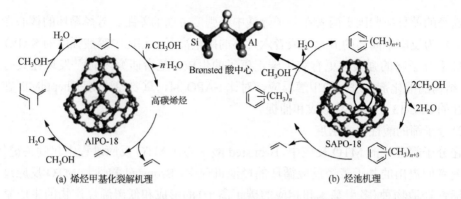

(a) 烯烃甲基化裂解机理　　　　　　　　　　　　(b) 烃池机理

图 3.22　AlPO-18 和 SAPO-18 分子筛催化 MTO 反应烯烃生成机理[106]

　　笔者研究团队在研究 H-ZSM-22 和 H-ZSM-5 催化的乙烯和甲醇的共进料反应体系中，发现反应主要采取的反应途径与分子筛催化剂的酸性中心密度密切相关。通过催化剂修饰，能够实现对单纯甲醇转化的完全抑制[89,94,96]。在具有极弱酸性催化剂 H-ZSM-22 和 H-ZSM-5 分子筛上，甲醇和乙烯的单独转化只表现极弱的反应活性，此时烯烃甲基化反应是这一催化条件下主要的反应途径，由此实现乙烯甲基化生成丙烯的反应。

3.5　MTO 反应积碳失活

3.5.1　两种主要的失活方式

　　MTO 反应是酸性分子筛催化的反应。跟其他酸催化的烃类化合物的反应一样，MTO 反应过程中生成产物的同时伴随着催化剂上积碳的产生和催化剂失活。已经工业化的 MTO 反应催化剂 SAPO-34 和 ZSM-5 在甲醇转化过程中具有不同的失活方式。SAPO-34 分子筛是笼结构的小孔分子筛，失活源于笼中甲醇转化的反应中间体多甲基苯转化为体积较大的稠环芳烃，导致传质速率大幅度降低[11]。当绝大部分笼结构被不具备反应活性的稠环芳烃所占据时，反应物甲醇无法和反应的活性中心接触，即发生催化剂的失活现象 [图 3.23 (a)][11]。Hereijgers 等[108]的研究支持低扩散速率导致 SAPO-34 催化剂失活的观点。由于八元环窗口的限制，大的积碳物种无法扩散出孔道，SAPO-34 分子筛在甲醇转化反应中表现出高的积碳量和快速失活的特征。不同于 SAPO-34，ZSM-5 分子筛中较小的十元环交叉孔道不具有形成大分子双环芳烃和稠环芳烃的空间，其孔道内只能生成取代数目较少的甲基苯，并且这些物种大多能够从十元环孔道扩散到气相，ZSM-5 的结构决定其孔道内基本没有积碳物种生成[38]。H-ZSM-5 失活与分子筛孔道内的积碳形成无关，而更可能是催化剂外表面积碳的影响 (图 3.21 右)[109]。Mores 等[110]使用原位光谱对 H-ZSM-5 和 SAPO-34 上甲醇转化过程中的积碳进行研究，证实这两种催化剂的积碳形成存在很大区别。在相同的反应条件下，通常 SAPO-34 分子筛比 ZSM-5 分子筛失活快得多，因而工业装置设计上，SAPO-34 为催化剂的 MTO 过程采用流化床的反应-再生工艺解决催化剂失活问题[10]，保持 SAPO-34 上甲醇的高效转化，而以 ZSM-5 为催化剂的 MTP 过程则采用固定床反应实现甲醇转化[8]。

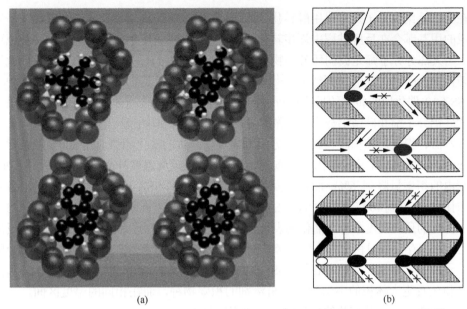

图 3.23　MTO 反应过程中 SAPO-34(a)[11]和 ZSM-5(b)分子筛失活过程示意图[109]

3.5.2　催化剂积碳的影响因素

在讨论催化剂的积碳失活时，引起失活的物种通常指能够堵塞孔道和覆盖活性中心的石墨化的积碳物种。然而，在包括甲醇转化反应在内的分子筛酸催化反应中，一些体积过大的产物分子或者具有强的质子亲和能的分子，由于不能扩散出分子筛的孔道而停留于孔道或者笼中，和石墨化的积碳物种一样，能够限制催化剂的传质或占据分子筛的酸性中心，引起反应失活现象。分子筛催化剂的积碳生成和失活方式与反应温度、分子筛的拓扑结构、分子筛的酸性等因素密切相关。

1. 与反应温度相关的催化剂失活

对于同一种或同一类型催化剂，MTO 反应过程中积碳的生成及催化剂的失活方式与反应温度密切相关。

Schulz[111]在研究 H-ZSM-5 催化甲醇转化反应时发现，温度的升高会导致催化剂反应寿命和失活方式的改变。在低温 270～300℃，H-ZSM-5 催化甲醇反应会产生大体积的烷基苯分子(乙基三甲基苯和异丙基二甲基苯)，占据分子筛孔道导致催化剂失活。但对上述失活催化剂进行程序升温反应时发现，在相对较高的温度条件下(350℃)，这些停留在分子筛孔道中的大的芳烃物种会释放出烯烃而转化成小分子芳烃，此时 H-ZSM-5 孔道中不再存在导致失活的芳烃物种。在反应温度高于 350℃时，外表面积碳成为 H-ZSM-5 催化剂的主要失活方式。不同反应温度条件对应的 H-ZSM-5 催化剂孔道填充和外表面覆盖两种失活方式，也使得催化剂在积碳量和反应寿命方面存在相当大的差异，在 290℃反应时，反应寿命仅为 0.5h，而积碳量却达到 10%，在 380℃反应时，反应寿命延长至 400h，同时积碳量却仅为 0.3%[111]。

　　在小孔笼结构分子筛催化甲醇转化的积碳研究中，一般认为在反应活性阶段分子筛笼中生成的甲基苯会在反应过程中逐步转化成甲基萘，并进一步生成菲的衍生物和体积更大的芘。当大部分分子筛笼被稠环芳烃物种所占据，反应物的传质就会受到限制，由此导致甲醇转化为烃类产物的活性骤然下降[11]。Bleken 等[100]在对具有 CHA 笼结构的 SAPO-34 和 H-SSZ-13 催化甲醇转化的反应过程和催化剂上形成的积碳物种进行研究发现，虽然所使用的硅铝分子筛和硅磷铝分子筛的酸性中心强度不同，但随反应温度改变，两种催化剂在反应寿命、积碳量和积碳物种生成方面都表现出一致的变化趋势。在 300℃的条件下反应 25min 后，SAPO-34 分子筛内的积碳量达到 16%，当反应温度升高到 400℃时，SAPO-34 分子筛内的积碳量降到 6%；而在相同的反应条件下，H-SSZ-13 分子筛内的积碳量则从 300℃时的 20%降到 400℃时的 9%，且 SAPO-34 和 H-SSZ-13 两种催化剂均在 300~425℃存在一个优化的反应温度条件，催化剂表现出相对长的反应寿命，而在较低或者较高反应温度，催化剂都存在相对快速的失活现象。两种催化剂的失活都源于催化剂上多环芳烃的生成。差异在于具有强的酸性中心的 H-SSZ-13 在完全失活时能够产生大体积的三环和四环芳烃菲和芘及更大体积的不溶解于有机溶剂的积碳物种，而在相同的温度区间，失活的 SAPO-34 上则主要以萘和萘的衍生物为主要积碳物种。

　　我们在对流化床 SAPO-34 催化的甲醇转化反应和积碳进行考察时，发现甲醇转化的程序升温反应呈现一种特殊的变化趋势（图 3.24）[107,112]，反应虽从 250℃开始进料，但 250~300℃并没有烃类产物生成。甲醇到烃类的转化从温度上升到 300℃开始，在 300~350℃存在转化率的极大值，此后转化率下降，在高于 350℃温度范围转化率又上升。

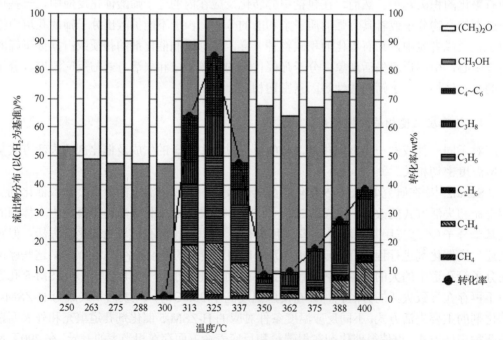

图 3.24　程序升温条件下流化床甲醇转化的流出物分布[112]

　　针对这一现象，笔者研究团队研究了不同反应温度的恒温条件下的甲醇转化反应和积碳在催化剂上的沉积,结果表明,SAPO-34 分子筛催化甲醇转化反应时,高温和低温呈现不同的反应特征[107,112-114]。低温反应具有明确的诱导期和快速的失活。升高反应温度,诱导期变短,并且在较高和较低的反应温度,反应都呈现积碳快速沉积导致催化剂快速失活的现象,在 400～450℃,反应具有缓慢的积碳生成和长的反应寿命(图 3.25)[114]。考察催化剂上有机物种的沉积,发现虽然在较高温度条件下反应时,SAPO-34 的积碳失活可以归因于稠环芳烃在笼中的形成,但低温发生快速失活时催化剂上并未沉积稠环芳烃物种。完全失活的催化剂基本呈现白色,而通过分子筛骨架溶解和有机溶液萃取获得的有机相也基本为无色,但实验证实,白色的失活催化剂和无色的萃取液中含有大量的有机物种,详细的研究表明低温反应失活源于一种饱和的烷烃积碳物种——金刚烷类化合物的生成(图 3.26)[113]。不同于可以作为烃池活性中心的甲基苯等芳烃物种,金刚烷化合物不具有类似于烃池物种将 C_1 原料甲醇装配成为高级烃类的能力,这些饱和的环烷烃物种在笼中的占据产生了对原料甲醇的传质限制并由此抑制了烃池物种的连续生成,造成了低温条件下甲醇转化的快速失活。

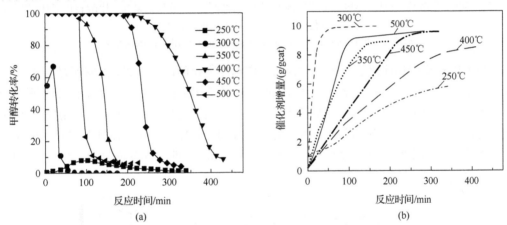

图 3.25　SAPO-34 催化 MTO 反应中甲醇转化率和催化剂质量随反应时间的变化[114]

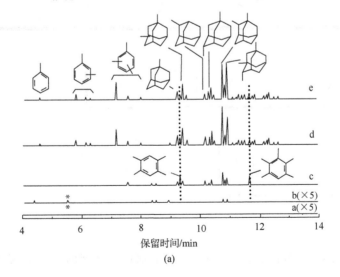

(a)

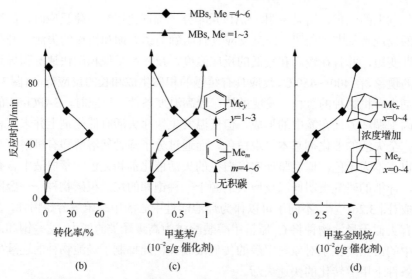

图 3.26　300℃甲醇转化反应 SAPO-34 催化剂上积碳物种的色质谱分析结果（a）、甲醇转化率（b）和多甲基苯（c）及金刚烷化合物（d）生成随反应时间的变化趋势[113]

a. 17min；b. 32min；c. 47min；d. 62min；e. 92min；*为内标；Me 为甲基

　　根据甲醇反应和催化剂上积碳物种随反应温度变化的研究结果，能够解释图 3.24 中程序升温反应过程中甲醇转化呈现出特殊的变化趋势的原因。低温的失活源于金刚烷物种在催化剂中的生成和累积，随程序升温过程反应温度逐步升高，低温生成的金刚烷化合物会在较高温度转化为萘的衍生物并最终生成稠环芳烃——菲和芘（图 3.27），催化剂上积碳物种随温度的演变过程对应了甲醇转化的失活-活性的部分恢复-再次失活这种特殊的催化活性演变过程[107,112]。

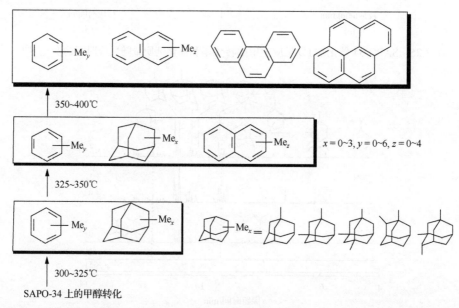

图 3.27　程序升温甲醇转化反应中 SAPO-34 催化剂上积碳物种的生成和随温度的演变[112]

2. 催化剂拓扑结构的影响

在甲醇转化机理的研究中，对于三维孔道和笼结构分子筛来说，多甲基苯是公认的有利于提升甲醇转化速率的反应活性中间体，而生成的双环芳烃与甲醇作用的反应活性却很低，双环或者多环芳烃是这类分子筛催化甲醇转化反应引起失活的物种[113]。稠环芳烃的生成需要分子筛提供一定的空间结构，因此，MTO 反应过程中分子筛催化剂中存留的积碳物种的主要成分与分子筛的拓扑结构紧密相关。对多环芳烃生成的研究表明，在甲醇转化反应中，多甲基苯活性中间体不但是生成气相烯烃等烃类产物的中间体，也是积碳物种稠环芳烃生成的中间体。Sassi 等[46,69]在观察甲醇和甲基苯在 H-Beta 上的共进料反应时，提出萘环中的一个环来自于甲基苯而另一个环则由这个苯环上的两个异丙基耦联生成。Bjorgen 等[84]也研究了甲醇和六甲基苯在 H-Beta 上的反应，提出催化剂上六甲基苯烷基化生成的七甲基苯通过碳正离子的重排和氢转移作用能够生成二氢二甲基萘(图 3.28)[84]，这些工作虽然提出了大孔和笼结构分子筛的积碳可能来自于笼内初始的甲基苯芳烃活性物种的转化，同时初始烯烃接受转移来的氢转变为烷烃，但甲基苯转化途径的建立依然缺乏足够的实验证据。

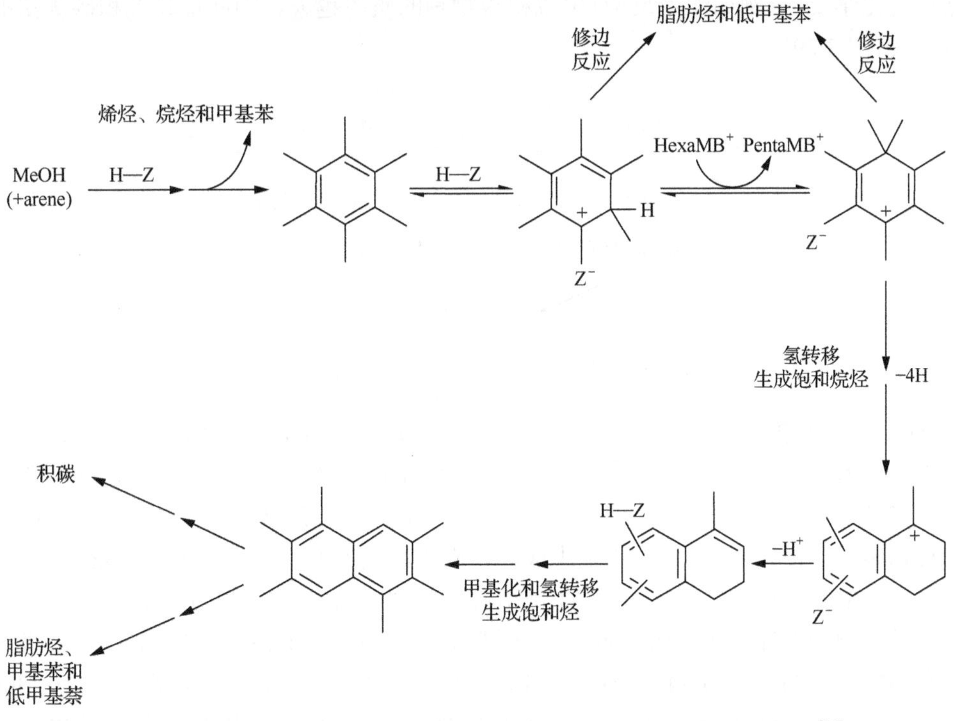

图 3.28　六甲基苯在 H-Beta 分子筛上转化为二氢二甲基萘的可能途径[84]

不同于具有宽阔孔道或具有笼结构的分子筛，H-ZSM-5 催化甲醇转化产生积碳主要来源于分子筛外表面的石墨炭沉积[109]。由于 H-ZSM-5 具有十元环交叉孔道结构，其孔道内仅能形成取代数目较低的单环芳烃，无法形成七甲基苯或稠环芳烃等需要大的反应空间的芳烃物种，空间限制决定 ZSM-5 孔内基本没有积碳生成[38,79]。更为细致的针对十元环三维孔道分子筛的研究表明，十元环孔道空间结构的差异也会带来在积碳失活方面的不同特征。Bleken 等[79]在对四种具有十元环三维孔道结构的分子筛(IMF、TUN、MEL和 MFI)催化甲醇转化的比较研究中发现，虽然都具有十元环交叉孔道，并由此产生非常接近的反应产物分布，但 IMF 和 TUN 结构中孔道交叉的位置产生了宽阔的空间结构，可以容纳大的积碳物种生成，因此具有 IMF 和 TUN 结构的 IM-5 和 TUN-9 分子筛上甲醇转化反应出现了快速失活的现象，而十元环交叉程度较弱的 MEL 和 MFI 结构的ZSM-11 和 ZSM-5 则表现出长的反应寿命，孔道内部没有大的积碳物种沉积，缓慢的失活来自于外表面的积碳生成。

3. 催化剂酸性影响

催化剂的酸性对催化剂失活具有显著影响。Wilson 等[115]、Mores 等[116]及其他的研究小组[5,99,117,118]认为 MTO 反应过程中具有较强酸性和较高酸性中心密度的催化剂失活速率较快。Guisnet 等[109]对此总结如下：催化剂的酸性越强，化学反应进行的越快，积碳前驱体和积碳分子形成的速率也就越快，因此，催化剂失活速率就越快。催化剂酸中心密度越高，相邻酸中心之间的距离越短，反应物分子在分子筛孔道内的扩散过程中发生连续的化学反应(例如缩聚反应)生成积碳物种的概率越大，因此催化剂积碳失活的速率也越快(图 3.29)。

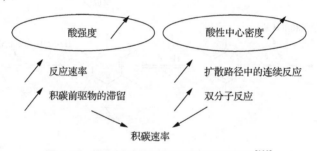

图 3.29　催化剂的酸性对失活速率的影响[109]

Yuen 等[99]比较了具有 CHA 结构的硅铝分子筛和硅磷铝分子筛 SAPO-34 和 H-SSZ-13催化的甲醇反应，虽然反应初始都能够实现甲醇的完全转化，但具有较强酸性的硅铝H-SSZ-13 分子筛在反应中更容易被甲醇原料穿透，发生失活现象。对反应失活后的催化剂进行积碳分析，发现 SAPO-34 上生成的积碳物种的 C/H(个数比)低于 SSZ-13 上生成的积碳物种的 C/H(表 3.3)。高的 C/H 预示着硅铝分子筛 H-SSZ-13 上生成了更不饱和的积碳物种，例如稠环芳烃。Bleken 等[100]研究了具有相同 CHA 拓扑结构、相似酸性中心密度和晶粒尺寸的 SAPO-34 和 H-SSZ-13 分子筛催化 MTO 反应。结果表明，在 300～425℃时，对比 SAPO-34，虽然酸性较强的 H-SSZ-13 催化的甲醇转化活性更高，但H-SSZ-13 分子筛在高温失活较快。同样温度条件下，SAPO-34 上的积碳物种主要为甲苯和甲基萘，而 H-SSZ-13 上积碳产物中除生成单环和双环的芳烃物种外，还能够生成三环的芳烃——菲及其衍生物，说明在 H-SSZ-13 上反应比 SAPO-34 更易产生稠环芳烃。

表 3.3 SAPO-34 和 H-SSZ-13 反应后积碳的元素分析[99]

物质	氧化硅/氧化铝	碳含量/%	氢含量/%	反应时间/h
SAPO-34		19.06	1.70	54
SSZ-13	9	16.60	1.46	18
SSZ-13	18	19.25	1.47	18
SSZ-13	58	15.00	1.35	18

注: 400℃反应，LHSV=0.27h^{-1}，22%甲醇水溶液进料。

3.6 小 结

近 30 年的甲醇制烯烃的研究工作获得了非常丰硕的研究成果，不但实现了过程的工业化，在反应机理研究方面也取得了长足的进步。从最初提出 C—C 生成的直接反应机理，到更为复杂但更为合理的间接反应机理的提出和验证，以及针对不同的催化剂结构提出了不同的烯烃生成途径，这些研究成果从更为深入的层面解释了催化剂的构效关系，并在很大程度上为分子筛的选择和进一步提升分子筛催化剂的性能提供了理论依据。

对于甲醇制烯烃的机理研究，在多相催化甲醇转化反应中分子筛的酸性和结构共同作用的研究进程中，这一反应的复杂性也越来越多地显露出来，虽然积累了大量的基础研究成果，依然有许多问题需要解决。甲醇自催化反应中初始 C—C 的生成、复杂反应网络中反应途径的选择和调控、能够抑制反应失活的催化剂结构等具有挑战性的问题是未来一个时期甲醇转化基础研究、催化剂研制和过程开发共同关注的问题，这些问题的解决有赖于催化反应原位观测与表征技术的进步、理论研究的支持及材料合成的进一步发展。

参 考 文 献

[1] Chang C D, Silvestri A J. Conversion of methanol and other O-compounds to hydrocarbons over zeolite catalysts. Journal of Catalysis, 1977, 47(2): 249-259

[2] Chang C D, Silvestri A J, Smith R L. Aromatization reactions: 3894103. 1975

[3] Chang C D, Silvestri A J, Smith R L. Production of gasoline hydrocarbons: 3928483. 1975

[4] Chang C D. Methanol conversion to light olefins. Catalysis Reviews-Science and Engineering, 1984, 26(3-4): 323-345

[5] Stocker M. Methanol-to-hydrocarbons: Catalytic materials and their behavior. Micropor Mesopor Mater, 1999, 29(1-2): 3-48

[6] Liang J, Li H Y, Zhao S, et al. Characterisitics and performance of SAPO-34 catalyst for methanol-to-olefin conversion. Appllied Catalysis, 1990, 64(1-2): 31-40

[7] Liu Z M, Liang J. Methanol to olefin conversion catalysts. Current Opinion in Solid State and Materials Science, 1999, 4(1): 80-84

[8] Koempel H, Liebner W. Lurgi's methanol to propylene (MTP (R)) report on a successful commercialisation. Studies in Surface Science and Catalysis, 2007, 167: 261-267

[9] Brent M T L, Celeste A M, Patton R L, et al. New family of silico-alumino-phosphate molecular sieves-prepd by hydrothermal crystallisation are useful for sepn and as catalysts: US, 4440871, 1984

[10] 刘中民, 齐越. 甲醇制取低碳烯烃(DMTO)技术的研究开发及工业性试验. 中国科学院院刊, 2006, 21(5): 406-408

[11] Haw J F, Song W G, Marcus D M, et al. The mechanism of methanol to hydrocarbon catalysis. Accounts of Chemical Research, 2003, 36(5): 317-326

[12] Olsbye U, Svelle S, Bjorgen M, et al. Conversion of methanol to hydrocarbons: How zeolite cavity and pore size controls product selectivity. Angewandte Chemie International Edition, 2012, 51 (24): 5810-5831

[13] Berg J P V d, Wolthuizen J P, Hooff J H C V. The conversion of dimethyl ether to hydrocarbons on zeolite H-ZSM-5: The reaction mechanism for formation of primary olefins. Proceedings of the Fifth International Conference on Zeolites London, 1980: 649-660

[14] Hutchings G J, Gottschalk F, Hall M V M, et al. Hydrocarbon formation from methylating agents over the zeolite catalyst zsm-5-comments on the mechanism of carbon carbon bond and methane formation. Journal of the Chemical Society, Faraday Transactions, 1987, 83: 571-583

[15] Olah G A. Higher coordinate (hypercarbon containing) carbocations and their role in electrophilic reactions of hydrocarbons. Pure and Applied Chemistry, 1981, 53 (1): 201-207

[16] Kagi D. In re-mechanism of conversion of methanol over ZSM-5 catalyst. Journal of Catalysis, 1981, 69 (1): 242-243.

[17] Ono Y, Mori T. Mechanism of methanol conversion into hydrocarbons over ZSM-5 zeolite. Journal of the Chemical Society, Faraday Transactions, 1981, 77: 2209-2221

[18] Chang C D. A reply to kagi-mechanism of conversion of methanol over ZSM-5 catalyst-reply. Journal of Catalysis, 1981, 69 (1): 244-245

[19] Swabb E A, Gates B C. Diffusion, reaction, and fouling in H-mordenite crystallites-catalytic dehydration of methanol. Industrial and Engineering Chemistry Fundamentals, 1972, 11 (4): 540-545

[20] Clarke J K A, Darcy R, Hegarty B F, et al. Free-radicals in dimethyl ether on H-ZSM-5 zeolite-a novel dimension of heterogeneous Catalysis. Journal of the Chemical Society Chemical Communi-cations, 1986 (5): 425-426

[21] Zatorski W, Kryzanowski S. Conversion of methanolto hydrocarbons over natural modenite. Applied Catalysis A General, 1978, 24: 347

[22] Hemelsoet K, Mynsbrugge J V d, Wispelaere K D, et al. Unraveling the reaction mechanisms governing methanol-to-olefins catalysis by theory and experiment. ChemPhysChem, 2013, 14 (8): 1526-1545

[23] Kolboe S. Methanol reactions on ZSM-5 and other zeolite catalysts-autocatalysis and reaction-mechanism. Acta Chemica Scandinavica Series, 1986, 40 (10): 711-713

[24] Kolboe S. On the mechanism of hydrocarbon formation from methanol over protonated zeolites. Studies in Surface Science and Catalysis, 1988, 36: 189-193

[25] Wang W, Buchholz A, Seiler M, et al. Evidence for an initiation of the methanol-to-olefin process by reactive surface methoxy groups on acidic zeolite catalysts. Journal of the American Chemical Society, 2003, 125 (49): 15260-15267

[26] Haw J F, Marcus D M. Well-defined (supra)molecular structures in zeolite methanol-to-olefin catalysis. Topic in Catalysis, 2005, 34 (1-4): 41-48

[27] Dahl I M, Kolboe S. On the reaction-mechanism for propene formation in the MTO reaction over SAPO-34. Catalysis Letters, 1993, 20 (3-4): 329-336

[28] Dahl I M, Kolboe S. On the reaction-mechanism for hydrocarbon formation from methanol over SAPO-34.1. Isotopic labeling studies of the co-reaction of ethene and methanol. Journal of Catalysis, 1994, 149 (2): 458-464

[29] Dahl I M, Kolboe S. On the reaction mechanism for hydrocarbon formation from methanol over SAPO-34 .2. isotopic labeling studies of the co-reaction of propene and methanol. Journal of Catalysis, 1996, 161 (1): 304-309

[30] Arstad B, Kolboe S. The reactivity of molecules trapped within the SAPO-34 cavities in the methanol-to-hydrocarbons reaction. Journal of the American Chemical Society, 2001, 123 (33): 8137-8138

[31] Arstad B, Kolboe S. Methanol-to-hydrocarbons reaction over SAPO-34. Molecules confined in the catalyst cavities at short time on stream. Catalysis Letters, 2001, 71 (3-4): 209-212

[32] Mikkelsen O, Ronning P O, Kolboe S. Use of isotopic labeling for mechanistic studies of the methanol-to-hydrocarbons reaction. Methylation of toluene with methanol over H-ZSM-5, H-mordenite and H-beta. Microporous and Mesoporous Materials, 2000, 40 (1-3): 95-113

[33] Song W G, Fu H, Haw J F. Supramolecular origins of product selectivity for methanol-to-olefin catalysis on HSAPO-34. Journal of the American Chemical Society, 2001, 123 (20): 4749-4754

[34] Song W G, Haw J F, Nicholas J B, et al. Methylbenzenes are the organic reaction centers for methanol-to-olefin catalysis on HSAPO-34. Journal of the American Chemical Society, 2000, 122 (43): 10726-10727

[35] Song W G, Nicholas J B, Sassi A, et al. Synthesis of the heptamethylbenzenium cation in zeolite-beta: In situ NMR and theory. Catalysis Letters, 2002, 81 (1-2): 49-53

[36] Dessau R M. On the H-ZSM-5 Catalyzed formation of ethylene from methanol or higher olefins. Journal of Catalysis, 1986, 99 (1): 111-116

[37] Dessau R M, Lapierre R B. On the mechanism of methanol conversion to hydrocarbons over HZSM-5. Journal of Catalysis, 1982, 78 (1): 136-141

[38] Bjorgen M, Svelle S, Joensen F, et al. Conversion of methanol to hydrocarbons over zeolite H-ZSM-5: On the origin of the olefinic species. Journal of Catalysis, 2007, 249 (2): 195-207

[39] Svelle S, Joensen F, Nerlov J, et al. Conversion of methanol into hydrocarbons over zeolite H-ZSM-5: Ethene formation is mechanistically separated from the formation of higher alkenes. Journal of the American Chemical Society, 2006, 128 (46): 14770-14771

[40] Svelle S, Olsbye U, Joensen F, et al. Conversion of methanol to alkenes over medium- and large-pore acidic zeolites: Steric manipulation of the reaction intermediates governs the ethene/propene product selectivity. Journal of Physical Chemistry C, 2007, 111 (49): 17981-17984

[41] Chen N Y, Reagan W J. Evidence of auto-catalysis in methanol to hydrocarbon reactions over zeolite catalysts. Journal of Catalysis, 1979, 59 (1): 123-129

[42] Langner B E. Reactions of methanol on zeolites with different pore structures. Applied Catalysis, 1982, 2 (4-5): 289-302

[43] Sullivan R F, Sieg R P, Langlois G E, et al. A new reaction that occurs in hydrocracking of certain aromatic hydrocarbons. Journal of the American Chemical Society, 1961, 83 (5): 1156-1160

[44] Mole T, Bett G, Seddon D. Conversion of methanol to hydrocarbons over ZSM-5 zeolite-an examination of the role of aromatic-hydrocarbons using carbon-13-labeled and deuterium-labeled feeds. Journal of Catalysis, 1983, 84 (2): 435-445

[45] Mole T, Whiteside J A, Seddon D. Aromatic co-catalysis of methanol conversion over zeolite catalysts. Journal of Catalysis, 1983, 82 (2): 261-266

[46] Sassi A, Wildman M A, Ahn H J, et al. Methylbenzene chemistry on zeolite H-Beta: Multiple insights into methanol-to-olefin catalysis. Journal of Physical Chemistry B, 2002, 106 (9): 2294-2303

[47] Haw J F. In situ NMR of heterogeneous catalysis: new methods and opportunities. Topic in Catalysis, 1999, 8 (1-2): 81-86

[48] Haw J F, Nicholas J B, Song W G, et al. Roles for cyclopentenyl cations in the synthesis of hydrocarbons from methanol on zeolite catalyst HZSM-5. Journal of the American Chemical Society, 2000, 122 (19): 4763-4775

[49] Song W G, Nicholas J B, Haw J F. A persistent carbenium ion on the methanol-to-olefin catalyst HSAPO-34: Acetone shows the way. Journal of Physical Chemistry B, 2001, 105 (19): 4317-4323

[50] Xu T, Barich D H, Goguen P W, et al. Synthesis of a benzenium ion in a zeolite with use of a catalytic flow reactor. Journal of the American Chemical Society, 1998, 120 (16): 4025-4026

[51] Bjorgen M, Olsbye U, Svelle S, et al. Conversion of methanol to hydrocarbons: The reactions of the heptamethylbenzenium cation over zeolite H-beta. Catalysis Letters, 2004, 93 (1-2): 37-40

[52] Song W G, Fu H, Haw J F. Selective synthesis of methylnaphthalenes in HSAPO-34 cages and their function as reaction centers in methanol-to-olefin catalysis. Journal of Physical Chemistry B, 2001, 105 (51): 12839-12843

[53] Bjorgen M, Bonino F, Kolboe S, et al. Spectroscopic evidence for a persistent benzenium cation in zeolite H-beta. Journal of the American Chemical Society, 2003, 125 (51): 15863-15868

[54] Xu T, Haw J F. Nmr observation of indanyl carbenium ion intermediates in the reactions of hydrocarbons on acidic zeolites. Journal of the American Chemical Society, 1994, 116 (22): 10188-10195

[55] Wang C, Chu Y Y, Zheng A M, et al. New insight into the hydrocarbon-pool chemistry of the methanol-to-olefins conversion over zeolite H-ZSM-5 from GC-MS, solid-state NMR spectroscopy, and DFT calculations. Chemistry, 2014, 20(39): 12432-12443

[56] Li J Z, Wei Y X, Chen J R, et al. Observation of heptamethylbenzenium cation over SAPO-type molecular sieve DNL-6 under real MTO conversion conditions. Journal of the American Chemical Society, 2012, 134(2): 836-839

[57] Xu S T, Zheng A M, Wei Y X, et al. Direct observation of cyclic carbenium ions and their role in the catalytic cycle of the methanol-to-olefin reaction over chabazite zeolites. Angewandte Chemic International Edition, 2013, 52(44): 11564-11568

[58] Goguen P W, Xu T, Barich D H, et al. Pulse-quench catalytic reactor studies reveal a carbon-pool mechanism in methanol-to-gasoline chemistry on zeolite HZSM-5. Journal of the American Chemical Society, 1998, 120(11): 2650-2651

[59] Li J, Wei Y, Chen J, et al. Cavity controls the selectivity: Insights of confinement effects on MTO reaction. ACS Catalysis, 2015, 5:661-665

[60] Wang C M, Wang Y D, Xie Z K, et al. Methanol to olefin conversion on HSAPO-34 zeolite from periodic density functional theory calculations: A complete cycle of side chain hydrocarbon pool mechanism. Journal of Physical Chemistry C, 2009, 113(11): 4584-4591

[61] Bjorgen M, Akyalcin S, Olsbye U, et al. Methanol to hydrocarbons over large cavity zeolites: Toward a unified description of catalyst deactivation and the reaction mechanism. Journal of Catalysis, 2010, 275(1): 170-180

[62] Bjorgen M, Olsbye U, Petersen D, et al. The methanol-to-hydrocarbons reaction: Insight into the reaction mechanism from [C-12]benzene and [C-13]methanol coreactions over zeolite H-beta. Journal of Catalysis, 2004, 221(1): 1-10

[63] Tian P, Su X, Wang Y, et al. Phase-transformation synthesis of SAPO-34 and a novel SAPO molecular sieve with RHO framework type from a SAPO-5 precursor. Chemistry Materials, 2011, 23(6): 1406-1413

[64] Li J Z, Wei Y X, Xu S T, et al. Heptamethylbenzenium cation formation and the correlated reaction pathway during methanol-to-olefins conversion over DNL-6. Catalysis Today, 2014, 226: 47-51

[65] Song W G, Marcus D M, Fu H, et al. An Oft-studied reaction that may never have been: Direct catalytic conversion of methanol or dimethyl ether to hydrocarbons on the solid acids HZSM-5 or HSAPO-34. Journal of the American Chemical Society, 2002, 124(15): 3844-3845

[66] Jiang Y J, Wang W, Marthala V R R, et al. Effect of organic impurities on the hydrocarbon formation via the decomposition of surface methoxy groups on acidic zeolite catalysts. Journal of Catalysis, 2006, 238(1): 21-27

[67] Vandichel M, Lesthaeghe D, Van der Mynsbrugge J, et al. Assembly of cyclic hydrocarbons from ethene and propene in acid zeolite catalysis to produce active catalytic sites for MTO conversion. Journal of Catalysis, 2010, 271(1): 67-78

[68] Lesthaeghe D, Horre A, Waroquier M, et al. Theoretical insights on methylbenzene side-chain growth in ZSM-5 zeolites for methanol-to-olefin conversion. Chemistry A European Journal, 2009, 15(41): 10803-10808

[69] Sassi A, Wildman M A, Haw J F. Reactions of butylbenzene isomers on zeolite HBeta: Methanol-to-olefins hydrocarbon pool chemistry and secondary reactions of olefins. Journal of Physical Chemistry B, 2002, 106(34): 8768-8773

[70] Arstad B, Kolboe S, Swang O. Theoretical study of the heptamethylbenzenium ion. Intramolecular isomerizations and C2, C3, C4 alkene elimination. Journal of Physical Chemistry A, 2005, 109(39): 8914-8922

[71] Erichsen M W, Svelle S, Olsbye U. H-SAPO-5 as methanol-to-olefins (MTO) model catalyst: Towards elucidating the effects of acid strength. Journal of Catalysis, 2013, 298: 94-101

[72] Erichsen M W, Svelle S, Olsbye U. The influence of catalyst acid strength on the methanol to hydrocarbons (MTH) reaction. Catalysis Today, 2013, 215: 216-223

[73] McCann D M, Lesthaeghe D, Kletnieks P W, et al. A complete catalytic cycle for supramolecular methanol-to-olefins conversion by linking theory with experiment. Angewandte Chemie International Edition, 2008, 47(28): 5179-5182

[74] Kolboe S. A computational study of tert-butylbenzenium ions. Journal of Physical Chemistry A, 2011, 115(14): 3106-3115

[75] Kolboe S. Computational study of isopropylbenzenium ions. Journal of Physical Chemistry A, 2012, 116(14): 3710-3716

[76] Kolboe S, Svelle S, Arstad B. Theoretical study of ethylbenzenium ions: The mechanism for splitting off ethene, and the formation of a π complex of ethene and the benzenium Ion. Journal of Physical Chemistry A, 2009, 113(9): 917-923

[77] De Wispelaere K, Hemelsoet K, Waroquier M, et al. Complete low-barrier side-chain route for olefin formation during methanol conversion in H-SAPO-34. Journal of Catalysis, 2013, 305: 76-80

[78] Bjorgen M, Joensen F, Lillerud K P, et al. The mechanisms of ethene and propene formation from methanol over high silica H-ZSM-5 and H-beta. Catalysis Today, 2009, 142(1-2): 90-97

[79] Bleken F, Skistad W, Barbera K, et al. Conversion of methanol over 10-ring zeolites with differing volumes at channel intersections: Comparison of TNU-9, IM-5, ZSM-11 and ZSM-5. Physical Chemistry Chemical Physics, 2011, 13(7): 2539-2549

[80] Haw J F. Zeolite acid strength and reaction mechanisms in catalysist. Physical Chemistry Chemical Physics, 2002, 4(22): 5431-5441

[81] Lesthaeghe D, De Sterck B, van Speybroeck V, et al. Zeolite shape-selectivity in the gem-methylation of aromatic hydrocarbons. Angewandte Chemie International Edition, 2007, 46(8): 1311-1314

[82] Wang C M, Wang Y D, Liu H X, et al. Theoretical insight into the minor role of paring mechanism in the methanol-to-olefins conversion within HSAPO-34 catalyst. Microporous and Mesoporous Materials, 2012, 158: 264-271

[83] Fu H, Song W G, Haw J F. Polycyclic aromatics formation in HSAPO-34 during methanol-to-olefin catalysis: Ex situ characterization after cryogenic grinding. Catalysis Letters, 2001, 76(1-2): 89-94

[84] Bjorgen M, Olsbye U, Kolboe S. Coke precursor formation and zeolite deactivation: Mechanistic insights from hexamethylbenzene conversion. Journal of Catalysis, 2003, 215(1): 30-44

[85] Zaidi H A, Pant K K. Catalytic conversion of methanol to gasoline range hydrocarbons. Catalysis Today, 2004, 96(3): 155-160

[86] Kissin Y V. Chemical mechanisms of catalytic cracking over solid acidic catalysts: Alkanes and alkenes. Catalysis Reviews-Science and Engineering, 2001, 43(1-2): 85-146

[87] Cui Z M, Liu Q, Baint S W, et al. The role of methoxy groups in methanol to olefin conversion. Journal of Physical Chemistry C, 2008, 112(7): 2685-2688

[88] Cui Z M, Liu Q, Ma Z, et al. Direct observation of olefin homologations on zeolite ZSM-22 and its implications to methanol to olefin conversion. Journal of Catalysis, 2008, 258(1): 83-86

[89] Li J, Qi Y, Liu Z, et al. Co-reaction of ethene and methylation agents over SAPO-34 and ZSM-22. Catalysis Letters, 2008, 121(3-4): 303-310

[90] Li J Z, Wei Y X, Liu G Y, et al. Comparative study of MTO conversion over SAPO-34, H-ZSM-5 and H-ZSM-22: Correlating catalytic performance and reaction mechanism to zeolite topology. Catalysis Today, 2011, 171(1): 221-228

[91] Li J Z, Wei Y X, Qi Y, et al. Conversion of methanol over H-ZSM-22: The reaction mechanism and deactivation. Catalysis Today, 2011, 164(1): 288-292

[92] Teketel S, Olsbye U, Lillerud K P, et al. Selectivity control through fundamental mechanistic insight in the conversion of methanol to hydrocarbons over zeolites. Microporous and Mesoporous Materials, 2010, 136(1-3): 33-41

[93] Teketel S, Svelle S, Lillerud K P, et al. Shape-selective conversion of methanol to hydrocarbons over 10-ring unidirectional-channel acidic H-ZSM-22. ChemCatChem, 2009, 1(1): 78-81

[94] 李金哲. 乙烯和甲醇共进料体系研究及生成丙烯新反应途径探索. 大连: 中国科学院大连化学物理研究所博士学位论文, 2008

[95] Li J, Qi Y, Liu Z, et al. Influences of reaction conditions on ethene conversion to propene over SAPO-34. Chinese Journal of Catalysis, 2008, 29(7): 660-664

[96] Li J, Qi Y, Xu L, et al. Co-reaction of ethene and methanol over modified H-ZSM-5. Catalysis Communications, 2008, 9(15): 2515-2519

[97] Chen J, Li J, Wei Y, et al. Spatial confinement effects of cage-type SAPO molecular sieves on product distribution and coke formation in methanol-to-olefin reaction. Catalysis Communications, 2014, 46: 36-40

[98] 陈景润. 笼结构小孔分子筛催化甲醇制烯烃反应机理研究. 大连: 中国科学院大连化学物理研究所博士学位论文，2014

[99] Yuen L T, Zones S I, Harris T V, et al. Product selectivity in methanol to hydrocarbon conversion for isostructural compositions of afi and cha molecular-sieves. Microporous and Mesoporous Materials, 1994, 2(2): 105-117

[100] Bleken F, Bjorgen M, Palumbo L, et al. The effect of acid strength on the conversion of methanol to olefins over acidic microporous catalysts with the CHA topology. Topic in Catalysis, 2009, 52(3): 218-228

[101] Westgard E M, Svelle S, Olsbye U. The influence of catalyst acid strength on the methanol to hydrocarbons (MTH) reaction. Catalysis Today, 2013, 215: 216-223

[102] Westgard E M, Svelle S, Olsbye U. H-SAPO-5 as methanol-to-olefins (MTO) model catalyst: Towards elucidating the effects of acid strength. Journal of Catalysis, 2013, 298: 94-101

[103] Dai W, Wang X, Wu G, et al. Methanol-to-Olefin conversion on silicoaluminophosphate catalysts: Effect of Brönsted acid sites and framework structures. ACS Catalysis, 2011, 1(4): 292-299

[104] Dai W L, Li N, Li L D, et al. Unexpected methanol-to-olefin conversion activity of low-silica aluminophosphate molecular sieves. Catalysis Communications, 2011, 16(1): 124-127

[105] Dai W L, Wang X, Wu G J, et al. Methanol-to-olefin conversion catalyzed by low-silica AlPO-34 with traces of bronsted acid sites: Combined catalytic and spectroscopic investigations. ChemCatChem, 2012, 4(9): 1428-1435

[106] Chen J, Li J, Yuan C, et al. Elucidating the olefin formation mechanism in the methanol to olefin reaction over AlPO-18 and SAPO-18. Catalysis Science & Technology, 2014, 4(9): 3268-3277

[107] 袁翠峪. 小孔 SAPO 分子筛催化甲醇转化反应的积碳和失活.大连: 中国科学院大连化学物理研究所硕士学位论文，2012

[108] Hereijgers B P C, Bleken F, Nilsen M H, et al. Product shape selectivity dominates the Methanol-to-Olefins (MTO) reaction over H-SAPO-34 catalysts. Journal of Catalysis, 2009, 264(1): 77-87

[109] Guisnet M, Costa L, Ribeiro F R. Prevention of zeolite deactivation by coking. Journal of Molecular Catalysis A: Chemical, 2009, 305(1-2): 69-83

[110] Mores D, Stavitski E, Kox M H F, et al. Space-and time-resolved in-situ spectroscopy on the coke formation in molecular sieves: Methanol-to-olefin conversion over H-ZSM-5 and H-SAPO-34. Chemistry A European Journal, 2008, 14(36): 11320-11327

[111] Schulz H. "Coking" of zeolites during methanol conversion: Basic reactions of the MTO-, MTP- and MTG processes. Catalysis Today, 2010, 154(3-4): 183-194

[112] Yuan C, Wei Y, Li J, et al. Temperature-programmed methanol conversion and coke deposition on fluidized-bed catalyst of SAPO-34. Chinese Journal of Catalysis, 2012, 33(2): 367-374

[113] Wei Y X, Li J Z, Yuan C Y, et al. Generation of diamondoid hydrocarbons as confined compounds in SAPO-34 catalyst in the conversion of methanol. Chemical Communications, 2012, 48(25): 3082-3084

[114] Wei Y X, Yuan C Y, Li J Z, et al. Coke formation and carbon atom economy of methanol-to-olefins reaction. ChemSusChem, 2012, 5(5): 906-912

[115] Wilson S, Barger P. The characteristics of SAPO-34 which influence the conversion of methanol to light olefins. Microporous and Mesoporous Materials, 1999, 29(1-2): 117-126

[116] Mores D, Kornatowski J, Olsbye U, et al. Coke formation during the methanol-to-olefin conversion: In situ microspectroscopy on individual H-ZSM-5 crystals with different bronsted Acidity. Chemistry A European Journal, 2011, 17(10): 2874-2884

[117] Dahl I M, Mostad H, Akporiaye D, et al. Structural and chemical influences on the MTO reaction:A comparison of chabazite and SAPO-34 as MTO catalysts. Microporous and Mesoporous Materials, 1999, 29(1-2): 185-190

[118] Zhu Q J, Kondo J N, Ohnuma R, et al. The study of methanol-to-olefin over proton type aluminosilicate CHA zeolites. Micropor Mesopor Mater, 2008, 112(1-3): 153-161

第 4 章　甲醇制烯烃分子筛催化剂

1975 年，美国 Mobil 公司的 Chang 等[1-3]首次报道了甲醇在分子筛催化剂上转化为汽油(MTG)的过程。1977 年，Mobil 公司又报道了甲醇在 ZSM-5 分子筛上转化为低碳烯烃(MTO)的过程[4]。ZSM-5 是具有十元环交联孔道结构[(0.53~0.56)nm×(0.51~0.55nm)]的中孔沸石，抗积碳性能好，对 MTO 反应有很高的活性，但酸性较强，乙烯选择性较差，而丙烯和芳烃的收率相对较高[5-6]。通过对 ZSM-5 沸石进行表面改性修饰、降低酸强度、增加空间结构限制等，可以有效提高其在 MTO 反应中的低碳烯烃选择性，抑制芳烃的生成，并获得长的催化寿命[7-10]。

除 ZSM-5 外，研究者也尝试了多种沸石分子筛。大孔径沸石如 Y 型和丝光沸石等[11-12]，反应产物中轻烯烃的选择性较差，而且容易生成芳烃等副产物。孔径较小的如菱沸石、毛沸石、T 沸石、ZK-5、ZSM-34、ZSM-35 等，对 MTO 过程有良好的低碳烯烃选择性[13-15]。这主要是由于孔口对产物分子的择形效应所致，即在反应中生成的大分子脂肪烃和芳烃因为分子筛孔口限制难以扩散到孔道外。但由于这些沸石的硅铝比一般偏低，拥有大量的强酸中心，使反应初期二次反应生成的烷烃选择性偏高，且由于结构中笼的存在，催化剂易积碳失活，反应活性周期很短。

1984 年，美国联合碳化物公司开发了磷酸硅铝系列分子筛(SAPO-n，n 代表结构型号)[16]。SAPO 分子筛的骨架结构有些与已知的硅铝沸石相同，有些则为新型结构，它们具有从八元环到十二元环的孔道，孔径在 0.3~0.8nm [17]。SAPO 分子筛的组成特征和三维结构决定其具有中等强度的酸性和优良的骨架稳定性，因而吸引了大量研究者的关注。研究人员尝试将 SAPO 分子筛用于 MTO 反应，并发现一些小孔 SAPO 分子筛具有良好的催化性能。中国科学院大连化学物理研究所(以下简称大连化物所)的梁娟等首次报道了 SAPO-34 在 MTO 反应中的催化应用，发现 SAPO-34 具有优异的催化性能和再生稳定性，在甲醇转化率为 100%或接近 100%的情况下，C_2~C_4烯烃选择性达 90%左右，而 C_5 以上产物很少，SAPO-34 经过连续 55 次再生后，依然可以保持很高的催化活性[18,19]。这一结果为 MTO 过程的技术发展带来了新的曙光，同时也极大地鼓舞了研究者的热情。随后，SAPO-34 分子筛的合成优化及相关的 MTO 反应机理也得到了广泛而深入的研究。

针对 MTO 过程的技术开发，国际上一些知名的石油和化学公司先后都投入了巨大的力量[20]，如 ExxonMobil、巴斯夫(BASF)、美国 UOP、挪威海德罗公司(Norsk Hydro)和德国 Lurgi 等。早期以开发工业化技术为目的的研究多采用 ZSM-5 基催化剂、固定床工艺。ExxonMobil 和 BASF 公司较早进行了 MTO 固定床的中试试验，但存在催化剂寿命短或烯烃收率低的问题。Lurgi 公司于 2004 年完成了以改性 ZSM-5 为催化剂的固定床工艺，以丙烯为主产物(丙烯选择性大于 60%，催化剂寿命满足 8000h 商业使用目标)，称为 MTP 过程。目前，Lurgi 的 MTP 过程已经在我国实现了工业化。美国 UOP 和 Norsk Hydro 以 SAPO-34 分子筛催化剂为基础，开发了 MTO 流化床工艺，于 1997 年完成 0.75t/d

的中试。随后，基于 SAPO-34 催化剂，ExxonMobil 公司采用提升管反应技术于 2003 年左右完成了 13.2t/d 的中试试验。

　　国内，大连化物所在 20 世纪 80 年代初就开始了非石油路线制取低碳烯烃的研究工作[20]，于 1993 年完成了采用改性 ZSM-5 催化剂和固定床工艺的 MTO 中试（300t/a）。同期，大连化物所也开展了 SAPO-34 分子筛催化剂的研制及其相关的甲醇制烯烃工艺研究，于 1995 年和 2006 年分别完成了流化反应工艺的中试和万吨级工业性试验，发展了成套的甲醇制烯烃工业化技术（DMTO）。目前，国内已经有多套采用 DMTO 技术的甲醇制烯烃工业装置实现商业化运营。DMTO 专用催化剂作为 DMTO 过程的核心技术之一，也率先于 2008 年实现了工业化生产。近期，清华大学和中石化基于 SAPO 分子筛也分别发展了甲醇制烯烃流化床工艺。

　　本章将概述 SAPO-34 分子筛催化剂的相关基础知识和研究进展，包括分子筛的合成和晶化机理、酸性、表征方法、酸性和催化性能的关系，以及小晶粒和多级孔 SAPO-34 分子筛的合成和催化行为。另外，还总结了 SAPO-34 分子筛改性处理及其在甲醇制烯烃反应中的催化应用。本章最后，也对主产丙烯的 ZSM-5 沸石催化剂体系进行了简要介绍。

4.1　SAPO-34 分子筛

　　SAPO-34 分子筛的结构为菱沸石型（CHA）（图 4.1），空间群 $R\bar{3}m$，属三方晶系，具有由双六元环按照 ABC 方式堆积而成的八元环椭球形笼（CHA 笼）和三维交叉孔道结构，孔径为 0.38nm×0.38nm，笼大小为 1.0nm×0.67nm×0.67nm，属于小孔分子筛[17,21]。

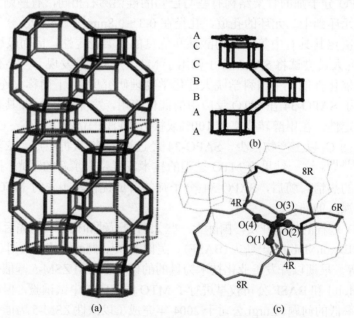

图 4.1　SAPO-34 分子筛骨架结构和不同氧原子位分布示意图

(a) SAPO-34 分子筛的骨架结构；(b) A、B、C 分别表示骨架中不同位置的六元环；(c) O(1)～O(4) 表示不同的氧原子位置，4R、6R 和 8R 分别表示骨架中的四、六和八元环

SAPO-34 的骨架由 SiO_4、AlO_4^- 和 PO_4^+ 四面体连接而成，呈负电性，具有质子酸性和可交换的阳离子位置，其骨架组成可在一定范围内变化，一般 $n(Si) < n(P) < n(Al)$。SAPO-34 晶体结构中存在一种 T 原子位和四种氧原子位，根据早期文献的命名原则：O(1)位共属于 2 个四元环和 1 个八元环，O(2)位共属于 1 个四元环、1 个六元环和 1 个八元环，O(3)位共属于 2 个四元环和 1 个八元环，O(4)位共属于 1 个四元环和 2 个八元环(图4.1)。SAPO-34 晶粒的典型形貌为近立方的菱面体，其 XRD 图谱在 2θ 为 9.40°、12.79°、15.90°、17.53°、20.45°等处出现衍射峰(图 4.2)。不同模板剂合成的 SAPO-34 分子筛的 XRD 衍射峰位置和强度会略有差别，这是因为模板剂种类变化对其导向合成的 SAPO-34 晶粒微结构具有影响。常规 SAPO-34 的 N_2 吸附等温线为 I 型，微孔孔容为 $0.2\sim0.3cm^3/g$，BET 比表面积则在 $400\sim600m^2/g$。

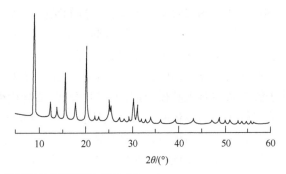

图 4.2　SAPO-34 分子筛的典型形貌和 XRD 图

4.1.1　SAPO-34 分子筛合成

1. SAPO-34 合成方法介绍

SAPO-34 分子筛的合成一般采用水热法[22]，即以水为溶剂，在密闭高压釜内进行。合成组分包括铝源、硅源、磷源、模板剂和去离子水。可选作硅源的有硅溶胶、白炭黑和正硅酸酯等，铝源有氢氧化铝、拟薄水铝石和烷氧基铝等。磷源一般采用 85%的磷酸。模板剂是导向合成 SAPO-34 的重要原料，决定着合成产物的结构、具体合成条件和方法，早期，可以用于 SAPO-34 合成的模板剂种类不多，通过大量的研究，目前可以用于SAPO-34 合成的模板剂种类已得到极大丰富，常用的模板剂包括四乙基氢氧化铵(TEAOH)[16,23]、吗啉(MOR)[24]、哌啶(Piperidine)[25]、异丙胺(i-PrNH₂)[26]、三乙胺(TEA)[27]、二乙胺(DEA)[22]、二丙胺(Pr₂NH)[28]、二甲基乙醇胺[29]等及它们的混合物。典型的合成步骤如下：按照配比关系式 $(1\sim5)R：(0.05\sim2)SiO_2：1Al_2O_3：1P_2O_5：(20\sim200)H_2O$(R 代表模板剂)，将部分去离子水加入到拟薄水铝石中，然后加入 85%的磷酸，充分搅拌使之成为均匀凝胶后，再加入剩余的去离子水，随后加入硅溶胶，搅拌均匀后加入模板剂；将混合均匀的物料封入不锈钢高压釜中；将高压釜加热到 150~250℃，在自生压力下进行恒温晶化反应，待晶化完全后将固体产物过滤或离心分离，并用去离子水洗涤至中性，烘干后即得到 SAPO-34 分子筛原粉。用于催化反应前，需要将分子筛高温焙烧除去所含的有机胺模板剂。

　　水热合成体系中，作为溶剂的水可以被有机溶剂替代，相应的合成方法称为溶剂热合成。1985 年，Bibby 和 Dale[30]首次利用醇介质合成出方钠石沸石，引起了研究者的普遍关注。20 世纪 90 年代初，吉林大学的徐如人等[31]最早将溶剂热的合成方法引入磷酸铝体系，使用的溶剂主要有二醇和醇类化合物。在上述溶剂中除成功合成了已知结构、不同孔径的磷酸铝分子筛(如 AlPO4-5、AlPO4-11 和 AlPO4-21)外，还得到了一系列新结构材料，包括一维链、二维层和三维微孔骨架结构，并且它们多数都能得到大单晶。多种 SAPO 分子筛(如 SAPO-5、SAPO-11、SAPO-35 等)也可以通过该方法合成，但是采用常规的醇类溶剂难以合成 SAPO-34。

　　笔者所在实验室于 2012 年报道了使用有机胺同时作为 SAPO 分子筛合成的主体溶剂和模板剂(称为胺热法)[32]，实现了包括 SAPO-34 在内的多种磷酸硅铝分子筛(SAPO-18、SAPO-44、DNL-6 等)的胺热合成。胺热合成的 SAPO-34 具有固体收率高、晶化速度快等特点。以二异丙胺为例，在 200℃晶化 12h，SAPO-34 的收率大于 90%，且在 MTO 反应中表现了良好的催化性能。另外，胺热合成后的有机胺可以方便地回收并循环用于分子筛的合成。利用胺热合成方法，笔者进一步发现了多种合成 SAPO-34 分子筛的新型有机胺模板剂，如二甘醇胺、二异丙醇胺等[33]。另外，笔者还报道了采用 SAPO 分子筛作为前躯体的二次转晶法合成 SAPO-34 分子筛的新路线[34]，以具有较强碱性的有机胺如二乙胺为模板剂，在水热条件下可以使 SAPO 分子筛原粉(如 SAPO-5、SAPO-11)溶解并快速再晶化生成 SAPO-34 或其他 SAPO 分子筛。

　　SAPO-34 也可以通过干胶法制备，依据制备的初始硅磷铝干胶中是否包含有机模板剂，可以把干胶法分为气相转移法(vapor-phase transport，VPT)和蒸汽辅助晶化法(steam-assisted conversion，SAC)(图 4.3)[35,36]。气相转移法是将不含有模板剂的沸石分子筛合成液先制备成干胶，然后把干胶搁置于内衬聚四氟乙烯的不锈钢反应釜中，水和有机胺作为液相部分，一定温度下在混合蒸汽作用下干胶转化为沸石分子筛。蒸汽辅助晶化法是指初始干胶中同时包含硅磷铝和有机胺，仅使用少量水作为液相。干胶法可以

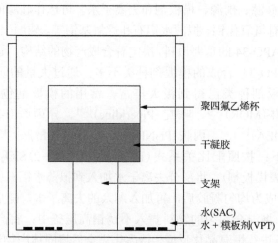

图 4.3　气相转移法和蒸汽辅助晶化法示意图

像水热法一样使用不同的有机胺模板剂在较大的组成范围内合成出 SAPO-34，不过水仍然是干胶法合成磷酸硅铝分子筛不可缺少的组分。1998 年，文献首次报道了组合化学方法合成分子筛[37]，2003 年，Zhang 等[38]把组合化学成功应用于 SAPO-34 分子筛的干胶法合成，系统、快速、有效地分析了模板剂种类和凝胶组成变化对 SAPO-34 合成的影响。

2004 年，Morris 等[39]首次以室温离子液体和共晶混合物为溶剂和模板剂，常压合成了具有不同结构的微孔分子筛，此方法被称为离子热合成法。Pei 等利用该方法合成了 SAPO-34 分子筛。离子热方法与传统水热法不同，由于分子筛合成温度下离子液体的蒸汽压可以忽略，使得合成过程可以在常压下进行。在合成过程中离子液体一方面可以溶解反应物起溶剂的作用；另一方面起模板剂的作用，提供了分子筛骨架所需的阳离子，该阳离子和无机框架之间相互作用起到强烈的模板效应，促使分子筛结构的形成。

降低分子筛合成过程中母液的产生，提高分子筛合成的单釜产率和合成效率，一直是分子筛领域工作者追求的目标。最近，通过将固体原料混合研磨，在无溶剂的条件下实现了 SAPO-34、ZSM-5、Beta、SOD、FAU 等系列分子筛的干法合成[41, 42]。SAPO-34 分子筛的具体合成过程如下：以白炭黑、勃姆石、磷酸二氢铵分别作为合成的硅铝磷源，将它们与吗啉混合后研磨 10～20min，然后装入高压合成釜在 200℃晶化 8～24h。需要指出的是，干法合成中水依然是不可缺少的组分，尽管它的量比较少，但对晶化的顺利进行具有重要的作用。石秀峰等也曾报道在高浓体系中合成沸石和 SAPO-34 分子筛[43]，合成体系中的少量水分由各合成原料引入，如硅溶胶、磷酸。

除上面介绍的合成方法外，也有研究者尝试在凝胶体系中引入氟离子[44,45]、微波合成[46,47]及对初始凝胶进行超声预处理[48,49]等探索 SAPO-34 分子筛的合成。尽管合成方法多样，但到目前为止，综合操作可行性、安全环保、产品品质、经济性等多方面的考虑，水热法依然是工业化合成分子筛最为经典的方法。

2. 模板剂对合成的影响

分子筛合成过程非常复杂，涉及存在于多相环境的多个化学反应。多种因素可以对分子筛的合成产生影响，如模板剂种类、无机原料种类、反应物料配比、晶化温度和时间、晶化条件(如动态晶化和静态晶化)、反应体系的 pH 等。在这些影响因素中，模板剂是最重要的因素之一，模板剂的选择也一直是该领域内研究人员的关注热点。模板剂在分子筛晶化过程中通过有机、无机物种之间的主客体相互作用，对分子筛的晶化起着模板或结构导向的作用[31,50,51]。

迄今为止，多种合成方法都已经被成功地应用于 SAPO-34 分子筛的合成。但无论采取何种方法，在体系中加入有机胺作为合成过程的结构导向剂或模板剂都是必不可少的，这些有机分子在晶化过程中被包裹进入分子筛孔笼中。尽管人们目前对模板剂在分子筛晶化过程中的具体作用机制、分子筛骨架与模板剂分子之间的主客体相互作用等的理解还不是很充分，但是一般认为这些模板剂分子通过空间填充、电荷匹配等方式对分子筛的骨架结构起着稳定的作用。因此，具有不同几何构型、电子构型的模板剂分子对合成的 SAPO-34 分子筛的一些物理化学性质，诸如微观结构、元素组成、原子配位环境及形貌等，有着十分重要的影响。

美国专利 US4440871 最早报道了以四乙基氢氧化铵为模板剂合成 SAPO-34。但该模板剂价格昂贵，生产成本高，不利于 SAPO-34 的大规模工业化生产。我们在专利 CN1037334 中首次以廉价的三乙胺和二乙胺为模板剂合成了 SAPO-34，突破了国外公司以四乙基氢氧化铵为模板剂的限制，实现了分子筛合成成本的大幅度降低。我们进一步对两种有机胺体系的合成规律进行了详细研究，发现三乙胺体系的晶化速率快于四乙基氢氧化铵体系，合成的晶体粒径也要大于后者，TEA 导向的 SAPO-34 比 TEAOH 更有利于强酸中心的生成。需要指出的是，以单独三乙胺为模板剂合成的 SAPO-34 晶体中经常包含少量的 SAPO-18 分子筛（可看做是两者的共晶），所以其 XRD 图与标准谱图存在明显的差别，表现为衍射角度(2θ)在 20.45°、30°~32°等处衍射峰的明显宽化。二乙胺合成的 SAPO-34 粒径与三乙胺接近，具有良好的热/水热稳定性，但在同样合成凝胶配比的条件下，前者可以促进更多的硅进入分子筛骨架，这有可能与二乙胺较高的碱度有关。Prakash 等[24]研究了吗啉为模板剂合成 SAPO-34，发现吗啉也具有促进硅进入分子筛骨架的特点。总体上，四乙基氢氧化铵在合成过程中有利于大量晶核的形成，易导向合成小晶粒 SAPO-34[17,52,53]，吗啉有利于合成大晶粒 SAPO-34[24,54]，而以三乙胺合成的分子筛粒度则介于两者之间。表 4.1 列出了几种常用模板剂水热合成 SAPO-34 的典型凝胶配比和晶化条件。

表 4.1　不同模板剂合成 SAPO-34 的典型条件

模板剂	凝胶物质的量组成(R 为模板剂) R : Al$_2$O$_3$: P$_2$O$_5$: SiO$_2$: H$_2$O	温度/℃	时间/h
三乙胺	3.0 : 1.0 : 1.0 : 0.4 : 50	200	24~48
二乙胺	2.0 : 1.0 : 1.0 : 0.4 : 50	200	24~48
吗啉	2.0 : 1.0 : 1.0 : 0.5 : 50	200	48
四乙基氢氧化铵	2.0 : 1.0 : 1.0 : 0.4 : 60	180	48

混合模板剂也可用于 SAPO-34 的合成。笔者较早报道了以三乙胺、四乙基氢氧化铵及两者的混合物为模板剂合成 SAPO-34 的工作[55]，发现混合模板剂合成产品的粒度介于两种纯相模板剂合成产品的中间；三乙胺(TEA)有利于强酸中心的生成，将四乙基氢氧化铵(TEAOH)与 TEA 联用后，能减少 SAPO-34 的强酸中心，增多弱酸中心，即对酸性质有一定的调节；以 TEAOH-TEA 双模板剂合成样品的催化性能优于以 TEAOH 或 TEA 单一模板剂合成样品的催化性能，低碳烯烃选择性高。刘红星等[56]采用四乙基氢氧化铵、三乙胺、吗啉及其混合模板剂合成 SAPO-34，发现由双模板剂 TEAOH-TEA（或 MOR）合成的分子筛的晶粒度介于 TEAOH 和 TEA（或 MOR）之间，体现出一种"加和"效应，双模板剂方法可以有效地调节分子筛的晶粒大小和强弱酸中心比例。叶丽萍等[57]研究了不同组成双模板剂对分子筛合成的影响，发现 DEA/MOR 和 TEAOH/DEA 可合成具有较高结晶度的纯相 SAPO-34，TEAOH/DEA 合成分子筛的 MTO 催化性能更优，为适宜的双模板剂。

在 SAPO-34 的合成过程中，模板剂用量对产品晶相也有着重要的影响。在相同的 Si、P、Al 无机投料配比下，通过改变模板剂的用量，即使在相同的晶化条件下，也可以得到不同结构的产物。一般而言,近中性或偏碱性的合成体系有利于 SAPO-34 的晶化。例如,何长青等[55]以四乙基氢氧化铵模板剂合成 SAPO-34 分子筛时,发现产物随着初始凝胶中四乙基氢氧化铵量的增加,产品呈现从致密相到 SAPO-5,再到 SAPO-34,最后到无定形的变化过程;以二乙胺(DEA)为模板剂时 [22],随着凝胶体系中有机胺用量的增加,合成产品呈现从致密相到 SAPO-11,再到 SAPO-34 的变化规律(表 4.2)。在合成 SAPO-34 的区间内,SAPO-34 中的硅含量随二乙胺用量的增加而增大,这有可能是体系中较高的碱度促进了硅源的解聚和活化,使得其进入分子筛骨架的程度增加。

表 4.2　二乙胺(DEA)用量对 SAPO-34 合成的影响[22]

n (DEA)	产物物质的量组成	晶相	相对结晶度/%	相对收率/%
0		鳞石英		
0.5		SAPO-11		
1.0		SAPO-11 + SAPO-34		
2.0	$Si_{0.150}Al_{0.494}P_{0.356}O_2$	SAPO-34	94	94
3.0	$Si_{0.157}Al_{0.492}P_{0.350}O_2$	SAPO-34	100	68
4.0	$Si_{0.168}Al_{0.532}P_{0.300}O_2$	SAPO-34	65	36

注:初始凝胶物质的量组成为 nDEA:0.6SiO$_2$:1.0Al$_2$O$_3$:0.8P$_2$O$_5$:50H$_2$O;晶化条件:200℃,24h。

Vomscheid 等[50]对四乙基氢氧化铵和吗啉作为模板剂导向的 SAPO-34 进行了对比研究,发现 SAPO-34 每个 CHA 笼中只能容纳 1 个四乙基氢氧化铵,而对小分子体积的吗啉,则可容纳 2 个;CHA 笼中模板剂的密度,决定了其所能平衡的最大骨架电荷量,即模板剂分子在笼内密度越高,合成的 SAPO-34 中对应的 Si(4Al) 含量也越高。也就是说,模板剂的选择决定着相应分子筛骨架中可存在的最大电荷量,并进而对硅配位环境产生重要影响。刘广宇[58]系统研究了利用二乙胺合成 SAPO-34 的水热过程,发现与其他模板剂相比,二乙胺模板剂能够更有效地促进硅进入分子筛骨架。不同模板剂存在于 SAPO-34 的 CHA 笼中的物质的量具有如下顺序:二乙胺≈吗啉(约 1.75nm)>三乙胺≈四乙基氢氧化铵(1.0mol),SAPO-34 骨架中所能容纳的最大 Si(4Al) 含量和上面的顺序相同。这些研究显示,分子体积较小的有机胺合成 SAPO-34 的 CHA 笼中模板剂密度会偏高,相应地会造成合成产品中较高的硅进入程度和硅含量,从而使得样品含有较高的酸性中心密度。

3. 其他影响因素

除模板剂外,合成凝胶中的硅磷铝比例变化对合成产品的晶相也会产生影响。以硅量对合成的影响为例,一般高硅体系有利于纯相 SAPO-34 的合成,凝胶中硅含量较低时易有杂相生成,而无硅的 AlPO-34 通常只有在含氟条件下才能得到[59]。如以二异丙胺为模板剂合成 SAPO-34[60],初始凝胶中无硅时得到 AlPO-11,加入少量硅得到 SAPO-11 和 SAPO-34 的混合物,当硅的投料物质的量大于 0.3 时,合成产品才为纯相 SAPO-34,进一步增大硅的投料物质的量到 1.0 时,合成产品中出现未完全反应的无定形氧化硅。

通常较低的晶化温度(150～200℃)有利于获得纯相 SAPO-34,高温时容易出现

SAPO-5 等杂晶。这主要是由于 SAPO-5 具有更高的骨架密度，是热力学上更稳定的晶相。王利军等[61]发现以二乙胺为模板剂在 300℃高温下仍可以合成 SAPO-34，并且产品收率高，比表面积大，热稳定性好。Kazemian 报道了以 TEAOH 为模板剂高温合成 SAPO-34 的研究，发现在 400℃时，SAPO-5 在晶化前期生成，随后逐渐转变成 SAPO-34，晶化 45min 可以得到纯相 SAPO-34；进一步升高合成温度到 450℃或增加凝胶体系中 TEAOH 的量，可以避免 SAPO-5 的生成，直接得到 SAPO-34[62]。另外，硅源和铝源的选择、晶化条件的变化对 SAPO-34 分子筛的合成也有可能产生影响。

4.1.2　SAPO-34 分子筛的热稳定性和水热稳定性

SAPO-34 分子筛具有良好的热稳定性和水热稳定性。笔者曾详细研究了三乙胺为模板剂合成的 SAPO-34 的热稳定性和水热稳定性[63]，发现模板剂烧除虽然伴有强烈的热效应，但并不会造成分子筛骨架结构破坏而引起结晶度下降。SAPO-34 分子筛长周期耐热性能考察实验显示，800℃连续焙烧 300h 的 SAPO-34 分子筛结晶度与经过 50h 焙烧相当，仍高于 80%；在 800℃高温下经过 45h 的水蒸气处理，样品结晶度仍能保持 80%以上，不过更长时间的水热处理会导致晶体结构完全破坏；伴随着高温水热处理，SAPO-34 骨架中的硅原子会逐渐向表面迁移。Liu 等[22]也对二乙胺为模板剂合成的 SAPO-34 的高温水热稳定性进行了考察，结果如表 4.3 所示。800℃下的饱和水蒸气中处理 24h 后，SAPO-34 保持了 94%的结晶度，样品中出现少量的介孔结构，总比表面积和孔容增加了约 10%。MTO 反应结果显示，水热处理后分子筛上的乙烯、丙烯选择性基本不变，丙烷选择性略有降低，同时反应寿命有所缩短。

表 4.3　水热处理前后 SAPO-34 的结构性质[22]

样品	相对结晶度/%	比表面积/(m^2/g)			孔容/(cm^3/g)	
		$S_{微孔}$	$S_{外}$	$S_{总}$	$V_{微孔}$	$V_{总}$
SAPO-34	100	461	49	510	0.23	0.28
水处理后	94	487	73	560	0.24	0.31

注：800℃，100%水蒸气，24h。

Watanabe 等[64]发现 SAPO-34 经过 1000℃高温处理后，XRD 衍射峰位置和强度与未经热处理的样品是一样的。^{27}Al、^{29}Si 和 ^{31}P 的 NMR 谱图表明，经过 1000℃高温处理后的 SAPO-34 晶体内部在 Al、Si、P 的周围依然保留着小范围的有序。BET 实验结果证实，经过 1000℃高温处理的 SAPO-34 的吸附表面积没有发生明显的改变。将 1000℃高温处理后的 SAPO-34 经水合—脱水—再水合处理后，吸附性能不发生明显改变。

尽管 SAPO-34 显示了优良的高温水热稳定性，但研究发现脱除模板剂的 SAPO-34 分子筛在室温下吸附水分时会造成骨架中 Si—OH—Al 的断裂，短期内脱水处理，结晶度和孔结构可以得到恢复，但放置较长时间后，将有可能丧失部分或全部结晶度。如室温下吸附水分两年后再进行脱水处理，以四乙基氢氧化胺为模板剂合成的 SAPO-34 分子筛仍然可以恢复 80%的结晶度，而以吗啉为模板剂制成的样品则丧失了全部的孔结构[65]。

这主要是因为吗啉合成的 SAPO-34 骨架中酸性中心密度较高的缘故，Si—OH—Al 发生水解后，整体的骨架结构连接性会遭到严重破坏。另外，采用原位 ^{1}H 和 ^{27}Al MAS NMR 研究了 SAPO-34 的吸水脱水过程，发现吸水分两步进行，水分子首先与酸性桥羟基作用，当过多的水分子被分子筛吸附后，会进一步与骨架铝原子配位，四面体铝转变成八面体铝。室温下短时间内，吸水和脱水过程是可逆的[66]。

另外，分子筛晶体的粒径大小对其室温稳定性也有明显的影响，Li 等[54]对比研究了 TEAOH 为模板剂合成的纳米 SAPO-34 和 TEAOH/吗啉混合模板剂合成的微米级 SAPO-34 在室温长时间放置的稳定性，发现大晶粒 SAPO-34 的骨架结构及其中的硅配位环境要更稳定。笔者也详细研究了不同放置时间的纳米 SAPO-34 在 MTO 反应中的性能变化，发现在前 14 天，由于 Si—OH—Al 水解首先发生在硅岛边缘的强酸性位(有利于积碳)上，样品的反应寿命随暴露时间的延长而增加，随后，过度水解使得 SAPO-34 的骨架缺陷位增多，样品的催化寿命逐渐衰减。

将焙烧后的 SAPO-34 进行吸氨预处理，将 H$^+$-SAPO-34 转变成 NH$_4^+$-SAPO-34 可以明显提高其低温水热稳定性，保护分子筛的酸性和结构完整性[67]。另外，吸附有机物(如甲醇)或结碳后的分子筛，也可以有效减弱对水的吸附，起到保护分子筛的作用[68-70]。

4.1.3　SAPO 分子筛晶化机理

1. 分子筛晶化机理概述

分子筛晶化机理的研究对理论发展及实际应用都具有指导价值，对实现特定结构、性能的分子筛设计合成也至关重要。分子筛合成涉及液体、胶体和晶体等，体系十分复杂，尽管相关研究取得了重要进展，但要从分子和原子水平清晰理解分子筛合成的机理，仍是巨大的挑战。

目前，关于分子筛的晶化机理主要存在两种观点。一种是固相转变机理，该观点认为在晶化过程中既没有凝胶固相的溶解，也没有液相直接参与分子筛的成核与晶体生长，而是凝胶固相本身的结构重排导致了分子筛的成核与生长；另一种观点是液相转变机理，该观点认为初始凝胶至少部分地溶解到溶液之中，分子筛晶核是在液相中或界面上形成的，晶体的生长消耗了液相中的无机组分，而液相中无机组分的消耗导致了凝胶固相的进一步溶解，进而继续为晶体的生长提供无机原料。

由于单一的固相或液相机理都不能解释所有的现象，于是有研究者提出了双相转变机理：分子筛晶化的固相和液相化学转变都是存在的，既可以分别发生在两种晶化体系中，也可以同时在一个体系中发生。Derouane 等[71]研究了 ZSM-5 型沸石的两种体系，认为其中一种体系属于固相机理，而另外一种体系属于液相机理。van Grieken 等[72]在研究纳米 ZSM-5 晶化时认为晶化体系既存在固相转变又存在液相转变：在晶化前期(24h)，纳米 ZSM-5 通过固相机理生成；超过 48h 后，晶化通过液相机理进行，ZSM-5 粒径变大。

考虑到分子筛材料种类和合成方法的多样性，不同体系中存在不同的晶化机理是可以理解的，甚至对于同一种分子筛，晶化机理可能随合成体系和条件的变化而改变，难以用单一的机理进行归纳和解释。

最近，Aerts 等[73]从用于分子筛成核和生长的基本单元角度将晶化机理进行分类(图 4.4)，即从单核开始生长，从次级结构单元(SBU)开始生长，以及从定向聚集的纳米颗粒开始生长。第一种生长方式是指在初始反应物混合升温晶化的过程中，无定形相外围的 T 原子在吸附于液固界面的有机胺阳离子的导向下形成了更优化的配位构型，这样在凝胶的局部区域出现有序的结构，这些区域经过进一步发展演变，成长为可以用于分子筛晶化生长的"核"，晶体通过来自于溶液中的物种有序聚集而不断长大。第二种生长方式中 SBU 的概念通常只是用于描述晶体结构，而不一定存在于真实的晶体生长过程中。Taulelle 等提出了 PNBU(prenucleation building unit)的概念，PNBU 是指类似于 SBU 的可溶性物种，成核发生于含有过饱和 PNBU 的溶液，晶体通过 PNBU 的堆积得以长大。PNBU 之间的堆积涉及 T—O—T 氧桥的连接，同时有可能需要 PNBU 内部的结构重排。但是这一理论目前还存在较大争议，因为液相中观察到的物种和生成的分子筛 SBU 单元之间不存在一致性。第三种理论是 Kirschhock 等[74]提出的 Nanoslab 理论。他们在研究 Silicalite-1 分子筛的晶化体系中，发现首先形成由 Si-TPA 前驱体组成的纳米薄片，纳米薄片再进一步结合组成纳米片，而这些纳米片已具有 Silicalite-1 分子筛的晶体结构和形貌并最终转变成晶体。另外，Kumar 等[75]研究组通过冷冻透射电镜在室温下原位观测研究了清

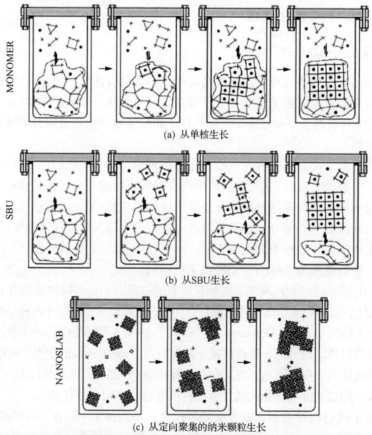

(a) 从单核生长

(b) 从SBU生长

(c) 从定向聚集的纳米颗粒生长

图 4.4　依据生长单元划分的沸石分子筛晶化机理[73]

图中黑点代表模板剂阳离子

液中 Silicalite-1 的成核过程。陈化 180 天时，溶胶中出现了大量的纳米粒子，这些纳米粒子不具有分子筛的结构特性。随晶化时间延长，这些粒子中逐渐出现分子筛的结构特征，并进一步形成晶核，晶核相互聚集形成一个聚合体，逐渐晶化最终形成分子筛晶体。包含分子筛结构特征的纳米溶胶粒子，也可以参与到晶体的生长过程中。

2. 硅进入 SAPO 分子筛骨架的方式

硅原子通过同晶取代方式进入磷酸铝分子筛骨架的机理有三种[24,50,76,77]：SM1 机理（取代 Al）、SM2 机理（取代 P）及 SM3 机理（取代 P-Al 对）。在 SAPO 分子筛中，由于 Si—O—P 能量上的不稳定性，使硅原子不可能通过 SM1 机制进入磷酸铝分子筛骨架[78]。SM2 机制中，由于+4 价的硅原子取代了+5 价的磷原子，导致分子筛骨架呈负电性，为了保持骨架的稳定性，必须引入一个质子以平衡骨架电荷，于是便有了 Si—OH—Al 表面桥联羟基的出现，这也就是通常所说的 Brønsted 酸中心[79]。Si 在通过 SM3 机制取代 Al 的过程中，必须同时取代与 Al 邻近的四个 P 原子才能避免不稳定的 Si—O—P 的产生，因此 Si 在通过 SM3 机制进行同晶取代的过程中，必然伴随着 SM2 机制的发生，通过此方式会造成骨架中出现 n 个硅原子通过氧桥连接的结构，这也就是通常所说的硅岛[50,80,81]。图 4.5 给出了 Si 在 SAPO 分子筛中的几种可能的配位环境的平面示意图，包括孤立的 Si(4Al) 环境、非孤立的 Si(4Al) 环境、硅岛中心的 Si(0Al) 环境及硅岛边缘的 Si(3Al)、Si(2Al) 及 Si(1Al) 环境。通常情况下，合成凝胶中的硅含量影响硅取代机理，当合成凝胶中硅含量较低时，硅原子主要以 SM2 机理取代进入骨架；当合成凝胶中硅含量较高时，硅原子则是 SM2 和 SM2+SM3 协同进入。魔角旋转固体核磁（MAS NMR）技术是分辨分子筛中微观的原子配位环境最常采用和最有效的手段。

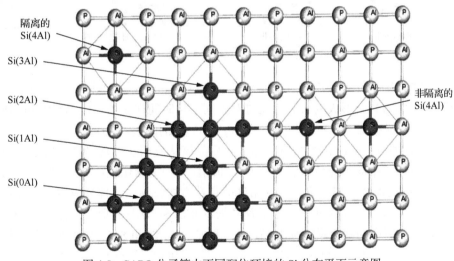

图 4.5　SAPO 分子筛中不同配位环境的 Si 分布平面示意图

3. SAPO-34 晶化过程研究

Vistad 等最早采用原位 NMR 和 XRD 技术，比较详细地研究了以吗啉为模板剂、含有 HF 体系的 SAPO-34 晶化过程，并提出了如图 4.6 所示的机理[82-85]：合成凝胶先溶解生成 type-Ⅰ型四元环结构，升高合成温度后简单堆积变成层状 AlPO₄F 前驱相，当温度高于 120℃时，前驱相又溶解变成 type-Ⅱ型四元环结构，通过脱 F，type-Ⅱ变成 type-Ⅲ，Al 也由六配位变成五配位，继续脱 F 过程，会产生 type-Ⅴ，并与 type-Ⅲ保持一定平衡关系。当晶化温度升高到一定程度，type-Ⅲ和 type-Ⅴ聚合生成了 SAPO-34 晶体。AlPO₄F 前驱相对 SAPO-34 的生成很关键，如果前期升温过快，没有产生这个前驱相，最后会合成 SAPO-5，而不是 SAPO-34。由于没能应用原位 ^{29}Si NMR 技术，并没有获得 Si 进入的直接信息。他们认为 Si 通过取代 type-Ⅰ中的 P 或者 P、Al 进入分子筛骨架，通过前驱相的不断再溶解—重结晶过程，分子筛晶体中的 Si 含量在晶化前 12h 不断增加。

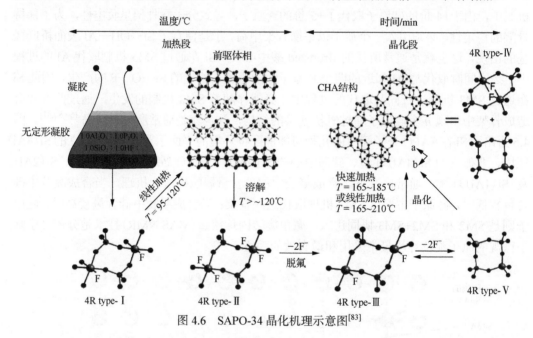

图 4.6　SAPO-34 晶化机理示意图[83]

Tan 等[86]详细研究了三乙胺为模板剂的 SAPO-34 水热晶化过程，并重点关注了硅在合成凝胶中参与骨架形成的机制。通过对不同晶化时间样品的 IR、NMR 和 XRF 等表征分析，发现晶核最初从凝胶相中生成，在升高到晶化温度之前，凝胶中已经形成与 SAPO-34 具有类似结构的初级结构单元，随后晶核从液相获得营养物质用于晶粒的生长。根据固体样品中硅的配位状态和硅含量随晶化时间的变化规律(图 4.7)，认为硅直接参与了 SAPO-34 的骨架形成，并依据硅的存在方式将晶化过程分成两个阶段：晶化前期，Si 原子直接参与晶化并进入分子筛骨架，并以 Si(4Al)的形式存在(SM2 机理)；晶化后期，分子筛中的硅含量逐渐增加，硅同时通过 SM2 和 SM3 机理进入分子筛骨架中，形成 Si(nAl)(n=0～4)硅配位环境。相应的晶化机理及硅配位状态随时间的变化如图 4.8 所示。

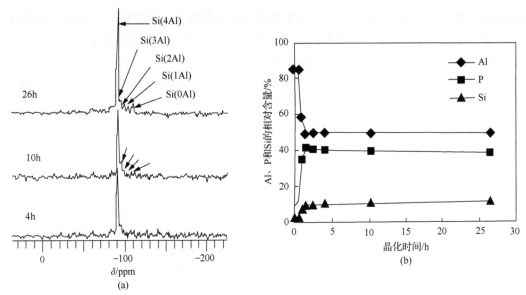

图 4.7　不同晶化时间 SAPO-34 样品的 ^{29}Si MAS NMR 谱（a）和元素组成结果（b）[86]

初始凝胶组成（物质的量）为 3TEA：1Al$_2$O$_3$：1P$_2$O$_5$：xSiO$_2$：50H$_2$O（200℃，48h）

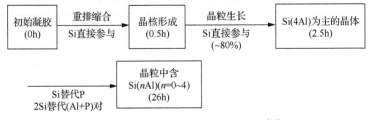

图 4.8　SAPO-34 晶化机理示意图[86]

此外，Zhang 等[36]研究了二乙胺为模板剂、干凝胶转化合成 SAPO-34 的晶化过程，发现晶化初期凝胶样品中即生成了一种半晶态层状相，推测该层状相中富含双六元环结构，对干凝胶转化合成 SAPO-34 至关重要。

4. 硅在 SAPO 晶体中的非均匀分布模型

在 SAPO-34 分子筛水热合成研究中，发现二乙胺为模板剂的晶化过程与上面述及的三乙胺体系类似[87]，说明水热合成体系下 SAPO-34 分子筛的晶化过程具有一定的相似性。更为重要的是，通过对 SAPO-34 晶体表面富硅现象和晶化过程的分析，提出了硅在晶体中的非均布模型，即硅含量从晶粒中心到表面逐渐增加（图 4.9）。SAPO-34 晶粒的内部主要是 Si(4Al) 环境，而在外表面壳层处则随硅含量的增加出现其他的配位环境，这也说明在同一晶粒内部酸中心的分布也是不均匀的。进一步对三乙胺、二异丙胺为模板剂水热或胺热合成的 SAPO-34 进行表征，发现也存在表面富硅现象（表 4.4），但富硅程度与具体的合成条件和模板剂有关。同样，对水热合成的 SAPO-35、SAPO-5 和

SAPO-11 等分子筛进行研究[32,88,89]，亦发现表面硅富集现象，说明硅在 SAPO 晶体中分布不均匀的模型具有一定的普遍性。这种现象应该与 SAPO 分子筛的晶化机理有关，在这些 SAPO 分子筛合成过程中，随着晶核的形成和晶粒长大，首先发生了 SM2 机理的硅进入骨架方式，但即使晶粒已经形成或接近最终大小，硅仍然可以进入骨架，后期则往往是 SM2 和 SM3 机理共同作用，在分子筛晶粒外表面进入更多的硅原子，且形成复杂的化学环境。笔者推测水热合成体系的 pH 随晶化进行逐渐升高促进了氧化硅源的解聚，使硅更容易进入分子筛的骨架。

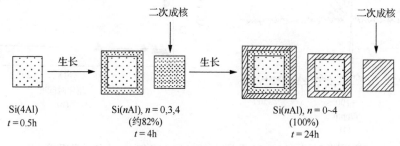

图 4.9　SAPO-34 晶化过程中硅原子在晶粒内的分布示意图[87]

表 4.4　SAPO 分子筛的表面和体相组成

样品 a	元素组成/mol%		$Si_{surface}/Si_{bulk}$
	XRF	XPS	
SAPO-34-DEA	$Si_{0.164}Al_{0.478}P_{0.358}$	$Si_{0.231}Al_{0.440}P_{0.329}$	1.41
SAPO-34-TEA	$Si_{0.080}Al_{0.486}P_{0.434}$	$Si_{0.206}Al_{0.453}P_{0.341}$	2.58
SAPO-34-DIPA	$Si_{0.076}Al_{0.504}P_{0.420}$	$Si_{0.124}Al_{0.484}P_{0.391}$	1.63
SAPO-35	$Si_{0.122}Al_{0.488}P_{0.390}$	$Si_{0.187}Al_{0.478}P_{0.335}$	1.53
SAPO-11	$Si_{0.045}Al_{0.498}P_{0.458}$	$Si_{0.224}Al_{0.462}P_{0.314}$	4.98
SAPO-5	$Si_{0.073}Al_{0.488}P_{0.439}$	$Si_{0.155}Al_{0.420}P_{0.424}$	2.12

a. DEA、TEA 和 DIPA 分别代表二乙胺、三乙胺和二异丙胺。

4.1.4　其他 SAPO 分子筛的合成

除 SAPO-34 分子筛外，小孔八元环分子筛如 SAPO-17、SAPO-18、SAPO-35、SAPO-47、SAPO-56 和 DNL-6 等都在 MTO 反应中表现出一定的催化活性和较高的低碳烯烃选择性[90-96]。研究者不仅对这些分子筛的 MTO 催化性能进行了深入研究，并依据这些分子筛在笼尺寸大小与失活速率、产物选择性、积碳物种等方面的关联，进一步深化了对 MTO 反应机理的认识。这里给出了几种小孔 SAPO 分子筛的骨架结构(图 4.10)和典型的水热合成条件(表 4.5)。

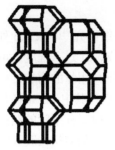

(a) SAPO-17(ERI)(0.36nm×0.51nm)

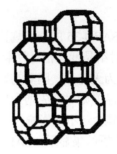
(b) SAPO-35(LEV)(0.36nm×0.48nm)

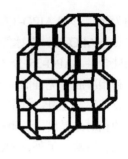
(c) SAPO-56(AFX)(0.34nm×0.36nm)

(d) SAPO-18(AEI)(0.38nm×0.38nm)

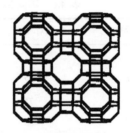
(e) DNL-6(RHO)(0.36nm×0.36nm)

图 4.10　几种小孔 SAPO 分子筛的骨架结构

括号中的数(0.36nm×0.51nm)表示八元环中最近和最远的氧原子距离，余同

表 4.5　几种 SAPO 分子筛的典型合成条件

分子筛	凝胶组成 $R:Al_2O_3:P_2O_5:SiO_2:H_2O$	温度/℃	时间/d
SAPO-17(ERI)	R=环己胺 1.0:1.0:1.0:0.1:50	200	2
SAPO-18(AEI)	R=N,N-二异丙基乙基胺 2.0:1.0:1.0:0.3:50	160	2
SAPO-35(LEV)	R=环己亚胺 1.5:1.0:1.0:0.5:55	200	1
SAPO-47(CHA)	R=甲基丁胺 3.0:1.0:1.0:0.5:50	200	2
SAPO-56(AFX)	R= N,N,N',N'-四甲基-1,6-己二胺 2.0:1.0:1.0:0.5:50	200	2
DNL-6(RHO)	R=二乙胺 2.0:1.0:0.8:0.4:100:0.2 CTAB	200	1

（1）SAPO-18：SAPO-18 分子筛合成所用的模板剂为 N,N-二异丙基乙基胺，其中的硅含量可以连续调变，在硅投料量为零时可以得到 AlPO-18[94]。以 TEAOH 为模板剂也可以合成低硅 SAPO-18，增加投料凝胶中的硅含量时，往往会得到 SAPO-34。

（2）SAPO-17：SAPO-17 分子筛只能在低硅条件下合成得到，硅含量高时会有杂晶伴生[95]。SAPO-35 中的硅含量在合成时可以进行连续调变，但在硅投料量为零时，产品分别为无定形和 AlPO-17。

（3）SAPO-35：李冰等[91]曾对 SAPO-35 的合成规律进行了详细研究[91]，表 4.6 列出了不同硅含量 SAPO-35 分子筛的相对结晶度、相对收率、产品组成、Si 进入程度。可以看出，初始凝胶中无硅时，合成产品为无定形。随着初始凝胶中 SiO_2 用量的增加，样品的固体收率逐渐上升。样品的相对结晶度则呈现先增加后降低的特点，其中 0.3Si 样品具有最高的相对结晶度，说明凝胶中的硅含量不仅影响产品的组成，同时对分子筛的结晶完美程度也有影响。另外，XRF 元素分析结果显示，SAPO-35 中硅含量随着初始凝胶中硅含量的增加而上升。

表 4.6　不同 Si 含量 SAPO-35 样品分析 [a]

样品	相对结晶度/%	相对收率/%	产品组成	Si 进入程度 [b]
0Si	无定形			
0.1Si	84	62	$Si_{0.060}Al_{0.490}P_{0.450}$	1.82
0.2Si	94	74	$Si_{0.079}Al_{0.497}P_{0.424}$	1.25
0.3Si	100	86	$Si_{0.092}Al_{0.485}P_{0.423}$	1.01
0.5Si	94		$Si_{0.122}Al_{0.487}P_{0.391}$	0.89
0.8Si	91	95	$Si_{0.169}Al_{0.465}P_{0.367}$	0.80
1.0Si	85	100	$Si_{0.175}Al_{0.457}P_{0.368}$	0.70

a. 初始凝胶组成（物质的量）为 $1.51HMI:0.96P_2O_5:1.0Al_2O_3:nSiO_2:55.47H_2O$，200℃，24h。

b. Si 进入程度 $=[Si/(Si+Al+P)]_{产品}/[Si/(Si+Al+P)]_{凝胶}$。

为了进一步关联投料硅含量与生成产物中硅含量的关系，引入硅进入率的概念，将其定义为 $[Si/(Si+Al+P)]_{产物}/[Si/(Si+Al+P)]_{初始凝胶}$。随着投料硅含量的增加，SAPO-35 中的硅进入率呈现下降的趋势。0.1Si 样品具有最高的硅进入率 1.82。当初始凝胶中硅含量大于 0.3 时，硅进入率开始小于 1。在初始凝胶中硅含量为 1.0 时，硅进入率仅为 0.7。因此，可以认为正是由于低硅样品中高的硅进入率导致其较低的固体收率。图 4.11 给出了不同硅含量样品的扫描电镜图片。SAPO-35 晶粒均呈现典型的菱方形貌，但硅含量的变化对分子筛晶体表面的粗糙程度具有显著影响。在低硅含量时，分子筛表面较光滑；硅含量升高至 0.8 后晶体表面变得粗糙，出现不规则的小孔洞；硅含量为 1.0 时，晶体表面被小颗粒包裹，呈现类似核壳结构的形貌，推测与粗糙晶体表面的二次晶体生长有关，但是也不能排除表面壳层可能是凝胶中过多的无定形氧化硅在晶体表面富集形成。笔者进一步采用 XPS 对 1.0Si 样品进行了分析，发现其表面组成为 $Si_{0.275}Al_{0.405}P_{0.320}$。由此推测，1.0Si 样品晶粒外表面的壳层形成应该为粗糙晶体表面的二次晶体生长所导致。

（4）SAPO-47：SAPO-47 分子筛与 SAPO-34 和 SAPO-44 分子筛具有相同的 CHA 拓扑结构，合成所用的模板剂为甲基丁胺。与 SAPO-34 和 SAPO-44 分子筛的合成及应用研究相比，有关 SAPO-47 分子筛的报道较少。笔者分别以甲基丁胺和仲丁胺为模板剂合成了 SAPO-47 分子筛，并将其应用于 MTO 反应，取得了较好的结果。表 4.7 给出了以甲基丁胺和仲丁胺为模板剂、不同模板剂用量对合成产品晶相的影响（x 模板剂：$0.6\,SiO_2$：

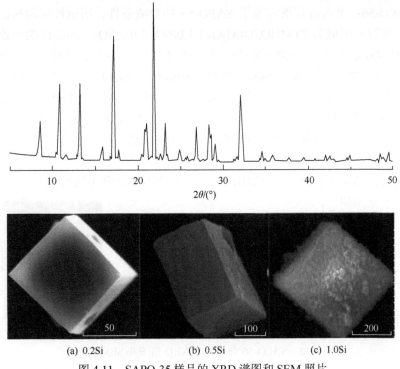

(a) 0.2Si　　　　　　(b) 0.5Si　　　　　　(c) 1.0Si

图 4.11　SAPO-35 样品的 XRD 谱图和 SEM 照片

表 4.7　模板剂及其用量对 SAPO-47 分子筛晶化产物的影响

模板剂	模板剂/Al_2O_3（物质的量比）	产物晶相
甲基丁胺	1	无定型
	2	SAPO-47
	3	SAPO-47
	4	SAPO-47
仲丁胺	1	SAPO-47+杂晶
	2	SAPO-47
	3	SAPO-47
	4	SAPO-47

1.0 Al_2O_3∶1.0 P_2O_5∶70 H_2O）。可以看出，在模板剂/Al_2O_3 物质的量比大于 2 时，均能获得纯净的 SAPO-47 分子筛。进一步采用 3.0 模板剂∶$y$$SiO_2$∶1.0$Al_2O_3$∶1.0$P_2O_5$∶70$H_2O$ 为凝胶组成，考察了不同 SiO_2/Al_2O_3 对 SAPO-47 分子筛晶化产物的影响，发现在较宽的 SiO_2/Al_2O_3 范围内均能获得纯净的 SAPO-47 分子筛。当分别以甲基丁胺和仲丁胺为模板剂时，其凝胶 SiO_2/Al_2O_3 范围分别为 SiO_2/Al_2O_3≥0.1 和 0.2≤SiO_2/Al_2O_3≤0.6。这表明，可以通过改变凝胶的 SiO_2/Al_2O_3 合成出具有不同硅铝比的 SAPO-47 分子筛，从而获得具有不同酸性位的 SAPO-47 分子筛催化剂。

(5) SAPO-56：笔者曾详细考察了 SAPO-56 的合成条件、吸附性能和热稳定性等物化性质[92]。将凝胶组成为 2TMHD:0.8Al$_2$O$_3$：1.0P$_2$O$_5$：0.6SiO$_2$：50H$_2$O 的初始混合物在 200℃下晶化 48h，可获得 SAPO-56 分子筛。图 4.12 显示的是合成样品的 XRD 谱图和 SEM 照片。固定凝胶配比(0.8Al$_2$O$_3$:1.0P$_2$O$_5$：0.6SiO$_2$：50H$_2$O)，改变模板剂 TMHD 的加入量，考察了模板剂用量对合成的影响(200℃，48h)。当 TMHD/P$_2$O$_5$≥2 时，产物是纯的 SAPO-56。模板剂用量降低，则有不明杂晶或 SAPO-11 与 SAPO-56 共生。当 TMHD/P$_2$O$_5$=0.5 时，产物为 SAPO-11。这说明不仅模板剂的种类对合成产品有重要影响，并且其用量的改变也会导致产物种类发生变化。利用这一特点，在合成原料中 Si、Al、P 和 H$_2$O 固定的情况下，只改变 TMHD 的量，就能得到完全不同的物质。

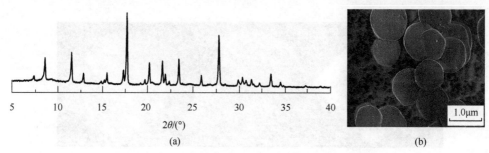

图 4.12　SAPO-56 分子筛的 XRD 谱图和 SEM 照片

固定 H$_2$O 和 TMHD 用量(H$_2$O/TMHD=9.5，TMHD/(Al+P+Si)=0.48，200℃，48h)，笔者对合成 SAPO-56 的条件进行了系统考察，得到了 SAPO-56 分子筛水热合成的 SiO$_2$-Al$_2$O$_3$-P$_2$O$_5$ 三元体系相图。从图 4.13 可以看出，当 SiO$_2$/M(物质的量比)<0.5 时 (M=SiO$_2$+Al$_2$O$_3$+P$_2$O$_5$)，局部有 SAPO-56 的生成，但产物多数是含有 SAPO-17 杂晶的 SAPO-56。特别是当 Si 含量为 0 时，晶化产物不是 AlPO$_4$-56，而是 AlPO$_4$-17。在 0.5< SiO$_2$/M(物质的量比)<0.7、0.15<Al$_2$O$_3$/M(物质的量比)<0.4 及 0.1<P$_2$O$_5$/M(物质的量比)< 0.3 时，出现 SAPO-56 合成的纯相区。可以说，合成原料中的高硅含量是 SAPO-56 合成的一个特点。进一步选择典型的凝胶配比(2TMHD：0.8Al$_2$O$_3$：1.0P$_2$O$_5$：0.6SiO$_2$： 50H$_2$O)，在晶化温度 200℃的条件下，考察了晶化时间对 SAPO-56 分子筛合成的影响。所得全部样品的 XRD 谱图显示均只含有 SAPO-56 分子筛，没有其他晶体存在。根据不同晶化时间所得产物的 XRD 谱图中 5 个最强峰的平均强度，得到 SAPO-56 的结晶度与晶化时间关系曲线。从图 4.14 中可以看到，在晶化 5h 时，凝胶体系中只有很少量的晶体存在。在 5～9h，SAPO-56 分子筛的结晶度随晶化时间迅速增加，6h 时即可达 74.7%，9h 达到 100%。SAPO-56 分子筛的合成具有快速晶化的特点，但此时的晶粒非常细小。这种晶化曲线变化的特点表明，SAPO-56 分子筛的晶化过程属于自发成核的体系，并且在成核之后，合成体系表现出自催化晶化的特征。随着晶化时间的延长，晶粒进一步长大，但结晶度有轻微下降。在 14～72h，SAPO-56 分子筛结晶度保持在一个相对稳定的数值。72h 后分子筛的结晶度开始明显下降，此时从 XRD 谱图上可以看到有无定型物质存在。

(6) DNL-6：DNL-6 分子筛是笔者实验室于 2011 年首次合成报道[34,97]，具有 RHO 结构，可看做是双八元环连接 α 笼形成。笔者发展了多种合成 DNL-6 分子筛的方法，即十六烷

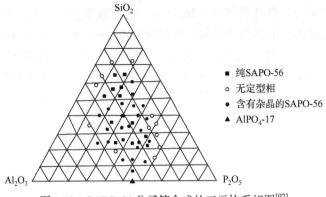

图 4.13　SAPO-56 分子筛合成的三元体系相图[92]

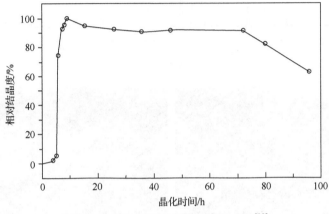

图 4.14　SAPO-56 分子筛的晶化曲线[92]

基三甲基溴化铵(CTAB)辅助水热晶化法、胺热法和转晶法。在这些合成方法中，均使用二乙胺作为模板剂。下面以 CTAB 辅助水热晶化法为例，介绍 DNL-6 分子筛的合成。典型的凝胶物质的量配比为 2.0DEA：1.0Al₂O₃：0.8P₂O₅：0.4TEOS：0.2CTAB：100H₂O。配料顺序如下：向容器中依次加入异丙醇铝、去离子水、磷酸(85wt%)、正硅酸乙酯(TEOS)，混合后在 30℃水浴中搅拌 3h，得到均匀凝胶体系；另取小烧杯称量 CTAB，加入少量去离子水，在 60℃水浴中加热使 CTAB 溶解，搅拌下加入到上面的凝胶体系中；最后向凝胶中加入二乙胺模板剂并搅拌至形成均匀的凝胶。将凝胶封入 100mL 的带有聚四氟乙烯内衬的不锈钢反应釜中，在 200℃自生压力下转动晶化 24h。晶化结束后，冷却至室温，经离心分离，去离子水洗涤，将所得固体于 110℃烘干，得到 DNL-6 原粉。原粉经过 550℃焙烧 5h 可完全除去模板剂。需要指出的是，CTAB 辅助水热晶化，只能在较窄的硅含量范围合成纯相 DNL-6(典型元素组成为 $Si_{0.135}Al_{0.496}P_{0.369}O_2$)。过高或过低的硅含量都容易导致 SAPO-34 杂晶的生成。采用胺热法合成 DNL-6，可以获得更高硅含量的 DNL-6。但是，低硅或无硅 DNL-6 分子筛的合成目前还不能实现。

　　合成所得原粉样品的 XRD 谱图和 SEM 照片如图 4.15 所示。样品具有近似球状的切角多面体形貌，晶体尺寸为 10～20μm。同样合成条件下，偶尔也能得到图中显示的规整菱形十二面体形貌。将焙烧后的 DNL-6 样品在液氮温度下进行 N₂ 物理吸附表征，微孔比表面积为 777m²/g，微孔孔容为 0.36cm³/g。这些数值要明显大于 SAPO-34 分子筛，说明 DNL-6 具有更加空旷的骨架结构。将焙烧后的 DNL-6 样品在 800℃下通饱和水蒸气处理 8h（DNL-6-HT），样品的微孔比表面积和微孔孔容分别为 658m²/g 和 0.31cm³/g，较水蒸气处理前下降约 15%。同时，XRD 分析结果也表明，DNL-6-HT 样品的相对结晶度为水蒸气处理前的 80%。这些结果说明高温水蒸气处理会导致 DNL-6 发生一定程度的骨架结构坍塌，但总体上 DNL-6 还是具有相对良好的热稳定性和水热稳定性。

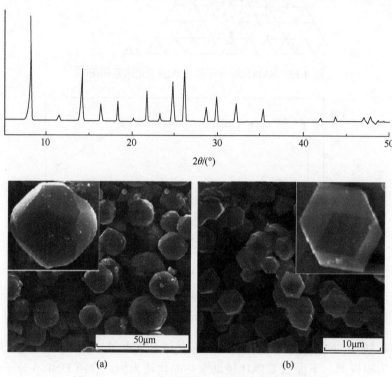

图 4.15　DNL-6 分子筛的 XRD 谱图和 SEM 照片

4.2　SAPO-34 分子筛的酸性

4.2.1　SAPO-34 分子筛的酸性及测定方法

酸性是分子筛非常重要的性质，也是分子筛可以催化众多反应的基础。酸性包括酸的类型（B 酸或 L 酸）、强度、密度、可接近性等。SAPO 分子筛可以看做是 Si 通过取代方式进入磷酸铝沸石骨架形成的。磷酸铝分子筛本身呈骨架电中性，Si 取代 P 或 P-Al 对进入骨架后，产生净的骨架负电荷，需要正电荷的质子匹配以保持电中性，从而具备质子酸性。SAPO 分子筛酸性除受其自身骨架拓扑结构的影响外，分子筛中的硅含量及其配位环境对酸性也具有重要的影响。研究表明[77]，SAPO 分子筛中不同硅环境对应的酸强度具有如下顺序：Si(1Al) > Si(2Al) > Si(3Al) > Si(4Al)。一个 Si(4Al) 环境对应于一个 B 酸中心的生成，但由于存在于硅岛边缘的 Si(nAl)（n=1～3）环境，Si 原子数目与

B 酸中心不具有一一对应关系，B 酸中心数总是少于 Si 原子数目。理论计算和实验结果均显示，SAPO 分子筛的酸强度弱于相应的硅铝沸石，这主要与两类分子筛在骨架组成元素电负性和骨架结构易变性方面的差异有关。

用于测定分子筛酸性的方法有程序升温脱附法(TPD)、红外光谱法、核磁共振法、吸附微量热法等。下面对这些方法在 SAPO-34 分子筛酸性表征方面的应用进行简要介绍。

TPD 是研究分子筛酸性的重要方法之一，对小孔 SAPO-34 分子筛，小分子 NH$_3$ 是适宜的探针分子。NH$_3$-TPD 可以提供分子筛酸强度和酸量信息，测试过程简单易行，但不足之处是难以区分样品中的 B 酸和 L 酸。笔者利用 NH$_3$-TPD 研究了不同硅含量 SAPO-34 样品的酸性质[98]，如图 4.16 所示。分峰拟合结果显示，样品中存在三种不同强度的酸中心，依脱附温度的升高，对应的酸强度逐渐增强(弱酸→中强酸→强酸)。另外，随着样品中硅含量的增加，对应于强酸的脱附峰面积逐渐增大，并向高温位移，在 xSiO$_2$ 为 0.8 时达到最大，随后，氨高温脱附量和脱附峰温度均发生下降。NH$_3$-TPD 上信号的变化说明随着样品中硅量的增加，样品的强酸中心量和强度均逐渐增大，当硅含量达到极值后，骨架中过大的硅岛会导致酸中心的密度发生下降。需要指出的是，NH$_3$-TPD 过程中，氨气分子有可能在酸性分子筛吸附剂上经历脱附—再吸附—再脱附的过程，尤其对小孔口的 SAPO-34 分子筛，因此，仅依据脱附峰温判断样品的酸强度是不太可靠的。另外，由于扩散的限制，孔径大小不同的分子筛之间通过 NH$_3$-TPD 结果对比酸性也有可能会产生一定的误差。

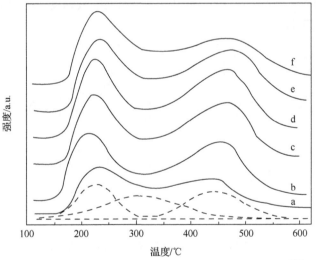

图 4.16　不同硅含量 SAPO-34 分子筛的 NH$_3$-TPD 谱图[98]

分子筛合成配料为 3TEA：1Al$_2$O$_3$：1P$_2$O$_5$：xSiO$_2$：50H$_2$O(200℃，48h)；
a. x=0.2；b. x=0.4；c. x=0.6；d. x=0.8；e. x=1.0；f. x=1.6

红外光谱 FFIR 技术用于测定分子筛表面酸性质，通过和碱性探针分子联用，可以获得分子筛酸量、酸强度、酸类型等信息。Zubkov 等[99]利用红外光谱研究了焙烧后未吸水 SAPO-34 的羟基吸收振动峰，对存在的两种酸性桥羟基进行了归属，认为这两种桥羟基的酸性质相近但位置不同，3625cm^{-1} 的羟基指向椭球形笼的中心，而对应于 3605cm^{-1}

的羟基位于六棱柱内。此外，在 SAPO-34 的红外谱图中，还有可能在 3795cm⁻¹、3740cm⁻¹ 和 3680cm⁻¹ 等处观察到较弱的吸收峰，它们分别对应于分子筛表面的 Al—OH、Si—OH 和 P—OH[100]。

吡啶和 NH₃ 是红外光谱研究中较常采用的两种探针分子，但对 SAPO-34 而言，吡啶较大的分子体积使得其无法进入分子筛内部，NH₃ 是较好的选择。利用 NH₃-IR 研究了 SAPO-34 的酸性[101]（图 4.17）。吸附氨气后，样品在 3600cm⁻¹ 和 3621cm⁻¹ 处的桥羟基吸收峰消失，在 1450cm⁻¹ 和 1620cm⁻¹ 处出现强的吸收峰，对应于样品中的 B 酸和 L 酸中心，B 酸中心的量远多于 L 酸。样品经 473K 抽空后，1620cm⁻¹ 处的吸收峰大大减弱，而 1450cm⁻¹ 的谱峰仍然很强，说明样品中大部分 L 酸是弱酸，B 酸中心是 SAPO-34 酸性的主要部分。通过红外光谱对分子筛酸量进行准确测定仍存在一定难度，虽然可以根据 Lambert-Beer 定律求出 B 酸和 L 酸的浓度，但总体上实验误差较大。Suzuki 等[102]发明了 NH₃- TPD 和 FTIR 联用定量测定分子筛酸性的方法 ammonia IRMS-TPD，对同样具有 CHA、AFX、RHO、LEV、ERI 和 LTA 结构的硅铝沸石分子筛和 SAPO 分子筛的酸性进行了对比研究，结果发现这些 SAPO 分子筛的酸强度都要弱于相应的硅铝沸石分子筛，该规律也得到基于密度泛函（DFT）的理论计算结果的支持。DFT 计算结果表明，与 Si—O—Si 相比，Al—O—P 的键角更具灵活性，SAPO 分子筛由于 Si 原子的取代进入造成的 B 酸中心附近的键长变化能更好地被弛豫掩盖，而硅铝沸石样品中 Al 原子的引入对 Al—OH—Si 桥式羟基产生更为显著的压缩作用，这导致了其相对更强的酸强度。在对 SAPO-34 的进一步研究中，笔者认为 3627cm⁻¹ 和 3602cm⁻¹ 处的酸中心具有相同的酸强度，起源于八元环中不同的氧位 O(2)H 和 O(3)H。

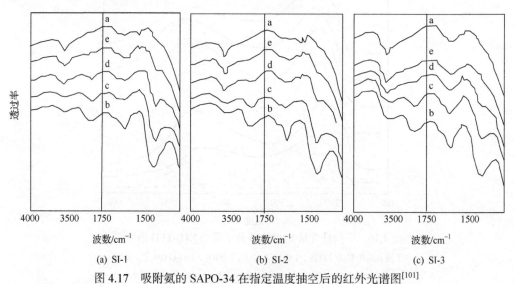

图 4.17　吸附氨的 SAPO-34 在指定温度抽空后的红外光谱图[101]

a.背景；b.273K；c.473K；d.573K；e.693K

除 NH₃ 外，CO 等弱碱性分子也可以作为探针分子进行 FT-IR 研究。由于 CO 的质子亲和势比较低，与酸性位的作用弱，实验需要在低温下进行。Martins 等[103]利用 CO 和 C₂H₄ 作为探针分子研究了 SAPO-34 的表面酸性，发现 SAPO-34 中存在三种类型的酸中心，分别定义为 OH_A(3630cm^{-1})、OH_B(3615cm^{-1}) 和 OH_C(3600cm^{-1})，吸附 CO 后，三种酸中心均发生较大的化学位移(图 4.18)。依据它们化学位移的大小顺序，笔者提出这些酸强度具有如下顺序：$OH_B > OH_A > OH_C$，其中 OH_B 的酸强度与硅铝沸石 SSZ-13（与 SAPO-34 具有相同的骨架结构）的酸强度接近。进一步结合样品的 ^{29}Si MAS NMR 结果，笔者认为 OH_B 与硅岛边缘的酸羟基有关，而 OH_A 和 OH_C 都是独立的酸羟基，起源于不同的氧原子位，但同时强调，质子落位的选择对 SAPO-34 酸强度的影响并没有硅岛的影响显著。

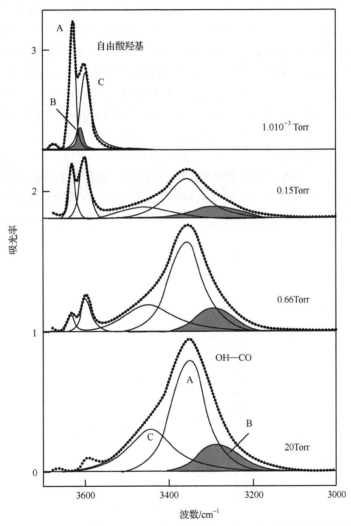

图 4.18　H-SAPO-34 吸附 CO 的 FT-IR 图（从上至下，CO 吸附分压逐渐增高）[103]

1Torr=133Pa

核磁技术是分析分子筛骨架微区结构和表征酸性的有效手段。固体 NMR 结合各种探针分子(NH$_3$、氘代吡啶、氘代乙腈、^{13}C-丙酮、三甲基膦/三甲基膦氧等)吸附技术被广泛用来研究分子筛的酸性。^{1}H MAS NMR 可以直接用于区分分子筛骨架中的 B 酸中心和其他类型的羟基（Si—OH、Al—OH 等），并获得对应的数量信息[104]，但由于 ^{1}H 的化学位移范围较窄，限制了 ^{1}H MAS NMR 区分不同酸强度的能力。Buchholz 等[105]用 ^{1}H MAS NMR 结合 XRD 和其他固体核磁表征手段，研究了包括 SAPO-34 在内的几种 SAPO 分子筛的 B 酸中心在不同温度的热稳定性和脱羟基行为。发现分子筛在 600℃高温处理后，最多只有 5%的 B 酸中心发生脱羟基，SAPO 分子筛中的 B 酸中心具有高的热稳定性。900℃高温处理后，约有 40%～50%的桥式羟基发生脱羟基，同时还伴随着一定的脱硅现象，但样品结晶度保持完好，且没有缺陷位羟基生成。笔者认为在这个过程中发生了缺陷位的磷向脱硅缺陷位的迁移，即 SAPO 分子筛的骨架具有自愈合能力。

^{13}C-丙酮是核磁技术测定分子筛酸性研究中经常使用的探针分子，由于它的分子尺寸小，可以用于小孔 SAPO-34 分子筛的酸性研究。一般来说，酸性位的酸性越强，^{13}C 的化学位移越向低场方向移动。通过 ^{13}C-丙酮吸附测定的不同分子筛酸强度的顺序如下：Silica（210.0ppm [①]）< H-SAPO-5（216.8ppm）< H-SAPO-34（217.0ppm）< Na-Y（219.6ppm）< H-MOR（221.8ppm）<H-ZSM-12（223.4ppm）<H-ZSM-5（223.6ppm）<H-ZSM-33（225.4ppm）< $H_3PW_{12}O_{40}$ 和 $AlPW_{12}O_{40}$（235ppm）[106]。Shen 等[107]利用 ^{13}C-丙酮作为探针分子，研究了不同硅含量 SAPO-34 的酸性质，发现低硅 SAPO-34（单纯 Si(4Al) 环境）的 ^{13}C-丙酮吸附 ^{13}C NMR 谱图与高硅 SAPO-34（多种硅环境并存）相似，都存在 217ppm 的强峰和 225ppm 的弱肩峰（图 4.19）。225ppm 的信号喻示 SAPO-34 样品中存在强度高于 ZSM-5 的酸中心，笔者初步推测这两个具有不同酸强度的信号有可能起源于分子筛骨架中不同的氧位。

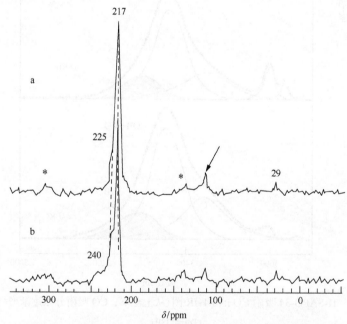

图 4.19　SAPO-34 上吸附 ^{13}C-丙酮的 ^{13}C MAS NMR 谱[107]

a. 高硅 SAPO-34；b. 低硅 SAPO-34；*. 对应旋转边带；箭头指示信号为 NMR 转子的背景信号

---

① 1ppm=10^{-6}。

总体上，任何一种表征技术都难以获得可以完整描述分子筛酸性的全部信息，并且不同表征技术得到的分子筛酸性信息还有可能存在差异。相信多种表征技术的综合利用和新技术的开发有利于人们更深入地认识分子筛的酸性质。

4.2.2 SAPO-34 分子筛的酸性与催化性能

MTO 反应是典型的酸催化反应，分子筛催化剂在 MTO 反应中催化性能的差异，除了受自身骨架拓扑结构的影响外，分子筛的酸性质(包括酸密度、酸强度、酸性位在晶体中的分布等)亦有重要的影响。酸性太强或酸性中心密度过高会促进氢转移反应的发生，催化剂上积碳速率大而导致快速失活，而酸性太弱则有可能使甲醇不能完全转化，中等强度的酸中心和较低的酸密度有利于提高 MTO 反应产物中乙烯和丙烯的选择性，延长催化剂寿命。

以三乙胺为模板剂制备了一系列具有不同硅含量的 SAPO-34 分子筛，样品的 NH_3-TPD 结果如图 4.16 所示。表 4.8 给出了样品(SAPO-34-xSi，x 代表初始凝胶中的硅投料量，x=0.2、0.4、0.6)的 MTO 反应结果。可以看到，随着样品中硅含量的增加，其 NH_3-TPD 上对应的中强/强酸量和酸强度都相应增大，相应的 MTO 反应结果则呈现相反的趋势。具有相对最弱酸强度和最少酸量的 SAPO-34-0.2Si 样品展现了最长的催化寿命 384min，而 SAPO-34-0.4Si 和 SAPO-34-0.6Si 上的反应寿命依次降低到 244min 和 202min。SAPO-34-0.2Si 样品同时也显示了高的低碳烯烃选择性，其初始和最高乙烯+丙烯选择性都要高于 0.4Si 和 0.6Si 样品。丙烷/丙烯选择性 (定义为氢转移指数 HTI)常被用作衡量 MTO 反应产物中烯烃发生二次氢转移反应的程度，从图 4.20 可以看出，随着样品中酸量和酸强度的增加，氢转移反应程度明显增强，说明具有较强酸中心的样品上容易发生副反应(如齐聚、环化和氢转移反应)，从而导致较快速的积碳失活。随着反应时间的推移，氢转移指数均呈现下降趋势，这是由于反应积碳首先发生在具有最强酸性质的酸中心上，随着这些活性中心被积碳物种所覆盖，氢转移反应的程度逐渐降低。

表 4.8 不同硅含量 SAPO-34 样品的 MTO 反应结果 [a]

样品	反应时间/min	选择性/wt%								
		CH_4	C_2H_4	C_2H_6	C_3H_6	C_3H_8	C_4	C_{5+}	$C_2^=+C_3^=$	$C_3^=/C_2^=$
SAPO-34-0.2	6	0.83	30.42	0.20	41.76	2.91	16.70	7.18	72.18	1.37
	384[b]	2.90	48.51	0.48	35.49	0.63	9.3	2.70	84.00	0.73
SAPO-34-0.4	6	0.74	31.35	0.45	40.55	5.43	16.60	4.88	71.90	1.29
	244[b]	1.85	46.23	0.71	37.36	1.61	9.86	2.38	83.59	0.81
SAPO-34-0.6	6	0.76	30.45	0.38	39.64	5.80	16.52	6.46	70.09	1.30
	202[b]	1.56	42.95	0.83	38.63	2.49	10.84	2.71	81.58	0.90

a. 反应条件：T=450℃，WHSV=1.2h^{-1}，30wt%甲醇水溶液。

b. 寿命：甲醇保持完全转化的反应时间。

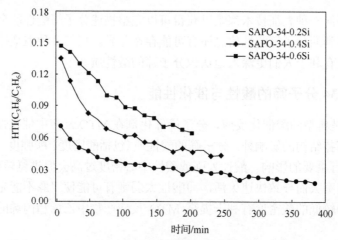

图 4.20　不同硅含量 SAPO-34 催化剂上 MTO 反应的氢转移指数 HTI 随反应时间的变化

反应条件同表 4.8

Bleken 等[108]比较了具有相近晶粒尺寸和酸密度的 H-SSZ-13 和 H-SAPO-34 分子筛上的 MTO 反应过程，发现具有更高酸强度的 H-SSZ-13 分子筛上最佳反应温度要低于 SAPO-34；反应温度高于 400℃后，前者具有明显更快的失活速率；H-SSZ-13 和 SAPO-34 具有相同的积碳产物组成，但前者重芳烃的含量要更高一些。Dahl 等[109]比较了菱沸石和 SAPO-34 分子筛上的 MTO 反应，发现菱沸石分子筛上催化剂失活更快，并认为这与其更高的酸密度有关。酸密度越高，相邻 B 酸活性中心之间的距离越近，共聚反应等副反应的发生速率和概率越大，由此积碳导致的失活速率也更快。

Mores等[110]将激光共聚焦荧光显微镜技术引入多相催化研究领域，并对 MTO 反应中分子筛晶粒内的积碳过程进行了原位追踪，发现靠近 SAPO-34 分子筛晶粒外表面的部分在 MTO 反应中有着更为重要的作用，大分子的芳烃积碳物种首先形成在近晶粒壳层区域，然后逐渐向内推进，晶体壳层区域的反应通道容易被堵塞导致催化剂失活(图 4.21)。这些结果说明 SAPO-34 晶体近壳层区域的硅环境、酸性对 MTO 反应具有更为关键的影

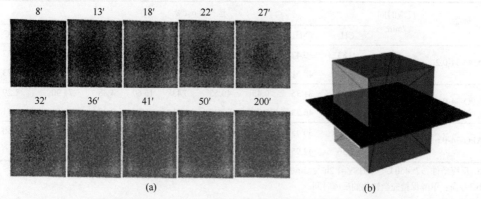

图 4.21　H-SAPO-34 晶体在 MTO 反应(T=387℃)不同阶段的荧光共聚焦显微镜图像(a)(激发波长为 561nm；检测范围为 565～635nm)及荧光共聚焦检测位置示意图(b)[110]

响。研究显示，通常水热合成体系得到的 SAPO-34 分子筛晶粒中的硅分布是不均匀的，表面通常存在着硅富集现象，造成靠近表面的笼结构中酸密度或强度偏高，对 MTO 反应可能产生不利影响。通过处理降低外表面的酸性或改变合成方法直接合成具有均匀硅分布的分子筛晶粒将会有助于 MTO 催化性能的提升[111]。

4.2.3　硅化学环境的控制合成

SAPO-34 分子筛骨架中酸性中心的强度和数量直接影响其 MTO 催化性能，具有较低密度、中强酸中心的样品在 MTO 反应中通常展现良好的催化活性和低碳烯烃选择性。因此，为了获得具有优良催化性能的 MTO 催化剂，有必要对合成产品中的硅化学环境进行有效控制，使得 SAPO-34 分子筛骨架中的硅环境以 Si(4Al) 为主。

控制合成凝胶中的硅含量是最直接的方法，但有时硅含量低时在凝胶中会受杂晶形成等因素的限制。如以三乙胺为模板剂水热合成 SAPO-34，合成凝胶中硅投料量(xSiO$_2$)小于 0.10 时，合成产品是以 SAPO-18 为主的 SAPO-18/34 共晶相，且可能会有 SAPO-5 杂晶出现。硅投料量(xSiO$_2$)大于 0.10 后，有利于得到纯相 SAPO-34。通常在硅投料量小于 0.2 的区间内，合成 SAPO-34 产品中的 Si(4Al) 环境占优势，但在更高硅含量的样品中，其他硅配位环境开始出现(图 4.22)。

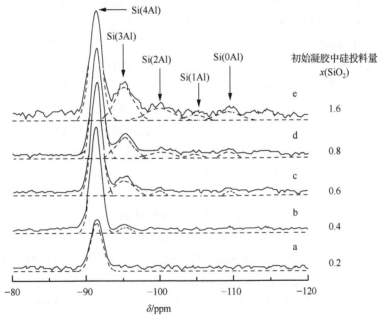

图 4.22　不同硅含量 SAPO-34 原粉的 ^{29}Si MAS NMR 谱图

初始凝胶组成(物质的量)为 3TEA∶1Al$_2$O$_3$∶1P$_2$O$_5$∶xSiO$_2$∶50H$_2$O，200℃，48h

依据对 SAPO-34 晶化过程的研究，缩短晶化时间可以实现对硅原子配位环境的调控，即晶化初期合成产品中的硅主要以 Si(4Al) 环境存在。但是过短的晶化时间得到的产品收率往往会偏低。图 4.23 给出了二乙胺水热合成 SAPO-34 不同晶化时间固体样品

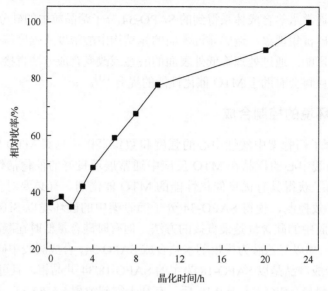

图 4.23　二乙胺水热合成 SAPO-34 体系不同晶化时间的固体收率[87]

收率的实验结果。晶化前 2h，固相相对收率较低，不到 40%，且变化不大；晶化 2～10h，固相收率显著增加，为分子筛的快速生成阶段；10h 后收率继续增加，不过速度减慢。晶化 10h 的产品 ^{29}Si MAS NMR 谱显示，样品中的硅环境已经较为丰富。

　　合成原料的正确选择对实现低硅 SAPO-34 分子筛的合成也具有重要意义。Izadbakhsh 等[112]研究了 TEAOH 为模板剂的低硅合成体系（2TEAOH∶1Al$_2$O$_3$∶1P$_2$O$_5$∶0.1SiO$_2$∶70H$_2$O∶0.7HCl），发现硅源可明显影响合成产品的晶相，硅溶胶是比硅凝胶和正硅酸乙酯更适宜的硅源，有利于合成高结晶度的纯相低硅 SAPO-34。

　　氟离子是分子筛合成经常使用的一种矿化剂，它可以同反应凝胶中的硅源和铝源形成络合物，促进原料的溶解和晶核的形成，缩短晶化时间。另外，氟可以通过和铝键合进入到分子筛骨架中（氟可以通过焙烧除去）。氟离子体系合成的分子筛结晶度较高，晶体内部缺陷位少，使得分子筛的热稳定性高于无氟体系合成的产品。杜爱萍[113]研究表明，通过向 SAPO-34 的合成体系中添加氟化物可以抑制硅岛的形成，有利于生成以 Si(4Al) 环境为主的 SAPO-34 产品。表 4.9 给出了以三乙胺为模板剂、不同 HF 添加量得到的水热合成产品晶相、组成和 ^{29}Si MAS NMR 拟合结果。可以看到，随着 HF 的添加，合成产品中其他硅环境的含量逐渐降低，Si(4Al) 环境占据优势。另外，表 4.9 显示添加 HF 并不改变产品的组成。样品的 MTO 反应结果如表 4.10 所示，添加 HF 后，合成产品的寿命和低碳烯烃选择性与未添加 HF 样品相比均有了明显的提高，丙烷选择性降低，显示硅配位环境控制的重要性。

表 4.9　添加 HF 条件下 SAPO 分子筛的合成结果 [a]

样品	凝胶组成		产物	产品组成	Si(4Al)/Si(3Al) [b]
	$x(SiO_2)$	$y(HF)$			
1	0.6	0	SAPO-34	$Si_{0.10}Al_{0.49}P_{0.41}O_2$	2.75
2	0.6	0.09	SAPO-34	$Si_{0.10}Al_{0.49}P_{0.41}O_2$	7.90
3	0.6	0.33	SAPO-34	$Si_{0.09}Al_{0.50}P_{0.41}O_2$	66.35
4	0.6	0.75	SAPO-34	$Si_{0.10}Al_{0.50}P_{0.42}O_2$	

a. 初始凝胶物质的量组成为：3 TEA : xSiO$_2$: 1.0Al$_2$O$_3$: 1.0P$_2$O$_5$: yHF : 50H$_2$O，200℃，12h。

b. 从 ^{29}Si MAS NMR 谱计算得到的 Si(4Al)/Si(3Al) 值。

表 4.10　无 HF 和添加 HF 合成样品的 MTO 反应结果对比 [a]

样品	寿命 [b]/min	选择性 [c]/wt%							
		CH$_4$	C$_2$H$_4$	C$_2$H$_6$	C$_3$H$_6$	C$_3$H$_8$	C$_{4+}$	C$_{5+}$	C$_2^=$+C$_3^=$
1(无 HF)	120～140	0.93	31.29	0.84	39.55	7.04	11.66	8.69	70.84
3(有 HF)	180～200	0.89	35.66	0.69	38.41	5.03	10.83	8.49	74.07

a. 反应条件：450℃，WHSV=2h^{-1}，N$_2$ 携带甲醇进料。

b. 甲醇保持完全转化的反应时间。

c. 反应时间为 20min 时的产物选择性。

刘红星等[114]也发现在合成 SAPO-34 的初始凝胶中添加少量 HF 后，硅原子更容易单独取代 P 进入骨架，形成孤立的 Si(4Al)结构，有利于减少 SAPO-34 分子筛的酸量。MTO 反应性能测试表明，添加 HF 体系合成的 SAPO-34 分子筛乙烯选择性提高 3%左右，反应寿命提高 2.5 倍。

最近，Xi 等[115]报道在以三乙胺为模板剂的合成体系中，添加不同量的 HF 合成 SAPO-34，发现分子筛的晶体生长过程存在由八个锥面体自组装形成立方体的过程，晶化结束后，分子筛晶体如果不立即与合成母液分离，氟离子会对晶体表面产生刻蚀。含氟体系合成的 SAPO-34 显示了明显更长的 MTO 反应寿命。不同 HF 添加体系合成的 SAPO-34 的元素组成接近。但是，^{29}Si MAS NMR 结果显示，样品中 Si(4Al)物种的含量随 HF 的添加而降低。

4.3　分子筛晶粒大小的控制

4.3.1　分子筛晶粒大小与催化性能的关系

分子筛由于具有规整的孔道结构和分子维度的孔口尺寸，在许多催化反应中都表现出良好的择形能力。但另一方面，这些微孔孔道有可能对反应物或产物的扩散传质产生限制，从而导致快速的积碳失活。研究工作表明，发生在分子筛催化剂上的 MTO 反应过程亦存在扩散传质方面的问题，尤其对小孔的 SAPO-34 分子筛，降低分子筛粒度有利于消除扩散传质限制，获得长的催化寿命。

　　Chen 等[116]通过离心分离的方式，从同一合成浆料中得到具有不同尺寸大小的
SAPO-34 分子筛催化剂，并采用振荡微天平对比研究了这些分子筛样品的 MTO 反应效
果和积碳速率。结果表明，0.25μm 晶体的反应产物中有较多的 DME，烯烃选择性较低；
0.4～0.5μm 晶体的甲醇转化活性和烯烃选择性最高；2.5μm 大尺寸晶体上存在扩散限制，
积碳形成速率最快，烯烃的选择性低；积碳速率在低积碳量时随晶体尺寸的增加而增大，
三个样品中大晶体 SAPO-34 在相对低的积碳量时即达到平稳状态。

　　Lee 等[23]使用不同的模板剂(二乙胺-四乙基氢氧化铵、二正丙胺-四乙基氢氧化铵、
二乙胺)合成了三种具有不同晶粒尺寸的 SAPO-34(0.4μm、1.0μm 和 7.0μm)，研究了它
们在 MTO 反应中的诱导期和失活行为，发现大晶粒 SAPO-34 存在一个明显的诱导期，
并且失活快，但在小晶粒晶体上没观察到诱导期，可以长时间保持较高的转化率。几个
样品上的产物分布基本相同，说明反应机理并不受晶体尺寸影响。笔者认为小晶粒
SAPO-34 良好的催化活性是由于其近外表面区域含有更多可接近的笼，降低了扩散传质
限制。Nishiyama 等[117]采用不同模板剂合成了不同尺寸的 SAPO-34，也发现 MTO 反应
寿命与晶体尺寸成反比，具有最小尺寸的 800nm 晶体(四乙基氢氧化铵为模板剂合成)
反应寿命最长。催化剂上的积碳量与尺寸成反比关系，尺寸越小积碳量越大，积碳量大
表明催化剂利用率高，对应更长的反应寿命(图 4.24)。

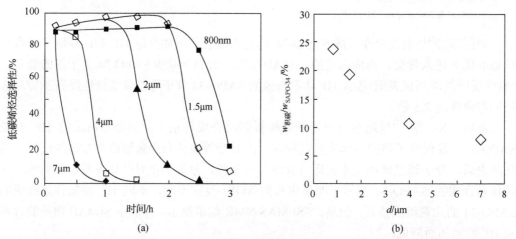

图 4.24　不同晶粒尺寸 SAPO-34 上 C_2～C_4 烯烃选择性随反应时间变化(a)及晶粒尺寸和
积碳量关系(b)[117]

　　以 TEAOH 为模板剂，通过变化硅源合成了系列组成接近但粒度不同的 SAPO-34 分
子筛，发现随分子筛粒度的降低，外表面酸性位所占比例逐渐增大，同时样品中缺陷位
Si—OH 的量也明显增加[118]。反应结果显示具有纳米片状形貌的 SAPO-34(厚度×长度×
宽度=0.02μm× 0.25μm×0.25μm)在 MTO 反应中显示了最长的催化寿命 800min，由 20nm
粒子聚集构成的纳米球形 SAPO-34(80nm)的催化寿命次之，为 700min。笔者认为纳米
片状的 SAPO-34 在纵向具有最短的扩散距离，因此其催化寿命最长(图 4.25)。

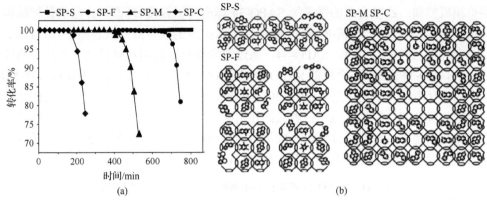

图 4.25　不同晶粒尺寸 SAPO-34 上的 MTO 反应寿命(a)和积碳物种类型及落位(b)[118]

SP-S. 纳米片形貌；SP-F. 纳米颗粒聚集体；SP-M 和 SP-C 分别为尺寸 1μm 和 8μm 的立方体

4.3.2　小晶粒或多级孔 SAPO-34 分子筛的合成

降低分子筛粒度或者在分子筛晶粒中引入介孔可以有效地降低扩散传质的影响，增加活性中心的可接触性，延缓催化剂积碳失活。因此，合成小晶粒或微介孔复合 SAPO-34 分子筛一直是研究者关注的课题。

模板剂种类对合成分子筛的形貌和尺寸具有重要影响，通常合成纳米 SAPO-34 的研究中使用 TEAOH 为模板剂，这可能是季铵阳离子与合成凝胶中的无机物种有强的相互作用，有利于大量晶核的生成，并获得小晶粒的产品。ExxonMobil 公司在专利 CN1596222 中公开了一种制备小晶粒 SAPO-34 的方法，首先将硅源(如硅溶胶)与作为模板剂的 TEAOH 水溶液在低温预处理，然后再加入合成所需的磷源和铝源，升温晶化，所得产品的晶粒度与未处理相比，可从 1μm 降低到 100nm。该公司的另一篇专利 CN1596221 则重点强调了 TEAOH 为模板剂的体系中，以正硅酸乙酯为硅源可以获得200nm 以下的 SAPO-34 小晶粒。

向合成体系中引入晶种也可以有效降低产品的晶粒尺寸。ExxonMobil 公司在专利 CN1311757A 中公开了将胶体结晶分子筛作为晶种生产 SAPO-34 分子筛的方法，通过加入约 100nm 的低浓度胶体晶种液，可以合成尺寸小于 0.75μm 的分子筛产品。刘红星等在专利 CN101284673 中公开了在分子筛初始合成凝胶中加入粒径小于 1μm 的粒子作为晶种，可以降低产品粒径，增加晶化速率。合成产品的粒径随晶种粒度而降低，但都要大于晶种的粒度，如粒径为 0.2μm 的晶种，合成得到产品粒径为 0.9μm；而粒径为 0.9μm 的晶种，产品粒径增加为 1.1μm；晶化完成所需时间随晶种加入量的增加而缩短，从 0.12wt%晶种加入量时的 8h 缩短到10wt%加入量时的 2h。

van Heyden 等[119]提出了采用清液法合成纳米 SAPO-34 分子筛的方法，以 TEAOH 为模板剂，异丙醇铝和 TEOS 为铝源和硅源，在高 P/Al 的条件下(典型初始凝胶物质的量配比为 $6TEAOH : 1Al_2O_3 : 3P_2O_5 : 0.6SiO_2 : 111H_2O$)，制备澄清透明的初始合成凝胶，在水热或微波加热条件下，可以晶化得到纳米 SAPO-34。Lin 等[47]进一步发展了该方法，通过调变合成所用的硅源、水量和老化时间，得到了一系列具有不同形貌的小晶粒 SAPO-34 分子筛，如纳米片状、纳米小粒子、不同尺寸的纳米粒子球形聚集体。

Yang 等[120]发展了一种自上而下(top-down)路线合成小晶粒 SAPO-34 的方法，即先将廉价模板剂如二乙胺合成的微米级 SAPO-34 球磨降低粒度（球磨后样品的骨架结构大部分被破坏），然后在三乙胺-磷酸-拟薄水铝石-水组成的修复液中快速晶化（如 180℃、2h）得到结晶度完好的小晶粒 SAPO-34，通过调变修复液的用量可以调变产品中的硅含量。相比 SAPO-34 前躯体，合成的 SAPO-34 小晶粒表面富硅程度降低（表 4.11），在 MTO反应中的催化寿命得以明显延长（图 4.26）。催化性能的提升归属为 SAPO-34 表面富硅程度、酸密度降低和晶粒尺寸减小三者共同作用的结果。有意义的是，合成后的母液也可以作为修复液使用，有助于分子筛合成母液的再利用。另外，这种方法具有普适性，可用于其他小晶粒 SAPO 分子筛的制备，如 SAPO-5、SAPO-35 等。

表 4.11　SAPO-34 前躯体和小晶粒样品的表面和体相组成

样品	元素组成		R^a
	XRF	XPS	
SAPO-34 前躯体	$Al_{0.448}Si_{0.200}P_{0.351}$	$Al_{0.307}Si_{0.447}P_{0.246}$	3.23
球磨后	$Al_{0.448}Si_{0.200}P_{0.351}$	$Al_{0.394}Si_{0.289}P_{0.317}$	1.63
小晶粒 SAPO-34	$Al_{0.508}Si_{0.088}P_{0.404}$	$Al_{0.425}Si_{0.135}P_{0.440}$	1.63

a. $R = [Si/(Al+P)_{表面}] / [Si/(Al+P)_{体相}]$。

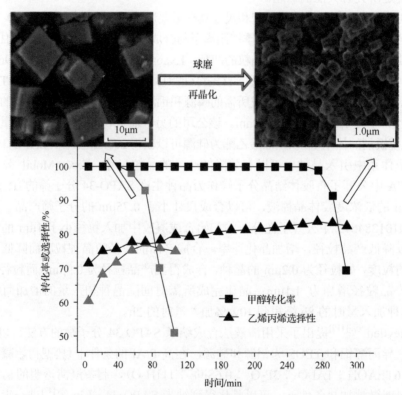

图 4.26　自上而下法合成小晶粒 SAPO-34 的 SEM 照片及 MTO 反应结果[120]

清华大学的 Zhu 等[121]采用具有层状结构的高岭土为硅源和铝源（高岭土由氧化硅和氧化铝组成，硅铝原子比通常为 1），利用其板层结构的空间限域性，合成了纳米片层交错生长的 SAPO-34(图 4.27，三乙胺为模板剂)，该材料具有良好的高温水热稳定性，在 800℃水热处理 17h 后，依然保持了 50%的结晶度和完整的形貌。二甲醚转化反应结果显示，相比于常规微米级的 SAPO-34，纳米片层样品由于短的扩散传质通道，展现了高的原料转化率和低碳烯烃选择性。

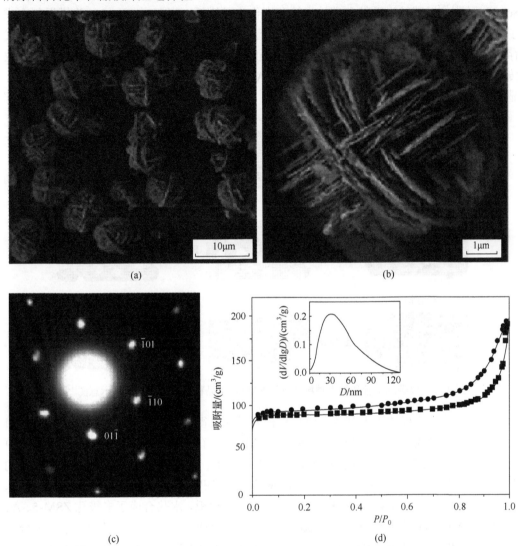

图 4.27　纳米层片堆积的球形 SAPO-34 的 SEM 照片(a，b)，单个纳米片层的 SAED 图(c)，样品的 N_2 吸附/脱附等温线和 BJH 孔尺寸分布图(d)[121]

图中 D 为 dimeter 的缩写

　　Yang 等[122]通过向合成凝胶中加入聚合物的方法制备出具有大孔网络结构的整体干胶，并进一步通过气相晶化以 TEAOH 为模板剂合成出小晶粒 SAPO-34，干胶的整体形状在合成过程中得以保持。此外，Hirota 等[123]采用干胶法制备了平均颗粒尺寸在 75nm 的 SAPO-34，与常规水热法合成的 800nm 大小的 SAPO-34 晶粒相比，同样反应条件下，小尺寸晶体的催化寿命明显更长，但两种尺寸晶体的烯烃选择性没有太大差异，说明烯烃主要在分子筛的笼内生成[124]。

　　相比纳米分子筛，介孔-微孔复合分子筛的合成由于可以避免产物洗涤分离的困难而更为引人关注，主要分为硬模板法和软模板法。硬模板法最早被用于介微孔分子筛的合成，硬模板(如碳纳米颗粒、纳米碳酸钙、介孔氧化硅等)在合成中起介孔占位的作用。Schmidt 等[125]以碳纳米颗粒和碳纳米管分别作为硬模板，以吗啉/TEAOH 为模板剂合成了多级孔 SAPO-34。笔者发现碳纳米颗粒合成的 SAPO-34 晶体中，介孔以独立的形式存在，相互之间没有连接，也没有和晶粒表面连通，在催化反应中对反应物和产物扩散传质的贡献基本为零。以碳纳米管合成的 SAPO-34，介孔相互连接，并通向晶粒表面，显示了明显提升的催化效果(图 4.28)。

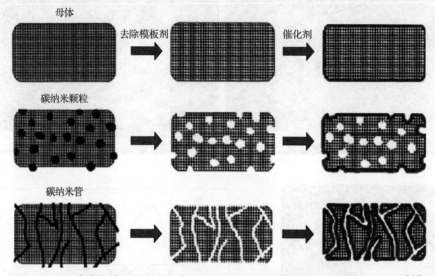

图 4.28　以碳纳米管和纳米颗粒合成的 SAPO-34 晶粒中的介孔连通性示意图[125]

　　近年来，软模板法用于制备介微孔复合分子筛取得了巨大的进步。软模板一般是阳离子表面活性剂或大分子聚合物，它们与硅磷铝物种有较强的相互作用，在合成凝胶中用量较低，且通过调变软模板的量/尺寸可以实现分子筛中介孔容积/孔径的调变，有利于分子筛的放大制备。Choi 等[126]设计合成了长链有机硅表面活性剂 3-三甲基甲硅烷基丙基十六烷基二甲基氯化铵(TPHAC)，以此为介孔模板，水热合成了多级孔 ZSM-5、A、SAPO-5、AlPO-11 等沸石分子筛。Seo 等[127]还设计合成了系列含多胺基的亲水型大分子有机物，并以此为双功能模板剂一步合成了多级孔 AlPO-5、AlPO-11 和 AlPO-31 等，这些样品具有纳米片堆积而成的类海绵状形貌。但软模板法用于多级孔 SAPO-34 的合成报道相对较少。陈璐等[128]以 TPHAC 为介孔模板、TEAOH 为微孔模板剂合成了 SAPO-34，但没有关于其催化性能的报道。最近，Sun 等[129]以 TPOAC 为介孔模板剂、吗啉作为微孔模板剂，合成了多级孔 SAPO-34，微米级立方体由 100～500nm 的 SAPO-34 粒子堆积而成，酸性表征显示多级孔样品中的强酸中心含量要明显低于常规 SAPO-34，多级孔样品在 MTO 反应中的催化寿命和低碳烯烃选择性均得到提升(图 4.29)。

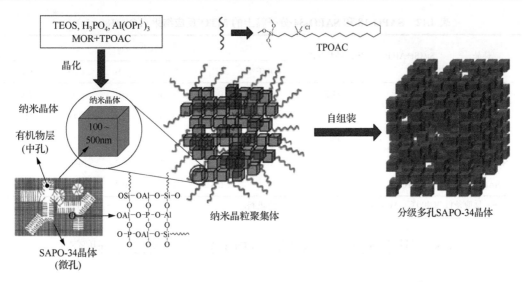

图 4.29　有机硅烷表面活性剂辅助合成多级孔 SAPO-34 晶化过程示意图[129]

4.4　其他小孔 SAPO 分子筛的催化性能

SAPO-34 分子筛在 MTO 催化反应中的优异表现促使研究者们积极探索其他小孔 SAPO 分子筛在 MTO 反应中的应用。但除 SAPO-18 分子筛外，其他的小孔分子筛如 SAPO-35、SAPO-56、SAPO-17、DNL-6 等均显示了较快的积碳失活速率，低碳烯烃选择性也要明显低于 SAPO-34[91,92,130]。依据 MTO 反应机理的研究结果，分子筛结构中笼的大小对烃池活性物种的生成和演变具有重要的影响[131]。上面几种小孔分子筛的笼体积顺序为：LEV 笼（SAPO-35）<CHA 笼（SAPO-34）<ERI 笼（SAPO-17）< AFT 笼（SAPO-56）< LTA 笼（DNL-6）。SAPO-35 中过小的笼尺寸不仅限制了烃池活性物种多甲基苯的形成，同时也抑制了单苯环芳烃向多苯环大分子积碳物种的增长，失活速率快。而在具有较大笼尺寸的分子筛中，烃池活性物种生成后，由于缺乏空间限域作用，很快和甲醇及反应产物发生进一步的反应，长大成为多苯环的积碳物种，失去催化活性。相对而言，CHA 笼具有最为合适的笼体积，能够容纳活性物种多甲基苯，并可以对其成长施加一定的空间限域作用，从而延长催化剂的寿命。

SAPO-18 分子筛与 SAPO-34 具有相近的骨架结构，它们都可看做由双六元环组成的层通过氧桥沿 z 轴连接而成，SAPO-34 中层与层之间没有位移，而 SAPO-18 结构中板层绕 z 轴方向发生 180° 旋转。SAPO-18 结构中的笼形状与 SAPO-34 有一定差异，但笼体积接近。Chen 等[94]的研究结果显示，在低硅含量时（Si/(Si+Al+P)=0.047），SAPO-18 的骨架中已经存在较大量的硅岛，使得其总体酸密度要低于同样硅含量的 SAPO-34 分子筛。从表 4.12 可知，SAPO-18 在 MTO 反应中具有优良的催化活性，随着样品中硅含量的增加，SAPO-18 上甲醇转化生成低碳烯烃的能力逐渐上升（DME 算作未转化的原料）。除低硅 SAPO-18(1)外，其他 3 个 SAPO-18 样品均显示了优于 SAPO-34 的甲醇催化转化能力，同时丙烯、C_{4+} 产品的选择性要高于 SAPO-34。

表 4.12　SAPO-18 和 SAPO-34 分子筛上的 MTO 反应结果（TOS=180min）

样品	Si/(Si+Al+P)	甲醇转化率/%	产物组成 wt/%					
			DME	CH₄	C₂H₄	C₂H₆	C₃H₆	C₄₊
SAPO-18(1)	0.028	93.5	59.8	0.7	12.3	0	20.1	6.9
SAPO-18(2)	0.047	100	19.4	0.6	21.3	0	37.9	21.6
SAPO-18(3)	0.087	100	20.7	0.5	21.9	0	37.8	18.7
SAPO-18(4)	0.095	100	6.4	0.7	25.5	0.2	45.0	22.1
SAPO-34	0.100	100	31.4	0.3	19.2	0.2	29.4	18.7

注：反应条件为 400℃，WHSV=2h⁻¹，N₂ 携带甲醇蒸汽进料。

4.5　用于 MTO 反应的 SAPO-34 分子筛改性研究

4.5.1　金属杂原子改性

　　杂原子改性的 SAPO-34 分子筛依金属原子的存在状态可分为两类，一是存在于 SAPO-34 骨架上的 MeAPSO-34（Me 通常为 Co、Mn、Fe、Cu 等过渡金属元素），通过直接晶化法制备得到；另一种是通过离子交换或浸渍的方式将金属元素引入到分子筛的表面或离子位。

　　MeAPSO-34 中金属通过同晶取代的方式进入分子筛骨架（多数金属取代骨架中的铝原子），产生相应的酸中心，但同时金属的进入也有可能抑制骨架中硅的进入量。Inui 和 Kang[132]研究了在 SAPO-34 分子筛中引入 Ni 对 MTO 反应的影响。当 NiAPSO-34 分子筛中的 Si/Ni=40 时，在 450℃下乙烯选择性高达 88.04%，产品中未发现芳烃，他们还报道了合成 NiAPSO-34 的晶化过程和详细的合成影响因素，这一研究结果引起了研究者的极大关注。但是，van Niekerk 等[133]尝试合成了含 Co 和 Ni 的 SAPO-34 分子筛，认为没有证据可以证明 Ni 进入了分子筛的骨架位置，Ni 和 Co 的引入也并没有改善分子筛的催化性能。

　　Sun[135]和 Kang[136]通过快速水热法合成 MAPSO-34 分子筛，在 450℃下催化 MTO 反应 1h，乙烯选择性为：NiAPSO-34 > CoAPSO-34 > FeAPSO-34 > SAPO-34，CoAPSO-34 上生成的甲烷含量最低，抗失活性能最好。Kang 等[53]还报道将碱土金属氧化物利用机械研磨方法来改性 Ni-SAPO-34，改性后，分子筛外表面的酸性位减少，积碳量相应下降，乙烯选择性和催化剂寿命提高，尤以 BaO 改性效果最佳。

　　Xe 等[134]在 MeAPSO-34 分子筛合成及其用于 MTO 催化反应方面也开展了大量工作，首先采用在凝胶配制过程中加入不同比例的钛、钒、铬、锰、铁、钴、镍、铜、锌、锆、钼、镁、钙、锶、钡和镧等碱土金属和过渡金属盐合成 MAPSO-34 分子筛。在成功合成基础上，进一步研究这些分子筛的催化活性和低碳烯烃选择性[134]。表 4.13 给出了 M/Al₂O₃=0.05 条件下合成 MAPSO-34 的 MTO 反应结果。可以看到，所有 MAPSO-34 的催化寿命要长于 SAPO-34 分子筛，在甲醇转化率为 100%情况下，C₂⁼＋C₃⁼选择性均大于 85%，且明显高于 SAPO-34 分子筛。特别是 Co、Zn、Mg 杂原子分子筛，其低碳烯烃选择性大于 90%，如 CoAPSO-34 分子筛的乙烯＋丙烯选择性可达到约 93%，其中乙烯选择性可达到 60%。

表 4.13　SAPO-34 和 MAPSO-34 上 MTO 反应结果

样品	SAPO-34	Ti-	Cr-	Mn-	Fe-	Co-	Ni-	Cu-	Zn-	Mg-	Ca-	Sr-	Ba-
寿命/min	120	136	164	170	135	90	60	159	119	160	177	192	142
CH₄	1.8	1.6	1.7	1.4	1.9	1.8	3.9	1.1	1.2	1.1	1.1	1.5	1.1
C₂H₄	53.3	50.0	54.3	56.2	58.6	60.4	55.7	52.0	59.5	54.1	52.2	53.3	50.9
C₂H₆	0.8	0.5	0.6	0.3	0.5	0.2	0.2	0.3	0.3	0.3	0.3	0.4	0.3
C₃H₆	28.9	36.7	33.8	32.1	29.8	32.5	21.5	36.4	32.1	37.5	37.7	36.6	38.5
C₃H₈	1.9	0.0	0.0	0.0	0.7	0.0	0.0	0.0	0.0	0.0	0.0	0.0	0.0
C₄H₈	7.4	7.6	6.5	5.6	5.0	3.2	4.6	6.3	4.4	4.5	5.5	5.4	6.1
C₄H₁₀	1.4	1.4	1.2	1.0	0.9	0.6	0.9	1.2	0.8	0.8	1.0	1.0	1.1
C₅₊	4.6	2.3	2.0	3.4	2.7	1.4	3.2	2.8	1.6	1.8	2.2	1.8	2.0
C₂⁼+C₃⁼	82.2	86.7	88.1	88.3	88.2	92.9	87.2	88.4	91.6	91.6	89.9	89.9	89.4

注：450℃，WHSV(甲醇)=2h⁻¹。

笔者也合成了与 SAPO-34 具有相同骨架拓扑结构的 SAPO-44 及金属杂原子改性的 MAPSO-44。图 4.30 为 SAPO-44 及 M/Al₂O₃=0.05 时合成的 MAPSO-44 分子筛催化剂的 MTO 初始反应性能(甲醇进料 2min)。除 MoAPSO-44 分子筛催化剂外，纯 SAPO-44 及其他杂原子 MAPSO-44 分子筛催化剂的初始反应活性均达到了 100%，而且 MAPSO-44 分子筛催化剂的乙烯丙烯的选择性均高于纯 SAPO-44 分子筛。对于 CoAPSO-44 和 CaAPSO-44，其双烯的选择性高于 90%，而且几乎没有 C₄₊和 C₅₊组分的生成。

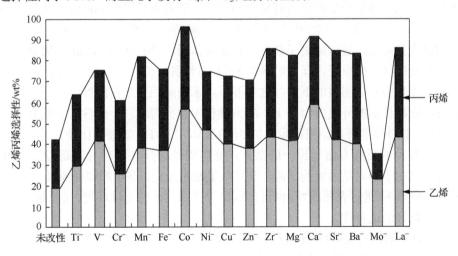

图 4.30　不同金属 MAPSO-44 在 MTO 反应中乙烯和丙烯的分布

反应条件：450℃，WHSV(甲醇)=2h⁻¹

　　此外，依据 SAPO-34 分子筛的合成机理及组成、酸性和催化性能之间的关系，笔者认为降低 SAPO-34 分子筛晶粒外表面的酸性所产生的非选择性催化反应，是提升 MTO 催化性能的关键。因此，笔者尝试用外表面改性方法使过渡金属或碱土金属负载到 SAPO-34 分子筛的外表面，发现可以使性能一般的 SAPO-34 分子筛的低碳烯烃选择性得到很大提高，部分结果如图 4.31 所示。可以看到，经适当的条件改性后，乙烯丙烯的选择性可以提高 10%，乙烯的选择性可以增加到 65%左右。

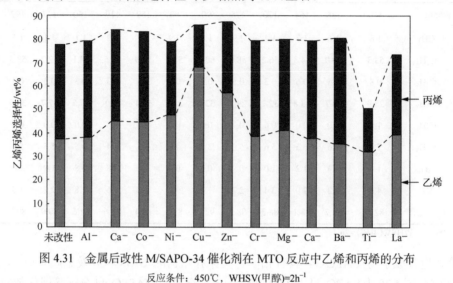

图 4.31　金属后改性 M/SAPO-34 催化剂在 MTO 反应中乙烯和丙烯的分布

反应条件：450℃，WHSV(甲醇)=2h^{-1}

4.5.2　外表面硅配位环境选择性脱除

　　氟离子可作为矿化剂应用于分子筛合成，同时也可以起到一定的结构导向作用。前面已介绍原位氟体系下合成的 SAPO-34 可以抑制骨架中 Si(nAl)(n≤3) 的生成，MTO 催化性能相比于无氟体系合成的样品有显著的提升。笔者也尝试用 HF 或 NH₄F 水溶液对 SAPO-34 原粉进行了合成后处理[99]。从图 4.32 可知，随着后处理溶液中 HF 浓度的增加，样品中的硅含量降低，显示氟离子具有选择脱硅作用。^{29}Si MAS NMR 结果显示，氟离子优先脱除富硅区的硅原子，保留更多的 Si(4Al) 物种。但在高浓度 HF 溶液中处理后，样品的结晶度也会发生明显的下降，这主要是由于磷酸铝骨架在酸性溶液中不稳定所导致。同时，原粉样品的外表面由于 HF 的刻蚀作用也变得粗糙。改性前后的分子筛在同样条件下的 MTO 性能评价结果显示，0.05～0.2mol/L 的 HF 溶液是比较合适的改性液，此范围制备样品的反应寿命延长一倍以上，低碳烯烃选择性也有明显提高[113]。更高浓度的改性样品由于相对结晶度的下降，改性效果相对逊色。基于相似的原理，杜爱萍[111]用草酸对 SAPO-34 进行表面改性，也可以脱除分子筛表面的富硅环境，延长催化剂寿命，并提高低碳烯烃的选择性。

　　使用 NH₄F 溶液对 SAPO-34 进行后处理改性，也可以达到选择性脱除分子筛表面硅原子的目的，提高 MTO 反应中低碳烯烃的选择性(图 4.33)。当 NH₄F 浓度为 0.05mol/L

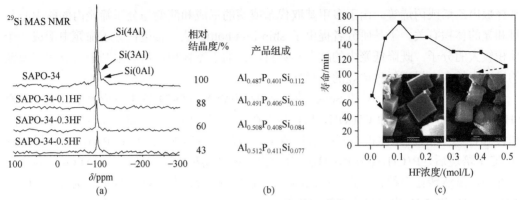

图 4.32　不同浓度 HF 溶液（室温）对 SAPO-34 改性后的 ^{29}Si MAS NMR、相对结晶度、
产品组成及 MTO 反应结果

时，丙烯/丙烷和乙烯/乙烷均突变性增加，催化剂寿命从处理前的 70min 增加到 130min
左右，此时仅有微量的 F$^-$ 对分子筛的外表面发生作用，即分子筛的外表面酸性对 MTO
反应起到重要的作用。当 NH$_4$F 浓度为 0.60mol/L 时，乙烯选择性比未处理前样品高 6.4%，
而丙烷的选择性从未处理前的 11.5%降低到 4.35%。同时丙烯选择性也略有增加。NH$_4$F
改性后催化剂寿命相同均为 140min。因此，不同浓度的 NH$_4$F 溶液也可以脱除分子筛骨
架中的硅原子，但是对分子筛骨架中硅原子的脱除能力弱于相同浓度的 HF 水溶液，从
而使得 NH$_4$F 处理后的催化剂寿命差别不大。

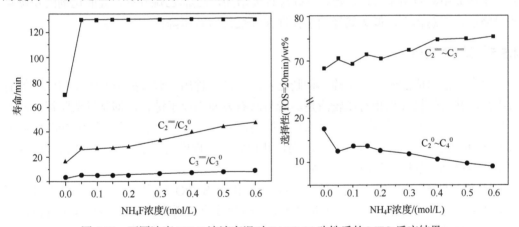

图 4.33　不同浓度 NH$_4$F 溶液室温对 SAPO-34 改性后的 MTO 反应结果

　　总之，使用 HF 溶液和 NH$_4$F 溶液处理 SAPO-34 分子筛，均可以选择性脱除分子筛
中的硅原子，改变分子筛的硅铝环境，提高烯烃的选择性。但 NH$_4$F 对分子筛中硅原子
的脱除能力弱于相同浓度的 HF 溶液。

4.5.3　瓶中造船笼内修饰法

　　根据现在被广泛认同的烃池机理，MTO 反应中甲醇先在分子筛笼内形成多甲基取代
的苯或萘，这些化合物具有很高的反应活性，能够快速的被甲醇甲基化，并进一步脱烷

基释放出乙烯或丙烯等。由于多甲基取代苯或萘的形成和演变与分子筛笼内的酸中心数目和笼的体积有关。于是研究者提出了 ship-in-a-bottle 法，希望在分子筛笼中形成一个体积较大的分子，既降低笼内的酸中心数目，又缩小笼体积，从而限制甲基取代苯或萘的进一步长大，提高低碳烯烃的选择性。

Song 和 Haw[21]、Haw 和 Song[137]在 250℃下将 SAPO-34 置于反应器中，通入含有 PH_3 的 He 气，同时脉冲 CH_3OH，PH_3 与之在分子筛笼内反应生成尺寸较大的 $P(CH_3)_3$ 和 $P(CH_3)_4^+$，降低笼体积，同时消耗掉了笼内的部分或全部 B 酸中心，再将样品在 600℃下焙烧后，$P(CH_3)_3$ 和 $P(CH_3)_4^+$分解出无机磷物种，这样处理的 SAPO-34 较之未改性的，虽然转化率稍有下降，但乙烯选择性从 37%提高到 46%。他们认为除了 PH_3，SiH_4、Si_2H_6 和 B_2H_6 也可以实现笼内修饰。

4.5.4　硅烷化改性

Mees 等[138]将 SAPO-34 在空气中焙烧除掉模板剂后，300℃下抽真空 12h，再降温至 150℃，然后在真空系统下，将 SiH_4 或 Si_2H_6 通入处理后的 SAPO-34 分子筛中，使之与 SAPO-34 分子筛中的 Si-OH 反应，通过产生的 H_2 的量来监控反应过程，随后将未反应的 SiH_4 或 Si_2H_6 抽真空排出，然后将硅烷化的产物在 150℃同水反应，同样通过反应生成的 H_2 的量来监控反应过程，最后将改性后的样品在 625℃下除去多余的水。实验结果表明，硅烷化后，SAPO-34 分子筛中的部分 B 酸中心不可逆地转化成了 L 酸中心，笼体积变小造成甲醇吸附量降低，随(乙)硅烷程度增加，乙烯/乙烷升高，且催化剂的积碳量明显降低，但总体上，低碳烯烃的选择性在硅烷化后有所降低。

4.5.5　磷/膦改性

对于硅铝组成的沸石分子筛，磷/膦化物改性是一种用于调节酸中心密度和强度的有效手段，其改性机理也相对比较清楚。磷与沸石表面铝原子键合，抑制骨架脱铝，同时磷原子上的羟基能提供质子酸，从而使沸石保留一定的酸中心密度。经磷酸改性后的 ZSM-5 酸中心密度增加，但酸强度减弱，孔口有一定程度的缩小，在 MTO 反应中的择形选择性提高(低碳烯烃选择性升高)[139]。

磷/膦改性用于 SAPO 分子筛的报道较少。由于 SAPO-34 的孔口较小，磷改性一般只能作用于其晶粒外表面。采用无机磷酸、磷酸盐或有机磷化物对 SAPO-34 进行浸渍改性[140]，初始低碳烯烃选择性可由 80.58%提高到 84.58%。Wu 等[141]采用磷酸、硼酸、乙酸三丁酯中的一种或任意组合来改性 SAPO-34，使低碳烯烃选择性得到提高，积碳量降低。宋守强等[142]研究了磷酸改性 H-SAPO-34，发现高温水蒸气处理使磷氧化物均匀分布在分子筛晶体的外表面，并随机与外表面的骨架 Al 和 P 发生化学配位，造成骨架 P—O—Al 和 Si—OH—Al 中的键断裂，引起晶体表面结构破坏和相对结晶度下降。高磷负载量促进鳞石英相生成和无定型相 Si(OSi)析出，并伴随孔结构破坏和酸量减少。适度磷改性的样品用于 MTO 反应，产物中 C_4、C_5 烃的含量有所下降，乙烯选择性提高，丙烯选择性降低，进一步证明磷改性有修饰分子筛外表面孔口的作用。

4.6 甲醇制丙烯分子筛催化剂

丙烯作为重要的化工原料，其需求量在逐年攀升，甚至超过了乙烯。目前，国内的丙烯生产主要有两种来源：①裂解丙烯，来自乙烯蒸汽裂解装置；②炼厂丙烯，从催化裂化炼厂气中分离得到。这两种方式均完全依赖于石油资源，因此，发展非石油原料制备丙烯的新技术是非常有意义的。甲醇制丙烯(MTP)技术的发展为丙烯来源多元化开辟了新路线。德国 Lurgi 最早进行了 MTP 工艺技术的研发，该技术采用德国南方化学公司研制的 ZSM-5 催化剂和固定床反应器，通过将反应后的乙烯和 C_{4+} 馏分循环回反应系统，进一步转化生成丙烯，预期可实现 71%的丙烯收率(碳基收率)。我国的神华宁煤和大唐多伦均采用 Lurgi 的 MTP 技术。清华大学开发了基于流化床技术的 FMTP 工艺，采用小孔 SAPO-34 分子筛作为催化剂，完成了 100t/d 的工业性试验，丙烯选择性 67.3%。FMTP 工艺中包含乙烯和 C_{4+} 烃的歧化反应过程，以提高过程的丙烯总收率。上海石油化工研究院开发了 SMTP 技术，其总体技术路线与 Lurgi 的 MTP 工艺相似，已经完成工业性试验。相关技术介绍请见第 2 章。

ZSM-5 分子筛是固定床 MTP 过程的首选催化剂，但常规方法合成的 ZSM-5 具有较强的酸性，孔口尺寸较大，不能有效限制芳烃及长链烃类的生成，直接用于甲醇转化反应时低碳烯烃选择性偏低。研究表明，较高的硅铝比(对应较低的酸中心密度)能够抑制烯烃产物的二次反应从而增加丙烯的选择性；小的晶体尺寸或介微孔复合 ZSM-5 有利于反应物和产物的扩散传质，提高丙烯的选择性并延长催化剂寿命[143]。

多种改性方法也被用于 ZSM-5 分子筛，通过调节表面酸性及改善孔道结构，可以提高丙烯选择性、降低芳烃等副产物、延缓结焦，增加催化剂寿命[144]。常用的改性方法有高温水热处理、磷改性、金属改性等，几种改性方法也可以联合使用。高温水热处理是常用的分子筛改性手段，可以脱除骨架铝降低酸性中心密度，增加低碳烯烃选择性，同时也有利于增加分子筛的中孔孔容，增加催化剂的抗积碳能力。磷改性可以覆盖 ZSM-5 的强酸位，降低酸性位密度，有效抑制芳烃和积碳的形成，并且由于磷在分子筛孔道内的空间占位，对分子筛孔道也会起到一定的修饰作用，有利于丙烯等低碳烯烃的形成。金属改性与磷改性的原理类似，常用的金属有 Mg、Ca、Ce、Ni 等。磷改性或金属改性中，具体的改性元素用量与分子筛的性质(如硅铝比、孔结构等)都有关系，不同的文献中结论不尽相同。

由于 ZSM-5 自身较大的孔口特征，虽然反应产物中丙烯/乙烯比例较高，但丙烯的单程收率多数小于 48%，且有较多的长链产物和芳烃。通过工艺方面的优化，将丁烯等非丙烯类产物循环裂解，可以达到增产丙烯的目的，但这样会导致较大的循环量，增加装置负荷，丙烯的总体选择性依然偏低。开发具有单程高丙烯选择性的催化剂仍为新技术研发的关键。

4.7 小　结

SAPO-34 分子筛由于其出色的热稳定性和水热稳定性，适宜的酸性质和孔道结构，在 MTO 反应中表现出优异的催化性能，为甲醇制烯烃技术的成功工业化奠定了催化材料基础，成为分子筛家族中为数不多的得以工业催化应用的新成员。近年来，SAPO-34 在环保领域也显示了潜在的应用价值，Cu/SAPO-34 催化剂在选择性还原脱除柴油车尾气中的氮氧化物(NO_x)污染物方面展现了高的催化活性。因此，研究者对 SAPO-34 分子筛相关的研究显示了高涨的热情，包括合成(合成方法的改进、产品性质和形貌的调控)、晶化过程、催化性能等，丰富和深入了对 SAPO 分子筛及其催化性能的认识。

在今后的研究工作中，围绕提升分子筛在 MTO 反应中的催化性能，笔者认为应该重点关注：①发展高效廉价且适于工业放大生产的小晶粒或介孔微孔复合 SAPO-34 的合成方法(同时兼顾对分子筛酸性和硅配位环境的调控)，在实现提升催化性能的同时，降低合成过程中的能耗和废液排放；②SAPO 分子筛的后处理改性研究，发展简便易行的后改性方法，调节分子筛的酸性和孔口尺寸，提高低碳烯烃选择性；③发展高产乙烯或丙烯的特色 MTO 催化剂，适应市场对 MTO 产品的不同需求。相信随着分子筛合成方法和技术的进步、新型分子筛材料的开发、MTO 催化反应机理的认识深入，甲醇制烯烃分子筛催化剂的性能将会得到进一步的改进和提升。

参 考 文 献

[1] Chang C D, Silvestri A J, Smith R L. Aromatization reactions: US, 3894103. 1975

[2] Chang C D, Lang W H, Silvestri A J. Aromatization of hetero-atom substituted hydrocarbons: US, 3894104. 1975

[3] Chang C D, Silvestri A J, Smith R L. Production of gasoline hydrocarbons: US, 3928483. 1975

[4] Chang C D, Silvestri A J. Conversion of methanol and other O-Compounds to hydrocarbons over zeolite Catalysts. Journal of Catalysis, 1977, 47(2): 249-259

[5] Wei Y X, Zhang D Z, Chang F X, et al. Direct observation of induction period of MTO process with consecutive pulse reaction system. Catalysis Communications, 2007, 8(12): 2248-2252

[6] Bjørgen M, Svelle S, Joensen F, et al. Conversion of methanol to hydrocarbons over zeolite H-ZSM-5: On the origin of the olefinic species. Journal of Catalysis, 2007, 249(2): 195-207

[7] McIntosh R J, Seddon D. The properties of magnesium and zinc oxide treated zsm-5 catalysts for onversion of methanol into olefin-rich products. Applied Catalysis, 1983, 6(3): 307-314

[8] Kaeding W W, Butter S A. Production of chemicals from methanol: I. Low molecular weight olefins. Journal of Catalysis, 1980, 61(1): 155-164

[9] Inui T, Matsuda H, Yamase O, et al. Highly selective synthesis of light olefins from methanol on a novel Fe-silicate. Journal of Catalysis, 1986, 98(2): 491-501

[10] Inui T. High potential of novel zeolitic materials as catalysts for solving energy and environmental problems. Studies in Surface Science and Catalysis, 1997, 105: 1441-1468

[11] Cormerais F X, Chen Y S, Kern M, et al. Acid strength of the catalytic sites responsible for the conversion of dimethyl ether into hydrocarbons in Y zeolites. Journal of Chemical Research-S, 1981, (9): 290-291

[12] Marchi A J, Froment G F. Catalytic conversion of methanol into light alkenes on mordenite-like zeolites. Applied Catalysis A, 1993, 94(1): 91-106

[13] Santiesteban J G, Chang C D, Vartuli J C. Catalytic con-version of methanol to linear olefins using ZSM-35 catalyst. Zeolites, 1997, 18(2): 234-234

[14] Inui T, Morinaga N, Takegami Y. Rapid synthesis of zeolite catalysts for methanol to olefin conversion by the precursor heating method. Applied Catalysis, 1983, 8(2): 187-197

[15] 周帆, 田鹏, 刘中民, 等. ZSM-34 分子筛的合成及其催化甲醇转化制烯烃反应性能. 催化学报, 2007, 28(9): 817-822.

[16] Brent M L, Celeste A M, Robert L P, et al. Crystalline silicoaluminophosphates: US, 4440871. 1984

[17] Flanigen E M. Zeolites and molecular sieves: An historical perspective. Studies in Surface Science and Catalysis, 2001, 137: 11-35

[18] Liang J, Li H Y, Zhao S G, et al. Characteristics and performance of SAPO-34 catalyst for methanol-to-olefin conversion. Applied Catalysis, 1990, 64(0): 31-40

[19] 李宏愿, 梁娟, 汪溶慧, 等. 磷酸硅铝分子筛 SAPO-34 的合成. 石油化工, 1987, 16: 340-346

[20] 于吉红, 闫文付. 纳米孔材料化学(催化及功能化). 北京: 科学出版社, 2013: 1-34

[21] Song W, Haw J F. Improved methanol-to-olefin catalyst with nanocages functionalized through ship-in-a-bottle synthesis from PH3. Angewandte Chemie International Edition, 2003, 42(8): 892-894

[22] Liu G Y, Tian P, Li J Z, et al. Synthesis, characterization and catalytic properties of SAPO-34 synthesized using diethylamine as a template. Microporous and Mesoporous Materials, 2008, 111(1-3): 143-149

[23] Lee K Y, Chae H-J, Jeong S-Y, et al. Effect of crystallite size of SAPO-34 catalysts on their induction period and deactivation in methanol-to-olefin reactions. Applied Catalysis A, 2009, 369(1-2): 60-66

[24] Prakash A M, Unnikrishnan S. Synthesis of SAPO-34: High silicon incorporation in the presence of morpholine as template. Journal of the Chemical Society, Faraday Transactions, 1994, 90(15): 2291-2296

[25] Dumitriu E, Azzouz A, Hulea V, et al. Synthesis, characterization and catalytic activity of SAPO-34 obtained with piperidine as templating agent. Microporous Materials, 1997, 10(1-3): 1-12

[26] Rajić N, Stojaković D, Hoçevar S, et al. On the possibility of incorporating Mn(II) and Cr(III) in SAPO-34 in the presence of isopropylamine as a template. Zeolites, 1993, 13(5): 384-387

[27] Xu L, Du A P, Wei Y X, et al. Synthesis of SAPO-34 with only Si(4Al) species: Effect of Si contents on Si incorporation mechanism and Si coordination environment of SAPO-34. Microporous and Mesoporous Materials, 2008, 115(3): 332-337

[28] Lorena Picone A, Warrender S J, Slawin A M Z, et al. A co-templating route to the synthesis of Cu SAPO STA-7, giving an active catalyst for the selective catalytic reduction of NO. Microporous and Mesoporous Materials, 2011, 146(1-3): 36-47

[29] Cao G, Matu J S. Synthesis of silicoaluminophosphate: US, 6680278. 2004

[30] Bibby D M, Dale M P. Synthesis of silica-sodalite from non-aqueous systems. Nature, 1985, 317(6033): 157-158

[31] 徐如人, 庞文琴, 于吉红, 等. 分子筛与多孔材料化学. 北京: 科学出版社, 2004: 198-264

[32] Fan D, Tian P, Xu S T, et al. A novel solvothermal approach to synthesize SAPO molecular sieves using organic amines as the solvent and template. Journal of Materials Chemistry, 2012, 22(14): 6568-6574

[33] Wang D H, Tian P, Yang M, et al. Synthesis of SAPO-34 with alkanolamines as novel templates and their application for CO_2 separation. Microporous and Mesoporous Materials, 2014, 194: 8-14

[34] Tian P, Su X, Wang Y X, et al. Phase-transformation synthesis of SAPO-34 and a novel SAPO molecular sieve with RHO framework type from a SAPO-5 precursor. Chemistry of Materials, 2011, 23(6): 1406-1413

[35] Matsukata M, Ogura M, Osaki T, et al. Conversion of dry gel to microporous crystals in gas phase. Topics in Catalysis, 1999, 9: 77-92

[36] Zhang L, Bates J, Chen D H, et al. Investigations of formation of molecular sieve SAPO-34. Journal of Physical Chemistry C, 2011, 115(45): 22309-22319

[37] Klein J, Lehmann C W, Schmidt H-W, et al. Combinatorial material libraries on the microgram scale with an example of hydrothermal synthesis. Angewandte Chemie International Edition, 1998, 37(24): 3369-3372

[38] Zhang L X, Yao J F, Zeng C F, et al. Combinatorial synthesis of SAPO-34 via vapor-phase transport. Chemical Communications, 2003, 17: 2232-2233

[39] Cooper E R, Andrews C D, Wheatley P S, et al. Ionic liquids and eutectic mixtures as solvent and template in synthesis of zeolite analogues. Nature, 2004, 430(7003): 1012-1016

[40] Pei R Y, Tian Z J, Wei Y, et al. Ionothermal synthesis of AlPO4-34 molecular sieves using heterocyclic aromatic amine as the structure directing agent.Materials Letters, 2010, 64: 2384-2387

[41] Wu Q M, Wang X, Qi G D, et al. Sustainable synthesis of zeolites without addition of both organotemplates and solvents. Journal of the American Chemical Society, 2014, 136(10): 4019-4025

[42] Ren L M, Wu Q M, Yang C G, et al. Solvent-free synthesis of zeolites from solid raw materials. Journal of the American Chemical Society, 2012, 134(37): 15173-15176

[43] 石秀峰, 李玉平, 任蕾, 等. 超浓体系下 SAPO-34 及其共晶分子筛的合成. 石油学报, 2008, 24: 230-233

[44] Liu Y L, Wang L Z, Zhang J L. Preparation of floral mesoporous SAPO-34 with the aid of fluoride ion. Materials Letters, 2011, 65(14): 2209-2212

[45] Xi D Y, Sun Q M, Xu J, et al. In situ growth-etching approach to the preparation of hierarchically macroporous zeolites with high MTO catalytic activity and selectivity. Journal of Materials Chemistry A, 2014, 2(42): 17994-18004

[46] Alvaro-Munoz T, Sastre E, Marquez-Alvarez C. Microwave-assisted synthesis of plate-like SAPO-34 nanocrystals with increased catalyst lifetime in the methanol-to-olefin reaction. Catalysis Science & Technology, 2014, 4(12): 4330-4339

[47] Lin S, Li J Y, Sharma R P, et al. Fabrication of SAPO-34 crystals with different morphologies by microwave heating. Topics in Catalysis, 2010, 53(19-20): 1304-1310

[48] Askari S, Halladj R. Ultrasonic pretreatment for hydrothermal synthesis of SAPO-34 nanocrystals. Ultrasonics Sonochemistry, 2012, 19(3): 554-559

[49] 孔黎明, 刘晓琴, 刘定华. 超声对 SAPO-34 分子筛合成的影响. 南京理工大学学报, 2007, 31: 528-532

[50] Vomscheid R, Briend M, Peltre M J, et al. The role of the template in directing the Si distribution in SAPO zeolites. Journal of Physical Chemistry, 1994, 98(38): 9614-9618

[51] Lok B M, Cannan T R, Messina C A. The role of organic molecules in molecular sieve synthesis. Zeolites, 1983, 3(4): 282-291

[52] Lee Y-J, Baek S-C, Jun K-W. Methanol conversion on SAPO-34 catalysts prepared by mixed template method. Applied Catalysis A, 2007, 329: 130-136

[53] Ye L P, Cao F H, Ying W Y, et al. Effect of different TEAOH/DEA combinations on SAPO-34's synthesis and catalytic performance. Journal of Porous Materials, 2010, 18(2): 225-232

[54] Li Z B, Martinez-Triguero J, Concepcion P, et al. Methanol to olefins: Activity and stability of nanosized SAPO-34 molecular sieves and control of selectivity by silicon distribution. Physical Chemistry Chemical Physics, 2013, 15(35): 14670-14680

[55] 何长青, 刘中民, 杨立新, 等. 模板剂对 SAPO-34 分子筛晶粒尺寸和性能的影响. 催化学报, 1995, 16(1): 33-37

[56] 刘红星, 谢在库, 张成芳, 等. 不同模板剂合成 SAPO-34 分子筛的表征与热分解过程研究. 化学物理学报, 2003, 16(6): 521-527

[57] 叶丽萍. 甲醇制低碳烯烃分子筛催化剂的研究. 上海: 华东理工大学博士学位论文, 2010

[58] 刘广宇. 二乙胺为模板剂的 SAPO-34 分子筛合成研究. 大连: 中国科学院大连化学物理研究所博士学位论文, 2008

[59] Marchese L, Frache A, Gianotti E, et al. ALPO-34 and SAPO-34 synthesized by using morpholine as templating agent. FTIR and FT-Raman studies of the host–guest and guest–guest interactions within the zeolitic framework. Microporous and Mesoporous Materials, 1999, 30(1): 145-153

[60] Fan D, Tian P, Su X, et al. Aminothermal synthesis of CHA-type SAPO molecular sieves and their catalytic performance in methanol to olefins(MTO) reaction. Journal of Materials Chemistry A, 2013, 1(45): 14206-14213

[61] 王利军, 赵海涛, 郝志显, 等. 晶化温度对 SAPO-34 结构稳定性的影响. 化学学报, 2008, 11: 1317-1321

[62] Dargahi M, Kazemian H, Soltanieh M, et al. Rapid high-temperature synthesis of SAPO-34 nanoparticles. Particuology, 2011, 9(5): 452-457

[63] 刘中民, 黄兴云, 何长青, 等. SAPO-34 分子筛的热稳定性和水热稳定性. 催化学报, 1996, 17(6): 540-543

[64] Watanabe Y, Koiwai A, Takeuchi H, et al. Multinuclear NMR studies on the thermal stability of SAPO-34. Journal of Catalysis, 1993, 143(2): 430-436

[65] Briend M, Vomscheid R, Peltre M J, et al. Influence of the choice of the template on the short- and long-term stability of SAPO-34 zeolite. The Journal of Physical Chemistry, 1995, 99(20): 8270-8276

[66] Buchholz A, Wang W, Arnold A, et al. Successive steps of hydration and dehydration of silicoaluminophosphates H-SAPO-34 and H-SAPO-37 investigated by in situ CF MAS NMR spectroscopy. Microporous and Mesoporous Materials, 2003, 57(2): 157-168

[67] Mees F D P, Martens L R M, Janssen M J G, et al. Improvement of the hydrothermal stability of SAPO-34. Chemical Communications, 2003(1): 44-45

[68] Janssen M J G, van Oorschot C W M, Fung S C, et al. Protecting catalytic activity of a SAPO molecular sieve: US, 6316683, 2001

[69] Loezos P N, Fung S C, Vaughn S N, et al. Maintaining molecular sieve catalytic activity under water vapor conditions: US, 7015174, 2006

[70] 田鹏, 刘中民, 许磊, 等. 一种含氧化合物转化制烯烃微球催化剂的保存方法: 中国, CN101121146A, 2011

[71] Derouane E G, Determmerie S, Gabelica Z, et al. Synthesis and characterization of ZSM-5 type zeolites I. Physico-chemical properties of precursors and intermediates. Applied Catalysis, 1981, 1(3–4): 201-224

[72] van Grieken R, Sotelo J L, Menéndez J M, et al. Anomalous crystallization mechanism in the synthesis of nanocrystalline ZSM-5. Microporous and Mesoporous, 2000, 39(1–2): 135-147

[73] Aerts A, Kirschhock C E A, Martens J A. Methods for in situ spectroscopic probing of the synthesis of a zeolite. Chemical Society Reviews, 2010, 39(12): 4626-4642.

[74] Kirschhock C E A, Kremer S P B, Vermant J, et al. Design and synthesis of hierarchical materials from ordered zeolitic building units. Chemistry——A European Journal, 2005, 11(15): 4306-4313

[75] Kumar S, Wang Z, Penn R L, et al. A structural resolution cryo-TEM study of the early stages of MFI growth. Journal of the American Chemical Society, 2008, 130(51): 17284-17286

[76] Sastre G, Lewis D W, Catlow C R A. Mechanisms of silicon incorporation in aluminophosphate molecular sieves. Journal of Molecular Catalysis A: Chemical, 1997, 119(1–3): 349-356

[77] Barthomeuf D. Topological model for the compared acidity of SAPOs and SiAl zeolites. Zeolites, 1994, 14(6): 394-401

[78] Blackwell C S, Patton R L. Solid-state NMR of silicoaluminophosphate molecular sieves and aluminophosphate materials. The Journal of Physical Chemistry, 1988, 92(13): 3965-3970

[79] Hall W K, Lutinski F E, Gerberich H R. Studies of the hydrogen held by solids: VI. The hydroxyl groups of alumina and silica-alumina as catalytic sites. Journal of Catalysis, 1964, 3(6): 512-527

[80] Zokaie M, Olsbye U, Lillerud K P, et al. Stabilization of silicon islands in silicoaluminophosphates by proton redistribution. The Journal of Physical Chemistry C, 2012, 116(13): 7255-7259

[81] Sastre G, Lewis D W, Catlow C R A. Structure and stability of silica species in SAPO molecular sieves. The Journal of Physical Chemistry, 1996, 100(16): 6722-6730

[82] Vistad Ø B, Akporiaye D E, Lillerud K P. Identification of a key precursor phase for synthesis of SAPO-34 and kinetics of formation investigated by in situ X-ray diffraction. The Journal of Physical Chemistry B, 2001, 105(50): 12437-12447

[83] Vistad Ø B, Akporiaye D E, Taulelle F, et al. In situ NMR of SAPO-34 crystallization. Chemistry of Materials, 2003, 15(8): 1639-1649

[84] Vistad Ø B, Akporiaye D E, Taulelle F, et al. Morpholine, an in situ 13C NMR pH meter for hydrothermal crystallogenesis of SAPO-34. Chemistry of Materials, 2003, 15(8): 1650-1654

[85] Vistad Ø B, Hansen E W, Akporiaye D E, et al. Multinuclear NMR analysis of SAPO-34 gels in the presence and absence of HF: The initial gel. Journal of Physical Chemistry A, 1999, 103: 2540-2552

[86] Tan J, Liu Z M, Bao X H, et al. Crystallization and Si incorporation mechanisms of SAPO-34. Microporous and Mesoporous Materials, 2002, 53(1–3): 97-108

[87] Liu G Y, Tian P, Zhang Y, et al. Synthesis of SAPO-34 templated by diethylamine: Crystallization process and Si distribution in the crystals. Microporous and Mesoporous Materials, 2008, 114(1–3): 416-423

[88] Tian P, Li B, Xu S T, et al. Investigation of the crystallization process of SAPO-35 and Si distribution in the crystals. The Journal of Physical Chemistry C, 2013, 117(8): 4048-4056

[89] 李冰, 田鹏, 齐越, 等. SAPO-11 分子筛晶化过程研究. 催化学报, 2013, 34: 593-603

[90] Chen J, Wright P A, Natarajan S, et al. Understanding the brønsted acidity of Sapo-5, Sapo-17, Sapo-18 and SAPO-34 and their catalytic performance for methanol conversion to hydrocarbons. Studies in Surface Science and Catalysis, 1994, 84: 1731-1738

[91] 李冰, 田鹏, 李金哲, 等. SAPO-35 分子筛的合成及其甲醇制烯烃反应性能. 催化学报, 2013, 34: 798-807

[92] 田鹏, 许磊, 刘中民, 等. 新型磷酸硅铝分子筛 SAPO-56 的合成与表征. 高等学校化学学报, 2001, 22: 991-994

[93] Li J Z, Wei Y X, Chen J R, et al. Observation of heptamethylbenzenium cation over SAPO-Type molecular sieve DNL-6 under real MTO conversion conditions. Journal of the American Chemical Society, 2011, 134(2): 836-839

[94] Chen J, Wright P A, Thomas J M, et al. SAPO-18 catalysts and their Brønsted acid sites. The Journal of Physical Chemistry, 1994, 98(40): 10216-10224

[95] Lohse U, Liiffler E, Kosche K, et al. Isomorphous substitution of silicon in the erionite-like structure AIP04-17 and acidity of SAPO-17. Zeolites, 1993, 13(7): 549-556

[96] Lohse U, Vogt F, Richter-Mendau J. Synthesis and characterization of the levyne-like structure SAPO-35, prepared with cyclohexylamine as templating agent. Crystal Research and Technology, 1993, 28(8): 1101-1107

[97] Su X, Tian P, Li J Z, et al. Synthesis and characterization of DNL-6, a new silicoaluminophosphate molecular sieve with the RHO framework. Microporous and Mesoporous Materials, 2011, 144(1-3): 113-119

[98] 张大志. 分子筛催化转化氯甲烷制取低碳烯烃及其反应机理的研究. 大连: 中国科学院大连化学物理研究所博士学位论文, 2007

[99] Zubkov S A, Kustov L M, Kazansky V B, et al. Investigation of hydroxyl groups in crystalline silicoaluminophosphate SAPO-34 by diffuse reflectance infrared spectroscopy. Journal of the Chemical Society, Faraday Transactions, 1991, 87(6): 897-900

[100] Zibrowius B, Löffler E, Hunger M. Multinuclear MAS NMR and IR spectroscopic study of silicon incorporation into SAPO-5, SAPO-31, and SAPO-34 molecular sieves. Zeolites, 1992, 12(2): 167-174

[101] 何长青, 刘中民, 蔡光宇, 等. SAPO-34 分子筛表面酸性质的研究. 催化学报, 1996, 10(1): 135-145

[102] Suzuki K, Nishio T, Katada N, et al. Ammonia IRMS-TPD measurements on Bronsted acidity of proton-formed SAPO-34. Physical Chemistry Chemical Physics, 2011, 13(8): 3311-3318

[103] Martins G A V, Berlier G, Coluccia S, et al. Revisiting the nature of the acidity in chabazite-related silicoaluminophosphates: Combined FTIR and 29Si MAS NMR study. The Journal of Physical Chemistry C, 2006, 111(1): 330-339

[104] 喻志武, 王强, 陈雷, 等. H-MCM-22 沸石分子筛中 Brønsted/Lewis 酸协同效应的1H 和27Al 双量子魔角旋转固体核磁共振研究. 催化学报, 2012, 33(1): 129-139

[105] Buchholz A, Wang W, Xu M, et al. Thermal stability and dehydroxylation of Brønsted acid sites in silicoaluminophosphates H-SAPO-11, H-SAPO-18, H-SAPO-31, and H-SAPO-34 investigated by multi-nuclear solid-state NMR spectroscopy. Microporous and Mesoporous Materials, 2002, 56(3): 267-278

[106] Jiang Y J, Huang J, Dai W L, et al. Solid-state nuclear magnetic resonance investigations of the nature, property, and activity of acid sites on solid catalysts. Solid State Nuclear Magnetic Resonance, 2011, 39(3–4): 116-141

[107] Shen W L, Li X, Wei Y X, et al. A study of the acidity of SAPO-34 by solid-state NMR spectroscopy. Microporous and Mesoporous Materials, 2012, 158(0): 19-25

[108] Bleken F, Bjørgen M, Palumbo L, et al. The effect of acid strength on the conversion of methanol to olefins over acidic microporous catalysts with the CHA topology. Topics in Catalysis, 2009, 52(3): 218-228

[109] Dahl I M, Mostad H, Akporiaye D, et al. Structural andchemical influences on the MTO reaction:a comparison ofchabazite and SAPO-34 as MTO catalysts. Microporous and Mesoporous Materials, 1999, 29(1-2): 185-190

[110] Mores D, Stavitski E, Kox M H, et al. Space- and time-resolved in-situ spectroscopy on the coke formation in molecular sieves: Methanol-to-olefin conversion over H-ZSM-5 and H-SAPO-3. Chemistry——A European Journal, 2008, 14(36): 11320-11327

[111] Liu G Y, Tian P, Xia Q H, et al. An effective route to improve the catalytic performance of SAPO-34 in the methanol-to-olefin reaction. Journal of Natural Gas Chemistry, 2012, 21(4): 431-434

[112] Izadbakhsh A, Farhadi F, Khorasheh F, et al. Key parameters in hydrothermal synthesis and characterization of low silicon content SAPO-34 molecular sieve. Microporous and Mesoporous Materials, 2009, 126(1–2): 1-7

[113] 杜爱萍. SAPO-34 分子筛硅配位环境的调变及 MTO 性能研究. 大连: 中国科学院大连化学物理研究所硕士学位论文, 2004

[114] 刘红星, 谢在库, 张成芳, 等. 用氟化氢-三乙胺复合模板剂合成 SAPO-34 分子筛. 催化学报, 2003, 24(4): 279-283

[115] Xi D Y, Sun Q M, Xu J, et al. In situ growth-etching approach to the preparation of hierarchically macroporous zeolites with high MTO catalytic activity and selectivity. Journal of Materials Chemistry A, 2014, 2(42): 17994-18004

[116] Chen D, Moljord K, Fuglerud T, et al. The effect of crystal size of SAPO-34 on the selectivity and deactivation of the MTO reaction. Microporous and Mesoporous Materials, 1999, 29, 191-203

[117] Nishiyama N, Kawaguchi M, Hirota Y, et al. Size control of SAPO-34 crystals and their catalyst lifetime in the methanol-to-olefin reaction. Applied Catalysis A, 2009, 362(1–2): 193-199

[118] Yang G J, Wei Y X, Xu S T, et al. Nanosize-enhanced lifetime of SAPO-34 catalysts in methanol-to-olefin reactions. The Journal of Physical Chemistry C, 117(16): 8214-8222

[119] van Heyden H, Mintova S, Bein T. Nanosized SAPO-34 synthesized from colloidal solutions. Chemistry of Materials, 2008, 20(9): 2956-2963

[120] Yang M, Tian P, Wang C, et al. A top-down approach to prepare silicoaluminophosphate molecular sieve nanocrystals with improved catalytic activity. Chemical communications, 2014, 50(15): 1845-1847

[121] Zhu J, Cui Y, Wang Y, et al. Direct synthesis of hierarchical zeolite from a natural layered material. Chemical Communications, 2009, (22): 3282-3284

[122] Yang H Q, Liu Z C, Gao H X, et al. Synthesis and catalytic performances of hierarchical SAPO-34 monolith. Journal of Materials Chemistry, 2010, 20(16): 3227-3231

[123] Hirota Y, Murata K, Tanaka S, et al. Dry gel conversion synthesis of SAPO-34 nanocrystals. Materials Chemistry and Physics, 2010, 123(2-3): 507-509

[124] Hirota Y, Murata K, Miyamoto M, et al. Light olefins synthesis from methanol and dimethylether over SAPO-34 nanocrystals. Catalysis Letters, 2010, 140(1-2): 22-26

[125] Schmidt F, Paasch S, Brunner E, et al. Carbon templated SAPO-34 with improved adsorption kinetics and catalytic performance in the MTO-reaction. Microporous and Mesoporous Materials, 2012, 164(0): 214-221

[126] Choi M, Cho H S, Srivastava R, et al. Amphiphilic organosilane-directed synthesis of crystalline zeolite with tunable mesoporosity. Nature materials, 2006, 5(9): 718-723

[127] Seo Y, Lee S, Jo C, et al. Microporous aluminophosphate nanosheets and their nanomorphic zeolite analogues tailored by hierarchical structure-directing amines. Journal of the American Chemical Society, 2013, 135(24): 8806-8809

[128] 陈璐, 王润伟, 丁双, 等. 具有多级孔的 SAPO-34-H 分子筛的合成与表征. 高等学校化学学报, 2010, 31: 1693-1696

[129] Sun Q M, Wang N, Xi D Y, et al. Organosilane surfactant-directed synthesis of hierarchical porous SAPO-34 catalysts with excellent MTO performance. Chemical Communications, 2014, 50(49): 6502-6505

[130] Li J H, Wei Y X, Chen J R, et al. Observation of heptamethylbenzenium cation over SAPO-type molecular sieve DNL-6 under real MTO conversion conditions. Journal of the American Chemical Society, 2012, 134(2): 836-839

[131] Li X, Sun Q M, Li Y, et al. Confinement effect of zeolite cavities on methanol-to-olefin conversion: A density functional theory study. The Journal of Physical Chemistry C, 2014, 118 (43): 24935-24940

[132] Inui T, Kang M. Reliable procedure for the synthesis of Ni-SAPO-34 as a highly selective catalyst for methanol to ethylene conversion. Applied Catalysis A, 1997, 164 (1–2): 211-223

[133] van Niekerk M J, Fletcher J C Q, O'Connor C T. Effect of catalyst modification on the conversion of methanol to light olefins over SAPO-34. Applied Catalysis A, 1996, 138 (1): 135-145

[134] Xu L, Liu Z M, Du A P, et al. Synthesis, characterization, and MTO performance of MeAPSO-34 molecular sieves. Studies in Surface Science and Catalysis, 2004, 147: 445-450

[135] Kang M. Methanol conversion on metal-incorporated SAPO-34s (MeAPSO-34s). Journal of Molecular Catalysis A: Chemical, 2000, 160 (2): 437-444

[136] Sun H N, Vaughn S N. Use of transition metal containing small pore molecular sieve catalysis in oxygenate conversion: US, 5962762, 1999

[137] Haw J F, Song W J. Ship-in-a-bottle catalysis: US, 7078364. 2006

[138] Mees F D P, Der Voort P V, Cool P, et al. Controlled reduction of the acid site density of SAPO-34 molecular sieve by means of silanation and disilanation. The Journal of Physical Chemistry B, 2003, 107 (14): 3161-3167

[139] Zhao T S, Takemoto T, Tsubaki N. Direct synthesis of propylene and light olefins from dimethyl ether catalyzed by modified H-ZSM-5. Catalysis Communications, 2006, 7 (9): 647-650

[140] 田鹏, 刘中民, 杨立新, 等. 一种小孔磷硅铝分子筛的磷改性方法: 中国, CN101121531, 2008

[141] Wu A H, Yao J H, Drake C A. Silicoaluminophosphate material, a method of making such improved material and the use thereof in the conversion of oxygenated hydrocarbons to an olefin and/or an ether: US, 6472569, 2002

[142] 宋守强, 李黎声, 李明罡, 等. H-SAPO-34 分子筛磷改性机理及作用. 石油学报, 2014, 30 (3): 398-407

[143] 张少龙, 张兰兰, 王务刚, 等. 纳米薄层 HZSM-5 分子筛催化甲醇制丙烯. 物理化学学报, 2014, 30 (3): 535-543

[144] 顾道斌. 甲醇制低碳烯烃工艺及催化剂的研究进展. 石化技术, 2012, 19 (4): 19-45

第 5 章　DMTO 催化剂的放大与生产

SAPO-34 分子筛催化的甲醇制烯烃(MTO)反应具有如下特征：高的甲醇转化率和烯烃选择性、反应速度快、强放热、快速积碳失活。循环流化床是与 SAPO-34 分子筛催化剂相适应和匹配的反应方式，可以实现催化剂的连续反应-再生、反应热的快速移出和床层温度的精确控制等。

甲醇制烯烃流化床催化剂从制备流程上涉及两方面的内容：分子筛合成和催化剂喷雾干燥成型。为了配合合成气经二甲醚制取低碳烯烃技术(SDTO)的中试试验，大连化物所于 1993 年即开展了 SAPO-34 分子筛的工业放大合成和流化床催化剂的放大制备。2005 年又进行了更大规模的分子筛合成和催化剂喷雾成型的放大制备与试生产，共生产催化剂约 20t，成功应用于万吨级 DMTO 工业性试验。通过工业性放大生产，我们建立了催化剂生产的完整工艺体系和质量控制体系，获得了可以大规模工业化生产的成套技术。2008 年年底，生产规模为 2000t/a 的 DMTO 催化剂厂建成并投料，生产出合格的催化剂产品。2010 年，采用 DMTO 催化剂的世界首套百万吨级 DMTO 装置在神华包头开车成功，此次投料试车不仅验证了 DMTO 催化剂的工业性能，更是中国煤制烯烃化工产业发展的良好开端，对我国石油化工原料的替代、国家能源战略安全的保障具有重要意义。到目前为止，采用 DMTO 催化剂的大型 DMTO 装置已经有多套进行商业运营，催化剂已累积生产上万吨。为了促进 MTO 技术的进一步发展，本章中，我们将大连化物所在甲醇制烯烃催化剂放大制备和工业化生产方面所积累的经验和知识进行总结和介绍。

5.1　流化床催化剂

5.1.1　催化剂的基本性能要求

优良的甲醇制烯烃流化床催化剂，除了拥有高的甲醇转化率和低碳烯烃选择性外，还必须在粒度分布、磨损指数等方面满足要求，才可以保证催化剂在循环流化床中的平稳操作运行，进而获得满意的结果。具体的 DMTO 催化剂(型号为 D803C-II01)物性指标如表 5.1 所示。

图 5.1 是 DMTO 催化剂的 SEM 照片和典型粒度分布。可以看到，催化剂具有良好的球形度，表面比较光滑，很少有破裂或孔洞。

表 5.1　DMTO 催化剂(D803C-II01)的物性指标

项　　目		指　　标
比表面积/(cm²/g)		≥180
孔体积/(cm³/g)		≥0.15
密度 /(g/cm³)	沉降密度	0.6~0.8
	密实堆积密度	0.7~0.9
	颗粒密度	1.5~1.8
	骨架密度	2.2~2.8
磨损率/(%/h)		≤2
粒度 / %	≤20μm	≤5
	20~40μm	≤10
	40~80μm	30~50
	80~110μm	10~30
	110~150μm	10~30
	≥150μm	≤20
反应性能	反应寿命/min	≥120
	乙烯+丙烯最佳选择性/wt%	≥86.5

注：分析方法见 5.1.2 节。

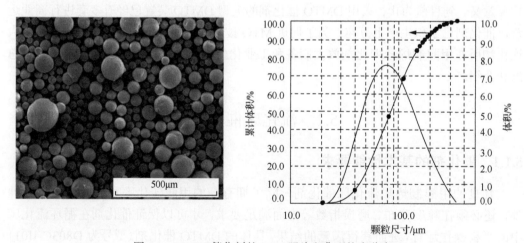

图 5.1　DMTO 催化剂的 SEM 照片和典型粒度分布

　　催化剂的粒度分布是流化床催化剂的一个重要物性指标。合适的粒度分布有利于催化剂在流化床反应器中保持良好的流化状态，保障装置的平稳操作运行。DMTO 工艺过程的设计,借鉴了工业上成熟的流化催化裂化(FCC)过程的流态化研究成果和工业设计经验。两者虽然在反应机理、动力学、热力学及具体的反应器形式、热平衡控制等方面存在差异，但对催化剂的流化性能要求相近，即两者具有相似的微球催化剂粒度分布，催化剂的粒径主要集中在 20～120μm。DMTO 催化剂的典型粒度分布如图 5.1 所示。需要指出的是，催化剂中适量细粉的存在对保持良好的流化状态非常重要，但过多的细粉会造成气流夹带损失。另外，大量的细粉出现在反应器上方的催化剂沉降段，也会导致反应产物发生二次反应的几率增加，造成乙烯+丙烯选择性降低。另一方面，催化剂的粒度也不能过大，粒度大则可能导致差的流化效果，同时对设备的磨损也大。

催化剂的磨损指数是衡量催化剂强度的指标。催化剂在流化床中因受气流冲击、颗粒间碰撞、颗粒与器壁撞击等带来的磨损和崩碎不可避免，因此与固定床催化剂相比，流化床催化剂需要保证足够的强度。过高的催化剂磨损指数，说明催化剂容易破碎磨损成为粒径较小的颗粒。由于小颗粒不容易被旋风分离器收集，会导致催化剂跑损量增加，从而增大生产成本，降低经济性，严重时还有可能改变反应器内的流化状态，在催化剂生产过程中，需要对磨损指数进行控制，但是由于流化床内容易导致催化剂破碎磨损的区域有气体分布器、旋风分离器和密相床层等，每个区域催化剂破碎磨损的机理也不一样，磨损指数的测量实际有很多种方法。目前工业流化床催化剂生产主要采用如 5.1.2 节介绍的直管法(高速气流喷射)测量磨损指数。DMTO 催化剂的磨损指数应小于 2%/h。在万吨级工业性试验装置中，催化剂的消耗量约为 0.75kg/t 烯烃(乙烯＋丙烯)。目前已投产运行的几套工业装置的标定数据显示，催化剂由于磨损导致的跑损量要小于这一指标。笔者也在开展不同条件下 DMTO 工业催化剂颗粒的破碎磨损研究，在第 7 章流态化中有详细的介绍。

此外，流化床催化剂在甲醇转化过程中需要经受反复的甲醇反应-高温烧碳再生，同时，甲醇转化过程还会伴随大量的水蒸气生成(甲醇脱水失去自身质量的 56%)，所以催化剂还必须具有良好的热稳定性和水热稳定性。图 5.2 给出了 DMTO 催化剂在 800℃、100%水蒸气处理不同时间后样品的相对结晶度、孔容和比表面积等的变化。在考察的96h 内，随水热处理时间的延长，催化剂的比表面积和相对结晶度下降幅度不大，表明样品具有优异的热稳定性和水热稳定性。几年来，DMTO 催化剂在大型工业装置中的长周期稳定运转也证明了其良好的热稳定性和水热稳定性。

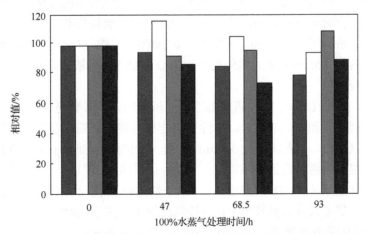

图 5.2　DMTO 催化剂在 800℃、100%水蒸气处理过程中的物性变化

5.1.2 催化剂性能测定方法

1. 磨损指数

催化剂磨损指数采用直管法测定,其测试装置如图 5.3 所示。

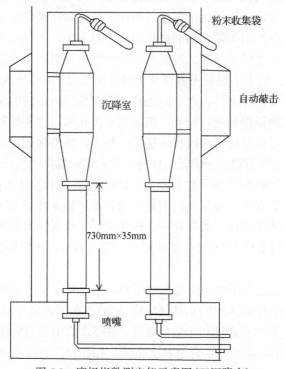

图 5.3　磨损指数测定仪示意图(双沉降室)

测定原理:在高速空气流的喷射作用下使微球催化剂呈流化态,催化剂颗粒间及催化剂与器壁间因摩擦碰撞破损,小于 20μm 的细粉会被气流带离流化室,收集在过滤袋内,通过计算单位时间内损失的固体量可得到催化剂的磨损指数。

测定条件:系统压力 150kPa、工作压力 0.2MPa、工作气(空气)流量 10L/min、射流孔板上有 3 个内径 0.5mm 的孔。催化剂磨损指数对空气流量敏感,至少每两周对工作气流量进行一次校准。

测量步骤:打开气源阀门,检查仪器控制面板上的各项参数是否处于正常使用状态;敲击沉降管、磨损管和出口玻璃管,去除残留物料;将装好粉末收集袋的收集管安装到仪器上方的空气出口,通入湿空气 30min;称取一定量的(精确至 0.01g)催化剂,加入沉降室中,将加湿后的粉末收集袋称量记录质量(m_0)后安装到仪器上;在控制面板上设定磨损时间 1h,并开始运行;1h 后停止运行,取下粉末收集袋,清空后称量记录质量(m_1),然后将粉末收集袋重新安装到仪器上;在控制面板上设定吹扫时间 4h,开始运行。每隔 30min 敲击一次沉降管和磨损管,运行停止后,关闭气源阀门。取下粉末收集袋称量记录质量(m_5),然后将沉降室的样品倒出称量记录质量(m_s)。

磨损指数 ω，数值以百分数每小时(%/h)表示，按下式计算：

$$\omega = \frac{m_5 - m_1}{4(m_s + m_5 - m_1)} \times 100\% \tag{5-1}$$

式中，m_5 为 5h 后粉末收集器的质量；m_1 为 1h 后粉末收集器的质量；m_s 为从沉降室内回收的样品质量。

由于实际的工业流化床反应器一般在高温条件下操作运行，催化剂颗粒在高温条件下除了受到机械碰撞导致的机械应力之外，还要承受热应力的作用。此外，在高温下，催化剂颗粒的材料特性也会发生改变，因此很多时候冷态的磨损指数不能完全代表工业实际情况。为此，笔者在实验室也进行了高温磨损指数的测量研究。测试装置如图 7.18 所示，气体射流分布板上有三个 0.5mm 的射流孔，磨损管段外设加热炉瓦。高温磨损指数的测量方法与前面介绍的常温测量方法基本一样。所用气体流量保证磨损管内的表观气速与常温下一致。研究发现，在 300℃下测得的 DMTO 催化剂颗粒磨损量与 500℃下有较大区别。由于 DMTO 反应器主要操作在 450～500℃，DMTO 催化剂颗粒磨损测量一般建议在 500℃条件下进行。此外，还发现 5h 的测试时间不足以反映 DMTO 催化剂颗粒磨损机理(见第 7 章)，因此在实验研究中将测试时间延长到了 12h。

2. 粒度分布

测量催化剂粒度分布的方法有多种，如激光粒度法、扬析法、显微镜分析法、沉降法等。由于激光粒度仪操作相对简单，数据处理软件方便快捷，结果可信，所以目前催化剂粒度分布多采用激光粒度仪进行测定。

激光粒度仪的测试原理：当光源发射的光束遇到颗粒阻挡时，一部分光将发生散射现象，散射光的传播方向与主光束的传播方向形成一个夹角 θ，θ 的大小与颗粒的大小有关，散射光的强度代表该粒径颗粒的数量。通过测量不同角度上散射光的强度，得到样品的粒度分布。

激光粒度仪的组成包括光学系统、样品分析系统、信号采集系统等，具体参数如表 5.2 所示。激光粒度仪每 2 个月或维修后均需采用标准样品进行校验。校验的粒径点不少于 3 个，对应颗粒百分含量的测量值与标准值的绝对误差应小于 3%。

表 5.2　激光粒度仪参数表

项　　目	参　　数
泵转速/(r/min)	2700～3000
分散剂	水
折射率	1.78 (γ-Al$_2$O$_3$)
遮光度/%	10～20
模型	通用(常规灵敏度)
颗粒形状	不规则(颗粒为不光滑颗粒)

具体测试步骤如下。

(1)开机：打开激光粒度仪电源，仪器预热 20min 以上。

(2)背景测量：样品池中放入去离子水，开启循环水泵，搅拌速度调至 2700r/min。打开工作站操作软件，进入粒度分析操作系统，依次输入操作者姓名、样品名称等信息。仪器进行自动对光，然后开始测量背景。

(3)测量：向烧杯中加入约 20g 试样，调节仪器遮光度在 10%～20%，然后开始测量。测量结束后，打开样品池上方盖子，将测量液体排出，用去离子水反复清洗仪器，使仪器测试背景达到正常状态。

(4)结果计算：由仪器分析结果，可以直接得到催化剂≤20μm、20～40μm、40～80μm、80～110μm、110～150μm、≥150μm 的粒度分级数值。

需要注意的是，催化剂取样应具有代表性，待测催化剂样品应反复混合均匀后，用样品勺从内部中间取少量样品。粒度测试样品用量少，取样时几个大颗粒样品的缺失将有可能对整体粒度分布的结果产生较大的影响。为了保证测试结果可信，同一样品的粒度分布应至少测试两次，结果应无大的偏差。

3. 比表面积和孔容

催化剂的比表面积和孔容采用低温 N_2 物理吸附方法测定，具体操作步骤按相关仪器测试操作说明进行。N_2 物理吸附测试前，催化剂样品需要在脱气站 300℃、真空条件下脱气 4～6h，以确保催化剂中的水分及易挥发物等尽可能被脱附，使待测样品孔道畅通。催化剂的比表面积按照 BET 法计算，孔容由相对压力 $P/P_0 \geqslant 0.98$ 时的 N_2 最高吸附量数据计算得到。

4. 催化剂密度

催化剂密度包括沉降密度、密实堆积密度、颗粒密度和骨架密度。

沉降密度的测定方法如下。

(1)催化剂高温焙烧后，保存于干燥器中待测。

(2)将约 60g 催化剂粉料从漏斗口在一定高度自由落下充满 100mL 专用量筒，静置 2min 后读取体积，计算密度为

$$\rho = m/V \tag{5-2}$$

式中，m 为装入量桶内的催化剂质量；V 为量桶内催化剂所占体积。

密实堆积密度的测定方法如下。

(1)催化剂高温烘干后，保存于干燥器中待测。

(2)将约 60g 催化剂粉末从漏斗口在一定高度自由落下充满 100mL 量筒，轻敦量筒至催化剂体积不发生变化，读取体积，计算密度为

$$\rho = m/V \qquad (5\text{-}3)$$

式中，m 为装入量桶内的催化剂质量；V 为量桶内催化剂所占体积。

骨架密度也叫做真实密度，比重瓶法测定催化剂骨架密度的方法如下。

(1)催化剂高温烘干后，保存于干燥器中待测。

(2)称取洁净干燥的带盖比重瓶质量(m_0)，然后装入待测催化剂(约至瓶容积的 1/4)，称取装有待测催化剂的比重瓶质量(m_s)。

(3)打开比重瓶盖，将去离子水注入比重瓶，湿润并浸没催化剂。

(4)将比重瓶放入真空干燥器，启动真空泵抽气至真空表刻度大于等于 100kPa，并观察瓶内，至基本无气泡逸出时停止抽气。注意抽气开始时调节三通阀，使瓶内催化剂中的空气缓缓排出，应避免由于抽气过快而将粉尘带出。

(5)取出比重瓶注满水后盖上瓶盖，液面应与盖顶平齐，然后称取质量，记录质量(m_{sc})。

(6)洗净比重瓶，注满水后盖上瓶盖，液面应与盖顶平齐，然后称取质量，记录质量(m_1)，记录室内温度作为测量温度。

骨架密度按式(5-4)计算，即

$$\rho_p = \frac{m_s - m_0}{(m_s - m_0) + m_1 - m_{sc}} \rho_1 \qquad (5\text{-}4)$$

式中，ρ_p 为催化剂骨架密度，g/cm^3；ρ_1 为测定温度下水的密度，g/cm^3。

颗粒密度是指包含微孔体积的单个颗粒的密度。颗粒密度可通过骨架密度和催化剂孔容计算得到，即

$$\rho_{颗粒} = 1/(1/\rho_p + V) \qquad (5\text{-}5)$$

式中，$\rho_{颗粒}$ 为颗粒密度，g/cm^3；V 为 N_2 物理吸附测得的催化剂总孔容，cm^3/g。

5. 反应性能评价

固定流化床评价可以更真实地反映流化床催化剂的 MTO 反应性能。通常采用的固定床评价方法虽然操作简单，但不同床层位置的催化剂活性点利用存在先后顺序，尤其对于快速的甲醇转化反应，固定床评价得到的是催化剂性能变化的总包结果。同时，固定床反应床层与甲醇接触并反应的部分由于反应热会使床层局部过热，偏离设定的评价温度。固定流化床可以避免这些问题，床层内所有催化剂的反应性能随时间同步变化，结果更具有代表性。为此，大连化物所设计建立了 DMTO 催化剂固定流化床标准评价方法[1]，具体的实验评价装置流程图、操作过程和结果分析计算，请参见第 10 章。

图 5.4 所示为工业放大生产的 DMTO 催化剂固定流化床的典型评价结果，在给定的评价条件下，催化剂寿命达到 162min(寿命以原料转化率大于 98%计，甲醇和二甲醚均

计为原料)，乙烯＋丙烯的选择性随反应时间延长而增加，在催化剂失活前达到最高值88.4wt%。

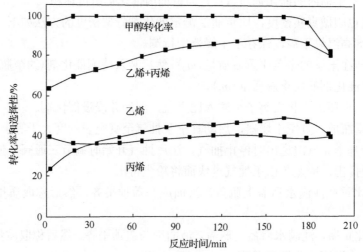

图 5.4　DMTO 催化剂的固定流化床反应结果(450℃，40wt%甲醇，WHSV = 1.5h^{-1})

5.1.3　流化床催化剂的制备方法

1. 喷雾干燥

喷雾干燥是工业上常用的流化床催化剂制备方法，其是用雾化器将料浆分散成微小雾滴，在干燥塔中与热空气接触，雾滴中的水分受热蒸发，而得到的干物料沉降在干燥室的底部。喷雾干燥过程涉及溶液(或悬浮液、乳浊液)的雾化、传热、传质及气-固分离等过程。喷雾干燥的最大特点是干燥过程快，这主要是由于雾化器使物料高度分散，增加了液滴与热空气的接触面积，从而加速了传质和传热过程。喷雾干燥过程中雾滴与空气的接触方式，可以有多种形式，如并流式、逆流式或混流式。通常按照雾化器的形式对喷雾干燥设备进行分类，即压力式喷雾干燥器、离心式喷雾干燥器和气流式喷雾干燥器。压力式喷雾干燥的压力可以高达 20MPa(喷嘴的孔径非常小)，由于它的雾焰比较长，所以干燥塔的高径比大。压力式雾化器有多种形式，常见的是切线漩涡式和离心式。离心式喷雾干燥是利用高速旋转的雾化盘(转速为 5000~20000r/min)在离心力的作用下把料液甩出，料液在雾化盘上伸展为薄膜，并以增大的速度向外甩出，进一步断裂为细丝和雾滴，雾滴呈近似抛物线下落，并被干燥。离心式喷雾干燥塔的高径比接近 1。气流式喷雾干燥是借助雾化器出口处气流与料液的速度差将料液分散，其适用的料液黏度比压力式或离心式高。通常干燥多使用气流式喷雾塔，而催化剂成型多使用压力式喷雾方式，近年来，离心式喷雾干燥塔也被广泛用于流化床催化剂的制备。图 5.5 给出了一个典型的催化剂喷雾干燥系统流程图。有关喷雾干燥相关知识的系统介绍请参阅文献。

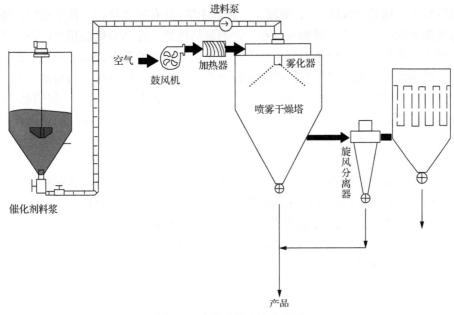

图 5.5　喷雾干燥系统流程图

　　喷雾干燥的产品颗粒大小可以通过调节喷嘴直径或雾化盘转速来实现，压力越大、喷嘴越小或雾化盘转速越快，产品粒度越细。料浆的固含量对产品粒度也有影响，低固含量得到的产品粒度会偏细，增大固含量会使得整体粒度增加。此外，喷雾干燥的风量过大时，易把细粉带走，影响产品的粒度分布。喷雾干燥的产品质量，如微球表面光洁度、球形度及微球实心程度与喷雾干燥塔的工作条件(入出口温度、雾化方式)和料浆的性质(pH、黏度、浓度等)均存在密切的关系[2]。

　　甲醇制烯烃流化床催化剂中 SAPO-34 分子筛是催化活性组分，但是单独的分子筛没有黏性，难以通过喷雾干燥方法获得强度高的微球形催化剂。在分子筛料浆中添加黏结剂等有助于喷雾成型和增加产品强度的成分是通常采用的方法。催化剂中非活性组分的存在还可以起到稀释分子筛、降低反应热效应的作用。需要指出的是，要尽量避免黏结剂等的添加对催化性能产生负面影响，它们的合理选择和调变是甲醇制烯烃催化剂成功制备的关键。一方面，应避免或抑制非分子筛组分中强酸性中心的出现，因为反应物甲醇分子高度活泼，在缺乏孔道空间的限制下，它的酸催化转化产物中低碳烯烃的选择性很低(甲醇在弱酸中心上转化生成二甲醚，此反应对 MTO 过程无影响)；另一方面，尽量避免从分子筛孔道内扩散出来的低碳烯烃产物有可能在酸性基质表面发生二次反应，降低低碳烯烃选择性。上述要求显然与催化裂化微球催化剂不同，后者需要黏结剂基质具有一定的酸性，有利于大分子原料的初步裂解。此外，黏结剂等还需要和 SAPO-34 分子筛有较强的相互作用，使得分子筛可以均匀分散在微球颗粒中，而不会在喷雾干燥过程中随水分的蒸发产生组分偏析。黏结剂的类型、含量和制备方式对催化剂的物化性质具有重要影响。此外，在浆料制备过程中添加少量造孔剂，对催化剂的孔结构进行有效控制也具有重要意义，可以改善反应物和产物的扩散传质。

天然黏土类物质(如高岭土、蒙脱土、膨润土等)具有层状结构,性质稳定,被广泛用于微球催化剂制备。黏土类物质具有一定的黏结性能,在高温焙烧相变后强度增大,但是单独黏土的黏结能力仍达不到工业生产对催化剂强度的要求,需要和其他黏结剂配合使用。硅溶胶是常见的黏结剂,也是比较理想的 MTO 微球催化剂黏结剂,干燥后的氧化硅是惰性氧化物,其表面呈中性。铝溶胶也常被用作黏结剂,具有良好的黏结能力,但干燥后的氧化铝表面会产生酸中心,对催化反应不利。磷铝胶、磷硅胶也可以作为催化剂黏结剂使用。另外,也可将几种黏结剂联合使用,发挥各自的优点,获得满意的效果。

微球催化剂内介孔孔道的存在可以避免活性组分分子筛被完全包裹在基质内,保证分子筛得以充分利用,所以在催化剂制备过程中可以添加一定的有机物作为造孔剂,如天然田菁粉、改性淀粉、聚乙烯醇等。这些造孔剂在高温焙烧后可以被方便地除去,对催化剂的催化性能没有影响。但是,造孔剂的加入量不可过多,一般应控制在小于 2wt%,否则会影响催化剂强度。

2. 直接合成方法

采用直接合成方法制备流化床催化剂,可以避免分子筛因洗涤分离带来的损耗,简化催化剂制备过程,是相对理想的微球催化剂制备路线,但以常规无定形原料出发的水热合成过程通常很难得到大于 20 μm 的球形晶体。另外,在 MTO 反应中大晶体会导致严重的扩散传质问题,降低分子筛的利用率。一个可行的方法是先将合适的原料混合,通过喷雾干燥制备符合流化床反应器粒径要求的微球前驱体,然后再晶化得到含特定分子筛的微球催化剂。

大连化物所在专利 ZL200610161072.X 中报道了直接制备微球催化剂的方法,首先采用喷雾干燥制备磷酸硅铝微球,然后将微球与有机胺和水混合,通过水热晶化在微球表面合成 SAPO-34 分子筛,所制备的微球催化剂显示了良好的 MTO 催化性能。清华大学魏飞等[3]采用喷雾干燥制备了高岭土微球,并将其在高温下焙烧后与磷源、模板剂和去离子水混合,搅拌均匀后在高温下水热晶化,得到原位生长在高岭土微球上的 SAPO-34 分子筛催化剂。Zhou 等[4]还报道了以具有较好流化性能的 α-Al$_2$O$_3$ 微球为前驱体,制备流化床催化剂的方法,其合成凝胶制备过程与 SAPO-34 合成相似,在水热晶化前加入一定比例的 α-Al$_2$O$_3$,晶化完成后沉降分离出微球,除去独立生长的 SAPO-34 小颗粒,洗涤、干燥、焙烧后得到流化床催化剂。反应评价结果显示,催化剂经过五次反应-再生后,性能与新鲜剂接近。

尽管采用先喷雾后合成的方法制备 FCC 催化剂已经有较多的文献报道,并获得了工业应用。但目前该路线制备 MTO 流化床催化剂的效果还不理想,多数情况下合成的SAPO-34 分子筛晶粒存在于微球的外表面。出现这种现象,主要是由于微球前驱体缺乏多孔传质通道,有机胺或其他原料难以扩散进入微球内部进而生成分子筛。此外,凸出微球外表面的晶粒在流化床中容易被磨损脱离微球颗粒。

5.2　分子筛的放大合成

分子筛放大合成是实现分子筛工业生产的重要环节，我们在完成实验室 10L 釜合成的基础上，进行了 2m³ 釜规模的工业放大合成。分子筛放大合成的目的有以下几点。

(1)验证实验室合成配方的可靠性和重复性。

(2)对合成过程中可能出现的问题及早发现和解决，如升降温速率、物料混合均匀性(搅拌效果)、产品分离方式等。

(3)对分子筛合成条件进一步优化，在保证产品性能的前提下，降低成本，节能降耗。

(4)建立完整的分子筛生产过程质量控制体系，确定标准分析方法。这些工作将为大型工业合成装置的建设和运行提供有力的支持和保障。

5.2.1　合成方案的确立

分子筛放大合成方案的确立，需要兼顾多方面的因素，优异的催化反应性能是分子筛产品必须具备的要素，其次还需要考虑合成过程的可操作性、环保性及合成产品的收率、晶化速率等。

模板剂对分子筛的晶化具有重要的作用，直接影响合成产品的纯度、微结构、硅进入程度、晶粒大小等，进而对产品的催化性能产生影响。大连化物所在 SAPO-34 分子筛合成方面进行了多年研究，创新性地发展了以三乙胺、二乙胺代替四乙基氢氧化铵做为模板剂廉价合成 SAPO-34 的新方法[5, 6]。这种方法具有晶化速度快、产品酸性质可控、晶粒形貌可调等特点，合成的产品在 MTO 反应中具有良好的催化性能。在此基础上，又发展了中微孔 SAPO-34 分子筛的合成方法[7]，可进一步提升分子筛催化剂的反应性能。同时，由于有机胺模板剂的沸点低于 100℃，在合成后可以通过蒸馏的方法与料浆分离回收并再利用，降低合成成本，是比较理想的 SAPO-34 分子筛合成模板剂。

分子筛合成中，硅源、磷源和铝源的选择对产品的纯度和催化性能也有一定的影响。放大合成时，各原料的来源要选取可以稳定供应大宗产品的生产厂家，以保证合成生产过程的长周期稳定运行和分子筛产品的质量。通常合成分子筛使用的硅源为硅溶胶、白炭黑或正硅酸乙酯，磷源为磷酸，铝源为拟薄水铝石和氢氧化铝等。

在明确合成原料、配比、加料顺序和晶化条件的基础上，可以进行分子筛的放大合成。除合成配方外，有可能对最终产品的纯度和结晶度产生影响的因素还包括升温速率和搅拌效果。分子筛的合成过程主要是动力学控制的过程，升温速率的变化有可能改变晶化历程，搅拌效果则主要影响合成体系物料混合的均匀性，两者都有可能影响产品的纯度。另外，在放大合成过程中，可依据合成结果对晶化时间、模板剂用量等参数进行优化调整，在保证产品催化性能的前提下，提高合成过程的经济性。

5.2.2 　分子筛放大合成的工艺流程

图 5.6 给出了 DMTO 催化剂 SAPO-34 分子筛的合成工艺流程示意图。合成过程的具体配料顺序如下：将硅磷铝原料在搅拌下按一定顺序与去离子水混合均匀，然后加入模板剂，密封合成釜，继续搅拌均匀后，升温并保持在一定条件下进行晶化。合成结束后，降温至 90℃时，开釜蒸馏有机胺模板剂，然后继续降温至 50℃左右，过滤洗涤，滤液回收，滤饼干燥即得分子筛产品。

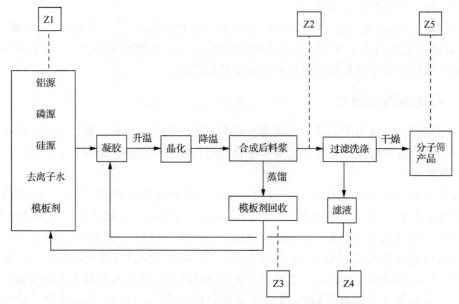

图 5.6　SAPO-34 分子筛合成工艺流程示意图及质量监控位点分布(Z1～Z5)

有机胺模板剂的蒸馏回收，不但可以提高合成生产过程的经济性，还可以降低后续废液处理过程的环保压力，改善分子筛过滤洗涤工段的操作环境。蒸馏回收的有机胺模板剂，经色质联用分析其含量后，可以作为模板剂重新用于合成。2m³ 釜的合成实验结果显示，回用的模板剂在合成效果上与新鲜模板剂完全相同，分子筛产品的物化性质和催化性能也没有差别。

分子筛合成后的滤液及洗涤液中含有一定量未参与晶化的硅/磷/铝氧化物，可以将这部分液体再次用于分子筛合成[8]。它们的回用可提高原料的利用率，降低废液的处理量。

5.2.3 　质量控制体系的建立

通过放大合成，可以建立和完善合成过程的质量控制体系，为大规模分子筛合成的稳定生产提供保障。合成过程的质量监控位点分布示意图如图 5.6 所示，具体的分析检测项目及频次如表 5.3 所示。

表 5.3　分子筛合成单元质量分析检测表

分析点	样品名称	分析内容	频次
	铝/硅/磷源	含量、纯度等	2 个/批
Z1	去离子水	电导率、pH	天
	模板剂	含量	2 个/批
Z2	过滤前料浆	晶相、形貌	釜
Z3	回收的模板剂	含量	罐
Z4	滤液	含量	罐
Z5	分子筛产品	晶相、组成、形貌、孔容、比表面积、固含量及 MTO 反应性能	釜

Z1 分析点是对各原料的分析检测，需要对每批原料的浓度、杂质含量等进行分析，防止不合格原料进厂。Z2 分析点是对过滤前的料浆进行分析，检测其中固体物质的晶相和纯度。如果发现样品中有杂晶生成，过滤后需要将本批次产品单独烘干保存，避免污染合格样品。Z3 分析点是对蒸馏得到的模板剂含量进行分析，以便用于再次合成的投料计算。Z4 分析点是对滤液进行分析，获得其含量信息，便于进行回用。Z5 分析点是对分子筛产品的物性进行检测，包括晶相、组成、形貌、孔容、比表面积、固含量及 MTD 反应性能。Z5 分析点是对分子筛产品进行检测，合格后方可进入下一工段，用于催化剂的喷雾干燥制备。

针对合成过程中可能出现的含杂晶不合格产品，笔者开发了转晶制备 SAPO-34 的方法[9]，通过将含杂晶的产品与有机胺水混合后，可以再次晶化合成纯相 SAPO-34。

5.2.4　分子筛性能评价方法

MTO 催化反应性能是 SAPO-34 分子筛最为重要的性质指标。下面介绍大连化物所建立的分子筛催化性能标准评价方法，具体的固定床评价装置流程如图 5.7 所示。

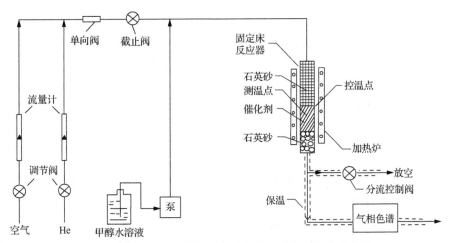

图 5.7　DMTO 分子筛催化剂固定床评价装置流程示意图

试验步骤如下。

(1)将 2.5g 分子筛催化剂(20～40 目)装入小型固定床反应器中,在 550℃、40mL/min 的 He 气气氛中活化 1h。

(2)调整到反应温度 450℃,关闭 He 气截止阀,启动恒流泵,将浓度为 40wt%的甲醇水溶液以 25.0g/h(WHSV = 4h^{-1})的进料速度输入固定床反应器中,出口产物分析管线在 150 ℃左右加热保温。进料 4min 后,启动在线气相色谱仪对反应产物进行取样分析,并根据需要设定在线取样次数,直至催化剂失活。

(3)催化剂完全失活后,停止甲醇水溶液进料,停止加热炉加热,通 He 气降温,停止色谱取样分析。

具体的转化率及选择性计算方法见第 10 章甲醇制烯烃分析方法。图 5.8 给出了 2m^3 釜放大合成的分子筛的典型 MTO 催化反应结果。在标准评价条件下,分子筛的寿命可达 200min 左右(甲醇转化率大于 99%),乙烯和丙烯的选择性随反应时间呈现相反的变化趋势,前者逐渐增加,后者在反应初期有一个明显的下降,而后基本保持不变。乙烯＋丙烯的总选择性随反应时间上升,最高可达到 85wt%。

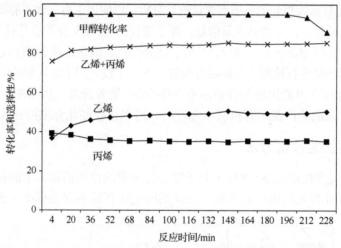

图 5.8　2m^3 釜放大合成的 SAPO-34 分子筛的固定床 MTO 反应结果

450℃,40wt%甲醇水溶液,WHSV = 4h^{-1}

5.2.5　分子筛合成的可靠性与重复性

分子筛放大合成的根本目的是发展具有可靠性的放大技术。这不仅是技术问题,同时也是与技术密切相关的过程质量控制与管理问题。质量控制不仅要求指标明确可靠的原料来源、合适的设备,而且要求明确且易实现的操作条件、中间过程及中间产品的监控技术。严格的质量控制体系,包括规范的产品包装与保存方法等,是保障可靠性的必要条件。上述问题也是长于实验室研究且有志于工业应用技术或产品开发者应当十分重视的。分子筛放大合成并非简单的更大规模的重复,需要发现和解决与技术相关的大量问题。分子筛放大合成技术可靠性的体现是其重复性,重复性不是指单项指标,而是指包括组成、组成分布及微化学环境、晶粒大小及形貌、相对结晶度、催化性能等一系列指标均在合理的范围内。

图 5.9 给出了不同批次 $2m^3$ 合成釜放大生产的 SAPO-34 分子筛的 MTO 催化反应结果。可以看到，它们的反应性能均比较接近，乙烯、丙烯最高选择性基本维持在 85wt%，显示出我们的放大合成方案可靠、重复性好。

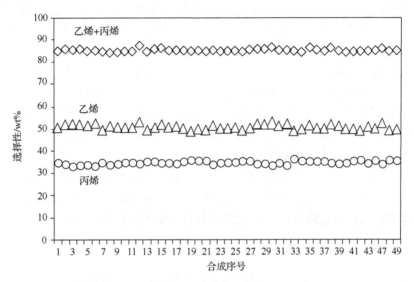

图 5.9　SAPO-34 分子筛放大合成的重复性（$2m^3$ 合成釜）

5.3　DMTO 催化剂的放大制备

5.3.1　工艺流程

DMTO 微球催化剂的放大制备在离心式喷雾干燥装置上进行，规模为 300kg/h 水分蒸发量，料浆配置在容积为 $2m^3$ 的常压釜中进行。催化剂成型制备从生产流程上依次为：原料混合打浆、胶磨、喷雾干燥、焙烧、包装保存等，具体的工艺流程示意图如图 5.10 所示。循环胶磨过程是催化剂料浆制备过程中的重要环节，通过胶磨降低料浆中存在的

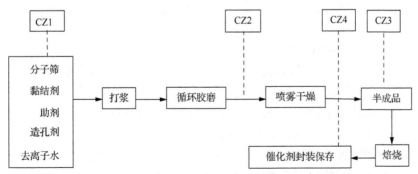

图 5.10　DMTO 催化剂成型生产工艺流程图及质量监控位点分布（CZ1～CZ4）

大颗粒,使各物料均匀混合,保证喷雾成型过程的稳定生产。在放大生产初期,要调节喷雾干燥塔的进风量、入口温度、进料量和雾化器转速,以获得满意的喷雾干燥产品。在固定料浆配方的前提下,雾化器转速与产品粒度的关系最为密切,随转速的增加,粒度单调降低。在避免物料黏壁现象和保证产品满足循环流化床粒度要求的前提下,确定合适的雾化器转速。

针对 DMTO 反应装置中旋风分离得到的催化剂细粉,开发了流化床催化剂回用制备技术[10]。从旋风分离获得的催化剂粒径很小,表观上是完全粉化的催化剂,如能回用可以明显降低成本。首先采用反应评价测试细粉的催化性能,如果仍具有良好的反应活性,则具有回用价值。细粉回用制备过程如下:将催化剂细粉与水混合后,按照一定的比例与新鲜配制的料浆混合,胶磨,喷雾干燥,所得催化剂焙烧后的磨损指数与新鲜催化剂相比,仅略有增加。优先采用含碳细粉进行催化剂料浆的制备以避免分子筛性能的衰减。催化剂生产过程中,如果产生了过多的细粉也可以采用此方法进行回用。

笔者也发明了分子筛合成后的母液料浆直接用于喷雾成型的方法[11]。通过在合成料浆中添加适量的黏结剂、基质和助剂等,并控制料浆的黏度和 pH 值,可以将母液料浆直接用于喷雾成型生产微球催化剂。该方法可以避免分子筛合成后大量废液的产生,降低环保处理的压力,节能降耗,对工业生产具有重要的价值和意义。

5.3.2　催化剂的焙烧及保存

催化剂喷雾成型后需要进行高温焙烧才能使强度提高,以适用于 MTO 工业反应装置。同时,焙烧可以除去催化剂中含有的可挥发成分(水分、有机物等),使分子筛孔道畅通,催化活性位得以暴露。具体的焙烧设备介绍见 5.4.2 节,DMTO 催化剂可采用回转窑的焙烧方式。

产品封装是催化剂生产的最后一道工序,也是非常关键的一步。笔者的研究工作和一些文献报道均已发现,焙烧型 SAPO-34 分子筛存放在空气气氛中或湿度较大的环境中会引起催化活性下降。因此,需要对催化剂产品进行严格的封装,隔绝与空气的接触,避免催化剂吸收空气中的水分导致催化活性衰减。DMTO 催化剂采用的是内衬铝箔的聚丙烯编织袋包装,标准规格为 800kg/袋。包装袋上标有清晰、牢固的"怕雨""禁止翻滚"等字样。封装好的催化剂储存在干燥的仓库内,严防污染受潮。在催化剂产品的装卸运输过程中,要轻提轻放,严禁摔滚撞击,以防包装破裂。运输过程中应有防雨设施,防止雨淋。

鉴于完全焙烧型 DMTO 催化剂需要严格隔绝空气中的水分以避免反应活性的降低,笔者发明了控制焙烧条件保护微球催化剂活性的方法[12],即将微球催化剂在不含氧或氧含量小于 5%的近惰性气体中于 350~550℃焙烧,使焙烧后的催化剂带有一定量的残碳或贫氢化合物。由此生成的分子筛催化剂,由于酸性中心被残炭覆盖,可以起到有效保护活性中心的作用。另外,Exxon 公司也公开了多个保护焙烧型催化剂活性的方法,如为催化剂提供保护屏或将焙烧后的催化剂在一定温度下吸附甲醇、氨气或其他有机气体分子,保护催化剂的酸性位不被水分子接触水解[13, 14]。

5.3.3　催化剂生产质量控制体系的建立

通过催化剂喷雾干燥成型的放大制备,催化剂生产的质量控制体系得以建立和完善。具体的分析监测点的位置分布如图 5.10 所示,表 5.4 给出了催化剂成型单元的质量分析检测项目和频次。

表 5.4　催化剂成型单元质量分析检测表

分析点	样品名称	分析内容	频次
CZ1	分子筛	分子筛合成段已分析	
	黏结剂等原料	固含量、组成	2 个/批
	去离子水	电导率、pH	天
CZ2	胶磨后料浆	粒度分布	釜
CZ3	半成品催化剂	粒度分布	釜
CZ4	催化剂	固含量、粒度分布、比表面积、孔容、组成、形貌、磨损指数、堆积密度、DMTO 反应性能	釜

CZ1 分析点是对各喷雾成型原料的分析检测,其中分子筛已经在合成段进行了物相分析和性能评价,可直接用于成型制备。CZ2 分析点是检测胶磨料浆中固体颗粒的粒度分布,确保各物料胶磨分散混合的效果,当料浆的颗粒分布满足一定要求后,方可将料浆送至喷雾干燥塔。CZ3 分析点是对半成品催化剂的粒度分布和形貌进行检测,保证产品的粒度分布满足要求,以便及时对喷雾干燥塔的运行条件进行调整。CZ4 分析点为最终催化剂产品的检测,依据 DMTO 过程对催化剂的质量要求,需要对产品的固含量、粒度分布、比表面积、孔容、组成、形貌、磨损指数、堆积密度、DMTO 反应性能等进行表征。CZ4 检测中各项指标满足要求的样品,即为合格的 DMTO 催化剂。

5.3.4　DMTO 催化剂在万吨级工业性试验中的应用

2004～2006 年,大连化物所、中石化洛阳工程有限公司和新兴科技公司合作,在陕西华山化工公司建设了甲醇处理量为 50t/d 的工业性试验装置。工业放大和试生产的 DMTO 催化剂在该装置上得到应用和检验。催化剂的流化性能和反应性能均能满足工业生产要求。图 5.11 给出了放大生产的 DMTO 催化剂在工业性试验装置上的典型反应结果。可以看出,甲醇转化率维持在 99.18%～99.42%,乙烯+丙烯在非水产物中的选择性约 80%,乙烯+丙烯+丁烯在非水产物中的选择性约 90%。物料平衡结果显示,乙烯+丙烯产率 33.73%,乙烯+丙烯+丁烯产率 37.98%～38.1%,每吨(乙烯+丙烯)原料消耗量为 2.96t,每吨(乙烯+丙烯+丁烯)原料消耗量为 2.63t。工业性试验装置上,每吨甲醇的催化剂消耗为 0.25kg。这些结果进一步证实了 DMTO 催化剂工业放大生产技术的可靠性。

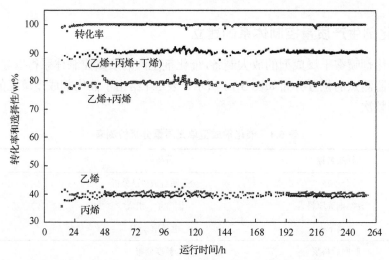

图 5.11　万吨级 DMTO 工业性试验典型反应结果

5.4　DMTO 催化剂的工业生产

通过前面的放大生产，建立了完整的从分子筛合成、催化剂制备到产品的工艺流程，获得了条件运行参数，建立并完善了质量控制体系。另一方面，小试过程中一些难以遇到的工程和环保问题也得以充分暴露(如过滤方式、焙烧尾气处理等)，使笔者对工业生产过程有了更清晰直观的认识，这些都为催化剂工业化生产装置的建设奠定了良好的基础。

5.4.1　催化剂工厂的设计原则

催化剂工厂的设计和建设，从时间顺序上依次可分为：项目工艺包编制、可行性研究报告、初步设计、详细设计(施工图)、开工建设五个阶段。每个阶段的设计内容可以参考石油石化行业现行的最新标准和规范。

项目工艺包中一般包括如下内容：设计基础、工艺说明、物料平衡、原料和能量消耗、安全环保说明、分析检测方法、工艺管道及仪表流程图、设备表、自控仪表、技术经济指标分析等。以工艺包为基础，完成项目的可行性研究报告，并以此作为立项依据，进行环境影响、安全、职业危害等评价及节能评估和审查。通过环境影响、安评等审查后，项目进入立项阶段，可开展初步设计工作。工艺流程设计时，需要比较各方案的可靠性、经济性、安全环保等诸多因素，综合判断选取合理的技术方案，并分析全流程各单元的工艺操作条件，优化设计。设计时既要遵照相关化工设计的规范，又要结合具体催化剂生产的特点。应注意考虑以下几方面的内容。

(1)技术经济性。通过对可能方案的比较，兼顾安全环保、自动化水平、设备先进性等因素，核算投资与回报关系，获得最大的经济效益。

(2)自动化程度。依据催化剂装置的特点、生产操作要求及资金情况，确定适宜的自动化水平。

(3)生产装置的弹性操作范围。

(4)预留空间。这一项主要是针对因市场需求、投资等原因需要分期建设的项目,在设备生产能力、平面布置等方面要留有空间,便于扩产改造。

初步设计阶段,要对工艺流程进行仔细研究,并通过化工软件计算和模拟,完善催化剂制备的工艺流程,使得催化剂生产全流程的能量得到充分利用、各工段实现合理衔接、操作控制安全便捷,同时也要对一些流程细节进行考虑,如利用厂房的高度差,实现物料的位差输送等;根据催化剂厂的生产规模,结合生产效率,确定各操作单元的生产能力(预留一定的弹性生产空间)、设备数量和规模;明确具体的工艺操作条件,如温度、压力、投料量、晶化时间等;明确各设备和操作环节的控制点和控制参数,考虑开/停车、正常生产情况下,操作控制的指标、方式、反馈和连动控制等,设计流程的控制系统和仪表系统,补充控制阀门和事故处理的管线等。工艺流程设计中有物料系统和公用工程系统的原则流程图,简称为 PFD(process flow diagram),带控制点的工艺流程图,包括所有的管路、反应器、储罐、泵、换热器等化工设备及各种阀门的流程图,简称为 PID(piping & instrument diagram)。在完成初步设计后,为了节省时间,加快项目进度,可逐步开展相关设备的订货工作。

详细设计阶段,以初步设计为基础,一般不做大的变动,对设备、仪表、公用工程等进行详细设计。在完成工艺流程图、设备选型和尺寸等工作后,可进行装置的空间布局和配管工作,需要满足布局合理、整齐美观、经济实用、符合安全规范等要求。

依据详细设计的施工图,可以进行催化剂生产工厂的土建和设备安装工作。

5.4.2　相关设备简介

催化剂生产设备方面,可分为标准设备和非标准设备两类。使用标准设备(如各类液体泵)时,应根据工艺和规模要求进行选型;非标准设备(如高压合成釜、喷雾干燥塔、原料储罐、计量罐等)据生产工艺的要求,提出具体的设备尺寸、材质、结构形式、耐压程度等要求,由设备生产厂家进行加工设计。

下面重点对催化剂生产中的高压合成釜、过滤设备和焙烧设备进行介绍。

1. 高压合成釜

高压合成釜是分子筛合成的关键设备,其材质和设计压力、设计温度需要根据具体的合成体系和合成条件进行确定,一般设计压力是最高工作压力的 1.2 倍。高压合成釜主要依靠搅拌来实现釜内温度和物料的均匀,所以搅拌浆的形式和工作参数的确定是一个重要环节,需要根据物料性质和要求进行前期模拟,以确定搅拌的具体方式和搅拌设备的形式。在水热合成体系中,若采用水溶性不高的有机胺模板剂,通常会形成有机-无机两相体系,且产生界面效应,尤其应注意搅拌方式,以保障两相物料在合成釜中的传质。另外,大型的高压合成釜内会有加热/取热盘管,便于合成釜的快速升温或降温。高压合成釜上还需要安装安全阀,以应对可能出现的超温超压情况。通常,可以根据中试中完善和优化的设备,依据理论计算和工业化经验设计更大型的合成釜。简便的方法是在保持相似高径比的前提下,进行合成釜的放大设计。如果合成体系非常复杂,或认识不足,简单的增加设备数量则是较为稳妥的办法,以避免放大效应导致的风险。

2. 过滤设备

分子筛产品的过滤和洗涤是催化剂生产过程中的重要操作单元。由于合成的SAPO-34分子筛粒径在微米级,过滤设备选型对产品的收率具有重要影响,适宜的过滤方式可以降低产品损失。用于工业生产的过滤设备,依工作原理主要分为四类,即板框压滤机、回转式过滤机、离心过滤机和带式过滤机。

板框压滤机是工业上广泛使用的过滤设备,它的板和框可以使用不锈钢、聚丙烯和橡胶等材料制成,过滤面积可以通过板框数目进行调节,操作压力一般为0.3~1.6 MPa。压滤机的结构如图5.12所示,交替的滤板和滤框构成一组滤室,工作时将悬浮液压入滤室,在滤布上形成滤饼,直至充满滤室。滤液穿过滤布沿滤板上的沟槽流至板框边角的通道,集中排出。过滤完毕,可以通入水进行洗涤,并进一步用水或压缩空气压滤,以降低滤饼中的水含量。板框压滤机操作维修方便,可以实现自动卸料,降低工人的劳动强度,但缺点是属于间歇操作,不能实现连续进料运行。

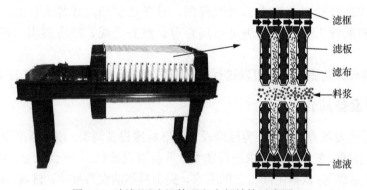

图 5.12　板框压滤机外观和内部结构示意图

回转式过滤机依据过滤推动力的不同可分为回转真空过滤和加压回转过滤(加压转鼓,压力小于0.5 MPa),两者的工作方式相似。回转过滤的滚筒的转速可以任意调节,因此处理的悬浮液的量和滤饼的厚度可以在较大的范围内变化。回转过滤特别适合于容易过滤的料浆,它的特点是可以实现连续的进料操作,在一个回转周期内,完成过滤、洗涤、吹扫、卸料过程。

离心过滤机的基本原理是利用离心机高速旋转产生的离心力,加快悬浮液中固体颗粒的沉降速度,从而把样品中不同密度或粒度的固体颗粒进行分级分离。工业用离心机按分离方式可分为过滤式离心机和沉降式离心机。离心过滤是指悬浮液在离心力的作用下,液体通过滤布成为滤液,固体颗粒被截留在滤布表面,实现固液分离,这类离心机可以实现连续自动的进料、分离、洗涤和卸料过程。离心沉降分离中没有滤布,其利用离心力场把悬浮液中密度不同的各组分沉降分层,实现固液分离。沉降式离心机可以实现连续的进料和出料过程。通常沉降式离心机可以获得更高的分离因数，对含有粒度大于 0.01mm 颗粒的悬浮液，可选用过滤离心机，而悬浮液中颗粒细小或可压缩变形的，则宜选用沉降离心机。

带式过滤机依据过滤推动力的不同可分为带式真空过滤机和带式压榨过滤机。带式真空过滤机的过滤区段沿水平长度方向布置，通过滤带的移动，能连续自动完成过滤、滤饼洗涤、吸干、卸料、滤布清洗等动作，母液和洗涤液根据需要可以分别收集。带式压榨过滤机是由两条滤带缠绕在一系列大小不等的辊轴上，利用滤带间的挤压和剪切作用，除去料浆中的水分。

3. 焙烧设备

催化剂焙烧设备从构造方式上可分为回转式、隧道窑式、网带式和厢式。

回转窑是催化剂制备过程中普遍使用的焙烧方式，可实现连续进/出料操作，处理能力大，结构如图 5.13 所示。筒体的长度根据催化剂焙烧升温速率等要求可以在一定范围内变化，筒体倾斜放置(倾斜度一般小于 5º)，炉头高于炉尾，通过调节筒体的旋转速度改变物料的移动速度。回转窑分为预热段、焙烧段、冷却段，加热设备在回转窑的中部，高温烟气在回转窑前端的引风机的作用下，沿筒体向炉头方向流动，对进入炉内的物料起到预热作用，热量的利用效率高。如果催化剂焙烧过程中会释放有毒或腐蚀性气体，需要注意炉体材料的选择，并在烟气出口处连接相应的环保处理设备。

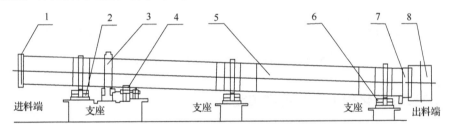

图 5.13　回转窑结构示意图

1,7. 密封装置；2,6. 支承装置；3. 大齿圈装置；4. 传动装置；5. 筒体；8. 窑头罩

隧道窑一般是直线型隧道，墙壁和拱顶由耐高温的陶瓷材料制成，窑车在底部的轨道上运行。隧道窑可连续进/出料，烟气的流动方向与回转窑相似。依生产需要，隧道窑的最高烧成温度可以达到 1700℃。隧道窑常被用于干燥焙烧成型的催化剂载体(如环状、圆柱状)。

网带式焙烧炉由不锈钢网带作为输运链条，可以进行连续生产，温度分布比较均匀，适合颗粒状物料的焙烧。

厢式焙烧炉构造最为简单，操作方便。在炉内的底板上可装有轨道，便于装满物料托盘的小车出入。焙烧炉用电加热，在炉子尾部有自然抽风烟囱。厢式焙烧炉属于间歇操作，生产效率低。

5.4.3　DMTO 催化剂生产的工艺流程

DMTO 催化剂的工业生产分为分子筛合成和催化剂成型两个单元,各单元有相对独立的操作界区,其总流程如图 5.14 所示。两个单元中质量控制监测位置与中试放大生产时相近,此处没有进行标示。分子筛作为半成品可以单独保存备用,也可以直接进入催化剂成型单元。催化剂喷雾成型后的样品可以保存备用,待需要时焙烧,也可以直接焙烧后得到成品进行封装保存。

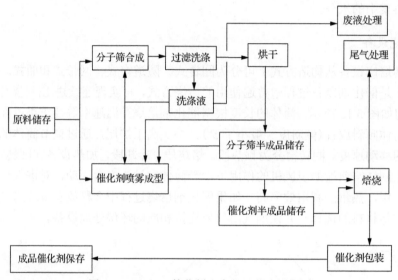

图 5.14　DMTO 催化剂生产的工艺流程框图

5.4.4　DMTO 催化剂工厂的生产实践

1. 试车与运行

催化剂生产装置的基本建设施工完成后,需要经过单机试车、中间交接、联动试车、化工投料,方可进入到正式生产阶段。

单机试车的目的是对所有的机械设备的性能通过启动运转进行初步检验,及早发现问题并予以解决。该阶段还包括供电系统的投用和仪表的调校。同时,需要对安装检验合格后的工艺管道和设备进行吹扫和清洗。通过使用气体、水或酸碱溶液对内器壁进行清洁洗涤,除去施工安装和设备制造时残留的油污、焊渣、固体颗粒物等,防止在开工试车时,可能引发的管道堵塞、阀门和设备损坏、产品污染等事故发生。按照我国有关方面编制的工厂建设施工及验收规范规定,单机试车阶段属于安装施工内容的一部分,应以施工单位为主,生产建设单位积极协助配合工作。

单机试车完成后,可进行工程中间交接。中间交接标志着施工安装阶段的结束,生产建设单位开始接手催化剂生产装置。

联动试车阶段,首先需要编写详细、全面的联动试车方案,包括试车的组织管理系统，保运系统，试车的内容和程序，开、停车和正常操作程序，事故处理措施等。联动试车的目的是全面检查所有设备、管道、阀门、自控仪表等的性能和质量，并进行生产操作人员的培训和实际演习，为化工投料做准备。联动试车的内容主要包括：采用水作为介质，检查系统的气密性；以水作为待用物料，模拟真正的生产过程，进行装置系统的联动运行。

化工投料是投料试车过程中最为关键的阶段。在投料前，必须认真检查确认具备了投料条件、人员培训完成、生产管理制度和岗位分工明确、安全消防急救系统完善。同时，需要编写完善的投料试车方案，明确开、停车和正常操作程序、事故应急处理、环保措施等。DMTO 催化剂生产中，催化剂成型阶段需要分子筛产品作为其中的一种原料，所以要先进行分子筛合成段的投料试车，再依次进行喷雾成型的投料试车。为了降低可能的分子筛产品损失，可以先用惰性剂配方进行催化剂喷雾成型段的试车，包括配料、喷雾干燥、焙烧等工序。

确认分子筛单釜收率、分子筛晶相、粒度和性能、催化剂磨损指数、粒度分布、反应性能等达到设计指标，同时，分子筛合成段每个合成釜正常合成 3 釜产品(含后续洗涤烘干)，催化剂成型段稳定生产 72h(含焙烧)，环保废液、废气处理达标后，催化剂工厂可进入全流程正常生产阶段。

催化剂厂的日常运行，需要制定严格详细的操作规程，以确保安全生产和产品质量。操作规程一般应包括以下内容：装置和产品的基本情况说明，装置操作中的岗位设置、职责分工、操作程序，生产工艺流程、控制指标及设备维护措施等。操作规程一经颁布实施后，在具体执行过程中不得随意变更修改。除操作规程外，还需要将分子筛合成单元和催化剂成型单元进一步细分成多个岗位，每个岗位设置严格的岗位职责和操作规程。岗位操作规程是每个岗位工人进行生产操作的依据和指南。

2. 岗位设置及岗位职责

表 5.5 列出了 DMTO 催化剂生产过程的主要岗位设置和岗位职责。

表 5.5　DMTO 催化剂生产的主要技术岗位设置及职责

序号	岗位名称	岗位职责
1	分子筛合成	精确计量原料，配料搅拌，送入高压反应釜并控制其反应，生产合格的分子筛
2	分子筛液固分离	对来自高压反应釜的料浆进行过滤、洗涤、干燥，为下一段工序提供合格的 SAPO-34 分子筛
3	催化剂成型	精确称重、计量原料后，使其经过搅拌、胶合、研磨、脱气、喷雾干燥后进入焙烧段
4	催化剂焙烧	焙烧催化剂半成品，除去模板剂，使催化剂呈活化状态
5	催化剂包装	将成品物料及时、保质、保量地称重并包装；保证包装后的催化剂与空气有效隔离
6	催化剂保存	确保催化剂包装完整、有效，储存环境干燥、整洁
7	公用工程	为全厂用水点提供合格达标的精制水、冷却循环水、压缩空气
8	质量监控	产品和分析点的取样和质量检测，出具质量分析报告
9	环保	处理生产过程中产生的废气和废液，使之达标排放
10	质量安全	工厂日常的安全生产工作
11	设备检维修	设备的检查、维修、维护，确保生产线所有设备性能正常，随时处于可用状态

5.4.5 催化剂使用注意事项

甲醇制烯烃流化床催化剂以 SAPO-34 分子筛作为活性组分，具有高反应活性、高烯烃选择性、优良的热稳定性和水热稳定性等特点，可以满足循环流化床高温条件下的反应(反应温度为 450～500℃)，并经受反复的高温循环再生(再生温度为 650～680℃)。但是，在催化剂使用过程中，还需要注意以下事项，以避免催化剂活性的衰减。

(1)催化剂在室温储存时，要严格隔绝与空气中的水气接触。水蒸气和催化剂在室温下接触后，会导致分子筛骨架中的 Si—OH—Al 发生水解，降低分子筛的结晶度，减少催化活性位。虽然有文献报道短期接触水气，经升温脱水后，大部分损失的催化活性位可以恢复，但还是需要尽量避免这种情况发生。另外，催化剂从严格封装的包装袋(桶)转移到装置现场的催化剂储罐时，可以露天操作，但必须选择干燥的天气，并且在转移前后用干氮气置换储罐，随后密封储罐。

(2)要严格控制反应原料甲醇中微量杂质，特别是金属离子的含量，长期运行时，这些金属离子将会沉积在催化剂上。碱金属、碱土金属离子会中和分子筛骨架上的酸性位，造成催化剂性能降低；过渡金属存在时会引起甲醇的分解等副反应，导致 CO 等产物的生成量增加，进一步影响反应工艺和下游的烯烃分离条件。详细的甲醇原料控制指标如表 10.4 所示。

(3)配入原料或以蒸汽形态进入反应-再生系统的水要严格控制。若工艺水质量不合格，特别是微量金属离子的含量过高，其影响与甲醇原料不合格类似。具体的控制指标为：25℃的电导率≤0.3μs/cm，Na^+含量≤10ppb[①]，含氧量≤15ppb。

5.5　小　　结

伴随着甲醇制烯烃技术的工业化，甲醇制烯烃流化床催化剂实现大规模生产和工业应用。自 2010 年 DMTO 催化剂首次成功应用于神华包头百万吨级的甲醇制烯烃装置以来，DMTO 催化剂相继在宁波禾元、延长中煤榆林能源化工、中煤陕西榆林能源化工等多套大型 MTO 装置中获得应用并发挥了关键作用，为我国烯烃原料多元化和煤代油战略的实施做出了重要贡献。从用户反馈情况看，以 SAPO-34 分子筛为活性组分的 DMTO 催化剂具有高的反应活性和低碳烯烃选择性，几年来，基本没有正常操作导致催化剂性能衰减而引发停产的事件，验证了 DMTO 催化剂优异的热稳定性、水热稳定性和催化性能。

本章主要依据大连化物所在 DMTO 催化剂放大制备和工业生产方面积累的经验和知识，对分子筛合成和催化剂喷雾成型两方面的工作进行了介绍，包括流化床催化剂的物理化学性质及分析检测方法；催化剂放大制备过程中的要点、工艺流程和质量分析体系的建立；催化剂工业生产过程中，工艺流程建立、设备选型、投料试车等。今后的研究中，在保证催化剂反应性能和各项物性指标的前提下，进一步降低催化剂制备过程中

[①] 1ppb=10^{-9}。

的能耗、物耗，发展更为环保高效的分子筛合成方法和催化剂制备方法，如直接合成法制备微球催化剂，将是非常有意义的工作。

参 考 文 献

[1] 刘中民, 魏迎旭, 许磊, 等. 甲醇制低碳烯烃过程流化床催化剂的反应性能评价方法: 中国, 101157594, 2008

[2] 刘中民, 田鹏, 许磊, 等. 一种含氧化合物转化制烯烃微球催化剂及其制备方法: 中国, 101121145, 2008

[3] 魏飞, 朱杰, 钱震, 等. 一种用高岭土合成硅磷酸铝分子筛的方法. 中国, 101176851, 2008

[4] Zhou H, Wang Y, Wei F, et al. In situ synthesis of SAPO-34 crystals grown onto α-Al2O3 sphere supports as the catalyst for the fluidized bed conversion of dimethyl ether to olefins. Applied Catalysis A: General, 2008, 341: 112-118

[5] 刘中民, 蔡光宇, 何长青, 等. 一种以三乙胺为模板剂的合成硅磷铝分子筛及其制备: 中国, 1087292, 1994

[6] 刘中民, 许磊, 田鹏, 等. 一种磷硅铝 SAPO-34 分子筛的快速合成方法: 中国, 101121529, 2008

[7] 许磊, 刘中民, 田鹏, 等. 具有微孔、中孔结构的 SAPO-34 分子筛及合成方法: 中国, 101121533, 2008

[8] 许磊, 刘中民, 田鹏, 等. 磷硅铝分子筛合成母液利用方法: 中国, 101121522, 2008

[9] 田鹏, 许磊, 刘中民, 等. 磷硅铝或磷铝分子筛制备 SAPO-34 分子筛的方法: 中国, 101780963, 2010

[10] 田鹏, 刘中民, 许磊, 等. 流化床用微球催化剂的回收方法: 中国, 101157051, 2008

[11] 田鹏, 刘中民, 许磊, 等. 一种含分子筛的流化反应催化剂直接成型方法: 中国, 101121148, 2008

[12] 田鹏, 刘中民, 许磊, 等. 一种含氧化合物转化制烯烃微球催化剂的保存方法: 中国, 101121146A, 2011

[13] Janssen M J G, van Oorschot C W M, Fung S C. et al. Protecting catalytic activity of a SAPO molecular sieve: US, 6316683, 2001

[14] Loezos P N, Fung S C, Vaughn S N, et al. Maintaining molecular sieve catalytic activity under water vapor conditions: US, 7015174, 2006

第6章 甲醇制烯烃反应与工艺研究

甲醇转化为烃类是一类新型的复杂反应体系，反应产物及产物分布对催化剂非常敏感。在酸性大孔分子筛催化剂上，其产物甚至可以到柴油馏分，其中可以有上万种产物和上百种可能的反应途径。初始碳链形成和碳链增长机理也有别于只有烃类存在时的传统碳正离子反应机理。虽然已经有大量的研究积累并取得了可喜的进展，但仍然有许多挑战性的基础科学问题有待解决(第3章)。采用小孔SAPO-34分子筛催化剂，通过分子筛催化体系特有的形状选择性作用，甲醇转化产物可以限定在小分子烃类(≤C_6)范围内，使得甲醇制烯烃(MTO)的选择性大幅度提高，为MTO技术发展提供了新的机遇(第4章)。

发展具有工业应用意义的MTO技术，催化剂毫无疑问是技术的核心，催化剂的定型是工艺技术发展的基础。但是，催化剂和工艺的发展并非孤立地进行，需要相互协同、互相反馈和共同改进。MTO工艺技术的发展，还离不开对反应体系的热力学、动力学研究，针对特定催化剂体系进行各种工艺条件影响和优化的研究；在实验室小试的基础上进行逐级放大，最终获得可以进行大规模工业装置设计的基础数据，为工业装置的设计奠定技术基础。本章将针对甲醇制烯烃反应及工艺研究，结合大连化物所DMTO技术发展对这些内容进行介绍。

6.1 甲醇制烯烃反应热力学研究

甲醇制烯烃反应热力学的研究和反应机理研究密切相关。甲醇制烯烃反应过程的原料相对简单，但是反应过程极其复杂，涉及的中间组分和基元反应多，目前对反应机理的认识还不完全，这为开展甲醇制烯烃热力学的研究带来了很大困难。下面我们对甲醇制烯烃反应热力学的研究原理进行介绍。

1) 反应体系的确定

甲醇制烯烃反应热力学研究首先需要根据研究的侧重点，确定反应体系中的反应物和产物。在比较详细的热力学研究中，产物可以包括中间产物。

齐国桢等[1]对基于SAPO-34分子筛催化剂的MTO过程进行了热力学研究，其中考虑了H_2，CO，CO_2，CH_4，C_2H_4，C_2H_6，C_3H_6，C_3H_8，CH_3OCH_3，C_4，C_{5+}，H_2O，CH_3OH共13个组分和16个关联反应，其中包括4个主反应和12个副反应。

杨明平和罗娟[2]认为二甲醚作为中间产物能够迅速转化生成烃，体系中二甲醚浓度可近似认为是零。此外，他们认为基于SAPO-34分子筛催化剂的MTO反应产物中C_5及以上组分含量很少，可以忽略，但是C_4组分需要进一步细分为烯烃(C_4H_8)和烷烃(C_4H_{10})。因此在热力学分析时，考虑了H_2，CO，CO_2，CH_4，C_2H_4，C_2H_6，C_3H_6，C_3H_8，C_4H_8，C_4H_{10}，H_2O，CH_3OH共12个组分。此外，通过原子矩阵分析方法，他们发现12个组分之间的独立反应个数为9，因此他们的热力学分析是基于9个关联反应进行的。

吴文章等[3]对基于 ZSM-5 分子筛催化剂的甲醇制丙烯反应体系进行了研究。考虑到 ZSM-5 分子筛催化剂的孔道较大，产物中重组分较多，他们使用了 24 种组分、共 31 个反应进行热力学分析。

Gunawardena 和 Fernando[4]也分析了甲醇在 ZSM-5 分子筛催化剂上的转化反应，使用了包括焦炭在内的共 14 个组分。吴秀章[5]则将 MTO 反应归纳为 27 个反应进行热力学分析。

2) 各反应热力学常数计算

在各组分热力学常数计算过程中，常常需要采用标准摩尔生成焓和标准摩尔熵。标准摩尔生成焓是指在标准状态(温度为 298.15K，压力为 1.01325bar[①])下由 1mol 最稳定单质生成该组分物质吸收或放出的热量。标准摩尔熵则是指在标准状态(温度为 298.15K，压力为 1.01325bar)下 1mol 该组分物质所具有的熵值。对于标准状态下为气体的组分 i，在温度为 T 时其摩尔生成焓 $H_{T,i}$ 和摩尔熵 $S_{T,i}$ 可以通过式(6-1)和式(6-2)进行计算。

$$H_{T,i} = H_{298.15,i} + \int_{298.15}^{T} C_{p,\text{gas}}^{(i)} \mathrm{d}T \tag{6-1}$$

$$S_{T,i} = S_{298.15,i} + \int_{298.15}^{T} \frac{C_{p,\text{gas}}^{(i)}}{T} \mathrm{d}T \tag{6-2}$$

式中，$H_{298.15,i}$ 为该组分的标准摩尔生成焓；$S_{298.15,i}$ 为该组分的标准摩尔熵；$C_{p,\text{gas}}^{(i)}$ 为气相等压摩尔热容。如果该组分在标准状态下为液态，则其摩尔焓和摩尔熵的计算需要考虑相变焓：

$$H_{T,i} = H_{298.15,i} + \int_{298.15}^{T_0} C_{p,\text{liq}}^{(i)} \mathrm{d}T + H_{b,i} + \int_{T_0}^{T} C_{p,\text{gas}}^{(i)} \mathrm{d}T \tag{6-3}$$

$$S_{T,i} = S_{298.15,i} + \int_{298.15}^{T_0} \frac{C_{p,\text{liq}}^{(i)}}{T} \mathrm{d}T + \frac{H_{b,i}}{T_{0,i}} + \int_{T_0}^{T} \frac{C_{p,\text{gas}}^{(i)}}{T} \mathrm{d}T \tag{6-4}$$

式中，$T_{0,i}$ 为该组分的沸点；$H_{b,i}$ 为相变焓；$C_{p,\text{liq}}^{(i)}$ 为液相等压摩尔热容。

假设某一反应中有 m 种反应物(编号为 1，2，3，…，m)和 n 种产物(变号为 $m+1$，$m+2$，$m+3$，…，$m+n$)：

$$v_1 A_1 + v_2 A_2 + v_3 A_3 + ... + v_m A_m \rightarrow v_{m+1} A_{m+1} + v_{m+2} A_{m+2} + v_{m+3} A_{m+3} + ... + v_{m+n} A_{m+n}$$

则该反应在温度 T 条件下的摩尔焓变和摩尔熵变分别为

$$\Delta H_T = -\sum_{i=1}^{m} v_i H_{T,i} + \sum_{j=m+1}^{m+n} v_i H_{T,i} \tag{6-5}$$

$$\Delta S_T = -\sum_{i=1}^{m} v_i S_{T,i} + \sum_{j=m+1}^{m+n} v_i S_{T,i} \tag{6-6}$$

---

① 1bar=10⁵Pa。

因此该反应的吉布斯自由能为

$$\Delta G_T = \Delta H_T - T\Delta S_T \tag{6-7}$$

反应平衡常数为

$$K_T = \exp\left(-\frac{\Delta G_T}{RT}\right) \tag{6-8}$$

反应平衡常数的求取可以在已知反应网络的基础上，联立方程组进行计算。但是由于甲醇转化过程中产物比较多，且产物之间相互转化导致反应网络复杂。如果采用平衡常数联立方程组的方法进行热力学平衡组成计算，计算量很大且计算繁琐。一般推荐采用吉布斯自由能最小法来计算平衡常数。

3）MTO 反应过程中主要产物的热力学基本数据

对于 MTO 反应过程中常见各组分的热力学基本数据可以参考文献[6]和[7]。表 6.1中列出了甲醇制烯烃反应过程中常见的各组分的热力学数据。

表 6.1　甲醇制烯烃反应过程中主要组分的标准摩尔生成焓、吉布斯自由能和标准摩尔熵[6,7]

状态	组分分子式及名称	汽化焓/(kJ/mol)	沸点/K	标准摩尔生成焓/(kJ/mol)		标准吉布斯自由能/(kJ/mol)		标准摩尔熵/[J/(mol·K)]	
				液态	气态	液态	气态	液态	气态
标准状态下为气体的组分	H$_2$(氢气)	20.4			0				130.7
	N$_2$(氮气)	77.4			0				191.6
	O$_2$(氧气)	90.2			0				205.2
	CO(一氧化碳)	81.7			−110.5		−137.2		197.7
	CO$_2$(二氧化碳)	216.6			−393.5		−394.4		213.8
	CH$_4$(甲烷)	111.7			−74.6		−50.5		186.3
	C$_2$H$_2$(乙炔)	189.2			227.4		209.9		200.9
	C$_2$H$_4$(乙烯)	169.5			52.4		68.4		219.3
	C$_2$H$_6$(乙烷)	184.6			−84.0		−32.0		229.2
	C$_3$H$_4$(丙炔)	249.9			184.9		194.4		248.1
	C$_3$H$_6$(丙烯)	225.4			20.0		62.8		266.6
	C$_3$H$_8$(丙烷)	231.1			−103.8		−23.4		270.3
	C$_4$H$_6$(1,3-丁二烯)	268.7	88.5	110.0		150.8		199.0	278.7
	C$_4$H$_6$(丁炔)	281.2	141.4	165.2		202.2			290.5
	C$_4$H$_8$(正丁烯)	266.9	−20.8	0.1		71.3		227.0	305.6
	C$_4$H$_8$(顺-2-丁烯)	276.9	−29.8	−7.1		65.9		219.9	300.8
	C$_4$H$_8$(反-2-丁烯)	274.0	−33.3	−11.4		63.0			296.5
	C$_4$H$_8$(异丁烯)	266.3	−37.5	−16.9		58.1			293.6

续表

状态	组分分子式及名称	汽化焓/(kJ/mol)	沸点/K	标准摩尔生成焓/(kJ/mol)		标准吉布斯自由能/(kJ/mol)		标准摩尔熵/[J/(mol·K)]	
				液态	气态	液态	气态	液态	气态
标准状态下为气体的组分	C_4H_8(环丁烷)		285.7	3.7	27.7		110.1		264.4
	C_4H_{10}(正丁烷)		272.7	−147.3	−125.7		−17.2		310.1
	C_4H_{10}(异丁烷)		261.4	−154.2	−134.2		−21.4		294.6
	C_5H_{12}(新戊烷)		282.7	−190.2	−168.0				306.0
	CH_3OCH_3(二甲醚)		248.3	−203.3	−184.1		−112.6		266.4
标准状态下为液体的组分	H_2O(水)	40.6	373	−285.8	−241.8	−237.1	−228.6	70	188.8
	C_5H_{10}(正戊烯)	25.2	303	−46.9	−21.1		79.2	262.6	345.8
	C_5H_{12}(正戊烷)	25.8	309	−173.5	−146.9		−8.4		349.6
	C_5H_{12}(异戊烷)	24.7	301	−178.4	−153.6		−14.8	260.4	343.7
	C_6H_6(苯)	30.8	353	49.1	82.9	124.5	129.7	173.4	269.2
	C_6H_{10}(环己烯)	30.5	356	−38.5	−5.0	101.6	106.9	214.6	310.5
	C_6H_{12}(环己烷)	30.0	354	−156.4	−123.4	26.7	31.8	204.4	297.4
	C_6H_{14}(正己烷)	28.9	342	−198.7	−166.9		−0.25		388.9
	CH_3OH(甲醇)	35.3	337	−239.2	−201.0	−166.6	−162.3	126.8	239.9

表 6.2 中笔者列出了 MTO 反应过程中各组分的等压摩尔热容，其中液相等压摩尔热容是根据数据拟合获得的。根据表 6.2 给出的关联式，可以通过式(6-3)和式(6-4)计算各组分的摩尔生成焓和摩尔熵。然后通过式(6-5)和式(6-7)计算各反应的自由能。

表 6.2　MTO 反应原料及产物各组分等压摩尔热容[8,9]

组分	气相等压摩尔热容 ($C_{p,\text{gas}} = A_0 + A_1T + A_2T^2 + A_3T^3 + A_4T^4$)/[J/(mol·K)]				
	A_0	A_1	A_2	A_3	A_4
H_2(氢气)	2.5399×10	2.0178×10^{-2}	-3.8549×10^{-5}	3.1880×10^{-8}	-8.7585×10^{-12}
N_2(氮气)	2.9342×10	-3.5395×10^{-3}	1.0076×10^{-5}	-4.3116×10^{-9}	2.5935×10^{-13}
O_2(氧气)	2.9526×10	-8.8999×10^{-3}	3.8083×10^{-5}	-3.2629×10^{-8}	8.8607×10^{-12}
H_2O(水)	3.6542×10	-3.4804×10^{-2}	1.1682×10^{-4}	-1.3004×10^{-7}	5.2548×10^{-11}
CO(一氧化碳)	2.9556×10	-6.5807×10^{-3}	2.0130×10^{-5}	-1.2227×10^{-8}	2.2617×10^{-12}
CO_2(二氧化碳)	2.7437×10	4.2315×10^{-2}	-1.9555×10^{-5}	3.9968×10^{-9}	-2.9872×10^{-13}
CH_4(甲烷)	3.4942×10	-3.9957×10^{-2}	1.9184×10^{-4}	-1.5303×10^{-7}	3.9321×10^{-11}
C_2H_2(乙炔)	1.9360×10	1.1519×10^{-1}	-1.2374×10^{-4}	7.2370×10^{-8}	-1.6590×10^{-11}
C_2H_4(乙烯)	3.2083×10	-1.4831×10^{-2}	2.4774×10^{-4}	-2.3766×10^{-7}	6.8274×10^{-11}
C_2H_6(乙烷)	2.8146×10	4.3447×10^{-2}	1.8946×10^{-4}	-1.9082×10^{-7}	5.3349×10^{-11}
C_3H_4(丙炔)	2.7565×10	1.2037×10^{-1}	-6.0666×10^{-6}	-4.0713×10^{-8}	1.5078×10^{-11}
C_3H_6(丙烯)	3.1298×10	7.2449×10^{-2}	1.9481×10^{-4}	-2.1582×10^{-7}	6.2974×10^{-11}

续表

组分	气相等压摩尔热容 ($C_{p,\text{gas}} = A_0 + A_1T + A_2T^2 + A_3T^3 + A_4T^4$) /[J/(mol·K)]				
	A_0	A_1	A_2	A_3	A_4
C_3H_8(丙烷)	2.8277×10	1.1600×10^{-1}	1.9597×10^{-4}	-2.3271×10^{-7}	6.8669×10^{-11}
C_4H_6(1,3-丁二烯)	1.8835×10	2.0473×10^{-1}	6.2485×10^{-5}	-1.7148×10^{-7}	6.0858×10^{-11}
C_4H_6(丁炔)	2.9857×10	1.8734×10^{-1}	-7.0968×10^{-6}	-6.8287×10^{-8}	2.5343×10^{-11}
C_4H_8(正丁烯)	2.4915×10	2.0648×10^{-1}	5.9828×10^{-5}	-1.4166×10^{-7}	4.7053×10^{-11}
C_4H_8(顺-2-丁烯)	2.9137×10	1.4008×10^{-1}	1.9109×10^{-4}	-2.3717×10^{-7}	7.0962×10^{-11}
C_4H_8(反-2-丁烯)	4.0312×10	1.3472×10^{-1}	1.6877×10^{-4}	-2.1140×10^{-7}	6.3263×10^{-11}
C_4H_8(异丁烯)	3.2918×10	1.8546×10^{-1}	7.7876×10^{-5}	-1.4645×10^{-7}	4.6867×10^{-11}
C_4H_8(环丁烷)	2.2621×10	8.8506×10^{-2}	3.9106×10^{-4}	-4.3201×10^{-7}	1.2970×10^{-10}
C_4H_{10}(正丁烷)	2.0056×10	2.8153×10^{-1}	-1.3143×10^{-5}	-9.4571×10^{-8}	3.4149×10^{-11}
C_4H_{10}(异丁烷)	6.7720	3.4147×10^{-1}	-1.0271×10^{-4}	-3.6849×10^{-8}	2.0429×10^{-11}
C_5H_{10}(正戊烯)	4.2229×10	9.9101×10^{-2}	6.5169×10^{-4}	-9.1127×10^{-7}	3.6426×10^{-10}
C_5H_{12}(正戊烷)	2.6671×10	3.2324×10^{-1}	4.2820×10^{-5}	-1.6639×10^{-7}	5.6036×10^{-11}
C_5H_{12}(异戊烷)	-1.1290×10	5.1614×10^{-1}	-2.8798×10^{-4}	6.0386×10^{-8}	4.2134×10^{-12}
C_5H_{12}(新戊烷)	-1.7917×10	5.7236×10^{-1}	-4.1705×10^{-4}	2.1158×10^{-7}	-5.1006×10^{-11}
C_6H_6(苯)	2.9525×10	-5.1417×10^{-2}	1.1944×10^{-3}	-1.6463×10^{-6}	6.8462×10^{-10}
C_6H_{10}(环己烯)	3.2210×10	-7.5579×10^{-3}	1.2390×10^{-3}	-1.6546×10^{-6}	6.6607×10^{-10}
C_6H_{12}(环己烷)	1.3783×10	2.0742×10^{-1}	5.3682×10^{-4}	-6.3012×10^{-7}	1.8988×10^{-10}
C_6H_{14}(正己烷)	2.5399×10	2.0178×10^{-2}	-3.8549×10^{-5}	3.1880×10^{-8}	-8.7585×10^{-12}
CH_3OH(甲醇)	3.9195×10	-5.8085×10^{-2}	3.5012×10^{-4}	-3.6941×10^{-7}	1.2763×10^{-10}
CH_3OCH_3(二甲醚)	3.4668×10	7.0293×10^{-2}	1.6530×10^{-4}	-1.7675×10^{-7}	4.9313×10^{-11}

组分名称	液相等压摩尔热容 $C_{p,\text{liq}} = B_0 + B_1T + B_2T^2 + B_3T^3$			
	B_0	B_1	B_2	B_3
H_2O(水)	7.5600×10	0	0	0
C_5H_{10}(正戊烯)	1.3363×10^2	-9.2002×10^{-2}	2.5948×10^{-4}	1.0157×10^{-6}
C_5H_{12}(正戊烷)	8.0641×10	6.2195×10^{-1}	-2.2682×10^{-3}	3.7423×10^{-6}
C_5H_{12}(异戊烷)	9.4898×10	3.2966×10^{-1}	-1.0794×10^{-3}	2.5500×10^{-6}
C_6H_6(苯)	-6.0136×10	1.2615	-2.9527×10^{-3}	2.9747×10^{-6}
C_6H_{10}(环己烯)	-1.5329×10^2	1.9648	-4.4199×10^{-3}	4.1748×10^{-6}
C_6H_{12}(环己烷)	-4.4417×10	1.6016	-4.4676×10^{-3}	4.7582×10^{-6}
C_6H_{14}(正己烷)	7.8848×10	8.8729×10^{-1}	-2.9482×10^{-3}	4.1999×10^{-6}
CH_3OH(甲醇)	-1.6190×10^3	1.6036×10	-5.0561×10^{-2}	5.3333×10^{-5}

4) MTO 反应过程热力学分析

(1)甲醇脱水生成二甲醚反应：吴文章等[3]对于甲醇制丙烯反应体系进行了热力学分析，计算不同温度下各反应的反应焓变、吉布斯自由能和反应平衡常数，采用最小自由能法计算了烯烃的热力学平衡组成，发现甲醇脱水生成二甲醚反应的平衡常数较小，且随反应温度的升高平衡常数减小，因此可以认为该反应是可逆的。

(2)甲醇、二甲醚生成烯烃：齐国桢等[1]计算发现多数甲醇制烯烃反应为强放热反应，总反应热在 37~53kJ/mol，而且多数反应都可以自发进行，并进行到很高的程度。甲醇生成乙烯、丙烯、丁烯三个反应的平衡常数很高，可看作是不可逆反应。吴秀章[5]通过计算也同样发现二甲醚生成烯烃反应在 523~1023K 发生，平衡常数非常高。这说明甲醇、二甲醚转化生成烯烃是一个不可逆反应。

(3)烯烃相互转化反应：齐国桢等[1]发现反应温度的升高，乙烯平衡物质的量分数持续增大，丁烯平衡物质的量分数持续下降，而丙烯物质的量分数则先升后降。烯烃产物之间的相互转化属于热力学平衡限制。杨明平和罗娟[2]认为提高反应温度、降低反应压力和加水有利于乙烯平衡组成增加和乙烯、丙烯总平衡组成的增加，丙烯平衡组成随温度、压力变化存在最大值。吴文章等[3]对于 ZSM-5 分子筛催化剂的甲醇制丙烯反应体系进行了热力学分析，发现烯烃甲基化可视为不可逆反应，烯烃裂化为可逆反应。不同甲醇分压下均存在最佳反应温度，使丙烯平衡组成最高，平衡质量分数接近 40%。郝西维和张军民[10]考察了甲醇、乙烯烷基化反应体系，发现该反应体系主要受动力学控制；适当升高温度有利于烯烃生成，且乙烯和丁烯的生成是丙烯生成反应的阻碍点；在只生成丙烯的极端情况下，为了提高丙烯产率，需要适当降低反应温度，体系存在最佳反应压力和进料比(乙烯与甲醇物质的量比)。

总之，甲醇制烯烃是一个复杂反应体系。甲醇或者二甲醚在催化剂上直接分解生成乙烯、丙烯、丁烯等低碳烯烃热力学平衡数较高，属于不可逆反应，其主要受动力学限制。同时，烯烃产物之间还存在平衡反应，热力学计算表明，烯烃产物之间的转化反应受到热力学平衡限制。

6.2　甲醇制烯烃反应动力学研究

甲醇制烯烃反应动力学是甲醇制烯烃反应过程工业化的基础。通过反应动力学的研究，可以给出甲醇制烯烃过程中各反应的反应速率控制方程。一般来说，反应动力学的建立与对反应机理的认识应该有机结合，二者不可分割。基于分子筛催化剂的甲醇制烯烃反应尽管原料单一，但是反应过程非常复杂。如本书第 3 章讨论的，甲醇制烯烃反应机理的认识目前还不完全，仍然是物理化学和催化化学研究的热点方向之一。这里将主要介绍甲醇制烯烃反应动力学研究进展。

6.2.1　反应动力学基础

化学反应动力学研究涉及的范围非常广泛，这里将限定为甲醇制烯烃分子筛催化反应过程。化学反应动力学的研究目标主要是某一特定反应如何进行的，具体说就是反应历程(机理)和反应速率两个方面。原子和分子是化学反应的基本单元，因此从最基础层次来说，反应动力学应该是建立在单个原子和分子相互作用层面上，研究处于特定量子态的反应物，通过分子碰撞或散射转变为特定量子态的产物。在这一层次上称之为分子反应动力学，也称为分子反应动态学(molecular reaction dynamics)。分子反应动力学主要研究基元反应，研究对象为单分子或者原子体系。这一层次上单个基元反应的速率与温度、浓度、压力等无关，因为温度、浓度、压力等是用于描述大量分子运动的统计物理量。

在分子筛催化的反应过程中，对反应机理的研究很少是基于单个原子和分子的。一般反应机理都是建立在单个分子筛晶体内大量原子和分子相互作用基础上。这个尺度远大于单分子尺度，反应速率受大量分子运动的影响。因此在这一层次上，为了更好地描述反应机理，也建立了针对基元反应的反应动力学。用于描述多分子体系中各种统计物理量(包括浓度、温度和压力等)对各基元反应反应速率的影响是这一层次反应动力学的研究重点。这一层次的反应动力学一般被称为微观反应动力学(micro kinetics)。微观反应动力学中，对于整个过程不作任何假定，而希望通过微观反应动力学分析得到反应中间产物和基元反应速率，最终确定反应的主要路径。

微观反应动力学对于研究分子筛孔道内的反应机理和分子筛催化剂设计具有重要意义。但是由于其涉及的反应网络非常复杂，目前仍然很难直接用于催化反应器设计[11]。因此，在化学反应工程研究中，一般更习惯于使用集总反应动力学。集总反应动力学是把复杂的反应网络中各反应物、产物及中间体组分根据重要性和在反应中的动力学特性划分为若干种虚拟的集总组分，通过宏观实验求得这些集总组分间的化学反应动力学参数。集总反应动力学可以将复杂的反应转化关系进行简化，从而便于反应器模拟和设计优化。本章将对甲醇制烯烃微观反应动力学和集总反应动力学进行介绍。

6.2.2 微观反应动力学

微观反应动力学是由 Dumesic 等[12]首先应用于非均相催化反应。微观反应动力学的建立主要是基于对反应机理的理解，不仅要考虑反应物和产物组分，还要考虑反应过程中不能直接测定的各中间体(如碳正离子)及发生的各基元反应。相对于分子反应动力学而言，微观反应动力学所描述的反应体系更大；但是相对集总反应动力学而言，其描述的体系仍是微观的。从这个意义上讲，微观反应动力学是一种介尺度的反应动力学。

1. 微观反应动力学方法

非均相催化过程中，基元反应的反应速率常数 k 一般可以用 Arrhenius(阿伦尼乌斯)方程来计算：

$$k = A\exp\left(-\frac{E_a}{RT}\right) \tag{6-9}$$

式中，A 为指前因子；E_a 为活化能。为了求取反应速率常数 k，需要计算相应的指前因子和活化能。传统上一般是通过实验测得某些反应过程的反应速率和反应活化能，进而计算出指前因子，然后将这些结果用于估算类似反应的指前因子。对于没有同类反应可以参考的反应过程，一般忽略熵变影响，采用频率因子对不同温度下的指前因子进行估算。对于基元反应活化能的测量则首先需要假定各基元反应都在气相中进行，根据实验测量获得的键能及分子、自由基和离子等形成所需能量估算出反应热。然后依据基元反应活化能与反应热之间的经验线性关系(如 evans-polanyi 关联式)，估算出基元反应的活化能。在过去很长一段时间，采用已有的实验数据进行反应速率常数的估算是最重要的方法，微观反应动力学的研究也多依赖于实验。

随着计算理论化学的发展，特别是密度泛函理论(density functional theory)的迅速发展，基于密度泛函理论的第一性原理计算方法已经成为描述多相催化过程的一个强有力工具[13]。依据能量最小化原则进行构型优化及采用搜索方法[如 NEB (nudged elastic band)方法]搜寻基元反应的过渡态，密度泛函理论计算不仅能够直观地描述吸附构型和过渡态结构，更重要的是能够提供能量和频率因子信息。结合统计热力学和过渡态理论，采用密度泛函理论可以计算出基元反应的指前因子和活化能。目前，通过密度泛函理论计算获得的反应热和活化能与实验结果的误差可以达到 $0.1 \sim 0.2\text{eV}$[14]。

2. MTO 反应的单事件反应动力学模型

1) MTO 反应网络

Park 和 Froment 根据 carbeniumion 机理建立了一个包括 H 转移、甲基化、β-消去等基元反应在内的 MTO 微观反应动力学模型，其中包含了 726 个基元反应和 225 种反应中间体[15-17]，反应网络如图 6.1 所示，在他们的反应动力学模型中，MTO 反应过程分为三部分：二甲醚的生成、低碳烃类的生成和高碳烯烃的生成。其中二甲醚的生成涉及的基元反应包括以下几项。

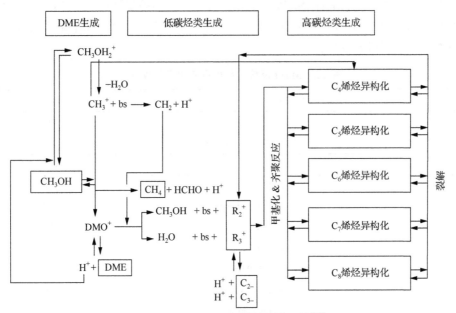

图 6.1　MTO 微观反应动力学网络[18]

$$CH_3OH + H^+ \longleftrightarrow CH_3OH_2^+$$

$$CH_3OH_2^+ \longleftrightarrow R_1^+ + H_2O$$

$$R_1^+ + CH_3OH \longleftrightarrow DMO^+$$

$$DMO^+ \longleftrightarrow DME + H^+$$

甲烷的生成涉及的基元反应为

$$R_1^+ + MeOH \longrightarrow CH_4 + HCHO + H^+$$

低碳烃类生成涉及的基元反应包括

$$R_1^+ + bs \longleftrightarrow CH_2 + H^+$$

$$CH_2 + DMO^+ \longrightarrow R_2^+ + CH_3OH + bs$$

$$R_2^+ \longleftrightarrow O_2 + H^+$$

$$CH_2 + DMO^+ \longrightarrow R_3^+ + H_2O + bs$$

生成高碳烯烃的反应网络则非常复杂，它包含大量的基元反应步骤。Froment 研究小组[15]通过开发计算程序来自动生成这些复杂的反应网络。Park 和 Froment 应用计算程序生成了 ZSM-5 的 MTO 反应网络[16,17]。Alwahabi 和 Froment[18,19]在 Park 和 Froment 工作基础上[16,17]研究了在 SAPO-34 分子筛上的 MTO 反应，认为 SAPO-34 的基元反应数目和组分数目与 ZSM-5 相同，他们认为尽管 ZSM-5 中探测到的重组分未在 SAPO-34 的产物中出现，但实际上它们在 SAPO-34 的笼中生成并能被观测到。因此，基于 ZSM-5 的 MTO 反应网络仍适用于 SAPO-34 动力学模型。表 6.3 给出了计算机程序生成的反应网络中基元反应和组分数目。

表 6.3 MTO 反应过程中反应和组分数目[18]

	组分和反应类型	数目
组分	烯烃 (olefins)	142
	碳正离子 (carbenium ions)	83
	总计	225
反应类型	质子化 (protonation)	142
	去质子化 (deprotonation)	142
	氢转移 (hydride shift)	88
	甲基转移 (methyl shift)	42
	PCP 歧化 (PCP branching)	151
	甲基化 (methylation)	88
	齐聚 (oligomerization)	52
	β-消去 (β-scission)	21
	总计	726

2) 反应速率

Alwahabi 和 Froment[18,19]给出了各反应速率计算关系式。在推导过程中作如下假设。

(1) 烯烃的各种异构体间处于平衡状态，因此由平衡混合物的组成可计算其分压。

(2) 在反应网络中，若基元反应的吸附组分处于准平衡态，则可根据经典 Hougen-Watson 公式计算其浓度。否则，则采用准稳态近似代替。

(3) 质子化(或去质子化)及各种重排的基元反应均被认为处于平衡状态，因此它们的反应速率将不会直接包含在高碳烯烃的总反应速率中。但是由于碳正离子的表面浓度取决于这些反应，这些反应仍需要包含在动力学模型中。

表 6.4 给出了主要产物和高碳烯烃的反应速率表达式。为获得各产物总的反应速率，需要计算的反应速率和平衡常数共计 253 个。这意味着至少需要 504 个独立参数才能获得反应速率和平衡常数与温度之间的变化关系。显然，针对高碳烯烃产物，由计算程序自动生成的反应网络含有庞大的参数数目。

表 6.4　MTO 反应主要产物和高碳烯烃的反应速率表达式[18]

反应速率
$r_{CH_4} = \vartheta_{R_1^+} \cdot P_{MeOH}$
$r_{DME} = k_F\left(DMO^+\right) \cdot \vartheta_{R_1^+} \cdot P_{MeOH} - k_C\left(DMO^+\right) \cdot \vartheta_{DMO^+}$ $- \left[k_{sr}\left(OM; DMO^+ : R_2^+\right) + k_{sr}\left(OM; DMO^+ : R_3^+\right)\right] \cdot \vartheta_{OM} \cdot \vartheta_{DMO^+}$
$r_{O_2} = k_{De}\left(R_2^+\right) \cdot \vartheta_{R_2^+} - k_{pr}\left(O_2\right) \cdot P_{O_2} \cdot \vartheta_{H^+} - r_{Me}(1,1) - r_{Ol}(1,1)$
$r_{O_3} = r_{Me}(1,1) - r_{Me}(2,1) - r_{Ol}(2,1) + k_{sr}\left(OM; DMO^+ : R_3^+\right) \cdot \vartheta_{OM} \cdot \vartheta_{DMO^+}$
$r_{O_4} = 3r_{Me}(2,1) - r_{Me}(3,1) - r_{Me}(3,2) - r_{Me}(3,3) - r_{Me}(3,4) + 3r_{Ol}(1,1)$
$r_{O_5} = 2\left[r_{Me}(3,1) + r_{Me}(3,2) + r_{Me}(3,3) + r_{Me}(3,4)\right] + 3r_{Ol}(2,1)$
$r_{Me}(i,j) = k_{Me}(i,j) \cdot \vartheta_{R_1^+} \cdot P_{Okl}$
$r_{Ol}(i,j) = k_{Ol}(i,j) \cdot \vartheta_{R_{mn}^+} \cdot P_{Okl}$

各类函数
$N_{R_1^+} = k_F\left(R_1^+\right) \cdot K_{Pr}(MeOH) \cdot P_{MeOH} + k_C\left(DMO^+\right) \cdot K_{Pr}(DME) \cdot P_{DME}$
$D_{R_1^+} = k_C\left(R_1^+\right) \cdot P_{H_2O} + \left[k_F\left(DMO^+\right) + k_F\left(CH_4\right)\right] P_{MeOH} + k_{Me}(1,1) \cdot P_{O_2} + k_{Me}(2,1) \cdot P_{O_3}$ $+ k_{Me}(3,1) \cdot P_{O_{41}} + k_{Me}(3,2) \cdot P_{O_{42}} + k_{Me}(3,3) \cdot P_{O_{43}} + k_{Me}(3,4) \cdot P_{O_{44}}$
$D_{OM} = k_{sr}\left(OM; H^+\right) + \left[k_{sr}\left(OM; DMO^+ : R_2^+\right) + k_{sr}\left(OM; DMO^+ : R_3^+\right)\right] K_{Pr}(DME) \cdot P_{DME}$
$A_1 = D_{R_1^+} \cdot k_{sr}\left(R_1^+; bs\right)$
$A_2 = D_{R_1^+} \cdot D_{OM} + k_{sr}\left(R_1^+; bs\right) \cdot \left[D_{OM} - N_{R_1^+} - k_{sr}\left(OM; H^+\right)\right]$

各类函数

$$A_3 = N_{R_1^+} \cdot D_{OM}$$

$$\eta_{R_1^+} = (2 \cdot A_1)^{-1} \cdot \left[-A_2 + \sqrt{(A_2)^2 + 4 A_1 \cdot A_3} \right]$$

$$\vartheta_{bs} = \frac{D_{OM}}{D_{OM} + k_{sr}\left(R_1^+; bs\right) \cdot \eta_{R_1^+}}$$

$$\vartheta_{OM} = 1 - \frac{D_{OM}}{D_{OM} + k_{sr}\left(R_1^+; bs\right) \cdot \eta_{R_1^+}}$$

$$\eta_{R_2^+} = \frac{k_{sr}\left(OM; DMO^+ : R_2^+\right) \cdot K_{Pr}(DME) \cdot P_{DME} \cdot \vartheta_{OM} + k_{Pr}(O_2) \cdot P_{O_2}}{k_{De}\left(R_2^+\right) + k_{Ol}(1,1) \cdot P_{O_2} + k_{Ol}(2,1) \cdot P_{O_3}}$$

$$X = 1 + K_{Pr}(MeOH) \cdot P_{MeOH} + K_{Pr}(DME) \cdot P_{DME} + \eta_{R_1^+} + \eta_{R_2^+} + K_{Pr}(O_3) \cdot P_{O_3} + K_{Pr}(O_{41}) \cdot P_{O_{41}}$$
$$+ K_{Pr}(O_{44}) \cdot P_{O_{44}} + K_{Pr}(O_{51}) \cdot P_{O_{51}} + K_{Pr}(O_{53}) \cdot P_{O_{53}} + K_{Pr}(O_{54}) \cdot P_{O_{54}} + K_{Pr}(O_{56}) \cdot P_{O_{56}}$$

$$\vartheta_{H^+} = \frac{1}{X}$$

$$\vartheta_{MeOH_2^+} = K_{Pr}(MeOH) \cdot P_{MeOH} \cdot \vartheta_{H^+}$$

$$\vartheta_{DMO^+} = K_{Pr}(DME) \cdot P_{DME} \cdot \vartheta_{H^+}$$

$$\vartheta_{R_1^+} = \eta_{R_1^+} \cdot \vartheta_{H^+}$$

$$\vartheta_{R_2^+} = \eta_{R_2^+} \cdot \vartheta_{H^+}$$

$$\vartheta_{R_{41}^+} = K_{Pr}(O_{41}) \cdot P_{O_{41}} \cdot \vartheta_{H^+}$$

$$\vartheta_{R_{53}^+} = K_{Pr}(O_{53}) \cdot P_{O_{53}} \cdot \vartheta_{H^+}$$

反应速率常数和平衡常数

$$k_F\left(DMO^+\right) = \exp\left[\left(\ln A_F(DME) - \frac{E_F(DME)}{R \cdot T_m} \right) - \frac{E_F(DME)}{R}\left(\frac{1}{T} - \frac{1}{T_m} \right) \right]$$

$$k_C\left(DMO^+\right) = \frac{K_{Pr}(MeOH)}{K_{Hyd}\left(R_1^+\right) \cdot K(MeOH; DME) \cdot K_{Pr}(DME)} \cdot k_F\left(DMO^+\right)$$

$$K(MeOH; DME) = \exp\left(\frac{2441.7}{T} - 1.9686 \right)$$

$$K_{Hyd}\left(R_1^+\right) = \exp\left\{ \left[\frac{\Delta S_{Hyd}\left(R_1^+\right)}{R} - \frac{\Delta H_{Hyd}\left(R_1^+\right)}{R \cdot T_m} \right] - \frac{\Delta H_{Hyd}\left(R_1^+\right)}{R} \cdot \left(\frac{1}{T} - \frac{1}{T_m} \right) \right\}$$

$$K_{Pr}(DME) = \exp\left\{ \left[\frac{\Delta S_{Pr}(DME)}{R} - \frac{\Delta H_{Pr}(DME)}{R \cdot T_m} \right] - \frac{\Delta H_{Pr}(DME)}{R} \cdot \left(\frac{1}{T} - \frac{1}{T_m} \right) \right\}$$

$$k_{sr}\left(OM; DMO^+ : R_2^+\right) =$$

$$\exp\left\{ \left[\ln A_{sr}\left(OM; DMO^+ : R_2^+\right) - \frac{E_{sr}\left(OM; DMO^+ : R_2^+\right)}{R \cdot T_m} \right] - \frac{E_{sr}\left(OM; DMO^+ : R_2^+\right)}{R \cdot T \cdot T_m}(T_m - T) \right\}$$

反应速率常数和平衡常数

$$k_{sr}\left(OM;DMO^+:R_3^+\right)=$$
$$\exp\left\{\left[\ln A_{sr}\left(OM;DMO^+:R_3^+\right)-\frac{E_{sr}\left(OM;DMO^+:R_3^+\right)}{R\cdot T_m}\right]-\frac{E_{sr}\left(OM;DMO^+:R_3^+\right)}{R\cdot T\cdot T_m}(T_m-T)\right\}$$

$$k_{De}\left(R_2^+\right)=\frac{k_{Pr}\left(O_2\right)}{K_{Pr}\left(O_2\right)}$$

$$k_{Pr}\left(O_2\right)=\exp\left\{\left[\ln A_{Pr}\left(O_2\right)-\frac{E_{Pr}\left(O_2\right)}{R\cdot T_m}\right]-\frac{E_{Pr}\left(O_2\right)}{R\cdot T\cdot T_m}(T_m-T)\right\}$$

$$k_F\left(R_1^+\right)=\frac{k_C\left(R_1^+\right)}{K_{Hyd}\left(R_1^+\right)}$$

$$k_C\left(R_1^+\right)=\exp\left\{\left[\ln A_C\left(R_1^+\right)-\frac{E_C\left(R_1^+\right)}{R\cdot T_m}\right]-\frac{E_C\left(R_1^+\right)}{R\cdot T\cdot T_m}(T_m-T)\right\}$$

$$k_F\left(CH_4\right)=\exp\left\{\left[\ln A_F\left(CH_4\right)-\frac{E_F\left(CH_4\right)}{R\cdot T_m}\right]-\frac{E_F\left(CH_4\right)}{R\cdot T\cdot T_m}(T_m-T)\right\}$$

$$k_{sr}\left(R_1^+;bs\right)=\exp\left\{\left[\ln A_{sr}\left(R_1^+;bs\right)-\frac{E_{sr}\left(R_1^+;bs\right)}{R\cdot T_m}\right]-\frac{E_{sr}\left(R_1^+;bs\right)}{R\cdot T\cdot T_m}(T_m-T)\right\}$$

$$k_{sr}\left(OM;H^+\right)=\exp\left\{\left[\ln A_{sr}\left(OM;H^+\right)-\frac{E_{sr}\left(OM;H^+\right)}{R\cdot T_m}\right]-\frac{E_{sr}\left(OM;H^+\right)}{R\cdot T\cdot T_m}(T_m-T)\right\}$$

$$K_{Pr}\left(MeOH\right)=\exp\left\{\left[\frac{\Delta S_{Pr}\left(MeOH\right)}{R}-\frac{\Delta H_{Pr}\left(MeOH\right)}{R\cdot T_m}\right]-\frac{\Delta H_{Pr}\left(MeOH\right)}{R}\cdot\left(\frac{1}{T}-\frac{1}{T_m}\right)\right\}$$

热力学关联

$$\Delta H_{Me}(i,j)=\Delta H_{f,g}\left(R_{(i+1)k}^+\right)-\Delta H_{f,g}\left(R_1^+\right)-\Delta H_f\left(O_{ij}\right)+\Delta q(R_{(i+1)r'}^+)-\Delta q(R_1^+)$$

$$\Delta H_{Ol}(i,j)=\Delta H_{f,g}\left(R_{(i+k)m}^+\right)-\Delta H_{f,g}\left(R_{ij}^+\right)-\Delta H_f\left(O_{kl}\right)+\Delta q(R_{(i+k)r'}^+)-\Delta q(R_{ij}^+)$$

$$\Delta q\left(R_{ir'}^+\right)=\Delta H_{f,g}\left(H^+\right)-\Delta H_{f,g}\left(R_{ir'}^+\right)+\Delta H_f\left(O_3\right)+\Delta H_{Pr}\left(O_{ir}\right)$$

$$\Delta q\left(R_1^+\right)=\Delta H_{f,g}\left(H^+\right)-\Delta H_{f,g}\left(R_1^+\right)+\Delta H_f\left(MeOH\right)-\Delta H_f\left(H_2O\right)$$
$$\qquad+\Delta H_{Pr}\left(MeOH\right)-\Delta H_{Hyd}\left(R_1^+\right)$$

$$\Delta q\left(R_2^+\right)=\Delta H_{f,g}\left(H^+\right)-\Delta H_{f,g}\left(R_2^+\right)+\Delta H_f\left(O_2\right)+\Delta H_{Pr}\left(O_2\right)$$

$$\Delta q\left(R_{54}^+\right)=\Delta H_{f,g}\left(H^+\right)-\Delta H_{f,g}\left(R_{54}^+\right)+\Delta H_f\left(O_{56}\right)+\Delta H_{Pr}\left(O_{5r}\right)$$

注：bs 表示活性位；O_{ij} 表示碳数为 i 的烯烃的第 j 种同分异构体；K 表示平衡常数；H 表示焓；S 表示熵；R 表示气体常数；下标 F 表示生成；下标 C 表示消耗；Pr 表示质子化；Hyd 表示氢转移；Sr 表示表面反应等反应步。

3) 单事件反应动力学[18]

由于微观反应动力学模型中参数数目巨大，使参数数值的计算非常困难，因此需要对参数数目进行缩减。Froment 等引入了"单事件(single-event)"概念[15-17]，该概念的主要思想是：当反应物经过过渡态络合物转化为产物时，从该转变过程的标准熵的变化中可以获得结构效应对反应速率的影响。根据过渡态理论，反应速率常数可以表示为

$$k' = \frac{k_B T}{\hbar} \exp\left(\frac{\Delta S^{\neq}}{R}\right) \exp\left(-\frac{\Delta H^{\neq}}{RT}\right) \tag{6-10}$$

式中，k_B 为 Boltzmann 常量；$\hbar$ 为普朗克常数；$\Delta S^{\neq}$ 为基元反应的标准熵差(指过渡态络合物与反应物的熵差)；$\Delta H^{\neq}$ 为反应的标准焓差(过渡态络合物与反应物的焓差)。

根据统计热力学理论，气体组分的标准熵取决于组分不同运动状态，例如平动、振动和转动等的贡献。其中转动熵可分为两部分：本征(intrinsic)熵 $\tilde{S}^0$ 和分子几何构型的对称性 σ 引起熵变。具体关系如下：

$$S = \tilde{S}^0 - R\ln(\sigma) \tag{6-11}$$

考虑到手性(chirality)的影响，转动熵可表示为

$$S = \tilde{S}^0 - R\ln\left(\sigma_{gl}\right) = \tilde{S}^0 - R\ln\left(\frac{\sigma}{2^n}\right) \tag{6-12}$$

式中，n 为组分手性中心的个数；σ_{gl} 为总对称数，它定量表示了分子对称性的贡献。由对称性变化引起的过渡态络合物和反应物的标准熵之差可以表示为

$$\Delta S^{\neq} = S - S^{\neq} = \Delta \tilde{S}^{0\neq} - R\ln\left(\frac{\sigma_{gl}}{\sigma_{gl}^{\neq}}\right) \tag{6-13}$$

将式(6-13)代入过渡态反应速率公式(6-10)中，可得

$$k' = \left(\frac{\sigma_{gl}}{\sigma_{gl}^{\neq}}\right) \frac{k_B T}{\hbar} \exp\left(\frac{\Delta \tilde{S}^{0\neq}}{R}\right) \exp\left(-\frac{\Delta H^{\neq}}{RT}\right) \tag{6-14}$$

则基元反应的速率常数 k' 可表示为单事件反应速率 $\tilde{k}$ 的倍数，即

$$k' = n_e \tilde{k} \tag{6-15}$$

式中，n_e 为单事件数，为反应物的总对称数与过渡态络合物的比值，即

$$n_e = \frac{\sigma_{gl}}{\sigma_{gl}^{\neq}} \tag{6-16}$$

显然，一个"单事件"的频率因子与反应物和过渡态络合物结构无关。对于一个给定类型的基元反应，"单事件"的频率因子相同，可以定义为

$$\tilde{A} = \frac{k_{\mathrm{B}}T}{\hbar} \exp\left(\frac{\Delta S^0}{R}\right) \tag{6-17}$$

通过引入单事件数，反应物及过渡态络合物因结构不同造成对反应速率的影响被单独分离出来。各组分(如碳正离子)及过渡态络合物的总对称数取决于它们本身的几何构型，可以通过量子化学计算软件(如 MOPAC、GAMESS 和 GAUSSIAN)计算得到。

4) Evans-Polanyi 关系

引进单事件动力学概念可以将反应物构型对基元反应频率因子的影响进行简化。Froment 等为了进一步简化反应动力学参数的数目，还根据 Evans-Polanyi 关系对活化能的计算进行了简化[15-17]。Evans-Polanyi 关系式反映了构型和碳链长度对反应速率常数中的标准焓(或活化能)的影响。对于某一类型的基元反应(如甲基化反应、齐聚反应等)，其活化能为

$$
\begin{aligned}
E_a(i) &= E_a^0 - \alpha\left|\Delta H_r(i)\right| \quad\quad \text{(放热)}\\
E_a(i) &= E_a^0 + (1-\alpha)\left|\Delta H_r(i)\right| \quad\quad \text{(吸热)}
\end{aligned}
\tag{6-18}
$$

式中，标准焓变 $\Delta H_r(i)$ 可通过量子化学软件计算。若该类型基元反应的本征活化能 E_a^0 和转移系数 α 已知，通过以上关系式可直接计算出相同类型的基元反应或单事件反应的活化能。根据 Evans-Polanyi 关系式，每一基元步的单事件反应速率常数可以表达为

$$\tilde{k} = \tilde{A}\exp\left(-\frac{E_a}{RT}\right) \tag{6-19}$$

式中，$\tilde{A}$ 为单事件指前因子。对于相同类型的基元反应或单事件反应而言，本征活化能 E_a^0 和转移系数 α 相同。也就是说，对于该类型反应只需要两个独立参数来表征焓变对基元反应速率的影响。单事件概念和 Evans-Polanyi 关系式的引入极大地减少了反应速率常数中的参数数目。

5) 参数的热力学限制

尽管单事件概念和 Evans-Polanyi 关系式减少了反应速率常数估算中所需要的独立参数数目，仍有相当多的平衡常数需要估计。根据烯烃异构化的热力学关系，可以进一步缩减平衡常数的数目。一般认为，两烯烃间异构化反应的平衡常数可以表示为两个反应平衡常数的乘积。根据这个关系，并结合基于单事件和 Evans-Polanyi 关系式的速率常数表达式，可以得到质子化反应平衡常数的关系式。因此，对于相同碳数的烯烃，可通过一个特定的质子化反应平衡常数和气相碳正离子的热力学参数计算出其他质子化反应平衡常数，对于具有相同碳数的烯烃，平衡常数可以减为 1 个独立参数。

通过采用热力学限制，并结合单事件动力学方法和 Evans-Polanyi 关系式，可以将整个 MTO 反应动力学网络中需要预测的参数降至 32 个，其中与低碳烃类形成有关的参数 24 个，与高碳烯烃形成相关的参数 8 个。在与高碳烯烃形成相关的 8 个参数中，有 4 个

为烯烃的质子化热 $\Delta H_{\mathrm{Pr}}(O_{ir})$，另外 4 个分别为质子化平衡常数中的熵 $\Delta\tilde{S}_{\mathrm{Pr}}$、单事件频率因子 $\tilde{A}$、本征活化能 E_a^0 和转移系数 α。考虑到甲基化反应和齐聚反应类似，对该两类基元反应采用了同一个单事件频率因子，因此单事件反应动力学模型中独立参数个数降到 30 个(表 6.5)。

表 6.5 单事件反应动力学独立参数表[18]

参数编号	表达式	参数编号	表达式
Y1	$\dfrac{\Delta S_{\mathrm{Pr}}(\mathrm{MeOH})}{R}-\dfrac{\Delta H_{\mathrm{Pr}}(\mathrm{MeOH})}{RT_{\mathrm{m}}}$	Y16	$\dfrac{E_{\mathrm{sr}}(\mathrm{OM};\mathrm{H}^+)}{R}$
Y2	$\dfrac{\Delta H_{\mathrm{Pr}}(\mathrm{MeOH})}{R}$	Y17	$\ln A_{\mathrm{sr}}(\mathrm{OM};\mathrm{DMO}^+:\mathrm{R}_2^+)-\dfrac{E_{\mathrm{sr}}(\mathrm{OM};\mathrm{DMO}^+:\mathrm{R}_2^+)}{RT_{\mathrm{m}}}$
Y3	$\dfrac{\Delta S_{\mathrm{Hyd}}(\mathrm{R}_1^+)}{R}-\dfrac{\Delta H_{\mathrm{Hyd}}(\mathrm{R}_1^+)}{RT_{\mathrm{m}}}$	Y18	$\dfrac{E_{\mathrm{sr}}(\mathrm{OM};\mathrm{DMO}^+:\mathrm{R}_2^+)}{R}$
Y4	$\dfrac{\Delta H_{\mathrm{Hyd}}(\mathrm{R}_1^+)}{R}$	Y19	$\ln A_{\mathrm{sr}}(\mathrm{OM};\mathrm{DMO}^+:\mathrm{R}_3^+)-\dfrac{E_{\mathrm{sr}}(\mathrm{OM};\mathrm{DMO}^+:\mathrm{R}_3^+)}{RT_{\mathrm{m}}}$
Y5	$\ln A_{\mathrm{C}}(\mathrm{R}_1^+)-\dfrac{E_{\mathrm{C}}(\mathrm{R}_1^+)}{RT_{\mathrm{m}}}$	Y20	$\dfrac{E_{\mathrm{sr}}(\mathrm{OM};\mathrm{DMO}^+:\mathrm{R}_3^+)}{R}$
Y6	$\dfrac{E_{\mathrm{C}}(\mathrm{R}_1^+)}{R}$	Y21	$\ln A_{\mathrm{Pr}}(O_2)-\dfrac{E_{\mathrm{Pr}}(O_2)}{RT_{\mathrm{m}}}$
Y7	$\ln A_{\mathrm{F}}(\mathrm{DME})-\dfrac{E_{\mathrm{F}}(\mathrm{DME})}{RT_{\mathrm{m}}}$	Y22	$\dfrac{E_{\mathrm{Pr}}(O_2)}{R}$
Y8	$\dfrac{E_{\mathrm{F}}(\mathrm{DME})}{R}$	Y23	$\dfrac{\Delta\tilde{S}_{\mathrm{Pr}}}{R}$
Y9	$\dfrac{\Delta S_{\mathrm{Pr}}(\mathrm{DME})}{R}-\dfrac{\Delta H_{\mathrm{Pr}}(\mathrm{DME})}{RT_{\mathrm{m}}}$	Y24	$\dfrac{\Delta H_{\mathrm{Pr}}(O_2)}{R}$
Y10	$\dfrac{\Delta H_{\mathrm{Pr}}(\mathrm{DME})}{R}$	Y25	$\dfrac{\Delta H_{\mathrm{Pr}}(O_3)}{R}$
Y11	$\ln A_{\mathrm{F}}(\mathrm{CH}_4)-\dfrac{E_{\mathrm{F}}(\mathrm{CH}_4)}{RT_{\mathrm{m}}}$	Y26	$\dfrac{\Delta H_{\mathrm{Pr}}(O_{4r})}{R}$
Y12	$\dfrac{E_{\mathrm{F}}(\mathrm{CH}_4)}{R}$	Y27	$\dfrac{\Delta H_{\mathrm{Pr}}(O_{5r})}{R}$
Y13	$\ln A_{\mathrm{sr}}(\mathrm{R}_1^+;\mathrm{bs})-\dfrac{E_{\mathrm{sr}}(\mathrm{R}_1^+;\mathrm{bs})}{RT_{\mathrm{m}}}$	Y28	$\ln(C_{\mathrm{H}^+}^t\cdot\tilde{A})$
Y14	$\dfrac{E_{\mathrm{sr}}(\mathrm{R}_1^+;\mathrm{bs})}{R}$	Y29	α
Y15	$\ln A_{\mathrm{sr}}(\mathrm{OM};\mathrm{H}^+)-\dfrac{E_{\mathrm{sr}}(\mathrm{OM};\mathrm{H}^+)}{RT_{\mathrm{m}}}$	Y30	$\dfrac{E^0}{R\alpha}$

6）模型参数估计

Alwahabi[18]利用 Abraha[20]的固定床试验数据进行了单事件模型参数估计。试验考察了三种不同反应温度（400 ℃、425 ℃ 和 450 ℃）和三个不同反应接触时间[0.85g(cat)·h/mol、1.7g(cat)·h/mol、3g(cat)·h/mol]。反应压力保持在 1.04bar，进料甲醇含水量为 80mol%。分子筛催化体系中扩散影响的消除需要改变晶粒大小，很多时候这是非常困难的。为了尽量减小催化剂内部扩散阻力的影响，Abraha[20]通过磨压方法筛分出 1.1μm 的催化剂球形颗粒进行反应，在反应进样 15min 后采集数据。表 6.6 给出了不同试验条件下的典型结果。

表 6.6　Abraha 的固定床 MTO 试验结果[20]

参数		反应温度/K								
		673.16	673.16	673.16	698.16	698.16	698.16	723.16	723.16	723.16
甲醇分压/bar		0.2	0.2	0.2	0.2	0.2	0.2	0.2	0.2	0.2
W/F^0_{MeOH}/[g(cat)·h/mol]		0.86	1.69	2.98	0.81	1.69	2.99	0.81	1.68	2.97
甲醇转化率/wt%		42.8	67.4	76.6	46.5	73.4	81.6	46.9	79.2	87.7
产物分布/wt%	CH_4	0.85	0.62	0.90	2.03	1.19	1.08	2.75	2.25	4.16
	C_2H_4	32.22	41.85	35.22	40.32	38.93	38.99	42.45	43.02	43.73
	C_2H_6	0.24	0.27	0.23	0.32	0.24	0.26	0.27	0.25	0.34
	C_3H_6	31.38	46.23	42.85	41.90	42.53	43.09	36.68	37.88	37.66
	C_3H_8	3.69	0.00	1.13	0.00	0.10	1.13	1.21	2.28	1.56
	C_4H_8	11.61	6.25	13.71	10.13	10.53	10.40	7.74	8.28	7.66
	C_4H_{10}	2.24	0.12	2.11	2.15	1.90	1.78	1.54	1.59	1.75
	C_5H_{10}	0.00	2.45	1.77	0.32	3.80	1.06	0.00	1.43	0.98
	CH_3OCH_3	17.78	2.21	2.08	2.85	0.78	2.21	7.36	3.01	2.15

假设固定床内气体流动是理想的平推流，各组分产率可以由连续性方程给出：

$$\frac{d\hat{y}_i}{d(W/F^0_{MeOH})} = \frac{100M_i}{M_{MeOH}}R_i, \qquad i=1,2,...,m \tag{6-20}$$

式中，$\hat{y}_i$ 为组分 i 的产率（g/100g 甲醇原料）；$F^0_{MeOH}=\sum_{i=1}^{n}\sum_{j=1}^{m}w_{ij}\left(X_{i,j}-X_{i(calc),j}\right)^2$ 为反应器入口的初始甲醇流量，mol/h；W 为催化剂质量，g；M_i 为对应组分 i 的摩尔质量。初始值设置为零空速下的零产率。考虑到该系统为刚性系统，采用 Gear 法进行求解微分方程组。参数的估计采用混合遗传算法。表 6.7 给出采用混合遗传算法拟合得到的置信区间为 95%的参数值，通过这些参数可得到反应动力学常数。

表 6.7　混合遗传算法拟合的 SAPO-34 催化剂 MTO 单事件反应动力学参数[18]

动力学参数	参数值	动力学参数	参数值
$\Delta S_{Pr}(MeOH)$/[J/(mol·K)]	-1.22×10^2	$E_{sr}(OM;H^+)$/(kJ/mol)	1.45×10^2
$\Delta H_{Pr}(MeOH)$/(kJ/mol)	-8.77×10	$A_{sr}(OM;DMO^+:R_2^+)$/s^{-1}	2.03×10^5
$\Delta S_{Hyd}(R_1^+)$/[J/(mol·K)]	-3.32×10	$E_{sr}(OM;DMO^+:R_2^+)$/(kJ/mol)	3.16×10
$\Delta H_{Hyd}(R_1^+)$/(kJ/mol)	-7.49	$A_{sr}(OM;DMO^+:R_3^+)$/s^{-1}	2.29×10^3

续表

动力学参数	参数值	动力学参数	参数值
$A_C(R_1^+)/(s^{-1}/bar)$	1.05×10^2	$E_{sr}(OM;DMO^+:R_3^+)/(kJ/mol)$	8.43
$E_C(R_1^+)/(kJ/mol)$	1.02	$A_{Pr}(O_2)/(s^{-1}/bar)$	7.64×10^3
$A_F(DME)/(s^{-1}/bar)$	3.09×10	$E_{Pr}(O_2)/(kJ/mol)$	8.51×10
$E_F(DME)/(kJ/mol)$	9.98×10^{-1}	$\Delta\tilde{S}_{Pr}/[J/(mol\cdot K)]$	-1.08×10^2
$\Delta S_{Pr}(DME)/[J/(mol\cdot K)]$	-4.18×10	$\Delta H_{Pr}(O_2)/(kJ/mol)$	-5.61×10
$\Delta H_{Pr}(DME)/(kJ/mol)$	-9.83×10	$\Delta H_{Pr}(O_3)/(kJ/mol)$	-9.98×10
$A_F(CH_4)/(s^{-1}/bar)$	1.00×10^{13}	$\Delta H_{Pr}(O_{4r})/(kJ/mol)$	-9.98×10
$E_F(CH_4)/(kJ/mol)$	1.77×10^2	$\Delta H_{Pr}(O_{5r})/(kJ/mol)$	-9.98×10
$A_{sr}(R_1^+;bs)/s^{-1}$	1.67×10^{16}	$\tilde{A}/(s^{-1}/bar)$	6.27×10^5
$E_{sr}(R_1^+;bs)/(kJ/mol)$	1.78×10^2	$\alpha/$无量纲	1.65×10^{-2}
$A_{sr}(OM;H^+)/s^{-1}$	1.97×10^{17}	$E^0/(kJ/mol)$	9.68×10

　　Alwahabi[18]使用动力学模型对产物组分分布进行了计算，并与实验值进行了对比[20]。图 6.2 给出了不同产物组分的计算值与实验值的比较。可以看出计算值和实验值符合较好。图 6.3 给出了计算值与实验值随空速变化的情况。基于单事件的 MTO 微观反应动力学模型还能够较好地预测 Marchi 和 Froment[21]的实验结果，如图 6.4 所示。

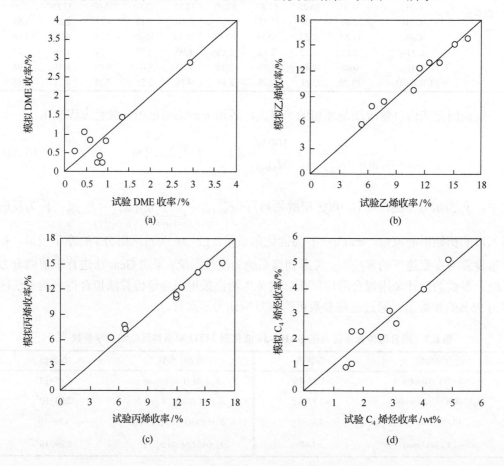

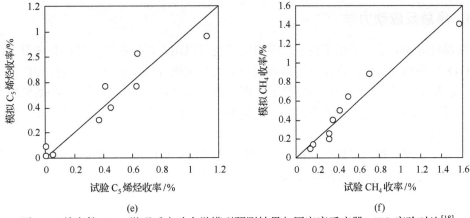

(e)　　　　　　　　　　　　　　(f)

图 6.2　单事件 MTO 微观反应动力学模型预测结果与固定床反应器 MTO 实验对比[18]

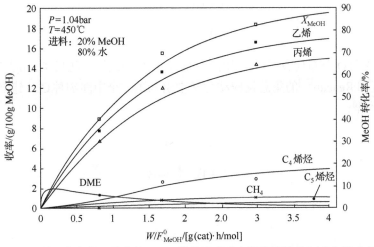

图 6.3　不同反应条件下单事件 MTO 微观反应动力学模拟结果与试验值对比[18]

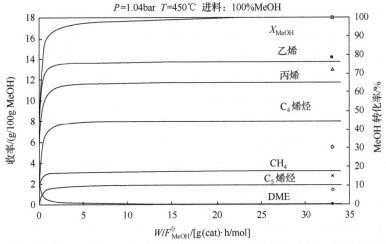

图 6.4　单事件 MTO 微观反应动力学模拟结果与 Marchi 和 Froment 的试验对比[18]

6.2.3　集总反应动力学

微观反应动力学一般用于反应机理研究，也可以用于指导催化剂设计和开发。但由于 MTO 反应的复杂性，直接应用微观反应动力学来进行反应器放大、设计和优化非常困难。在反应器设计过程中，不需要关注所有的中间产物；同时，对于一些微量的产物成分也可以忽略。因此，建立合理的、简化的集总反应动力学对于反应器设计、放大和优化具有重要意义。

在考虑了甲醇和二甲醚在 ZSM-5 催化剂上的自催化作用后，Chen 和 Reagan[22]在 1979 年提出了一个简化了的甲醇制烯烃动力学模型：

$$A \xrightarrow{k_1} B$$

$$A + B \xrightarrow{k_2} B$$

$$B \xrightarrow{k_3} D$$

式中，A 、B 和 D 分布代表甲醇/二甲醚、烯烃和芳烃/烷烃。随后 Chang[23]根据卡宾机理，在 Chen 和 Reagan[22]的集总反应动力学中引入了一个中间物种 C，建立了一个新的集总动力学模型：

$$A \xrightarrow{k_1} C$$

$$A + B \xrightarrow{k_2} B$$

$$A + C \xrightarrow{k_3} B$$

$$B \xrightarrow{k_4} D$$

Sedran 等[24]比较了前人的甲醇制烯烃模型，开发了 5 个集总组分的动力学模型。在该模型中，甲醇首先转化为乙烯，再发生甲基化反应生成丁烯，低碳烯烃作为集总组分再生成烷烃和芳烃。该模型能较好地描述低碳烯烃的生成行为。Schoenfelder 等[25]对此模型进行了改进，并用此模型模拟了流化床反应器中甲醇制烯烃反应过程。

Bos 等[26]详细地研究了基于 SAPO-34 分子筛催化剂的 MTO 反应，特别考虑了积碳对 MTO 反应的影响。在实验前，他们通过反应的方式让催化剂先积上一定量的碳，然后将带碳催化剂装入反应器进行反应。反应物气体采用脉冲进样，忽略进样所引起的积碳量增加，这样在一定条件下可以获得有一定积碳量的催化剂的反应产物组成。基于烃池机理，Bos 等[26]提出了一个 MTO 反应的集总反应动力学模型，包括 8 个集总组分(甲醇、甲烷、乙烯、丙烯、丙烷、C_4、C_{5+}和焦炭)和 12 个反应动力学方程。模型中烯烃和积碳生成被认为是相对甲醇的一级反应，丙烯生成乙烯是丙烯和甲醇的一级反应，C_4生成乙烯是 C_4 和甲醇的一级反应，反应速率常数与催化剂的积碳量通过经验方程式相关联。图 6.5 给出了 Bos 等提出的 MTO 反应网络。他们发现，为使产物中乙烯和丙烯的比例大于 1，催化剂表面必须有 7%~8%的积碳。该模型可以较好的描述实验结果，但是对于高空速操作这种催化剂预积碳的近似处理方法值得商榷。此外，这种催化剂离线预积碳与实际反应过程中催化剂连续反应积碳的反应效果是否一致也需要进一步验证。

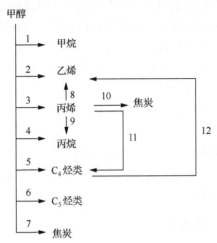

图 6.5　Bos 等的集总反应动力学反应网络图[26]

Gayubo 等[27]在 Bos 等[26]的集总模型基础上，建立了包括甲醇、乙烯、丙烯、丁烯和其他烃类在内的 5 个集总组分和 8 个反应的集总动力学模型。该模型中去除了速率较慢的烷烃生成反应，考虑了反应体系中水对催化剂积碳速率的影响，忽略了速率常数较小的其他反应。在进行反应动力学数据计算时，反应初始阶段的产物分布是采用外推的方法获得的。该方法得到的数据能否反映初始时刻产物的真实组成情况值得商榷。Gayubo 等[28]还研究了 SAPO-18 催化剂上 MTO 反应失活动力学模型。他们考虑了水对产物分布及积碳速率的影响，并认为反应过程中生成的烃池中间体浓度与甲醇空速无关，只随反应时间变化。将积碳前身物浓度关联为氧化物浓度和烯烃浓度的函数，得到了含有 6 个集总组分的 MTO 反应失活动力学模型。Gayubo 等[29]还考虑了反应诱导期和快速积碳现象对 MTO 反应的影响。他们假设所有低碳烯烃有着相同的催化剂活性因子(活性因子指某时刻 MTO 反应速率与反应过程中最大 MTO 反应速率的比值)，根据活性因子的概念建立了 SAPO-18 催化剂上的 MTO 失活动力学模型。

Qi 等[30]使用等温积分固定床反应器研究了 MTO 过程中 SAPO-34 催化剂的积碳情况。他们发现在 623～823K 温度下，积碳的生成速率加快；在积碳量达到 4%以上时，SAPO-34 分子筛的微孔已经被严重堵塞，但随着反应的进行，积碳生成速率减缓，SAPO-34 催化剂的积碳量为单位催化剂表面甲醇累计量的函数。

Chen 等[31]使用 SAPO-34 分子筛进行了 MTO 反应动力学研究。他们发现所有的烯烃组分直接由二甲醚生成，催化剂积碳会影响二甲醚的生成与扩散速率。由于反应过程中二甲醚浓度难以测定，因此需要将甲醇与二甲醚作为一个集总组分加以分析。同时产物中少量的副产物 CH_4 来源于表面甲氧基的降解，生成路径与其他产物不同，应作为单独集总加以考虑。他们还发现反应诱导期主要受晶粒大小、反应温度、反应物浓度等影响，时间较短，在反应动力学参数估算中可以忽略。Chen 等[31]还发现在反应过程中催化剂上少量的积碳可以提高乙烯组分的收率，降低 $C_3\sim C_6$ 烯烃组分的收率。他们根据这种选择性失活现象，针对 7 个集总组分定义了 7 个以催化剂积碳量为变量的失活函数，并将这些失活函数耦合到反应网络中，最终获得由平行反应和串联反应组成的反应动力学模型。其中，所有低碳烯烃的生成都被当做一级反应，烷烃生成被认为是二级反应。但是该模型数据和参数相关性较差，且获得的活化能数据与其他文献报道的数据相差比较大。

Zhou 等[32]通过在固定床反应器通入空气烧焦以测定催化剂含碳量，建立了 MTO 过程中的反应动力学模型。他们发现较低的甲醇分压会降低氢转移反应速率，增大丙烯收率，丙烷是烷烃产物中的主要产品。

Kaarsholm 等[33]在流化床反应器进行了 MTO 反应动力学的研究，并发现采用甲醇和正己烯作为反应原料在 ZSM-5 催化剂上进行反应时，可得到几乎相同的产物分布。他们提出了包含 15 个产物集总的动力学模型，并认为所有烯烃产物均由较大的烯烃中间体生成，且在反应过程中处于平衡态。

6.2.4 DMTO 集总反应动力学

如上节提到的，Bos 等[26]提出的 8 集总反应动力学模型能够较好地反映出 MTO 反应的特点，可以用于拟合固定床试验结果。但是 Bos 等[26]对丙烯和 C_{4+} 烃组分考虑二次反应会增加反应网络的复杂性，在目前研究条件下并不改善反应产物分布。同时，MTO 反应中最重要的是考虑催化剂积碳对反应的影响。笔者提出采用简单的平行反应网络，考虑 8 个集总组分：甲醇、甲烷、乙烯、丙烯、丙烷、C_4 烃、C_{5+} 烃和焦炭。考虑到温度对 CO_2、CO 生成速率和乙烷、丙烷等不一致，我们把 CO_2、CO 当成甲烷集总组分。乙烷和其他没考虑的组分则被当成 C_{5+} 烃集总组分，图 6.6 为反应网络图。

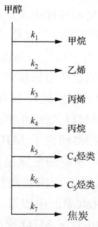

图 6.6 DMTO 集总反应动力学反应网络

笔者在实验室用工业 DMTO 催化剂进行了反应动力学研究，实验在内径为 4mm 的固定床反应器中进行，产品气通过 Agilent 7890A 气相色谱(FID 和 PoraPLOT Q-HT 毛细柱)进行在线分析，图 6.7 为实验装置的流程图。

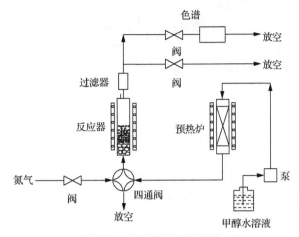

图 6.7　实验装置的流程图

固定床内气体流动可以假设为柱塞流，气体各组分的变化可以用下式计算：

$$\frac{dX_i}{(dW/F_{MeOH})} = R_i \tag{6-21}$$

式中，X_i 为生成气体组分 i 的甲醇转化率；F_{MeOH} 为甲醇气体入口流量；R_i 为气体组分生成速率。对于所有的反应，都假设为甲醇的一级反应，其他气体组分和焦炭生成速率为

$$R_{CH_4} = k_1 \theta_W C_{MeOH} M_W^{(CH_4)} \tag{6-22}$$

$$R_{C_2H_4} = k_2 \theta_W C_{MeOH} M_W^{(C_2H_4)}/2 \tag{6-23}$$

$$R_{C_3H_6} = k_3 \theta_W C_{MeOH} M_W^{(C_3H_6)}/3 \tag{6-24}$$

$$R_{C_3H_8} = k_4 \theta_W C_{MeOH} M_W^{(C_3H_8)}/3 \tag{6-25}$$

$$R_{C_4} = k_5 \theta_W C_{MeOH} M_W^{(C_4)}/4 \tag{6-26}$$

$$R_{C_5^+} = k_6 \theta_W C_{MeOH} M_W^{(C_5^+)}/5 \tag{6-27}$$

$$R_{Coke} = k_7 \theta_W C_{MeOH} M_W^{(CH_2)} \tag{6.28}$$

甲醇反应速率为

$$R_{MeOH} = -(k_1 + k_2 + k_3 + k_4 + k_5 + k_6 + k_7)\theta_W C_{MeOH} M_W^{(MeOH)} \tag{6-29}$$

水的生成速率为

$$R_{H_2O} = (k_1 + k_2 + k_3 + k_4 + k_5 + k_6 + k_7)\theta_W C_{MeOH} M_W^{(H_2O)} \tag{6-30}$$

式中，C_{MeOH} 为甲醇物质的量浓度；$M_W^{(i)}$ 为摩尔质量；k_i (i=1, 2, …, 7) 为相应组分的反应速率常数。为了简单起见，甲烷集总组分的摩尔质量可以用—CH_2—的摩尔质量来代替。反应中，水对各组分反应的影响通过动力学常数 θ_W 来反映：

$$\theta_W = \frac{1}{1 + K_W X_W} \tag{6-31}$$

式中，K_W 为常数；X_W 为反应中水的质量分数。根据 Arrhenius 方程，反应率常数 k_i 可以表示为

$$k_i = k_{i0} \exp\left[-\frac{E_a}{R}\left(\frac{1}{T} - \frac{1}{723.15}\right)\right] \tag{6-32}$$

式中，k_{i0} 为在参考温度 723.15K 时的反应速率常数。反应动力学常数是通过非线性 Levenberg-Marquardt 方法[34]对试验数据进行拟合获得。拟合过程的目标函数为

$$OF = \sum_{i=1}^{n}\sum_{j=1}^{m} w_{ij}\left(X_{i,j} - X_{i(calc),j}\right)^2 \tag{6-33}$$

式中，w_{ij} 为权重因子；$X_{i,j}$ 为在试验 j 中测量得到的组分 i 的质量分数；$X_{i(calc),j}$ 则为通过组分方程计算得到的相应的质量分数。表 6.8 是对试验数据拟合后获得的反应动力学参数。

表 6.8 拟合的 DMTO 集总动力学参数

动力学参数/ [L/g(cat)/min]	k_{i0} (450°C)	E_{ai}/ (kJ/mol)	失活常数 α_i	水的影响
k_1	0.104	117.673	0.060	
k_2	4.930	56.939	0.140	
k_3	7.315	41.884	0.208	
k_4	0.523	13.455	0.203	$\theta_W = \frac{1}{1 + K_W X_W}$
k_5	2.598	31.184	0.237	
k_6	1.021	45.767	0.275	
k_7	2.311	53.317	0.310	
K_W	3.053			

由于 DMTO 反应中催化剂积碳对反应过程中甲醇转化率和烯烃选择性具有很大影响，集总反应动力学中反应速率需要考虑催化剂积碳的影响。为此，我们引入催化剂积碳失活函数 φ_i 的概念：

$$r_i = k_i \theta_W C_{MeOH} \varphi_i \tag{6-34}$$

式中，r_i 为反应速率；动力学常数 θ_W 和反应率常数 k_i 可以通过式(6-31)和式(6-32)进行计算。Froment 等[35]提出一系列表征催化剂积碳失活的函数，但这些函数都不能很好地用于 MTO 反应，特别是不能精确表征在催化剂失活后甲醇转化率的急剧下降趋势。Nayak 等[36] 提出使用下面的公式表征催化剂积碳失活：

$$\varphi = \frac{A+1}{A + \exp(BC_C)} \tag{6-35}$$

式中，A 和 B 为常数；C_C 为催化剂含碳量（积碳量和催化剂质量的百分比）。公式可以较好地表示催化剂含碳量达到一定值之后，催化剂活性的快速下降。不过公式并不能很好地反映出催化剂含碳量对各种产物组分选择性的影响。为此提出使用下面的公式来表征催化剂的积碳失活[37]：

$$\varphi_i = \frac{1}{1 + A\exp\left[B(C_C - D)\right]}\exp(-\alpha_i C_C) \tag{6-36}$$

式中，D 为催化剂临界含碳量。当催化剂含碳量超过临界含碳量时，催化剂活性会显著降低，甲醇转化率开始快速下降。为了反映催化剂含碳量对不同产物成分具有不同选择性，引进参数 α_i，用于表征不同反应受催化剂含碳量的影响程度。因此，使用下面公式来计算各反应的反应速率常数：

$$k_i = k_{i0}\exp\left[-\frac{E_{a,i}}{R}\left(\frac{1}{T} - \frac{1}{723.15}\right)\right]\frac{1}{1 + K_W X_W}\frac{1}{1 + A\exp\left[B(C_C - D)\right]}\exp(-\alpha_i C_C) \tag{6-37}$$

固定床反应器中催化剂积碳并不均匀，而是存在一定的空间分布。固定流化床中，由于催化剂颗粒的快速返混，且催化剂在床层中停留时间一样，催化剂积碳比较均匀。为了考察催化剂积碳对反应的影响，利用微型固定流化床反应器（内径 19mm，高为 350mm）进行了一系列实验，利用固定流化床的结果来拟合催化剂积碳失活函数。根据固定流化床试验结果，最后拟合得到了失活函数的各个参数（表 6.9）：

表 6.9　失活函数中各参数拟合值[37]

参数	拟合值
A	9
B	2
D	7.8

以 comsol multiphysic 软件为基础建立了固定床反应器模型。其中气相组分使用 transport of diluted species 模型描述，固相用 domain ODEs 和 DAEs 模型计算。模型中各组分平衡方程设为

$$\frac{\partial C_i}{\partial t} + \nabla\cdot\left(-D_i\cdot\nabla C_i\right) + u\cdot\nabla C_i = \frac{R_i}{M_W^{(i)}}\rho_{cat} \tag{6-38}$$

式中，C_i 为各气相组分的浓度；D_i 为该组分的浓度；u 为流速；ρ_{cat} 为催化剂浓度。

由于固定床床层中催化剂的积碳并不均匀，需要把催化剂积碳量当时空变量来处理：

$$\frac{\partial C_{Coke}(t,z)}{\partial t} = 100 M_W^{(CH_2)}\cdot r_7(t,z) \tag{6-39}$$

式中，C_{Coke} 为积碳含量；积碳速率 r_7 为时间和空间的坐标。模型计算中使用的初始条件为

$$t = 0, \quad C_i = C_{i,0} \tag{6-40}$$

边界条件为

$$z = 0, \quad C_i = C_{i,0}; \quad z = L, \quad \frac{\partial C_i}{\partial z} = 0 \tag{6-41}$$

$$r = 0, \quad \frac{\partial C_i}{\partial r} = 0; \quad r = R, \quad \frac{\partial C_i}{\partial r} = 0 \tag{6-42}$$

　　图 6.8 是对固定床反应器中各组分浓度空间分布的计算结果[37]。计算条件为反应温度为 475℃，空速为 2.8gMeOH/[g(cat)·h]，甲醇水含量为 20wt%。由图 6.8 可见，当催化剂活性很高时(新鲜催化剂)，甲醇在很薄的床层中就可以几乎全部转化。随着反应的进行，固定床中催化剂积碳并不均匀，催化剂从床层底部开始逐渐失活。催化剂含碳量对乙烯和丙烯的选择性具有明显的影响。

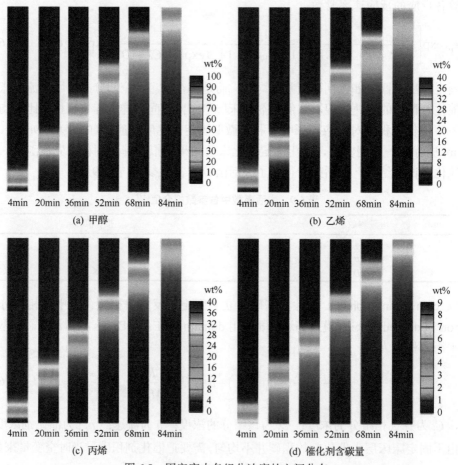

图 6.8　固定床中各组分浓度的空间分布

6.2.5　DMTO 反应动力学研究小结

　　甲醇在分子筛催化剂上的转化反应在催化基础研究和工业应用中都具有重要意义。从基础研究的角度来看，甲醇原料简单，属于碳一化学最基本的原料。但在不同的分子筛催化剂上通过反应条件的调控，可以生成各种不同的非常复杂的多碳化合物。其中 C—C 的形成、分子筛孔道内复杂的烃池物种形成、气相产物的扩散等都极富挑战性，目前已经成为催化化学研究热点。同时，甲醇在分子筛催化剂上可以转化形成烯烃、芳烃、汽油等许多大宗的化学品和燃料组分，具有广阔的前景。

　　目前甲醇制烯烃反应动力学研究也与这两个研究方向密切相关。微观反应动力学是建立在催化化学基础研究之上，目标是建立分子筛尺度上的完整反应网络，获得各基元反应的反应速率。微观反应动力学显然对于我们理解甲醇制烯烃反应机理和优化分子筛催化剂结构具有重要意义。但是甲醇制烯烃反应过程非常复杂，涉及的基元反应和中间产物非常多，直接进行反应动力学参数计算非常困难。微观反应动力学的单事件方法则是一种简化有效的计算方法。但是，到目前为止，微观反应动力学还不能直接应用于宏观的反应器设计。为了开展甲醇制烯烃反应器设计，建立在化学反应工程研究基础之上的高度简化的集总反应动力学模型则是较优的选择。集总反应动力学模型一般忽略了很多基元反应步骤，是在考虑了反应过程中各宏观参数之间的相互影响的基础上建立的经验关联模型。在一定程度上，微观反应动力学模型更接近于本征反应动力学，而集总反应动力学则包含了扩散和流动(传质)的影响。

　　对甲醇制烯烃反应动力学研究，有如下几个方向应该受到更多关注：①微观反应动力学模型参数的计算。由于甲醇制烯烃微观反应动力学包含的基元反应和涉及的反应物、产物(包括中间产物)组分较多，其反应动力学参数的计算需要求解的方程数目较多。采用过渡态理论进行简化提供了一条有效途径，比如单事件方法。但是随着计算机技术的发展，结合反应动力学理论方法，开发新的、更有效的计算方法会成为一个重要研究方向。②微观反应动力学与反应机理研究的结合。目前甲醇转化反应机理的研究很大程度上只是通过实验手段获得一些关于反应途径或者反应中间产物的直接或者间接的证据。如果能够将这些证据转化为反应方程添加到微观反应动力学模型中，通过计算反应速率常数可以更加有力地支持这些反应途径和中间产物在甲醇转化过程中的重要性。③多尺度反应动力学模型方法的发展。微观反应动力学模型和宏观集总反应动力学模型在本质上应该都能体现出甲醇制烯烃的反应机理，两者应该是统一的。但是二者之间描述的尺度差别很大，前者是分子尺度，而后者是反应器尺度。两者之间还需要在催化剂颗粒尺度上进行连接。因此，建立催化剂颗粒尺度的介尺度反应动力学模型可以将微观反应动力学和宏观集总反应动力学统一起来。

6.3　DMTO 工艺基础

　　甲醇制烯烃工艺技术的发展，需要结合所发展的催化剂的特点及相应的催化反应特征，在充分分析与实验研究的基础上开展。MTO 的反应特征不仅与催化剂有关，也与其热力学和动力学特点密切相关。新工艺的发展在注重创新的同时，也应重视借鉴已有的工业化技术理论与应用成果，以快速地实现技术的应用。DMTO 技术的发展就是遵循上述原则，在分子筛合成与催化剂创新的基础上充分借鉴了流化催化裂化(fluid catalytic cracking，FCC)相关的流态化研究成果和工业化设计经验，从实验室逐级放大成为工业化技术。这里结合 DMTO 技术的发展，对甲醇制烯烃反应与工艺研究进行介绍。

6.3.1　甲醇制烯烃反应特征

甲醇转化为烃类的反应是一类新型的涉及含氧碳一原料和烃类的反应体系，正如第 3 章所描述的，其反应机理有别于传统的烃类转化机理。利用分子筛催化剂，可以有效地将反应产物限定在低碳烯烃范围。对该催化反应的特征总结如下。

1) 酸性催化特征

甲醇转化为烯烃的反应包含甲醇转化为二甲醚及甲醇和二甲醚转化为烯烃两个反应。前一个反应在较低的温度(150～350℃)即可发生，生成烃类的反应则在较高的反应温度(>300℃)下进行。两个转化反应均需要酸性催化剂。通常的无定形固体酸可以作为甲醇转化的催化剂，容易使甲醇转化为二甲醚，但生成低碳烯烃的选择性较低。

2) 反应存在诱导期

根据甲醇在分子筛上转化的机理研究和实验室反应结果，甲醇转化反应存在诱导期。在低温时，表现为初始反应转化率很低，随反应时间延长逐渐升高达到稳定；高温时表现为在新鲜催化剂上初始反应转化率总是略低(不到100%)，几分钟后才能达到100%。这一特征应与烃池机理有关，从不含 C—C 的原料形成分子量较大的烃池是相对困难的，但只有烃池形成之后才能使反应得到启动，因而需要一定的反应时间。

3) 自催化反应

一个化学反应的产物如果能够作为这个反应的催化剂促进反应的进行，则这一化学反称为自催化反应。甲醇转化为烃类的反应也表现出自催化的特征，这应与其反应机理有关。在烃池形成之后，甲醇至烃类反应的主要通道得以贯通，而反应产物中的烯烃反过来又以更快的速度形成新的烃池，使反应呈指数形式加速。

4) 低压反应

原理上，甲醇转化为低碳烯烃反应是分子数量增加的反应，因此，低压有利于提高低碳烯烃尤其是乙烯的选择性。

5) 高转化率

在高于 400℃的温度条件下，甲醇或二甲醚在分子筛催化剂上很容易完全转化(转化率 100%)。

6) 强放热

在反应温度为 200～300℃时，甲醇转化为二甲醚的反应热为–10.9～–10.4kJ/mol 甲醇(–77.9～–75.3kcal/kg 甲醇)。在反应温度为 400～500℃时，甲醇转化为低碳烯烃(乙烯/丙烯=1.6)的反应热为–22.4～–22.1kJ/mol 甲醇(–167.3～–164.8kcal/kg 甲醇)。反应的放热效应显著，这也是为什么固定床 MTO 工艺中甲醇原料需要大量稀释和催化剂需要分段装填的主要原因。

7) 快速反应

在经过反应诱导期之后，甲醇转化为烃类的反应速度会迅速加快。根据实验研究，在反应接触时间短至 0.04s 便可以达到 100%的甲醇转化率。根据反应机理推测，较短的反应接触时间可以有效地避免烯烃进行二次反应，提高低碳烯烃的选择性。

8) 分子筛催化的形状选择性效应

从催化反应原理上看，低碳烯烃的高选择性是通过分子筛的酸性催化作用结合分子筛骨架结构中孔口的限制作用来共同实现的。对于具有快速反应特征的甲醇转化反应，催化剂上的结焦将造成催化剂活性的降低，同时又对产物的选择性产生影响。在小孔 SAPO 分子筛催化的 MTO 反应中，催化剂通常需要烧焦再生以恢复催化剂活性。

发展 MTO 工艺过程必须充分考虑 MTO 反应的上述特征。

6.3.2 甲醇制烯烃与流化催化裂化的对比

流化床技术在石油和化学工业实践中已经得到广泛应用。其中在炼油厂得到普遍应用的流化催化裂化(FCC)就是典型的流化床反应-再生工艺。FCC 主要是采用 Y 型分子筛催化剂，对炼油厂减压馏分油(VGO)和焦化馏分油(CGO)等重组分进行催化裂解，获取汽油和柴油等轻质燃料。近年来，FCC 也开始用于渣油等更重质原料的加工。FCC 过程中催化剂也易失活，因此主要采用流化床反应器-流化床再生器结构。早期美国 Kellogg 公司的 FCC 装置采用的是密相流化床反应器和再生器。后来随着催化剂性能的大幅度提高，催化剂活性大大增强，从 20 世纪 70 年代开始，提升管反应器逐渐代替了密相床反应器。FCC 在我国得到普遍应用和发展主要是石油二次加工技术，约占总加工量的 30%。与 FCC 技术相关的流态化基础研究也已经形成其理论体系[38-40]。这些理论与工业应用实践经验为相关流化反应新过程的发展奠定了良好的基础。

表 6.10 从原料、反应特点、催化剂、产物和工艺要求等多方面对比了 MTO 反应与 FCC 的异同。可以看出，虽然 MTO 与 FCC 在许多方面有着根本性的差别(如原料、反应原理等)，但均是基于流态化的反应工艺。

流化床反应器中由于催化剂颗粒和气体的作用很复杂，导致流化床内的气固流动受反应器大小、催化颗粒特性、操作气体速度和压力等的影响。根据 Geldart 对流态化的经典分类，颗粒的流化性能与颗粒粒径和颗粒密度密切相关(第 7 章)。FCC 催化剂颗粒在流态化中属于 Geldart A 类颗粒，流化性能很好，非常适合流化反应和催化剂颗粒在反应器和再生器之间循环。若试图借鉴 FCC 技术发展新的 MTO 工艺，关键在于 MTO 催化剂的物理性质应与 FCC 类似。笔者在发展 DMTO 工艺过程中，确定了 DMTO 催化剂物理性能的发展方向，即 Geldart A 类颗粒；同时，根据 MTO 反应的特点和技术经济性要求，强化了催化剂的耐磨损性能。

表 6.10 DMTO 与 FCC 工艺特点对比

项目		MTO	FCC
原料	名称	甲醇(二甲醚)	大分子重质原料
	类型	原料单一、纯净	组成复杂
	纯度	不含杂质	S，N，重金属

续表

	项目	MTO	FCC
反应特点		$CH_3OH \longrightarrow C_2H_4, C_3H_6, \cdots$	C_xH_y 纯重馏分, 柴油, 汽油, 液化气, 干气
	反应机理	碳链增长, 小分子变为稍大的分子	碳链断裂, 大分子变为小分子
		初始 C—C 形成机理仍不清楚, 烃池机理、"甲基化"机理、齐聚、裂解共存	碳正离子裂解机理
	反应速率	极快	快反应
	催化特征	具有自催化特性	不具有自催化特性
	反应诱导期	有	无
	反应热	反应放热	反应吸热
	结焦	结焦速率快	极快的结焦速率
	催化剂失活	较快(数十分钟至数小时)	极快(数秒)
催化剂	类型	分子筛类, SAPO-34	分子筛类, USY
	形状	微球流化催化剂	微球流化催化剂
	稳定性	水热稳定性高	水热稳定性高
	杂质耐受度	避免引入外部杂质	杂质耐受能力强
产物	类型	低碳烯烃	油品
	特点	产品分子结构相对单一	产品化学结构复杂, 以馏分区别
	活性	产品化学性质活泼	基本同MTO
	水	大量的水	反应本身不产生水
工艺	进料状态	气相进料	气相+液相+固相喷雾进料
	进料分布方式	分布器	喷嘴, 分布器
	进料温度	185~320℃	180~250℃
	催化剂颗粒特点	可以是 Geladrt A 类颗粒	Geladrt A 类颗粒
	流化介质	甲醇和低碳烯烃等, 黏度稍小	油气, 空气
	反应温度	450~500℃	480~520℃
	反应压力	0.15MPa 或稍高	0.2~0.3MPa
	生焦量(对原料)	1wt%~2wt%	5wt%~9wt%
	主风风量	小	大
	再生温度	约650℃	600~700℃
	剂/油(醇)比	低(<1)	高(5~6)
	热量平衡	自平衡, 反应-再生均取热	自平衡, 再生器取热, 反应器需供热
	反应接触时间	反应时间越短越好, 0.5~2s	反应时间短, 约2s
	催化剂停留时间	数十分钟	数秒
	反应后气固分离	旋风分离	旋风分离
	分离后激冷	需要	需要
	再生	相对容易, 可以采用较低温度	不易再生, 高温再生
	催化剂残碳	对残碳量有特殊要求	残碳, <0.1%
	反应器类型	密相流化床或快速床	提升管
	再生器	密相流化床, 较小	密相流化床, 较大
	脱气	脱气效率要求高(>95%)	脱气效率不必很高(75%)
	产品分离	聚合级产品, 分离相对困难, 但技术成熟	相对简单, 技术成熟

6.3.3　DMTO 催化剂

　　表 6.11 给出了 DMTO 专用催化剂(D803C-II01)的物性指标。图 6.9 是 DMTO 专用催化剂的扫描电镜照片和粒度分布曲线。可以看到催化剂具有良好的球形度，且粒度分布与 FCC 催化剂相当。

　　该催化剂经历了 2005 年的工业放大和试生产，于 2008 年实现工业生产(第 5 章)。DMTO 催化剂颗粒的粒径分布和颗粒密度与典型的 FCC 催化剂颗粒一致，因此 DMTO 催化剂颗粒也属于典型的 Geldart A 类颗粒。相关的中试、工业性试验和工业应用均证实其流化性能良好。

表 6.11　DMTO 催化剂(D803C-II01)的物性指标

项　　目		指　　标
比表面积/(cm²/g)		≥180
孔体积/(cm³/g)		≥0.15
密度/(g/cm³)	沉降密度	0.6~0.8
	密实堆积密度	0.7~0.9
	颗粒密度	1.5~1.8
	骨架密度	2.2~2.8
磨损指数/(%/h)		≤2
粒度/%	≤20μm	≤5
	20~40μm	≤10
	40~80μm	30~50
	80~110μm	10~30
	110~150μm	10~30
	≥150μm	≤20

注：分析方法见 5.1.2 节。

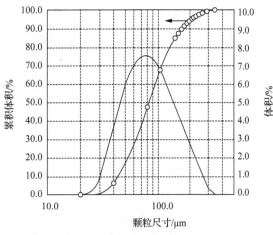

图 6.9　DMTO 催化剂的 SEM 照片和典型粒径分布

6.3.4 小试研究

MTO 小试工艺研究的目的是利用定型的催化剂弄清影响反应的各种因素及其相互关系，为进一步放大研究提供基础。根据 MTO 反应的热力学、动力学研究结果及对催化剂反应特征和性能的基本了解，初步建议采用流化床反应方式，以利用反应-再生的连续进行。在实验室进行流化床工艺研究时，需要针对 MTO 反应建立合适的方法与实验装置。小型的固定床和流化床通常可以用来评价催化剂性能，若催化剂的失活是由于其达到饱和积碳量，则二者关于催化剂寿命的评价是可比的；相同条件下(温度、压力、接触时间等)固定床和流化床结果及其变化规律也具有可比性。但由于固定床与流化床的反应方式及催化剂经历的反应状态有着根本性的区别，二者的具体反应结果并不相同。因此，用于工艺研究的实验室小试也需要采用流化床进行。小型实验难以兼顾反应与再生的连续性，可采用固定流化床反应方式，单独研究反应与再生。图 6.10 为笔者实验室所用的 MTO 固定流化床反应装置。该装置催化剂装量为 10g，反应器内径为 2cm。

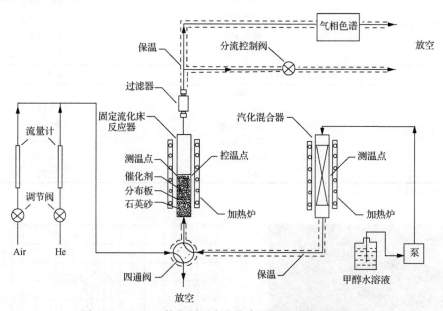

图 6.10 DMTO 催化剂固定流化床活性评价装置流程图

为了规范和统一，首先定义转化率和选择性。甲醇转化率定义为：转化的甲醇或二甲醚占原料甲醇的(质量或物质的量)百分数，计算中二甲醚以物质的量数换算为甲醇，即认为二甲醚也算做原料。烯烃选择性的定义为烯烃在非水产物中的含量。本书涉及笔者的结果时，均采用上述定义。

图 6.11 为 DMTO 催化剂在固定流化床上典型的反应结果——转化率、选择性随反应时间的变化。可以看出，甲醇转化率在很长时间内保持稳定(接近 100%)，丙烯选择性随反应时间变化不大；而乙烯选择性随反应时间延长逐渐升高，达到最大值后缓慢降低，乙烯+丙烯选择性也呈现类似的趋势，C_4 选择性随时间逐渐降低之后再增大。烯烃选择

性随反应时间一直在变化是 SAPO-34 催化的 MTO 反应的基本特点。深入了解其原理，将有助于工艺的研究。

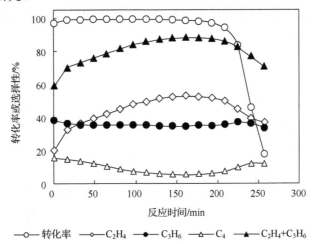

图 6.11　甲醇转化率和低碳烯烃选择性随反应时间变化关系(450℃，甲醇空速 WHSV=1.5h⁻¹)

$$\multimap 转化率 \quad \diamondsuit C_2H_4 \quad \bullet C_3H_6 \quad \triangle C_4 \quad \blacktriangle C_2H_4+C_3H_6$$

MTO 反应过程中，随着反应的进行，虽然在一定时间段内甲醇转化率保持稳定，但积碳反应也一直在发生，催化剂上的积碳量逐渐增加，图 6.12 是与图 6.11 对应的催化剂上积碳量随反应时间的变化关系。从催化反应随反应时间的变化和催化剂积碳量的变化，可以推算出积碳量占甲醇进料量的比例，即积碳产率。

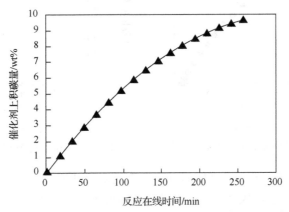

图 6.12　与图 6.11 对应的催化剂上积碳量随反应时间的变化关系(450℃，甲醇空速 WHSV=1.5h⁻¹)

这些结果说明，较少的催化剂即可以使甲醇达到高转化率，积碳同时影响着烯烃特别是乙烯的选择性。少量的积碳即可以明显抑制氢转移反应(图 6.13 的初始阶段)，随着积碳量增加，产物中的烷烃含量进一步降低，积碳速度也逐渐变慢。

根据甲醇转化中催化剂从新鲜催化剂到完全失活的全过程(图 6.11、图 6.12)，可以计算出新鲜催化剂和不同积碳量时催化剂转化甲醇的能力，图 6.14 为催化剂的转化能力(绝对转化能力和相对转化能力)随时间衰减的趋势，类似于抛物线；即随时间延长活性衰减速度加快，衰减速率与催化剂积碳量之间是线性关系。从图 6.11 甲醇转化率突然降低的拐点(约 210min,对应的催化剂上积碳量为 8.87wt%),结合图 6.12 和图 6.14,可以从图 6.14(b)上(箭头所指)查到对应的相对转化能力约为 13%,说明在所给定的条件下,仅需要 13%的催化剂活性位就能够实现甲醇的完全转化。该数值对工艺研究是非常关键的。

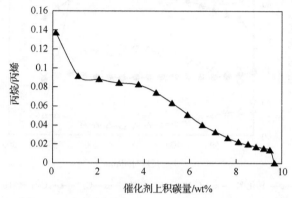

图 6.13　丙烷/丙烯随积碳量的变化关系(450℃,甲醇空速 WHSV=1.5h⁻¹)

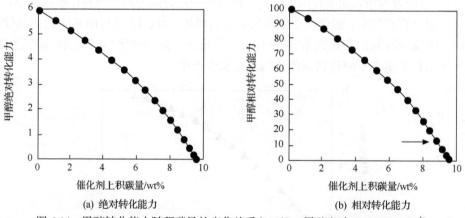

（a）绝对转化能力　　　　　　　　（b）相对转化能力

图 6.14　甲醇转化能力随积碳量的变化关系(450℃,甲醇空速 WHSV=1.5h⁻¹)

　　图 6.11 所示的转化率和选择性随时间的变化将随具体的反应条件(空速、接触时间等)而变化,为了简化影响因素,可以将横坐标转换为催化剂上的积碳量(图 6.15)。可以看出,在反应初期,由于诱导期的影响,甲醇转化率并不能达到 100%;同时,乙烯及乙烯+丙烯的选择性也不高,应尽力避免。在反应后期,催化剂活性不足,甲醇转化率及烯烃选择性均不高,也是应避免的反应阶段。最佳的操作窗口在催化剂积碳量 8%左右,既能够保障甲醇完全转化,同时烯烃选择性达到最佳,如果能够仅利用该窗口的催化剂,乙烯+丙烯选择性将达到 90%左右。

　　固定流化床随反应时间变化的反应结果也可以转换为随催化剂与甲醇处理量(剂/醇比)的变化关系,更易于关联流化反应工艺条件。图 6.16 更直观地反映了 MTO 的最佳操作窗口,与图 6.15 结果是一致的。从催化反应随反应时间变化和催化剂积碳量变化结果,可以推算出积碳量占甲醇进料量的比例,即积碳产率。利用累积甲醇转化量和累积积碳量可以得到累积的积碳产率，从甲醇转化和积碳量的增量变化可以得到微分积碳产率(图 6.17)。累积积碳产率总是随积碳量增加而降低，微分积碳产率可更明确地反映催化剂在反应过程中积碳产率的变化。在初始反应阶段，由于诱导期的存在及烃池的形成，且催化剂活性较高，催化剂的微分积碳产率比较高；在反应后期，虽然积碳量增加缓慢，但因催化剂活性低，甲醇转化量较少，微分积碳产率反而升高。在最佳操作窗口，微分积碳产率可以达到 1wt%以下。

　　需要指出的是，上述结果和处理是在非反应-再生循环的条件下催化剂停留时间渐变得到的结果，若考虑反应-再生循环，反应器内必然会存在催化剂停留时间分布(催化剂积碳量分布)问题，这些问题的存在将导致反应结果相应改变。但上述结果原理上是正确的，也是工艺研究应追求的催化反应效果。

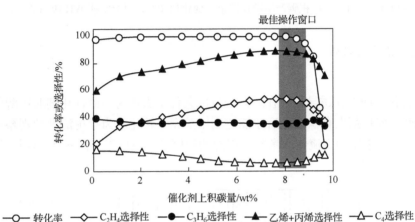

图 6.15　转化率和选择性随催化剂上积碳量的变化关系(450℃，甲醇空速 WHSV=1.5h^{-1})

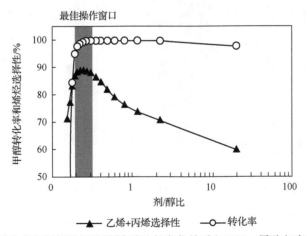

图 6.16　甲醇转化率和烯烃选择性随剂/醇比的变化关系(450℃，甲醇空速 WHSV=1.5h^{-1})

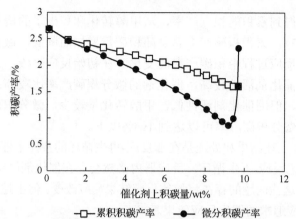

图 6.17　MTO 反应积碳产率随积碳量的变化(450℃，甲醇空速 WHSV=1.5h^{-1})

1. 反应条件的影响

1) 反应温度

甲醇转化反应存在诱导期，在通常的反应条件下表现为新鲜催化剂对甲醇的转化率不到 100%，催化剂上有积碳之后才能达到甲醇完全转化。为了更清楚地观察甲醇转化随温度的变化，采用固定流化床考察了甲醇的程序升温反应[41]，图 6.18 为甲醇转化率和反应物流组成结果。

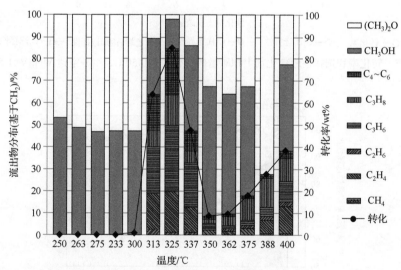

图 6.18　程序升温条件下流化床甲醇转化流出物的分布(WHSV=1.5h^{-1}，40wt% CH$_3$OH，50℃/h)[41]

反应器从 250℃程序升温，同时引入甲醇与催化剂接触。结果表明，在 250℃及升温至 263℃、275℃和 288℃时，反应器流出物中仅含有甲醇和甲醇脱水产物二甲醚(DME)，在此温度区间甲醇能够脱水生成二甲醚。继续升高反应温度至 300~325℃，伴随着甲醇和二甲醚的转化及其在流出物中比例的降低，反应产生大量气体产物，出现了乙烯、丙烯和丁烯等低碳烯烃，同时 C$_1$~C$_3$ 烷烃和 C$_4$~C$_6$ 烃类也逐渐出现并呈上升趋势。反应逐步表现出甲醇到烃类转化的反应特征。进一步升高反应温度，流出物分布呈现出一个非常值得注意的特殊现象：当反应温度从 325℃升至 350℃时，温度的上升并未使甲醇转化反应活性持续升高；相反，在这一阶段出现了甲醇和二甲醚在流出物分布中比例增大的现象，即以—CH$_2$—为基础计算的 C$_1$～C$_6$ 的生成产率逐渐降低，以至于当温度升至 350℃时，C$_1$～C$_6$ 产物的生成量极低，甲醇的转化降低到整个程序升温反应过程中除初始升温阶段以外的极低值。继续将反应温度从 350℃升至 362℃、375℃、388℃和 400℃时，流出物分析显示甲醇转化反应活性有部分恢复并随温度上升而升高。

　　图 6.19 是催化剂在 450℃预积碳 10min（甲醇 WHSV=1.5h^{-1}）后降温，然后从 200℃开始升温反应的结果。对比图 6.19 可以看出，甲醇的起始转化温度从 300℃降至 260℃。除了起始反应温度不同外，他们的共同特征是转化率升高后均在约 350℃降低，然后随温度升高活性又逐渐恢复。这是以前的工作并没有发现的新现象。对低温反应催化剂上结碳物种的详细分析证实，是由于在分子筛"笼"中形成了金刚烷类物质，占据了分子筛的"笼"空间，造成催化剂失活；升高温度，这些金刚烷类物质可以进一步分解或转化为具有活性的烃池，使活性得以恢复。这一催化剂低温失活现象的发现，对于工艺研究与开发是非常重要的，即反应的操作条件应避免在上述低温区之内，对大型装置的操作尤应高度重视。

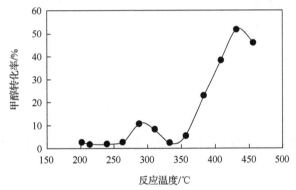

图 6.19　预积碳催化剂程序升温条件下固定流化床甲醇转化结果（WHSV=1.5h^{-1}，40wt% MeOH）
催化剂在 450℃预积碳 10min 后氮气吹扫降温至 200℃，以 50℃/h 升温同时反应

　　图 6.20 和图 6.21 是不同反应温度固定流化床甲醇转化率和低碳烯烃选择性随反应时间变化关系（甲醇空速 WHSV=1.5h^{-1}）。低于 370℃，甲醇转化诱导期非常明显，温度越低，诱导期时间越长，在 340℃初始转化率甚至仅有 1%；随反应时间延长，转化率迅速升高，但很快就降低，与金刚烷类物质在催化剂上生成有关。直到 400℃，催化剂活性稳定时间才大幅度增加，425℃寿命进一步增加，但 450℃的寿命反而短于 425℃。370℃以下的温度，低碳烯烃（乙烯+丙烯）选择性随反应时间变化与 400℃及以上温度时截然不同，前者在初始反应段选择性降低且总体上低碳烯烃选择性不高，而后者低碳烯烃选择性从初始反应就逐渐升高，达到最大值之后随转化率降低而降低，与图 6.15 所示结果类似。

　　图 6.22 为 450℃以上温度低碳烯烃选择性和乙烯/丙烯变化结果。更高的反应温度，乙烯/丙烯与温度的关系几乎是线性关系。

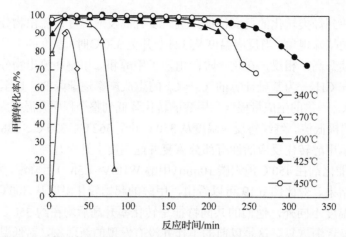

图 6.20　不同温度甲醇转化率随反应时间变化关系(固定流化床，甲醇空速 WHSV=1.5h^{-1})

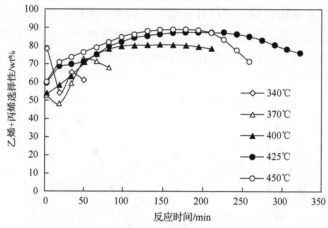

图 6.21　低碳烯烃选择性随反应时间变化关系(固定流化床，甲醇空速 WHSV=1.5h^{-1})

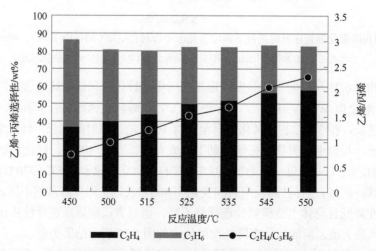

图 6.22　反应温度对低碳烯烃选择性和乙烯/丙烯影响

WHSV=2h^{-1}，反应时间=15min，40%甲醇，甲醇转化率=100%

2) 接触时间/空速

接触时间对 MTO 反应有重要影响，一般接触时间越短越有利于低碳烯烃选择性提高，但对诱导期之后的转化率影响不大。实验研究证实（图 6.23），在反应接触时间短至 0.04s 仍可以达到 100% 的甲醇转化率。较长的接触时间将使副产物增多，低碳烯烃选择性下降，积碳速度增加，催化剂寿命缩短。

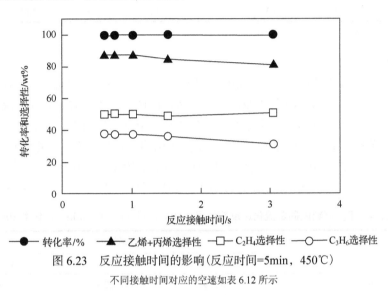

图 6.23　反应接触时间的影响（反应时间=5min，450℃）

不同接触时间对应的空速如表 6.12 所示

表 6.12　反应接触时间（空速）对转化率和选择性的影响（反应时间=5min，450℃）

项目		接触时间/s				
		3.05	1.53	1.02	0.76	0.61
WHSV/h^{-1}		2	4	6	8	10
转化率/%		100	99.9	99.7	99.6	99.3
选择性/wt%	C$_2$H$_4$	31.2	36.0	37.4	37.3	37.8
	C$_3$H$_6$	50.6	48.8	49.8	50.1	49.7
	乙烯~丙烯	81.8	84.8	87.2	87.4	87.5

3) 反应压力

甲醇制烯烃反应原理上低压有利于低碳烯烃生成。表 6.13 给出了不同空速条件下反应压力影响结果。压力升高，乙烯选择性降低，丙烯选择性略升高，乙烯+丙烯选择性降低，C$_4$$_+$组分选择性升高；同时，乙烯/丙烯降低。加压反应由于反应接触，时间增加，也会造成副产物烷烃增多，积碳速度增加，催化剂寿命缩短。

表 6.13　反应压力的影响（525℃，反应时间=10min）

项目	甲醇空速					
	WHSV=4h^{-1}			WHSV=6h^{-1}		
反应压力（绝压）/MPa	0.1	0.2	0.3	0.1	0.2	0.3
甲醇转化率/%	99.04	99.43	99.45	96.60	97.01	95.96

续表

项目		甲醇空速				
		WHSV=4h^{-1}			WHSV=6h^{-1}	
选择性/wt%	C$_2$H$_4$	52.02	44.02	43.73	55.72	53.26	48.68
	C$_3$H$_6$	31.94	36.14	34.83	29.72	33.03	35.99
	乙烯+丙烯	83.96	80.17	78.56	85.45	86.29	84.66
	C$_2$H$_4$、C$_3$H$_6$	1.63	1.22	1.26	1.87	1.61	1.35

注：表中个别结果的差异由条件不完全一致引起。

4）反应原料

图 6.18 显示出，在较低的反应温度下，甲醇即可以转换为二甲醚。在实际的反应体系中，生成二甲醚的反应比形成烃类反应容易得多，因此，二甲醚总是存在于反应体系并进一步转化为烃类。很难区分烃类分子是由甲醇还是二甲醚转化而来。表 6.14 对比了甲醇、二甲醚+水和单独二甲醚在 DMTO 催化剂上的反应结果。从反应看，结果并无差别。DMTO催化剂完全可以用作二甲醚进料的催化剂。但需要指出的是，甲醇制烯烃和二甲醚制烯烃的反应热并不相同，大型装置设计时针对不同的原料应考虑热量平衡的差别。

表 6.14　不同原料的固定流化床反应结果（550℃，反应时间 10min，转化率 100%）

反应原料	烯烃选择性		
	C$_2$H$_4$	C$_3$H$_6$	C$_2$$^=$~C$_4$$^=$
甲醇[a]	62.79	22.34	89.57
72%二甲醚+28%水[b]	62.8	22.65	90.23
二甲醚[c]	59.35	24.22	88.32

a. 甲醇重量空速 6.45h^{-1}，物料线速度 15.21cm/s。
b. 二甲醚重量空速 4.64h^{-1}，物料线速度 15.21cm/s。
c. 二甲醚重量空速 7.164h^{-1}，物料线速度 11.75cm/s。

2. 催化剂失活与再生

1）催化剂积碳失活

MTO 反应过程中，引起催化剂活性变化的主要原因是积碳的产生。图 6.20 所示为催化剂在不同温度下活性随反应时间的变化，对应于催化剂的不同积碳物种和积碳量的演变。我们详细分析了不同反应温度和不同反应时间催化剂上留存的积碳物种，给出了积碳物种的演变模型（图 6.24）。低温（<350℃）与高温分子筛催化剂上所形成的积碳物种不同，前者为金刚烷类物质，后者为多环芳烃（第 3 章）。

积碳量随反应时间的变化关系与图 6.12 类似，符合 Voorhies 方程：$C = A t^b$，式中，C 为催化剂上结碳量；t 为反应时间。但 t 随着反应条件（空速等）变化而变化。笔者的研究中采用醇/剂与积碳量进行拟合，得到不同反应温度下的积碳速率方程（表 6.15）。可以看出以醇/剂为变量可以很好地表达二者的关系（方差 0.99 以上），450℃和 500℃积碳方程表现为醇/剂的二阶函数，微分后得到的积碳速率与醇/剂比之间为线性关系；但 425℃反应不同于上述关系，需要三阶函数才能很好地拟合，其积碳速率为醇/剂的二阶函数，并非直线关系(表 6.15 和图 6.25)。425℃积碳速率与更高温度不同的原因可能由于在该温区仍包含了部分低温积碳机理。由于醇/剂比含有空速的变化,不同空速条件下,催化剂积碳量随醇/剂变化的积碳方程几乎相同。

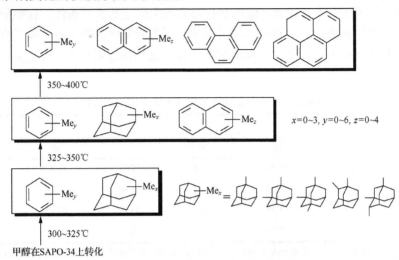

图 6.24　程序升温甲醇转化反应中 SAPO-34 催化剂上积碳物种的生成和随温度的演变

表 6.15　不同反应温度时的积碳方程

反应温度/℃	积碳方程	积碳速率
425	$C = 0.0136x^3 - 0.317x^2 + 2.598x + 0.643$ $R^2 = 0.0998$	$\dfrac{\mathrm{d}C}{\mathrm{d}x} = 0.0408x^2 - 0.634x + 2.598$
450	$C = -0.150x^2 + 2.250 + 0.253$ $R^2 = 0.0995$	$\mathrm{d}C/\mathrm{d}x = -0.299x + 2.250$
500	$C = -0.158x^2 + 2.712x + 0.351$ $R^2 = 0.994$	$\mathrm{d}C/\mathrm{d}x = -0.315x + 2.712$

C 为积碳量; x 为醇/剂; R^2 为方差。

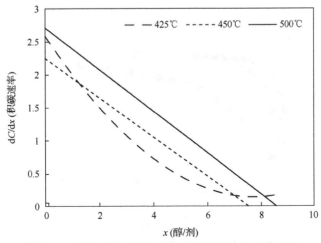

图 6.25　以醇/剂为变量时催化剂积碳速率的变化关系

2) 催化剂再生

小孔 SAPO-34 型催化剂，因分子筛结构中有"笼"的存在而积碳失活相对较快。催化剂上的积碳可以通过与空气接触进行烧除，即烧碳再生。采用流化床反应方式时需要对其进行频繁的再生操作。因此，催化剂良好的再生性能是必要条件。在小型固定流化床反应器上对催化剂进行反复的反应-再生实验，再生后催化剂的反应性能考察结果列于表 6.16。经累积 100 次反应-再生，催化剂的活性和选择性基本稳定，说明催化剂具有良好的再生性能。

表 6.16　催化剂多次再生后固定流化床反应结果

项目		再生次数				
		10	30	60	80	100
烯烃选择性/%	$C_2^=$	49.49	52.55	52.53	52.33	50.69
	$C_3^=$	34.09	34.41	31.46	32.08	35.88
	$C_2^=\sim C_3^=$	83.58	86.96	83.99	84.41	86.57
	$C_2^=\sim C_4^=$	92.19	94.81	92.51	92.66	93.46

注：反应条件为 530℃、甲醇空速 WHSV=6.54h^{-1}、反应时间=10min；再生条件为 600℃、全空气 30min。

选择不同温度对积碳失活的催化剂进行烧碳失重研究。用于烧碳的样品首先在固定流化床上进行积碳，条件为 500℃，甲醇空速 WHSV=9.89h^{-1}，反应时间=1h，以达到积碳饱和，最大积碳量约 11.8wt%。烧碳过程以电子天平监测重量变化，在全空气条件下进行，结果如图 6.26 所示。可以看出，在 550℃，积碳逐渐被烧除，但直到 2h，仍有部分积碳(约 0.9%)残留在催化剂上。600℃烧碳速度比 550℃快得多，且较长时间后(约 1 h)积碳基本完全烧除。650℃烧碳约半小时可以完全烧除积碳。图 6.26 的烧碳失重随时间的变化也符合 Voorhies 方程：$C_d = At^b$，式中，C_d 为烧碳量；t 为烧碳时间；A 为与烧碳条件相关的常数。对该方程进行微分处理，可以得到烧碳速率方程。其形式为

$$dC_d / dt = (A \cdot b)t^{b-1} \tag{6-43}$$

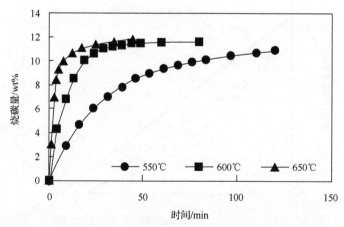

图 6.26　电子天平监测催化剂烧碳过程重量变化(全空气烧碳)

对不同温度烧碳过程进行动力学处理，结果总结于表 6.17。

表 6.17　不同温度烧碳动力学方程

温度/℃	烧碳量随时间变化	烧碳速率	适用范围
550	$C_d = -0.2646t^{0.8949}$	$dC_d/dt = -0.2368t^{-0.1051}$	$t < 100$min
600	$C_d = -0.6436t^{0.9625}$	$dC_d/dt = -0.6195t^{-0.0375}$	$t < 50$min
650	$C_d = -1.724t^{1.034}$	$dC_d/dt = -1.783t^{0.034}$	$t < 40$min

C_d 为烧碳量，wt%；t 为烧碳时间，min；dC_d/dt 为烧碳速率。

一般认为积碳越少，烧除越容易，这一观点对于衡量烧碳量的绝对值时应该是正确的。但是对于小孔 SAPO 分子筛催化体系，一个值得重视的现象是，若以积碳烧除的相对量进行衡量，不论积碳量高或者低，在同一温度条件下，虽然初始阶段积碳烧除的相对量不尽相同，完全烧除积碳的时间几乎是相同的(图 6.27)。可能的原因是积碳物种在更高的烧碳温度和脱氢气氛中进一步转化成为不易烧除的积碳物种。这是大型装置催化剂实际再生过程中应特别引起重视的现象。

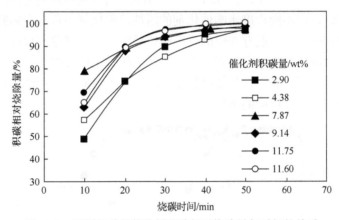

图 6.27　不同积碳量催化剂积碳相对烧除量与时间的关系

积碳条件：500℃，WHSV(MeOH)=9.89h^{-1}，不同积碳时间；烧碳条件：600℃，全空气，电子天平监测重量变化

催化剂的烧碳过程一般分为两种极端的情况：氧浓度控制的燃烧过程和燃烧速度控制的烧碳过程。前者一般用于固定床催化剂再生工艺，通过调节再生气氛中的氧含量控制再生速度，防止催化剂过热；而后者通常用于流化反应催化剂再生过程，再生也采用流化方式，由于流化床特有的传热能力，不必担心床层飞温，可通过调节床层温度和时间达到再生目的。根据烧碳温度的变化及对应的烧碳速度还可以区分为另外两种情况：一是低温烧碳，烧碳速度受制于燃烧速度，与催化剂上积碳的固有性质和其在催化剂上的位置有关，与气氛中的氧浓度的关系并不密切；高温时，烧碳速度受制于气氛中的氧浓度，可通过调节气氛中的氧含量(风量)控制烧碳速度。根据表 6.18 的结果，计算出 650℃和 550℃的烧碳速率的差别为：烧碳 1min 时，二者的速率之比为 7.53。可以认为 650℃和 550℃分别代表高温和低温的例子。低温烧碳时，由于需要较长时间催化剂才能完全再生，应注意多次再生后碳的累积问题(碳堆积)。烧碳的低

温和高温的分界因催化剂和反应体系有所差别,即使对于同一体系,因具体条件也有所变化。对于 DMTO 催化剂体系,我们的研究和实际经验趋向于 620~630℃为高低温的分界。

另外,关于 SAPO-34 分子筛催化剂在 MTO 反应中的积碳研究证实[42,43],分子筛上的积碳首先发生在晶粒的边角部位,然后在晶粒内部形成烃池(积碳前驱物)。但是,关于催化剂烧碳的机理报道并不多,目前还不清楚烧碳是否遵循从晶粒外表面到内表面再到内核的顺序,还是晶粒内、外表面同时发生的机理,需要更多深入的研究。

3)再生残碳对催化剂性能的影响

甲醇制烯烃催化剂的低碳烯烃选择性随反应时间的延长逐渐增加,即随催化剂上积碳量的增加而增加,说明一定的积碳有助于改善低碳烯烃选择性,基本规律如图 6.11 所示。对于再生残留的积碳,经历高温和涉氧过程之后,催化剂积碳的形态会发生一些变化,是否也具有类似甲醇反应所致的积碳具有改善低碳烯烃选择性的效果?

为了理解催化剂再生残碳对反应的影响,专门设计实验进行了考察。图 6.28 是不同条件再生后催化剂的甲醇转化活性结果。可以看出,600℃温度 3h 再生后,催化剂的活性基本恢复至新鲜催化剂状态;但 550℃再生 50min 或更短的再生时间,对应于残碳量逐渐增加(图 6.26),均不同程度影响催化剂的活性,催化剂单程寿命随残碳量增加而缩短。对新鲜催化剂而言,一般存在甲醇反应的诱导期,这一现象不仅存在于完全再生的催化剂上,令人惊奇的时,带有残碳的再生后的催化剂上也发现了诱导期现象,说明再生后的催化剂虽然带有“碳”,但能够催化甲醇至烃类反应的烃池活性物种经再生后已经不存在,仍然需要甲醇反应的诱导。

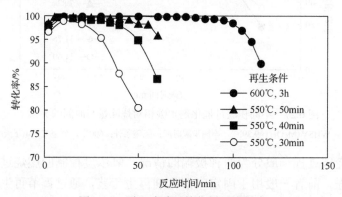

图 6.28   再生残碳对催化剂活性影响
反应条件为 475℃,原料甲醇含水 20wt%,甲醇空速 WHSV=2h⁻¹;再生条件为全空气再生

图 6.29 是与图 6.28 对应的低碳烯烃选择性随反应时间的变化。可以看出,由于残碳的存在,初始反应时低碳烯烃选择性均比完全再生的催化剂有很大提高,残碳越多,初始低碳烯烃选择性越高。

上述结果表明,不论是催化反应积碳,还是积碳失活后再生不完全残留的积碳,均使催化剂活性减弱,但均可以大幅度提高初始反应阶段低碳烯烃的选择性。这一现象对于 MTO 工艺发展也具有指导意义。

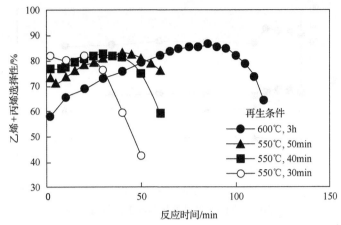

图6.29 再生残碳对低碳烯烃选择性的影响

反应条件为475℃，原料甲醇含水20wt%，甲醇空速WHSV=2h⁻¹；再生条件为全空气再生

4）助燃剂对催化剂性能的影响

催化裂化过程经常采用助燃剂（Pt/Al$_2$O$_3$催化剂），以改善再生器内的燃烧，减少再生烟气中CO含量，提高热量利用率并防止尾燃。在MTO工艺发展中，若采用流化反应-再生方式，并不能排除助燃剂的使用，因此需要预先考察助燃剂对MTO反应性能的影响。我们对不同助燃剂添加量的催化剂进行的反应性能进行考察，结果表明，向催化剂添加3～15ppm的助燃剂（以Pt计）对MTO反应性能并无明显影响。

3. 催化剂的不可逆失活

SAPO-34分子筛的催化性能与其酸性密切相关，而其酸性来源于与骨架固有负电荷相匹配的质子，该质子具有移动性且可以被其他阳离子交换。若碱金属阳离子交换了分子筛中的质子，将改变分子筛的酸性及其催化性能。因此，MTO反应工艺应对原料（包括所有能够与催化剂接触的物料）中的金属离子含量有特殊要求。这一要求是基于原理和实验结果得出的结论。

以定型催化剂为基础，设计专门实验制备了不同Na含量的催化剂，图6.30和图6.31分别是不同Na含量催化剂对低碳烯烃选择性和丙烷/丙烯的影响结果。可以看出，催化剂Na含量在0.075wt%～0.1wt%产生了突变，更高的Na含量，造成催化剂选择性明显降低。同时，反应产物中丙烷增加，丙烷/丙烯比例大幅度提高，说明催化剂氢转移能力增加，烷烃副产物增多，对应地催化剂上的积碳量也应该增加。Na含量增加也同时造成催化剂活性降低，寿命缩短。这些结果只是用实例说明碱金属离子对催化剂性能的影响，其他金属离子如碱土金属，也会造成类似的现象。过渡金属离子也是应该避免的，原因是这些金属离子大多具有加氢、脱氢性能，会造成甲醇向合成气的分解反应，也会使产物中的二烯烃、炔烃含量增加。

金属离子对催化剂中毒作用，不像催化剂积碳反应，难以通过常规方法使催化剂活性恢复，属于不可逆永久性失活的一种，应当尽力避免。

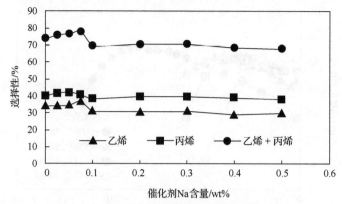

图 6.30　不同 Na 含量催化剂的低碳烯烃选择性

反应条件：450℃，40%甲醇，甲醇空速 WHSV=2h⁻¹，反应时间 4min

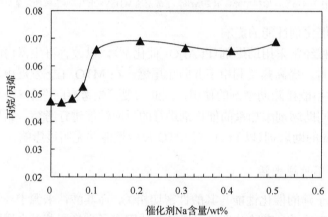

图 6.31　不同 Na 含量催化剂的丙烷/丙烯比例

反应条件：450℃，40%甲醇，甲醇空速 WHSV=2h⁻¹，反应时间 68min

　　D803C-II01 专用催化剂具有优异的热稳定性和水热稳定性[44]。对该催化剂在 800℃全水蒸气条件下连续处理近百小时，中间取样监测分析催化剂的物性指标，并与工业催化裂化催化剂进行对照，图 6.32 为具体实验结果。DMTO 专用催化剂经历 93min 水蒸气处理后，各项物性指标与 47h 和 68.5h 相当，均保持 80%以上；FCC 催化剂经历 28h 处理后，其相对微孔容积只有新鲜催化剂的 12%，相对结晶度不到 50%。说明 DMTO 催化剂具有比工业 FCC 催化剂更优异的水热稳定性，是可以经受工业装置考验的。事实上，从长期操作的 DMTO 工业装置的旋风分离器上得到的细粉催化剂，仍保持了与床层内催化剂相当的活性和选择性。

4. 材质的影响

1) 金属

　　甲醇是非常活泼的化学品，高温条件下，含有过渡金属的材质可能造成甲醇向合成气分解。虽然工业装置内有衬里，但甲醇仍免不了与金属材质的分布器接触，反应后的

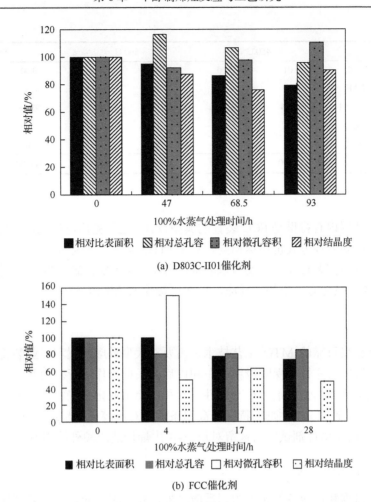

(a) D803C-II01催化剂

(b) FCC催化剂

图 6.32　催化剂经 800℃长时间 100%水蒸气处理过程中的物性变化

高温物流也需要与金属材质的换热器接触。因此，需要对金属材质接触甲醇和反应物流进行专门的模拟实验，为设计和设备制造的材质选择提供参考。根据模拟试验，1Cr18Ni9Ti 钢材在 450℃以下对甲醇造成副反应，并引起甲醇转化率小于 0.3%，500℃小于 0.5%（表 6.18）。

表 6.18　1Cr18Ni9Ti 材质对甲醇的副反应（WHSV=2h^{-1}）

项目		450℃		500℃		550℃	
反应时间/min		2	20	2	20	2	20
产物/wt%	CO	微量		微量		微量	
	CO_2	微量		微量		微量	
	CH_4	0.05	0.11	0.18	0.20	0.30	0.49
	C_2H_4	0.02	0.00	0.02	0.01	0.03	0.02
	C_2H_6	0.00	0.00	0.01	0.01	0.01	0.02
	C_3H_6	0.01	0.00	0.01	0.00	0.01	0.01

续表

项目		450℃		500℃		550℃	
产物/wt%	C_3H_8	0.01	0.00	0.00	0.00	0.00	0.00
	DME	0.29	0.24	0.36	0.34	0.65	0.58
	CH_3OH	99.44	99.61	99.28	99.35	98.88	98.78
	C_4	0.13	0.03	0.11	0.07	0.09	0.07
	C_{5+}	0.05	0.00	0.03	0.01	0.03	0.03
合计		100.00	99.99	100.00	99.99	100.00	100.00

2) 反应器衬里

工业反应装置内有衬里是 FCC 装置的典型设计，已经被广泛应用，但衬里的种类有多种，化学组成和处理方式也不尽相同。对于 MTO 反应，传统的 FCC 用衬里是否能够造成额外的副反应需要设计专门实验以验证。实验结果证实，部分 FCC 用衬里可以用于 MTO 反应装置，虽然有一定的副反应，但在可接受的范围内。

5. 惰性剂

为了发展稳妥可靠的 MTO 工艺技术，需要对大型反应装置和工业装置进行模拟试验，以验证装置的可靠性，保障投料试车和以后的长期操作运行。为此，专门研制了物性与专用催化剂相当的惰性剂，在工业性试验和首套工业化装置的试车中发挥了重要作用，减少了催化剂跑损。惰性剂的特征是高温条件下对甲醇反应呈现惰性（对转化为二甲醚不作要求），防止惰性剂试验后残留对反应-再生烯烃造成额外的副反应。

6. 与工艺相关的副反应

除与反应机理和反应条件相关的副反应之外，有些副反应是与工艺密切相关的。如采用流化反应方式，就存在气体产物与催化剂的气-固分离问题。实验室的小型装置可以加设过滤器进行解决，但通常的大型装置采用反应器上部设置沉降段、内设旋风分离器加以解决。沉降段的体积一般比反应器大得多，催化剂在沉降段的密度虽然较低，但其总量足可以与反应器内的催化剂量相比，大约相当于催化剂床层藏量的 20%，且沉降器内气体物流线速度比反应器内低得多（便于沉降），沉降器内的温度则与反应床层温度相当，从反应床层产生的产物气体不可避免地再次与沉降器内的高温催化剂以很长的接触时间（约为反应床层接触时间的 20 倍）再次发生反应，造成额外的副反应。忽略了这些因素，可能造成小型反应装置的结果与大型反应器结果的巨大差别。为了预先评估这一类副反应的严重程度，我们设计了两级串联的反应，前者模拟反应器，后者模拟沉降段，第一反应器进甲醇原料，反应尾气在保温状态下直接引入第二反应器。两个反应器温度均为 450℃，逐渐改变第二反应器催化剂装量并以 33 倍重量的石英砂稀释；第一反应器甲醇空速（WHSV）=2h^{-1}。每个反应器均在线进行全组成分析，第一反应器从进料两分钟进行取样分析，之后约 10min 分析一次；第二反应器出口取样分析时间略滞后。第二反应器催化剂量相当于第一反应器量的 20%，实验结果如表 6.19 所示。可以看出在反应初期，经过第二反应器后，乙烯、丙烯的选择性均有所降低，合计达 6 个百分点，同时 C_4 和 C_{5+} 的选择性均有所增加，说明甲醇完全转化后的物料若与新鲜催化剂接触会引起小分子烯烃向大分子烯烃的聚合反应。随着反应时间延长，烯烃选择性的差别逐渐缩小，至 50min 时，差别较大的是丙烯和 C_4 的选择性，且乙烯+丙烯选择性仍低于第一个反应器约 4 个百分点。这些结果说明，沉降器内的催化剂确实对反应器产生的产物有进一步转化、降低低碳烯烃选择性的作用。DMTO 工艺选择高的积碳量为操作窗口，在保障甲醇完全转化的前提下尽量维持较低的催化剂活性，可以使沉降器引起的副反应在一定程度上得到抑制。相信这些原理性的实验及结论对工业装置的操作条件的选择也是有意义的。

表 6.19　两反应器串联模拟试验结果

产物	反应时间													
	第一反应器							第二反应器						
	2min	10min	20min	30min	40min	50min	60min	5min	10min	20min	30min	40min	50min	60min
CH_4/wt%	1.4	1.83	2.24	1.83	1.83	2.11	2.09	1.65	1.95	1.87	1.84	2.03	2.12	2.19
C_2H_4/wt%	44.72	41.42	42.91	42.63	42.82	43.91	43.62	42.07	42.67	42.99	43.77	43.87	44.42	44.45
C_2H_6/wt%	0.3	0.3	0.48	0.3	0.3	0.33	0.32	0	0.33	0.33	0.33	0.33	0.35	0.35
C_3H_6/wt%	41.11	41.15	38.58	40.85	41.28	40.61	40.69	37.68	35.63	37.11	38.42	39.08	36.79	36.83
C_3H_8/wt%	0.97	1.32	1.85	1.23	1.18	1.18	1.18	1.25	1.53	1.43	1.36	1.25	1.33	1.35
DME/wt%	0	0	0	0	0	0	0.16	0	0	0	0	0	0	0
MeOH/wt%	0	0	0	0	0	0	0.06	0	0	0	0	0	0	0
C_4/wt%	8.89	10.58	10.72	10.26	10.1	9.55	9.55	12.57	13.6	12.73	11.58	10.57	11.73	11.63
C_{5+}/wt%	2.61	3.4	3.22	2.9	2.49	2.31	2.33	4.48	4.29	3.54	2.7	2.87	3.26	3.2
合计/wt%	100	100	100	100	100	100	100	100	100.00	100	100	100	100	100
$C_2^= + C_3^=$/wt%	85.83	82.56	81.49	83.49	84.09	84.52	84.5	79.74	78.38	80.1	82.19	82.95	81.2	81.28

注：两个反应器温度均为 450℃，第二反应器催化剂装量为第一反应器的 20%并以 33 倍重量的石英砂稀释.第一反应器中 WHSV=2h^{-1}。

6.3.5　甲醇制烯烃工艺选择

流化床已经广泛地用于燃烧、干燥和催化等各个领域，流化床的形式也多种多样[38-40]，虽然 MTO 技术发展可以借鉴成熟的流化催化裂化技术经验，但由于反应原理到技术细节的众多差别(表 6.10)，发展 MTO 技术并不能原封不动地直接套用 FCC 的具体形式，而需要针对 MTO 催化反应特点，在试验和充分分析的基础上进行借鉴。如第 2 章所述，在流化反应工艺方面，"八五"攻关期间，笔者在上海青浦化工厂相继建设和改造建设了下行式稀相并流流化反应装置(I 型和 II 型，二者的差别在于一级气固分离采用了不同的分离器，I 型为轴流式导叶旋风，II 型为常规旋风分类器(图 2.21、图 2.22)和密相流化反应装置，对多种流化反应方式进行了考察。在综合分析反应特点、工艺放大难度、能否借鉴 FCC 成熟经验等因素的基础上，最终决定采用密相循环流化反应作为工艺的研究重点，并完成了中试试验。MTO 工艺的后续发展，包括 DMTO，仍然主要针对循环流化床反应-再生工艺进行了研究与开发。

应该说明的是，即使根据自己的催化剂和反应工艺进行研究，循环流化床反应-再生工艺也并非唯一的工艺选择。合理处理活性与选择性的关系并规避反应诱导期，也可以选用提升管反应器或者快速床反应器。随着研究和认识的不断深入，MTO 工艺技术发展还有很大的进步空间。

6.3.6　中试放大研究

为了配合 DMTO 技术工业性试验，同时验证放大试生产的催化剂的性能，我们在实验室专门设计和建设了中型循环流化反应装置。该装置催化剂装量为 5kg，其中密相流化反应器催化剂藏量约为 1kg，配置了提升管反应器和密相流化床再生器，再生器前后设置塞阀，反应和再生尾气出口设置了压力控制器，可以实现自动控制和连续操作。装置示意图如图 6.33 所示。利用该装置我们进行了系列的条件试验，优化了操作条件并进行了长周期连续反应-再生试验。

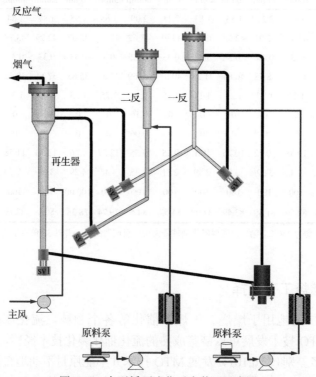

图 6.33　中型循环流化反应装置示意图

1. 反应工艺条件研究

1) 固定流化床反应

小型中试反应装置一般不必考虑热量平衡问题，热量供给采用电加热方式，反应器和再生器温度可以独立控制和单独操作，为中试固定流化床考察提供了可能性。通过相同条件下小试和中试固定流化床反应结果的对比，可建立二者的联系并分析产生差别的原因。图 6.34、图 6.35 是中试固定流化床反应转化率和选择性随反应时间的变化关系。对比图 6.11 小试固定流化床结果，可以看出二者的变化趋势是一致的。图 6.36 和图 6.37 是反应结果随剂/醇比的变化，与图 6.16 结果的对比更直接地给出二者的相似性及差别，总体变化规律一致，低碳烯烃最佳选择性相同，说明中试结果与小试结果具有可比性；但中试催化剂寿命和最佳低碳烯烃(乙烯+丙烯)选择性所对应的剂/醇比略高于小试结果，可能的原因可归于二者床层气体线速度所致的流态化的差别，小试气体线速度只有中试气体线速度的约 1/10，流态化床层内形成的气体气泡很小，传质效果好于中试床层内气泡较大时的情况(虽然二者床层密度接近)。

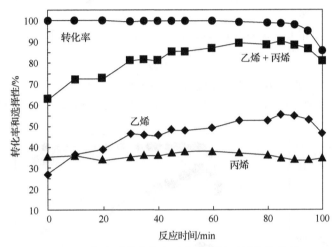

图 6.34　中试固定流化床反应结果随时间变化关系

反应温度 460~470℃，催化剂 1kg，原料甲醇含水 20%，甲醇空速 WHSV=2h⁻¹，床层线速度约 25cm/s

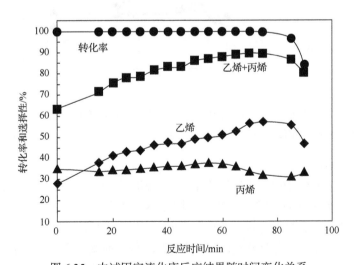

图 6.35　中试固定流化床反应结果随时间变化关系

反应温度 470~480℃，催化剂 1kg，原料甲醇含水 20%，甲醇空速 WHSV=2h⁻¹，床层线速度约 25cm/s

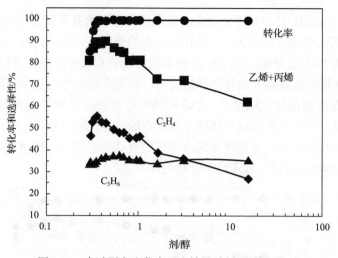

图 6.36　中试固定流化床反应结果随剂/醇变化关系

反应温度 460～470℃，催化剂 1kg，原料甲醇含水 20%，甲醇空速 WHSV=2h^{-1}，床层线速度约 25cm/s

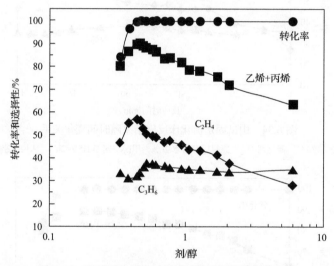

图 6.37　中试固定流化床反应结果随剂/醇变化关系

反应温度 470～480℃，催化剂 1kg，原料甲醇含水 20%，甲醇空速 WHSV=2h^{-1}，床层线速度约 25cm/s

2）循环流化床反应

利用中试装置，在连续反应-再生的条件下对影响反应和再生的各种操作条件进行了系统的考察，部分结果如图 6.38～图 6.41 所示。图 6.38 是在保持其他条件（温度、空速等）不变的情况下，单独调节催化剂循环量，考察催化剂在床层平均停留时间影响的结果。与不循环时固定流化床不同，催化剂循环将使催化剂在床层的停留时间产生分布，在同一时刻，可以在床层找到不同反应时间的催化剂，反应结果是这些不同催化剂的总体结果。但与固定流化床反应相比，选择性与催化剂平均停留时间的关系与前者相似，即催化剂平均停留时间越长，低碳烯烃选择性越高，二者几乎是线性关系。循环流化床反应与固定流化床反应的主要差别是，在保持甲醇完全转化的前提下，催化剂在循环状态平均停留时间可以更长。

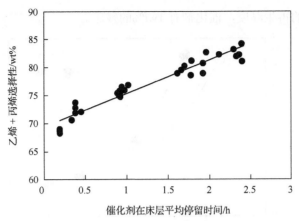

图 6.38　催化剂在床层平均停留时间对低碳烯烃选择性的影响

催化剂 1000g，反应温度 500℃，650℃再生，原料甲醇含水 20%，甲醇空速 WHSV=2h^{-1}，反应接触时间 1.3s，甲醇转化率约 100%

图 6.39 是剂/醇与低碳烯烃选择性的关系。与图 6.36 和图 6.37 类似，随着剂/醇的降低，催化剂在床层停留时间延长，低碳烯烃选择性升高。虽然有催化剂停留时间分布的影响，但二者变化规律是一致的。

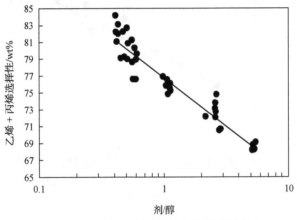

图 6.39　剂/醇对低碳烯烃选择性的影响

催化剂 1000g，反应温度 500℃，650℃再生，原料甲醇含水 20%，甲醇空速 WHSV=2h^{-1}，反应接触时间 1.3s，甲醇转化率约 100%

随着催化剂在反应床层平均停留时间增加，催化剂上积碳量增加，反应与再生碳差（反应定碳-再生定碳）为催化剂净积碳量，碳差（碳差=反应定碳－再生定碳）与剂/醇的关系如图 6.40 所示。

通过改变反应温度和调节操作，可以调节乙烯/丙烯，这一比例变化与乙烯+丙烯选择性之间近似线性关系（图 6.41）。

3）催化剂再生

循环流化反应过程中，催化剂连续在再生器进行烧碳再生，再生条件影响催化剂上残碳量，同时影响操作条件和反应结果。

图 6.42 是 600℃全空气再生时再生时间（再生催化剂平均停留时间）与烧碳量之间的关系，烧碳量与烧碳时间成正比。催化剂上残碳量与烧碳时间的关系如图 6.43 所示。可

以看出，在600℃的再生温度，催化剂有1wt%的残碳。

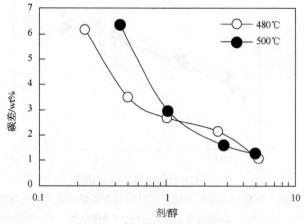

图6.40　剂/醇比与碳差的关系

甲醇含水20wt%，甲醇空速WHSV=2h^{-1}，再生温度600℃，全空气

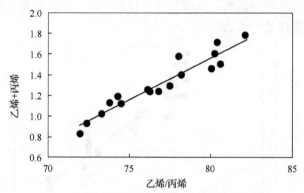

图6.41　低碳烯烃选择性与乙烯/丙烯的关系

催化剂1000g，反应温度460～520℃，650℃再生，原料甲醇含水20%，甲醇空速WHSV=2h^{-1}，反应接触时间1.4～2.7s，甲醇转化率约100%

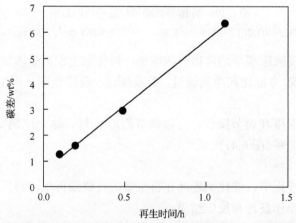

图6.42　再生时间(再生催化剂平均停留时间)与碳量(反应定碳–再生定碳)的关系

反应温度500℃，再生温度600℃，全空气

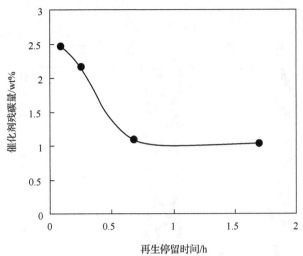

图 6.43　再生催化剂平均停留时间与碳差 (反应定碳–再生定碳) 的关系

反应温度 500℃，再生温度 600，全空气

2. 长周期反应-再生连续操作

根据各种影响因素的研究结果，选择优化的操作条件，进行了反应-再生长周期连续考察，部分结果如图 6.44 所示。可以看出，甲醇转化率接近 100%，在反应温度 500～510℃，乙烯平均选择性约 48wt%，丙烯平均选择性约 32wt%，乙烯+丙烯选择性约 80wt%。降低反应温度至约 460℃，乙烯选择性降至约 42wt%，丙烯选择性升至约 38wt%，说明在保持乙烯+丙烯选择性不降低的前提下，调节温度可以调节乙烯/丙烯比例。另外，中试试验证实，在不考虑热量平衡的情况下，600℃的再生温度可以满足再生要求。

中试试验中还进行了标定。物料平衡结果显示 (表 6.20)，不仅原料和产品重量持平，进出物料的碳、氢、氧元素也是平衡的，说明装置和反应结果可靠。可以计算出乙烯+丙烯相对于已经转化的甲醇的收率为 34.18wt%，单位重量乙烯+丙烯消耗甲醇量为2.925。

中试试验证实了密相循环流化反应-再生技术路线的可行性，根据中试结果，提出了进一步放大的工业性试验装置建设建议和试验方案。

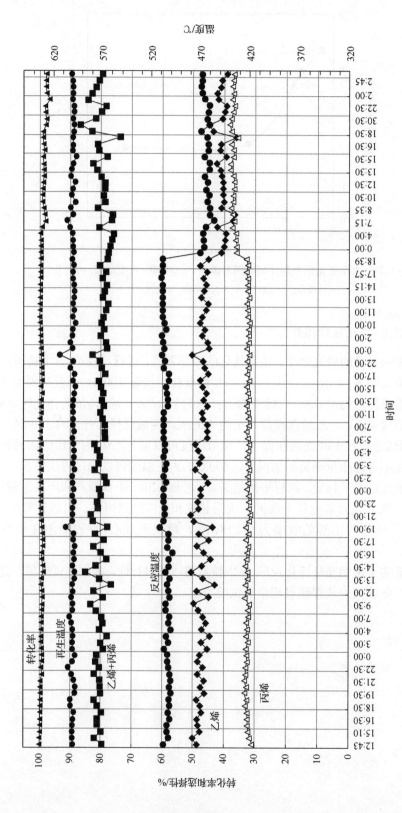

图 6.44　长周期中试反应结果

催化剂 1000g，甲醇原料含水 20wt%，甲醇空速 WHSV＝2⁻¹

表 6.20　中试物料平衡结果

项目	物料名称	物料量	元素		
			C	H	O
原料/(g/h)	CH_3OH	2048.00	768.00	256.00	1024.00
	H_2O	512.00		56.89	455.11
	合计	2560.00	768.00	312.89	1479.11
产物/(g/h)	H_2	0.28		0.28	
	CO	5.00	2.14		2.86
	CO_2	10.00	2.73		7.27
	H_2O	1612.70	0.00	179.19	1433.51
	CH_4	16.40	12.30	4.10	
	C_2H_4	404.71	346.89	57.82	
	C_2H_6	11.14	8.91	2.23	
	C_3H_6	289.12	247.81	41.30	
	C_3H_8	21.84	17.87	3.97	
	CH_3OH	13.90	5.21	1.74	6.95
	Me_2O	3.05	1.59	0.40	1.06
	C_4	89.91	77.07	12.84	
	C_5	34.87	29.89	4.98	
	C_6	8.80	7.54	1.26	
	积碳	20.48	19.25	1.23	
	合计	2542.20	779.21	311.33	1451.65
物料平衡		0.99	1.01	1.00	0.98

注：反应温度 500℃，催化剂 1000g，甲醇原料含水 20%，甲醇空速 WHSV=2h^{-1}；再生温度 600℃，全空气。

6.4　DMTO 工艺

6.4.1　DMTO 工艺流程

为了区别于其他甲醇制烯烃技术，将所发展的密相循环流化反应-再生工艺命名为 DMTO 工艺。图 6.45 是 DMTO 工艺的流程简图。DMTO 工业装置主要由原料预热、反应再生、产品急冷水洗及预分离、污水汽提、主风机、蒸汽发生等六大部分组成。

原料预热系统主要是将液体甲醇原料按要求加热至 250℃左右，以气相形式进入反应器。来自甲醇装置的甲醇与汽提后的水进行换热，在中间冷凝器中部汽化后进入进料闪蒸罐，然后进入汽化器汽化，并用蒸汽过热后送入 DMTO 流化床反应器。反应器出口物料经冷却后送入急冷塔。闪蒸罐底部少量含水物料进入氧化物汽提塔中。一些残留的甲醇被汽提返回到进料闪蒸罐。由于在原料甲醇中可能存在重组分有机物，DMTO 装置的甲醇原料预热系统充分考虑了微量有机物质的累积排放问题。

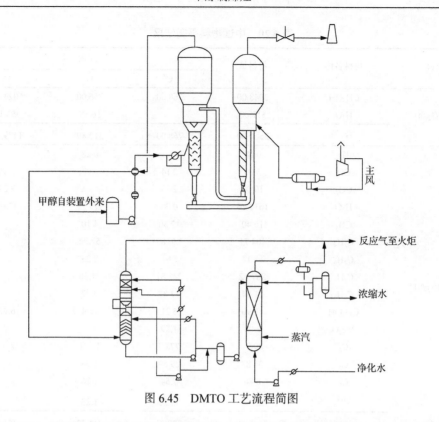

图 6.45　DMTO 工艺流程简图

反应-再生系统是 DMTO 装置的核心部分，包括反应器和再生器。DMTO 的反应器是湍动流化床设计，反应实际在反应器下部的密相区域发生。此部分由进料分布器、催化剂入口分布器及内取热管组成。反应器的上部主要是产品气体和催化剂颗粒的沉降和分离区域，内置多组旋风分离器。一组内置旋风分离器包含一级和二级旋风分离器，以满足所需要的气固分离效率。二级旋风分离器的气体出口和外置的三级旋风分离器连接，三级旋风分离器底部设有催化剂回收罐，来保证大量的催化剂细粉可以被收集。与 FCC 工艺相比较，DMTO 处理的甲醇原料是纯净物，一般不含重金属离子。DMTO 催化剂也不像 FCC 催化剂那样会在长时间运行后沉积大量的金属离子。因此，DMTO 三级旋风分离器收集下来的催化剂细粉可以直接添加到反应器中继续使用。反应器床层温度主要通过改变原料入口温度和改变内取热器负荷来控制。反应器内取热器由若干组内取热盘管组成，盘管内可以通液相甲醇来进行取热。这与常规的采用蒸汽取热相比较，更加安全可靠。

DMTO 过程中随着反应进行，催化剂上会形成积碳。因此，催化剂需连续再生以保持较高的活性。待生催化剂从反应器出来后，首先进入待生催化剂汽提接受水蒸气清扫，将携带到再生器的烃类物质最大限度减少，保证再生器的稳定燃烧。从待生催化剂中汽提出来，待生催化剂通过待生催化剂输送管路进入到再生器。DMTO 的再生器由主风分布器、催化剂分布器和多组两级旋风分离器组成。二级旋风分离器与外置的再生器三级旋风分离器连接，收集被携带出再生器的催化剂细粉。由于催化剂烧碳再生也放出大量的热量，因此在再生器旁设置了催化剂外取热器。再生产生的热量被外取热器中产生的蒸汽回收。再生器催化剂外取热器是返混型，其取热负荷主要通过调节外取热器中的流化床介质表观气速来控制。外取热器中产生的蒸汽并入到蒸汽发生系统。烧焦再生后的催化剂同样也先进入到再生催化剂汽提然后再送回反应器。再生催化剂汽提主要用于清扫催化剂携带的烟气，避免烟气被携带到反应器，影响反应产物组成。DMTO 工艺中，催化剂再生温度在 650～700℃，采用不完全燃烧方式。这是因为再生催化剂上留有适当的积碳，可以改善反应器中低碳烯烃的选择性。

产品急冷水洗及预分离系统(图 6.46)的主要作用是将反应器产生的混合产品气体进行冷却。并且通过急冷洗涤产品气中携带的催化剂细粉和有机杂质，通过水洗将产品混合气中的大部分水进行分离。混合产品气和进料甲醇蒸汽换热后进入急冷塔。急冷塔中设有多层挡板，产品气从急冷塔底进入与急冷水逆流接触进行冷却。产品气携带的催化剂细粉经洗涤沉淀在急冷塔中。水是 DMTO 反应的产物之一，甲醇进料中的大部分氧转化为水。DMTO 反应产物中会含有极少量的酸类物质，冷凝后回流到急冷塔。为了中和这些酸类物质，在回流中注入少量的碱(氢氧化钠)。为了控制回流中的固体含量，由急冷塔底抽出废水，送到界区外的水处理装置。急冷后的产品气随后从急冷塔顶进入水洗塔底，通过进一步冷却将产品气中大部分水蒸气冷凝。水洗塔内有隔油装置用于分离产品气中微量的芳烃物质。

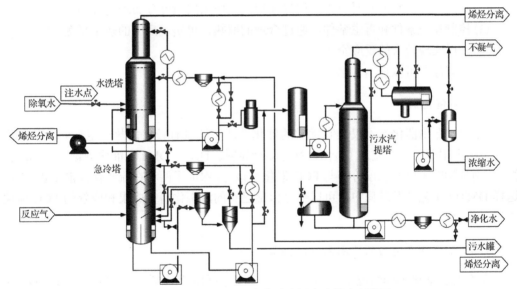

图 6.46　DMTO 工艺急冷水洗和污水汽提流程简图

污水汽提系统主要是对由产品急冷水洗及预分离系统分离出的污水进行提浓，回收未转化的甲醇和二甲醚及微量的醛酮等含氧化合物，保证整个装置外排水符合环保要求。

主风机系统包括再生空气主风机和开工加热炉。主风机是为再生器烧焦提供需要的空气而设置的，一般采用离心式压缩机，并配电动机和增速齿轮箱及相应的传动轴系。此外还配有相应的润滑油站、工艺管道系统及仪表检测和控制系统。开工加热炉只在开工时使用，以将再生器的温度提高到正常操作温度。

蒸汽发生系统则是对装置内所有可发生蒸汽的热能进行利用，提高系统的能量利用效率。DMTO 工艺中，反应器内取热盘管、再生器外取热器、CO 焚烧炉、余热锅炉等均涉及蒸汽发生。由于 DMTO 采用不完全再生方式，来自再生器的烟气中还含有一定量的 CO 气体。CO 焚烧炉将烟气中的 CO 完全燃烧,产生高压蒸汽,回收热量。从 CO 焚烧炉出来的废气携带的热量进一步在余热锅炉中得到应用,最大限度地降低能量损耗。

6.4.2　DMTO 工艺特点

DMTO 工艺具有如下特点。

1. 连续反应-再生的密相循环流化反应

甲醇制烯烃专用催化剂基于小孔 SAPO 分子筛的酸催化特点,由于利用了该分子筛的酸性和较小的孔口直径的形状选择性作用,可以高选择性地将甲醇转化为乙烯、丙烯,同时 SAPO 分子筛结构中的"笼"的存在和酸催化的固有性质也使得该催化剂因结焦而失活较快。在反应温度 450℃和空速 $2h^{-1}$ 的条件下,单程寿命也只能维持数小时。因此,对失活催化剂的频繁烧焦再生是必要的。为了满足上述工艺要求,流化床是与 DMTO 催化剂和反应特征相适应的反应器型式。DMTO 工艺采用循环流化床反应方式具有如下优点。

(1)可以实现催化剂的连续反应-再生过程。

(2)有利于反应热的及时导出,很好地解决反应床层温度分布均匀性的问题。

(3)控制反应条件和再生条件,通过合理的取热,可实现反应的热量平衡。

(4)可以实现较大的反应空速。

(5)反应原料可以适当含水。

2. 专用催化剂

DMTO 专用催化剂不仅具有优异的催化性能,还具有较好的热稳定性和水热稳定性,适用于甲醇、二甲醚及 C_{4+} 化合物等多种原料。此外,DMTO 催化剂颗粒的物理特性,特别是颗粒密度及粒度分布与 FCC 催化剂接近,保证了两者在流态化性能上也接近。这样 DMTO 工艺开发过程中,可以部分借鉴已有的流态化研究成果和成熟的 FCC 流化床设计经验。

3. 乙烯/丙烯在适当的范围内可以调节

在不改变催化剂的情况下,通过改变反应条件和再生条件,可以适当地调节乙烯/丙烯,以适应市场的变化。

4. DMTO 工艺对原料的要求

DMTO 工艺技术采用酸性分子筛催化剂,为了保证催化剂性能的长期稳定性,对原料甲醇和工艺水中的杂质含量特别是金属离子有明确的指标要求,以防止催化剂的中毒性永久失活。

5. DMTO 工艺对设备的要求

DMTO 工艺生产的低碳烯烃只是中间产品,需要进一步加工才能成为最终产品,因此控制低碳烯烃产品中的杂质(尤其是对烯烃聚合有影响的杂质)含量,可以大幅降低下游分离净化和进一步加工的成本。因此，DMTO工艺对催化剂在循环过程中的汽提效率有较高的要求，需要对汽提装置特殊设计。

为了避免氮氧化物的生成，DMTO工艺要求较低的再生温度。一般推荐的再生温度为650～700℃。

6. DMTO装置的副产水

DMTO工艺副产大量水。DMTO副产水中含有极少量未反应的原料(甲醇、二甲醚)，可以经污水汽提回收后返回反应系统。DMTO副产水中含有微量酸，应对酸的腐蚀采取相应措施。如需要与NaOH中和，则DMTO副产水应严格与工艺水加以区分。鉴于DMTO副产水仅含有机杂质，不含无机杂质，通过合适的水净化处理后可以进行利用。

6.4.3 DMTO工艺主要设备

1. 甲醇转化反应器

甲醇转化反应器的设计充分考虑了DMTO反应催化剂停留时间长、气固接触时间短的特点，采用了大型浅层(高径比约为0.3)密相流化床。反应器操作气速约为1m/s，属于湍动流化床范围。反应器除了甲醇分布器和旋风分离器外，不需设置任何内构件，最大限度提高了反应器运行的可靠性。同时，针对 Geldart A 类颗粒的大型浅层流化床设计是工程设计中的难题。中石化洛阳工程有限公司克服了气体穿透及气固均匀分布等难题，成功将大型浅层流化床应用于 1.80Mt/a 的 DMTO 工业装置，也证明了我国在大型工业流化床反应器设计方面的领先地位。

DMTO反应器包括进料分布器、密相反应段和沉降段等部分(图6.47)。其中反应器和再生器的分布器分别位于甲醇入口和空气入口的上方，分布器的上侧区域为密相反应段，反应器和再生器的上部区域为沉降段(即在密相反应器上侧)。汽化后的原料上行经

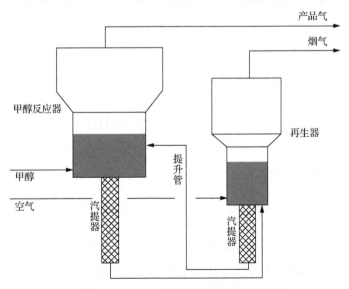

图6.47 DMTO装置反应-再生系统简图

分布器进入处于密相流化状态的反应区与催化剂接触并立即发生反应，反应产物气体继续上行并在沉降段降低线速度，通过旋风分离器完成气固分离后进入后续的急冷、水洗处理工序。DMTO 密相反应区的催化剂密度在 $200\sim400kg/m^3$。密相区的催化剂连续下行进入汽提段，经高效气提脱除催化剂吸附的反应产物后利用空气输送并提升至再生器烧焦再生。

DMTO 反应器可以实现较大的反应空速，同时对反应原料适应性较强，可以直接采用粗甲醇做原料。

2. DMTO 再生器

DMTO 技术中，系统的生焦率较低，因此再生器尺寸相对较小。再生器也采用密相流化床设计，操作在湍动流化床范围。除了主风分布器和旋风分离器外，再生器内也不需设置任何内构件，最大限度提高了运行的可靠性。为了灵活调节再生温度，解决再生和反应都放热的矛盾，在再生器还设计有外取热器。

甲醇转化为低碳烯烃的反应，在以分子筛为催化剂时不能避免结焦的产生。催化剂结焦到一定程度后催化剂活性会降低，需要及时烧焦以恢复其活性和选择性，但适度控制催化剂表面的焦炭含量在一定程度上还可以改善低碳烯烃选择性，降低反应的焦炭产率。因此 DMTO 技术采用不完全再生方式，通过调节再生器的操作条件，可以调节催化剂含碳量，进行工艺优化。同时，为了避免氮氧化物的生成，DMTO 技术中催化剂再生温度约为 650℃。

3. DMTO 汽提器

鉴于 DMTO 技术生产的低碳烯烃只是中间产品，需要进一步加工才能成为最终产品，应尽可能控制低碳烯烃产品中的杂质(尤其是重要的杂质)含量，以降低下游加工前的净化成本。因此，DMTO 技术对催化剂循环过程中的脱气效率有较高的要求。DMTO 工业装置中汽提装置经过特殊设计，脱气效率在 90%以上，可以满足要求。

4. 急冷水洗塔

DMTO 反应气通过急冷塔和水洗塔后，可脱除部分含氧化合物。含氧化合物脱除的效率与急冷塔和水洗塔的操作条件(如温度、压力、急冷水和水洗水的用量等)密切相关。同时，含氧化合物的洗脱效率与急冷水洗塔的具体设计形式、操作条件(如温度、压力、水量等)有密切关系。操作条件变化时，洗脱效率也会发生改变。DMTO 工业性试验结果表明，在合适的操作条件下，急冷水洗塔对产品气中各类含氧化合物的脱除效率可以达到 96%～99%。

6.4.4　DMTO 工业性试验

2004 年，大连化物所、陕西新兴煤化工科技发展有限责任公司、中石化集团洛阳石油化工工程公司三方合作，利用大连化物所的前期研究成果，决定建设世界上第一套万吨级 MTO 工业性试验装置，对甲醇制烯烃技术进行工业放大。工业性试验的目的是：①验证工业化生产的 DMTO 专用催化剂的流态化性能及催化剂的活性选择性；②验证DMTO 工艺及结果；③验证 50t/d 甲醇进料规模工业化试验装置的流化性能可控性，各工艺和工程参数的可控性，对不同试验方案的适应性、操作稳定性等；④基于工业性试验，获取大规模工业装置设计的基础数据[45]。

该项目总投资 8610 万元，三方于 2005 年 7 月完成了试验装置的建设安装工作。2005 年 12 月三方正式开展试验运行，2006 年 6 月完成了规模为甲醇处理量 50t/a 的工业性试验。2006 年 8 月通过了由国家发展改革委员会委托中国石油和化学工业协会组织的技术鉴定。

1. 工业性试验装置及流程

图 6.48 为工业性试验装置的流程图。整个系统也包括进料系统、反应-再生系统、急冷水洗系统、污水汽提系统、主风机系统及尾气处理系统。试验装置没有设置产品分离和回收系统。混合产品气在分析和计量后送到陕西化肥厂锅炉(陕化锅炉)和火炬燃烧后排放。

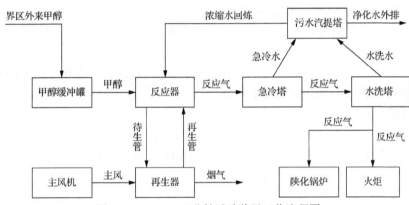

图 6.48 DMTO 工业性试验装置工艺流程图

工业性试验装置中 MTO 反应器直径为 1m。前期实验室中试 MTO 反应器基本都操作在鼓泡流化床状态。考虑到在工业装置中使用鼓泡流化床，会存在原料处理量小、气固接触较差等缺点，因此，决定在工业装置中使用湍动流化床。为此，工业性试验装置中 MTO 反应器也设计为湍动流化床，保持与放大后的工业装置一致，获取工业装置设计需要的数据。

DMTO 试验装置建设总投资 4530 万元，主要建设一套甲醇加工能力 1.67 万 t/a 的 DMTO 试验装置，建设地点在陕西华县陕化集团公司化肥厂厂区内，装置运行所需的水、蒸汽、电、氮气等公用工程由陕化集团公司供应。DMTO 工业性试验装置于 2005 年 4 月 19 日动工，于 2005 年 12 月初完成了装置建设。

2. 工业性试验历程

DMTO 工业性试验分为四个主要阶段：①惰性剂流化试验阶段；②投料试车阶段；③条件试验阶段；④考核运行阶段。

1)惰性剂流化试验阶段

DMTO 工业性试验，是世界范围内第一次万吨级规模的试验，虽然前期做了大量的研究工作，有成熟的催化裂化技术可以借鉴，但毕竟 DMTO 工艺与工程技术和 FCC 在许多方面有本质的区别。为了及早发现并解决新的技术问题，奠定 DMTO 工业性试验的流态化基础，大连化物所专门生产了与 DMTO 专用催化剂物理性能相近的惰性剂，首先在中石化洛阳工程有限公司进行了惰性剂的冷态流化试验，然后在实际的 DMTO 工业性试验装置上进行了完全模拟工业化试验条件的惰性剂热态流化试验。

惰性剂流化试验的目的为：①对 DMTO 工业化试验装置进行正常操作条件下的考核，考察两器的流化质量及催化剂的输送性能；②对催化剂循环量等影响 DMTO 工业试验装置正常运行的关键参数进行考察；③对再生器、反应器进行取热负荷测定，为负荷试运的温度调节打下基础；④考察再生温度及烟气中过剩氧含量对燃烧油的燃烧情况的影响；⑤考察两器操作性能和弹性，为化工投料提供操作依据；⑥考察催化剂损耗情况；⑦考察两器仪表的性能并熟悉操作；⑧考察特殊阀门的控制操作性能；⑨对操作人员进行技术练兵，为负荷试运打下基础；⑩暴露两器在运行中存在的问题，并找出改进方法。

2006 年 1 月 14 日至 24 日进行了第一次惰性剂流化试验，连续运行 11 天；2 月 2 日至 6 日进行了第二次惰性剂流化试验，试验运行 5 天。两次累计进行了惰性剂流化试验 16 天，这期间考核和验证了主体装置的仪表控制性能和催化剂流化输送性能，对于从来没有接触过 DMTO 工艺和装置的各级管理干部和操作人员来说，惰性剂流化试验是一次没有进甲醇的模拟开工—运行—停工的工程，锻炼了队伍，达到了预期的目标，为 DMTO 工业性试验的顺利开展奠定了基础。

2）投料试车阶段

本阶段的目标为打通流程、稳定运行，达到较高的烯烃收率。2006 年 2 月 17 日开始进行第一阶段投料试车阶段，从 2 月 20 日 15:18 反应器进甲醇一次投料成功到 3 月 2 日系统停车，连续平稳运行 228h，进行了预标定，圆满完成了第一阶段投料试车阶段目标。

3）条件试验阶段

投料试车工作完成后，参加本项目的合作各方对这一阶段的工作和结果进行了认真总结。在此基础上，对试验装置进行了检查和整改，进行条件试验工作。

本阶段的目标是在前期工作的基础上，进行条件优化试验，获得最佳操作参数和更高的烯烃产品收率。

装置于 2006 年 4 月 21 日开始进行条件试验阶段开车，从 4 月 24 日 14:28 反应器进甲醇一次投料成功到 5 月 20 日，共平稳运行 614h。对典型工况下的结果进行了标定。

4）考核运行阶段

在优化的工艺条件下，从 2006 年 5 月 29 日起至 6 月 21 日，平稳运行。2006 年 6 月 17 日至 20 日，受国家发展改革委员会委托，中国石油和化学工业协会组织的专家亲临现场进行了 72h 连续运行考核。

2006 年 6 月，完成了包括投料试车、条件试验、考核运行等历时近 1200h 的三个阶段的工业化试验；2006 年 8 月，该项目在北京通过中国石油和化学工业联合会组织的技术成果鉴定。现场考核专家组认为，该工业化试验成果是具有自主知识产权的创新技术，装置运行稳定、安全、可靠，技术指标先进，处于国际领先水平，是当时世界上唯一的万吨级甲醇制取低碳烯烃工业化试验装置。2006 年 8 月 24 日，在北京人民大会堂召开的新闻发布会上正式宣布世界首套万吨级甲醇制烯烃工业化成套技术获得成功。

3. 工业性试验结果

试验过程中采用质量稳定可靠的工业甲醇(含量为 99.8%)作为原料。装置投料运行各阶段的反应结果如图 6.49～图 6.51 所示。

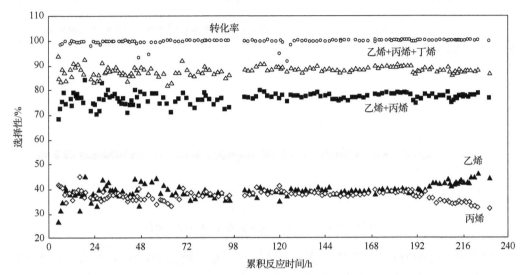

图 6.49　DMTO 工业性试验投料试车阶段连续运行结果

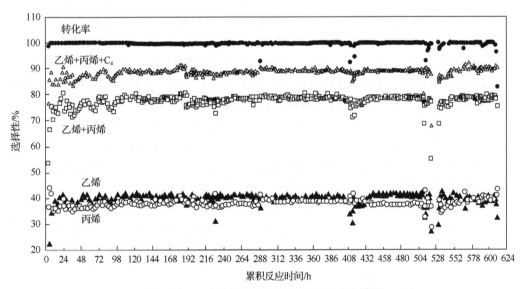

图 6.50　DMTO 工业性试验阶段连续运行结果

图 6.49 是 DMTO 工业性试验投料试车阶段运行结果。可以看出,整个阶段内,除进料阶段的几小时外,甲醇转化率接近 100%。在装置运行的前几天(96h 之前),反应结果波动较大,这是装置运行的调整阶段。之后,转化率及乙烯、丙烯选择性,总烯烃选择性均比较平稳。在后期某些阶段,乙烯、丙烯选择性及总烯烃选择性的变化是为了摸

索不同的试验条件，是与改变操作条件相关联的正常结果。

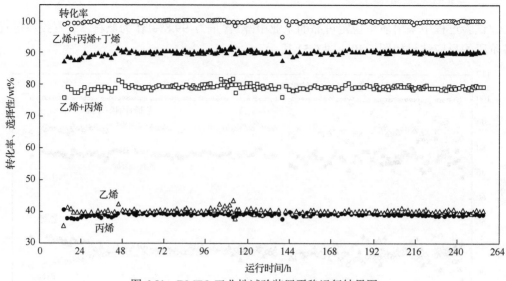

图 6.51　DMTO 工业性试验装置平稳运行结果图

图 6.50 为 DMTO 工业性试验装置连续运行结果。根据 DMTO 试验方案，本阶段系统地考察了各主要操作参数对反应的影响，包括，反应温度、再生温度、甲醇空速、催化剂循环量、催化剂定碳等，通过筛选和比较，确定优化的工艺条件。在该阶段，除因设备原因造成个别时间段转化率有所降低外，平稳运行期间转化率均接近 100%。乙烯、丙烯选择性及乙烯/丙烯呈规律性改变，与操作参数的变化有比较好的对应关系。总体上，乙烯+丙烯的选择性在 78%～80%，乙烯+丙烯+丁烯的选择性接近 90%。在优化的条件下，乙烯+丙烯选择性可以达到大于 80%（如 182～189h 的结果），乙烯+丙烯+丁烯选择性大于 90%（如 182～198h、313～389h、572～581h）。

考核阶段装置运行平稳，稳定运行结果如图 6.51 所示。考核运行阶段连续 241h 运行的平均结果为：甲醇转化率为 99.83%，乙烯选择性为 40.07%，丙烯选择性为 39.06%，乙烯+丙烯选择性为 79.13%，乙烯+丙烯+C_4 选择性为 90.21%。平稳阶段最佳结果达到：乙烯+丙烯选择性为 81.78%，乙烯+丙烯+C_4 选择性为 92%。

笔者对 DMTO 工业性试验装置进行了 72h 连续性能考核。表 6.21 给出了性能考核时期的主要操作条件。其中甲醇空速超过 $5h^{-1}$，表明 DMTO 催化剂在大空速下也能稳定运行。在实验室中试阶段，由于装置规模小，操作气速低，很难做到较高空速。因此工业性试验不仅验证了工艺流程，而且进一步优化了工艺流程，为将 DMTO 流化床反应器从实验室规模放大到百万吨级的工业规模提供了关键的一环。转化率考核过程中，针对水洗塔出口产物混合气体组成，进行了装置的物料平衡。表 6.22 给出了物料平衡数据。从物料组成来看，C_{5+} 烃成分很少，这说明了 DMTO 催化剂在甲醇定向转化为低碳烯烃方面的良好性能。

表 6.21 标定期间 DMTO 工业性试验装置反应-再生系统操作条件

项 目	反应器	再生器
顶部压力/ MPa(表压)	0.111	0.106
甲醇进料量/(kg/h)	2445	
温度/℃	495±2	590~650
空速/ h^{-1}	5.43	

表 6.22 标定期间 DMTO 工业性试验装置物料平衡表

项目		物料平衡	元素平衡		
			C	H	O
	CH_3OH	2444.44	916.66	305.55	1222.22
	H_2O	0.56		0.06	0.50
入方/(kg/h)	H_2 (0.07wt%)	1.60		1.60	
	CO_x (0.19wt%)	4.56	1.75	0.00	2.81
	H_2O (55.40wt%)	1354.27		150.47	1203.79
	CH_3OH (0.75wt%)	18.26	6.85	2.28	9.13
	$(CH_3)_2O$ (0.05wt%)	1.25	0.65	0.16	0.44
	甲烷 (0.76wt%)	18.63	13.97	4.66	
	乙烯 (16.92wt%)	413.53	354.46	59.08	
	乙烷 (0.32wt%)	7.84	6.27	1.57	
	丙烯 (16.53wt%)	404.17	346.43	57.74	
	丙烷 (1.12wt%)	27.27	22.32	4.96	
	C_4 (4.74wt%)	115.96	99.25	16.71	
	C_{5+} (0.98wt%)	23.94	20.49	3.45	
	其他 (0.87wt%)	21.37	18.33	3.04	
	结焦 (1.30wt%)	31.89	29.97	1.91	
出方合计(100.00%)		2444.54	920.74	307.63	1216.17
物料与元素平衡/%		100.00	100.44	100.68	99.51

　　笔者还对整个工业性试验装置进行了热量平衡的计算，如表 6.23 所示。反应热采用理论计算值。焦炭燃烧热由生焦量及烟气分析组成计算得出。其他介质的带入热及升温热由焓值计算得出。热损失则由全装置热平衡得出，与实际测试值符合很好。

　　表 6.24 总结了工业性试验装置 72h 考核的结果[45]。从表中可以看出，在试验条件下，甲醇转化基本完全(99.18%)，乙烯和丙烯的选择性可以达到 78.71%。这与实验室中试结果基本一致，说明 DMTO 工艺从实验室放大到工业性试验规模(放大倍数约 1000 倍)是非常成功的。

表 6.23　标定期间 DMTO 工业性试验装置反应-再生系统热平衡

供热方	数值	需热方	数值
反应热及焦炭燃烧热/(10^4kcal/h)	59.54	原料升温热/(10^4kcal/h)	29.96
水蒸气空气带入热/(10^4kcal/h)	0.20	蒸汽、烟气及其他介质升温热/(10^4kcal/h)	18.78
		取热量/(10^4kcal/h)	0
		热损失/(10^4kcal/h)	11
合计/(10^4kcal/h)	59.74	10^4kcal/h	59.74

表 6.24　标定期间 DMTO 工业性试验装置主要技术指标

项目	指标
甲醇转化率/ wt%	99.18
乙烯+丙烯选择性/ wt%	78.71
乙烯+丙烯+丁烯选择性/ wt%	89.15
甲醇单耗/[吨 MeOH/t($C_2^=$+$C_3^=$)]	2.96

4. 乙烯/丙烯

通过改变操作条件，可以适当地改变乙烯/丙烯。图 6.52 给出了温度变化对乙烯/丙烯的影响。可以看出，随温度升高，乙烯/丙烯线性增加。在 400～520℃ 的温度范围内，乙烯/丙烯的变化范围为 0.54～1.3。一定程度上，表现出了 DMTO 工艺的产品灵活性。另外，其他工艺条件也对乙烯/丙烯产生一定的影响。

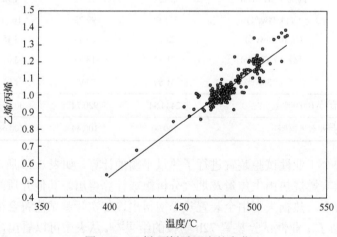

图 6.52　乙烯/丙烯随温度的变化

5. 利用反应热投料升温

甲醇转化为二甲醚和烯烃均是放热反应，笔者详细研究了不同反应温度甲醇转化为二甲醚和烃类的转化率并计算了反应热，图 6.53 是具体结果。可以看出 200℃ 的反应温度下 DMTO 催化剂即可以以 90%的转化率将甲醇转化为二甲醚，250℃甲醇开始转化为烃类，至 350℃甲醇转化为烃类的转化率达到 90%。甲醇转化从二甲醚产物过渡到烃类产物，反应热大幅度增加。原理上可以利用甲醇转化反应实现催化剂床层自热升温。工业性试验投料之前，根据工业性试验装置的参数，对投料升温过程进行了预先模拟，结果显示(图 6.54)若反应床层催化剂藏量 1t，甲醇投料量 2t/h，则 1.5h 即可使反应床层升温至 450℃。达到此温度后，即可开始催化剂循环，利用反应放热使再生器床层升温。图 6.55 是 DMTO 工业性试验投料开车的实际升温曲线和甲醇转化率结果，反应器床层温度约 1h 即达到了 450℃，甲醇转化率同时达到 100%，再生器床层经约 2h 即接近 600℃，随后进入操作参数调整阶段。

利用反应热投料升温的方法，避免了向催化剂床层喷燃料升温，保护催化剂的同时，也大幅度缩短了开工投料时间，这一方法已经申请发明专利并获得授权[46]，在实际工业装置中也得到了验证和应用。

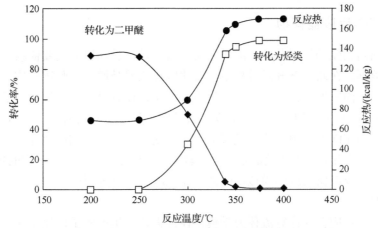

图 6.53　甲醇转化为二甲醚和烃类的反应温度和反应热

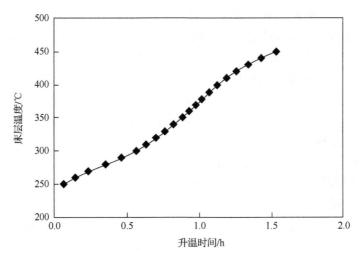

图 6.54　DMTO 工业性试验装置投料升温模拟曲线

初始温度 250℃，反应床层催化剂量 1t，甲醇投料量 2t/h

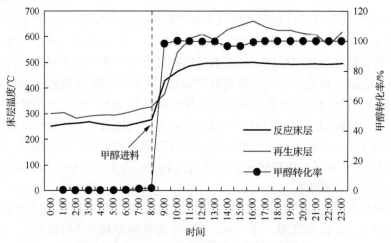

图 6.55　DMTO 工业性试验装置投料升温曲线

6.4.5　DMTO 反应器模拟

由于气固两相流动的复杂性，流化床反应器的设计长期以来主要依赖于从大量试验获得的经验数据。在新工艺开发过程中，流化床反应器是通过试验逐级放大的。随着气固两相流体力学的发展和计算机硬件的进步，近年来计算机模拟开始被用于流化床反应器研究。一套完整的流化床反应器模拟方法是应该耦合了计算流体力学(computational fluid dynamics，CFD)模型和反应动力学模型两个方面。前面我们已经介绍过反应动力学模型。微观反应动力学由于涉及的基元反应较多，并且还有许多中间产物的生成和消耗，还不能直接用于反应器尺度的模拟，因此，流化床反应器模拟中大多使用宏观的集总反应动力学模型。

用于流化床反应器的计算流体力学模型在过去几十年得到了迅速发展。根据所处理的气固流动体系的尺度，计算流体力学模型对气体和固体颗粒相的处理方式也不同。在微观层次，气体和颗粒都被当成离散相，采用所谓的直接数值模拟(direct numerical simulation，DNS)进行气固流动计算。典型的方法有格子玻尔兹曼法、光滑颗粒法、耗散颗粒法、拟颗粒法、有限元/虚拟域法等。直接数值模拟方法可以用于计算详细的气体和颗粒相互作用，但是其所处理的计算域很小，目前的计算条件能模拟的颗粒数目在几个到几百个。在宏观层次，气体和颗粒都被当成连续相，都采用 Navier-Stokes 方程组来描述，气体和颗粒相之间通过曳力作用来完成动量传递。这就是所谓的双流体模型，已经被广泛用于流化床反应器模拟。双流体模型可以处理大型反应器，但是由于该模型中将颗粒相也当做流体来处理，因此需要发展合适的方法来计算颗粒相压力、黏度等参数。荷兰 Kuipers 等[47]提出了用简单经验关联计算这些颗粒相参数；美国 Ding 和 Gidaspow[48]则提出采用颗粒动理学理论(kinetic theory of granular flow)来计算这些参数。20 世纪 90 年代，日本的 Tsuji 等[49]、荷兰 Hoomans 等[50]和澳大利亚 Xu 和 Yu[51]等发展了离散颗粒模拟方法。离散颗粒模型方法中气体仍当做连续流体，但是颗粒当做离散相。通过计算每个颗粒在流体中受到的作用力，通过牛顿方程求解出其运动轨迹。离散颗粒模型中不需要计算颗粒相压力、黏度等参数，相反还可以考虑颗粒碰撞对气固两相流动的影响。但是在计算颗粒受到的作用力时，需要考虑流体对颗粒的曳力作用。离散颗粒模型可以作为微观的直接数值模型和宏观的双流体模型之间的介尺度计算流体力学模型。在目前的计算条件下，离散颗粒模型一般只能模拟几万到几百万个颗粒，这相当于实验室小试流化床反应器规模。

　　无论是双流体模型，还是离散颗粒模型，都需要获得气固之间曳力作用关系。经典的气固曳力计算是基于 Ergun[52]方程和 Wen-Yu 经验关联[53]。如前面所述，DMTO 催化剂颗粒属于 Geldart A 类颗粒。大量的研究发现，如果采用 Ergun 方程和 Wen-Yu 经验关联来计算气固相之间的曳力，双流体模型不能很好地预测 Geldart A 类颗粒在流化床中的床层膨胀。一般认为经典的 Ergun 方程和 Wen-Yu 经验关联不适合 Geldart A 类颗粒，计算出的气固相曳力过大，需要进行修正。Yang 等[54]提出了气固相曳力与局部不均匀气固流动有关，并据此发展了能量最小多尺度(energy-minimization multi-scale model，EMMS)模型的预测提升管内气固相曳力。后来他们把 EMMS 模型扩展到鼓泡流化床。如后面将介绍的 EMMS 模型能较好地用于 Geldart A 类颗粒流化床床层膨胀的预测。

　　针对 DMTO 工业性试验装置的流化床反应器，笔者开展了计算机模拟研究。下面将简单介绍一下方法和结果。

1. DMTO 反应器模拟方法

采用了双流体模型来描述气固两相流动。气固两相质量守恒方程为

$$\frac{\partial}{\partial t}\left(\varepsilon_g \rho_g\right) + \nabla \cdot \left(\varepsilon_g \rho_g v_g\right) = 0 \tag{6-44}$$

$$\frac{\partial}{\partial t}\left(\varepsilon_s \rho_s\right) + \nabla \cdot \left(\varepsilon_s \rho_s v_s\right) = 0 \tag{6-45}$$

式中，ε_g、ρ_g、v_g 和 ε_s、ρ_s、v_s 分别为气相体积含量、密度、速度和固相体积含量、密度、速度。动量守恒方程为

$$\frac{\partial}{\partial t}\left(\varepsilon_g \rho_g v_g\right) + \nabla \cdot \left(\varepsilon_g \rho_g v_g v_g\right) = -\varepsilon_g \nabla p + \nabla \cdot \tau_g + \varepsilon_g \rho_g g + \beta\left(v_s - v_g\right) \tag{6-46}$$

$$\frac{\partial}{\partial t}\left(\varepsilon_s \rho_s v_s\right) + \nabla \cdot \left(\varepsilon_s \rho_s v_s v_s\right) = -\varepsilon_s \nabla p - \nabla p_s + \nabla \cdot \tau_s + \varepsilon_s \rho_s g + \beta\left(v_g - v_s\right) \tag{6-47}$$

式中，p 为压力；β 为动量交换系数；τ_g 和 τ_s 分别为气固相剪切应力张量，对于牛顿流体，满足

$$\tau_g = \mu_g\left[\left(\nabla v_g\right) + \left(\nabla v_g\right)^T\right] + \left(\lambda_g - \frac{2}{3}\mu_g\right)\left(\nabla \cdot v_g\right)I \tag{6-48}$$

$$\tau_s = \mu_s\left[\left(\nabla v_s\right) + \left(\nabla v_s\right)^T\right] + \left(\lambda_s - \frac{2}{3}\mu_s\right)\left(\nabla \cdot v_s\right)I \tag{6-49}$$

其中气体相黏度$(\mu_g、v_g)$是可以直接获得的物理参数。颗粒相黏度和颗粒相压力通过颗粒动理学理论来获得，可以参考文献[55]。在式(6-46)和式(6-47)中，最后一项 $\beta\left(v_s - v_g\right)$

实际代表了气固相曳力作用。根据 Yang 等[54]提出的 EMMS 模型，气固相曳力可以通过下面关联式[56]进行计算：

$$\beta = \frac{3}{4}C_d \frac{\rho_g(1-\varepsilon_g)\varepsilon_g\left|v_g-v_s\right|}{d_p}\varepsilon_g^{-2.65}H_d \tag{6-50a}$$

$$H_d = \frac{5.8853 - 32.2520\varepsilon_g + 45.8629\varepsilon_g^2}{1 - 243.9459\varepsilon_g + 603.6253\varepsilon_g^2}, \qquad 0.4 \leqslant \varepsilon_g < 0.5 \tag{6-50b}$$

$$H_d = \frac{0.1496 - 0.4601\varepsilon_g + 0.4833\varepsilon_g^2}{1 + 0.0400\varepsilon_g - 0.1777\varepsilon_g^2}, \qquad 0.5 \leqslant \varepsilon_g < 0.98 \tag{6-50c}$$

$$H_d = \frac{-1.9894 + 5.7462\varepsilon_g - 3.7486\varepsilon_g^2}{1 + 7.0967\varepsilon_g - 8.0508\varepsilon_g^2}, \qquad 0.98 \leqslant \varepsilon_g < 1 \tag{6-50d}$$

为考察流动对反应过程的影响，使用下面的气体组分控制方程来计算各组分的质量分数 m_g^i：

$$\frac{\partial\left(\varepsilon_g\rho_g m_g^i\right)}{\partial t} + \nabla\cdot\left(\varepsilon_g\rho_g v_g m_g^i\right) = \nabla\cdot\left(\varepsilon_g\rho_g D_g^i\nabla m_g^i\right) + S_{gs}^i \tag{6-51}$$

式中，D_g^i 为对应组分的扩散系数；S_{gs}^i 为源项。

2. DMTO 工业性试验反应器模拟

采用双流体模型对 DMTO 工业性试验反应器进行了三维模拟。工业性试验装置中，反应器操作在湍动流化床状态，反应器高度为 8m，直径 1m。图 6.56 给出了模拟过程中反应器的边界设置和三维计算网格。

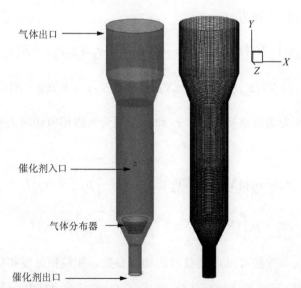

气体出口

催化剂入口

气体分布器

催化剂出口

图 6.56　DMTO 工业性试验装置反应器边界设置及三维计算网格[57]

　　首先对 DMTO 工业性试验反应器进行了计算流体力学模拟。模拟过程中分别采用了传统的 Ergun 方程和 Wen-Yu 经验关联及 EMMS 模型进行气固相曳力计算,并对结果进行了比较。从图 6.57 可以看到,使用传统的曳力关系预测的流化床密相床层固含率较低,并且床层膨胀量过大。而使用 EMMS 曳力模型可以得到比较合理的床层密度,床层膨胀量与试验较接近。图 6.58 比较了两种模拟结果和实测的密相床层固含率。图中 Ergun-Wen-Yu 模型指采用 Ergun 方程和 Wen-Yu 经验关联进行计算。很显然,基于 EMMS 模型计算结果与实测的床层固含率吻合较好。

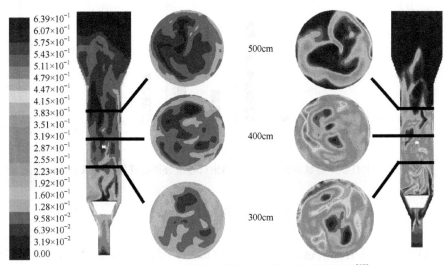

图 6.57　DMTO 工业性试验装置反应器三维模拟结果[57]

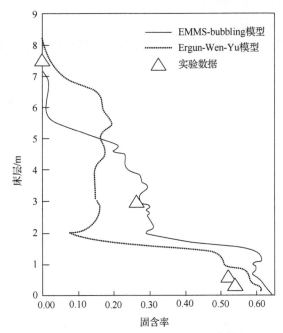

图 6.58　DMTO 工业性试验装置反应器床层固含率模拟与实验对比[57]

在基于 EMMS 模型的双流体气固流动计算基础上，对 MTO 反应进行了初步计算。反应动力学参数通过我们实验室微型固定床反应器试验数据拟合获得，图 6.59 给出了根据反应器出口主要气体组分质量分数模拟结果计算出的产物选择性。可以看出，模拟结果和试验数据基本接近。但是模拟中 CO_2 和乙烷量偏高，因此，还需要进一步改进反应动力学模型。

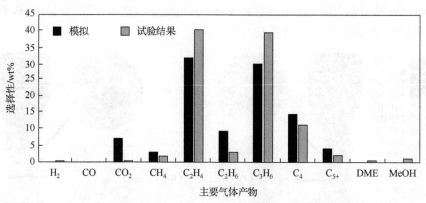

图 6.59　DMTO 工业性试验装置反应器出口各组分选择性模拟与试验对比[57]

6.5　DMTO-Ⅱ工艺

采用 DMTO 工艺的神华包头年产 60 万 t 烯烃的甲醇制烯烃装置已于 2010 年 8 月 8 日投料一次开车成功，并且进入了商业化运行阶段。为了进一步提高烯烃产率，保持自主创新的 DMTO 技术在国内外的核心竞争力，大连化物所开展了第二代甲醇制低碳烯烃 DMTO-Ⅱ工艺的研究和开发。

图 6.60 是 DMTO 工艺和 DMTO-Ⅱ工艺的比较。DMTO-Ⅱ是在 DMTO 工艺基础上，将产品气体中 C_{4+} 烃进行回炼裂解，从而增产目标产物乙烯和丙烯的新工艺。从技术指

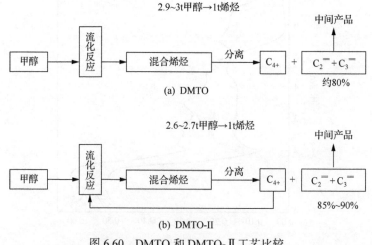

图 6.60　DMTO 和 DMTO-Ⅱ工艺比较

标上，DMTO-Ⅱ工艺生产 1t 烯烃的甲醇单耗可以降低到 2.6～2.7t，比 DMTO 工艺提高将近 10%。

　　2009 年，大连化物所联合陕西煤化工技术工程中心有限公司、中石化洛阳工程有限公司对原 DMTO 工业性试验装置进行了改造，用于 DMTO-Ⅱ的万吨级工业性试验。2010年 DMTO-Ⅱ的工业性试验完成了各项条件试验和 72h 性能考核，并通过了中国石油化学工业联合会组织的技术鉴定。2010 年 10 月，DMTO-Ⅱ技术正式对外进行技术许可。陕西蒲城清洁能源化工有限责任公司采用 DMTO-Ⅱ技术建设年产 67 万 t 烯烃的煤制烯烃工厂。目前 DMTO-Ⅱ工业装置已经完成施工建设和设备按装，并进行了中交。已在 2014年年底投料开车。图 6.61 为 DMTO-Ⅱ工业装置的照片。

图 6.61　DMTO-Ⅱ工业装置

6.5.1　DMTO-Ⅱ工艺流程

　　图 6.62 为 DMTO-Ⅱ工艺的流程简图。DMTO-Ⅱ工业装置包括原料预热系统、DMTO反应-再生系统、C_{4+}烃裂解反应-再生系统、急冷水洗系统、污水汽提系统及产品分离系统。甲醇原料经过预热后，通过 DMTO 反应器转化为乙烯、丙烯、丁烯、C_5烃和 C_6烃为主的混合产品气。DMTO 产品气和来自 C_{4+}烃裂解反应器的产品气汇合后进入急冷水洗塔，将产品气中的大部分水和杂质，包括携带的催化剂细粉、少量未反应的甲醇和二甲醚，以及极少量的酸等有机物去除。急冷水洗塔出来的含有甲醇、二甲醚的污水被送入到污水汽提进行提浓后返回 DMTO 反应器。通过急冷水洗塔预分离的混合产品气经气压机送入烯烃分离系统进行产品回收。其中 C_{4+}烃产品气被送到 C_{4+}烃裂解反应器进行裂解反应，生产乙烯、丙烯、丁烯等。从 C_{4+}烃裂解反应器出来的混合产品气返回到急冷水洗塔进行预分离。

　　在 DMTO-Ⅱ工艺中，DMTO 反应和 C_{4+}烃裂解反应使用同一催化剂，因此 DMTO反应器和 C_{4+}烃裂解反应器可以共用一个再生器。考虑到催化剂上有一定的预积碳能改善 DMTO 反应，在工业性试验装置中我们采用了两级再生器。一级再生器用于再生DMTO 反应后的催化剂，其操作模式为不完全再生。二级再生器用于再生 C_{4+}烃裂解反应后的催化剂，操作模式为完全再生。一级再生器出来的不完全高温燃烧烟气可以进一步在二级再生器中燃烧完全。

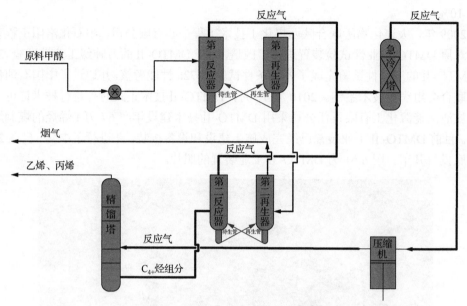

图 6.62　DMTO-Ⅱ工艺流程示意图

6.5.2　C$_{4+}$催化裂解制烯烃

DMTO-Ⅱ工艺中，甲醇转化反应过程中生成的 C$_{4+}$产物将被进一步催化裂解，增加乙烯、丙烯的收率。从表面上看，甲醇转化与 C$_{4+}$烃类催化裂解的差别不仅体现在反应放热和吸热方面，还体现在产物形成的历程。甲醇转化反应是形成 C—C 新键进一步生成较大分子的过程，而烃类裂解是将较大分子中已有的 C—C 键断裂，形成小分子的过程。二者均属于复杂的催化反应体系，且反应进行的方向截然不同。大连化物所在发展 DMTO 工艺的同时，已经考虑到了 DMTO 催化剂对 C$_{4+}$烃类的催化裂解性能。因此，DMTO 催化剂上除了具有良好的甲醇定向转化为乙烯和丙烯的性能外，还具有很好的 C$_{4+}$烃类催化裂解性能。本节将介绍 C$_{4+}$烃类催化裂解制烯烃反应机理及其特点。

1. C$_{4+}$烃类催化裂解反应机理

C$_{4+}$烃类催化裂解反应比较复杂，其反应机理可以用碳正离子机理来进行解释。通常认为 C$_{4+}$烃类的裂解主要是烯烃成分的裂解。烯烃首先吸附在固体酸催化剂表面的 B 酸中心上，形成碳正离子。该碳正离子断裂生成一个较小的烯烃分子和一个新的碳正离子。新生成的碳正离子既可以从 B 酸中心脱附出去生成小分子烯烃产物，也可以通过异构化、烷基化等反应再生成不同的碳正离子，或通过氢负离子转移等反应生成烷烃(相应地产生芳烃和焦炭)。具体而言，碳正离子在固体酸催化剂上可能发生的各种反应包括以下几项。

(1)从催化剂表面脱附生成烯烃：

$$R_1—CH_2—C^+H—R_2 \longrightarrow R_1—CH=CH—R_2 + H^+$$

(2)烷基化生成更大的碳正离子：

$$R_1-C^+H-R_2 + R_3-CH=CH-R_4 \longrightarrow \begin{array}{c} R_1-C^+-R_2 \\ | \\ R_3-CH_2CH-R_4 \end{array}$$

(3)异构化为更稳定的碳正离子:

$$R_1-CH_2-C^+H-R_2 \longrightarrow \begin{array}{c} R_1-C^+-R_2 \\ | \\ CH_3 \end{array}$$

(4)与烷烃发生氢负离子转移反应:

$$R_1-CH_2-C^+H-R_2 + R_3-CH_2-R_4 \longrightarrow R_1-CH_2-CH_2-R_2 + R_3-C^+H-R_4$$

(5)与非饱和烃发生氢负离子转移反应(氢供体可通过进一步氢转移反应等生成芳烃和焦炭):

$$R_1-C^+H-R_2 + R_3-CH=CH-R_4 \longrightarrow R_1-CH_2-R_2 + R_3-C^+=CH-R_4$$

DMTO 反应产物中的高碳烯烃产物主要为 C_4、C_5 烯烃。这种碳链相对短的烯烃的催化裂解主要是通过聚合-裂解方式进行的, 即 C_4、C_5 烯烃通过齐聚生成较大分子的烯烃, 然后大分子烯烃再通过碳正离子机理裂解生成丙烯等低碳烯烃。通常情况下, 较短的反应物碳链、较低的反应温度及较大的分子筛孔道都能促进烯烃以聚合–裂解方式进行转化。

DMTO 反应产物中的 C_{4+} 烃类裂解实际存在多种反应途径。除催化裂解外, 还存在热裂解反应途径。同时, C_{4+} 原料中的正构烷烃也有可能裂解生成低碳烯烃。因此, C_{4+} 烃类催化裂解的最终产物是不同碳数的烯烃、烷烃和芳烃组成的混合物, 而其中乙烯、丙烯的选择性则取决于反应条件、催化剂酸性和分子筛孔径分布等。

2. C_{4+} 烃类催化裂解反应特点

在 DMTO 催化剂上, C_{4+} 烃类催化转化为烯烃的反应具有如下特点。

(1)酸催化。C_{4+} 烃类催化裂解反应是一个酸催化的反应。如前所述, 其反应机理遵循碳正离子反应机理。通常的无定形固体酸均可以作为催化剂, 但生成低碳烯烃的选择性较低。

(2)高乙烯丙烯选择性。在 500℃ 以上的反应温度, 利用 SAPO-34 分子筛催化剂可以获得很高的乙烯和丙烯选择性。

(3)低压反应。C_{4+} 烃类催化裂解反应是分子数增加的反应, 因此低压有利于提高低碳烯烃尤其是乙烯的选择性。

(4)强吸热。在 500～600℃, 根据 DMTO 反应产物中 C_{4+} 组分分布, C_{4+} 烃类催化裂解反应的原料完全转化时, 反应热约为 627.5kJ/kg, 为强吸热反应。若反应过程中烃类转化率小于 100%, 实际反应热为上述反应热乘以转化率。

6.5.3　工艺条件对 C_{4+} 催化裂解的影响

DMTO-Ⅱ工艺开发过程中, 开展大量的试验详细研究了不同工艺条件对 C_{4+} 烃类催化裂解反应的影响。试验中所用催化剂为 SAPO-34 分子筛催化剂，试验所用的 C_{4+} 烃类原料为 DMTO 产物中的 C_{4+} 组分。

(1) C_{4+} 转化反应温度的影响。

在 500~650℃范围内，随着反应温度的提高，C_{4+} 烃类转化率和乙烯、丙烯总选择性都会增加，但是丙烯和乙烯比例降低。

(2) C_{4+} 转化反应压力的影响。

随反应压力的升高，C_{4+} 烃类转化率和乙烯、丙烯总选择性均略有降低，丙烯和乙烯比例则略有提高。但在设计压力范围内压力的正常波动对反应性能的影响不大。

(3) C_{4+} 转化反应催化剂停留时间的影响。

随催化剂停留时间增加，C_{4+} 烃类转化率有所降低，但是乙烯、丙烯总选择性增加，产物丙烯和乙烯比增加。

(4) C_{4+} 转化反应气固接触时间的影响。

C_{4+} 烃类转化率开始会随气固接触时间的增加而上升，过长的气固接触时间会导致 C_{4+} 烃类转化率略有下降。乙烯、丙烯总选择性和丙烯和乙烯比例则随气固接触时间增加而降低。

(5) C_{4+} 转化反应催化剂积碳及其影响。

C_{4+} 烃类催化转化过程中，催化剂积碳会导致活性下降。一般来说，C_{4+} 烃类回炼过程中催化剂积碳量远低于 DMTO 过程。

(6) C_{4+} 转化反应气体稀相停留时间对产品分布影响。

C_{4+} 烃类裂解的产物成分与 DMTO 过程类似，产物气体离开床层后的停留时间与产品分布的关系与 DMTO 过程类似。但由于 C_{4+} 反应原料主要为较高碳数烯烃，停留时间过长引起的二次反应会使低碳烯烃产物通过齐聚等反应重新生成碳数较高烯烃，表现为转化率的降低。

(7) C_{4+} 转化反应预热器材质的影响。

预热器材质的选择，应避免烯烃原料（特别是含有少量二烯烃的原料）在器壁的聚合和结焦。

(8) 催化剂再生条件变化的影响。

再生是恢复催化剂活性的必要手段。DMTO-Ⅱ工艺中，催化剂再生采用流化反应方式进行，失活后的催化剂通过与空气接触烧除催化剂上的部分积碳。根据 C_{4+} 烃类转化制烯烃的反应特点，对再生催化剂定碳有特殊要求，一般要求再生定碳小于 0.5wt%。因此必须严格控制再生条件，以达到定碳的要求。再生温度对催化剂烧碳影响很大。再生温度太高，将会对催化剂性能产生不可逆的影响，降低催化剂选择性。

6.5.4　DMTO-Ⅱ工艺特点

DMTO-Ⅱ是 DMTO 基础上的再发展，兼有 DMTO 的技术特征。DMTO-Ⅱ还具有如下新的特征。

(1) 甲醇转化反应与 C_{4+} 转化反应采用同一种催化剂（DMTO 催化剂）。在保障甲醇转化效果的同时，实现 C_{4+} 的高选择性催化转化，显著提高低碳烯烃选择性。

虽然甲醇转化和烃类裂解反应差别巨大，但二者的一个共同特征是酸性催化反应，分子筛是有效的催化剂。DMTO 技术中采用了小孔分子筛催化剂以控制产物在较小的分子范围内，由于孔径较小，这样的小孔分子筛通常是不会被作为烃类裂解催化剂的。对于采用与甲醇转化反应相同的小孔分子筛催化裂解较大的分子似乎也存在同样的问题。但是，进一步仔细分析甲醇转化产物中较重组分的组成特点可以发现，这些产物虽然分子量较大，但大部分为线性烯烃分子；典型的 DMTO 产物的 C_4 烃组成中，1-丁烯约为 25%，顺式、反式 2-丁烯约为 67%，异丁烯量仅为 4%左右。线性烯烃较多而异构烯烃较少，应当是由于分子筛孔道的限制作用，也是分子筛孔内催化而非外表面催化的间接证据。这类来源于小孔分子筛孔道的分子自然也可以再进入分子筛孔道发生催化裂解反应，如果条件合适，应该能够高选择性地转化为乙烯和丙烯。作者大量的实验证明了这一结论。上述即为同一催化剂催化甲醇转化和 C_{4+} 烃类裂解两个截然不同的反应的基本原理。

(2) 甲醇转化和 C_{4+} 烃类转化均采用流化反应方式，分别在不同的反应区进行，可以共用再生器，耦合构成相互联系的完整系统。

(3) 利用 C_{4+} 烃类转化反应强吸热的特点，在高温区进行 C_{4+} 烃类转化反应，既符合该反应的转化要求，也能实现热量的耦合。

(4) 甲醇转化和 C_{4+} 烃类转化目的产物一致，产物分布类似，可以共用一套分离系统。

(5) 通过对 DMTO-Ⅱ 和 DMTO 操作条件的有机调整，产品方案可以灵活调节。

6.5.5　DMTO-Ⅱ 工业性试验

2009 年 7 月，通过对 DMTO 工业性试验装置的改造，对 DMTO-Ⅱ 技术进行了工业性试验。作者与相关单位合作开展了 DMTO 耦合 C_{4+} 烃类转化制烯烃的多产烯烃工艺技术工业性试验。从 2009 年 7 月至 2010 年 5 月共进行了两个阶段试验，累计完成 800 多小时的运行试验。中国石油和化学工业联合会委托专家组对该装置进行了 72h 现场考核与标定。甲醇转化和 C_{4+} 烃类转化系统均采用流化床技术，使用了同一种催化剂，结果表明所用催化剂流化性能良好，磨损率较低，实现了甲醇转化系统和 C_{4+} 烃类转化系统的合理耦合。此外，DMTO 耦合 C_{4+} 烃类转化制烯烃的多产烯烃工艺技术中 MTO 和 C_{4+} 烃类回炼使用同一催化剂，反应都可以在流化床反应器中进行，并可共用一再生器，操作灵活，结构简单。

2010 年 6 月 26 日，该技术通过了中国石油和化学工业联合会组织的专家鉴定，鉴定结果为 DMTO-Ⅱ 技术的甲醇转化率达到 99.97%，乙烯和丙烯总选择性 85.68%，吨烯烃(乙烯和丙烯)消耗甲醇 2.67t；专用催化剂流化性能良好，磨损率低，处于国际领先水平。与第一代 DMTO 技术相比，DMTO-Ⅱ 工艺生产每吨烯烃甲醇消耗降低超过 10%。DMTO-Ⅱ 工艺，特别是一种催化剂同时催化两个性质截然不同的反应为国际首创。

1. 工业性试验历程

2009 年 7 开始进行工业性试验,主要分为工艺全流程打通阶段(2009 年 7 月 15 日至 9

月 20 日)和条件试验和考核运行阶段(2010 年 4 月 30 日至 5 月 20 日)。其中第二阶段的主要历程如表 6.25 所示。

表 6.25　DMTO-Ⅱ工业性试验性能考核阶段历程

时间	主要内容
4 月 30 日	甲醇转化系统反应器进甲醇原料
5 月 1 日~5 月 3 日	调整系统,C₄₊转化系统升温、加剂
5 月 4 日	C₄₊转化系统反应器进 C₄₊
5 月 5 日~5 月 15 日	装置平稳运行
5 月 16 日 8:00~5 月 19 日 8:00	现场专家考核,72h 标定
5 月 19 日~5 月 20 日	补充试验,装置停车

2. 工业性试验结果

图 6.63 和图 6.64 给出了 DMTO-Ⅱ工业性试验装置考核阶段运行的结果,从图中可以看出,装置运行连续稳定。其中甲醇转化反应结果基本上和 DMTO 工业性试验结果接近,甲醇转化率约 100%,乙烯和丙烯总选择性超过 78%。考核阶段的前期,笔者对 C_{4+}烃类裂解反应过程进行了优化,进一步提高乙烯和丙烯收率。在 72h 考核期间,C_{4+}烃类裂解反应单程的乙烯和丙烯收率达到 41%。值得指出的是,较重的 C_{5+}烃类几乎与 C_{4+}烃类以相同的转化率进行转化(图 6.65),说明 C_{4+}烃类循环回炼,并不会造成重质烃类的累积。

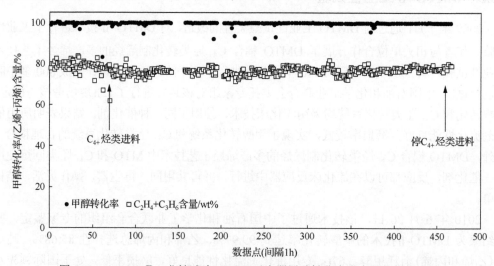

图 6.63　DMTO-Ⅱ工业性试验 DMTO 反应器甲醇转化率及产品气烯烃含量

表 6.26 总结了 DMTO-Ⅱ工业性试验装置 72h 考核的结果。从表中可以看出,在试验条件下,甲醇转化基本完全(99.97%),乙烯和丙烯的选择性可以达到 85.68%,较 DMTO 提高了 10%左右。生产 1t 烯烃所需要的甲醇消耗从 2.96t 下降到了 2.67t,大幅度提高了甲醇的利用率和烯烃收率。上述结果是约 60%的 C_{4+}回炼的结果,加大 C_{4+}回炼量,可以

进一步降低单位乙烯+丙烯产品的甲醇消耗。

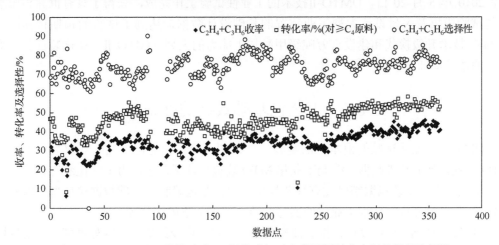

图 6.64　DMTO-Ⅱ工业性试验 C$_{4+}$烃类裂解反应器原料转化率以及烯烃选择性

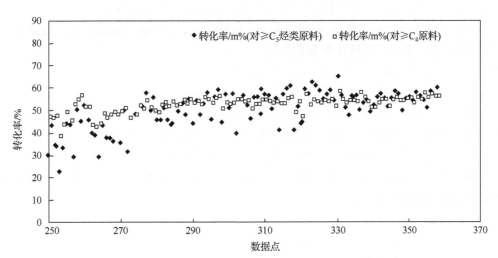

图 6.65　DMTO-Ⅱ工业性试验 C$_{4+}$烃类转化率和 C$_{5+}$烃类转化率对比

表 6.26　标定期间 DMTO-Ⅱ工业性试验装置主要技术指标

参数	参数值	备注
乙烯/丙烯	1.10	
烯烃单耗/(kg/kg)	2.67	理论值为 2.286
甲醇转化率/%	99.97	
CH$_2$基烯烃收率/wt%	85.68	CH$_2$基选择性
C$_{4+}$烃类平均转化率/%	53.52	
C$_{4+}$烃类反应平均烯烃选择性/wt%	76.74	
C$_{4+}$烃类反应平均烯烃收率/%	41.07	
甲醇的催化剂消耗/(kg/t 甲醇)	0.25	

2010 年 5 月 20 日，DMTO-II技术的工业性试验工作完成，获得了具有世界领先水平的试验成果及大量设计大型工业装置的基础设计数据，达到了试验的预期目标，为 DMTO 技术升级换代和建设百万吨级甲醇加工能力的大型 DMTO-II工业化装置奠定了坚实的技术基础。

6.6　工艺包基础数据的准备

DMTO 工业性试验的根本目的是验证催化剂、验证和优化工艺，获取大型工业化 MTO 装置设计的基础数据，编制工业化 MTO 装置设计工艺包，为工业化装置建设奠定技术基础。有关工艺包编制已经有行业规范，但工艺包编制的基础数据包括哪些内容并无定式。根据 DMTO 技术工业化的实际经验，提供如下内容作为参考。

(1)设计基础。包括设计依据、技术来源、装置规模及组成、装置处理能力、装置操作时间、装置操作弹性、主产品产量、原料及产品规格(原料规格,产品规格与产品方案)、催化剂及辅助材料规格、其他辅助材料或设备、公用物料和能量规格等。

(2)工艺说明。包括工艺原理(反应机理、反应特点、反应热、副反应等)、反应床型、主要影响因素、主要工艺操作条参数件等。

(3)物料平衡。包括物料平衡及变化范围等。

(4)工艺流程。包括工艺流程及说明、建议的控制等。

(5)卫生、安全、环保说明。包括危险物料性质及特殊的储运要求，主要卫生、安全、环保要点说明，生产过程中的自动控制系统和紧急停机、事故处理的保护措施，防火、防爆，防静电，防雷，防毒，其他防护措施，安全泄放系统说明，三废排放说明等。

(6)工艺过程特殊的分析化验项目。包括分析范围、分析化验项目、原料分析、产品分析、过程控制分析等。

6.7　小　　结

DMTO 作为具有完全自主知识产权的一项催化反应工艺，目前正在烯烃工业领域得到广泛应用。本章以 DMTO 工艺开发过程为例，全面介绍了流化床催化反应工艺开发的基本思路和步骤。内容覆盖了反应热力学、反应动力学、实验室小试、中试、工业性试验及反应器模拟。其中大部分内容，特别是实验室试验研究是大连化物所在过去几十年甲醇制烯烃工艺开发过程中的经验总结。流化床催化反应器的开发和放大一直是化学反应工程领域具有挑战性的工作。尽管计算机技术的快速发展使得采用反应器模型在反应器放大方面极富前景，但是在现阶段流化床催化反应工艺的开发放大还是依靠大量的不同尺度的试验。本章介绍了如何理解实验室固定流化床小试试验数据，如何将这些数据和实验室循环流化床中试试验连接起来，以及如何利用这些数据确定工业性试验装置的优化运行窗口。我们也介绍了反应热力学和反应动力学理论方法。反应热力学和反应动力学是反应器设计的重要理论基础。除了介绍大连化物所的部分工作外，本章还力图将目前反应动力学研究的最新进展通过笔者自己的理解加以介绍。总之，希望通过本章的介绍，可以为流化床催化新工艺的开发提供一些参考。

参 考 文 献

[1] 齐国祯, 谢在库, 钟思青, 等. 甲醇制低碳烯烃反应热力学研究. 石油与天然气化工, 2005, 34: 349-353

[2] 杨明平, 罗娟. 甲醇制低碳烯烃反应体系的热力学计算与分析. 煤化工, 2008, 3:44-48

[3] 吴文章, 郭文瑶, 肖文德, 等.甲醇制丙烯反应的热力学研究. 石油化工, 2011, 40:499-505

[4] Gunawardena D A, Fernando S D. Thermodynamic equilibrium analysis of methanol conversion to hydrocarbons using Cantera methodology. Journal of Thermodynamics, 2012, 2012:125460

[5] 吴秀章. 煤制低碳烯烃工艺与工程. 北京:化学工业出版社, 2014: 270-400

[6] The national institute of standards and technology standard reference data. 2014. http://webbook.nist.gov/

[7] Lide D R. CRC Handbook of Chemistry and Physics. 89th Edition, Boca Raton: CRC Press, 2009

[8] 刘光启, 马连湘, 刘杰主. 化学化工物性数据手册(有机卷). 北京:化学工业出版社, 2002: 185-273

[9] 陶鹏万, 黄建斌, 朱大方译, 等. Matheson 气体数据手册. 北京:化学工业出版社, 2003: 869-878

[10] 郝西维, 张军民. 甲醇乙烯烷基化反应体系热力学分析. 化学工程, 2010, 38:64-67

[11] Campbell C T. Micro- and macro-kinetics: Their relationship in heterogeneous catalysis. Topics in Catalysis, 1994: 353-366

[12] Dumesic J A, Rudd D F, Aparicio L M, et al. The Microkinetics of Heterogeneous Catalysis. Washington DC: American Chemical Society, 1993

[13] 朱贻安, 周兴贵, 袁渭康. 多相催化微观动力学与催化剂理性设计. 化学反应工程与工艺, 2014, 30: 205-211

[14] Hammer B, Hansen L B, Norskov J K. Improved adsorption energetics within density-functional theory using revised Perdew-Burke-Ernzerh of functionals. Physical Review B, 1999, 59: 7413-7421

[15] Baltanas M A, van Raemdock K K, Froment G F, et al. Fundamental kinetic modeling of hydroisomerization and hydrocracking on Noble-metal loaded faujasites. Industrial & Engineering Chemistry Research, 1989, 28: 899-910

[16] Park T Y, Froment G F. Kinetic modeling of the methanol to olefins process. 1. Model formulation. Industrial & Engineering Chemistry Research, 2001, 40:4172

[17] Park T Y, Froment G F. Kinetic modeling of the methanol to olefins process. 2. Experimental results, model discrimination, and parameter estimation. Industrial & Engineering Chemistry Research, 2001, 40:4187

[18] Alwahabi S M. Conversion of methanol to olefins on SAPO-34 kinetic modeling and reactor design. College Station: Texas A&M University, 2003.

[19] Alwahabi S M, Froment G F. Single event kinetic modeling of the methanol-to-olefins process on SAPO-34. Industrial & Engineering Chemistry Research, 2004, 43: 5098-5111

[20] Abraha M. Methanol to olefins: Enhancing selectivity to ethylene and propylene using SAPO-34 and modified SAPO-34. College Station: Texas A&M University, 2001

[21] Marchi A J, Froment G F. Catalytic conversion of methanol to light alkenes on SAPO moleculars sieves. Applied Catalysis, 1991, 71: 139-152

[22] Chen N Y, Reagan W J. Evidence of autocatalysis in methanol to hydrocarbon reactions over zeolite catalysts. Journal of Catalysis, 1979, 59: 123-129

[23] Chang C D. A kinetic model for methanol conversion to hydrocarbons. Chemical Engineering Science, 1980, 35(3): 619-622

[24] Sedran U, Mahay A, de Lasa H I. Modelling methanol conversion to hydrocarbons: Alternative kinetic models. The Chemical Engineering Journal, 1990, 45: 33-42

[25] Schoenfelder H, Hinderer J, Werther J, et al. Methanol to olefins-prediction of the performance of a circulating fluidized-bed reactor on the basis of kinetic experiments in a fixed-bed reactor. Chemical Engineering Science, 1994, 49: 5377-5390

[26] Bos A N R, Tromp P J J, Akse H N. Conversion of methanol to lower olefins kinetic modeling, reactor simulation, and selection. Industrial & Engineering Chemistry Research, 1995, 34: 3808-3816

[27] Gayubo A G, Aguayo A T, Sánchez del Campo A E, et al. Kinetic modeling of methanol transformation into olefins on a SAPO-34 catalyst. Industrial & Engineering Chemistry Research, 2000, 39(2): 292-300

[28] Gayubo A G, Aguayo A T, Alonso A, et al. Reaction scheme and kinetic modelling for the MTO process over a SAPO-18 catalyst. Catalysis Today, 2005, 106(1-4): 112-117

[29] Gayubo A G, Aguayo A T, Alonso A, et al. Kinetic modeling of the methanol-to-olefins process on a silicoaluminophosphate (SAPO-18) catalyst by considering deactivation and the formation of individual olefins. Industrial & Engineering Chemistry Research, 2007, 46: 1981-1989.

[30] Qi G, Xie Z, Yang W, et al. Behaviors of coke deposition on SAPO-34 catalyst during methanol conversion to light olefins. Fuel Processing Technology, 2007, 88: 437-441

[31] Chen D, Grønvold A, Moljord K, et al. Methanol conversion to light olefins over SAPO-34: Reaction network and deactivation kinetics. Industrial & Engineering Chemistry Research, 2007, 46: 4116-4123

[32] Zhou H Q, Wang Y, Wei F, et al. Kinetics of the reactions of the light alkenes over SAPO-34. Applied Catalysis A: General, 2008, 348: 135-141

[33] Kaarsholm M, Rafii B, Joensen F, et al. Kinetic Modeling of methanol-to-olefin reaction over ZSM-5 in fluid bed. Industrial & Engineering Chemistry Research, 2010, 49: 29-38

[34] Marquardt D W. An algorithm for least-squares estimation of nonlinear parameters. Journal of the Society for Industrial and Applied Mathematics, 1963, 11: 431-441.

[35] Froment G F, Bischoff K B, de Wilde J. Chemical Reactor Analysis and Design. New York: John Wiley & Sons Inc, 2010

[36] Nayak S V, Joshi S L, Ranade V V. Modeling of vaporization and cracking of liquid oil injected in a gas-solid riser. Chemical Engineering Science, 2005, 60: 6049-6066

[37] Yin L, Ye M, Cheng Y, et al. A seven lumped kinetic model for industrial catalyst in DMTO process. Chemical Engineering Research and Design, 2015

[38] 陈俊武, 曹汉昌. 催化裂化工艺与工程. 北京: 中国石化出版社, 1995: 491-832

[39] 郭慕孙, 李钟洪. 流态化手册. 北京: 化学工业出版社, 2008: 1252-1276

[40] 李洪钟, 郭慕孙. 回眸与展望流态化科学与技术. 化工学报, 2013, 64: 52-62

[41] Cui Y Y, Ying X W, Jin Z L, et al. Temperature-programmed methanol conversion and coke deposition on fluidized-bed catalyst of SAPO-34. Chinese Journal of Catalysis, 2012, 33: 367-374

[42] Mores D, Stavitski E, Kox M H F, et al. Space-and time-resolved in-situ spectroscopy on the coke formation in molecular sieves: Methanol-to-olefin conversion over HZSM-5 and HSAPO-34. Chemistry-A European Journal, 2008, 14: 11320-11327

[43] Qian Q, Ruiz-Martínez J, Mokhtar M, et al. Single-particle spectroscopy on large SAPO-34 crystals at work: Methanol to olefin versus ethanol to olefin processes. Chemistry-A European Journal, 2013, 19: 11204-11215

[44] 刘中民, 黄兴云, 何长青, 等. SAPO-34 分子筛的热稳定性及水热稳定性. 催化学报, 1996, 17: 540-543

[45] 刘中民, 等. 甲醇制低碳烯烃(DMTO)技术及工业性试验鉴定报告.内部资料, 2006

[46] 刘中民, 吕志辉, 何长青, 等. 制取低碳烯烃流态化催化反应装置的开工方法:中国, 101130466B, 2011

[47] Kuipers J A M, van Duin K J, van Beckum, et al. A numerical model of gas-fluidized beds. Chemical Engineering Science, 1992, 47: 1913-1924

[48] Ding J, Gidaspow D. A bbbling fuidization mdel uing knetic teory of ganular fow. AIChE Journal, 1990, 36: 523-538

[49] Tsuji Y, Kawaguchi T, Tanaka T. Discrete particle simulation of 2-dimensional fluidized-bed. Powder Technology, 1993, 77: 79-87

[50] Hoomans B P B, Kuipers J A M, Briels W J, et al. Discrete particle simulation of bubble and slug formation in a two-dimensional gas-fluidised bed: A hard-sphere approach. Chemical Engineering Science, 1996, 51: 99-118

[51] Xu B H, Yu A B. Numerical simulation of the gas-solid flow in a fluidized bed by combining discrete particle method with computational fluid dynamics. Chemical Engineering Science, 1997, 52: 2786-2809

[52] Ergun S. Fluid flow through packed columns. Chemical Engineering Progress, 1952, 48: 89-95

[53] Wen C Y, Yu Y H. Mechanics of fluidization. Chemistry Engineering Symposium Series, 1966, 62: 100-111

[54] Yang N, Wang W, Ge W, et al. Simulation of heterogeneous structure in a circulating fluidized-bed riser by combining the two-fluid model with the EMMS approach. Industrial & Engineering Chemistry Research, 2004, 43: 5548-5561

[55] Gidaspow D. Multiphase Flow and Fluidization: Continuum and Kinetic Theory Description. Boston: Academic Press, 1994

[56] Shi Z, Wang W, Li J H. A bubble-based EMMS model for gas–solid bubbling fluidization. Chemical Engineering Science, 2011, 66: 5541-5555

[57] Zhao Y, Li H, Ye M, et al. 3D numerical simulation of a large scale MTO fluidized bed reactor. Industrial & Engineering Chemistry Research, 2013, 52: 11354-11364

第7章　甲醇制烯烃流态化基础

DMTO 工艺中，不仅反应器和再生器均为密相流化床，为了维持催化剂较高的活性，反应器内失活催化剂颗粒需要输送到再生器内烧焦再生，催化剂颗粒还需要在反应器和再生器之间连续循环流动。因此，气固流态化技术对于发展和优化 DMTO 反应器、再生器及控制催化剂循环至关重要。气固流态化涉及范围很广泛，且流态化过程受颗粒特性、流化床装置构型、流化介质等影响。本章将主要介绍与 DMTO 工艺密切相关的气固流态化原理和技术。

7.1　流态化基础

气固流态化指固体颗粒群在气体作用下，悬浮于气体中并具有流体的某些特性。当气体通过由催化剂颗粒形成的床层时，根据气体速度和颗粒特性不同，催化剂颗粒床层会呈现固定床、流化床或气力输送三种状态[1]。气固流态化还受到环境温度和压力的影响。

7.1.1　气体速度对气固流态化的影响

当气体速度很低时，催化剂颗粒受到的气体作用力(曳力和浮力)不足以克服重力影响，催化剂颗粒在床层内保持静止不动，形成固定床状态。固定床中，气流主要从颗粒之间的缝隙中通过。气体受到的摩擦阻力主要受颗粒尺寸、床层空隙率及气体速度和黏度等影响，宏观上表现为气体通过床层的压降发生变化(图 7.1)。大量的试验证明，固定床的压降可以用 Ergun 公式[2]进行估算：

$$\frac{\Delta P}{\Delta H} = \left(150 + 1.75 Re_p\right) \frac{\left(1-\varepsilon\right)^2}{\varepsilon^3} \frac{\mu_g U}{\overline{d}_p^2} \tag{7-1}$$

式中，ΔP 为床层压降；ΔH 为床层高度；$Re_p = \overline{d}_p \rho_g U / \left[\mu_g \left(1-\varepsilon\right)\right]$ 为颗粒雷诺数；ε 为床层空隙率；μ_g 为气体黏度；U 为表观气体速度，$\overline{d}_p$ 为颗粒 Sautur 平均粒径。式(7-1)中，右侧第一项为黏性损失，第二项为惯性损失。对于 DMTO 催化剂颗粒，其颗粒雷诺数一般小于 20，黏性损失对固定床压降的贡献远大于惯性损失。因此，在其他条件不变的情况下，床层压降几乎与气体速度成正比。

当气体速度逐渐增大到某一个特定值时，催化剂颗粒受到的气体作用力正好可以克服颗粒重力的影响。这时候催化剂颗粒相互之间脱离接触，开始被悬浮在气体中向各个方向做随机运动，形成流化床状态。这个特定的气速称为最小流化速度(minimum fluidization velocity, U_{mf})，对应的流化状态为起始流态化状态。最小流化速度是气固流态化中一个非常重要的参数，受气体性质、环境温度压力及颗粒性质等影响。由于起始

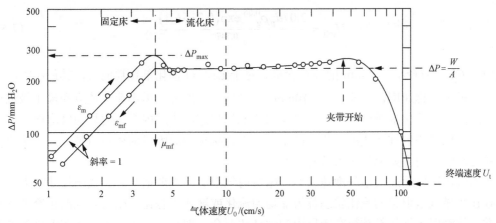

图 7.1　流化床床层压降和气体速度的关系[1]

流化状态是固定床向流化床转变的临界点，此时床层的压降 ΔP 足以支持床层内单位面积承受的催化剂颗粒重量，即有

$$\Delta P \times A = W = A\Delta H_{mf}\left(1-\varepsilon_{mf}\right)\left(\rho_p - \rho_g\right)g \tag{7-2a}$$

$$\frac{\Delta P}{\Delta H_{mf}} = \left(1-\varepsilon_{mf}\right)\left(\rho_p - \rho_g\right)g \tag{7-2b}$$

式中，A 为床层截面积；W 为床层催化剂重量。

在起始流化状态时，床层压降也可以用 Ergun 公式(7-1)进行计算。因此通过公式(7-1)和式(7-2)可以计算出颗粒的最小流化速度 U_{mf}。事实上，文献中有大量根据各种试验结果总结出来的最小流化速度计算经验关联式。对于 FCC 催化剂颗粒，推荐使用下面的经验关联式计算最小流化速度[3]：

$$U_{mf} = \frac{9\times10^{-4}d_p^{1.8}[(\rho_p - \rho_g)g]^{0.934}}{\rho_g^{0.066}\mu_g^{0.87}} \tag{7-3}$$

笔者在实验室的二维和三维流化床测试了 DMTO 催化剂颗粒的最小流化速度。实验结果表明，用公式(7-3)计算常温下 DMTO 催化剂颗粒的最小流化速度有较大偏差。通过对公式(7-3)进行修正，发现可以用下面的经验关联式来估算 DMTO 催化剂颗粒的最小流化速度[4]：

$$U_{mf} = \frac{1.7127\times10^{-4}d_p^{1.8}[(\rho_p - \rho_g)g]^{0.934}}{\rho_g^{0.066}\mu_g^{0.87}} \tag{7-4}$$

对于平均粒径为 80μm 的 DMTO 催化剂颗粒，其最小流化速度为 5～6mm/s。

当气体速度进一步增加时候，催化剂颗粒床层开始出现明显的鼓泡现象。此时对应的气体速度为最小鼓泡速度(minimum bubbling velocity，U_{mb})。目前还没有针对 DMTO 催化剂颗粒的最小鼓泡速度经验计算公式。作为初步估算，可以使用 Abrahamsen 和 Geldart 提出的经验关联式[3]：

$$U_{mb} = \frac{2.07 d_p \rho_g^{0.06} \exp(0.716 F_{45})}{\mu_g^{0.347}} \tag{7-5}$$

式中，F_{45} 为粒径小于 45μm 的细粉含量。对于 DMTO 催化剂颗粒而言，其最小鼓泡速度大于最小流化速度，一般为 8～10mm/s。当气体速度处于最小流化速度和最小鼓泡速度之间时候，催化剂颗粒会呈现一段均匀的流化状态，床层内没有明显的气泡现象。这段均匀流化状态也称散式流态化。产生均匀流化状态的原因目前还不清楚，一般认为跟颗粒之间的作用力如范德华力等有关[5,6]。

当气体速度超过最小鼓泡速度后，床层内气泡运动逐渐增强并且气泡尺寸增大。这种存在明显气泡现象的流化状态称为非均匀流化或聚式流态化。床层内气泡频繁破碎和聚并，能够促进催化剂颗粒在床层内的运动和混合。但是，催化反应主要在催化剂表面或者孔道内发生，良好的气固接触有利于反应物转化率的提高。流化床内较大的气泡会弱化气体和颗粒之间的传质，从而影响反应效果。在实验室的小型流化床内，由于床层直径较小，当气泡尺寸和床层直径接近时，会产生节涌(slugging fluidization)。这种尺寸与床层直径相当的气泡又称为气栓。节涌使流化床内颗粒夹带加剧，气固接触效率和操作稳定性降低。因此，在实验室小型流化床装置的实验操作过程中，需要对这种节涌流化状态加以注意，以免出现不合理的反应结果。节涌产生的气体速度(U_{ms})可以用下面的公式来预测[7]：

$$U_{ms} = U_{mf} + 0.07\sqrt{gD} \tag{7-6}$$

式中，D 为流化床直径。

随着气速进一步提高，流化床中的气泡破裂现象加剧，导致床内的气泡尺寸变小，床层呈现出强烈的湍动状态。此时气泡与密相的边界变得较为模糊，这种流化状态称为湍动流态化(turbulent fluidization)[8]。从鼓泡流态化过渡到湍动流态化的临界气速称为起始湍动流化速度 U_C。对于 DMTO 催化剂颗粒，其起始湍动流化速度大致为 0.4～0.6m/s。

在湍动流态化状态下继续提高气速，催化剂颗粒不断地被气体携带出床层，气体对催化剂颗粒的夹带速率增加，密相床层和稀相空间之间的界面逐渐模糊。当气速增大到某一特定速度时，颗粒夹带明显提高，如果不能及时补充催化剂颗粒，床层将消失。如果有催化剂颗粒不断补充进到床层内(比如通过旋风分离器回收夹带出的颗粒)，床层还能维持一个催化剂颗粒浓度相对较高的区域。此时我们称流化床进入快速流态化(fast fluidization)状态[9]。湍动流化床向快速流化床转变的临界速度 U_{tr} 不仅与颗粒和气体性质有关，还跟流化床尺寸以及催化剂颗粒的循环速率有关。

当气体速度远大于 U_{tr} 时，大量的催化剂颗粒将被气体携带出床层，从而导致床层消失，床层压降急剧降低以至消失。这种流化状态即为气力输送状态。这时候即使连续补充催化剂颗粒，也不能阻止床层消失。一般认为，气体速度超过颗粒的终端速度 U_t 时，气力输送状态出现。有时候也把颗粒终端速度定义为最大流化速度。多颗粒体系的颗粒终端速度的计算可以用下面公式[10]：

$$U_t = \frac{(\rho_p - \rho_g)g d_p^2}{18\mu_g}\varepsilon^{4.65} \tag{7-7}$$

在鼓泡流化床和湍动流化床中，催化剂颗粒在床层内浓度较高，可以视为连续相；而气泡则以分散相形式在床层内运动。在气力输送状态，催化剂颗粒在连续的高速气流作用下，成为分散相被携带出装置。提升管实际就是操作在气力输运状态，其中催化剂颗粒和气体的停留时间都只有几秒。典型的提升管内气固分布呈现出中间颗粒速度快浓度低，管壁附近颗粒速度慢（甚至是向下）浓度高的环–核结构。

在 DMTO 工业装置中，DMTO 催化剂颗粒根据操作条件不一样，可以呈现出鼓泡流态化、湍动流态化及气力输送状态。比如，再生器、外取热器及汽提部分是鼓泡流化床操作，反应器是湍动流化床操作，催化剂输送管（提升管）内则是气力输送操作。在 DMTO 的小试和中试装置中，反应器和再生器都是鼓泡流化床操作。

7.1.2　颗粒特性对气固流态化的影响

颗粒的特性尤其是密度及粒径大小对流化特性有显著影响。Geldart[11]在归纳了大量文献中各种试验结果后提出了根据气固流态化特性不同，可以将颗粒分为 C、A、B、D 四类，如图 7.2 所示。

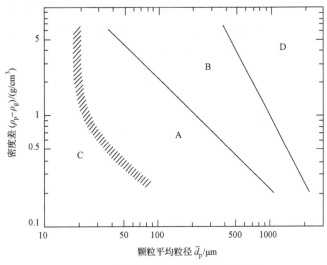

图 7.2　颗粒流态化特性分类示意图[11]

A 类颗粒粒径较小（30～150μm）且颗粒密度较小（约 1500kg/m³），其最小鼓泡速度大于最小流化速度，可以形成无气泡的均匀流化状态。A 类颗粒流化后，乳相中空隙率明显大于最小流化空隙率。乳相中气体返混较严重，气泡相与乳相之间气体交换速度较高。随着颗粒粒度分布变宽或平均粒度降低，气泡尺寸随之减小。在较大的流化床中，A 类颗粒存在最大稳定气泡尺寸。

B 类颗粒粒径较大（150～1000μm）并且颗粒密度较大（约 2000kg/m³）。B 类颗粒的最小鼓泡速度 U_{mb} 与最小流化速度 U_{mf} 相等，乳相的空隙率基本等于最小流化空隙率，且乳相中气体返混相对较小，气泡相与乳相之间气体交换速度较低，气泡尺寸与颗粒粒度分布宽窄和平均粒度大小无关，没有最大气泡尺寸。

C 类颗粒属超细颗粒，一般平均粒度在 30μm 以下。由于颗粒小，颗粒之间的黏性力如范德华力的作用增强，使得颗粒间易团聚，极难流化，易产生沟流。

D 类颗粒为超大颗粒（大于1000μm）或者超重颗粒，流化时气泡容易快速聚并，产生大气泡和节涌。气泡上升速度很慢，床层不易稳定。D 类颗粒适合于喷动床操作。

DMTO 催化剂颗粒的颗粒密度为 1500～1800kg/m³，平均粒径约为 80μm，属于典型的 A 类颗粒。因此，DMTO 催化剂颗粒的流态化特性和同属于 A 类颗粒的 FCC 催化剂颗粒很相似。这使得在 DMTO 流化床反应器的放大过程中，反应器内气固流动特性在一定程度上可以借鉴工业 FCC 装置的设计和操作经验，减少 DMTO 流化床反应器放大风险，保障设计的可靠性。

7.1.3　温度、压力对气固流态化的影响

大部分气固流态化实验都是在实验室的冷态试验装置中进行的。工业装置和实验室中试装置中，流化床反应器一般在高温带压条件下操作，因此，理解温度和压力对气固流态化的影响也很重要[12]。

由于最小流化速度是流化床设计的一个关键参数，许多研究人员测量了不同温度和压力下的最小流化速度。Rowe 等[13]研究了操作压力对最小流化速度的影响（图 7.3），发现对于较大颗粒（如 Geldart B 类和 D 类颗粒）压力增加可以使得最小流化速度变小。但是

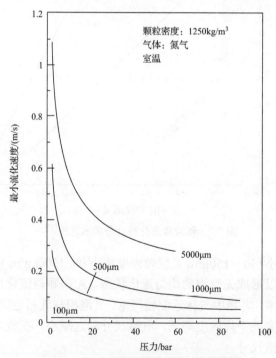

图 7.3　压力对最小流化速度的影响[13]

对于小颗粒(如 Geldart A 类颗粒)，增加压力并不改变颗粒的最小流化速度。Botterill 和
Teoman [14]研究了温度对不同颗粒最小流化速度的影响(图 7.4)。他们发现较大颗粒(如
Geldart D 类颗粒)的最小流化速度(在较低温度时)先随温度升高而增加，然后(较高温度
时)随温度进一步升高而减小。对于较小颗粒(如 Geldart B 和 A 类颗粒)，温度升高导致
最小流化速度降低。对于 DMTO 催化剂颗粒，其最小流化速度可以用式(7-4)来计算。
注意到压力增加主要改变气体密度，而式(7-4)中气体密度项 $\rho_g^{0.066} \approx 1$ 且 $\rho_p - \rho_g \approx \rho_p$。
因此操作压力对气体密度的影响可以忽略，因而对最小流化速度几乎不产生影响。提高
操作温度，气体密度减小，气体黏度增加。根据公式(7-4)，DMTO 催化剂颗粒最小流化
速度主要受气体黏度影响，会随温度升高而减少。笔者实验室的试验结果也证实了这种
趋势[4]。

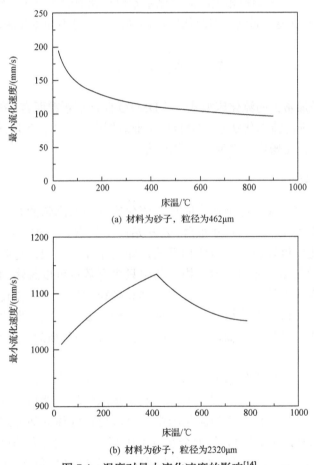

(a) 材料为砂子，粒径为462μm

(b) 材料为砂子，粒径为2320μm

图 7.4　温度对最小流化速度的影响[14]

许多研究人员[15-17]都研究了压力对起始湍动流化速度 U_C 的影响。他们均发现，提
高操作压力可以使得从鼓泡流态化向湍动流态化的转变速度 U_C 减小。Cai 等[15]还研究了
温度对 Geldart A、B 和 D 类颗粒的起始湍动流化速度的影响，发现提高床层温度，可以
减小气体密度，从而导致 U_C 增大。

从湍动流态化向快速流态化转变的临界速度直接测量比较困难。Karri 和 Knowlton[18]认为噎塞(choking)速度可以作为快速流态化产生的一个判据,据此他们研究了操作压力对噎塞速度的影响。Karri 和 Knowlton[19]对 Geldart B 颗粒的研究发现,在颗粒循环量为 210kg/(s·m²)时,系统压力从 1bar 增加到 31bar 可以使噎塞速度从 6.7m/s 降低到 2.2m/s。解释为压力增加导致气体密度增加,从而使得单位气体流量的颗粒携带能力增加。

提升管内的气力输送状态也受到操作压力的影响。Knowlton[12]根据 Yang 提出的理论计算了提升管内气固环–核分布,发现压力越高,壁面附近形成的催化剂颗粒环越厚。Karri 和 Knowlton[19]通过测量提升管内不同径向位置的颗粒浓度,进一步验证了压力对环–核结构的影响。

本节讨论了气体速度、颗粒特性以及操作温度和压力对催化剂颗粒流态化状态的影响,并对与 DMTO 催化剂颗粒相关的流态化基本原理和概念进行了介绍。下面几节将重点讨论在 DMTO 工业装置遇到鼓泡流化床、湍动流化床等不同流化床型式。

7.2　鼓泡流化床

鼓泡流化床是最常见的流化床型式。对 DMTO 催化剂颗粒而言,在流化气速不高的情况下,极易进入鼓泡流态化状态。DMTO 工业装置中,再生器外取热器、汽提器及部分输送管路(立管)都是操作在鼓泡流态化区域。

7.2.1　气泡动力学

当气体速度超过了最小鼓泡速度时候,流化床开始像沸腾的开水一样,不断地从床层底部接近气体分布板(气体分布器)处开始产生气泡,气泡上升到床层表面时破裂。一般认为流化床可以被处理为两相系统,即乳相和气泡相,有时候也称为密相和稀相。气泡相是指充满气体的空隙结构,其中只含有数量可以忽略的少量颗粒。乳相则是指包围在气泡周围的密相结构,其中气体和颗粒均匀混合。流化床两相理论中,气泡相是离散相,乳相是连续相。DMTO 催化反应主要在乳相中发生,且大部分反应气体以气泡的形式在流化床内输送。气泡相和乳相之间的传质对于研究 DMTO 反应很重要。

图 7.5 给出了一个典型的气泡结构,包括半球形顶部和向上凸起的由催化剂颗粒组成的尾迹[20]。来自乳相的气体一般从气泡的底部进入气泡,然后从气泡的顶部流出气泡返回乳相。不同类型颗粒形成的流化床中,气泡附近气体运动方式不一样。对于较大的颗粒(如 Geldart D 类颗粒),气流会从气泡中穿透,气泡上升速度低于乳相中气体上升速度。这种气泡称为慢气泡。对于较小颗粒(如 Geldart B 和 A 类颗粒),大部分气体都停留在气泡中,并且主要通过在气泡和乳相之间的气晕,形成从气泡顶部到底部的封闭内循环。这时气泡上升速度大于乳相中的气体运动速度,因此这种气泡称为快气泡。

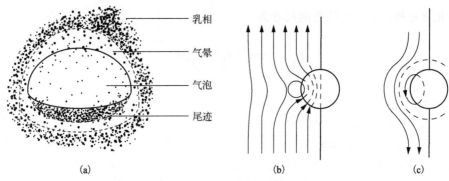

图 7.5 典型的流化床气泡结构(a)[20]、慢气泡(b)和快气泡(c)

Kunii 和 Levenspiel[1]在总结了大量的试验研究结果基础上，提出了乳相中的颗粒处于最小流化状态的假设。根据这一假设，我们可以认为乳相中的气体速度就是最小流化速度，乳相中的空隙率与最小流化状态时的床层空隙率一样。因此，乳相中的气体速度 u_{ge} 为

$$u_{ge} = U_{mf}/\varepsilon_{mf} - u_{Pe} \tag{7-8}$$

式中，u_{Pe} 为乳相中的颗粒速度。

根据单气泡试验，Davidson 和 Harrison[20]提出单个气泡的上升速度和气泡的大小 d_b 密切相关：

$$u_{br} = 0.711\sqrt{d_b g} \tag{7-9}$$

但是在鼓泡流化床中，床层内总是存在多个气泡，并且气泡之间存在相互作用。Davidson 和 Harrison[20]发现，在多个气泡同时存在时，气泡上升速度与最小流化速度相关。他们提出流化床中的气泡上升速度可以表示为

$$u_b = u_{br} + (U_0 - U_{mf}) \tag{7-10}$$

鼓泡流化床中气泡尺寸实际上与很多因素有关，包括气体速度、颗粒特性、流化床直径、密相床层高度以及内构件等。目前大部分关于气泡尺寸的经验关联式都是在实验室小型流化床中测得的，并且床层内没有任何内构件。Mori 和 Wen[21]提出如下经验关联式估算气泡尺寸：

$$\frac{d_{bm} - d_b}{d_{bm} - d_{b0}} = e^{-0.3H/D} \tag{7-11}$$

式中，d_b 为直径为 D 的流化床中床高为 H 处的气泡尺寸；d_{b0} 为分布板附近的气泡尺寸；d_{bm} 为床层中最大的稳定气泡尺寸。Mori 和 Wen[21]的关联式是在直径为 $7\sim130mm$ 的流化床中得到的。其中操作气速为 $0.5\sim20cm/s$，颗粒尺寸为 $60\sim450\mu m$。对于烧结金属分布板，其附近的气泡尺寸为

$$d_{b0} = 0.376(U - U_{mf})^2 \tag{7-12}$$

对于多孔分布板，其附近的气泡尺寸为

$$d_{b0} = 0.871A^{0.4}\left(\frac{U - U_{mf}}{n_d}\right)^{0.4} \tag{7-13}$$

式中，n_d 为开孔数。

流化床内气泡会通过不断的聚并而长大。对于 Geldart B 类颗粒，流化床内不存在最大稳定气泡尺寸。对于 Geldart A 类颗粒，当气泡增大到一定程度，气泡呈现出不稳定性，气泡开始分裂成小气泡。气泡的聚并和分裂，导致存在最大稳定气泡尺寸。气泡分裂的力学机理很复杂，目前大致有两种机理，即"从上而下"和"从下而上"机理[20]。"从上而下"是指当气泡增大到一定程度，气泡的上界面出现类似 Taylor 不稳定性，导致催化剂颗粒不断地从上界面降落到气泡内部，最终导致气泡破裂。"从下而上"是指由于气泡中存在气流循环或穿透，当气体循环或者穿透速度大于催化剂颗粒的终端速度时，催化剂颗粒被携带入气泡空穴内，最终导致气泡破裂。"从下而上"机理是根据 Davison 的气泡模型提出的。根据"从上而下"机理，最大的稳定气泡尺寸可以用下面公式计算：

$$d_{bm} = 1.638A^{0.4}\left(U_g - U_{mf}\right)^{0.4} \tag{7-14}$$

工业装置中，Geldart A 类颗粒的最大稳定气泡尺寸为 15～30cm。

7.2.2 鼓泡流化床流体力学

1. 两相流动理论

根据 Toomey 和 Johnstone 理论[22]，鼓泡流化床可以分为气泡相和乳相。Kunii 和 Levenspiel[1]进一步把气泡分为气泡相和尾迹两部分。假设 δ 是床层中气泡相(不包括尾迹)所占的体积分数，α 是尾迹在气泡中所占的体积分数，则尾迹在床层中所占的体积分数为 $\alpha\delta$。因此乳相在床层中所占的体积分数为 $1 - \delta - \alpha\delta$。又假设在密相床层中，乳相中流出的颗粒全部进入了气泡的尾迹，因此有

$$(1 - \delta - \alpha\delta)u_{Pe} = \alpha\delta u_b \tag{7-15}$$

或者

$$u_{Pe} = \frac{\alpha\delta u_b}{1 - \delta - \alpha\delta} \tag{7-16}$$

同样假设从流化床分布板流入床层的气体，全部进入气泡、乳相、或者尾迹之中，因此有

$$U = \delta u_b + \varepsilon_{mf}\alpha\delta u_b + \varepsilon_{mf}(1 - \delta - \alpha\delta)u_{ge} \tag{7-17}$$

或者

$$U = \delta u_b + \varepsilon_{mf} \alpha \delta u_b + \varepsilon_{mf} (1 - \delta - \alpha \delta)(U_{mf}/\varepsilon_{mf} - u_{Pe}) \tag{7-18}$$

根据式 (7-18)，有

$$\delta = \frac{U - U_{mf}}{u_b - U_{mf}(\alpha + 1)} \tag{7-19}$$

尾迹在气泡相中的体积分数与催化剂颗粒的大小密切相关。但是对于 DMTO 催化剂颗粒，其流化床中的气泡为快速气泡，因此气泡上升速度较最小流化速度大很多，因此式 (7-19) 可以简化为

$$\delta = \frac{U - U_{mf}}{u_b} \tag{7-20}$$

2. 床层膨胀

床层膨胀是指床层空隙率随着流化气速的升高而增加。根据 Rhodes[23]，流化床的表观气体速度 U 可以表示为

$$U = u_t \varepsilon^2 f(\varepsilon) \tag{7-21}$$

式中，$f(\varepsilon)$ 为空隙率函数，表示多颗粒体系的影响。

Richardson 和 Zaki[24]对均匀流化状态下的 $f(\varepsilon)$ 进行了研究。他们发现 $f(\varepsilon)$ 是床层空隙率的指数函数：

$$f(\varepsilon) = \varepsilon^n \tag{7-22}$$

式中，指数 n 可以通过下面公式计算：

$$f(\varepsilon) = \varepsilon^{2.65}, \qquad Re_p \leqslant 0.3 \tag{7-23}$$

$$f(\varepsilon) = \varepsilon^{0.4}, \qquad Re_p \geqslant 500 \tag{7-24}$$

对于 $0.3 < Re_p < 500$，Khan 和 Richardson[25]建议指数 n 按照下面关联式计算：

$$\frac{4.8 - n}{n - 2.4} = 0.043 Ar^{0.57} \left[1 - 2.4 \left(\frac{x}{D} \right)^{0.27} \right] \tag{7-25}$$

式中，Ar 为阿基米德数；D 为流化床直径。对于鼓泡流化床状态，气泡相体积分数为可以用式 (7-20) 计算。

假设乳相中空隙率为最小流化状态的空隙率 ε_{mf}，则床层的平均空隙率 ε 应该满足：

$$1 - \varepsilon = (1 - \delta)(1 - \varepsilon_{mf}) \tag{7-26}$$

显然鼓泡流化床的平均空隙率与气泡上升速度、气泡尺寸等相关。采用上面公式进行床层膨胀量的计算比较复杂，且误差较大。在实际应用中，一般直接计算床层密度 $\rho_{bed}=\rho_p(1-\varepsilon)$。

对于 FCC 催化剂颗粒，工业流化床的床层密度可以用下面的公式进行估算[26]：

$$\rho_{bed}=\frac{\rho_{p,ABD}}{0.6(2+U)}\tag{7-27}$$

式中，$\rho_{p,ABD}$ 为颗粒的表观堆积密度(apparent bulk density)。根据笔者的小型流化床试验结果，DMTO 催化剂颗粒在鼓泡流化床中的床层密度也可以用下面的关联式来计算：

$$\rho_{bed}=761-321U\tag{7-28}$$

7.2.3　节涌流态化

节涌(slugging)主要发生在尺寸较小并且高径比很大的鼓泡流化床中。工业装置中反应器尺寸较大，操作气速很高，一般不会发生节涌。但是在实验室的工艺开发和放大研究中，由于使用的流化床尺寸比较小，气速也相对较小，很容易发生节涌现象。节涌的产生会导致床内压力波动增加，床层表面的催化剂夹带增加。根据颗粒尺寸不一样，节涌会呈现两种不同形态。一般大颗粒(如 Geldart D 类颗粒)节涌床内气泡会变成气栓，气体像活塞一样充满整个床层截面，将颗粒向上提升；在小颗粒(Geldart B 和 A 类颗粒)节涌床内，气泡会形成弹状型的大气泡，气泡周边靠近床层壁面的地方仍有颗粒形成的密相区域。如果气泡等效直径满足：

$$d_b\geqslant0.6D\tag{7-29}$$

就认为流化床操作在节涌状态。式中，D 为床层横截面直径。

Yagi 和 Muchi[27]发现节涌只在高径比较大的床层内形成，并且提出使用下面关联式来判断是否会产生节涌：

$$\frac{H_{mf}}{D}>\frac{1.9}{(\rho_p\bar{d}_p)^{0.3}}\tag{7-30}$$

除了高径比之外，流化气速还需要达到一定的临界值才能导致节涌的形成。Stewart 和 Davidson[28]提出节涌发生的临界气速可用下面公式计算：

$$U_{ms}=U_{mf}+0.07\sqrt{gD}\tag{7-31}$$

Baeyens 和 Geldart[29]将这个公式与流化床尺寸以及静态床高关联起来，得到

$$U_{ms}=U_{mf}+0.16(1.34D^{0.175}-H_{mf})^2+0.07\sqrt{gD}\tag{7-32}$$

式(7-32)可以用于预估实验室流化床反应器内是否产生节涌。

7.2.4　鼓泡流化床放大

由于流化床内气固两相流动复杂，流化床的设计和放大较固定床反应器困难。成功的流化床放大需要对流态化有较为清楚的认识和理解。历史上曾经出现过流化床放大失败的例子。1950 年世界上第一套鼓泡流化床费托合成反应器就没有成功[30,31]。当时两台直径 5m 的鼓泡流化床反应器是根据实验室直径 30cm 的小型流化床试验结果直接放大设计的。试验中使用了铁基催化剂，颗粒大小属于 Geldart B 类颗粒。在实验室试验装置中，流化床操作在节涌状态，在达到临界气速后节涌床内气泡尺寸基本不变。因此工业装置设计中严重低估了气泡尺寸增大的幅度和气泡上升速度，导致实际运行中气体停留时间远小于设计值，反应器达不到设计要求[30,31]。鼓泡流化床反应器放大过程中，需要考虑如下因素[31]。

(1)床层内气泡动力学。避免大气泡产生，使得气固接触变差，导致相当一部分反应气体通过气泡穿透而不参与反应。

(2)颗粒聚团的影响。充分考虑气体和颗粒特性，避免颗粒形成大的聚团或结块，从而导致床层内局部出现退流化现象。

(3)颗粒对内构件的磨损。避免颗粒在高速气流作用下，冲刷内构件特别是各种取热管表面。

(4)颗粒在流化床内的破碎。避免颗粒在热应力、机械应力、和化学应力作用下发生破碎。颗粒破碎会导致颗粒粒径分布改变，从而导致流化状态改变。

鼓泡流化床内气泡尺寸和上升速度是鼓泡流化床反应器放大和设计中非常重要的参数。如前面几节讨论的，气泡尺寸和上升速度是反应器直径的函数。Knowlton 等[30]发现使用 Geldart A 类颗粒的鼓泡流化床放大较 Geldart B 类颗粒容易。在流化床放大过程中，存在一个临界流化床尺寸。超过这个尺寸，流化床内主要流动参数(包括气泡特性参数等)基本不受床层直径影响。如图 7.6 所示，对于 Geldart A 类颗粒这一临界尺寸 D_1 小于 Geldart B 类颗粒时的临界尺寸 D_2。实际上，Geldart A 类颗粒存在最大稳定气泡尺寸(15~30cm)，而 Geldart B 类颗粒不存在最大气泡尺寸。当实验室鼓泡床反应器尺寸大于最大稳定气泡尺寸 2~3 倍时，Geldart A 类颗粒在鼓泡流化床内的气泡动力学基本稳定，可以用于大型流化床放大和设计。对于 Geldart B 类颗粒，实验室鼓泡流化床反应器直径的选择与颗粒尺寸、操作条件相关，需要尽量避免节涌产生。Knowlton 等[30]比较了流化床操作参数与流化床直径的关系，如图 7.7 所示。他指出当采用 Geldart A 类颗粒的鼓泡流化床反应器直径超过 40~50cm 时，不需要考虑节涌的影响[30]。

此外，由于气固流动的复杂性，在大型流化床中，颗粒循环、气固接触、气体返混、颗粒返混等都与小型流化床有较大区别。如后面将讨论的，颗粒的轴向扩散系数就直接与流化床直径、高径比、颗粒中细粉含量有关。例如，在实验室小型流化床气泡中，颗粒主要随气泡尾迹在床层中运动。但是在大型工业流化床反应器中，颗粒在床层中的运动要复杂得多。

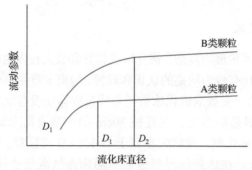

图 7.6　流化床流动参数与直径的关系[30]

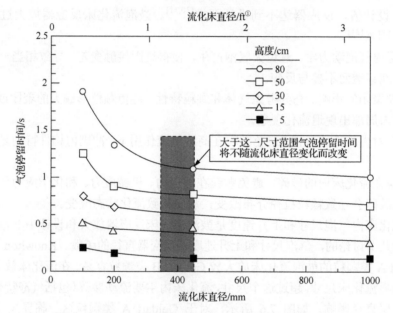

图 7.7　Geldart A 类颗粒气泡参数与流化床直径的关系[30]

材料为砂子；粒径为 830μm；气体为空气；气体速度为 9cm/s；床层高度为 100cm

7.3　湍动流化床

　　湍动流态化是介于鼓泡与快速流态化之间的一种流化状态。在湍动流化床中，随着气速的增加，气泡的剧烈破碎使得气泡尺寸变小且无规则，气泡的边界也变得较模糊，因而在湍动流化床中高度变形及无规则形状的气泡通常称之为气穴。气体主要以气穴的形式存在，同时床层内压力脉动幅值降低[8]。由于气速的增大，湍动流化床稀相中的颗粒含量及乳相中的气体含量增加，气体的返混减少。这大大增强了气固接触效率，导致湍动流化床反应器中反应物转化率和产物选择性提高。20 世纪 80 年代以来，湍动流化床反应器在工业上得到越来越广泛的应用[8]。

---

① 1ft = 0.3048m。

7.3.1 起始湍动流化速度

早在 1949 年，Matheson 等发表了第一张湍动流态化的图片[32]。Lanneau 首次测量了湍动流化床中的局部空隙率[33]。后来，Kehoe 和 Davidson[34]观测了鼓泡向湍动流化的流型转变，提出将湍动流化定义为一种持续的气穴合并过程，认为气穴在不断的合并和破碎中不规则地在床中上升，进入湍动流化区域后，有规则的压力脉动或空隙率脉动逐渐消失。

1978 年，Yerushalmi 等[35]在基于床层中压力脉动测量的基础上，提出了由鼓泡到湍动流化的流型转变的定量判据。Yerushalmi 和 Cankurt[36]将流化床内压力脉动幅值达到最大值时所对应的气速定义为起始湍动流化速度(U_C)，而脉动幅值开始呈基本恒定状态时的气速为向湍动流化转变的终止转变速度(U_K)[36]（图 7.8）。目前，U_C 已被普遍地接受作为鼓泡流化向湍动流化的流型转变的标准判据。通过床层内绝对压力或者压差脉动测量均可用于确定 U_C 值。除最大幅值外，标准压力脉动方差或方差除以平均值也有时候被用来确定 U_C 值。

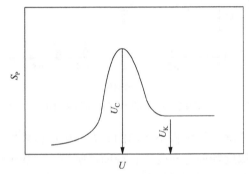

图 7.8　压力脉动标准方差(S_p)与气速(U)的关系及 U_C 和 U_K 的判别[8]

Bi 和 Grace[37]用文献数据对流型转变速度 U_C 的经验关联式进行了研究。他们发现 Cai 等[15]的关联式适合预测基于绝对压力脉动得到的 U_C 值［式(7-33)］，而 Bi 和 Grace[37]的关联式适合预测由压差脉动测量得到的 U_C 值［式(7-34)］。

$$\frac{U_C}{\sqrt{gd_p}} = \left(\frac{\mu_{g20}}{\mu_g}\right)^{0.2}\left[\left(\frac{0.211}{D^{0.27}}+\frac{0.00242}{D^{1.27}}\right)^{1/0.27}\frac{\rho_{g20}}{\rho_g}\left(\frac{\rho_p-\rho_g}{\rho_g}\right)\frac{D}{d_p}\right]^{0.27} \tag{7-33}$$

$$Re_C = 1.243 Ar^{0.447} \tag{7-34}$$

式中，Ar 为阿基米德数；U_C 为由鼓泡向湍动流化的流型转变速度；Re_C 为基于 U_C 的雷诺数；ρ_g 为气体密度；ρ_{g20} 为 20℃时的气体密度；μ_{g20} 为 20℃时的气体黏度。

用 U_K 表征由鼓泡向湍动流化转变的终止转变速度。实验发现，U_K 与床层结构和颗粒返回系统有很大关系。在具有高效颗粒分离和返回系统的湍动流化床中，U_K 值要比颗粒返回系统效率较低的床中测到的 U_K 值高，说明 U_K 值与床层颗粒浓度有直接对应关系，因此一般不推荐使用 U_K 表征由鼓泡向湍动流化的流型转变。

7.3.2　湍动流化床的流动结构

1. 轴向和径向颗粒浓度分布

在气固密相湍动流化床中，随着气速的增加，气泡相含量将提高，从而床层密相浓度降低。同时，气速的提高也增加了颗粒的夹带，导致顶部稀相空间中的颗粒浓度增加。因此床层界面变得模糊，典型实验结果如图 7.9 所示[38]。

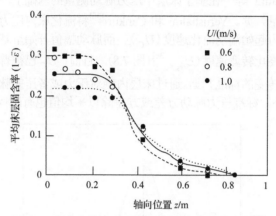

图 7.9　湍动流化床中的典型颗粒浓度轴向分布[38]

湍动流化床中颗粒浓度也呈现极不均匀的分布，中心区颗粒浓度降低，而边壁区较高，湍动流化床的颗粒浓度径向分布受床直径的影响较小。Wang 和 Wei [39]对不同直径床层中所测数据进行了关联，得到以下公式：

$$1-\varepsilon = \left(1-\overline{\varepsilon}\right)\left[0.908 + 0.276\left(r/R\right)^2\right] \tag{7-35}$$

式中，ε 为局部空隙率；$\overline{\varepsilon}$ 为床层截面平均空隙率；r 为径向坐标；R 为床层半径。

2. 局部两相流动结构

湍动流化床中的流动结构由颗粒聚积的浓相和颗粒分散的"气穴"稀相构成。床层局部空隙率与稀、浓两相存在以下对应关系：

$$1-\varepsilon = \delta_{V}\left(1-\varepsilon_{V}\right)+\left(1-\delta_{V}\right)\left(1-\varepsilon_{d}\right) \tag{7-36}$$

式中，δ_{V} 为"气穴"相局部体积分数；ε_{V} 为"气穴"相中的气相含量；ε_{d} 为浓相中的气相含量。

Zhang 等[40]报道的气穴直径在 2~3cm，而 Yamazaki 等[41]报道的气穴直径为 5~8cm 且与气速的关系很小。Werther 和 Wein[42]的研究进一步表明，Geldart A 类和 B 类颗粒湍动流化床中气穴的平均直径与现有的鼓泡流化床中的气泡直径关联式的预测值较为吻合。

湍动流化床中的气穴上升速度与很多因素有关，其测量难度也比较大。Yamazaki 等[41]发现气穴上升速度在 U_C 处达到最大值。当气速进一步增加时，气穴上升速度将降低

（对于 Geldart A 类颗粒），或保持恒定（对于 Geldart B 类颗粒）。另外值得注意的是，在高床层的湍动流化床中可能会存在内循环流动。Farag 等[43]发现，在 0.3m 直径的流动床中，气穴在近壁面区向上升，但在中心区则向下走。

在鼓泡流化床中，密相的颗粒浓度随气速的变化很小。当流化气速大于 U_C 进入湍动流化状态后，气穴的碰撞和破碎导致密相膨胀，密相的颗粒浓度随气速增加而降低，气穴相中的颗粒含量在进入湍动流化后也将随气速的增加而增大。

3. 床层膨胀

在湍动流化床中由于规则的气泡不存在，传统的两相（气泡相和乳相）模型不再适用。King[26]对工业催化裂化装置中的再生器床层空隙率数据进行关联，得到以下关联式：

$$\bar{\varepsilon} = \frac{U+1}{U+2} \tag{7-37}$$

式中，U 为气体表观气速。

对于表观气体速度为 1m/s 的 FCC 湍动流化床再生器，假设其催化剂颗粒密度为 1400kg/m^3，我们可以估算出其床层密度约为 467kg/m^3。但是 DMTO 工业装置中，在表观气速为 1m/s 时，反应器床层密度实测值为 180～200kg/m^3。这与 FCC 再生器中得到的数据差别较大。因此还需要对 DMTO 催化剂颗粒的流态化性能进行进一步研究。

7.3.3　湍动流化床设计和操作

湍动流化床反应器的设计可遵循鼓泡流化床设计的一般原则。由于流化气速比鼓泡床高，工业装置中湍动流化床气体分布器的压降与床层压降比可比一般鼓泡流化床中的低 10%～20%。对于需要加入或取出热量的反应过程，内置换热表面的设计应尽量避免水平管束，以减小高气速操作下对表面的磨损。

湍动流化床中的颗粒夹带速率远大于鼓泡流化床，稀相空间的颗粒含量也相对较高。当稀相空间的气体中仍含有较高浓度的反应物成分时，反应物将在稀相空间中进一步转化。对于 DMTO 反应器，可以通过观察稀相空间的温度来判断是否在稀相空间仍有反应物转化。甲醇转化反应是放热反应，甲醇转化速度很快，正常情况下都可以在密相床层内转化完全，因此密相床层的温度较稀相空间温度高。如果 DMTO 反应器中稀相空间的温度高于密相床层温度，说明在稀相空间可能存在甲醇转化。在实际操作中应该对这种情况加以分析检查，特别是检查气体分布器是否正常，有无甲醇气体穿透。对于稀相空间的反应，可按一维拟均相平推流模型处理。

湍动流化床中的高颗粒夹带速率也对顶部出口的颗粒回收和返回系统提出要求。当旋风分离器的料腿操作在较高的颗粒通量时(>250kg/(m^2·s))，整个料腿的颗粒浓度将变稀，引起大量气体夹带进入料腿并随颗粒返回床中。对于产品为反应中间产物的催化反应过程，这将引起反应选择性的降低。因而在湍动流化床中颗粒返回料腿的设计中，应避免采用过高的颗粒通量。如果高的颗粒通量不可避免，则旋风分离器料腿可以不返回密相床层，而是在稀相使用翼阀等结构进行密封。

7.4　气体、颗粒扩散、返混及停留时间

7.4.1　气体扩散及返混

　　湍动流化床中的气体轴向扩散系数一般可用示踪气体的动态示踪测取。在床层底部注入脉冲或阶跃示踪气体，在床层顶部检测示踪气体的浓度，进而得到气体在床层中的停留时间分布。用一维拟均相轴向扩散模型对气体停留时间分布曲线进行拟合，从而得到气体轴向扩散系数 D_{ga}。

　　在湍动流化床中气体轴向扩散系数一般介于 $0.1\sim 1\mathrm{m^2/s}$，且随床径的增大而增大。从图 7.10(a)可以看到，在鼓泡流化区 D_{ga} 随气速的增加而增大；在 U_{C} 处 D_{ga} 达到最大值进而随气速的进一步增加而减小。气体在湍动流化床中径向扩散的研究较少。Lee 和 Kim[45]的实验结果表明，在 Geldart B 类颗粒的湍动流化床中的气体径向扩散系数比气体轴向扩散系数大。Du 等 [44]对 Geldart A 类颗粒进行了测量，也得到类似结论[图 7.10(b)]。

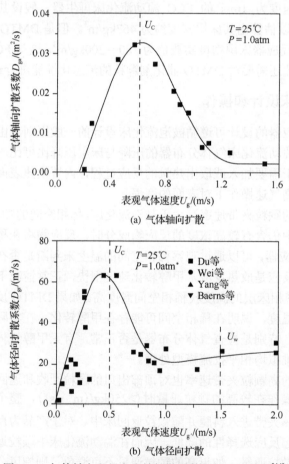

(a) 气体轴向扩散

(b) 气体径向扩散

图 7.10　气体轴向和径向有效扩散系数与气速的关系[44]

$1\mathrm{atm}=1.01325\times 10^5\mathrm{Pa}$

考虑湍动流化床中的稀、浓两相流动结构，气体的轴向扩散可用一维两相扩散模型来描述。将模型对气体停留时间分布曲线进行拟合可以得到对应于稀、浓两相的轴向扩散系数及相间传质系数。浓相气体轴向扩散系数一般都大于稀相轴向扩散系数，这与床中浓相颗粒的剧烈返混合有关。

轴向气体返混(back mixing)表征的是气体逆主体流动方向的流动，它与轴向气体扩散和径向气体扩散存在以下的关系：

$$\frac{D_{ga}}{UD} = \frac{D_{gb}}{UD} + b\frac{UD}{D_{gr}} \tag{7-38}$$

式中，D_{gb} 为气体轴向返混系数；D_{gr} 为气体径向扩散系数；b 为一表征气速径向分布均匀度的常数。在湍动流化床中，b 介于 $5\times10^{-4}\sim5\times10^{-3}$。对于 Geldart A 类颗粒，如果反应器直径较小且操作气速很低，式(7-38)中的右边第二项可以忽略，因而轴向返混系数的数值接近于轴向扩散系数。

气体轴向返混系数可采用稳态气体示踪法求取。在流化床床层上部稳定连续地注入示踪气体，然后在其上游检测示踪气浓度。如果气体无轴向返混，则示踪气注入口上游处的示踪气浓度将为零，否则可根据示踪气体的轴向分布，用一维拟均相模型求取轴向返混系数：

$$\ln\left(\frac{C_{Z_P} - C_{Z_i}}{C_{Z_i}}\right) = \frac{U}{\varepsilon D_{gb}}(Z_P - Z_i) \tag{7-39}$$

式中，C_{Z_i} 为注入处示踪气体浓度；C_{Z_P} 为检测处示踪气体浓度；Z_i 为示踪气注入处位置；Z_P 为示踪气检测处高度。

湍动流化床中的气体轴向返混与床层中的颗粒返混密切相关，当颗粒向下移动速度大于颗粒浓相中气体上升速度时，气体将被夹带向下流动。D_{gb} 在 U_C 处达到最大值，然后随气速的进一步增加而降低。同时床层边壁区的气体返混比床层中心区严重，这可能与颗粒沿边壁区的向下流动有关。

7.4.2　颗粒扩散及返混

固体颗粒的停留时间分布(residence time distribution，RTD)在流态化研究中十分重要，它对于了解其两相流动特性、反应器的模拟计算和工程设计是必不可少的，对于流化床传热行为的研究也非常重要。

颗粒示踪技术是研究反应器中颗粒停留时间分布和颗粒混合行为最方便的方法。它是在反应器中注入一种可以用一定方法检测其踪迹的颗粒，由于这类示踪颗粒(称为示踪剂)的流动行为可以很好地代表反应器中主体颗粒的行为，通过检测示踪剂的分布，即可得到反应器中的颗粒停留时间分布以及颗粒混合行为。示踪颗粒的选择应遵循以下原则：①示踪颗粒物性与系统中的主体物料的物性基本一致；②示踪颗粒的注入应对流场干扰小，并易于检测；③应能避免示踪剂在系统中积累。对于颗粒示踪方法已有大量文献报道，发展了诸如染色颗粒、盐颗粒、磁性颗粒、放射性颗粒以及热(冷)颗粒等众多的示踪方法[46]。

　　流化床中的颗粒混合直接影响到流化床中气固相之间的接触传热、床层中的温度分布和气体返混。对湍动流化床而言，颗粒混合速率在尺寸较大装置中要比小装置快，且有效轴向扩散系数随装置尺寸增大而增加。图 7.11 给出了 Du 等[44]测量得到的 Geldart A 类颗粒在湍动流化床中的扩散系数。与气体轴向扩散不同，颗粒轴向扩散系数在 U_C 处并没出现最大值。在湍动流化床中，气速的提高实际上大大促进了颗粒的轴向扩散。当气速足够大，床层由湍动流化转变为快速流化之后，颗粒的有效轴向扩散出现了突变，降低约两个数量级。颗粒的有效径向扩散系数随气速变化的规律与轴向扩散类似，但是径向扩散系数比轴向扩散系数低一个数量级。

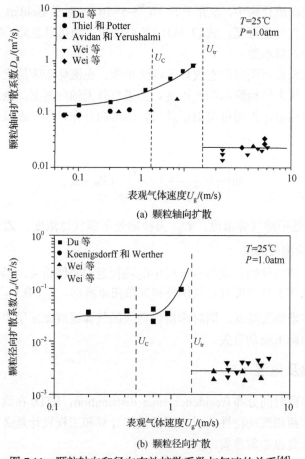

(a) 颗粒轴向扩散

(b) 颗粒径向扩散

图 7.11　颗粒轴向和径向有效扩散系数与气速的关系[44]

7.4.3　颗粒停留时间

　　在尺寸较小的湍动流化床中，颗粒速度分布不均匀。床层中心处颗粒速度最大，越靠近边壁，速度越小，并且在边壁处颗粒速度为负值，净向下流动的催化剂颗粒通量很大。Kunii 和 Levenspiel[1]认为，单一尺寸颗粒形成的单层密相流化床中催化剂颗粒可近似为完全混合，其停留时间分布可用式(7-40)描述：

$$E(t) = (1/\tau)\exp(-t/\tau) \tag{7-40}$$

式中，τ 为平均停留时间。

　　在有催化剂循环的情况下，当粒度分布较宽的颗粒连续进入床层中，部分细粒可能会被气流夹带走，而其余的颗粒则通过催化剂出口排出。假设出口处的催化剂粒度分布即床层中的粒度分布。催化剂颗粒的停留时间分布密度函数可用式(7-41)描述：

$$E(d_{\mathrm{p}}, t) = \frac{1}{\tau(d_{\mathrm{p}})}\exp\left[-\frac{t}{\tau(d_{\mathrm{p}})}\right] \tag{7-41}$$

式中，$\tau(d_{\mathrm{p}})$ 代表粒径为 d_{p} 的颗粒在密相床内的平均停留时间，且

$$\tau(d_{\mathrm{p}}) = \frac{1}{K(d_{\mathrm{p}}) + 3S(d_{\mathrm{p}})/d_{\mathrm{p}}} \tag{7-42}$$

式中，$S(d_{\mathrm{p}})$ 为由物料颗粒磨损引起的粒径变化；$K(d_{\mathrm{p}})$ 为扬析 (entrainment) 常数。根据 Merrick 和 Highley[47]的关联式有

$$\frac{K(d_{\mathrm{p}})}{\rho_{\mathrm{f}} U} = \frac{130 A}{W}\exp\left[-10.4\left(\frac{u_{\mathrm{t}}}{U}\right)^{0.5}\left(\frac{U_{\mathrm{mf}}}{U - U_{\mathrm{mf}}}\right)^{0.25}\right] \tag{7-43}$$

式中，A 为床层横截面积；W 为床内物料重量。这样，流化床密相段内物料的平均停留时间为

$$\tau = \int_0^\infty E(d_{\mathrm{p}}, t) t \mathrm{d}t \tag{7-44}$$

7.5　扬析、夹带和沉降分离高度

　　扬析是指气泡在床层表面破裂时，气泡尾迹中的颗粒被抛射出密相床层，从而被流化气体夹带 (carry over) 到稀相空间。催化剂颗粒在流化床中的扬析机理比较复杂，但是一般认为与流化床内气泡运动有关，即受到气泡大小、上升速度等影响。同时，气泡在床层表面破碎时，床层表面附近的气体流场会受到严重影响，会产生复杂的漩涡结构。因此，关于扬析过程很难用理论或者模型进行预测，基本上都是通过实验建立经验关联来描述。

　　在讨论扬析过程之前，需要首先了解流化床的分区，图 7.12 是典型的流化床内分区。稀相段 (freeboard) 指从密相床层上表面到反应器气体出口的整个空间。过渡段是稀相段的一部分，位于密相床床层上表面，从床层抛出速度比终端速度小的大颗粒在过渡段内可以自行沉降返回到密相床层内。沉降段位于过渡段之上，从床层抛出速度高于终端速

度的一部分小颗粒在沉降段内受重力影响，速度逐渐降低，最终改变方向沉降返回密相床层。沉降段内颗粒浓度以及向上运动的颗粒通量随床层高度增加而减小。沉降段之上是稀相输送段，在这里所有颗粒都随气流向上运动，最终进入气固分离装置。在稀相输送段内，颗粒通量和颗粒浓度保持不变。

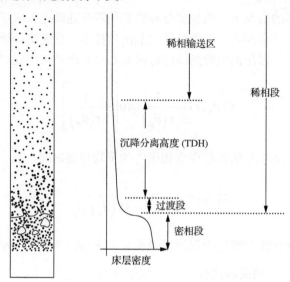

图 7.12　流化床内分区结构[47]

　　尽管细颗粒一般容易被携带出流化床反应器，粗颗粒容易返回密相床层。但实际上，稀相段的气体流场很复杂。有些细颗粒即使抛出速度是终端速度的数倍也还是可以返回床层，而有些粗颗粒也被带入到旋风分离器。流化床设计中，经常使用沉降分离高度（transport disengagement height，TDH）来定量描述颗粒的扬析和夹带情况。沉降分离高度 TDH 指密相床层上表面到沉降段的上段之间的高度。在 TDH 高度以上，颗粒浓度和催化剂夹带量不再随高度变化而改变。从设计的角度来看，反应器气体出口的布置应该高于 TDH。文献中有很多计算 TDH 的经验关联式，比较常用的有 Rhodes Zenz[48]和 Horio[49]提出的公式。Horio 提出使用下面公式计算：

$$TDH = 4.47\sqrt{d_{bVS}} \tag{7-45}$$

式中，d_{bVS} 为床层表面气泡的等效直径。卢春喜和王祝安[50]在工业装置的数据表明 TDH 将随床径的增加而增大，其数值一般在 4~8m。

　　工业上经常使用下面公式可以用于计算 FCC 催化剂颗粒的 TDH 值[51]：

$$\frac{TDH}{D} = \left(2.7D^{-0.36} - 0.7\right)\exp\left(0.74UD^{-0.23}\right) \tag{7-46}$$

式中，D 为流化床直径。目前没有直接针对 DMTO 催化剂颗粒的 TDH 计算公式，式(7-46)可以作为参考。

　　催化剂颗粒的扬析量很难用理论方法进行计算。实际应用中，假设粒径为 d_i 的颗粒的扬析率与床层内粒径为 d_i 的颗粒含量及密相床层上表面的截面积成正比：

$$\mathscr{R}_i = -\frac{\mathrm{d}}{\mathrm{d}t}(M_\mathrm{B}m_i) = K_{ih}^* A m_i \tag{7-47}$$

式中，K_{ih}^* 为高度 h 处颗粒夹带率常数；m_i 为 t 时刻床层内尺寸为 d_i 的颗粒含量。对于连续操作而言，可以得到

$$\mathscr{R}_i = K_{ih}^* A m_i \tag{7-48}$$

因此，总的夹带率为

$$\mathscr{R}_T = \sum \mathscr{R}_i = \sum \left(K_{ih}^* A m_i \right) \tag{7-49}$$

尺寸为 d_i 的颗粒携带量为 $q_i = \mathscr{R}_i A / U$，离开稀相段的颗粒总量为 $q_T = \sum q_i$。

　　文献中有各种颗粒夹带率计算的经验关联式。针对 DMTO 催化剂颗粒，可以使用下面方法估算流化床内不同高度 h 处颗粒夹带率。该方法可以适用于 Geldart A 类颗粒。首先利用式 (7-46) 计算出流化床反应器中颗粒的 TDH 高度，确定 h 是否大于 TDH。如果大于 TDH，则说明我们需要计算的是稳定的颗粒夹带率。这时候夹带气体速度 U_e 可以直接使用表观气速 U。如果 h 小于 TDH，则说明我们计算的颗粒夹带率还会随高度改变，这时候夹带气体速度 U_e 不能直接使用表观气速 U，而需要通过下面公式进行计算：

$$\lg\left(\frac{U_\mathrm{e}}{U}\right) = 0.0097 - 0.211\lg\left(\frac{h}{\mathrm{TDH}}\right) + 0.24\left[\lg\left(\frac{h}{\mathrm{TDH}}\right)\right]^2 \tag{7-50}$$

接着依下面公式计算出参数 $\varPsi$：

$$\varPsi = \left[\frac{4g\mu_\mathrm{g}\left(\rho_\mathrm{p} - \rho_\mathrm{g}\right)}{3\rho_\mathrm{g}^2}\right]^{1/3} \tag{7-51}$$

假定 $U_\mathrm{e}/\varPsi = U_\mathrm{eC}/\varPsi$，依据

$$\frac{U_\mathrm{eC}}{\varPsi} = \frac{\left(d_\mathrm{PC}/\varLambda\right)^2}{\left(d_\mathrm{PC}/\varLambda\right)^{1.38} + 0.845} \tag{7-52}$$

$$\varLambda = \left[\frac{3\mu_\mathrm{g}^2}{4g\rho_\mathrm{g}\left(\rho_\mathrm{p} - \rho_\mathrm{g}\right)}\right]^{1/3} \tag{7-53}$$

计算出被携带出密相床层的颗粒的等效聚团尺寸 d_PC。式 (7-52) 的计算也可以通过图 7.13 进行插值计算。同样，假定 $U_\mathrm{e}/\varPsi = U_\mathrm{eT}/\varPsi$，依据

$$\frac{U_\mathrm{eT}}{\varPsi} = \left[\frac{24}{\left(d_\mathrm{PT}/\varLambda\right)^2} + \frac{2.696 - 2.0136\phi}{\sqrt{d_\mathrm{PT}/\varLambda}}\right]^{-1} \tag{7-54}$$

可以计算出被携带出床层的颗粒的最大可能尺寸 d_{PT} , 其中 ϕ 为颗粒形状系数。式(7-54)的计算也可以通过图 7.14 进行插值计算。这里假设被携带出床层的颗粒都以颗粒聚团形式在稀相空间运动, 颗粒聚团的等效尺寸不小于 d_{PC} 。因此对于尺寸 $d_i \leqslant d_{PC}$ 的颗粒, 其夹带率需要用颗粒聚团等效尺寸来计算。对于尺寸 $d_i > d_{PC}$ 的颗粒, 其夹带率可以直接用颗粒尺寸来计算。夹带率可以用公式(7-55)来计算:

$$\mathscr{R}_i = \begin{cases} 0.00274\rho_g m_i U X_i^{3.1}, & X_i \leqslant 16 \\ 0.65U\rho_g m_i U X_i^{1.2}, & X_i > 16 \end{cases} \tag{7-55}$$

$$X_i = \begin{cases} \dfrac{U-u_t}{\sqrt{gd_{PC}}}\left(\dfrac{\rho_g}{\rho_p}\right)^{0.1}, & d_{Pi} \leqslant d_{PC} \\[4mm] \dfrac{U-u_t}{\sqrt{gd_{Pi}}}\left(\dfrac{\rho_g}{\rho_p}\right)^{0.1}, & d_{PC} < d_{Pi} \leqslant d_{PT} \end{cases} \tag{7-56}$$

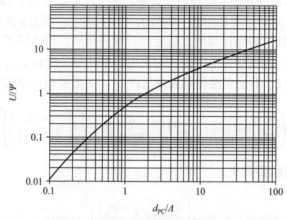

图 7.13   被携带出密相床层的颗粒的等效聚团尺寸计算图

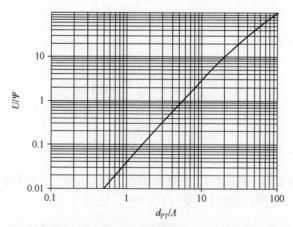

图 7.14   被携带出密相床层的颗粒最大临界尺寸计算图

在湍动流化床中, 高温实验数据表明温度对颗粒的夹带的影响比鼓泡流化床中小的多。随着温度的增加，气体黏度增加，颗粒的夹带有所增大。床层压力对颗粒夹带有明显的影响，压力增加可显著地增大颗粒的夹带。

7.6 流化床传热

流化床中由于颗粒频繁与周围颗粒碰撞接触，使得其传热性能非常好。流化床内温度分布比较均匀，并且床层内温度控制也比较容易。

气体与颗粒之间的传热系数一般比较小，为 $5\sim20W/(m\cdot K)$。但是由于流化床内颗粒粒径小，表面积大，因此气体和颗粒之间的传热效率很高。气体和颗粒之间的传热系数可以用 Kunii 和 Levenspiel [1] 提出的经验关联式进行计算：

$$Nu = 0.03Re_p^{1.3}, \qquad Re_p < 50 \tag{7-57}$$

式中，Nu 为 Nusselt 数。在 DMTO 流化床内，气固传热在小于 2cm 的距离内就能达到平衡。

在鼓泡流化床中，流化床中床层与壁面之间的传热非常重要。很多工业过程需要设置内取热盘管及时转移反应过程中产生的热量。床层与壁面之间的传热由三部分组成[52]

$$h = h_{pc} + h_{gc} + h_r \tag{7-58}$$

式中，h_{pc} 为颗粒与壁面之间的对流传热系数；h_{gc} 为气体与壁面之间的对流传热系数；h_r 为辐射换热系数。

在流化床中，颗粒的热容是气体的 1000 倍左右，因此床层内连续运动的颗粒是流化床传热的主要载体。但颗粒与壁面之间的传热不是由颗粒与壁面直接接触进行的。因为颗粒尺寸很小，颗粒与壁面的碰撞接触时间很短，接触热传导不足以有效地传递热量。一般认为，在壁面附近有一个气膜层，颗粒与壁面之间的换热是通过这一个气膜层进行的。气膜层的厚度和气体速度、颗粒大小密切相关。图 7.15 给出了气速对颗粒与壁面传热系数之间的关联。随着气速的增加，颗粒与气膜层之间的换热更新加快，使得床层与

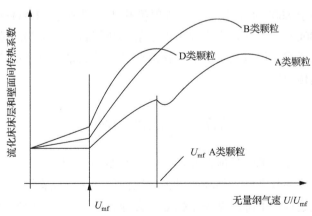

图 7.15 流化床床层和壁面间传热系数与气速关系[52]

壁面间的对流换热提高。但当气速增加到一定值后，床层颗粒浓度的降低，颗粒与气膜层之间的传热减小，床层与壁面之间传热系数在达到最大值后将随气速的提高而降低。对于 Geldart B 类颗粒，对应 h_{pc} 最大值处的气速与 U_{mf} 比较接近；对于 Geldart A 类颗粒，h_{pc} 值可以用 Khan 和 Richardson[53]提出的经验关联式计算：

$$Nu_{pc,max} = 0.157 Ar^{0.475} \tag{7-59}$$

图 7.16 给出了床层和壁面间传热系数与颗粒尺寸的关系。可以看出，Geldart A 类颗粒形成的流化床中，床层和壁面间的传热系数较高。

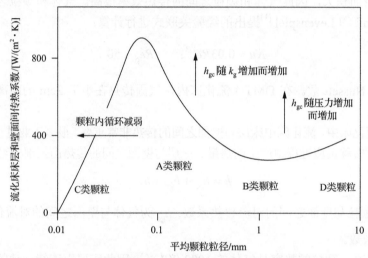

图 7.16　床层和壁面间传热系数与颗粒粒径的关系[52]

气体与壁面的对流换热系数 h_{gc} 对于 Group A 和 B 类颗粒来说不是很重要。Botterill[52]提出只有在雷诺数 Re_{mf} 大于 12.5 或者阿基米德数 Ar 大于 26000 时，气体与壁面的对流换热才是床层与壁面传热的主要作用机制。因为气体的比热容随压力增大而增加，因此在气体与壁面对流换热为主要换热机制时，提高鼓泡流化床操作压力有利于提供传热系数 h_{gc}。

当床层温度高于 800℃时，流化床内辐射换热才需要考虑。DMTO 反应器和再生器操作温度都低于 800℃，因此，不需要考虑辐射换热问题。对于湍动流化床中传热的计算尚缺乏专一的关联式，可以采用鼓泡流化床的经验关联来估算湍动流化床中床层与表面间的对流和导热传递系数。

7.7　催化剂循环

DMTO 工艺中，催化剂在反应器和再生器之间循环。催化剂的循环量是影响 DMTO 反应器性能的最主要参数之一。循环量过大导致催化剂在反应器停留时间过短，催化剂积碳较少从而导致选择性下降；循环不畅通，会导致催化剂在反应器内停留时间过长，从而催化剂积碳过多，使得反应器内甲醇转化率急剧下降。

对于 DMTO 催化剂颗粒而言，最小流化速度表征了催化剂颗粒被流化的难易程度。较小的最小流化速度说明颗粒容易被流化。根据两相理论，当催化剂颗粒达到最小流化速度之后，任何过量气体 $U - U_{mf}$ 都会以气泡的形式穿过床层。但是对于 Geldart A 类颗粒，当流化气速小于最小鼓泡速度时，床层内会形成均匀流化，并无气泡产生。因此对于 Geldart A 类颗粒，此时过量气体仍会在分布在乳相中，增加了乳相的空隙率。Geldart A 类颗粒的均匀流化特性对于催化剂循环非常重要。因为在催化剂循环管路(立管、斜管等)中，气泡的产生和长大会导致催化剂流动不畅[54]。因此最小鼓泡速度越大，催化剂循环越容易。

7.7.1　催化剂颗粒的退流化

催化剂颗粒退流化(defluidization)是指流化床中气体量减少使得催化剂颗粒受到的气体作用力(如曳力)减小，从而导致催化剂颗粒从流化状态转变为固定床状态[55]。流化床循环管路中催化剂颗粒退流化主要是因为气泡的快速上升，气体通过气泡中逃逸出来，导致局部气体速度减小到最小流化速度以下，不足以使催化剂颗粒流化。Abrahamsen 和 Geldart [3]测量了催化剂颗粒的退流化速度，得

$$U_{de} = \frac{0.314 d_p^{1.232} \rho_g^{0.023} \left(\rho_p - \rho_g \right)^{0.271} \exp\left(0.508 F_{45}\right)}{\mu_g^{0.5} h^{0.244}} \tag{7-60}$$

在实际操作中，希望退流化速度越小越好。这样能在较小的气速下面催化剂颗粒仍然能够流化。

7.7.2　流化指数

流化指数(fluidization index, FI)定义为最小鼓泡速度和最小流化速度的比值：

$$FI = \frac{U_{mb}}{U_{mf}} \tag{7-61}$$

显然，对于 Geldart B 或者 D 类颗粒，流化指数等于 1。对于 Geldart A 类颗粒，流化指数大于 1。流化指数越大，表明单位质量的催化剂颗粒能容纳更多的气体还不导致产生鼓泡现象。因此，流化指数越大，催化剂循环越容易[56]。

由前面可以知道，DMTO 催化剂颗粒的最小流化速度可以用公式(7-4)估算，最小鼓泡速度可以用公式(7-5)估算。因此 DMTO 催化剂颗粒的流化指数可以用下面公式估算：

$$FI = \frac{1.2086 \times 10^4 \rho_g^{0.126} \mu_g^{0.523} \exp\left(0.716 F_{45}\right)}{d_p^{0.8} \rho_p^{0.934} g^{0.934} \left(1 - \dfrac{\rho_g}{\rho_p}\right)^{0.934}} \tag{7-62}$$

注意到催化剂颗粒的密度远大于气体密度，即有 $\rho_p \gg \rho_g$，因此上面公式可以进一步简化为

$$FI = \frac{1.4338 \times 10^3 \rho_g^{0.126} \mu_g^{0.523} \exp(0.716 F_{45})}{d_p^{0.8} \rho_p^{0.934}} \tag{7-63}$$

从上式可知，颗粒的物理性质(粒径、密度)，气体物理性质(密度、黏度)及催化剂中细颗粒含量都可以影响催化剂循环。

催化剂颗粒具有高的流化指数说明这种催化剂流动性更好，如液体一样，可以经受一定的膨胀、压缩和变形而继续保持很好的流化状态。因此，催化剂颗粒在各种倾斜的管道以及弯道附近仍然能很好地流动。如果催化剂颗粒具有较低的流化指数，则较小的速度波动可能会导致催化剂颗粒的流动性变差。如果速度偏大，则容易鼓泡，影响催化剂颗粒在管道内的流动；如果速度偏小，则出现退流化现象。一般来说，工业装置中，斜管和立管都很长，因此，管道中下部会产生较大的压力。如果催化剂颗粒的流化指数较低，压力增加导致管道底部气体容易被压缩从而产生催化剂颗粒的退流化现象。如果我们增加松动风，这时候则容易产生鼓泡。因此为了保证催化剂循环畅通，需要提高催化剂颗粒的流动指数。

7.7.3　脱气指数

早期在一些 FCC 工业装置的循环管路中，发现滑阀压降过低会导致催化剂循环不畅通。滑阀上游的压力分布尽管均匀，但是管内床层密度并没有达到设计值，因此滑阀上游的压力仍然较低。究其原因，主要是因为催化剂颗粒从再生器(沉降器)密相床层进入到立管或斜管入口时候，携带了大量的气体沿着输送管道往下流动。携带的气体以气泡形式占据了立管或者斜管内相当一部分有效输送体积，从而导致管路的床层密度较小，循环不畅通。在这种情况下，如果催化剂能较快地在立管或者斜管入口脱气退流化，从而减少携带的气体量，可以增加滑阀上游的床层密度，提高滑阀上游压力，改善催化剂循环。脱气指数可以用于衡量催化剂颗粒在立管或者斜管入口处脱气性能，一般用催化剂退流化速率和最小流化速度的比值来表示：

$$F_{PROP} = \frac{U_{de}}{U_{mf}} \tag{7-64}$$

显然选择合适的脱气指数对于保障催化剂稳定循环具有重要的作用。

7.7.4　催化剂细粉含量

一般来说，催化剂细粉含量的增加，特别是粒径小于 $40\mu m$ 的细粉在催化剂颗粒中所占的份额增加，流化指数和脱气指数都会得到改善，从而改进催化剂的循环[56,57]。当气体速度在最小流化速度和最小鼓泡速度之间时，催化剂细粉含量越高，通过催化剂间空隙的气体流量越大。图 7.17 表示出了 FCC 催化剂细粉量和流经催化剂颗粒之间空隙的气体流量的关系。由于 DMTO 催化剂颗粒和 FCC 催化剂颗粒具有类似的物理特性，图 7.17 也可以表征 DMTO 催化剂细粉含量和流经催化剂颗粒间气体流量的关系。从图中可以看出，催化剂颗粒中细粉含量增加，可以提高催化剂颗粒的最小鼓泡速度，这对于保证催化剂循环畅通更加有利。

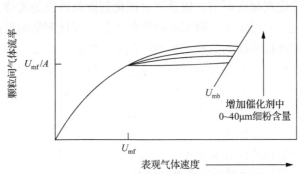

图 7.17　气体速度和催化剂细粉含量之间的关系[56]

7.8　催化剂颗粒磨损破碎

7.8.1　工业流化床反应器中催化剂磨损

　　DMTO 工业装置中反应器和再生器均采用流化床，催化剂在气流的作用下，连续不断地在反应器和再生器之间循环进行反应和再生。催化剂颗粒在工业流化床装置中会经受连续不断的复杂机械、热、化学作用，从而导致催化剂会磨损和破碎。高速运动的催化剂颗粒之间、催化剂颗粒与流化介质、催化剂颗粒与反应器以及各种管道内构件内壁面之间等会发生剧烈碰撞摩擦，使得催化剂颗粒表面产生机械应力。同时，由于催化剂在装置内不同部分具有不同温度，循环的催化剂颗粒会产生由于温度快速变化而引起的热应力。在添加新鲜的催化剂时或者催化剂与冷的气体接触，也会导致颗粒表面和内部受热不均匀产生热应力。此外，在反应器内，气体分子扩散进催化剂颗粒孔道内部，在一定条件下发生反应，使得孔道内会产生化学应力。由于颗粒是多孔材料，颗粒的表面和内部不可避免有裂纹的存在，裂纹在这些应力的作用下很容易发生延展和传播，进而导致颗粒发生磨损。

　　催化剂颗粒的磨损可以是表面磨蚀(abrasion)，或者破裂(fragmentation)，也可以是两者兼有[58]。磨蚀主要是指从颗粒表面磨去一些尺寸很小的细粉，颗粒粒径只有轻微的变化。因此磨损会导致催化剂细粉量增加，而母颗粒平均粒径和粒径分布几乎没有变化。破裂则是指催化剂颗粒碎成许多尺寸相当的形状不规则的小颗粒，所以破碎的结果是颗粒数目增加，平均粒径变小，粒径分布明显变宽。

　　催化剂的磨损和破碎会造成催化剂粉体中细粉含量的增加。如果催化剂细粉尺寸较小，与流动气体之间的滑移很小，则很难被旋风分离器收集，易造成跑损。同时，催化剂细粉的大量减少，一方面会导致反应器中催化剂藏量减少，还会影响催化剂的流化性能。催化剂细粉含量的变化，也会影响催化剂在再生器和反应器之间的循环。将超细粉从反应产物气体中分离比较困难，因此会造成产品气粉尘含量高，导致后续的分离精制成本增加。实际生产中需要不断补充新鲜的催化剂以维持催化剂的活性和流化性能。

由于在流化床中，催化剂的磨损不可避免，因此，研究抗磨损性能好的催化剂显得尤为重要，所以在催化剂制造环节，应重视对催化剂磨损性能的考察。另外，在实际工业装置中，由于催化剂已经定型，研究不同操作条件下催化剂磨损破碎机理，有助于理解操作条件对催化剂磨损破碎的影响，预测催化剂产生的细粉量及跑损情况，进而优化反应器操作。研究催化剂的磨损行为对于实际生产过程有非常重要的指导意义。

工业流化床反应器中，导致催化剂磨损的主要区域有旋风分离器、气体分布器处的高速射流、流化床内的气泡聚并运动、催化剂传输管道等[59,60]。其中旋风分离器、气体分布器处的高速射流、和流化床内的气泡聚并运动产生的磨损相对较高[61-64]。显然，在不同区域催化剂颗粒所处的流化状态不同，所受的各种应力亦不同，因此磨损和破碎机理有区别。实验室研究需要针对不同的磨损区域，单独进行催化剂磨损机理测试和研究。

7.8.2　催化剂破碎磨损的实验室测试

催化剂颗粒的破碎磨损的实验室测试方法包括单颗粒磨损和批量磨损两种。单颗粒磨损主要考察单个颗粒的破碎磨损性质，而批量磨损则是考察一群颗粒的磨损行为。DMTO 催化剂颗粒为 Geldart A 类颗粒，粒径较小，研究单颗粒比较困难，所以对 DMTO 催化剂颗粒一般进行批量磨损实验。

1) 磨损的影响因素

流化床中催化剂颗粒的磨损非常复杂，因为它不仅涉及材料本身，还与工艺条件和设备构造和材质等有很大的关系。实验室测试催化剂颗粒磨损性能需要考虑两大类影响因素[65]：材料性质和操作条件。材料的性质与制备过程有很大关系，主要包括颗粒结构、形状、表面结构、粒度大小、粒径分布、空隙率等；操作条件主要包括气速、颗粒在反应器内停留时间、反应温度、反应压力等。

2) 实验室测试装置和方法

由于工业流化床装置体积庞大且复杂，所用催化剂量太多，催化剂颗粒粒径分布检测比较困难。同时，催化剂磨损破碎是个缓慢的随时间演化过程，所以在工业流化床装置上无法详细考察催化剂的磨损性能和机理。一般都采用在实验室建立小型测试装置进行磨损测试，期望通过实验室小试数据来反映催化剂颗粒在工业流化床装置中磨损性能。文献[65]中所报道的比较常用的测试装置有高速射流、喷射杯和旋风分离器；测试方法包括超声[66]、剪切环、落锤试验、转鼓等。

高速射流实验主要是考察催化剂在高速气流的冲击作用下催化剂颗粒的磨损机理，主要是颗粒间机械碰撞导致破碎和磨损。Forsythe 和 Hertwig[66]首先采用单喷嘴空气射流来研究 FCC 催化剂的磨损，后来 Gwyn[67]对 Forsythe 和 Hertwig 所用装置进行了改进，把单喷嘴扩展成三喷嘴。现在美国材料试验协会(ASTM)采用三喷嘴射流实验装置作为测量催化剂颗粒磨损特性的标准试验方法(ASTM-D-5757-00)[68,69]，喷射杯[70-72]和旋风分离器[73,74]实验装置中由于气流是螺旋运动，所以在这些装置内不仅存在颗粒之间相互作用，更主要的是颗粒和壁面之间的作用，如颗粒与壁面的撞击和摩擦。与射流方法相比，喷射杯和旋风分离器可大大缩短测试时间[69]。

3) 磨损指数的定义

一般用一定时间内收集到的细粉质量与原料质量之比来定义磨损指数。磨损指数越大，表明材料的抗磨损性能较差。在定义磨损指数的时候，对细粉的大小也有不同的定义。文献报道中有使用 20μm、40μm 和 45μm 的。在 FCC 催化剂磨损指数测试中，一般定义 20μm 以下的颗粒为细粉。除了考察磨损指数外，实验前后颗粒形貌以及粒径分布的变化也是很重要的参数。

7.8.3　DMTO 催化剂的破碎磨损研究

作者在实验室对 DMTO 催化剂的破碎磨损进行了研究[74]。空气射流实验装置(图 7.18)类似于 ASTM-D-5757-00 提出的标准方式，其喷射小孔直径为 0.5mm。我们研究了温度和磨损时间对 DMTO 工业催化剂颗粒破碎磨损机理的影响。

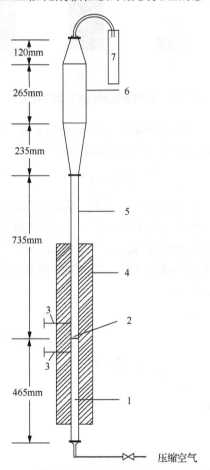

图 7.18　催化剂颗粒磨损的空气射流实验装置

1.预热段；2.分布板；3.热电偶；4.加热炉瓦；5.磨损段；6.沉降段；7.滤袋

首先对 DMTO 工业催化剂和两种 FCC 催化剂(一种新鲜剂、一种平衡剂)进行了磨损测试对比。注意到标准测试方法中，磨损测试时间仅为 5h。为了考察催化剂颗粒长时间的磨损性能,我们将测试时间延长到 12h。图 7.19 给出了三种催化剂在相同磨损试验条件下收集到的细粉量。可以看出,DMTO 工业催化剂在长时间的磨损试验中,表现出很好的抗磨损性能。其产生的细粉量远小于所测的 FCC 催化剂。

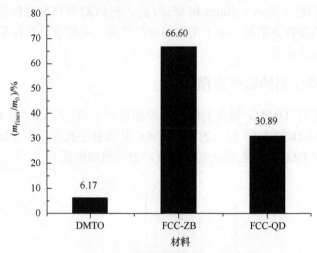

图 7.19　不同催化剂破碎磨损性能比较

笔者还研究了 DMTO 工业催化剂在高温下的磨损机理[74]。根据 Gwyn 公式,颗粒磨损达到稳态时候,磨损量可以表示为用时间指数函数:

$$AJI = \kappa t^{n_p} \tag{7-65}$$

式中,指数 n_p 只与所测试颗粒的材料性质有关;系数 κ 代表了作用在催化剂颗粒上的应力。我们对常温和 500℃ 下测试结果进行了拟合,结果如图 7.20 所示。发现在常温下指数 n_p 等于 1.233,而在 500℃ 时候指数 n_p 等于 1.236。这说明指数 n_p 与测试条件无关。同时系数 κ 则不同,说明催化剂颗粒在常温下与 500℃ 时候所受的应力不一样。高温下,催化剂颗粒还受到热应力的作用。

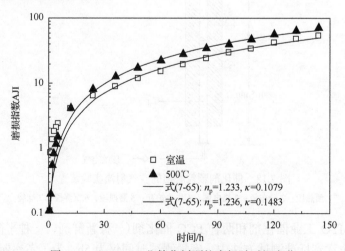

图 7.20　DMTO 工业催化剂颗粒磨损随时间变化

　　这里分析了不同温度下催化剂的破碎磨损机理[74]。图 7.21 给出了不同温度下 DMTO 催化剂颗粒磨损试验中收集到的细粉的电镜图。图 7.22 给出了收集到的细粉粒径分布变化情况。可以看出，在实验初期，在高速气流冲刷下，催化剂颗粒破碎和磨损两种机制都存在，因此，细粉中颗粒存在两个峰值（一个在 $2 \sim 3 \mu m$，一个在 $30 \mu m$ 左右）。但随着实验时间延长，在高温下催化剂颗粒以磨损为主，但是在常温下破碎和磨损都能发现。原因可能是因为颗粒在长时间的气流冲击下，发生疲劳，强度降低。另一方面由于 SAPO-34 晶体结构为立方体，颗粒整体结构是立方形晶粒镶嵌在颗粒中间，随着颗粒表面的不断磨损，不断有晶粒裸露在外面，裸露在外的晶粒会导致颗粒表面的光滑度下降，也会导致磨损率增加。这还可能与催化剂在低温下比较脆有关。从化学键的角度看，低温时构成催化剂的化学键的震动比高温弱得多，其实是材料弹性的表现，高温弹性弱，材料有一定的变形性，不易破碎。

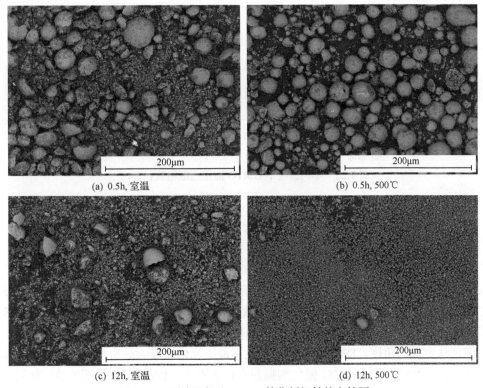

(a) 0.5h, 室温　　　　　　　　　　　　　　(b) 0.5h, 500℃

(c) 12h, 室温　　　　　　　　　　　　　　(d) 12h, 500℃

图 7.21　不同温度下 DMTO 催化剂细粉的电镜图

　　实验结果表明，DMTO 工业催化剂的抗磨损性能比较强，主要磨损机制为磨蚀（abrasion），常温高气速射流中也存在表面破裂（surface fragmentation）。Werther 和 Reppenhagen[60]指出一般流化床催化剂采用喷雾干燥方法所制备，而喷雾干燥法所制备的催化剂易于磨损。笔者的 DMTO 工业催化剂实验结果与此观点相符。目前 DMTO 工业装置中发现在水洗塔底有粒径很小的细粉，可能与此有关。因为粒径小于 $5 \mu m$ 的颗粒很难用旋风分离器进行收集。在新的催化剂开发过程中，可能需要适当地降低其抗磨损强度，保证破碎和磨损机制共存。破碎后的颗粒粒径一般在 $20 \mu m$ 以上，可被旋风分离器收集返回到反应器内。

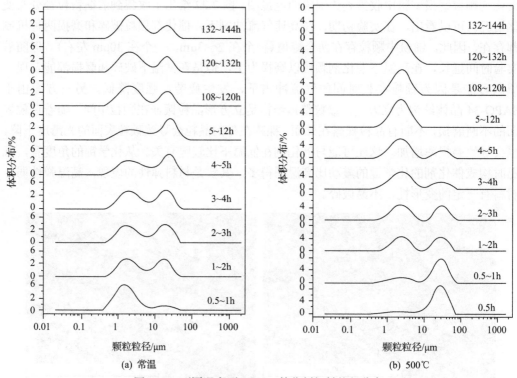

(a) 常温　　　　　　　　　　　　　(b) 500℃

图 7.22　不同温度下 DMTO 催化剂细粉粒径分布

7.9　小　　结

本章介绍了 DMTO 催化剂的流态化基础知识。由于 DMTO 是一个全新的工艺,因此关于 DMTO 催化剂颗粒的流态化特征的研究还是空白。本章中许多经验关联都是基于 FCC 催化剂颗粒建立的,尽管原理上是一致的,但是针对 DMTO 催化剂颗粒还需要进一步验证。从工业运行情况来看,DMTO 催化剂颗粒具有非常好的流化性能和抗磨损性能。但是从定量的角度,DMTO 催化剂颗粒在最小流化速度、最小鼓泡速度及床层膨胀等基本流态化特性方面与 FCC 催化剂颗粒有较大不同。DMTO 催化剂的流态化研究应该是化学反应工程领域的一个重要研究方向。

参 考 文 献

[1] Kunii D, Levenspiel O. Fluidization Engineering. 2nd Edition. Boston: Butterworth, 1991

[2] Ergun S. Fluid flow through packed columns. Chemical Engineering Progress, 1952, 48: 89-94

[3] Abrahamsen A R, Geldart D. Behavior of gas-fluidized beds of fine powders. Part I: homogeneous expansion. Powder Technol, 1980, 26(1): 35-46

[4] Zhao Y, Hao J, Ye M, et al. Minimum fluidization velocity of MTO catalyst particles//Li J H. The Proceedings of the 11th International Conference of Fluidized Bed Technology. Beijing: Chemical Industry Press, 2014

[5] Rietema K, Piepers H W. The effect of interparticle forces on the stability of gas-fluidized beds-I. Experimental Evidence. Chemical Engineering Science, 1990, 45(6): 1627-1639

[6] Foscolo P U, Gibilaro L G. A fully predictive criterion for the transition between particulate and aggregate fluidization. Chemical Engineering Science, 1984, 29(12): 1667-1675

[7] Hovmand S, Davidson J F. Slug flow reactors //Davidson J F, Harrison D. Fluidization. London: Academic Press, 1971

[8] Bi H T, Ellis N, Abba I A, et al. A state-of-the-art review of gas-solid turbulent fluidization. Chemical Engineering Science, 2000, 55(21): 4789-4825

[9] Kwauk M, Bubbleless. Fluidization //Yang W C. Fluidization, Solids Handling, and Processing-Industrial Applications. Park Ridge: Noyes Publications, 1998: 492

[10] 陈俊武, 曹汉昌. 催化裂化工艺与工程. 北京:化学工业出版社, 2004

[11] Geldart D. Types of gas fluidization. Powder Technology, 1973, 7: 285-292

[12] Knowlton T M. Pressure and temperature effects in fluid-particle systems. //Yang W C. Fluidization, Solids Handling, and Processing-Industrial Applications. Park Ridge: Noyes Publications, 1998: 111

[13] Rowe P N, Foscolo P U, Hoffman A C, et al. Fluidization//Kunii D,Toei R. The Proceedings of the 4th International Conference on Fluidization, Kashikojima, 1983: 53

[14] Botterill J S M, Teoman Y. Fluidization//Grace J R, Matsen J M. New York: Plenum Press, 1980: 93-100

[15] Cai P, Shen S P, Jin Y, et al. Effect of operating temperature and pressure on the transition from bubbling to turbulent fluidization. AIChE Symposium Series, 1989, 270: 37-43

[16] Canada G S, McLaughlin M H. Flow regimes and void fraction in gas fluidization of large particles in beds without tube tanks. AIChE Symposium Series, 1978, 176(74)

[17] Yang W C, Chitester D C. Transition between bubbling and turbulent fluidization at elevated pressure. AIChE Symposium Series, 1988, 262(84): 10-21

[18] Karri S B R, Knowlton T M. A practical definition of the fast fluidization regime //Circulating Fluidized Bed Technology III. Oxford: Pergamon Press, 1991: 67-72

[19] Karri S B K, Knowlton T M. The effect of pressure on CFB riser hydrodynamics //Proceedings of the 5 th International Conference on CFB, Beijing

[20] Davidson J F, Harrison D. Fluidized Particles. New York: Cambridge University Press, 1963

[21] Mori S, Wen C Y. Estimation of bubble diameter in gaseous fluidized beds. AIChE Journal, 1975, 21: 109

[22] Toomey R D, Johnstone H F. Gas fluidization of solid particles. Chemical Engineering Progress, 1952, 48: 220-226

[23] Rhodes M J. Introduction to Particle Technology. Chichester. London: Wiley, 1998

[24] Richardson J F, Zaki W N. Sedimentation and fluidization. Transaction Institution of Chemical Engineering, 1954: 32-35

[25] Khan A R, Richardson J F. Fluid-particle interactions and flow characteristics of fluidized beds and setting suspensions of splerical particles. Continuously slugging fluidized beds. Chemical Engineeing Communications, 1989: 78- 111

[26] King D. Engineering of fluidized catalytic crackers. Chemical Reactor Technology for Environmentally Safe Reactors and Products, 1993: 17-50

[27] Yagi S，Muchi I, Aochi T. On the Conditions of Fluidization of Bed. Chemical Engineering, 1952, 16: 307-312

[28] Stewart P S B, Davidson J F. Slug flow in fluidized beds. Powder Technol, 1967: 1-61

[29] Baeyens J, Geldart D. An investigation into slugging fluidized beds. Chemical Engineering Science, 1974: 29-255

[30] Knowlton T M, Karri S B R, Issangya. scale-up of fluidized-bed hydrodynamics. Powder Technology, 2005, 150: 72-77

[31] Rüdisüli M, Schildhauer T J, Biollaza S M A, et al. Scale-up of bubbling fluidized bed reactors - A review. Powder Technology, 2012. 217: 21-38

[32] Matheson G L, Herbst W A, Holt P H. Characteristics of fluid-solid systems. Industrial and Engineering Chemistry, 1949, 41: 1099-1104

[33] Lanneau K P. Gas-solids contacting in fluidized beds. Transaction Institution of Chemical Engineering, 1960, 38: 125

[34] Kehoe P W K, Davidson J F. Continuously slugging fluidized beds. Institute of Chemical Engineering (London) Symposiam Series, 1971, 33: 97

[35] Yerushalmi J, Cankurt N T, Geldart D, et al. Flow regimes in vertical gas-solid contact systems. AIChE Symposium Series, 1978, 174: 1

[36] Yerushalmi J, Cankurt N T. Further studies of the regimes of fluidization. Powder Technology, 1979, 24: 187-205

[37] Bi H T, Grace J R. Effects of measurement method on velocities used to demarcate the transition to turbulent fluidization. Chemical Engineering Journal, 1995, 57: 261-271

[38] Venderbosch R H. The role of clusters in gas-solids reactors[PhD Dissertation]. Enschede: Twente University, 1998

[39] Wang Z, Wei F. Similarity of the particles concentration distribution between bubbling and turbulent fluidized beds// Symposium of the First Annual Conference of Chinese Society of Particle Technology, Beijing, 1997: 396-400

[40] Zhang X, Qian Y, Guo S, et al. Application of the optical fibre probe to the measurement of the bubble characteristics in a turbulent fluidized bed with FCC particles. Journal of South China University of Technology, 1997, 25: 20-24

[41] Yamazaki R, Asai M, Nakajima M, et al. Characteristics of transition regime in a turbulent fluidized bed//Proceedings of the Forth China-Japan Fluidization Conference. Beijing: Science Press, 1991: 720-725

[42] Werther J, Wein J. Expansion behavior of gas fluidized bed in the turbulent regime. AIChE Symposium Series, 1994, 90: 31-44

[43] Farag H I, Ege P E, Grislingas A, et al. Flow patterns in a pilot plant-scale turbulent fluidized bed reactor: Concurrent application of tracers and fiber optic sensors. Canadian Journal of Chemical Engineering, 1997, 75: 851-860

[44] Du B, Fan L S, Wei F, et al. Gas and solids mixing in a turbulent fluidized bed. AIChE Journal, 2002, 48: 1896

[45] Lee G S, Kim S D. Axial mixing of solids in turbulent fluidized beds. Chemical Engineering Journal and the Biochemical Engineering Journal, 1990, 44: 1

[46] Werther J. Measurement techniques in fluidized beds. Powder Technol, 1999, 102: 15-36

[47] Merrick D, Highley J. Particle size reduction and elutriation in a fluidized bed process. AIChE Symposium Series, 1974, 137: 366-378

[48] Rhodes M, Zenz F A. Fluidization of particles by fluids. Chemical Engineering, 1983, 3: 20

[49] Horio M, Taki A, Hsieh Y, et al Elutriation and particle transport through the freeboard of a gas-solid fluidized bed. Journal of Technical Writing & Communication, 1980: 509-518

[50] 卢春喜, 王祝安. 催化裂化相关流态化工程. 北京: 中国石化出版社, 2002

[51] Zenz F A, Othmer D F. Fluidization and Fluid-Particle Systems. New York: Reinhold, 1960

[52] Botterill J S M. Fluid Bed Heat Transfer. London: Academic Press, 1975

[53] Khan A R, Richardson J F. Fluid-particle interactions and flow characteristics of fluidized beds and settling suspensions of spherical particles. Chemical Engineering Communications ,1989, 78(1):111-130

[54] Grace J R, Avidan A A, Knowlton T M. Circulating Fluidized Beds, London: Chapman & Hall, 1997

[55] The Catalyst Report. How Catalyst Characteristics Affect Circulation. http://www.refiningonline.com/engelhardkb/

[56] The Catalyst Report. Troubleshooting FCC Circulation Problems - Practical Considerations. http://www.refiningonline.com/engelhardkb/

[57] Werther J, Reppenhagen J. Attrition//Yang W C. Handbook of Fluidization and Fluid-particle Systems. New York: Marcel Dekker, 2003: 201-237

[58] Zenz F A. Find attrition in fluid beds. Hydrocarbon Processing, 1971: 103

[59] Ray Y C, Jiang T S, Wen C Y. Particle attrition phenomena in a fluidized bed. Powder Technology, 1987, 49: 193-206

[60] Werther J, Reppenhagen J. Catalyst attrition in fluidized-bed systems. AIChE Journal, 1999, 45: 2001-2010

[61] Werther J, Hartge E U. A population balance model of the particle inventory in a fluidized-bed reactor/regenerator system. Powder Technology, 2004, 148: 113-122

[62] Thon A, Werther J. Attrition resistance of a VPO catalyst. Applied Catalysis A: General, 2010, 376: 56-65

[63] Hartge E U, Klett C, Werther J. Dynamic simulation of the particle size distribution in a circulating fluidized bed combustor. Chemical Engineering Science, 2007, 62: 281-293

[64] Bemrose C R, Bridgwater J. A review of attrition and attrition test methods. Powder Technology, 1987, 49 : 97-126

[65] Raman V, Abbas A. Experimental investigations on ultrasound mediated particle breakage. Ultrasonics Sonochemistry, 2008, 15: 55-64

[66] Forsythe W L, Hertwig W R. Attrition characteristics of fluid cracking catalysts-laboratory studies. Industrial and Engineering Chemistry, 1949, 41: 1200-1206

[67] Gwyn J E. On particle size distribution function and attrition of cracking catalysts. AIChE Journal, 1969, 15: 35

[68] ASTM-A-D-5757-00. Standard test method for determination of attrition and abrasion of powdered catalysts by air jets, 2006

[69] Weeks S A, Dumbill P. Method speeds FCC catalyst attrition resistance determinations. Oil & Gas Journal, 1990, 88: 38-40

[70] Cocco R, Arrington Y, Hays R, et al. Jet cup attrition testing. Powder Technology, 2010, 200: 224-233

[71] Cocco R, Reddy Karri S B, Arrington Y, et al. Particle Attrition Measurements Using a Jet cup//Gyeong-ju: The 13th International Conference on Fluidization, 2010

[72] Reppenhagen J, Werther J. Catalyst attrition in cyclones. Powder Technology, 2000, 113: 55-69

[73] Püttmann A, Kramp M, Thon A, et al. Particle breakage in the cyclones of fluidized bed system//Korea: The 13th International Conference on Fluidization, 2010: 1-9

[74] Hao J, Zhao Y, Ye M, et al. Attrition of methanol to olefins catalyst with high-velocity air jets at elevated temperature. Advanced Powder Technology, 2015

第8章　DMTO技术工业化

甲醇制烯烃技术为煤制烯烃的关键技术,是煤制烯烃项目能否成功的关键环节。甲醇制烯烃技术研发的根本目的在于其工业应用。全新的DMTO工艺过程的工业化成套技术开发是工业化应用不可或缺的一个重要步骤,是通过合理设定放大规模,逐级放大解决一系列工程化问题来实现的。

DMTO技术从实验室小试装置到工业化商业装置是经过万吨级工业性试验装置和百万吨级工业装置的工程开发两个工程放大阶段实现的。第6章中已经介绍了DMTO工业性试验的情况,本章主要介绍工业性试验之后的工程放大和工业化内容。

8.1　DMTO技术的工程放大

8.1.1　DMTO工程放大基础

DMTO技术需要在万吨级工业性试验的基础上,进行100倍的工程放大达到百万吨级工业化装置设计要求,首先要对DMTO技术的反应特征、工艺特点与可以进行借鉴的技术的异同点进行分析,同时在万吨级工业性试验的基础上,解决工业化装置设计面临的一系列技术问题,达到工业化装置具有可靠性、先进性和经济性的要求。

1. 甲醇转化为低碳烯烃的反应特征

甲醇转化为低碳烯烃反应有8个反应特征:酸性催化特征、反应存在诱导期、自催化反应、低压反应、高转化率、反应强放热、快速反应、分子筛催化的形状选择性效应。

酸性催化剂特征决定了甲醇转化为烯烃的反应包含甲醇转化为二甲醚和甲醇或二甲醚转化为烯烃两个反应。前一个反应在较低的温度(约200℃)即可发生,生成烃类的反应需要在大于300℃的反应温度下进行,在高于400℃的温度条件下,甲醇或二甲醚很容易完全转化;大连化物所的实验研究表明,在反应接触时间短至0.04s便可以达到100%的甲醇转化率。甲醇转化为二甲醚和甲醇或二甲醚转化为烯烃两个反应均为放热反应,反应的热效应显著。

由于甲醇转化为烃类的反应速度非常快,从反应机理推测,短的反应接触时间,可以有效地避免烯烃进行二次反应,提高低碳烯烃的选择性;同时,甲醇转化为低碳烯烃反应是分子数量增加的反应,因此低压有利于提高低碳烯烃尤其是乙烯的选择性;对于具有快速反应特征的甲醇转化反应的限制,所带来的副作用便是催化剂上的结焦。结焦的产生将造成催化剂活性的降低,同时也对产物的选择性产生影响。

2. DMTO工艺特点

甲醇转化为低碳烯烃的反应特征决定了DMTO技术的工艺具有以下工艺特点:①连

续反应-再生的密相循环流化反应；②专用催化剂不仅具有优异的催化性能，也具有合适的物理性能；③乙烯/丙烯比例在适当的范围内可以调节；④原料甲醇对碱性要求严格；⑤采用不完全再生，再生催化剂具有一定碳含量；⑥反应原料可以适当含水。

甲醇制烯烃专用催化剂基于小孔 SAPO 分子筛的酸催化特点，利用该分子筛的酸性和较小的孔口直径的形状选择性作用，可以高选择性地将甲醇转化为乙烯、丙烯；同时 SAPO 分子筛结构中的"笼"的存在和酸催化的固有性质也使得该催化剂因结焦而失活较快，因此对失活催化剂的频繁烧碳再生是必要的。研究认为流化床是与催化剂和反应特征相适应的反应方式。流化床的反应催化剂不仅具备反应特性，而且其物理性能和粒度分布要符合 A 类粒子的要求。

DMTO 工艺采用循环流化反应可以实现催化剂的连续反应-再生过程。有利于反应热的及时导出，很好地解决反应床层温度分布均匀性的问题；可以很好地控制反应条件和再生条件；通过合理的取热，可实现反应、再生系统的热量平衡；可以实现较大的反应空速。

为了保证酸性分子筛催化剂性能的长期稳定性，对原料甲醇和工艺水中的碱金属、碱土金属和过渡金属杂质含量有明确的指标要求，以防止催化剂的中毒性永久失活。同时为了减少反应诱导期对选择性的影响，再生催化剂需要有一定的碳含量，用不完全再生实现。

3. DMTO 技术的工程特点

流化催化反应技术已经广泛地应用于石油炼制的流化催化裂化(FCC)过程。分析清楚 MTO 工艺与催化裂化工艺在反应-再生的流化形式上的相同点与不同点是十分必要的。

DMTO 工艺与 FCC 工艺具有的共同特点是：①均有反应-再生循环系统；②催化剂的物理性能相近，流态化性能相近；③反应-再生的操作调节原理及事故处理方案有许多相似之处；④反应-再生系统的催化剂回收系统等与 FCC 类似。而两个工艺则在反应机理、操作条件、催化剂反应性能、进料状态、反应热、生焦、产品性质、杂质要求、热平衡系统、预分离方式和产品精制分离流程等诸多方面不同(详见第 6 章表 6.10)。

从以上分析可以看出，虽然流态化原理可借鉴，但以碳链断裂和强吸热为特征的FCC技术与碳链增长及强放热为特点的甲醇制烯烃技术之间仍有巨大的差别，二者不仅反应原理根本不同，DMTO 技术还需要解决一系列工程技术难题：①反应条件、再生条件的实现；②反应-再生过程均强放热而反应床层要求恒温，即热平衡的控制；③甲醇及产物副反应对材质和条件敏感；④杂质气体的脱除和产品的预分离。这些问题难以在中试或更小规模的反应装置上得到暴露和解决。

为了验证和完善 DMTO 技术，在实验室中试的基础上，大连化物所、新兴能源科技有限公司和中石化洛阳工程有限公司共同设计并建设了世界首套甲醇处理量 50t/d 的甲醇制烯烃工业性试验装置。利用该装置，研究并确定了与甲醇制烯烃反应及专用催化剂特性相适应的流态化形式。实现了催化剂的连续反应-再生过程；反应热可以及时导出，解决了反应床层温度分布均匀性的问题；合适地控制反应条件和再生条件，可以方便地实现反应体系的自热平衡；同时可实现较大的反应空速。

8.1.2　DMTO 工程放大技术开发

在完成了工业性试验后，DMTO 工艺技术具备了百万吨级的工程放大基础：①前期近二十年研究成果积累,有扎实的基础理论的支持;②DMTO工艺和催化剂技术已基本成熟;③在工程设计方面对DMTO工艺技术有了更深入的理解。中石化洛阳工程有限公司着手开展百万吨级DMTO工艺商业化装置的工程技术开发和大型商业装置工程设计的工作,这项工作为DMTO商业装置的技术许可和工程设计奠定了基础。

大型工业化的DMTO装置需要在50t/d的工业性试验装置的基础上放大100倍以上,其设计不仅要实现DMTO工艺要求,还要保证运行的可靠性、灵活性、经济性及满足安全环保等要求。中石化洛阳工程有限公司DMTO大型化工程放大工作包括以下几项。

(1)大型工业装置的整套工程化技术方案研究。

(2)工艺、工程条件优化。

(3)单元设备放大。

(4)反应-再生取热方案。

(5)原料系统预热方案。

(6)低温热利用。

(7)污水预处理。

(8)含水催化剂粉尘处理。

(9)灵活控制反应温度的工艺工程及控制技术。

(10)灵活控制再生催化剂碳含量技术。

(11)减少正常工况下催化剂磨损的工程技术。

(12)预防非正常状态大量催化剂跑损的催化剂预分离回收技术开发。

(13)反应器选材腐蚀试验。

(14)装置开、停工方案。

(15)大型管道应力分析及布置研究。

8.2 DMTO工程化关键技术及主要工艺方案

中石化洛阳工程有限公司和大连化物所通过大型化工程放大工作,研究了反应器和再生器系统工程化技术,发明了甲醇制取低碳烯烃的装置[1]。在反应器内开发了适合反应特点的甲醇气相进料分布器、催化剂密相床层、反应器内多组两级旋风分离器、待生催化剂汽提器、内取热器、反应器外第三级旋风分离器等主要核心设备,实现了大型工业浅床流化床反应器。在再生器内开发了包括了烧焦主风分布器、催化剂密相床层、多组两级旋风分离器、内取热器、外取热器、再生催化剂汽提器、外部第三级旋风分离器等核心设备,以及催化剂输送管道和滑阀等,实现了优化的可控制烧焦量的高效流化床再生器。

同时发明了反应进料温度精准灵活调节方法,换热后的原料进冷却换热器调整温度后进反应器以调节进料温度[2],以此精准调节反应床层温度。发明了反应产物的后处理技术[3]和含氧化合物回收技术[4],反应生成气经串联的急冷、水洗塔,进行水、气分离,通过汽提塔回收甲醇和二甲醚作为反应原料循环利用。发明了利用反应热直接升温反应器和再生器的开工方法[5]。确定并优化了DMTO技术的工艺流程、催化剂流态化技术、反应-再生系统工程化技术、减少催化剂损耗和催化剂回收技术、催化剂再生技术、反应-再生系统催化剂汽提技术、反应产物的后处理技术、含氧化合物的回收技术、再生烟气的余热利用技术。实现了大型反应器系统的设备工程化、甲醇制烯烃催化剂再生器设备工程化、反应气低温热回收及后处理设备工程化、甲醇进料系统流程设计和优化及一整套DMTO 装置操作方法要点。开发了再生外取热器的应用、反应进料分配器的选择、立式换热器的形式、急冷系统低温热源利用、甲醇冷循环、空冷器的大量使用、开工加热炉串并联、水系统洗涤等工厂化关键技术，并在国家示范项目世界首套甲醇制烯烃工业化装置(神华包头)上得到验证。

8.2.1　催化剂流态化技术

甲醇制烯烃反应的技术特点决定了反应是在具有连续反应-再生的循环流化床中进行的。反应原料——甲醇以气相形式进入反应器，在较高反应温度条件下，与固体分子筛催化剂接触，在催化剂作用下，将甲醇转化为低碳烯烃。同时，由于该反应会使催化剂积碳而失活，因而需要对催化剂烧碳进行再生处理。甲醇转化反应过程是气固两相进行，流化床内部的流动过程操作气速较高，伴有颗粒循环的气固两相并流向上，气相处于湍流状态，固体颗粒会出现碰撞、团聚等复杂的物理过程。催化剂颗粒的浓度、速度、密度、粒度大小及分布等流动参数不仅在空间上分布不均匀，而且还随反应的进行而不断发生变化。而流化床的快速流态化要求不断从反应器下部与气体一起加入固体，以达到提高床内固体浓度的目的。催化剂流态化程度对甲醇制烯烃反应有很大的影响，需要建立与之相适应的流态化形式。

反应器密相床为高速湍流床，床层气体线速达到 1m/s 以上；再生器密相床层为湍流床，待生和再生汽提段位于两个密相床下方，为鼓泡流化床，与流化床组成一体，兼有汽提催化剂和保障催化剂输送推动力的双重作用；两个催化剂输送管为密相输送，通过调节输送介质可以灵活改变输送管压降。

8.2.2　反应-再生系统工程化技术

1. 反应器和再生器型式选择

根据对甲醇制烯烃催化剂性能和反应特征的深入研究，最终确定了反应-再生的型式，反应器和再生器高低并列、均采用流化床技术。反应器包括了甲醇气相进料分布器、催化剂密相床层、安装于反应器顶部的多组两级旋风分离器、位于反应器底部的待生催化剂汽提器、安装于催化剂密相床层的内取热盘管、安装于反应器外部的第三级旋风分离器等主要核心设备。再生器包括了烧焦主风分布管、催化剂密相床层、安装于再生器顶部的多组两级旋风分离器、位于催化剂密相床层的内取热盘管、外取热器、安装于底部的再生催化剂汽提器、安装于再生器外部的第三级旋风分离器等核心设备，以及用于催化剂在反应器和再生器之间循环的催化剂输送管道和滑阀等。

2. 反应器大型化

根据甲醇制烯烃反应的特点，催化剂与甲醇接触时间短，催化剂在反应器内的停留时间长；甲醇转化为低碳烯烃和水的反应是分子数增加的反应，要求低的反应压力；同时反应气量很大，反应器体积非常大；DMTO反应器为大直径浅床层(高径比约0.3)流化床反应器。在MTO技术工程化设计时，从维持反应-再生系统平稳操作、减少催化剂跑损的角度出发，反应器采用大、小筒结构，无龟甲网单层隔热耐磨衬里，反应器内设置了多组两级旋风分离器、甲醇进料分布器、内取热器等。在反应器内开发了适合反应特点的甲醇气相进料分布器，气相甲醇分布均匀，无偏流，无短路，保证反应的均匀进行。完成了世界上最小高径比的大型工业浅床流化床反应器的工程开发。

3. 反应器材质选择

从甲醇制烯烃反应机理和实际反应环境研究证实，甲醇在催化剂表面催化反应会有少量的乙酸生成，乙酸的存在会腐蚀金属材质。在甲醇制烯烃技术工程化设计时，对反应器壳体及内构件材质的选择非常关键。为了降低投资，开展了大量备选材料在气相乙酸和不同温度下的腐蚀性试验，最终完成了反应器壳体和内件材料的选择。同时筒体内表面采用无龟甲网单层隔热耐磨衬里；在反应器外表面涂覆新型保温材料，控制反应器外表温度使反应器材质不发生腐蚀。采用有衬里的冷壁反应器设计，大大降低了反应器设备的投资费用。

4. 反应器和再生器取热技术

由于甲醇制烯烃反应为强放热反应，为满足负荷要求及多产乙烯方案或多产丙烯方案的不同工艺要求，提出了在反应器内设置内取热盘管取走多余热量的解决方案，控制反应器温度在合理范围内。再生器设置了内、外取热器，取走过剩的热量，副产中压饱和蒸汽。再生器密相床中合理设置内取热管与返混式外取热器结合，最大限度降低了催化剂的磨损。减少反应-再生系统催化剂的磨损，降低了DMTO工艺的催化剂单耗。

5. 反应进料分配器设计

根据DMTO工艺的特点，要求DMTO装置反应器密相直径大，流化床床层低，进料分配器的设计必须有别于传统的FCC进料分配器的设计，才能保证甲醇进料和流化状态催化剂的均匀、充分接触，实现甲醇的完全转化。通过对比研究，针对DMTO反应器直径大和气相进料的特点，将反应进料分配器的型式确定为特殊设计的进料分布管，克服了分布板强度不足的问题，实现了进料均匀分配。多套DMTO工业装置数据表明，反应床层温差小于1.5℃[6]。

8.2.3 减少催化剂磨损和催化剂回收技术

反应器和再生器的取热器都选用内取热盘管，再生器配置了一台内返混式外取热器，最大限度降低了催化剂的磨损。反应器和再生器内一、二级旋风分离器均采用分离效率高的PLY型旋风分离器。由于甲醇制烯烃反应生焦率低，而反应气量很大，催化剂的损耗主要通过反应气带出。从维持反应-再生系统平稳操作、减少催化剂自然跑损的角度出发，反应器系统采用了预分离三级旋风分离器[7]，以提高分离效率。

设计催化剂回收系统后，催化剂回收效率达到99.97%以上，使得粒径大于10μm的催化剂细粉几乎全部被回收。为了将反应和再生三级旋风分离器回收下来的催化剂再利用，在三级旋风分离器下面分别设有催化剂细粉储罐，储存回收催化剂，通过氮气间断输送回催化剂罐中。

8.2.4　催化剂再生技术

再生是恢复催化剂活性的必要手段。甲醇制烯烃工艺中，催化剂再生采用流化床再生方式进行，失活后的催化剂与空气接触烧掉部分结碳。因为甲醇制烯烃反应存在诱导期，对再生催化剂定碳有特殊要求，因此必须严格控制再生条件，以达到再生催化剂定碳要求。再生烟气一氧化碳焚烧炉与再生器部分燃烧方式相配套，将再生烟气的一氧化碳完全燃烧转化为二氧化碳，防止一氧化碳排入大气、造成大气污染，同时可以有效地回收再生烟气的热量。

8.2.5　反应-再生系统催化剂汽提技术

微量的再生烟气对反应本身的影响是轻微量，对甲醇转化率和低碳烯烃选择性的影响并不显著。但是，烟气的存在，特别是烟气中氧的存在会造成产品气中炔烃、二烯烃等产物的增加，同时也可能形成新的含氧化合物。由于这些产物是微量的，虽然变化的绝对值并不大，但其相对变化幅度一般较大。聚合级乙烯、丙烯作为中间产品时，需要对低碳烯烃产品进行严格精制。因此，应限制进入反应体系中的氧气量，以控制上述微量产物的变化幅度，同时也要控制烟气中的一氧化碳和二氧化碳携带进入反应系统。

在再生器下部设置再生催化剂蒸汽汽提设施，对再生催化剂进行汽提，力求减少再生催化剂携带的再生烟气量[8]。另外，反应器中的反应产物进入再生器后会燃烧生成二氧化碳，造成乙烯和丙烯的损失，因此在反应器下部设置催化剂蒸汽汽提设施，对待生催化剂进行汽提，以减少待生催化剂携带的反应气体量。为改善汽提蒸汽与待生催化剂的接触，提高汽提效果，经过认真研究，开发了多段格栅汽提技术。

8.2.6　反应产物的后处理技术

离开反应器三级旋风分离器的高温反应气，需要进一步降温，以减少二次反应的发生，同时回收热量，达到热量综合利用的目的。为此，开发了反应气换热技术、催化剂细粉脱除技术、净化技术、低温热利用技术及配套的工艺流程。

在三级旋风分离器后设有立式换热器。高温反应气与进料甲醇换热，使反应气温度降低的同时，将进料甲醇进行过热，这是一种热量综合利用的有效手段。该技术的关键是防止反应产物中微量催化剂粉末的集聚，降低传热效率。因此，选择立式换热器的结构型式至关重要；采用加内部膨胀节的立式换热器，从而解决了上述两个关键技术难题。经过降温冷却的反应气需要进一步冷却，并将反应生成的水汽冷凝下来，以达到反应气进入烯烃分离单元的要求。急冷塔和水洗塔采用串联结构。急冷塔的作用是将反应气携带的少量催化剂细粉洗涤下来，脱除过热，同时吸收溶解反应产物中微量的乙酸并予以碱中和。然后反应气再进入水洗塔，将反应生成的水和注入反应系统的水蒸气全部冷凝下来。离开水洗塔的反应气(约 40℃)送到下游烯烃分离单元。急冷塔内件采用多层人字挡板，水洗塔内件采用高效浮阀塔盘。急冷塔底含有固体颗粒的水抽出后通过二级旋液分离器和过滤分离相结合进行固液分离。水洗塔底设有油水分离设施及过滤分离设施。急冷塔和水洗塔回收的热量通过大流量的急冷水和水洗水带出,送到下游烯烃分离装置作为塔底重沸器的热源利用。

8.2.7 含氧化合物的回收技术

根据 MTO 工艺反应机理,甲醇在反应器中反应会有微量二甲醚出现,同时还可能存在微量的甲醇,这些二甲醚和甲醇等含氧化合物会随着反应气进入急冷水和水洗水中,绝大部分会溶解在水洗水中。为了降低甲醇单耗,提高甲醇转化率,溶解到水中的含氧化合物回收技术的应用是非常必要的。

将水洗塔中冷凝下来的反应生成水抽出,送进汽提塔汽提处理,塔顶回收的含氧化合物送到反应器进料甲醇中回炼,塔底抽出合格的净化水送出装置再利用。甲醇制烯烃装置的产品气送至烯烃分离装置,经产品气压缩机压缩过程中产生的段间凝液(含烃类及氧化物)也送至污水汽提系统,回收利用凝液中的烃类及氧化物。

8.2.8 再生烟气的余热利用技术

再生烧焦是强放热反应,再生烟气离开再生器的温度为 $650 \sim 700{}^{\circ}\mathrm{C}$,再生烟气中一氧化碳约占 16vol%。为了合理利用能源,回收再生烟气的热量,并满足环保要求,开发了再生烟气的余热利用技术。

采用一氧化碳焚烧炉和余热锅炉一体化,将再生烟气中含有的一氧化碳通过焚烧炉燃烧,燃烧后的烟气送入余热锅炉回收热量后排入烟囱。副产的中压蒸汽经余热锅炉过热后并入全厂蒸汽管网。

8.2.9 甲醇进料流程的设计及优化

1. 开工采用甲醇冷循环

在开工阶段,反应投料前需要首先引入甲醇打通进料流程,由于 DMTO 装置为气相进料,汽化后的甲醇不易回收,只能大量放火炬,使装置开工成本增加。针对这个问题,设置了甲醇冷循环线,开工前首先建立甲醇的液相循环,使液相甲醇返回到原料罐,节约了气相甲醇的放空量,使装置开车甲醇消耗成本大幅度降低。

2. 开工加热炉串并联流程

根据 MTO 反应的特点,床层温度达到 $200{}^{\circ}\mathrm{C}$ 以上,甲醇可以转化为二甲醚,$300{}^{\circ}\mathrm{C}$ 及以上时,会大量发生甲醇制烯烃反应。为了达到启动反应的基本温度调节,专门设置了开工加热炉。开工加热炉和甲醇-反应气换热器流程采用串、并联的方案,可根据开工实际情况进行选择。

8.2.10 独特的开工方法

首次提出利用反应热直接升温反应器和再生器的开工方法。以神华 180 万 t/a 甲醇制

60 万 t 烯烃工业装置为例，可以实现投料半小时即达到反应温度的工艺条件要求。编制了首套 DMTO 装置操作手册，提出了 DMTO 装置的开工步骤及操作要点。内容包括 DMTO 装置工艺规程、工艺操作指南、特殊设备操作法、紧急事故处理、装置开工、装置停工、装置安全规程等。设计了适合 DMTO 装置的烘衬里流程，提出了惰性剂流化试验方案和负荷试运方案步骤及具体的操作条件和注意事项，保证了世界首套 MTO 的顺利投产。

甲醇制烯烃系统工程化放大关键技术的开发和应用为 DMTO 装置一次开车成功和长周期稳定运行提供了保障。

8.3　DMTO 原料、催化剂、助剂及产品

DMTO 的原料为甲醇，可以含有一定量的水，目的产物为乙烯、丙烯和丁烯，同时副产甲烷、乙烷、丙烷、丁烷及 C_5 以上烃类组分；催化剂为 DMTO 专用催化剂——甲醇制烯烃催化剂 D803C-Ⅱ01。

8.3.1　DMTO 装置的原料

1. 甲醇

甲醇，化学式 CH_3OH，是一种无色、透明、易燃、有毒的液体，带有醇香味。熔点 −97.8℃，沸点 64.8℃，闪点 12.22℃，自燃点 470℃，相对密度 0.7915(20℃/4℃)，爆炸极限 6%～36.5%，能与水、乙醇、乙醚、苯、丙酮及其他大多数有机溶剂相混溶，是一种重要的有机化工原料和优质燃料。

原料甲醇质量特殊要求碱度、碱金属、总金属含量等指标，对水含量不做特殊要求。这主要是因为水本来就是甲醇转化的主要产物；另外水的存在不仅可以起到热载体的作用，有利于反应热的及时导出，而且还可与烯烃中间产物在活性中心上竞争吸附，促使烯烃及时从反应区逸出，提高烯烃选择性；同时水的存在还降低了分压，也有利于低碳烯烃的生成。在 DMTO 反应过程中，需要向反应器加入蒸汽，原理上甲醇水含量可以很高，但为了确保经济合理性，控制反应器中蒸汽含量为一定值，DMTO 工艺控制进反应器水含量约为 20wt%。同时要求进入到 MTO 装置界区的原料甲醇含水量为稳定值。甲醇原料规格具体要求如表 8.1 所示。

表 8.1　原料甲醇规格要求(符合国家一级品指标外)

内容	数值
色度(Pt-Co)/Hazen	≤5
高锰酸钾试验/min	≥30
水溶性试验	澄清
羰基化合物(以 HCOH 计)/wt%	<0.005
蒸发残渣含量/wt%	<0.003
酸度(以 HCOOH 计)/wt%	<0.003

续表

内容	数值
碱度（以 NH$_3$ 计）/wt%	≤0.0008
总氨氮含量 [a]（wt）/ppm	不大于 1
碱金属含量 [a]（wt）/ppm	不大于 0.1
总金属 [a]（wt）/ppm	不大于 0.5

a. 必须严格达到标准。

在甲醇原料规格要求中，碱金属含量指标和总金属含量指标对保障催化剂性能和烯烃产品质量至关重要。若这些金属含量超标，会对催化剂的性能造成不可恢复的影响。金属在催化剂上积累是渐进的过程，金属含量超标在很多时候并不立即体现在催化剂性能和反应结果上，但到了一定程度之后则发展成为无法挽回的程度，因此金属含量指标应优先予以保证。

对于煤基甲醇，由于甲醇中水含量指标有所放松，可使甲醇生产工艺流程有所简化。除金属外，进入到 DMTO 装置中的甲醇若没有达到表 8.2 中的要求，如甲醇中含有的杂质（如重组分、含氧化合物等）超标，也会对 MTO 反应产生一定的副作用，增加含氧化物及炔烃、二烯烃在产物中的含量，影响后续产品分离及杂质的脱除，严重者甚至会影响聚合级乙烯、丙烯的产品质量。表 8.2 和表 8.3 列出了某 MTO 工业装置甲醇原料典型分析数据和 MTO 级甲醇分析数据[9]。

表 8.2　MTO 工业装置甲醇原料典型分析数据

分析项目	分析结果	分析项目	分析结果
色度（Pt-Co 色号）/Hazen	≤5	沸程/℃	3.1
密度/（g/cm^3）	0.7935	钠/ppm	2.96
水分/%	5.12	钾/ppm	0.17
碱度/%	0.0013	铜/ppm	未检出
羟基化合物/%	0.0025	镍/ppm	0.12
硫酸洗涤（Pt-Co 色号）/Hazen	<50	锌/ppm	0.07
水混溶性	通过 1:3	铁/ppm	69.5
高锰酸钾试验/min	>50		

从表 8.2 可以看出，其碱度和碱金属含量均超出 DMTO 原料甲醇的要求。

表 8.3　MTO 级甲醇分析数据

样品	高锰酸钾试验/min	H$_2$O/%	乙醇/(mg/kg)	正丁醇/(mg/kg)	异丁醇/(mg/kg)	戊醇/(mg/kg)	丙酮/(mg/kg)	甲酸甲酯/(mg/kg)	辛烷/(mg/kg)
1	>30	5.16	1185	115	108	46	8	3	2
2	>30	5.78	1335	160	132	56	10	26	5
3	>30	4.96	1332	139	133	56	8	17	3
4	>30	5.04	1848	204	190	83	8	30	7
5	>30	4.92	1528	167	154	70	6	51	6
6	>30	5.1	1719	188	184	77	17	30	6

样品	高锰酸钾试验/min	H₂O/%	乙醇/(mg/kg)	正丁醇/(mg/kg)	异丁醇/(mg/kg)	戊醇/(mg/kg)	丙酮/(mg/kg)	甲酸甲酯/(mg/kg)	辛烷/(mg/kg)
7	<30	5.35	1820	197	191	81	9	17	4
8	>50	4.17	1927	209	212	85	10	8	1
9	>30	4.05	3702	425	404	117	53	37	7
10	<30	4.71	2712	276	277	108	29	23	6

2. 工艺水和工艺蒸汽

配入原料和以蒸汽方式进入反应-再生系统的水，包括任何其他可能与催化剂接触的液态或气态水，应符合表 8.4 中所列指标，以确保催化剂的长期稳定性。

表 8.4　工艺水和工艺蒸汽指标

项目	指标
25℃的电导率/(μs/cm)	≤0.3
Na⁺/(μg/L)	≤10
含氧量/(μg/L)	≤15

8.3.2　DMTO 催化剂和惰性剂

1. DMTO 专用催化剂

DMTO 专用催化剂为 D803C-Ⅱ01。

DMTO 流化床工艺专用催化剂物性指标如表 8.5 所示。

表 8.5　DMTO 专用催化剂（D803C-Ⅱ01）的主要性质

项目		指标
比表面积/(cm²/g)		≥180
孔体积/(cm³/g)		≥0.15
密度/(g/cm³)	沉降密度	0.6~0.8
	密实堆积密度	0.7~0.9
	颗粒密度	1.5~1.8
	骨架密度	2.2~2.8
磨损率/(%/h)		<2
粒度/%	≤20μm	≤5
	20~40μm	≤10
	40~80μm	30~50
	80~110μm	10~30
	110~150μm	10~30
	≥150μm	≤20
反应性能	反应寿命/min	≥120
	乙烯加丙烯最佳选择性/wt%	≥86.5

活化后的 DMTO 催化剂极易吸附水和有机气体(特别是有机胺类),这些吸附物长期存在于催化剂中将导致催化剂中的分子筛结构变化,严重影响催化剂的性能,甚至完全丧失性能。因此,应严格进行催化剂的运输、储存、装卸和使用(参见第 5 章)。

催化剂运输、储存、装卸和使用注意事项如下。

(1)催化剂厂出厂的新鲜催化剂已经得到活化,从催化剂出厂到催化剂装入反应-再生系统中间的所有环节均应避免随意暴露空气。

(2)催化剂使用前,应设立专门库房(通风、干燥条件)存放催化剂,不应随意拆开催化剂的出厂封装,建议专人管理并建立催化剂管理和使用档案。

(3)严格避免在下雨(雪)或湿度较大的天气进行催化剂装入储罐的操作;催化剂装罐期间应尽量缩短与空气的接触时间。

(4)催化剂装入催化剂储罐全过程须由催化剂专利商和催化剂制造商现场指导。

(5)装入储罐后的催化剂(装入前应认真检查储罐内是否有水或其他液体),应向储罐通入脱水后的空气或氮气,并保持正压。

(6)催化剂运输、储存和使用过程中,避免与任何液态物质直接接触。

(7)卸入催化剂储罐的催化剂,参照新鲜催化剂的保护方法进行保存。

(8)其他注意事项参见催化剂制造商提供的使用说明。

2. 惰性剂

为了保证装置的可靠性,同时为了避免造成 DMTO 专用催化剂的损失,DMTO 专有技术中包含了惰性剂及其使用技术。惰性剂的用途是为了在装置初次装载催化剂前验证装置,以便发现装置存在的问题。惰性剂的流化性能与 D803C-II01 催化剂类似,其物性指标如表 8.6 所示。

惰性剂是为 DMTO 工业装置专门研制的。由于甲醇是非常活泼的反应分子,在反应条件下极易引起副反应,因此残留在系统中的惰性剂的"惰性"特征是非常重要的。不应认为可以采用其他催化剂(或工业废催化剂)代替惰性剂,若此,将会产生严重后果!

表 8.6　惰性剂的规格

项目		指标
沉降密度/(g/mL)		0.7~0.9
堆积密度/(g/mL)		0.75~0.95
磨损指数/%		<2
粒度分布(激光粒度法)/wt%	0~20μm	<5
	20~40μm	<15
	40~80μm	30~50
	80~110μm	10~30
	110~149μm	10~30
	>149μm	<20

8.3.3　产品

1. 主要产品

1) 乙烯

结构简式：$CH_2=CH_2$。

物理性质：常温常压下为无色易燃性气体，微具烃类特有气味。液体比重 0.5699，蒸汽比重(空气=1)0.9852，沸点−103.71℃，闪点<−66.9℃，自燃点 490℃，爆炸极限2.7vol%～36.0vol%。

化学性质：与空气形成爆炸性混合物。含有碳碳双键结构，可发生的反应有聚合、齐聚、氧化、卤化、烷基化、加氢、水合和羰基化等。

乙烯产品可以继续生产聚乙烯、乙二醇、环氧乙烷、聚氯乙烯等下游产品。

MTO 装置生产的乙烯可以根据下游乙烯的用途确定乙烯产品的规格。大体上分为聚合级乙烯和生产乙二醇的乙烯，表 8.7 为工业用乙烯(GB/T 7715—2014)的指标要求。

表 8.7　工业用乙烯规格(GB/T 7715—2014)

序号	项目	指标		试验方法
		优等品	一等品	
1	乙烯含量 φ/%	≥99.95	≥99.90	GB/T 3391
2	甲烷和乙烷含量/(mL/m³)	<500	<1000	GB/T 3391
3	C_3 和 C_3 以上含量/(mL/m³)	<10	<50	GB/T 3391
4	一氧化碳含量/(mL/m³)	<1	<3	GB/T 3394
5	二氧化碳含量/(mL/m³)	<5	<10	GB/T 3394
6	氢含量/(mL/m³)	<5	<10	GB/T 3393
7	氧含量/(mL/m³)	<2	<5	GB/T 3396
8	乙炔含量/(mL/m³)	<3	<6	GB/T 3391[a] GB/T 3394[a]
9	硫含量/(mg/kg)	<1	<1	GB/T 11141[b]
10	水含量/(mg/kg)	<5	<10	GB/T 3727
11	甲醇含量/(mg/kg)	<5	<5	GB/T 12701
12	二甲醚含量[c]/(mg/kg)	<1	<2	GB/T 12701

a. 在有异议时，以 GB/T 3394 测定结果为准。

b. 在有异议时，以 GB/T 11141—2014 中的紫外荧光法测定结果为准。

c. 蒸汽裂解工艺对该项目不做要求。

需要指出的是，对于 MTO 生产的聚合级乙烯，其硫含量低于石化生产的聚合级烯烃。原因是合成气转化为甲醇过程中已经深度脱硫，甲醇中几乎不含硫。

2) 丙烯

结构简式：$CH_2=CHCH_3$。

物理性质：无色易燃性气体，微具烃类特有臭味。微溶于水，溶于乙醇、乙醚。相对分子质量 42.1，液体比重 0.5，蒸汽比重(空气=1)1.48，凝固点−191.2℃，沸点−47.7℃，闪点<−66.7℃，自燃点 455℃，爆炸极限 2vol%～11.1vol%。

化学性质：与空气易形成爆炸性混合物。能发生聚合反应，形成危险的过氧化物。接触强氧化剂和强酸能引起燃烧和爆炸。能积聚静电而引燃。

丙烯是重要的石油化工基础原料之一，主要用于生产聚丙烯、丙烯腈、环氧丙烷等化工产品。丙烯的下游加工一般有多种方案，除用于生产聚丙烯外还可生产以下产品。

(1)丙烯加成反应：加次氯酸生成氯丙醇，进一步生产环氧丙烷；加水生成异丙醇。

(2)丙烯氧化反应：生成环氧丙烷、丙烯醛、丙烯酸、丙酮、丙烯腈等。

(3)丙烯氯化反应：生成 3-氯丙烯(进一步生产甘油、树脂)、1，2-二氯丙烯。

(4)丙烯聚合反应：二聚生成 4 甲基-2 戊烯(进一步生产塑料)，2 甲基-1 戊烯(进一步生产橡胶)；三聚生成三聚丙烯(进一步生产增塑剂、洗涤剂)；四聚生成四聚丙烯(进一步生产洗涤剂)；多聚生产聚丙烯塑料；共聚生成乙丙橡胶。

(5)丙烯羰基合成生成丁醛(进一步生成增塑剂)。

(6)丙烯与苯烷基化反应生成异丙苯(进一步生产苯酚、丙酮)。

表 8.8 为聚合级丙烯(GB/T 7716—2014)的指标要求。

表 8.8　聚合级丙烯规格(GB/T 7716—2014)

序号	项目	指标			试验方法
		优等品	一等品	合格品	
1	丙烯含量 φ/%	≥99.6	≥99.2	≥98.6	GB/T 3392
2	烷烃含量 φ/%	报告	报告	报告	GB/T 3392
3	乙烯含量/(mL/m³)	<20	<50	<100	GB/T 3392
4	乙炔含量/(mL/m³)	<2	<5	<5	GB/T 3394
5	甲基乙炔+丙二烯含量/(mL/m³)	<5	<10	<20	GB/T 3392
6	氧含量/(mL/m³)	<5	<10	<10	GB/T 3396
7	一氧化碳含量/(mL/m³)	<2	<5	<5	GB/T 3394
8	二氧化碳含量/(mL/m³)	<5	<10	<10	GB/T 3394
9	丁烯+丁二烯含量/(mL/m³)	<5	<20	<20	GB/T 3392[a]
10	硫含量/(mg/kg)	<1	<5	<8	GB/T 11141[a]
11	水含量/(mg/kg)	<10[b]		双方商定	GB/T 3727
12	甲醇含量/(mg/kg)	<10		<10	GB/T 12701
13	二甲醚含量/(mg/kg)[c]	<2	<5	<报告	GB/T 12701

a. 在有异议时，以 GB/T 11141—2014 中的紫外荧光法测定结果为准。

b. 该指标也可以由供需双方协商确定。

c. 该项目仅适用于甲醇制烯烃、甲醇制丙烯工艺。

需要指出的是，对于 MTO 生产的聚合级丙烯，其硫含量低于石化生产的聚合级烯烃。原因是合成气转化为甲醇过程中已经深度脱硫，甲醇中几乎不含硫。

3)混合 C₄ 烃类

在 MTO 反应产物中，混合 C₄ 烃类的产率约占烃类产品的 10%，其中约 95%是烯烃，主要为反-2-丁烯、顺-2-丁烯、1-丁烯等，多为直链烯烃，典型组成如表 8.9 所示，是很好的精细化工原料。这些 C_4 烯烃也可以进一步转化为乙烯和丙烯，目前 MTO 混合 C_4 烃制烯烃技术主要为大连化物所等单位开发的 DMTO-II 技术、Lummus 公司的丁烯与乙烯制丙烯(OCU)技术和 UOP 公司的 OCP 技术。表 8.9 为 DMTO 装置典型的 C_4 烃类组成。

表 8.9　DMTO 装置典型的 C_4 组成

组分	质量分数/%	组分	质量分数/%
丙烯	<0.01	反-2-丁烯	32.62
丙烷	<0.01	1,3 丁二烯	1.18
正丁烯	27.93	正丁烷	5.10
异丁烯	4.55	异丁烷	0.24
顺-2-丁烯	28.34	C_5^+ 烃	<0.01

2. 副产品

1) 净化水

甲醇转化过程中会产生大量的水，水是 MTO 反应的主要副产品。加上 MTO 反应器外补蒸汽和水约为甲醇原料的 20%，因此，MTO 反应气体产物中约含有 75% 以上的水。由于水中含有少量未转化的甲醇和二甲醚及微量的醛、酮等含氧化合物，且水中还会有少量的催化剂细粉，使得这部分净化水在经过汽提后的再利用存在一定的难度。目前脱除大部分有机化合物的净化水(含甲醇100ppm)一般可送至煤气化装置回用，其余的净化水送污水处理厂进行生化处理。

2) 焦炭

甲醇转化为低碳烯烃的反应，在以分子筛为催化剂时不能避免结焦的产生。催化剂结焦是造成其失活的主要原因。通过优化工艺条件可以减少结焦，降低焦炭产率，提高原料利用率，但不能完全避免。MTO 反应产生的焦炭在再生器中烧掉，焦炭燃烧放出的热量可用于产生 4.0MPa 的蒸汽。

8.4　基　本　流　程

DMTO 装置主要由原料预热、反应–再生、产品急冷及预分离、污水汽提、主风机组、热量回收和蒸汽发生等七大部分。DMTO 装置工艺流程如图 8.1 所示。

8.4.1　甲醇进料系统

甲醇进料系统主要作用是将液体甲醇原料按要求加热至 300℃ 左右，以气相形式进入反应器。由于甲醇需要以气态形式进入 MTO 反应器，如何利用装置的各温位热量和如何准确控制甲醇进料温度是该系统设计需要重点考虑的内容。甲醇进料系统主要包括三部分：①液相甲醇加热升温过程；②液相甲醇气化过程；③气相甲醇升温及温度控制。

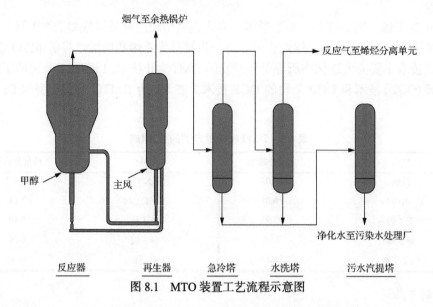

图 8.1　MTO 装置工艺流程示意图

　　液相甲醇升温的主要换热流程是：来自装置外的甲醇进入甲醇–净化水换热器、甲醇–凝结水换热器和反应器内取热器等设备，将液相甲醇升温达到接近甲醇饱和汽化温度，然后进行甲醇气化。甲醇气化过程分别利用蒸汽和污水汽提塔顶汽提气作为热源，经甲醇–汽提气换热器换热、甲醇–蒸汽换热器换热，使甲醇气化；气相甲醇的升温主要是与来自反应器的高温反应气充分换热。为了更好地利用该部分能量和准确控制气相甲醇的进料温度，采用甲醇进料温度控制技术实现进料温度的精确控制。

8.4.2　反应-再生系统

　　反应-再生系统是 DMTO 装置的核心部分，包括反应器和再生器，均采用密相流化床型式。反应-再生系统设置了催化剂回收、原料及主风分配、取热、催化剂汽提等，而催化剂输送线路的设计能够满足催化剂循环量变化的要求。图 8.2 给出了反应-再生系统的示意图。

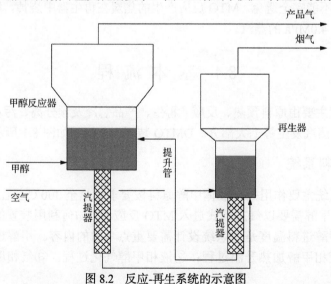

图 8.2　反应-再生系统的示意图

在反应器内甲醇与来自再生器的高温再生催化剂直接接触，在催化剂作用下迅速进行放热反应，反应气经反应器内设置的两级旋风分离器除去携带的大部分催化剂后，再经反应器外部的三级旋风分离器除去所夹带的催化剂后引出，经甲醇–反应气换热器换热后送至后部产品急冷和预分离系统。反应器三级旋风分离器回收下来的含油气的催化剂经过反应器四级旋风分离器后反应气送至急冷塔上部，催化剂进入废催化剂储罐，经卸剂管线进入废催化剂罐。反应后积碳的待生催化剂进入待生汽提器汽提，汽提待生催化剂携带的反应气，汽提后的待生催化剂经待生滑阀后进入待生管，在气体介质的输送下进入再生器。由于甲醇制烯烃反应是放热反应，反应器的过剩热量由内取热器取走，取热介质为甲醇原料。

待生催化剂在再生器内与主风逆流接触烧焦后，再生催化剂进入再生汽提器汽提，以去除再生催化剂携带的烟气；汽提后的再生催化剂经再生滑阀后进入再生管，在气体介质的输送下进入反应器。再生后的烟气经再生器内设置的两级旋风分离器除去携带的大部分催化剂后，再经再生烟气三级旋风分离器和再生烟气四级旋风分离器除去所夹带的催化剂，经双动滑阀、降压孔板后送至 CO 焚烧炉、余热锅炉进一步回收热量后，由烟囱排放大气。再生器的过剩热量由内、外取热器取走。

8.4.3　产品急冷和预分离系统

产品急冷及预分离系统的主要作用是将产生的反应混合气体进行冷却，并且通过急冷洗涤反应气中携带的催化剂细粉，通过水洗将反应气中的大部分水进行分离。

经过热量回收后，富含乙烯、丙烯的反应气进入急冷塔下部，反应气自下而上与急冷塔顶冷却水逆流接触，洗涤反应气中携带的少量催化剂，同时降低反应气的温度，急冷水可以送至烯烃分离单元作为低温热源，以减少烯烃分离单元蒸汽用量；同时另一部分急冷水经急冷水旋液泵升压后进入急冷水旋液分离器及急冷水过滤器，除去急冷水中携带的催化剂。经换热后返回的急冷水再经急冷水冷却器达到冷却温度后，一部分急冷水作为急冷剂返回急冷塔，另一部分进入沉降罐。

经过急冷后的反应气经急冷塔顶进入水洗塔下部，水洗塔内设有浮阀或筛孔塔盘，塔底设有隔油设施。反应气自下而上经与水洗水逆流接触，降低反应气的温度，水洗塔底冷却水抽出一路经水洗水旋流除油器除去水洗水中微量的油，然后经水洗水过滤器，过滤除去水洗水中携带的催化剂后进入沉降罐；另一路水洗水送至烯烃分离单元丙烯精馏塔底重沸器作为热源，换热后经水洗水冷却器冷却后进入水洗塔中部、上部塔盘。水洗塔顶反应气正常工况下送至烯烃分离单元气压机入口，事故状态下送至火炬管网。

8.4.4　污水汽提系统

污水汽提系统主要是对由产品急冷及预分离系统分离出的污水(含有甲醇、二甲醚等物质)进行提浓，回收未转化的甲醇和二甲醚，保证整个装置外排水符合环保要求。

从急冷塔抽出的急冷水和水洗塔抽出的水洗水中含有微量的甲醇、二甲醚、烯烃组分和催化剂，需进行汽提回收。沉降罐沉降后的污水，经汽提塔泵升压，再经汽提塔进料换热器换热后进入污水汽提塔中上部。污水汽提设有塔底重沸器，污水汽提塔底重沸器采用 1.0MPa 低压过热蒸汽作为热源。污水汽提塔底的净化水与汽提塔进料、甲醇换热回收热量后再经冷却器冷却，一路送至烯烃分离单元作水洗水，另一路经净化水冷却器冷却到 40℃后送至污水处理厂。污水汽提塔顶汽提气经甲醇—汽提气换热器换热回收热量，再经冷却器冷却后进入污水汽提塔顶回流罐，浓缩水(含有甲醇和二甲醚)经汽提塔顶回流泵升压后，一部分作为塔顶冷回流返回污水汽提塔上部，另一部分进入浓缩水储罐，与甲醇进料混合后，送至反应器回炼。污水汽提塔顶回流罐顶的不凝气送至反应器回炼。

8.4.5　主风和辅助燃烧室系统

主风机组系统是为再生器烧焦提供必要的空气而设置的。

再生器烧焦所需的主风由主风机提供。装置设有两台离心式主风机，一开一备。

DMTO 装置设有两个辅助燃烧室，其中再生器辅助燃烧室用于开工时烘再生器衬里及加热催化剂，正常时作为主风通道，反应器辅助燃烧室用于开工时烘反应器衬里。装置另设有一台开工加热炉，为开工初期甲醇预热提供热量。

8.4.6　热量回收和蒸汽发生系统

热量回收系统则是对装置内所有可发生蒸汽的热能进行利用，提高系统的能量利用效率。

由于 MTO 反应为放热反应，再生器焦炭燃烧也会放出大量的热量，再生器产生的高温烟气等均为高温位热量，可用于产生 4.0MPa 的中压蒸汽。

再生器内设置内、外取热器。正常工况下，内、外取热器同时运行，产生中压饱和蒸汽。再生烟气经烟气水封罐进入 CO 焚烧炉，经补充空气燃烧后烟气进余热锅炉，依次经过余热锅炉蒸发段、过热段、省煤段温度降低后排入烟囱，加热除氧水，产生 4.0MPa 的中压蒸汽，过热装置产生的中压蒸汽。

反应器内设置内取热盘管，用于加热或气化甲醇原料。

中压给水首先进入余锅中压省煤段预热，其中一部分供余锅自产汽，其余送去内、外取热器中压汽水分离器，产生中压饱和蒸汽，余热锅炉产汽与内、外取热器产汽混合后，进入余锅 4.0MPa 中压蒸汽过热段过热至 425℃，送入全厂中压蒸汽管网。

8.5　DMTO 工艺的三大平衡

众所周知，任何反应工艺都存在物料平衡和热量平衡过程。DMTO 工艺特点之一是采用密相流化循环反应-再生工艺。密相循环流化反应-再生要求催化剂在反应器和再生器之间能够灵活输送，实现催化剂在反应后失活、再生器烧焦恢复催化剂活性的过程。因此，DMTO 工艺还存在反应-再生系统压力平衡问题。DMTO 过程的三大平衡为：物料平衡、热量平衡、压力平衡。

8.5.1　物料平衡

1. 反应系统物料平衡

甲醇转化为低碳烯烃的反应原料单一，仅为甲醇一种物质。甲醇分子式为 CH_3OH,

脱除水后正好符合烯烃的结构简式 $CH_2(C_nH_{2n})$，理论上，甲醇可以 100%地转化为烯烃。但实际上甲醇转化成低碳烯烃的反应极其复杂(参见第 3 章反应机理部分)，反应产物中不仅有甲醇转化主反应产生的目的产物(乙烯、丙烯、丁烯)，还有一些甲醇转化副反应产品(CO_x、氢气、甲烷、焦炭)和烯烃的副反应产物(烷烃)和烯烃的双分子氢转移反应(生成二烯烃、炔烃、环状烃、芳烃)等，主要的转化途径为以下几项。

1) 主反应

$$2CH_3OH \longrightarrow CH_3OCH_3 + H_2O \tag{8-1}$$

$$CH_3OH \longrightarrow C_2H_4 + C_3H_6 + C_4H_8 + H_2O \tag{8-2}$$

$$CH_3OCH_3 \longrightarrow C_2H_4 + C_3H_6 + C_4H_8 + H_2O \tag{8-3}$$

2) 副反应

甲醇在分子筛上的催化转化反应，副反应极多，下面列出一些主要的副反应。

甲醇、二甲醚的副反应：

$$CH_3OH \longrightarrow CO\uparrow + 2H_2\uparrow \tag{8-4}$$

$$CH_3OH \longrightarrow CH_2O + H_2\uparrow \tag{8-5}$$

$$CH_3OCH_3 \longrightarrow CH_4\uparrow + CO\uparrow + H_2\uparrow \tag{8-6}$$

$$CO + H_2O \longrightarrow CO_2 + H_2 \tag{8-7}$$

$$2CO \longrightarrow CO_2 + C \tag{8-8}$$

烯烃的副反应(低聚)：

$$C_2H_4 \longrightarrow C_4H_8 \longrightarrow \cdots \longrightarrow C_nH_{2n} \tag{8-9}$$

式中，C_nH_{2n} 为低聚物。

$$C_3H_6 \longrightarrow \cdots \longrightarrow C_nH_{2n} \tag{8-10}$$

$$C_4H_8 \longrightarrow \cdots \longrightarrow C_nH_{2n} \tag{8-11}$$

烯烃的双分子氢转移反应(形成二烯烃、炔烃、环状烃、芳烃)：

$$C_nH_{2n} + C_mH_{2m} \longrightarrow C_nH_{2n+2} + C_mH_{2m-2} \tag{8-12}$$

$$C_nH_{2n} + C_mH_{2m-2} \longrightarrow C_nH_{2n+2} + C_mH_{2m-4} \tag{8-13}$$

式中，C_mH_{2m-2} 为炔烃、二烯烃。

$$C_nH_{2n-2} + C_mH_{2m-2} \longrightarrow C_nH_{2n} + C_mH_{2m-4} \tag{8-14}$$

$$C_nH_{2n} + C_mH_{2m-4} \longrightarrow C_nH_{2n+2} + C_mH_{2m-6} \tag{8-15}$$

式中，$m>6$，C_mH_{2m-6} 为芳烃。

DMTO 工艺反应产物中，扣除生成水后，其烯烃产物占整个碳氢混合物的 95%左右，其他副产品为富氢的氢气、甲烷、乙烷、丙烷等物质和贫氢的焦炭和微量的芳烃物质。

工业性试验数据表明：原料中的氢约有 49.25%进入生成水中，38.23%的氢进入乙烯、丙烯中，43.43%进入到乙烯、丙烯、丁烯中，0.63%的氢进入焦炭中，其余氢进入到副产品(氢气、甲烷、乙烷、丙烷、C₄₊)中，氢含量分布顺序为丙烷 > 甲烷 > 氢气 > 乙烷 > C₅₊烃类；原料中的碳有 76.46%进入主产品乙烯、丙烯中，86.75%进入乙烯、丙烯、丁烯中，焦炭中的碳约占原料甲醇总碳的 3.27%，其余的碳进入到副产品(甲烷、乙烷、丙烷、C₄₊烃类)中；原料中超过 98.49%的氧进入到生成水中，其余的氧分布在 CO_x 中。

某 DMTO 工业装置标定[9]的元素平衡数据汇总为表 8.10。从表 8.10 可以看出：原料中的氢约有 50%进入生成水中，36.6%进入乙烯、丙烯中，41.69%进入乙烯、丙烯、丁烯(按 95%烯烃含量计)中，其余产品氢含量分布顺序为 C₄ 烃类 > 丙烷 > C₅₊烃类 > 甲烷 > 焦炭 > 乙烷 > 氢气 > 油；原料中的碳有 83.91%进入主产品(乙烯、丙烯、C₄)中，约 10.50%的碳进入到副产品(甲烷、乙烷、丙烷、C₅₊烃类)中，焦炭中的碳约占原料甲醇总碳的 5.59%；原料中超过 99.9%的氧进入到生成水中，其余的氧分布在 CO_x 中。

从以上数据可以看出，降低焦炭产率，减少低碳烷烃和氢气的副反应发生，可提高原料中烃的利用率，可以增加甲醇转化低碳烯烃反应的目的产品(乙烯、丙烯)收率。

表 8.10　DMTO 装置元素平衡

项目			物料平衡	元素平衡		
				C	H	O
入方/(t/h)	甲醇		224.78	84.29	28.1	112.39
出方/(t/h)	焦炭	2.22wt%	4.99	4.71	0.28	
	水	56.20wt%	126.33	0	14.05	112.29
	甲烷	0.87wt%	1.95	1.46	0.49	
	乙烯	16.32wt%	36.69	31.45	5.24	
	乙烷	0.43wt%	0.96	0.77	0.19	
	丙烯	15.66wt%	35.21	30.18	5.03	
	丙烷	1.49wt%	3.36	2.75	0.61	
	C₄ 烃类	4.72wt%	10.62	9.1	1.52	
	C₅₊烃类	1.73wt%	3.89	3.38	0.51	
	H₂	0.06wt%	0.14	0	0.14	
	CO	0.05wt%	0.12	0.05	0	0.12
	CO₂	0.01wt%	0.02	0.01	0	0.02
	甲醇	0.01wt%	0.02	0.01	0	0.03
	乙炔	0.00wt%	0	0	0	
	二甲醚	0.00wt%	0.01	0.01	0	
	油	0.21wt%	0.47	0.42	0.05	
	出方合计	100wt%	224.78	84.3	28.11	112.46
物料与元素平衡/%				100.01	100.04	100.06

2. 再生系统物料平衡

再生系统的作用是将反应过程中催化剂上的焦炭在有氧的条件下燃烧以恢复催化剂的活性。焦炭中主要元素是碳和氢，在燃烧过程中氢被氧化生成水，碳则被氧化为 CO 和 CO_2。焦炭燃烧反应可表示为

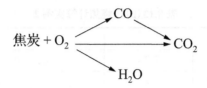

在上述反应中为焦炭燃烧提供 O_2 的为空气，空气的主要成分是氧气、氮气和水。再生器的物料平衡就是氢、碳、氧、氮的平衡。

在设计时，一般给定烟气中 CO_2/CO 和干烟气中的氧含量及焦炭的 H/C（含氢和含碳的比值），计算焦炭燃烧所需的主风量[10]。焦炭的耗风指标和烟风比如表 8.11 和表 8.12 所示。在实际操作中，反应生成的焦炭量可以根据烟气中氧气、一氧化碳、二氧化碳的浓度和主风量、外补氮气量进行计算。表 8.13 为某 DMTO 装置生焦量计算结果。

表 8.11　焦炭的耗风指标　　　　（单位：Nm^3 干空气/kg 焦炭）

CO/CO₂	H/C			
	0.04	0.05	0.06	0.07
0.5	8.20	8.37	8.55	8.71
1.0	7.48	7.66	7.84	8.02
1.5	7.05	7.24	7.42	7.60
2.0	6.76	6.95	7.14	7.32
2.5	6.56	6.73	6.94	7.12

注：Nm^3 表示标准立方米。

表 8.12　焦炭燃烧的烟风比　　　　（单位：Nm^3 烟气/Nm^3 干空气）

CO/CO₂	H/C			
	0.04	0.05	0.06	0.07
0.5	1.061	1.065	1.069	1.073
1.0	1.086	1.090	1.094	1.097
1.5	1.104	1.107	1.11	1.113
2.0	1.117	1.12	1.123	1.126
2.5	1.127	1.13	1.132	1.135

表 8.13（a）　烧焦计算实例 1

基础数据			计算结果		
甲醇进料量/(t/h)		240	烧焦量/%		4559
进料中含水/%		3.8	焦炭中	C%	94.43
进入再生器总主风量/(Nm^3/h)		32321		H%	5.57
进入再生器总氮气量/(Nm^3/h)		3562	生焦率/%		1.97
烟气中	CO/%	0.1			
	CO₂/%	15.31			
	O₂/%	6.63			

表 8.13（b）　烧焦计算实例 2

基础数据			计算结果		
甲醇进料量/(t/h)		242.2	烧焦量/%		4580
进料中含水/%		0	焦炭中	C%	94.45
进入再生器总主风量/(Nm³/h)		33611		H%	5.55
进入再生器总氮气量/(Nm³/h)		1977	生焦率/%		1.89
烟气中	CO%	16.37			
	CO₂%	6.02			
	O₂%	0.99			

8.5.2　反应-再生系统热平衡

甲醇制取低碳烯烃装置反再系统的热平衡，对合理的工程设计和维持装置经济有效的运转均非常重要，热平衡与压力平衡、物料平衡一起，构成了 MTO 装置设计和操作的核心[11]。

几乎所有与 MTO 装置操作有关的工艺变量都会影响热平衡。初始变量的变化直接影响热平衡的变化，导致其他变量同时发生变化。

图 8.3 所示为反应-再生系统两个热平衡划分示意图。整个系统所需热量由甲醇反应放出热量和焦炭燃烧放出热量共同提供。在反应器中，甲醇转化的反应热、再生催化剂带入热提供进料所需的显热和其他一些热量，如外部蒸汽、汽提蒸汽的显热和反应器热损失等，所需热量分配如下：①进料加热占 85%~89%（与甲醇进料温度有关）；②热损失占 1%；③其他为外补蒸汽等升温热量。

在再生器方面，催化剂带出热量仅占焦炭燃烧热的 12%左右，焦炭燃烧产物带出的热量占焦炭燃烧热的 37%~46%（与焦炭产率有关），其余热量需要再生器取热取走。

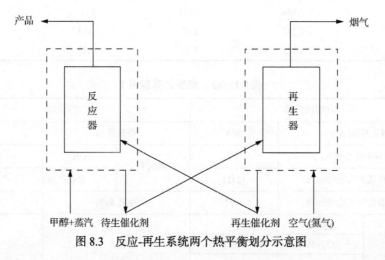

图 8.3　反应-再生系统两个热平衡划分示意图

在再生器烧掉的焦炭，并非100%的碳，也不是纯化合物，它是由下列两种物质组合：

①由甲醇转化反应所生成的真正的焦炭，它是一种贫氢的物质；②存在于气体和催化剂颗粒空隙内的烃类化合物，这些混合物的含氢量较多，它的成分决定于汽提条件。焦炭的燃烧热取决于焦炭中的氢含量和烟气中 CO 和 CO_2 之比（表 8.14）。

表 8.14　焦炭的燃烧热（25℃）　　　　　　　　（单位：kJ/kg）

CO/CO$_2$	H/C			
	0.04	0.05	0.06	0.07
0.5	28590	29461	30316	31154
1.0	24811	25718	26608	27482
1.5	22544	23472	24384	25278
2.0	21032	21975	22901	23809
2.5	19952	20906	21841	22759

反应-再生系统的热平衡可用式（8-16）～式（8-18）表示（以 100kg 甲醇进料为基准）：

$$Y_C Q_E + 100 Q_A = \sum Q_R + Q_{X1} + Q_{X2} \tag{8-16}$$

$$Q_E = Q_C + G_A \Delta H_A + 100 Y_C \Delta H_K - G_B \Delta H_B - Q_{L1} \tag{8-17}$$

$$\sum Q_R = 100 \Delta H_F + W \Delta H_W + Q_{L2} \tag{8-18}$$

式中，Y_C 为焦炭产率，%；Q_E 为焦炭在催化剂上燃烧放出的有效热，kJ/kg；Q_C 为焦炭燃烧热（按规定的基准温度），kJ/kg；Q_A 为甲醇反应的反应热，kJ/100kg（甲醇）；Q_{X1} 为再生器床层取热，kJ/100kg（甲醇）；Q_{X2} 为反应器床层取热，kJ/100kg（甲醇）；Q_{L1} 为再生部分热损失，kJ/kg（焦）；Q_{L2} 为反应部分热损失，kJ/100kg（甲醇）；$\sum Q_R$ 为反应部分所需热量的总和，kJ/100kg（甲醇）；G_A 为烧焦空气量，kg/kg（焦）；G_B 为再生烟气量，kg/kg（焦）；W 为反应部分蒸汽总量，kg/100kg（甲醇）；ΔH_K 为焦对基准温度的热容，kJ/kg；ΔH_A 为进再生器烧焦空气对基准温度的热容 kJ/kg；ΔH_B 为再生烟气对基准温度的热容，kJ/kg；ΔH_F 为甲醇原料从预热温度到反应温度加热所需热量，kJ/kg；ΔH_W 为水蒸气从进料温度到反应温度加热所需热量，kJ/kg（水蒸气）。

表 8.15 列出某 MTO 装置的热平衡数据。

表 8.15　MTO 装置反应–再生部分热平衡

参数		数值	参数	数值
甲醇进料量/t/h		222.5	反应温度/℃	485.6
烧焦量/%		2	再生温度/℃	681.4
焦炭中	C%	95	主风温度/℃	164.5
	H%	5	原料预热温度/℃	135
烟气中	CO%	15.7	热平衡基准温度/℃	25
	CO$_2$%	7.2		
	O$_2$%	0.17		

续表

参数	数值	参数	数值
再生器侧			
入方		出方	
碳燃烧成 CO 放热	2664	烟气显热及潜热	3642
碳燃烧成 CO_2 放热	4381	热损失	70
氢燃烧成 H_2O 放热	2672	供给反应器热量	1197
焦炭显热	343	再生器取热	5766
主风显热	615		
氮气显热	0		
合计	10675	合计	10675
反应器侧			
入方		出方	
甲醇带入热	7586	反应油气(甲醇)热焓	25241
水蒸气热焓	1416	蒸汽热焓	2894
再生器供热	1197	反应热(反应温度)	−20870
		热损失	133
		反应取热	2801
合计	10199	合计	10199

由上述分析可以看出,影响 MTO 反应-再生热平衡的因素很多,在需热方面有反应温度、热损失、水蒸气流量和产品方案等。在供热方面有反应热、生焦率、甲醇预热温度、焦炭中 H/C、烟气中 CO/CO_2 等。

反应器在取热一定时,可以通过调整甲醇预热温度维持反应温度的稳定。再生器的取热负荷与再生器烧焦量、焦炭中 H/C、主风量、烟气中 CO/CO_2 有关。

8.5.3　反应器–再生器间的压力平衡

为了使 DMTO 装置中的催化剂和气体按照规定方向稳定流动,不出现倒流、架桥和串气等现象,保持各设备之间的压力平衡是十分重要的。通过压力平衡的计算可以确定两器的相对位置,并根据压力平衡确定两器差压和压力;而两器顶部压力的变化,又会引起藏量、循环量的变化。

DMTO 装置两器型式采用的是同高并列式,反应器和再生器顶部压力大体相同,两根催化剂输送管连接两器之间的催化剂循环。反应器压力调节采用气体压缩机入口压力来控制,再生压力通过调节再生器顶部的双动滑阀进行控制。改变藏量和循环量主要是靠改变待生立管和再生立管上滑阀的开度来调节的。改变催化剂输送风量也可以使催化剂循环量发生改变。

通常，流化催化裂化计算压力平衡都采用由再生和待生催化剂线路分别计算系统压力平衡法[10]，MTO 装置也参照此方法计算。该种方法可以归纳为下列几点。

(1)将 MTO 装置反应器、再生器间压力平衡系统分别按再生催化剂和待生催化剂两条独立线路的压力平衡来计算。

(2)在再生催化剂(或待生催化剂)输送线路上，以线路标高的低点为基准，按催化剂流动方向确定划分该线路的上、下游。上游的压力和静压头总和为催化剂流动的推动力，下游压力、静压头及滑阀压降之和为催化剂的阻力。

(3)维持催化剂平衡循环流动的条件为：推动力 = 阻力。

用这一方法计算的 MTO 装置的压力平衡如表 8.16 所示。

表 8.16　MTO 装置典型压力平衡表

	再生线路	压降/kPa		待生线路	压降/kPa
推动力	再生器顶压力	211.7	推动力	反应器顶压力	224.5
	再生器稀相静压	0.8		反应器稀相静压	0.8
	密相静压	32.8		床层反应器静压	8.3
	再生汽提段静压	39.8		汽提段静压	58.7
	再生斜管静压	13.2		待生斜管静压	9.6
	合计	297.5		合计	301.1
阻力	反应器顶压力	224.5	阻力	再生器顶压力	211.7
	反应器稀相静压	0.8		再生器稀相静压	0.8
	床层反应器静压	3.4		待生提升段压降	31.9
	再生提升段压降	23.6		密相静压	3.2
	再生滑阀压降	41.38		待生滑阀压降	54.3
	再生分配器压降	4.65			
	合计	297.5		合计	301.1

从表 8.16 中可以看出，汽提段静压、催化剂输送管压降是影响滑阀压降的主要影响因素。

8.6　主　要　设　备

DMTO 装置主要设备包括：反应器–再生器系统设备、急冷水洗塔、立式换热器、CO 焚烧炉和余热锅炉和主风机组等。DMTO 装置全部设备均由中石化洛阳工程有限公司设计、国内制造。

8.6.1　反应器 – 再生器系统设备

反应器 – 再生器系统设备主要由反应器、再生器、三级旋风分离器及催化剂冷却器组成。

DMTO 反应器及再生器均采用流化床形式。反应器、再生器内均采用大、小筒结构，分为气体分配区、密相反应段和沉降区，均采用无龟甲网单层隔热耐磨衬里。

DMTO 反应器包括进料分布器、密相反应段和沉降段等部分。汽化后的原料上行经分布器进入处于密相流化状态的反应区与催化剂接触并立即发生反应,反应产物气体继续上行并在沉降段降低线速度,通过旋风分离器完成气固分离后进入后续的急冷、水洗处理工序。DMTO 密相反应区的催化剂密度在 $200\sim400kg/m^3$。密相区的催化剂连续下行进入汽提段,经高效气提脱除催化剂吸附的反应产物后利用空气输送并提升至再生器烧焦再生。

反应器内件包括甲醇进料分配器、内取热器、催化剂汽提器和两级旋风分离器等。

再生器内件包括主风分布管、内取热器、外取热器、催化剂汽提器和两级旋风分离器等。

1. 甲醇进料分配器

基于 DMTO 工艺的特点,DMTO 反应器采用了大型浅层(高径比约 0.3)密相流化床。反应器操作气速约为 1m/s。在这种 A 类颗粒的大型浅层流化床反应器设计中,甲醇进料分配器的设计显得尤为重要,是以往流化床设计中没有遇到的。中石化洛阳工程有限公司经过大量的分析及仔细的计算,克服了气体穿透及气固均匀分布等难题,所设计的甲醇进料分配器使催化剂床层厚度稳定,甲醇气与催化剂接触充分,成功将大型浅层流化床应用于 1.80Mt/a 的 DMTO 工业装置,完全满足了 DMTO 工艺要求。再次证实了我国在大型工业流化床反应器设计方面的领先地位。

2. 催化剂汽提器

鉴于 DMTO 技术生产的低碳烯烃只是中间产品,需要进一步加工才能成为最终产品,应尽可能控制低碳烯烃产品中的杂质(尤其是重要的杂质)含量,以降低下游加工前的净化成本,DMTO 技术对催化剂循环过程中的脱气效率有较高的要求。因此,催化剂汽提器的设计需要针对 MTO 催化剂 SAPO-34 催化剂孔径小的特点,对催化剂与汽提介质的接触形式和分配进行特殊设计,汽提效率可以达到 90% 以上。

3. 反应器内取热器

DMTO 反应器采用内取热,取热介质为甲醇,可以采用加热液相甲醇和将饱和液相甲醇汽化的取热方式。所设计的内取热器可以在浅床层流化床反应器中均匀取热、灵活控制取热负荷,实现 DMTO 反应对温度的要求。

4. 再生器外取热器

再生器外取热器采用全返混式外取热器,无催化剂滑阀,用流化介质流速控制取热负荷。此型式外取热器可以减少催化剂磨损,并能灵活控制取热负荷。

5. 旋风分离器

DMTO 催化剂颗粒非常细小且价格不菲,需要针对此特点进行特别设计,尤其是反应器三级旋风分离器。为了减少事故状态下催化剂的跑损量,减少对大气的污染,中石化洛阳工程有限公司专门建立了试验装置,经过大量的冷漠试验,研制出了带预分离结构的三级旋风分离器,使用效果良好,设计的反应器旋风分离器的分离效率可达 99.999%以上,再生器旋风分离器的分离效率可达 99.993%以上,三级旋风分离器的分离效率为70%~90%。

8.6.2　急冷水洗塔

DMTO 反应气通过急冷塔和水洗塔后,可脱除部分含氧化合物。含氧化合物脱除的效率与急冷塔和水洗塔的操作条件(比如温度、压力、急冷水和水洗水的用量等)密切相关。同时,含氧化合物的洗脱效率与急冷水洗塔的具体设计型式有密切关系。操作条件变化时,洗脱效率也会发生改变。DMTO 工业性试验结果表明,在合适的操作条件下,急冷水洗塔对产品气中各类含氧化合物的脱除效率可以达到 96%~99%。

急冷和水洗塔的设计还应该针对工业化装置运行中出现的问题进行不断改进,进一步解决微量多环芳烃的分离和聚集等问题。

8.6.3　大型立式换热器

DMTO 装置采用立式换热器实现气相甲醇的过热。甲醇和反应气体换热为气体和气体的换热,给换热器的设计带来一定的难度。国家标准换热器的力学计算模型仅适用于直径 2.6m 以下的换热器计算,而 DMTO 装置需要采用的反应气-甲醇换热器直径近 4m,设计和制造都无规范可徇。中石化洛阳工程有限公司通过大量的工作,建立了大直径换热器的力学计算模型并编制了一套完整的大直径立式换热器的计算程序,设计出了 DMTO 装置的关键设备反应气-甲醇换热器。随后与制造商研究制造方案,解决了制造中的技术问题。

8.6.4　CO 燃烧炉

由于 DMTO 装置为不完全再生,再生烟气中含大量 CO,需要在 CO 燃烧炉中彻底燃烧。由于再生器烧焦过程中产生的 CO 含量与催化剂再生过程的主风量、再生温度、催化剂停留时间和待生催化剂含碳量等因素有关,再生烟气中的 CO 含量并非定值,而是在一定范围内变化;同时 MTO 再生烟气中的 CO 含量远远高于 FCC 装置产生的 CO量。因此,设计中必须考虑到实际开工后 CO 可能的变化幅度,以及高 CO 含量、高操作温度的燃烧炉。

为达到快速燃烧,降低设备尺寸的目的,采用多种方式组织烟气流场,确保达到完全燃烧。该 CO 燃烧炉炉型采用卧式,再生烟气及空气采用特殊设计结构,高速入炉,快速混合,高效湍流燃烧。CO 燃烧炉的壳体和炉衬均采用国内材料,由国内制造厂制造,国内施工单位安装。

8.6.5　余热锅炉

CO 燃烧炉的排烟温度为 1200℃以上,高的烟气温度和工况变化范围跨度巨大是余热锅炉设计的难题。保证余热锅炉的安全长周期运行及适应各工况的变化是必须考虑的问题。

余热锅炉要保证炉型的可靠和水循环的可靠。针对 MTO 装置烟气的特殊性，首次采用卧式烟道、立管蒸发、汽包独立框架的炉型，该余热锅炉受热面排列依次为前置蒸发段、过热段、蒸发段、省煤段。

余热锅炉的受热面、汽包、炉衬、钢结构均采用国内材料，由国内锅炉厂制造，国内施工单位安装。

8.6.6　催化剂过滤设备

DMTO 反应产生的反应气体是再生过程产生的烟气的 6～7 倍，虽然在反应系统设置了三级旋风分离器，但仍然有催化剂的超细粉随反应气体进入急冷、水洗系统。要脱出由急冷塔洗涤下的超细粉，需要采用催化剂过滤设备。通常采用悬液过滤和金属过滤两种设备的结合进行超细粉催化剂的过滤。

1. 旋液过滤器

旋液分离器的工作原理如图 8.4 所示，它是利用不同介质在旋流管内高速旋转产生离心力不同，将催化剂从急冷水中分离出来。

作为旋液分离器核心部件的旋流管主要由分离锥、尾管和溢流口等部分组成。物料在一定的压力作用下从进水口沿切线或渐开线方向进入旋液分离器的内部进行高速旋转，经分离锥后因流道截面的改变，使液流增速并形成螺旋流态，当流体进入尾锥后因流道截面的进一步缩小，旋流速度继续增加，在沿分离器内部形成了一个稳定的离心力场。水相在旋流管中心汇聚，从溢流口溢出，固相延器壁向底流口运动，从而实现溢流口急冷水的澄清和催化剂相的增浓回收。

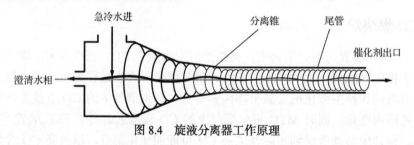

图 8.4　旋液分离器工作原理

2. 金属过滤器

MTO 采用的过滤器一般为金属滤芯（由外向内过滤）。图 8.5 描述了过滤器的工艺流向。

工艺介质从底部进入过滤器，流体穿过金属滤芯壁，固体颗粒被挡在金属滤芯外表面，形成过滤过程。固体颗粒逐渐积累形成滤饼，工艺流体穿过滤饼和滤芯成为澄清液。

在过滤过程中，滤饼的厚度和流阻逐渐增加，通过增加滤芯内壁外的压差，保证流体的期望流量，直到压差达到限定值。

达到限定压差后，通过反冲洗将滤饼清除。可以用预涂层或本体进料来增加过滤器保持固体的能力，改变滤饼性质，调节过滤精度。

通过关闭过滤器的进出口阀，采用与工艺过程相容的气体给过滤器增压，快速打开底部排渣阀来完成反冲洗过程。快速的压降和澄清液的快速反向流使滤饼从滤芯的外表面剥离下来。过滤下来的固体通过底部的排渣阀流出过滤器。反冲洗后过滤器可以重新进料，进行下一次循环操作。

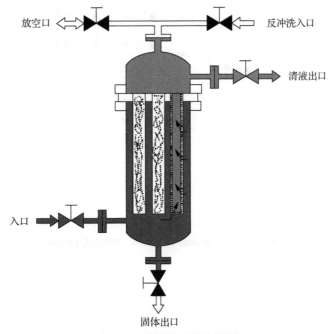

图 8.5　过滤器系统示意图

对于 DMTO 工艺，由于同时存在超细粉催化剂和蜡物质，在使用过程中易发生堵塞、反吹困难的问题，需要进一步摸索和改进。

8.7　主要影响因素和控制

8.7.1　MTO 反应的影响因素及控制

MTO 装置的反应-再生系统是整个装置的核心，了解 DMTO 反应的各参数对反应的转化率和选择性的影响是十分必要的。

DMTO 反应的主要影响因素为反应温度、反应压力、空速和剂醇比(催化剂在反应床层内的停留时间)、反应时间(反应催化剂与物料接触时间)、反应催化剂定碳及反应气体离开催化剂密相床层后停留时间对产品分布的影响等。

1. 反应温度

1) DMTO 反应温度对转化率和选择性的影响

甲醇转化率(转化率定义为：转化的甲醇或二甲醚占原料甲醇的百分数，计算中二甲醚以摩尔数换算为甲醇，即认为二甲醚也算做原料)和产物低碳烯烃的选择性对反应温度非常敏感。一般地，反应温度低于 400℃，不能保证甲醇接近完全转化，此时乙烯＋丙烯选择性较低。反应温度高于 400℃时，随着反应温度升高，乙烯选择性逐渐升高，丙烯选择性逐渐下降；乙烯＋丙烯选择性在 425℃左右接近最大值，再升高反应温度乙烯＋丙烯选择性基本保持不变。图 8.6 表示出了上述变化趋势。

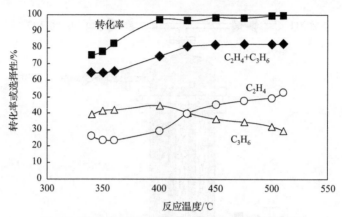

图 8.6　转化率和烯烃选择性随反应温度的变化关系

40%甲醇原料，反应接触时间 0.5～0.7s，甲醇空速 1.5～2h⁻¹

2）MTO 反应温度的控制

MTO 反应器温度取决于 MTO 反应器供热方和取热方的关系。MTO 反应器供热方主要有两个方面：①反应放热，与甲醇进料量有关；②从再生器进入 MTO 反应器的再生催化剂的量和温度。MTO 反应器取热方主要有：①催化剂循环带出热量；②反应气体带出热量；③甲醇和蒸汽进料温度；④MTO 反应器取热等。上述因素的变化均可能导致 MTO 反应器温度变化。因此，MTO 反应器温度的控制，就是对这些主要因素所对应参数的控制。

MTO 反应过程要求 MTO 反应器床层温度维持在 425～525℃，MTO 反应过程本身是一个强放热过程，维持 MTO 反应器床层温度的主要热量是反应热，维持床温以外的多余热量由 MTO 反应器中的内取热器移出床层。

实际操作中反应温度受内取热器取热负荷、甲醇进料温度、甲醇进料量、进入 MTO 反应器的再生剂温度等影响。

反应温度通过调节启用的取热盘管组数，调节 MTO 反应器取热量，用以粗调反应温度，通过调节甲醇进料温度来实现反应温度精确控制。

提高甲醇进料温度，MTO 反应温度上升；增加甲醇进料量，反应热增加，MTO 反应温度升高；再生器再生温度升高，带入 MTO 反应器内热量增加，MTO 反应温度上升。

2. 反应压力

1）DMTO 反应压力的影响

原理上，甲醇转化为低碳烯烃和水的反应是分子数增加的反应，因此，提高反应压力将降低低碳烯烃的选择性，降低甲醇原料在反应体系的分压，将有利于提高低碳烯烃选择性。一般反应压力每增高 0.1MPa，会造成乙烯＋丙烯选择性降低 1～2 个百分点。DMTO 工艺要求反应总压力不大于 0.2MPa(G)，G 代表表压。

如上所述，DMTO 装置的反应压力低有利于提高低碳烯烃的选择性，但是工业装置的反应压力受到后部急冷水洗系统压降和反应气体压缩机入口压力要求的影响。同时，由于反应器压力低也造成反应设备的庞大。

2) MTO 反应压力的控制

原料进料量增加、蒸汽量的增加、MTO 反应器后续系统阻力的增加、MTO 反应温度上升等因素都会使 MTO 反应压力上升。但汽提蒸汽、再生剂输送蒸汽、外补蒸汽量的加大，可以降低烃类气体的分压，有利于提高反应的选择性。一般控制甲醇反应器中的蒸汽量为甲醇的 20%。

MTO 反应压力的调节在开工的不同阶段(烘两器阶段、装转剂、甲醇进料等阶段)是通过不同的控制阀进行控制的。正常生产时，水洗塔顶压力(即 MTO 反应系统压力)控制方案是水洗塔顶压力信号送入烯烃分离单元气压机监控系统(CCS)，由 CCS 控制气压机汽轮机转速，维持水洗塔顶压力。同时，在水洗塔顶另设一压力超限控制回路，此压力控制回路的压力设定值应高于正常工况时水洗塔顶压力调节器的设定值。当出现异常情况时，压力超限信号调节器送出信号调节反应气放火炬，以保证 MTO 反应系统的正常平稳操作和安全运行。为保证设备安全，设置 MTO 反应系统压力(PIAS1102A-C)三取二紧急停车保护。

3. 反应时间和空速的关系及反应器催化剂藏量的控制

1) 反应时间与空速的关系及对低碳烯烃反应的影响

反应时间是指反应催化剂与物料在密相床中的接触时间。

甲醇转化为低碳烯烃的反应，在专用催化剂催化作用下，是一个极快的反应。根据反应机理，催化剂与原料接触(反应时间)越短，越有利于提高低碳烯烃的选择性。一般地，在良好的流化条件下，接触时间大于 0.2s 均能保证反应转化率接近 100%，但反应接触时间从 0.6s 增大至 3s，会造成乙烯＋丙烯选择性降低 3～5 个百分点。

反应空速一般为 WHSV，即甲醇进料量与反应器中催化剂密相藏量的比值(单位 h^{-1})，在甲醇进料量一定时，即为反应器中催化剂藏量。

对于流化床反应器，反应时间和空速存在一定的关系，通常缩短反应时间与增大空速有一定的联系。DMTO 专用催化剂具有适应大空速操作的特点。这一特点可容许实际操作过程中以较大的原料空速操作。在进料量稳定和保障反应接触时间的前提下，空速即为定值，生产操作中，反应器催化剂藏量是调节反应转化率和选择性的一个重要参数。

2) 催化剂反应藏量的控制

MTO 反应器内催化剂的藏量是决定反应空速的参数之一，与催化剂的循环量、停留时间有着密切的联系，MTO 反应器内催化剂藏量直接影响甲醇转化率、烯烃选择性等 DMTO 性能指标，是 MTO 反应器重要控制指标之一。实际操作中依据甲醇进料量调节 MTO 反应器内催化剂的藏量。

MTO 反应器内的密相催化剂藏量是由控制 MTO 待生电液滑阀实现的。开大 MTO

待生滑阀,反应器内藏量降低,反之则增加。

4. DMTO 催化剂在反应床层停留时间的影响和催化剂循环量的控制

1)反应催化剂在反应床层停留时间对反应选择性的影响

DMTO 催化剂在反应过程中会产生结焦,这些结焦逐渐累积在催化剂表面或分子筛微孔中,一方面造成催化活性的逐步丧失,另一方面会使催化剂的选择性逐渐提高,这是互为矛盾的两个方面。为了达到最佳选择性和降低结焦产率,DMTO 工艺要求催化剂在反应床层有一定的停留时间。催化剂在反应床层的停留时间对低碳烯烃选择性非常敏感,操作中应予重点保障。

催化剂结焦是造成其失活的主要原因。原理上,甲醇转化为低碳烯烃的反应,在以分子筛为催化剂时不能避免结焦的产生。但是,通过优化工艺条件可以减少结焦,降低焦炭产率,提高原料利用率。一般地,在 DMTO 工艺的操作范围内,催化剂上的焦炭量随着催化剂在反应床层的停留时间或醇/剂比(单位时间进料甲醇重量与催化剂循环量之比)的增加而增加(图 8.7);反应的焦炭产率则随着催化剂停留时间或醇/剂比的增加而有所降低(图 8.8),但催化剂停留时间过长或醇/剂比过高,会使反应转化率降低。另外,应当认识到,催化剂结焦也有其有利的一面,即催化剂表面适当结焦可以一定程度地改善低碳烯烃选择性,降低反应的焦炭产率。

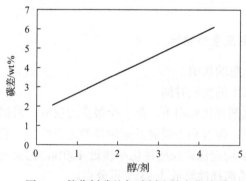

图 8.7 催化剂碳差与醇剂比的变化关系
(460~480℃)

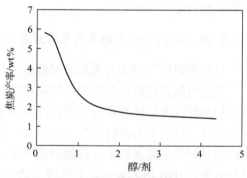

图 8.8 焦炭产率与醇剂比的变化关系
(460~480℃)

综上所述,在反应器中催化剂藏量一定时,操作中可以进行调节的变量即为再生催化剂循环量。

2)催化剂循环量的控制

催化剂循环量的大小由 MTO 反应本身的特点决定,在催化剂的藏量一定时,与催化剂的停留时间有着直接的联系。

催化剂的循环量通过控制再生滑阀(HV1104)开度来实现。通过再生滑阀的催化剂循环量与滑阀开度、滑阀压降及滑阀前催化剂密度有关。在反应器藏量一定时,催化剂循环量决定了 MTO 反应器的定碳。

操作中,甲醇进料量加大后,催化剂的循环量应该增加,以增加 MTO 反应器中的活性中心。

5. DMTO 反应气体离开催化剂密相床后的停留时间对产品分布的影响

根据模拟试验，气体离开催化剂密相床后，在沉降段与催化剂长时间接触，对气体组成会产生一定的影响，主要原因是低碳烯烃在催化剂作用下的二次反应。如，反应接触时间为 20s 时，在沉降段与相当于 10%密相藏量的催化剂接触，可造成乙烯＋丙烯选择性降低 1～3 个百分点；在沉降段与相当于 20%密相藏量的催化剂接触，可造成乙烯＋丙烯选择性降低 3～5 个百分点；同时造成乙烯/丙烯比例明显下降。因此，反应器设计中应考虑采取相应的措施：①减少沉降段催化剂藏量；②缩短气体产品在沉降段的停留时间。

在工业化装置中，由于有催化剂的沉降区，其选择性常常会比实验室低一些。

6. DMTO 反应预热器材质的影响

甲醇是非常活泼的化学品，高温条件下，金属材质可能造成甲醇分解。根据模拟试验，1Cr18Ni9Ti 钢材在 450℃以下对甲醇造成的副反应造成的甲醇转化率小于 0.3 %，500℃小于 0.5%。在反应器衬里设计中，需要选择特定的衬里材料，减少甲醇反应的副反应的发生。

8.7.2　催化剂再生的影响因素和控制

再生是恢复催化剂活性的必要手段。DMTO 工艺中，催化剂再生采用流化反应方式进行，失活后的催化剂通过与空气接触烧除催化剂上的部分结碳。因 DMTO 催化剂对再生催化剂定碳有特殊要求，因此，必须严格控制再生条件，以达到定碳的要求。再生烧焦的主要影响因素有再生催化剂含碳量、再生温度、再生催化剂藏量、主风量等。

1. 再生温度和再生催化剂含碳量

1) 催化剂再生条件变化的影响

再生温度对催化剂烧焦是敏感的。再生温度是提高烧焦强度的重要因素，但是再生温度太高，将会对催化剂性能产生不可逆的影响，降低催化剂选择性。同时 DMTO 工艺要求再生催化剂上有一定的碳含量，以消除诱导期对甲醇转化反应选择性的影响，推荐的再生温度为 650～700℃。图 8.9 给出了 600℃再生温度时，催化剂再生定碳与再生停留时间的关系。

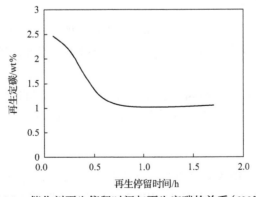

图 8.9　催化剂再生停留时间与再生定碳的关系(600℃)

2) 再生温度的调节

催化剂再生的主要过程是一个烧焦的放热过程，再生反应所产生的热量除满足本身烧焦需求外，多余的热量需由再生器(810R1102A)的外取热器(810R1103)移出再生器。再生温度的高低主要受生焦量和主风量的影响。通过控制再生温度可以控制催化剂的烧焦达到控制再生催化剂定碳的目的。

再生温度与反应生焦量、主风量、焦炭中 H/C、再生器内外取热负荷、反应温度等因素有关。反应生焦量增加，再生温度升高；主风量增大时，烟气中 CO/CO_2 降低，焦炭燃烧热增加，再生温度升高；再生汽提效果变差，焦炭中 H/C 增加，焦炭燃烧热增加，再生温度升高。再生器其他条件的变化也会引起对再生温度的升高和降低。

正常操作时，在保证氮气和空气混合气总流量在一定范围时。再生器密相床层温度由再生器内、外取热器控制。根据 MTO 反应器定碳情况(即反应生焦情况)控制进入再生器的主风量，达到控制再生烟气中过剩氧(AT1100/C)小于 0.1vol%，实现不完全再生。

2. 再生器再生压力的控制

再生器压力对 MTO 两器系统催化剂的流化及输送有影响，再生器压力最终是根据两器压力平衡确定的，由再生器出口烟气管道上的双动滑阀控制。

再生压力受到主风量的影响，主风量增大，再生器压力升高。

3. 再生器再生烟气中氧含量的控制

MTO 工艺中催化剂再生过程采用不完全再生方案，不完全再生为贫氧再生。为了避免再生器稀相发生二次燃烧现象，操作中应严格控制再生烟气中氧含量<0.1vol%。当装置处于平稳状态时，如果主风量相对稳定，再生烟气中氧含量也应相对平稳。如果氧含量逐渐降低，则意味着碳堆积的开始，应密切注意再生催化剂定碳的变化。

当主风量增大时，再生烟气中氧含量增加；反应生焦量增加，再生烟气中氧含量降低；再生温度降低，烧焦率下降，烟气中氧含量上升；再生器藏量及床层流化状况对再生烟气中氧含量均有影响。

正常时，再生烟气中氧含量通过进入再生器的主风量来进行调节。

4. 再生器藏量的控制

再生催化剂藏量的稳定是催化剂循环量是否稳定的直接反映，藏量的波动对烧焦效果、再生器床层温度均有较大的影响，也会给系统带来一系列的波动，直接影响到反应-再生系统的平稳操作。

再生器藏量可以通过再生滑阀来进行控制，开大(关小)MTO 再生滑阀，再生器藏量升高(降低)。正常操作时，再生器藏量保持在一定范围即可，一般不作控制手段。

5. MTO 再生剂定碳

MTO 再生剂定碳是用来衡量再生器烧焦效果好坏、催化剂再生程度的重要参数，MTO 再生剂定碳的高低对再生剂活性和甲醇选择性有重要影响。

再生器(810R1102A)床层温度、主风量、再生催化剂藏量对再生催化剂的定碳都有直接的影响,再生器床层温度降低,MTO 再生剂含碳量增加;主风量不足,MTO 再生剂含碳量上升;再生器内催化剂藏量增加,MTO 再生剂定碳低。

操作中应该依据反应的生焦量,及时调整主风量满足烧焦要求。同时控制再生器的床层温度和压力在指标范围内,保证再生剂的再生效果。在保持其他条件不变的情况下,可通过调整再生器密相藏量满足 MTO 再生定碳的要求。

6. 再生器主风量的控制

主风量的大小取决于反应的生焦量,主风量大小是否合适,可以从再生烟气中的氧含量和再生器稀、密相温差来判断。如果再生器再生烟气中的氧含量相对稳定,说明主风量大小合适,再生烟气中氧含量逐渐降低,说明主风量偏小。

主风流量正常时为定值控制。事故状态下,当再生器内出现 CO 尾燃时,可以通过调节补氮气管线上调节阀和主风机出口主风放空管线上调节阀(HV1109 和 HV1110),增加外补氮气量,同时放空等量的主风量,有效地控制再生器中烟气的氧含量在合适的范围内,防止事故的发生。

8.7.3　其他控制

1. 急冷塔部分

(1)急冷塔温控。

急冷塔顶温控与急冷水上返塔流控组成串级控制。急冷塔底部温控与急冷塔下返塔流控组成串级控制。

(2)急冷塔液位。

正常操作时,急冷塔液位与急冷塔底水抽出至沉降罐流控串级。当急冷塔液位超出控制范围时,急冷塔液位通过切换开关控制急冷水外甩。

(3)旋液分离部分。

二级旋液分离入口压控与旋液分离器入口流控串级。一、二级旋液分离设置出入口压降。一、二级旋液分离出口设置急冷水单回路流控。

2. 水洗塔部分

(1)水洗塔温控。

水洗塔顶温控与上返塔水洗水流量串级控制。水洗塔中部温控与中部返塔水洗水流量串级控制。

(2)水洗塔液位控制。

在装置切断进料时通过水洗塔底压力串级控制补氮气流量维持水洗塔压力。水洗塔底汽油集油槽液位指示。

3. 污水汽提塔部分

(1)污水汽提塔液位与塔底抽出净化水流控串级控制。

(2)污水汽提塔顶回流罐顶压力分程控制。

(3)污水汽提塔底重沸器返塔温控与重沸器热源蒸汽流控串级控制。

(4)浓缩水储罐液位控制与甲醇混合浓缩水流量串级均匀控制。

(5)沉降罐液位控制与汽提塔进料流量串级控制。

8.8　开　工　方　法

常规流化床反应-再生系统(FCC 工艺)的开工方法分为装剂、升温、转剂、进料几个步骤。反再系统的催化剂先装入再生器系统,再生器催化剂的升温热源首先来自于再生器辅助燃烧室。用辅助燃烧室将再生器的催化剂加热到 370℃以上,用设置在再生器密相床内的燃烧油喷嘴喷入轻柴油,将再生器中的催化剂加热至 500～550℃,最后将全部催化剂升温至 600～650℃后向反应器转剂,达到反应进料条件后再进原料,实现全部的开工过程。

MTO 的原料为甲醇,甲醇转化为低碳烯烃是放热反应。研究表明:反应器床层温度大于 220℃时甲醇即可发生反应放热为反应器催化剂升温提供热量。反应步骤和转化率为:①在 200～250℃甲醇转化为二甲醚,转化率约为 88%;②在 250～300℃甲醇转化为二甲醚,同时开始有烯烃生成,转化率约为 88%;③在 300～350℃甲醇转化为二甲醚,同时有 30%烯烃生成,转化率约为 80%;④大于 350℃甲醇可转化为烯烃,转化率约为 100%。

大连化物所在其专利[9]中介绍了甲醇制取低碳烯烃的开工方法。利用甲醇在一定温度下的放热反应原理,在反应器床层催化剂和再生器催化剂均达到一定温度后,向反应器输送甲醇,启动甲醇转化反应。反应放热使反应器催化剂床层快速升温;当反应器催化剂床层温度升到甲醇完全转化为低碳烯烃温度以上时,向再生器输送温度较高的结焦催化剂、加速再生器催化剂床层升温;当再生器催化剂床层温度达到焦炭燃烧温度时,结焦催化剂启动燃烧、再生器催化剂床层温升不断加快;最终达到再生器催化剂烧焦所需的床层温度。调整热交换、反应原料进料量、催化剂循环量等操作参数,使两器温度和催化剂循环量稳定在指定适宜范围内,保证反应原料的完全转化和低碳烯烃的较高选择性,从而使系统迅速达到稳定运转状态,完成甲醇制取低碳烯烃开工的全过程。

DMTO 工业装置的投料开车首创的利用反应热来进行再生器和反应器升温的开车方法。在已经运行的七套 DMTO 工业装置投料开车过程中,均实现了反应器从投料到平稳运行的快速转变,开车时间短,操作简便。图 8.10(a)～图 8.10(c)给出了某些 DMTO 工业装置反应器温度变化过程,图 8.11 给出了某 DMTO 工业装置再生器利用反应器温度进行升温的温度变化过程。可以看到,从甲醇投料到反应器达到反应温度稳定运行在半小时范围内,而再生器借助反应器的温度和生焦升温也很迅速。

从图 8.10 中可以看出,反应器催化剂的升温速度不尽相同。温度上升的速度与起始反应器催化剂床层温度、甲醇进料量、反应内取热投入待生催化剂时间和速度以及向再生器转剂的时机有很大关系。而再生器的升温和反应温度、待生催化积碳和循环量有很大关系。

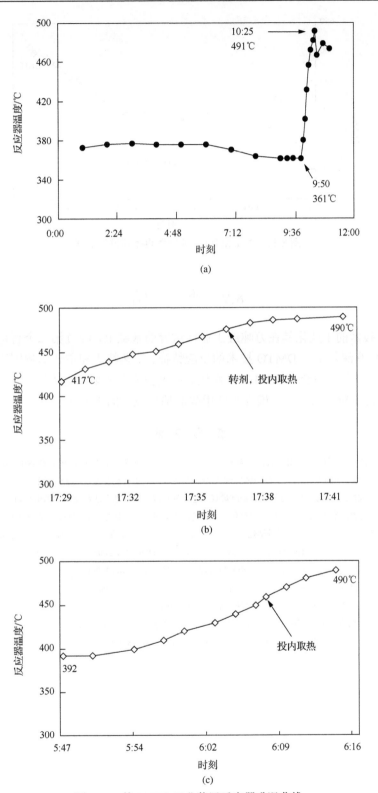

图 8.10 某 DMTO 工业装置反应器升温曲线

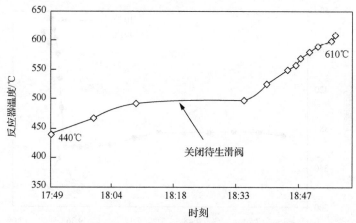

图 8.11　某 DMTO 工业装置再生器升温曲线

8.9　小　　结

　　DMTO 技术的工业化是在万吨级工业性试验的基础上，经过第二个百倍的工程放大来实现的。只有深入了解 DMTO 技术的反应特征、工艺特点和主要影响因素及目的产品的性能，才能开发出适合于 DMTO 工程化的关键技术及主要工艺方案、基本流程、控制方案、主要设备和开工方法，最终实现甲醇制烯烃技术的工业化应用。

参 考 文 献

[1] 刘昱, 陈俊武, 陈香生, 等. 一种由含氧化合物生成低碳烯烃的方法及装置: 中国, CN 101318868B, 2011

[2] 陈俊武, 刘昱, 施磊, 乔立功, 等. 一种含氧化合物转化为烯烃反应的进料温度调节方法: 中国, CN101514134B, 2012

[3] 陈俊武, 刘昱, 施磊, 乔立功, 等. 含氧化合物制烯烃工艺反应生成气预处理方法及设备: 中国, CN101544529B, 2013

[4] 熊献金, 刘昱, 施磊, 乔立功, 等. 一种含甲醇和二甲醚的污水处理工艺: 中国, CN101139118B, 2010

[5] 刘中民, 吕志辉, 何长青, 等. 制取低碳烯烃流态化催化反应装置的开工方法: 中国, CN101130466B, 2011

[6] 张世成, 刘昱, 陈俊武, 等. 一种气体进料分配器: 中国, ZL200820006211.6, 2008

[7] 张世成, 刘昱, 陈俊武, 等. 一种卧管式第三级旋风分离器. ZL200720092965.3, 2008

[8] 张振千, 田耕, 雷世远, 等. 一种流化床气固接触设备: 中国, CN101053807, 2007

[9] 吴秀章. 煤制低碳烯烃工艺与工程. 北京: 化学工业出版社, 2014: 355, 360-362

[10] 石油工业部第二炼油设计研究院. 催化裂化工艺设计. 北京: 烃加工出版社, 1985: 129-134

[11] 陈俊武. 催化裂化工艺与工程(第二版). 北京: 中国石化出版社, 2005: 846-849, 792-793

第9章 甲醇制烯烃产物分离

甲醇转化为烯烃的反应产物为富含 $C_2 \sim C_4$ 低碳烯烃的混合物,在 MTO 工段的流程中,对产物中的水、少量的油、微量的含氧物及夹带的催化剂粉尘等进行了分离与脱除,并对未转化的少量甲醇进行了提浓以回用。但初步处理之后的产品气仍需要针对烯烃下游利用的要求进一步分离提纯。聚合级乙烯、丙烯的纯度要求最高,也是烯烃下游的主要利用方向;技术上,其分离流程也相对复杂。从石脑油蒸汽裂解产品气中分离得到聚合级烯烃的技术已经成熟并大规模应用,MTO 烯烃分离可以借鉴这些传统路线的分离技术。因此,大连化物所、新兴能源科技有限公司、中石化洛阳工程有限公司合作进行的 DMTO 工业性试验中,并不包括下游产品的精细分离。本章中将结合 MTO 反应产品气与石脑油裂解产品气的对比,对 MTO 反应后续的聚合级烯烃分离技术进行介绍。

9.1 甲醇制烯烃产物特点

甲醇制烯烃 DMTO 技术是大连化物所、新兴能源科技有限公司、中石化洛阳工程有限公司共同开发的专利工艺技术,工程技术采用了中石化洛阳工程有限公司的专利专有技术。

2006 年在陕西华县成功完成万吨级 DMTO 工业性试验,经过专家严格标定和考核中试试验及其结果,通过了中国石化协会(现中国石油和化学工业联合会)组织的专家鉴定,专家组给予了高度评价。在工业性试验中,基于十几种条件试验考核结果,中石化洛阳工程有限公司对 DMTO 反应气体组成和变化规律进行深入了解,为大型工业化装置的工程实践奠定了坚实的理论和工程设计基础。

2010 年 8 月,世界上首套大型工业化装置在神华包头的 180 万 t/a DMTO 装置建成投产。继神华包头工业化装置之后,截至目前已有 6 套 180 万 t/a 甲醇、1 套 100 万 t/a 甲醇的 DMTO 装置投产。目前还有多套 100 万 t/a、180 万 t/a 甲醇的 DMTO 装置正在工程设计和工程建设中,预计将在今后几年内投产。

与传统的轻烃或石脑油蒸汽裂解制乙烯工艺相比,DMTO 反应气体具有乙烯、丙烯含量高;氢气、甲烷含量低,二烯烃含量极低,C_4 及以上烃类相对含量低,并且主要是以烯烃为主;含有少量的氧化物、不含硫化氢。典型的 DMTO 反应气体组成如表 9.1 所示。

表 9.1 典型的 DMTO 反应气体与管式裂解气组成对比

组成	DMTO 反应气/mol%	管式裂解炉裂解气/mol%
氢气	2.91	14.13
氮气	0.27	
一氧化碳	0.3	0.18
二氧化碳	0.06	0.05

续表

组成	DMTO 反应气/mol%	管式裂解炉裂解气/mol%
硫化氢		0.03
甲烷	3.67	23.68
乙炔	0.0025	0.45
乙烯	46.98	31.69
乙烷	0.87	6.41
丙炔+丙二烯	0.0002+0.0002	0.46
丙烯	30.49	9.44
丙烷	1.97	0.23
丁炔	0	0.016
1,3-丁二烯	0.137	1.65
异丁烯	0.23	1.03
正丁烯	1.62	1.20
顺-2-丁烯	1.74	0.50
反-2-丁烯	2.39	0.50
异丁烷	0.01	0
正丁烷	0.25	0.09
C_{5+}	约 1.5	约 6
甲醇	0.107	
二甲醚	0.05	
氮氧化物	<0.2ppb	

从表 9.1 可以看出 DMTO 反应气体与管式裂解气组成的差别有如下几点。

(1) DMTO 反应气体中乙烯和丙烯的含量明显高于轻烃或轻油裂解制乙烯工艺路线得到的裂解气中的乙烯和丙烯的含量，乙烯/丙烯通常为 1∶1，通过 DMTO 反应条件的变化，乙烯/丙烯范围为 0.8~1.2，裂解气制乙烯中，乙烯/丙烯约为 2∶1。

(2) DMTO 反应气体中 C_4 和 C_5 及以上的组成中烯烃占比较大，C_6 以上组分很少，C_5 以上组分仅为裂解气的 1/4。

(3) DMTO 反应气体中氢气及甲烷含量与裂解气相比明显偏低；氢气、甲烷含量(物质的量)分别是裂解制乙烯的 1/5、1/6.5；甲烷/氢(物质的量比)为 1~1.3，与裂解气相比基本相当。

(4) 乙烯/甲烷(mol)之比为裂解气的 10 倍左右。

(5) DMTO 反应气体中的二烯烃的含量很低，乙炔、丙炔、丙二烯含量极低，丁二烯含量仅为裂解气的 1/12。

(6) DMTO 反应气体中一氧化碳和二氧化碳与裂解气相当，不含硫化氢。DMTO 反应气体中含有少量的氧化物，包括甲醇、二甲醚、乙醇、丙醛、丙酮等醇类、醚类、酮类杂质，而裂解气中不含这些氧化物。

从上述对 DMTO 反应气特点的分析，我们可以得出 DMTO 反应气体的分离特点如下。

(1) 传统石脑油蒸汽裂解制乙烯的裂解气中的氢、甲烷含量比较高，要提高乙烯的回收率，通常需要深冷分离。也就是不仅要丙烯作为冷剂，还需要乙烯甚至甲烷作为冷剂，为整个工艺过程提供适当的冷剂温位和冷量,才能防止乙烯被氢、甲烷带到燃料气中。而 DMTO 反应气体中的氢、甲烷比较少,为了满足乙烯回收率的要求,烯烃分离流程采用中冷分离成为可能,即只需要丙烯提供冷剂和冷量,并配合吸收的方法回收乙烯,在烯烃分离流程上将大为简单。

(2)DMTO 反应气体中的氢、甲烷含量少,这部分组分可作为燃料气或作为氢气、甲烷回收利用,不需要将氢和甲烷进行分离。

(3)DMTO 反应气体中乙烷、丙烷等含量低,在乙烯精馏、丙烯精馏等操作条件选择和设备选型上有别于裂解气制乙烯流程。

(4)二烯烃少,对二烯烃的聚合、杂质的脱除等方面考虑也不同于裂解气分离流程。

(5)含氧化合物的不同,为了保证乙烯和丙烯产品质量要求,在脱除杂质方面,需要进行有针对性的考虑工艺方案。

因此,DMTO 烯烃分离流程在设计思路上完全不同于裂解气的分离流程,在分离顺序、冷剂选择、热量利用、控制方案、反应分离一体化设计等方面,都有很多选择余地。

构建 DMTO 烯烃分离工艺流程,需要针对 DMTO 反应气体组成的特点,在流程设计、操作条件、装置能耗、控制联锁、低温热利用、设备选型、关键设备性能、平面布置、安全措施、长周期运行、节省占地等多方面需要综合考虑和多方案比较。设计上应考虑 DMTO 反应与分离一体化。

9.2　烯烃终端产品及对烯烃纯度的要求

乙烯和丙烯是石油化工下游乙烯衍生物、丙烯衍生物产品的基础原料,国家标准将乙烯、丙烯分为优等品和一等品,聚合级乙烯和聚合级丙烯的质量指标如表 9.2 和表 9.3 所示。典型的 DMTO 下游装置有聚乙烯装置、聚丙烯装置、环氧乙烷、乙二醇、聚氯乙烯等装置。根据下游装置的要求,在烯烃分离工艺流程上可满足不同目的的要求,在热量和冷量的回收利用上需要针对性考虑。

表 9.2　工业用乙烯规格(GB/T 7715—2014)

| 序号 | 项目 | 指标 | | 试验方法 |
		优等品	一等品	
1	乙烯含量 φ/%	≥99.95	≥99.90	GB/T 3391
2	甲烷和乙烷含量/(mL/m³)	≤500	≤1000	GB/T 3391
3	C_3 和 C_3 以上烃类含量/(mL/m³)	≤10	≤50	GB/T 3391
4	一氧化碳含量/(mL/m³)	≤1	≤3	GB/T 3394
5	二氧化碳含量/(mL/m³)	≤5	≤10	GB/T 3394
6	氢含量/(mL/m³)	≤5	≤10	GB/T 3393
7	氧含量/(mL/m³)	≤2	≤5	GB/T 3396
8	乙炔含量/(mL/m³)	≤3	≤6	GB/T 3391[a] GB/T 3394[a]
9	硫含量/(mg/kg)	≤1	≤1	GB/T 11141[b]
10	水含量/(mg/kg)	≤5	≤10	GB/T 3727

续表

序号	项目	指标		试验方法
		优等品	一等品	
11	甲醇含量/(mg/kg)	≤5	≤5	GB/T 12701
12	二甲醚含量 c/(mg/kg)	≤1	≤2	GB/T 12701

a. 在有异议时，以 GB/T 3394 测定结果为准。

b. 在有异议时，以 GB/T 11141—2014 中的紫外荧光法测定结果为准。

c. 蒸汽裂解工艺对该项目不做要求。

表 9.3　聚合级丙烯规格(GB/T 7716—2014)

序号	项目	指标			试验方法
		优等品	一等品	合格品	
1	丙烯含量 φ/%	≥99.6	≥99.2	≥98.6	GB/T 3392
2	烷烃含量 φ/%	报告	报告	报告	GB/T 3392
3	乙烯含量/(mL/m³)	≤20	≤50	≤100	GB/T 3392
4	乙炔含量/(mL/m³)	≤2	≤5	≤5	GB/T 3394
5	甲基乙炔+丙二烯含量/(mL/m³)	≤5	≤10	≤20	GB/T 3392
6	氧含量/(mL/m³)	≤5	≤10	≤10	GB/T 3396
7	一氧化碳含量/(mL/m³)	≤2	≤5	≤5	GB/T 3394
8	二氧化碳含量/(mL/m³)	≤5	≤10	≤10	GB/T 3394
9	丁烯+丁二烯含量/(mL/m³)	≤5	≤20	≤20	GB/T 3392[a]
10	硫含量/(mg/kg)	≤1	≤5	≤8	GB/T 11141[a]
11	水含量/(mg/kg)	≤10[b]	双方商定		GB/T 3727
12	甲醇含量/(mg/kg)	≤10	≤10		GB/T 12701
13	二甲醚含量 c/(mg/kg)	≤2	≤5	报告	GB/T 12701

a. 在有异议时，以 GB/T 11141—2014 中的紫外荧光法测定结果为准。

b. 该指标也可以由供需双方协商确定。

c. 该项目仅适用于甲醇制烯烃、甲醇制丙烯工艺。

9.3　MTO 烯烃分离工艺特点的研究

　　由于 MTO 工艺的反应机理与裂解炉制乙烯的反应机理不同，MTO 工艺反应气体和管式炉裂解气组成既有相似之处，也有很多不同之处。与石脑油蒸汽裂解相比，MTO 工艺反应气体具有乙烯、丙烯含量高，甲烷、氢气含量低，含有少量氧化物、不含硫化氢、C_4 以上组分含量低、二烯烃含量极低等特点。同时由于反应过程的不同，MTO 工艺还含有微量 NO_x，脱甲烷塔只有在较高的温度下操作，才能在本质上确保回收工艺的操作安全性。

　　在 MTO 装置采用的烯烃分离工艺中，不论是前脱乙烷技术还是前脱丙烷技术，在甲烷分离部分都是采用中冷分离加 C_3 吸收剂工艺。中石化洛阳工程有限公司和有关学者[1]结合 MTO 的反应气体的特点对其进行过研究。

9.3.1　脱甲烷塔操作条件的研究

　　根据 MTO 工艺反应气体的特性，在不同的甲烷/氢气(mol)条件下的燃料气在将乙烯全部分出时脱甲烷塔塔顶冷凝器出口温度和操作压力关系图和含有2mol%乙烯时脱甲烷塔塔顶冷凝器出口温度和操作压力关系图分别如图 9.1、图 9.2 所示。

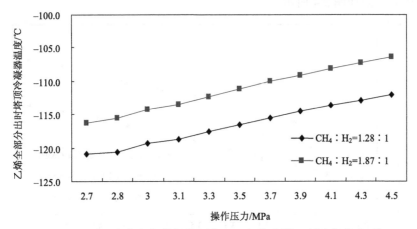

图 9.1　不同甲烷/氢气气体操作压力和温度关系 (将乙烯全部分出时)

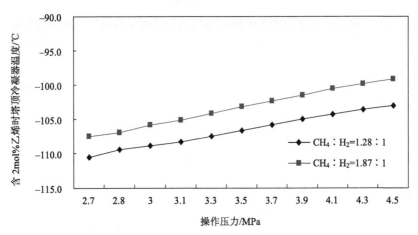

图 9.2　不同甲烷/氢气气体操作压力和温度关系 (含有 2mol%乙烯时)

甲烷/氢气为物质的量比

从图 9.1 和图 9.2 的曲线可以看出，塔顶冷凝器温度随着操作压力的升高而升高。CH_4/H_2 增大，塔顶冷凝器温度升高。燃料气中含有乙烯时，塔顶冷凝器温度将会进一步升高。但是塔顶冷凝器的温度仍然可达到–100℃以下，如果仅仅考虑纯分离的方法，仍然需要使用乙烯冷剂将乙烯分离。

从 MTO 工艺反应气体的特点可以看出：MTO 工艺反应气体中氢气和甲烷的含量低，乙烯/甲烷(mol)达到 13。即使含有甲烷/氢气的燃料气中乙烯含量达到 2mol%，乙烯产品在甲烷/氢气燃料气中的损失率仍然小于 0.5wt%，为脱甲烷塔采用其他吸收剂作为辅助手段，提高塔顶冷凝器温度，仅使用丙烯冷剂达到分离效果创造了条件。图 9.3 为甲烷/氢气燃料气中含有不同丙烷浓度时，塔顶冷凝器温度与压力的关系。

由图 9.3 可以看出：随着甲烷/氢气燃料气中丙烷含量增加，在相同压力下，塔顶冷凝器温度升高。

对于仅采用丙烯冷剂时,塔顶冷凝器温度控制在-37℃。甲烷/氢气燃料气中丙烷含量与操作压力关系如图 9.4 所示。

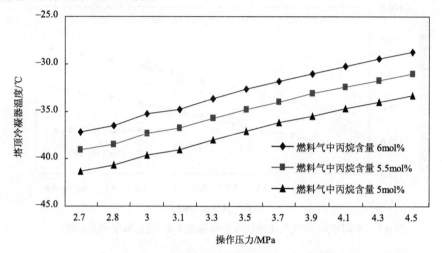

图 9.3　甲烷/氢气燃料气中含有不同丙烷浓度时塔顶冷凝器温度与压力的关系

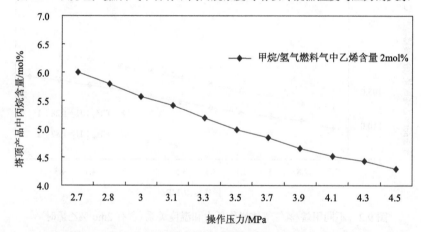

图 9.4　塔顶冷凝器温度为-37℃时甲烷/氢气燃料气中丙烷含量与操作压力关系

由图 9.4 可以看出:丙烷含量由 6%降低到 5%,操作压力将由 2.7MPa 升高至 3.5MPa,升高幅度很大。而压力的升高不利于组分的分离。因此,选择合理的操作压力尤为重要。

根据上述 MTO 工艺反应气体的特点,脱甲烷塔的设计可以考虑采用中冷+吸收剂的方法。

9.3.2　脱甲烷塔吸收剂的选择

根据 MTO 工艺反应气体的特点,MTO 工艺烯烃分离脱甲烷塔可以仅采用丙烯制冷剂,为了保证脱甲烷塔的分离效果,有必要对脱甲烷塔的吸收剂进行比选。

以下是采用三种吸收剂(丙烷、混合 C_4 烃类、C_{5+} 烃类)在脱甲烷塔顶冷凝器温度为-37℃、操作压力为 2.7~2.8MPa 时对其在相同吸收剂用量时甲烷等气体中的乙烯含量和相同乙烯回收率下,吸收剂的用量及吸收剂的带出量进行对比和分析。

图 9.5 为三种吸收剂在相同吸收剂用量时吸收效果的对比。

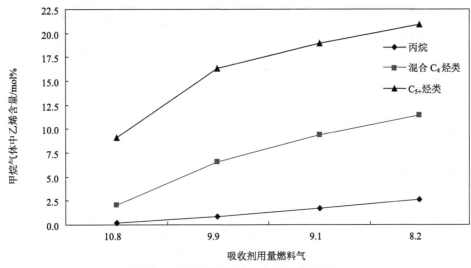

图 9.5　相同吸收剂用量时吸收效果对比

由图 9.5 可以看出：采用相同的吸收剂时，丙烷吸收剂效果最好，C_{5+} 烃类效果最差。在吸收剂/燃料气比值为 9.1 时，采用丙烷、混合 C_4 烃类和 C_{5+} 烃类甲烷气中乙烯含量分别为 1.7mol%、9.3mol% 和 19mol%；燃料气比值为 9.9 时，采用丙烷、混合 C_4 烃类和 C_{5+} 烃类甲烷气中乙烯含量分别为 0.9mol%、6.6mol% 和 16.3mol%。

图 9.6 为达到相同乙烯回收率时，三种吸收剂各自的用量。

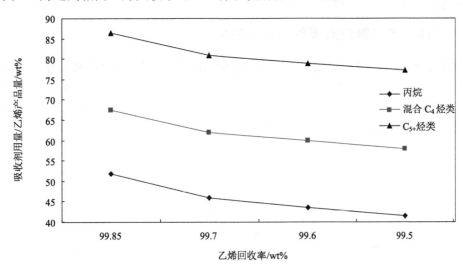

图 9.6　相同乙烯回收率时吸收剂用量对比

由图 9.6 可以看出：在达到相同的乙烯回收率时，丙烷吸收剂用量最小，C_{5+} 烃类吸收剂用量最大。在乙烯回收率在 99.5%～99.85% 时，混合 C_4 烃类和 C_{5+} 烃类的吸收剂用量是丙烷吸收剂用量的 1.3～1.4 倍和 1.67～1.86 倍。

图 9.7 为相同乙烯回收率时，不同吸收剂的带出量对比。

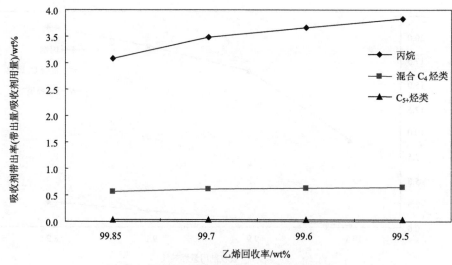

图 9.7　相同乙烯回收率吸收剂带出量对比

　　由图 9.7 可以看出：丙烷吸收剂带出量最多，C_{5+}烃类带出量最少。在乙烯回收率 99.5%～99.85%范围内。丙烷带出量是混合 C_4 烃类带出量的 4 倍左右，是混合 C_{5+}烃类的 60 倍左右。

　　由以上的对比分析和计算可以看出：丙烷吸收剂对乙烯的吸收效果好，但是会增加丙烷的跑损量；C_{5+}烃类吸收剂吸收乙烯的效果差，达到同样的吸收效果，需要增加吸收剂用量；而混合 C_4 烃类居于两者中间。采用何种吸收剂需要综合考虑进行选择，并进一步确定烯烃分离的工艺流程。

9.3.3　乙烯、丙烯精馏塔操作条件的研究

　　MTO 反应气中，乙烯/乙烷、丙烯/丙烷高于常规的乙烯裂解气组成，使乙烯精馏塔和丙烯精馏塔的操作条件有一定的变化。图 9.8、图 9.9 列出了乙烯精馏塔的操作条件、进料组成变化对乙烯精馏塔操作的影响。图 9.10、图 9.11 列出了丙烯精馏塔的操作条件、进料组成变化对丙烯精馏塔操作的影响。

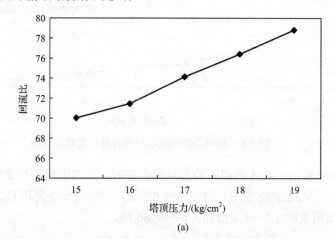

(a)

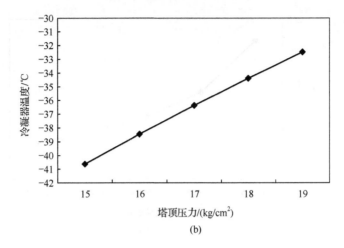

(b)

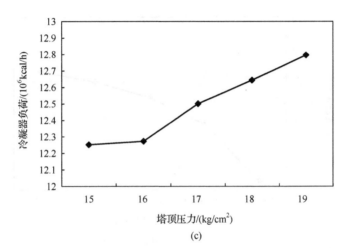

(c)

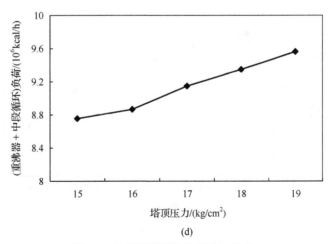

(d)

图 9.8　乙烯精馏塔操作压力的影响

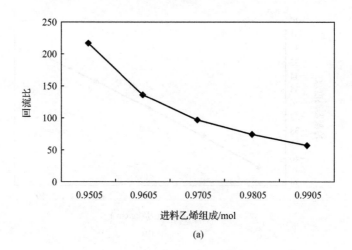

(a)

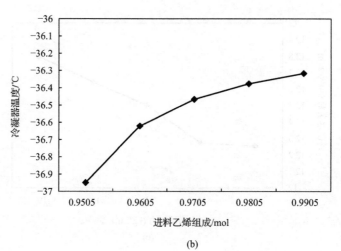

(b)

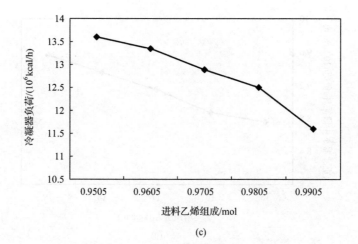

(c)

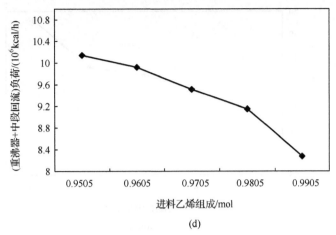

(d)

图 9.9　乙烯精馏塔进料组成的影响

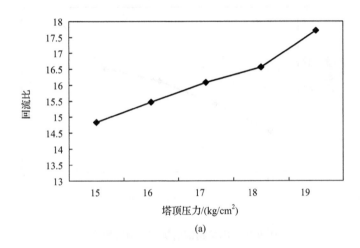

(a)

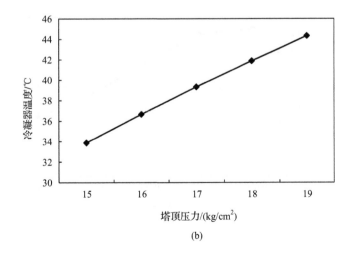

(b)

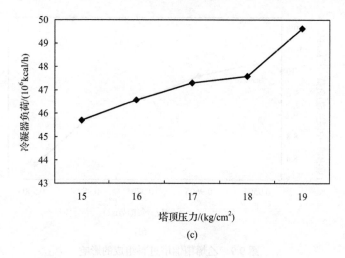

(c)

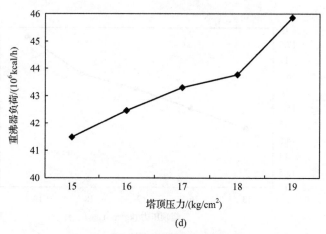

(d)

图 9.10　丙烯精馏塔操作压力的影响

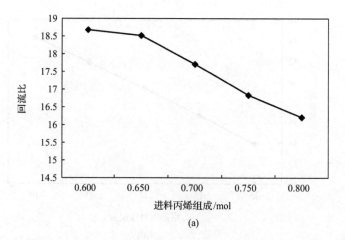

(a)

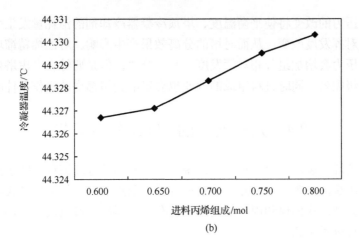

(b)

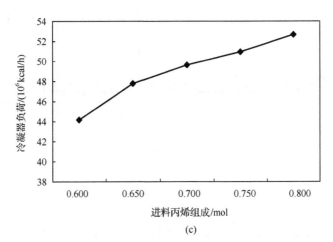

(c)

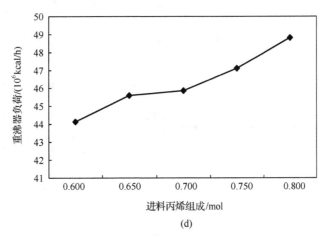

(d)

图 9.11 丙烯精馏塔进料组成的影响

从图 9.8~图 9.11 可以看出：精馏塔操作压力的确定，一方面要考虑压力对精馏塔分离效果的影响；另一方面又要考虑提供的塔顶冷剂所能达到的冷却温度，以及物料化学性质的限制。压力的改变将使平衡温度、塔顶冷凝器冷却剂的消耗量发生变化，还将使塔内气速和相对挥发度改变，从而对塔的分离效果产生影响。对乙烯精馏塔和丙烯精馏塔，降低操作压力会增加组分相对挥发度，易于分离；但是要综合考虑塔顶冷凝所采用的冷剂温度等级配备。同时进料组成的改变也会影响到精馏塔的操作条件的变化。

9.4　几种典型的 MTO 分离工艺

　　根据传统乙烯的裂解气组成特点，传统裂解炉的乙烯分离流程有顺序流程、前脱乙烷流程、前脱丙烷流程等，在脱除乙炔杂质方面有前加氢和后加氢等方式，在甲烷的处理上有甲烷化处理，在丙炔和丙二烯处理上也有 C_3 加氢处理流程。图 9.12 为传统裂解炉乙烯分离流程分类示意图。

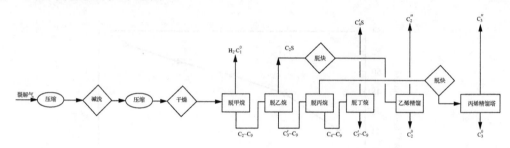

(a) 顺序分离流程

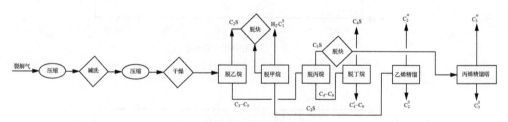

(b) 前脱乙烷前加氢分离流程

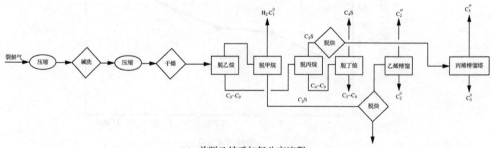

(c) 前脱乙烷后加氢分离流程

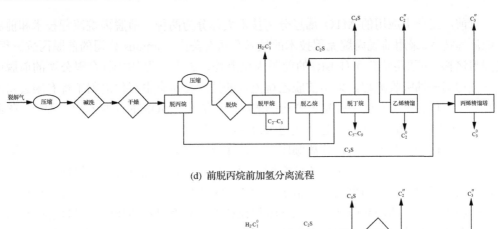

(d) 前脱丙烷前加氢分离流程

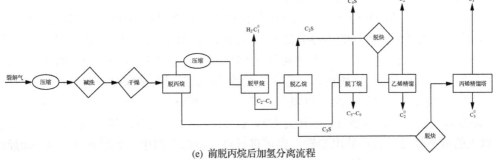

(e) 前脱丙烷后加氢分离流程

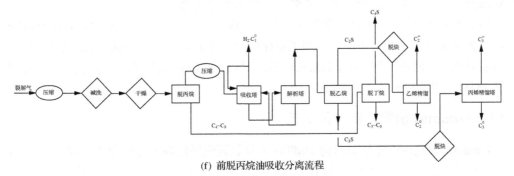

(f) 前脱丙烷油吸收分离流程

图 9.12　裂解气分离流程分类示意图

根据 DMTO 气体组成的特点，无论选择哪种烯烃分离工艺流程都要遵循如下原则。

(1) 脱除杂质满足产品质量要求。

(2) 生产聚合级乙烯和聚合级丙烯。

(3) 最大化乙烯和丙烯的回收率。

(4) 副产燃料气、乙烷、丙烷、C_4、C_{5+}综合利用。

(5) 根据工艺流程，优化压缩过程设计。

(6) 构建反应和分离一体化装置。

(7) 综合考虑装置控制和自保联锁。

(8) 增强装置的操作灵活性。

(9) 优化低温热和冷剂回收利用，降低能耗。

(10) 节约占地、节省投资、提高效益。

(11) 提高装置安全性，重视环境保护。

目前，工业上应用的 MTO 烯烃分离技术大体分为两种：前脱丙烷流程技术和前脱乙烷流程技术。采用前脱丙烷流程技术的技术公司有美国 Lummus 公司的前脱丙烷流程、美国凯洛格–布朗路特公司(KBR)的前脱丙烷流程、惠生工程(中国)有限公司的前脱丙烷—预切割—油吸收流程。采用前脱乙烷流程的技术公司有中石化洛阳工程有限公司的前脱乙烷流程、中国石化工程建设公司的前脱乙烷流程、UOP 的前脱乙烷流程等。除此之外，SHAW 集团的石伟公司也提出过 DMTO 的烯烃分离技术方案。

前脱丙烷和前脱乙烷流程分离顺序不同，在反应气体压缩、氧化物、酸性气脱除、反应气干燥、脱甲烷、脱乙烷、乙烯精馏、丙烯精馏、脱丁烷或脱戊烷等操作条件上有一定差别，局部甚至区别很大。但由于各种 MTO 的反应气体组成相近，各流程均以回收乙烯和丙烯为目的产品展开。在工艺流程设计上，要确保乙烯和丙烯等目的产品的回收率，均采用丙烯为制冷剂的中冷分离与 C_3 吸收相结合的方式，装置能耗、目的产品回收率等方面相当，目前乙烯的回收率可达 99.5%左右，丙烯的回收率可达 99.5%左右。从工业化实践情况来看，前脱丙烷、前脱乙烷各具特点，已有多家技术得到成功的应用。

另外，MTO 分离装置还副产以氢气、甲烷为主的燃料气。乙烷、丙烷可根据下游装置的需要以气相或液相出装置，或作为燃料气，或作为下游装置的进料或作为产品。C_4、C_5 以上的液态烃可作为产品出装置，也可进行进一步综合利用，如增加 C_4、C_5 烯烃的转化或回炼，形成多产丙烯或多产乙烯、丙烯的工艺选择。

根据 DMTO 反应气体的组成选择的分离流程会比裂解气制乙烯流程大为简单，物料循环将大大减少，工艺与工程开发和工业化应用结果表明，装置能耗比石脑油裂解制乙烯有明显优势。下面介绍几种在 DMTO 装置上得到成功应用的烯烃分离技术以及即将在其他 MTO 工艺上进行应用的技术。

9.4.1 Lummus 前脱丙烷分离工艺

Lummus 前脱丙烷流程是目前 DMTO 工业装置应用最多的烯烃分离流程，如图 9.13 所示。该流程已在 5 套 DMTO 装置上成功应用，还有数套正在设计和建设的 180 万 t/a 甲醇的 DMTO 装置中采用该技术。

Lummus 前脱丙烷工艺流程特点是：①反应气进行四段压缩，反应气压缩机的二段出口设置水洗塔和碱洗塔，反应气压缩机的三段出口设置高、低压脱丙烷塔，实现前脱丙烷流程；高压脱丙烷塔顶气体进入反应气四段入口进行压缩后进入脱甲烷塔。②脱甲烷塔采用-40℃丙烯冷剂和 C_3 吸收剂作为分离手段，塔顶产品是以氢气、甲烷为主的燃料气，塔底为 C_2 和 C_3 组分。③C_2 和 C_3 组分在脱乙烷塔内进行分离后，分别进入乙烯和丙烯精馏塔进行乙烯、丙烯分离。④分离流程仅设有三级丙烯冷剂。

Lummus 前脱丙烷工艺流程将 DMTO 单元来的反应气进行四段压缩，达到脱甲烷塔的操作压力的要求。反应气压缩机设二返一、三返三、四返四等三个防喘振控制回路，保证压缩机平稳运行。一段入口压力与 DMTO 单元反应器操作压力密切相关，维持一段入口压力稳定，确保反应气压缩流程保持稳定，为整个烯烃分离工艺过程的操作创造良好的条件。

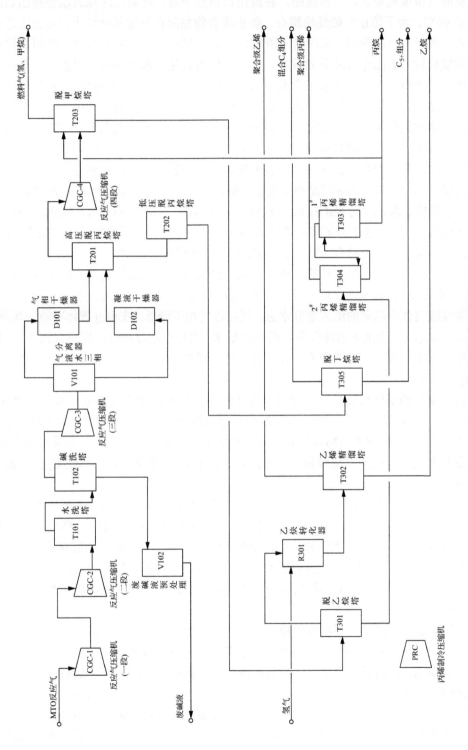

图 9.13　Lummus 前脱丙烷典型流程（一）

经反应气压缩机第一、二段压缩，各段出口设后冷器，并通过注除氧水保持出口温度不高于 90℃。为了防止二烯烃的聚合，防止聚合物黏附在压缩机叶轮上，可向工艺介质中注入少量反应气阻聚剂。反应气二段出口压力达到 0.8MPa（G）左右进水洗塔脱除反应气中的氧化物，去除绝大部分的醇类、醛类、酮类氧化物和少部分二甲醚，剩余的二甲醚最终存在于丙烷中。水洗水正常采用 DMTO 单元污水汽提塔的净化水（锅炉给水、透平蒸汽凝结水等，也可以作为备用）。水洗水的用量应确保塔顶氧化物中除二甲醚以外的氧化物基本被完全脱除，可根据 DMTO 单元氧化物的变化适当进行用量的调整。通常水洗塔采用散堆填料，目的是尽可能降低压缩机段间的压力降，降低能耗。

水洗后的反应气经加热到 42.5℃，进碱洗水洗塔，脱除二氧化碳酸性气，为下游分离操作去除杂质，并满足乙烯产品质量要求。碱洗塔设强、中、弱三段碱洗和一段水洗。强碱段、中碱段、弱碱段的 NaOH 浓度为 8wt%～10wt%、6wt%～8wt%、1wt%～2wt%。水洗段在强碱段上方，洗涤掉可能夹带的碱液带入下游设备中。需控制碱洗塔操作温度，过高的温度容易产生"黄油"，而过低的温度容易造成烃水混合物。

经水洗、碱洗后的反应气经第三段压缩后，经水冷与脱乙烷塔底部分物料换热，用 7℃丙烯冷剂激冷到 10～12℃后，进压缩机三段出口罐，进行气、液、水三相分离，目的是脱除反应气体中携带的绝大部分水分，气相进气相干燥器，液相进液体凝液干燥器，通过干燥脱除水分，满足下游冷区分离操作的要求；水相返回反应气压缩机二段入口罐。气相干燥器和液体凝液干燥器均为一开一备，进行周期再生，确保干燥器出口的水分降低到 1ppm 以下。

经过干燥后的反应气和烃类凝液进高低压脱丙烷系统，采用双塔双压操作，将 C_3 及以下组分与 C_4 及以上组分分割。高压脱丙烷塔塔顶采用 7℃丙烯冷剂作为冷凝介质，冷凝液体全部回流，控制塔顶物料的 C_4 组成。塔底正常采用低低压蒸汽作为重沸器热源，控制塔底温度 80℃，防止二烯烃聚合，并注入一定的 C_3 阻聚剂。控制塔底 C_2 组分流入低压脱丙烷塔。

高压脱丙烷塔底物料进低压脱丙烷塔。低压脱丙烷塔塔顶采用 7℃丙烯冷剂作为冷凝介质，冷凝液体部分回流，部分返回到高压脱丙烷塔作为补充回流。塔底正常采用 DMTO 单元来的急冷水作为重沸器热源，控制塔底温度 80℃，防止二烯烃聚合，并注入一定的 C_3 阻聚剂。控制塔底 C_3 组分流入脱丁烷塔或脱戊烷塔。低压脱丙烷塔底物料进脱丁烷塔或脱戊烷塔，分离 C_4 或 C_5 组分，作为副产品送出装置，也可用于烯烃转化多产丙烯的原料。

高压脱丙烷塔回流罐顶不凝气进反应气第四段压缩，经–24℃和–40℃丙烯冷剂连续激冷，经脱甲烷塔进料缓冲罐分离气液相，气液相物料分别进脱甲烷塔。

脱甲烷塔底重沸器采用反应气压缩机四段出口气体作为热源。脱甲烷塔顶采用丙烷或 C_3 吸收剂回收塔顶尾气中的乙烯，经冷量回收，尾气作为燃料气出装置，也可以通过变压吸附方式回收氢气。塔底为 C_2 和 C_3 组分，控制甲烷含量，满足乙烯产品中对甲烷的要求，并确保下游各塔平稳操作。塔中段抽出液体，用–40℃丙烯冷剂冷却后返塔，增加分离效果。

脱甲烷塔底物料进脱乙烷塔，将 C_2 组分和 C_3 组分分离。塔顶采用–24℃丙烯冷剂作为冷凝介质，冷凝液体全部回流。回流罐不凝气中的乙烯含量在 98%左右，含 2%左右乙烷及少量乙炔。为了确保乙烯产品中对乙炔的要求，进行乙炔加氢转化，用外来的氢气将少量乙炔脱除后，经脱除绿油和干燥后，进乙烯精馏塔。在工业应用中，由于 DMTO 反应气中的乙炔含量极低，有时不需要脱除乙炔加氢转化过程，但乙炔加氢反应器的设置是必要的。

乙烯精馏塔将乙烯和乙烷分离。塔顶采用–40℃丙烯冷剂作为冷凝介质，冷凝液体全部回流，塔顶不凝气含有少量脱甲烷塔未脱除的甲烷，作为不凝气返回到反应气压缩机二段出口。靠近塔顶的侧线抽出聚合级乙烯产品，自流至乙烯罐区。中部抽出液体，用丙烯制冷系统的罐顶气作为塔中间抽出物料的重沸器热源，塔底用反应气压缩机第四段出口气体作为塔底重沸器热源。塔底乙烷经冷箱回收冷量后，可与脱甲烷塔顶的尾气合并进燃料气系统，也可根据全厂统一安排，送出装置。

脱乙烷塔底物料为 C_3 组分，进由双塔构成的丙烯精馏系统，分离丙烯和丙烷，如图 9.11 所示。2#丙烯精馏塔顶出聚合级丙烯，1#丙烯精馏塔底出丙烷。2#丙烯精馏塔顶采用循环水作为冷凝介质，冷凝液体部分回流，部分作为聚合级丙烯经丙烯产品保护床脱除可能的氧化物和水分后，送至丙烯罐区。

1#丙烯精馏塔底部分丙烷可经冷箱回收冷量后，与脱甲烷塔顶尾气、乙烯精馏塔底乙烷合并作为燃料气出装置，也可以作为丙烷产品出装置，但丙烷中带有少量二甲醚；另一部分丙烷作为丙烷吸收剂，经冷却、激冷后，返回脱甲烷塔顶，回收脱甲烷塔顶尾气中的乙烯，提高乙烯的回收率。这样部分丙烷组分就在脱甲烷塔、脱乙烷塔、丙烯精馏塔循环，丙烯精馏塔进料中丙烯占 70%左右。

另一种改进的流程是脱乙烷塔底物料分成两股，如图 9.14 所示。一股富含丙烯的 C_3 物料作为 C_3 吸收剂，经冷却、激冷后进脱甲烷塔，回收尾气中的乙烯；另一股进丙烯精馏塔进行丙烯和丙烷分离。1#丙烯精馏塔塔底少量丙烯，经冷却、激冷后，返回脱甲烷塔顶，回收塔顶尾气中的乙烯和丙烯。丙烯精馏塔进料中丙烯占 86%左右，从而降低了丙烯精馏塔的负荷，改善了丙烯精馏塔回流条件，缩小丙烯精馏塔的塔径。脱甲烷塔顶的流程会进行必要的改进。

工艺流程采用闭环的丙烯制冷压缩系统，为工艺过程中各用户提供 7℃、–24℃、–40℃三个温位等级的冷量。其中，反应气干燥系统前、高低压脱丙烷系统等用户需要 7℃冷剂，脱乙烷塔冷凝器等用户需要–24℃冷剂，脱甲烷系统和乙烯精馏塔冷凝器等用户需要–40℃冷剂。

分离流程中需要反应气压缩机阻聚剂、除氧剂、黄油抑制剂、C_3 阻聚剂、C_4 产品阻聚剂等化学药剂，确保工艺物料在分离过程中，不产生聚合、不发生堵塞，平稳运行。

分离流程中设冷火炬和热火炬系统，确保在开停工、事故工况时，保证装置安全操作。

9.4.2　KBR 前脱丙烷分离工艺

KBR 前脱丙烷流程(图 9.15)与 Lummus 前脱丙烷流程不同，目前仅有 1 套 MTO 项目采用，处于详细设计和工程建设当中。

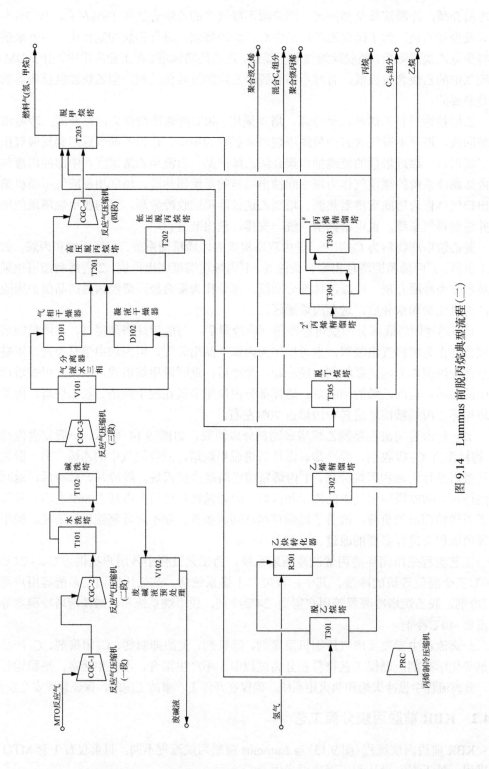

图 9.14 Lummus 前脱丙烷丙烷型典型流程（二）

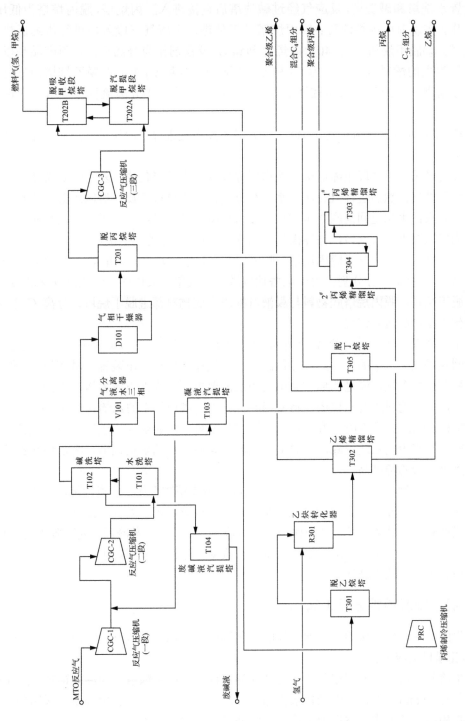

图 9.15 KBR 前脱丙烷典型流程

KBR 前脱丙烷工艺流程特点是：①反应气进行三段压缩，反应气压缩机的二段出口设置水洗塔和碱洗塔，反应气经过碱洗塔后直接进入脱丙烷塔，脱丙烷塔为低压、单塔操作，实现前脱丙烷流程；脱丙烷塔顶气体进入反应气三段入口进行压缩后进入脱甲烷塔。②脱甲烷塔采用–40℃丙烯冷剂和 C_3 吸收剂作为分离手段，顶产品是以氢气、甲烷为主的燃料气，塔底为 C_2 和 C_3 组分。③C_2 和 C_3 组分在脱乙烷塔内进行分离后，分别进入乙烯和丙烯精馏塔进行乙烯、丙烯分离。④分离流程仅设有三级丙烯冷剂。

KBR 前脱丙烷工艺流程将 DMTO 单元来的反应气进行三段压缩，达到脱甲烷塔的操作要求。

反应气经第一、二段压缩后进水洗塔脱除反应气中的氧化物，然后进碱洗塔，脱除二氧化碳酸性气，然后进行气、液、水三相分离，气相进行干燥，脱除水分，满足下游冷区分离要求；水相返回反应气压缩机二段入口罐；液相进凝液汽提塔，塔顶不凝气返回到反应气压缩机二段入口，循环操作；塔底 C_4 以上组分进脱丁烷塔。

经过干燥后的反应气进脱丙烷塔，脱丙烷塔操作条件较低，为单塔操作。将 C_3 及以下组分与 C_4 及以上组分分割。脱丙烷塔顶气进反应气第三段压缩，经连续换热和激冷，物料进脱甲烷塔。脱丙烷塔底物料与凝液汽提塔塔底物料都进脱丁烷塔，分离 C_4 和 C_5 组分，作为副产品送出装置。

脱甲烷塔底重沸器采用 DMTO 单元的急冷水作为热源。脱甲烷塔顶采用丙烷或 C_3 吸收剂回收塔顶尾气中的乙烯，经冷量回收，尾气作为燃料气出装置。塔底为 C_2 和 C_3 组分，控制甲烷含量，满足乙烯产品中对甲烷的要求，并确保下游各塔平稳操作。

脱甲烷塔底物料进脱乙烷塔，将 C_2 和 C_3 分离。塔顶气中的乙烯含量在98%左右，含 2%左右乙烷及少量乙炔。为了满足乙烯产品中对乙炔的要求，进行乙炔加氢转化，用外来的氢气将少量乙炔脱除，经脱除绿油和干燥后，进乙烯精馏塔，将乙烯和乙烷分离，得到聚合级乙烯产品。

脱乙烷塔底物料为 C_3 组分，进由双塔构成的丙烯精馏系统，分离丙烯和丙烷，如图9.13 所示。2#丙烯精馏塔顶出聚合级丙烯，1#丙烯精馏塔底出丙烷。部分丙烷作为产品出装置或燃料气出装置；另一部分作为丙烷吸收剂，经冷却、激冷后，返回脱甲烷塔顶，回收脱甲烷塔顶尾气中的乙烯，提高乙烯的回收率。这样部分丙烷组分就在脱甲烷塔、脱乙烷塔、丙烯精馏塔循环。

9.4.3 惠生前脱丙烷分离工艺

惠生的前脱丙烷—预切割—油吸收的工艺流程(图 9.16)已在 UOP 公司的 MTO 和 DMTO-Ⅱ项目上应用。

惠生前脱丙烷工艺流程在预切割塔之前的流程、乙烯精馏塔、丙烯精馏塔、脱丁烷塔的流程与 Lummus 类似，但操作条件略有不同。最大的特点是脱甲烷系统采用预切割与油吸收相结合的方式，进行脱甲烷和回收油吸收塔尾气中乙烯。

惠生前脱丙烷工艺流程将 DMTO 单元来的反应气进行四段压缩，达到预切割塔—油吸收塔的操作要求。

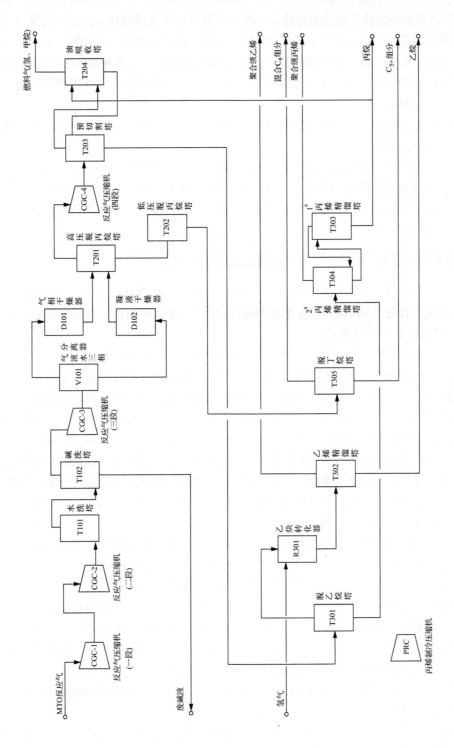

图 9.16　惠生前脱丙烷—预切割—油吸收典型流程

预切割塔塔顶气直接进油吸收塔下方，油吸收塔底物料作为预切割塔的回流。来自 1#丙烯精馏塔底的丙烷作为吸收剂经冷却、激冷后返回油吸收塔顶作为回流回收尾气中的乙烯。油吸收塔塔顶气经-40℃丙烯冷剂冷凝，还有少量回流返推。预切割—油吸收系统在开工期间需要外来丙烯或 C_3 吸收剂配合，才能尽快达到预切割塔和油吸收塔的内循环。

预切割塔和油吸收塔都有 C_2、C_3 组分。预切割塔的塔底采用反应气压缩第四段出口气体作为重沸器热源。

分离流程中需要反应气压缩机阻聚剂、黄油抑制剂、C_3 阻聚剂、C_4 产品阻聚剂等化学药剂，以及冷火炬和热火炬系统。

工艺流程采用四段闭环的丙烯制冷压缩系统，为工艺过程中各用户提供 18℃、2℃、-25℃、-40℃四个温位等级的冷量。其中，反应气干燥系统前、高低压脱丙烷系统等用户需要 7℃冷剂，脱乙烷塔冷凝器等用户需要-25℃冷剂，脱甲烷系统和乙烯精馏塔冷凝器等用户需要-40℃冷剂。

9.4.4　中石化洛阳工程有限公司前脱乙烷分离工艺

中石化洛阳工程有限公司的前脱乙烷—脱甲烷塔—吸收塔烯烃分离工艺(图 9.17)已在山东神达化工有限公司 100 万 t/a 甲醇 DMTO 装置上成功应用，在 2015 年还将有两套该技术的 DMTO 装置建成投产。

LPEC 的前脱乙烷—脱甲烷—吸收工艺流程特点是：①反应气进行四段压缩，反应气压缩机的二段出口设置水洗塔和碱洗塔，反应气压缩机的三段出口设置脱乙烷塔，直接将 C_2 及以下轻组分和 C_3 及以上重组分分开，实现前脱乙烷流程；脱乙烷塔顶气体进入反应气四段入口进行压缩后进入脱甲烷塔系统。②脱甲烷系统由脱甲烷塔和吸收塔两个塔组成，脱甲烷塔采用-40℃丙烯冷剂对 C_2 组分进行分离，塔底 C_2 组分直接进入乙烯精馏塔；脱甲烷塔顶含有部分 C_2 组分的轻组分进入吸收塔，采用 C_3 吸收剂进行再分离，塔顶产品是以氢气、甲烷为主的燃料气，塔底为 C_2 和 C_3 组分进入脱乙烷分离。③C_3 及以上组分在高、低压脱丙烷塔内进行分离后，C_3 组分直接进入丙烯精馏塔进行丙烯分离。④分离流程仅设有三级丙烯冷剂。

中石化洛阳工程有限公司的前脱乙烷工艺流程，与 Lummus 和惠生等的前脱丙烷工艺的最大的不同之处是，MTO 反应气在经过含氧化合物和酸性气体脱除后，在脱乙烷塔内直接将含有同等数量的 C_2 组分(乙烯占 98%)和 C_3 组分(丙烯占 90%以上)直接进行分离，大大缩短了乙烯和丙烯的分离流程。丙烯组分无需经过脱甲烷塔的低温过程，在脱乙烷塔后不需要低温冷剂，产品容易合格。由于前脱乙烷和前脱丙烷流程从根本上改变了 C_2 和 C_3 组分的分离流程，在能量的消耗和低温热利用上也不尽相同，能够得到较好的效果。中石化洛阳工程有限公司的前脱乙烷工艺流程的详细特点见下面所述。

中石化洛阳工程有限公司的前脱乙烷—脱甲烷—吸收工艺流程将 DMTO 单元来的反应气进行四段压缩，达到脱甲烷塔—吸收塔的操作要求。

DMTO 反应气经过第一、二段压缩后，进行水洗脱除氧化物、碱洗脱除二氧化碳酸性气，经过第三段压缩，进行冷却、换热、激冷后，进行气、液、水三相分离，反应气和凝液分别进行干燥脱除水分后，进脱乙烷塔，首先将 C_2 及以下组分与 C_3 及以上组分

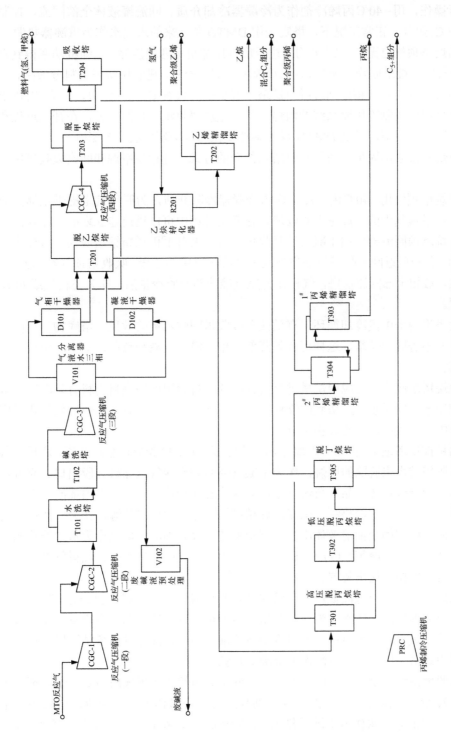

图 9.17　中石化洛阳工程有限公司前脱乙烷典型流程

进行分离。C_3组分无需经过脱甲烷塔—吸收塔，缩短了乙烯和丙烯分离流程。脱乙烷塔采用低压操作，用$-40℃$丙烯冷剂作为冷凝器冷却介质。回流罐液体全部回流，控制不凝气中的C_3组分。正常工况下，塔底采用DMTO单元来的水洗水作为重沸器热源。

脱乙烷塔顶气已无C_3以上组分，进反应气压缩机第四段压缩，压缩机功率得到有效降低。经与脱甲烷塔底物料换热和$-40℃$丙烯冷剂激冷后，进脱甲烷塔进料分液罐，进行气液分离后，气相和液相分别进脱甲烷塔，脱甲烷塔只有C_2以下组分，没有C_3以上组分。塔底采用丙烯制冷压缩系统的丙烯气作为重沸器热源，热源充分，在开工过程和正常操作中适应性很强，不受DMTO反应条件变化和现场环境温度的影响。

脱甲烷系统采用脱甲烷塔与吸收塔相结合的方式，进行脱甲烷和回收吸收塔尾气中乙烯。

脱甲烷塔顶气用$-40℃$丙烯冷剂作为冷凝器冷凝介质，为脱甲烷塔提供足够回流，减少脱甲烷塔顶气中的乙烯进入吸收塔，在开工过程中可以迅速建立塔的内循环。

脱甲烷塔顶回流罐气相不凝气进吸收塔下方，来自$1^{\#}$丙烯精馏塔底的丙烷作为吸收剂经冷却、激冷后返回吸收塔塔顶作为回流回收尾气中的乙烯。吸收塔顶气经$-40℃$丙烯冷剂冷凝，液相全部回流返塔，气相作为尾气经冷箱回收冷量后，作为燃料气或PSA原料出装置。

吸收塔设两个中段冷却循环，有效改善吸收塔回收乙烯的效果。塔底物料返回到脱乙烷塔，并不进脱甲烷塔，这样可有效降低脱甲烷塔内气液相负荷，缩小脱甲烷塔和吸收塔的塔径。

脱甲烷塔塔底物料与脱甲烷塔进料进行换热，将脱甲烷塔进料物料有效激冷，减少丙烯冷剂用量，同时脱甲烷塔底的物料被汽化，并经节流降温后进乙炔加氢转化反应器脱除物料中的乙炔后，进乙烯精馏塔。

乙烯精馏塔塔顶采用$-40℃$丙烯冷剂作为冷凝介质，冷凝液体全部回流，塔顶不凝气含有少量脱甲烷塔未脱除的甲烷，作为不凝气返回到反应气压缩机二段出口。靠近塔顶的侧线抽出聚合级乙烯产品，自流至乙烯罐区。乙烯精馏塔塔底采用丙烯制冷系统三段罐顶的丙烯气作为重沸器热源，确保乙烯精馏塔有足够的再沸热源，作为乙烯精馏塔主要再沸热源。中部侧线抽出液体用丙烯制冷系统二段罐顶的丙烯气作为重沸器热源，作为补充。塔底乙烷经冷箱回收冷量后，可与脱甲烷塔顶的尾气合并进燃料气系统，也可根据全厂统一安排，送出装置。

脱乙烷塔塔底物料进高低压脱丙烷系统，高压脱丙烷塔进料中已去除C_2及以下组分，塔顶冷凝器采用循环水作为冷凝介质，而不再需要丙烯冷剂作为冷凝介质，减少了丙烯冷剂的用量。高压脱丙烷塔顶回流罐液体部分回流，部分进丙烯精馏塔。正常工况下高压脱丙烷塔采用低低压蒸汽作为重沸器热源。

高压脱丙烷塔底物料进低压脱丙烷塔。低压脱丙烷塔塔顶采用$7℃$丙烯冷剂作为冷凝介质，冷凝液体部分回流，部分返回到高压脱丙烷塔作为补充回流。塔底正常采用DMTO单元来的急冷水作为重沸器热源，控制塔底温度$80℃$，防止二烯烃聚合，并注入一定的C_3阻聚剂。控制塔底C_3组分流入脱丁烷塔或脱戊烷塔。低压脱丙烷塔底物料进脱丁烷塔或脱戊烷塔，分离C_4或C_5组分，作为副产品送出装置，也可用于烯烃转化多产丙烯的原料。

丙烯精馏塔采用双塔操作,塔顶出聚合级丙烯产品,塔底丙烷部分作为吸收剂进吸收塔,部分作为丙烷产品出装置。

分离流程中需要反应气压缩机阻聚剂、除氧剂、黄油抑制剂、C_3阻聚剂、C_4产品阻聚剂等化学药剂,以及冷火炬和热火炬系统。

采用三段闭环的丙烯制冷压缩系统,为工艺过程中各用户提供 7℃、−24℃、−40℃三个温位等级的冷量,并从第二段出口之前抽出一股丙烯气,作为脱甲烷塔重沸器的热源。其中,反应气干燥系统前、低压脱丙烷系统等用户需要 7℃冷剂,丙烷吸收剂等用户需要−24℃冷剂,脱乙烷塔冷凝器、脱甲烷塔和吸收塔系统和乙烯精馏塔冷凝器等用户需要−40℃冷剂。

反应气压缩机和丙烯压缩机总功率与前脱丙烷流程相比,略有减少。

中石化洛阳工程有限公司将 DMTO 专利专有技术与其拥有的前脱乙烷烯烃分离技术相结合,首次实现了 MTO 装置的一体化设计。结合 DMTO 单元的操作条件变化,反应气组成和变化规律,在中石化洛阳工程有限公司前脱乙烷分离流程的工艺设计中充分考虑了 DMTO 工艺的变化条件的适应性。同时在工程设计、平面布置、自控联锁,工程建设、开工和正常运行、优化改进方面利用其得天独厚的优势,不断致力于完善流程。山东神达化工有限公司项目的成功投产,验证了中石化洛阳工程有限公司前脱乙烷流程的可靠性。

9.5 小　结

MTO 工艺的特点决定了 MTO 烯烃分离工艺的特点。DMTO 反应气体的烯烃分离流程会比裂解气制乙烯流程简单很多,装置能耗比裂解气制乙烯有明显优势;由于 DMTO 反应气体中的氢、甲烷比较少,在保证乙烯回收率的前提下,使烯烃分离流程采用中冷分离成为可能,只需要丙烯提供冷剂和冷量。

MTO 烯烃分离工艺流程无论是前脱丙烷流程还是前脱乙烷流程都需要满足下游工艺对乙烯和丙烯产品的要求。

MTO 反应和分离是甲醇制烯烃技术不可分割的组成部分,应该进行一体化设计、建设和管理。

参 考 文 献

[1] 李泪, 王雷. 甲醇制低碳烯烃反应气体分离的吸收剂分析.炼油技术与工程, 2011, 41(8): 18-20

第10章 甲醇制烯烃分析方法

原料、过程及产品的质量监控是 DMTO 装置长期、稳定、高效操作的基本保障。由于甲醇制烯烃技术和质量指标均处于发展过程的初始阶段，相应的标准制定也需要相对长期的过程。为了全面反映 DMTO 技术，特别是针对工业装置运行操作需要，本章汇集了相关的分析方法。主要对 DMTO 工艺涉及的原料、催化剂和产品的分析方法做了详细介绍。一些常规分析方法、采样方法及水质、环保、安全等分析方面的内容，可参考相关手册及国家标准。其他章节已经列出的相关分析方法也不在本章重复介绍。

10.1 甲醇制烯烃催化剂分析项目及方法

10.1.1 DMTO 催化剂物理性能分析项目及方法

新鲜 DMTO 催化剂为白色或淡黄色高强度微球颗粒，DMTO 反应后催化剂为墨绿或黑绿色，再生后催化剂为白色或灰白色（依再生程度而变化）。相关物理性能分析项目及方法如表 10.1 所示，催化剂积碳量测定方法也一并列入。DMTO 催化剂应用于循环流化床反应装置，本书第 5 章列出了催化剂物性分析相关方法，一些物性分析也可查阅流化催化剂相关分析方法和国家标准，在此不做详细介绍。主要介绍催化剂焦炭含量测定方法。

表 10.1 DMTO 催化剂物理性能分析项目及方法

分析项目		分析方法	标准
形貌		扫描电子显微镜(SEM)	
固含量		灼烧失重	
磨损指数		磨损指数测定仪(第 5 章 5.1.2 节第 1 点)	
密度	沉降密度	第 5 章 5.1.2 节第 4 点	
	颗粒密度	第 5 章 5.1.2 节第 4 点	
	堆积密度	第 5 章 5.1.2 节第 4 点	
	骨架密度	第 5 章 5.1.2 节第 4 点	GB/T 16913.3—2008
孔容、比表面积		物理吸附	
粒度分布		激光粒度仪(第 5 章 5.1.2 节第 2 点)	GB/T 19077.1—2003
		钢铁定碳法	GB/T 223.68/69
焦炭含量		热重法	
		紫外可见分光光度计法 (CN200610112554.6)	

10.1.2　催化剂焦炭含量的测定方法

DMTO 催化剂的含碳量在 DMTO 工艺上有着重要的地位。目前采用的分析方法有钢铁定碳法[1]、热重法和大连化物所发明的紫外可见分光光度计定碳法[2]。本章对热重法和紫外可见分光光度计法进行详细介绍。

1. 热重法测定催化剂焦炭含量

1)分析原理

热重法是测量试样的质量变化与温度或时间关系的一种技术。DMTO 工艺反应、再生后的积碳催化剂可通过热重分析得到催化剂上的积碳量。热重定碳法是通过程序升温及气氛控制来识别自由水、结合水与焦炭燃烧造成的失重，由此得到焦炭含量。热重法首先在惰性气氛下对积碳催化剂进行程序升温，脱除自由水和结合水，然后在氧化性气氛下烧碳，从催化剂的失重量计算得到焦炭含量。

2)分析仪器、分析步骤及结果计算

分析仪器：热分析天平(热重分析仪)。

气体：氮气或氩气(分析纯)，空气或氧气(分析纯)。

分析步骤：首先热重分析仪开机预热，平衡调零。然后称取 $10\sim40\text{mg}$ 积碳催化剂，标记重量 W，置于热重分析仪坩埚内，在氮气或氩气气氛下，流量 $80\sim100\text{mL/min}$，从室温(或 50℃)按 $5\sim20$℃/min 程序升温至 650℃，恒温 30min，标记失重量为 W_1，降温至 100℃左右，切换成空气气氛(或含氧气混合气)，程序升温至 950℃，恒温 30min，进行烧碳，标记失重量为 W_2。

结果计算：催化剂的焦炭含量公式为

$$\frac{W_2}{W-W_1-W_2}\times100\% \tag{10-1}$$

可多次取样平行分析。

3)缩短分析时间热重分析方法

由于上述分析方法用时比较长，为了缩短分析时间，在平行误差允许范围内可采取以下方法进行分析：首先热重分析仪开机预热，平衡调零。然后称取 $10\sim40\text{mg}$ 积碳催化剂，标记重量 W，置于热重分析仪坩埚内，空气气氛(或含氧气混合气)下，流量 $80\sim100\text{mL/min}$，从室温(或 50℃)按 $5\sim20$℃/min 程序升温至 950℃，恒温 30min，进行烧碳试验，并从失重谱图中得到自由水失重量，标记 W_1，焦炭失重量，标记 W_2。

2. 紫外可见分光光度计法测定催化剂含碳量

1)分析原理

由大连化物所发明的紫外可见分光光度计法测定 DMTO 催化剂焦炭含量的方法是采用紫外可见光积分球漫反射光谱法测得积碳催化剂的反射率(吸光度)，直接得到催化剂焦炭含量的方法。该方法快捷简单,尤其在 DMTO 装置开工时发挥重要作用。

2)分析仪器及分析步骤

分析仪器:紫外可见分光光度计。

标准样品:已知不同焦炭含量的 DMTO 催化剂(反应后、再生后)。

分析步骤:紫外可见分光光度计(积分球附件)开机预热准备好,首先用白板做基线,然后分别用已知焦炭含量的反应后和再生后的 DMTO 催化剂标准样品进行紫外可见光光谱漫反射测定。用特定波长的反射率和焦炭含量做拟合关系曲线,分别得到反应后和再生后催化剂焦炭含量和反射率的回归方程(以线性回归方程为首选)和判定系数。再对未知焦炭含量的催化剂进行紫外可见光光谱漫反射扫描,把特定波长对应的反射率输入到回归方程得到相应的催化剂焦炭含量。

3)分析方法说明及实例

方法说明:由于 DMTO 催化剂反应后和再生后的催化剂积碳物种不尽相同,需要分别用标准样品作回归方程(以线性回归方程为首选)。该分析方法所述特定波长可根据经验选择,举例可采用 300nm 和 600nm 波长下的反射率和催化剂焦炭含量进行拟合回归方程。

实例说明如下。

(1)已知标准样品为反应后 DMTO 催化剂,其焦炭含量分别是 5.68%、7.65%和 10.42%。分析仪器为 Agilent Cary 5000 紫外可见近红外分光光度计,对其进行紫外可见光(波长范围为 200~800nm)积分球附件漫反射测定,得到 300nm 波长下反射率分别是 17.6412、12.5776 和 10.6333,600nm 波长下反射率为 23.9458、16.0656 和 10.4367。600nm 和 300nm 波长下反射率相减得到数值分别是 6.3046、3.4880 和−0.1966。用反射率相减得到的数值和催化剂焦炭含量做线性关系,得到线性回归方程和判定系数,分别是 $y=-0.7302x+10.252$,$R^2=0.9996$。其中判定系数越接近 1,说明线性越好,拟合度越高。再用紫外可见分光光度计测试未知焦炭含量的反应后DMTO 催化剂样品,在600nm 和300nm 波长下的反射率分别是 17.0396 和 12.6733,两者差为 4.3663,代入方程,得到焦炭含量为 7.09%。也可用标准样品 600nm 下反射率和焦炭含量做线性回归方程为 $y=-0.3444x+13.708$,$R^2=0.9632$。将未知样品 600nm 下反射率 17.0396 代入公式,得到焦炭含量为 7.84%。在误差允许范围内判定系数在 0.95 以上即可以接受。

(2)已知标准样品为再生后DMTO 催化剂,其焦炭含量分别是 1.23%、2.18%和 4.40%。对其进行紫外可见光积分球附件漫反射测定,得到 600nm 波长下反射率为 38.0424、33.9580 和 15.3371。反射率和焦炭含量做线性回归方程为 $y=-0.1334x+6.4884$,$R^2=0.9841$。测定未知再生后 DMTO 催化剂样品,600nm 波长下反射率为 28.2318,代入公式,得到焦炭含量为 2.72%。

10.1.3 DMTO 催化剂反应活性评价方法

采用微型固定流化床对 DMTO 催化剂反应活性进行评价。

1)方法概要

将待测催化剂样品装入反应器内,经准确计量后的微反用甲醇(或甲醇水溶液)经预热、汽化后通过催化剂床层,在规定条件下进行反应,由反应产物经在线色谱分析数据求出待测催化剂的微反活性。

2) 设备、材料及工具

(1) 设备。

采用 DMTO 小型固定流化床试验装置。

(2) 材料。

石英砂、石英棉、氦气(纯度≥99.999%)、空气。

(3) 工具。

手电筒、秒表、活动扳手、剪刀、台虎钳等常用工具；装填管、掏钩等专用工具。

3) 试验条件

原料：40wt%甲醇水溶液。

催化剂：焙烧后的待测 DMTO 微球催化剂 120℃下烘 2h 后放入干燥器内备用，催化剂装入量 10.00g。

反应器：专用小型固定流化床不锈钢反应器。

反应温度：450℃。

甲醇重量空速：WHSV=1.5h^{-1}。

4) 试验步骤

DMTO 催化剂活性评价反应流程如图 10.1 所示。

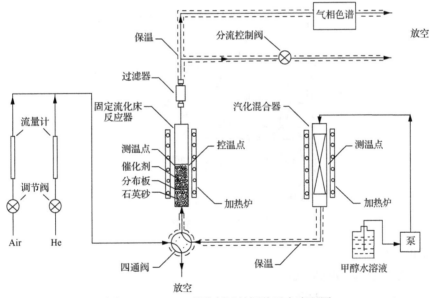

图 10.1　DMTO 催化剂活性评价反应流程图

将 10.00g 微球催化剂装入小型固定流化床反应器中。切换四通阀至活化位置，在反应器温度为 550℃、60mL/min 的氦气气氛下活化催化剂 1h。然后调整反应器温度为 450℃，预热器温度为 300℃，反应进料管线和产物分析管线保持在 150℃。切换四通阀至反应位置。启动恒流泵，将浓度为 40wt%甲醇水溶液以 37.5g/h 进料速度泵入预热器汽化后进入固定流化床反应器，进料 2min 后启动在线气相色谱仪对反应产物气进行分析，并根据可间隔一定时间连续在线取样分析。

5) 产物全组分分析

(1) 分析方法。

在线气相色谱仪分析法。

(2) 分析原理。

对于反应产物中 H_2、CO、CO_2、H_2O 及有机物 $C_1 \sim C_6$、甲醇和二甲醚的含量用在线多通道气相色谱仪进行测定。

(3) 仪器和设备。

气相色谱仪，配置进样十通阀，可连接填充柱(或大口径毛细管柱)和毛细管柱两个进样器，TCD 和 FID 检测器。装置出口样品管连接色谱十通阀的管路需保温在 150℃左右，保证进色谱分析的样品为气态，并在进色谱之前管线带有反吹系统。

气相色谱仪填充柱进样器和 TCD 检测器连接 Porapak QS 填充柱(或大口径PoraPLOT Q-HT 毛细管柱)；毛细管柱进样器和 FID 检测器连接 PoraPLOT Q-HT 毛细管柱。

气相色谱仪采取在线分析方式。色谱气路图如图 10.2 所示(目的相同其他连接方式也可)。

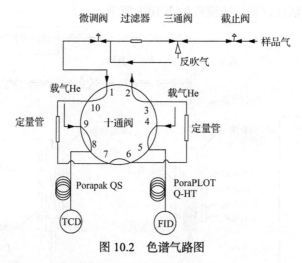

图 10.2　色谱气路图

(4) 辅助气体。

载气：氦气(纯度>99.999%)。

燃料气：氢气(纯度>99.999%)。

助燃气：空气。

(5) 气相色谱仪参考操作条件如表 10.2 所示。

表 10.2　气相色谱仪参考操作条件

参数		数值
进样器温度/℃		200
FID 检测器温度/℃		280
TCD 检测器温度/℃		250
十通阀温度/℃		200
柱温条件	初始温度/℃	40
	保持时间/min	2
	升温速率/(℃/min)	20
	温度/℃	180
	保持时间/min	12
载气		He
色谱柱		Porapak QS 填充柱(或大口径 PoraPLOT Q-HT 毛细管柱)
		PoraPLOT Q-HT 毛细管柱

(6)气相色谱仪实例谱图如图 10.3 和图 10.4 所示。

(7)分析结果计算。

采用多通道校正归一化定量方法,通过特定的化合物为媒介整合多通道检测的数据,从而得到反应产物全组分的分析结果。

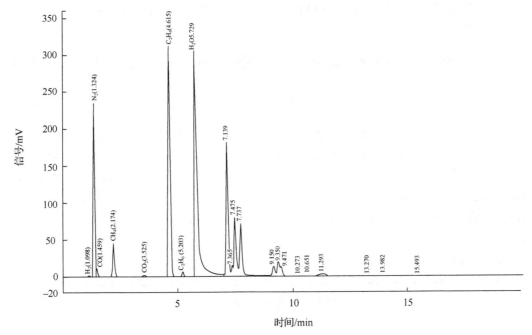

图 10.3　检测器 TCD 色谱图

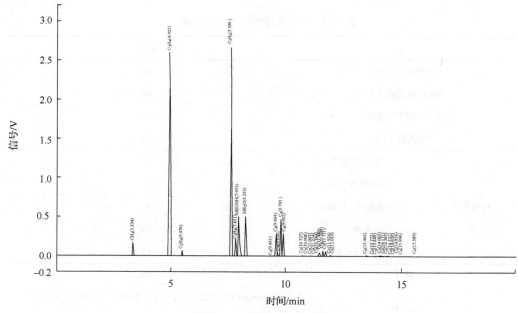

图 10.4　检测器 FID 色谱图

C_2H_4(4.923)表示物质名称(保留时间)

下面介绍气相色谱定量方法及计算公式。

TCD 检测器得到 H_2、CO、CO_2、CH_4、N_2、H_2O 的相对质量含量($\mathrm{wt}_{i\text{-}T}$，i 为 H_2、CO、CO_2、CH_4、N_2 和 H_2O)，FID 检测器得到各有机物质的相对质量含量($\mathrm{wt}_{j\text{-}F}$，j 为 $C_1 \sim C_6$、甲醇和二甲醚等)，TCD 和 FID 检测器均采用校正的面积归一法。

以甲烷为媒介进行整合，具体公式如下：

$$\mathrm{wt}_i(\%)=(\mathrm{wt}_{i\text{-}T}\times\mathrm{wt}_{CH_4\text{-}F}/\mathrm{wt}_{CH_4\text{-}T})\,/\,(l+\sum\mathrm{wt}_{i\text{-}T}\times\mathrm{wt}_{CH_4\text{-}F}/\mathrm{wt}_{CH_4\text{-}T})\times100\% \tag{10-2}$$

$$\mathrm{wt}_j(\%)=\mathrm{wt}_{j\text{-}F}/\,(l+\sum\mathrm{wt}_{i\text{-}T}\times\mathrm{wt}_{CH_4\text{-}F}/\mathrm{wt}_{CH_4\text{-}T})\times100\% \tag{10-3}$$

式中，i 为 H_2、CO、H_2O、CO_2 和 N_2；j 为 $C_1 \sim C_6$ 烃类、甲醇和二甲醚；l 为在 FID 上各种有机组分质量分数的总和；$\mathrm{wt}_{i\text{-}T}\times\mathrm{wt}_{CH_4\text{-}F}/\mathrm{wt}_{CH_4\text{-}T}$ 为以甲烷为媒介时，折算成的某无机组分的质量含量；$\sum\mathrm{wt}_{i\text{-}T}\times\mathrm{wt}_{CH_4\text{-}F}/\mathrm{wt}_{CH_4\text{-}T}$ 为以甲烷为媒介时，折算成的所有无机组分总的质量含量；$l+\sum\mathrm{wt}_{i\text{-}T}\times\mathrm{wt}_{CH_4\text{-}F}/\mathrm{wt}_{CH_4\text{-}T}$ 为以甲烷为媒介时，折算成的所有组分(无机+有机)总的质量含量。也可采用外标定量法或全组分校正归一化法得到反应产物全组分的含量。

6) 转化率和选择性计算

原料转化率定义为：转化的甲醇或二甲醚占原料甲醇的百分数，计算中二甲醚以物质的量换算为甲醇，即认为二甲醚也算做原料。烯烃选择性的定义为：烯烃在非水产物中的含量。

用甲醇原料的转化率和烯烃的选择性来衡量催化剂的活性。

甲醇和二甲醚都计为原料，转化率计算公式如下：

原料物质的量转化率(%)

$$= \frac{(1-\text{MeOH wt\%}-\text{DME wt\%})/14}{(1-\text{MeOH wt\%}-\text{DEM wt\%})/14+(\text{MeOH wt\%}/32)+(\text{DME wt\%}/23)} \times 100\% \tag{10-5}$$

$$\text{产物质量选择性}(\%) = \frac{\text{产物wt\%}}{1-\text{MeOH wt\%}-\text{DME wt\%}} \times 100\% \tag{10-6}$$

式中，MEOH wt%为甲醇质量百分含量；DME wt%为二甲醚质量百分含量；产物 wt%为产物质量百分含量。

7) 精密度及报告

同一样品、同一实验室、同一操作者，甲醇转化率及产物选择性值可取两次平行测定结果的平均值作为测定结果，最大误差(RSD)不大于 0.5%。

10.2　DMTO 原料分析方法

10.2.1　配入原料工艺水及蒸汽冷凝液分析项目及方法

工艺水及蒸汽冷凝液分析项目、控制指标及分析方法如表 10.3 所示。

表 10.3　工艺水及蒸汽冷凝液控制指标、分析项目及分析方法

分析项目	控制指标	分析方法
电导率/(μs/cm)	≤0.3	GB 11007—89
Na⁺/(μg/L)	≤10	JJG 822—1993
含氧量/(μg/L)	≤15	GB 11913—89
pH	实测	JJG 119—2005

10.2.2　甲醇分析项目及方法

甲醇，化学式 CH_3OH，是一种无色透明、易燃、有毒的液体，带有醇香味。熔点-97.8℃，沸点 64.8℃，闪点 12.22℃，自燃点 470℃，相对密度 0.7915(20℃/4℃)，爆炸极限 6%～36.5%，能与水、乙醇、乙醚、苯、丙酮及其他大多数有机溶剂相混溶，是一种重要的有机化工原料和优质燃料。其分析项目、控制指标及分析方法如表 10.4 所示。

表 10.4　甲醇原料分析项目、控制指标及分析方法

分析项目	控制指标	分析方法
色度(Pt-Co)/Hazen	≤5	GB 338—2004
酸度(以 HCOOH 计)/wt%	≤0.0015	GB 338—2004
水溶性试验	澄清	GB 338—2004

续表

分析项目	控制指标	分析方法
碱度(以 NH_3 计)/wt%	≤0.00015	GB 338—2004
羰基化合物(以 HCOH 计)/wt%	≤0.002	GB 338—2004
高锰酸钾试验/min	≥30	GB 338—2004
蒸发残渣含量/wt%	≤0.003	GB 338—2004
总氨氮含量(wt)/ppm	不大于 1	GB 7478—87
碱金属含量(wt)/ppm	不大于 0.1	GB/T 23942—2009
总金属含量(wt)/ppm	不大于 0.5	离子色谱法

10.3　DMTO 产品分析方法

甲醇制烯烃产品以气体为主，本节主要介绍气液分离后气体全组分分析方法。

10.3.1　分析原理

采用气相色谱法对甲醇制烯烃产品气进行分析。对于反应产物中含有的 H_2、CO、CO_2、H_2O、有机物 $C_1 \sim C_6$ 及微量的含氧化合物分别用一台炼厂气分析仪和两台气相色谱仪对它们的含量进行测定。其中炼厂气分析仪可分析 H_2、CO、CO_2、$C_1 \sim C_6$(其中 C_5 和 C_6 得不到详细组成)，一台气相色谱仪可分析甲醇、二甲醚、水；另一台气相色谱仪可分析其他微量的含氧化合物等组分(可先用气相色谱–质谱联用仪对微量含氧化合物进行定性分析)，然后通过三台仪器的分析结果重新归一化得到反应产物中全组分的各自含量。

10.3.2　仪器

仪器为一台具有三通道的炼厂气分析仪(符合美国材料与试验协会标准[3,4])和两台配置进样十通阀的气相色谱仪。气相色谱仪可连接填充柱(或大口径毛细管柱)和毛细管柱两个进样器、TCD 和 FID 检测器。其中，气相色谱仪(1)填充柱进样器和 TCD 检测器连接 Porapak QS 填充柱(或大口径 PoraPLOT Q-HT 毛细管柱)；毛细管进样器和 FID 检测器连接 PoraPLOT Q-HT 毛细管柱。气相色谱仪(2)填充柱进样器和 TCD 检测器连接大口径 FFAP 毛细管柱；毛细管柱进样器和 FID 检测器连接 FFAP 毛细管柱。

1. 分析仪器操作条件

炼厂气分析仪一般出厂操作条件均已固定。另两台气相色谱仪参考操作条件如表 10.5 所示。

表 10.5　气相色谱仪参考操作条件

操作条件	气相色谱仪(1)	气相色谱仪(2)
进样器温度/℃	200	200
FID 检测器温度/℃	280	280
TCD 检测器温度/℃	250	250
十通阀温度/℃	200	200

续表

	操作条件	气相色谱仪(1)	气相色谱仪(2)
柱温条件	初始温度/℃	40	60
	保持时间/min	2	2
	升温速率/(℃/min)	20	15
	温度/℃	180	150
	保持时间/min	12	10
载气		He	He
色谱柱		Porapak QS 填充柱(或大口径 PoraPLOT Q-HT 毛细管柱)	大口径 FFAP 毛细管柱
		PoraPLOT Q-HT 毛细管柱	FFAP 毛细管柱

2. 分析结果

本部分以实例说明(实例谱图因仪器厂家不同不尽相同)。

1)炼厂气分析仪结果

(1)前面通道(TCD)分析结果。前面通道主要用的色谱柱为 Hayesep Q 和 Molsieve 13X，氢气为载气。可用外标法直接得到各物质的绝对体积含量，也可用质量校正归一化计算质量相对含量，分析谱图如图 10.5 所示。

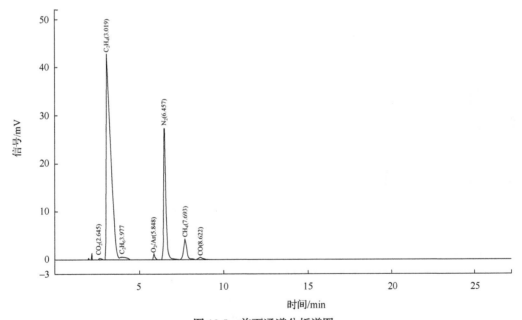

图 10.5　前面通道分析谱图

(2)中间通道(TCD)分析结果。中间通道用氦气作载气，色谱柱为 Molesieve 5A，用体积外标法得到氢气的绝对体积含量，分析谱图如图 10.6 所示。

(3)后面通道(FID)分析结果。后面通道用氦气作载气，主要用色谱柱为 Al_2O_3/Na_2SO_4，可用外标法直接得到各物质的绝对体积含量，也可用质量校正归一化计算质量相对含量，分析谱图如图 10.7 所示。

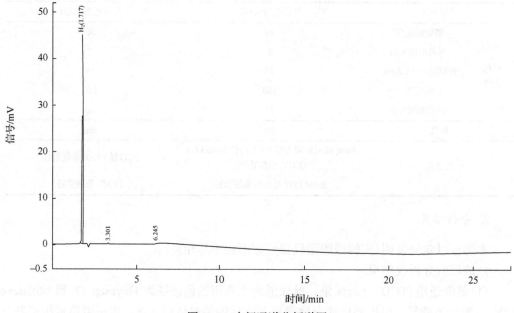

图 10.6　中间通道分析谱图

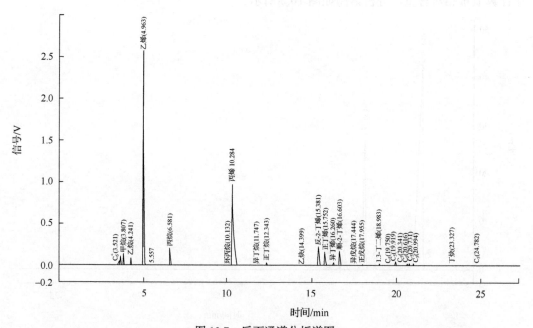

图 10.7　后面通道分析谱图

2)气相色谱仪结果

气相色谱仪(1)得到甲醇、二甲醚、水的含量，实例谱图可参考 10.1.3 节说明。气相色谱仪(2)可得到其他微量含氧化合物(丙酮等)含量，实例谱图如图 10.8 所示。

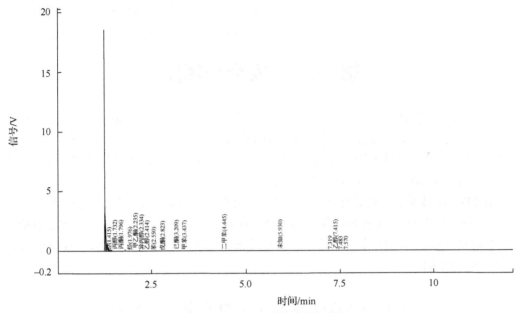

图 10.8　微量含氧化合物分析谱图

10.3.3　结果表示

两台气相色谱仪采用外标法分别得到甲醇、二甲醚、水和其他微量含氧化合物（丙酮等）含量，炼厂气分析仪采用外标法或校正归一化法得到其他气体产品含量。三台色谱仪数据再重新归一化整合，得到气体产物全组分含量。

可取 3 次平行测定结果的平均值作为测定结果，最大误差不大于 0.5%。

10.4　DMTO 工业装置在线分析

DMTO 工业性装置反应产品在线分析，因为有防爆要求，需要采用工业用在线气相色谱仪分析。产品气组成包括甲醇、二甲醚、氢气、氮气、一氧化碳、二氧化碳、甲烷、乙烷、乙烯、丙烷、丙烯、C_4、C_5（包括 C_5 及以上烃类）。其中甲醇和二甲醚含量较低，需要用灵敏度较高的 FID 检测器进行分析，其他物质可采用 TCD 检测器分析。装置到分析色谱进样口之间的管线需要保温 150℃左右，且需要进行防污处理。可采用外标定量法对产品组成进行结果分析。

从实际应用效果看，现在的 DMTO 装置上所配置的在线分析仪器均不同程度存在问题，需要发展新型快速在线分析方法和仪器。

参 考 文 献

[1] 国家标准局. 钢铁及合金碳含量的测定管式炉内燃烧后气体容量法: 中国, GB/T 223.69-2008, 2008

[2] 刘中民, 张今令, 许磊, 等. 一种快速测定固体催化剂碳含量的方法: 中国, CN200610112554.6, 2006

[3] American Society for Testing and Materials. ASTM D1945-14, Standard Test Method for Analysis of Natural Gas by Gas Chromatography, 2014

[4] American Society for Testing and Materials. ASTM UOP539-12, Refinery Gas Analysis by Gas Chromatography, 2012

第 11 章　安全与环保

安全与环保是 DMTO 技术得以工业应用的前提之一,也是建设和运行大型工业化装置的基本要求。在 DMTO 技术工程化和工业装置设计中,把安全与环保放在了十分重要的地位,针对 DMTO 技术的特点进行充分分析,严格执行化工装置设计的相关规范与要求,保障了 DMTO 技术的工业化顺利实施。

在 DMTO 技术工业化设计之初,首先需要了解 DMTO 技术是否存在技术风险,同时需要分析 DMTO 技术在环境保护和安全方面和已有工艺的相似性和该工艺独有的特性。在清楚分析了 DMTO 装置的安全和环保方面的危害及污染物的种类之后,则需要提出解决问题的方法。

11.1　DMTO 技术存在的安全风险分析

在 DMTO 装置工业化放大的工程设计过程中,首先需要对该技术相关的安全问题进行充分研究分析。通过分析,认为 DMTO 技术实现工业化可以从以下几个方面保障大型化 DMTO 装置规避安全风险。

1. DMTO 工艺通过了万吨级工业性试验验证

DMTO 技术虽然是新技术,反应原理和催化剂化学性质与 FCC 有本质的差别,但二者均采用流化反应-再生方式,流态化原理和工艺操作条件等方面有一定的相似性。DMTO 技术发展的过程中,为了充分借鉴 FCC 相关的流态化成果和工业化设计与建设经验,特意将其催化剂设计成与 FCC 催化剂在物理性能方面具有类似的物理性质。为了建立中试与放大装置的联系,稳妥可靠地设计大型 DMTO 装置,还专门设计建设了万吨级工业性试验装置(每天 50t 甲醇处理能力),DMTO 工艺与 FCC 工艺的相似性和主要差别已通过万吨级工业性试验装置进行了试验和验证,获得了工业化装置设计的基础数据,可以有效规避上述(放大)风险,以确保大型化 DMTO 工业装置工程设计取得成功。工业性试验证实,DMTO 装置的操作条件(温度、压力)均未超过现有的催化裂化装置操作条件范围。

2. DMTO 装置反应-再生部分的核心设备大型化尺寸均未超出 FCC 的设计范围

DMTO 工业化装置的核心设备之一是反应-再生流化反应器的设计,虽然具体设计内容和反应器本身有差别,年处理 180 万 t 甲醇的 DMTO 反应器的尺寸也比较庞大,但其尺寸也均在已设计并连续运行的 FCC 装置的设备尺寸范围内。设备的放大规模不会成为 DMTO 工艺工程放大的瓶颈。

3. 工艺过程控制和操作的保证

工艺过程的各种工艺参数均集中在联合控制室的 DCS 中进行显示和控制,对一些重要的操作参数设置超限报警、趋势记录,以确保工艺过程安全和稳定运行。

装置内对甲醇进料系统设有流量、温度、液位等控制;反应、再生器设有温度、压力、藏量、差压、密度、循环量等控制参数,同时考虑开停工工况的控制方案;设置必要在线分析仪表,并设置紧急停车及安全联锁保护(ESD&SIS)。

DMTO 装置的生产运行操作在借鉴工业性试验装置实际运行操作的基础上,可以充分依托多年流化催化成套技术应用的经验,以确保装置的安全平稳运行。

11.2　安全与卫生

为了保证 DMTO 装置的安全性,首先需要对 DMTO 装置的工艺介质进行火灾、爆炸危险性和毒物危害分析,在分析的基础上采取相应措施来保障 DMTO 装置的安全运行。

11.2.1　火灾、爆炸危险和毒物危害分析

DMTO 装置是以甲醇为原料,生产以乙烯、丙烯为主的低碳烯烃的工艺。DMTO 从进料到产品所有工艺介质均具有易燃性质,属甲类火灾危险性装置。物料的火灾、爆炸危险特性如表 11.1 所示。同时,表 11.1 中所列的物质(如一氧化碳、甲醇、乙烯、丙烯等)均为有毒物质,泄漏时可引起急慢性职业中毒的发生。

表 11.1　物料的火灾、爆炸危险特性

序号	物质名称	相态	引燃温度/℃	闪点/℃	爆炸极限/vol%		燃烧热/(kJ/mol)	火灾危险性类别
					上限	下限		
1	氢气	气	400		4.1	74.1	241	甲
2	一氧化碳	气	610		12.5	74.2		乙
3	甲烷	气	538		5.3	15.0	889.5	甲
4	乙烷	气	472		3.0	16.0	1558.3	甲
5	丙烷	气	450		2.1	9.5	2217.8	甲
6	丁烷	气						甲
7	异丁烷	气	460		1.8	8.5	2856.6	甲
8	乙烯	气	425		2.7	36.0	1409.6	甲
9	丙烯	气			1.0	15.0	2049	甲
10	丁烯-1	气	384		1.6	9.3		甲
11	异丁烯	气	465		1.8	8.8	2705.3	甲
12	二甲醚	气	350		3.4	27.0		甲
13	甲醇	液	385	11	5.5	44.0	727.0	甲 B
14	乙炔	气	305		2.1	80	1298.4	甲

甲醇可经呼吸道、胃肠道和皮肤吸收，急性中毒以神经系统症状、酸中毒和视神经炎为主，伴有黏膜刺激。长期吸入高浓度的甲醇蒸汽，可产生神经衰弱和自主神经功能失调症状，也可有黏膜刺激和视力减退。《工作场所有害因素职业接触限值第一部分：化学有害因素》(GBZ 2.1—2007)规定，工作场所空气中甲醇职业接触限值时间加权平均容许浓度(PC-TWA)为 25mg/m³，短时间接触容许浓度(PC-STEL)为 50mg/m³。

一氧化碳轻度中毒者出现头痛、头晕、耳鸣、心悸、恶心、呕吐、无力，血液碳氧血红蛋白浓度可高于 10%；中度中毒者除上述症状外，还有皮肤黏膜呈樱红色、脉快、烦躁、步态不稳、浅至中度昏迷，血液碳氧血红蛋白浓度可高于 30%；重度患者深度昏迷、瞳孔缩小、肌张力增强、频繁抽搐、大小便失禁、休克、肺水肿、严重心肌损害等，血液碳氧血红蛋白可高于 50%。部分患者昏迷苏醒后，经 2~60 天的症状缓解期后，又可能出现迟发性脑病，以意识精神障碍、锥体系或锥体外系损害为主。《工作场所有害因素职业接触限值第一部分：化学有害因素》(GBZ 2.1—2007)规定，工作场所空气中一氧化碳职业接触限值时间加权平均容许浓度(PC-TWA)为 20mg/m³，短时间接触容许浓度(PC-STEL)为 30mg/m³。

乙烯、丙烯等烯烃属于低毒类物质，有麻醉作用。甲烷、乙烷和丙烷等烷烃都属于易燃物品，在高浓度下可使人窒息。

氢氧化钠有强烈刺激和腐蚀性。粉尘刺激眼和呼吸道，腐蚀鼻中隔；皮肤和眼直接接触可引起灼伤；误服可造成消化道灼伤，黏膜糜烂、出血和休克。《工作场所有害因素职业接触限值第一部分：化学有害因素》(GBZ 2.1—2007)规定，工作场所空气中氢氧化钠最高容许浓度(MAC)为 2mg/m³。

11.2.2 安全卫生危害防范措施

在对 DMTO 装置火灾、爆炸危险和毒物危害进行分析后，需要采取措施对这些危害进行防范。其防范措施如下。

(1)生产过程中设置自动控制系统和紧急停机、事故处理的保护措施。

装置设有 DCS 系统，对整个装置实施过程检测、数据处理、过程控制、安全联锁保护、可燃气体报警监视和主要用电设备的状态显示等。对有关温度、压力、压差、液位、流量等参数均设置信号报警及联锁系统，以保证操作人员和设备的安全。各主要操作点设置必要的事故停车开关，以保证安全操作。

(2)严格执行国家的相关法律法规。

在总平面布置和工艺设备布置中，严格执行《石油化工企业设计防火规范》(GB 50160—2008)的有关规定，保证足够的防火间距，实行生产装置区与辅助设施分块布局，确保整个装置的安全畅通。

电气防爆按照《爆炸危险环境电力装置设计规范》(GB 50058—2014)执行。处于防爆区域内的电动仪表采用隔爆型，隔爆等级不低于 dⅡBT4，现场仪表的防护等级不低于 IP55。系统动力配电均采用阻燃电缆，并采用直埋敷设方式。

严格按照《工业企业设计卫生标准》(GBZ1—2010)和《工作场所有害因素职业接触限值第一部分：化学有害因素》(GBZ 2.1—2007)的规定执行。有毒物质均在密闭状态下使用，不与人员接触，对室内可能散发有毒气体的场所，设置有毒气体检测仪，信号引入 DCS 系统报警。车间内应配备防毒面具、防护眼罩、防护手套及防静电工作服，有碱液腐蚀可能性的设备附近设有洗眼器，供事故时急用。所有的压力容器、塔和反应器均设置安全阀，安全阀出口接火炬管网。安全阀泄放的气体，经密闭管道排放到火炬管网。在有可能泄露可燃气体的地方设置可燃气体探测器，并在控制室设火灾自动报警系统。

公用工程管道与易燃易爆介质管道相接时，设置三阀组、止回阀或盲板，以防止易燃易爆介质串入公用工程系统。

根据装置的不同环境特性，选用防腐、防水、防爆的电气设备，并设置防雷、防静电接地设施。

11.3 环 境 保 护

11.3.1 主要污染源和污染物

DMTO 装置的污染源和污染物分为废气、废水、固体废物和噪声四大部分。

1. 废气污染源及污染物

DMTO 装置的废气污染源及污染物主要是：①再生器烧焦产生的再生烟气；②装置不正常状况下排放的火炬气体和甲醇气体；③乙炔加氢反应器和丙烯产品保护床再生时排放的气体。废气污染排放情况如表 11.2 所示。

表 11.2 DMTO 装置废气污染排放情况

序号	污染源	污染物组成(颗粒物)	排放方式	排放去向
1	再生烟气	H_2O、N_2、O_2、CO_2	连续	大气
2	火炬气	烃类气体	间断	火炬
3	甲醇气	甲醇气体	间断	火炬
4	乙炔加氢反应器蒸汽再生烟气	H_2O、N_2、O_2、CO_2	间断	大气
5	丙烯产品保护床	氮气、烃类	间断	火炬

2. 废水污染源及污染物

DMTO 装置主要的废水污染源及污染物主要为工艺废水，该工艺水含有少量反应产生的含氧化合物，为 MTO 工艺特有的污染物。废水排放情况如表 11.3 所示。

3. 固体废物

DMTO 装置主要的废渣为 MTO 反应-再生系统随反应气体和再生烟气带出的废催化剂，还有烯烃分离过程中间断排放的废干燥剂和废加氢催化剂。固体废物的排放情况如表 11.4 所示。

表 11.3　DMTO 装置废水排放情况表

序号	废水类别	排放地点	排放方式	主要污染物浓度/(mg/L)				排放去向
				石油类	COD$_{Cr}$	pH	甲醇	
1	含油污水	取样冷却器、机泵、初期雨水等	间断	100	200			污水处理场
2	工艺废水	污水汽提塔	连续		<1000	6~8	100ppm	污水处理场
3	生活污水	盥洗设施	连续		300	6~8	SS100	污水处理场
4	含碱污水	废碱罐	连续	NaOH 1.07wt% H$_2$O 90.9wt% TDS 9.1wt%	10000~35000	>10		污水处理场

表 11.4　DMTO 固体废物排放情况表

序号	固废名称	主要成分	排放规律	治理措施去向
1	废催化剂	Al$_2$O$_3$	间断	外委处理
2	废干燥剂	SiO$_2$	3~5 年一次	外委处理
3	加氢催化剂	Al$_2$O$_3$	5 年一次	外委处理

4. 噪声

DMTO 装置的噪声源主要为机泵、调节阀及放空口等，装置噪声排放情况如表 11.5 所示。

表 11.5　DMTO 装置噪声排放一览表

序号	噪声源名称	噪声类型	治理措施	治理后/dB（A）
1	空冷器	空气动力噪声、机械噪声	选用低转速、低噪声风机	≤90
2	机泵	机械噪声	选用低噪声增安型电机	≤85
3	压缩机	空气动力噪声、机械噪声	选用低转速、低噪声风机	≤95
4	放空口	空气动力噪声	装消声器	≤85

注：声源处在室外，陆地高度<5m。

11.3.2　环境保护治理措施

1. 废气治理措施

DMTO 装置中废气污染源主要为烧焦产生的再生烟气，再生器出口的再生烟气含有少量 CO、粉尘等有害物质。该烟气采用三级旋风分离器除去催化剂粉尘，再经 CO 焚烧炉、余热锅炉后将 CO 转化 CO$_2$，同时回收烟气余热后经高烟囱达标排放。烯烃分离单元排放的含烃气体排入火炬管网。

DMTO 装置停工时残留在管线及设备中的气体(反应气或甲醇气)，经由密闭管线排放至火炬管网；事故状态下，从装置的安全阀及放空系统排出含烃气体经密闭管道排放至火炬系统，不会对环境产生危害。

DMTO 装置采用密闭采样系统，可以减少烃类的无组织排放。

2. 废水治理措施

DMTO 装置内废水排放，严格遵循清污分流的原则进行处理，将污水划分为工艺废水、含油污水、生活污水和假定净水等系统。

1) 工艺废水

MTO 反应产生了大量的工艺废水。正常操作条件下，甲醇转化率接近 100%，产品水中有少量甲醇和二甲醚及微量的有机酸存在，在进入汽提塔前，需要将其携带的催化剂粉尘分离出来，同时在急冷、水洗水中注入氢氧化钠，中和微酸性工艺水，将水中含有的少量 C_{5+} 烃类经油水分离后，然后再进入汽提塔汽提。经汽提后水中的含氧化合物小于 100ppm。废水中油含量为 ppm 级。DMTO 装置内设置污水汽提设施，工艺废水经污水汽提预处理送至污水处理场处理后回用。

2) 含油污水、生活污水、雨水

DMTO 装置含油污水主要包括机泵排水、采样冷却排水、装置厂房的冲洗排水等，收集到污水池，由泵提升送至污水处理场处理达标后排放。生活污水在排水点化粪处理后排入含油污水系统，送污水处理场处理达标后排放。污染区域的初期雨水收集后进含油污水系统，后期雨水通过雨水管网排到界区外。

3) 含碱废水

DMTO 装置含碱废水有专门的隔离设施，防止与其他污水混合，单独送至装置外由全厂统一收集处理。

4) 事故排水收集与处理

为防范和控制发生事故时或事故处理过程中产生的物料泄漏和污水对周边水体环境的污染及危害，事故污水排放至厂内事故污水收集设施，收集的事故排水经污水处理场处理后达标排放。

3. 固体废物处理措施

DMTO 工艺使用 DMTO 专用催化剂，载体及分子筛的主要成分为氧化铝、氧化硅。正常生产时，不需卸出催化剂。由于反应器和再生器均采用流化床，催化剂在经过设在两器内的一、二级旋风分离器后，仍然有小于 20μm 的催化剂随反应气体和再生烟气夹带至后部系统。因此，除再生器出口设有三级旋风分离器外，在反应器出口设有预分离三级旋风分离器，三旋所回收的废催化剂处理方式与 FCC 工厂中废 FCC 催化剂处理方式相同。反应气体经过三级旋风分离器分离后，仍有超细粉的催化剂随反应气体进入后部预分离系统。要脱出由急冷塔洗涤下的超细粉，需要采用催化剂过滤设备。通常采用悬液过滤和金属过滤两种设备的结合进行超细粉催化剂的过滤。此部分催化剂经干燥后，与其他固体废物一起处理。

烯烃分离单元干燥用的废分子筛干燥剂，依据《国家危险废物名录(环境保护部令第 1 号)》均为危险废物，外委有资质的单位处理。废碱液送至污水处理场处理。

4. 噪声控制措施

设计中对于高噪声源采取以下治理措施。

(1)风机、压缩机尽量选用低噪声设备，使声压级从 110dB 降至 90dB。

(2)泵类尽量选用低噪声设备,通过提高设备的自动化水平,减少操作工的接触时间,必要时可采用个人防护。使工作场所的噪声符合《工业企业设计卫生标准》(GBZ 1—2002)的要求。

(3)合理选择调节阀，避免因压降过大而产生高频噪声。

(4)放空均设有消声器以尽可能降低噪声。

(5)在设备平面布置时，合理布局以减少噪声源叠加后对于厂界噪声的影响，并使整个项目厂界噪声符合《工业企业厂界噪声标准》(GB 12348—2008)Ⅲ类标准要求。

5. 绿化

绿化设计从全厂角度综合考虑，根据设计规范，全厂绿化面积系数应不少于12%。根据厂内面积和装置平面布置情况，在建筑物周围、道路两旁的空地上可以选择种植适宜当地气候的、有较强抗污染能力及净化空气能力的物种。为职工创造一个清洁、优美、舒适的生产环境，同时也可降低装置区附近的大气污染。

第12章 甲醇制烯烃的技术经济性

近年来随着甲醇制烯烃技术从实验室到工业化步伐的加快,国内已经有近十套MTO装置投入商业化运行,在建和即将投产的MTO装置也已经达到十套以上。国内外都在关注甲醇制烯烃技术的经济性,以及与国际市场原油价格的对应关系。2006年,在DMTO技术完成万吨级工业性试验后,中石化洛阳工程有限公司就开展了MTO工艺技术经济性的分析工作。得出了煤炭价格是影响甲醇生产成本和销售价值的关键,甲醇价格是影响混合烯烃生产成本和销售价值的关键;同时结合对石脑油制烯烃的成本分析,给出了原油价格和甲醇价格的对应关系。2010年在完成世界首套工业化装置后,根据商业化装置的实际数据,中石化洛阳工程有限公司又有针对性地进行了甲醇制烯烃技术经济性分析,对MTO经济效益进行测算,预测不同原料价格下的烯烃税前销售成本。与此同时,国内有很多专家、学者及研究机构对甲醇制烯烃的经济性也作了大量的研究。本章将根据这些研究资料对甲醇制烯烃技术的经济性加以阐述。

12.1 MTO工艺技术经济性初步分析

2006年,陈俊武院士根据国内神华/宁夏两个煤基烯烃项目可研的相关资料及中石化洛阳工程有限公司与大连化物所、新兴能源科技有限公司三方合作在陕西进行的万吨级进料规模DMTO试验装置的试验数据,对煤基或天然气基甲醇经MTO/MTP工艺制低碳烯烃技术路线进行调查和分析,其目的是针对当时国际原油价格飙升到70美元/桶左右的条件下,在煤基或天然气基甲醇制低碳烯烃MTO/MTP工艺在技术经济方面已经有可能会比石脑油管式裂解炉工艺制低碳烯烃有竞争力的情况下,分析适度发展MTO/MTP工艺使之作为我国低碳烯烃补充来源的可能性。

12.1.1 国内煤基甲醇制混合烯烃生产成本预测

根据国内神华/宁夏两个煤基烯烃项目可研的相关资料及中石化洛阳工程有限公司与大连化物所、新兴能源科技有限公司三方合作在陕西进行的万吨级进料规模DMTO试验装置的试验数据,180万t/a甲醇进料规模的MTO项目部分需要界区内装置工程费用约为15亿元,系统配套工程费用10亿元左右、其他相关费用6亿元左右。测算了混合烯烃(在本节中,混合烯烃成本是指单位乙烯+丙烯的生产成本或销售成本,混合烯烃不含C_4烯烃),在原料甲醇价格为1250元/t的条件下,混合烯烃的生产成本为4527元/t,若满足项目达到税后财务内部收益率12%,则烯烃税前销售成本应达到5210元/t(其中原料甲醇费用占71%左右)。具体计算结果如表12.1所示。

表 12.1　甲醇制混合烯烃生产成本估算表

序号	名称	单价	吨混合烯烃	
			单位耗量	单位费用/元
一	可变成本			3837.5
1	原料甲醇	1250 元/t	2.9799t	3724.9
2	辅助材料			298.7
3	燃料动力			301.1
4	副产品回收			−487.2
二	与人工相关的成本费用	255 人	6 万元/(人·年)	25.1
三	与投资相关的成本费用			664.5
四	混合烯烃生产成本			4527.1
五	利润税金			
	满足 12%财务内部收益率			683.0
	满足 10%财务内部收益率			509.8
六	混合烯烃税前销售成本			
	满足 12%财务内部收益率			5210.1
	满足 10%财务内部收益率			5036.9

12.1.2　甲醇价格是影响混合烯烃生产成本和销售价值的关键

从表 12.1 中可以看出，甲醇制混合烯烃生产成本中原料甲醇费用占到 82.3%，在混合烯烃的销售成本中也占到 71.5%，因此原料甲醇价格决定了混合烯烃的销售成本，不同甲醇价格对应的混合烯烃销售成本情况如表 12.2、图 12.1 和图 12.2 所示。

表 12.2　不同甲醇价格下考虑投资变动的混合烯烃税前销售成本

成本		甲醇价格/(元/t)												
		1100	1250	1400	1500	1600	1750	1900	2000	2150	2300	2400	2550	2700
甲醇费用/(元/t)		3278	3725	4172	4470	4768	5215	5662	5960	6407	6854	7152	7599	8046
混合乙烯、丙烯生产成本/(元/t)		4174	4527	4961	5244	5528	5936	6344	6603	6991	7356	7616	8045	8448
混合烯烃销售成本/(元/t)	内部收益率 10%	4668	5037	5497	5819	6129	6563	7012	7297	7712	8104	8390	8846	9276
	内部收益率 12%	4836	5210	5678	6020	6339	6782	7226	7529	7953	8354	8650	9114	9553
甲醇占混合烯烃成本的比例/%	内部收益率 10%	70.2	74.0	75.9	76.8	77.8	79.5	80.7	81.7	83.1	84.6	85.2	85.9	86.7
	内部收益率 12%	67.8	71.5	73.5	74.2	75.2	76.9	78.4	79.2	80.6	82.0	82.7	83.4	84.2

从表 12.1、表 12.2 可见，在甲醇价格为 1250 元/t 时，财务内部收益率的目标值为 10%和 12%时，利润税金在混合烯烃销售成本中所占比重分别为 10.1%和 13.1%。随着甲醇价格的上升，原料甲醇费用在混合烯烃销售成本中的比重也逐步上升，在财务内部收益率的目标值同为 12%下，当甲醇价格为 1250 元/t，混合烯烃销售成本为 5210 元/t，甲醇费用在其中所占比重为 71.5%；当甲醇价格为 2150 元/t 时，占 80.6%；当甲醇价格为 2550 元/t 时，占 83.4%。所以，甲醇价格对混合烯烃销售成本的影响很大。表 12.2 中

计算的不同甲醇价格下的混合烯烃税前销售成本考虑了因煤等基础燃料价格的上涨而导致的投资增加。根据近几年国家统计局公布的固定资产投资价格指数、煤炭工业出厂价格指数、购进燃料动力类指数及国内生产总值指数所反映的关系，取固定资产投资的上涨幅度为煤炭价格上涨幅度的 15%测算与投资相关的成本和销售价格。

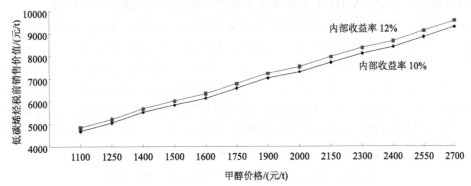

图 12.1   不同甲醇价格下的混合烯烃税前销售成本

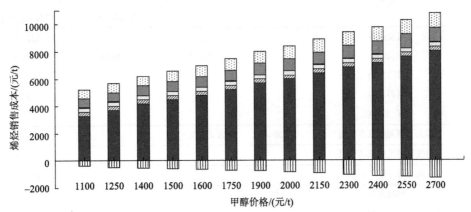

■原料 ▨辅助材料 ▧燃料及动力 ▨与人工相关的成本 ▨与投资相关的成本 利润税金 ▫副产品回收

图 12.2   在财务内部收益率 12%下不同甲醇价格下的混合烯烃税前销售成本构成

12.1.3   煤炭价格是影响甲醇生产成本和销售价值的关键

表 12.3 详细列出了 180 万 t/a 甲醇规模的项目中煤炭原料价格对甲醇生产成本和销售价值的影响。

表 12.3   不同煤价时甲醇的生产成本和税前销售成本

成本		煤价/(元/t)										
		100	150	200	250	300	350	400	450	500	550	600
原料煤费用(甲醇)/(元/t)		167	250	333	417	500	583	667	750	834	917	1000
甲醇生产成本(甲醇)/(元/t)		755	859	965	1074	1185	1293	1405	1515	1628	1738	1851
甲醇销售成本/(元/t)	内部收益率10%	1033	1146	1267	1389	1515	1638	1764	1888	2016	2140	2268
	内部收益率12%	1123	1239	1364	1491	1622	1749	1880	2009	2141	2270	2402

12.1.4　石脑油制烯烃成本分析

为了评价煤基甲醇制烯烃项目的技术经济性及是否有优势，必须与石脑油管式裂解炉制烯烃项目的技术经济性进行对比，下面列出了中石化洛阳工程有限公司所做的技术经济分析数据，界定了 MTO 工艺能够优于管式裂解炉工艺的临界甲醇价格。

中石化洛阳工程有限公司根据王基铭主编的《世界石油与石油化工数据手册》所列石脑油蒸汽裂解制乙烯装置的技术经济数据，美国墨西哥湾地区建设 68 万 t/a 石脑油蒸汽裂解制乙烯装置所需界区内装置投资 571.8 百万美元，界区外投资 286.0 百万美元，其他项目费用 214.5 百万美元进行测算，在石脑油价格为 2400 元/t 的条件下，测算出混合烯烃的生产成本为 4667 元/t，若满足项目达到税后财务内部收益率 12%，则混合烯烃税前销售成本应达到 5835 元/t（其中石脑油费用占 89% 左右）。具体计算结果如表 12.4 所示。不同石脑油价格对应的混合烯烃销售成本情况如表 12.5 和图 12.3 所示。

表 12.4　石脑油蒸汽裂解制混合烯烃生产成本估算表

序号	名称	单价	吨混合烯烃	
			单位耗量	单位费用/元
一	可变成本			3529.1
1	石脑油	2400 元/t	2.1984 t	5276.3
2	辅助材料			2.77
3	燃料动力			165.44
4	副产品回收			−1980.9
二	与人工相关的成本费用	250 人	6 万元/(人·年)	15.39
三	与投资相关的成本费用			1187.9
四	混合烯烃生产成本			4666.9
五	利润税金			
	满足 12% 财务内部收益率			1167.7
	满足 10% 财务内部收益率			1106.7
六	混合烯烃税前销售成本			
	满足 12% 财务内部收益率			5834.6
	满足 10% 财务内部收益率			5773.6

表 12.5　不同石脑油价格下的混合烯烃税前销售成本

成本		石脑油价格/(元/t)												
		1800	2100	2400	2800	3200	3600	4000	4400	4800	5200	5500	5800	6100
扣除副产后石脑油在成本中费用/(元/t)		2431	2883	3295	3897	4496	5246	5758	6141	6735	7314	7678	8044	8410
混合烯烃生产成本/(元/t)		3792	4250	4667	5288	5903	6662	7179	7572	8181	8770	9144	9520	9896
混合烯烃销售成本/(元/t)	满足内部收益率 10%	4899	5357	5774	6395	7009	7554	8070	8463	9072	9661	10035	10411	10787
	满足内部收益率 12%	4960	5418	5835	6456	7097	7857	8373	8766	9375	9986	10360	10736	11112

续表

| 成本 | 石脑油价格/(元/t) | | | | | | | | | | | | |
---	1800	2100	2400	2800	3200	3600	4000	4400	4800	5200	5500	5800	6100
扣除副产品后石脑油费用占/(元/t)　占生产成本	64.1	67.8	70.6	73.7	76.2	78.7	80.2	81.1	82.3	83.4	84.0	87.0	85.0
成本的比　收益10%时	49.6	53.8	57.1	60.9	64.1	69.4	71.4	72.6	74.2	75.7	76.5	77.3	78.0
例/%　收益12%时	49.0	53.2	56.5	60.4	63.4	66.8	68.8	70.1	72.0	73.2	74.1	75.0	75.7

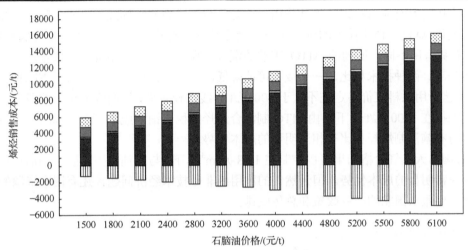

■原料　▨辅助材料　□燃料及动力　■与人工相关的成本　▨与投资相关的成本　▨利润税金　▥副产品回收

图 12.3　在财务内部收益率 12%下不同石脑油价格下的混合烯烃税前销售成本

从表 12.5 可见，随着石脑油价格的上升，石脑油费用在混合烯烃销售成本中的比重也逐步上升，扣除副产品回收价值后的可变成本中石脑油的费用在混合烯烃销售成本中的比重也稳步上升。在财务内部收益率的目标值同为 12%下，当石脑油价格为 2400 元/t，混合烯烃销售成本为 5835 元/t，可变成本中石脑油在其中所占比重为 56.5%；当石脑油价格为 3600 元/t 时，占 66.8%；当石脑油价格为 4400 元/t 时，占 70.1%。所以，石脑油价格对混合烯烃销售成本的影响很大。

在综合考虑了煤、天然气、电力等燃料动力价格与投资的影响后，将煤基甲醇制混合烯烃、天然气基甲醇制混合烯烃、石脑油管式裂解炉制乙烯的原料价格与销售成本三组曲线绘成图 12.4，便于比较不同原料路线的烯烃销售成本，结论如下。

（1）原油处于低油价状态下，石脑油管式裂解炉制烯烃的成本优势比较明显。

（2）从目前的技术经济计算可以看出，在国际原油高于 50 美元/桶（FOB 离岸油价）下，对应的石脑油不含税价格在 4000 元/t 以上，导致石脑油管式裂解炉制混合烯烃的税前销售成本可在 8300 元/t 以上。与此对应的 MTO 制混合烯烃的甲醇不含税价在 2300 元/t 左右，对应的由煤制甲醇的原料煤可在 550 元/t 左右价位，对应的由天然气制甲醇的原料天然气价在 1.68 元/m³。使低于此原料价位的煤基和天然气基 MTO 工艺有技术经济优势。

（3）综合考虑煤炭价格上涨后带来的其他加工费用的变化及其他 MTO 工艺技术发展的不确定因素，主要是考虑到轻烃管式裂解炉制烯烃技术已经非常成熟和完善，而 MTO

技术还处于工业化试验和工业化示范装置的阶段，远未进入到规模化和大型化的阶段；煤基甲醇装置国内外均无大型化的业绩，国外目前尚在运行的以煤为原料的甲醇生产装置有 2 套，一套是南非 Sasol 公司产能为 14 万 t/a 装置，另一套则是美国 Eastman 公司产能为 19.5 万 t/a 煤基甲醇装置；中国绝大多数煤基甲醇装置规模均为 15 万～20 万 t/a，60 万 t/a 规模的尚在建设之中，180 万 t/a 的煤基甲醇装置尚处于可行性研究阶段。中国石化股份有限公司对所属四个分公司的化肥装置实施"煤改油"技术改造，最新投产的投煤量 2000t/d 煤炭气化炉已属煤气化的大型化装置，对今后大型化的煤基制甲醇技术开发和应用将具有非常积极的推动作用。因此，与管式裂解炉烯烃生产成本随着乙烯装置的大型化、炼化一体化技术的进步和裂解制乙烯技术的发展还有可能进一步降低 5%～10% 的趋势有所不同，所列的 MTO 工艺的混合烯烃生产成本和甲醇生产成本还有可能进一步提高。两种技术相比，一个成本可能降低，另一个则可能提高。为慎重起见，将 MTO 工艺所用原料煤价格定在不大于 400 元/t 界线比较合理，这时煤制甲醇的税前销售成本可保持在 1900 元/t 以下，由 MTO 制混合烯烃的税前销售成本可在 7300 元/t 以下，可确保与石脑油制烯烃相比有相当明显的成本优势。

　　(4) 国内天然气价格如果可以控制在 1.68 元/m³ 以下，与高油价下石脑油制烯烃相比仍然有非常明显的成本优势。但天然气的利用绝非是技术经济问题，还有国家资源的平衡问题，要服从国家的产业政策和总体安排。

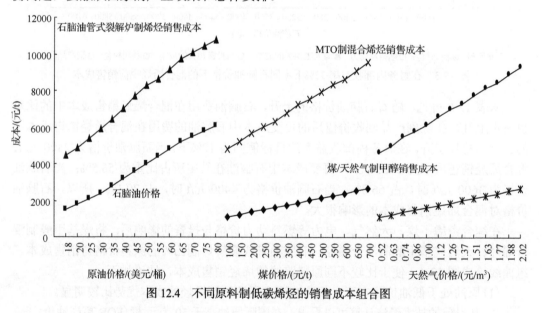

图 12.4　不同原料制低碳烯烃的销售成本组合图

12.2　甲醇制烯烃工业装置的技术经济性分析

12.2.1　技术经济性分析条件

　　2010 年 9 月，中石化洛阳工程有限公司根据相关资料，完成了某国企煤制烯烃项目中的 DMTO 装置的技术经济性分析，DMTO 装置包括甲醇制烯烃单元、烯烃分离单元、烯烃罐区和相应的系统配套工程。装置设计规模是甲醇进料量为 225 t/h(折纯)，即年处理 180 万 t 甲醇、生产 60 万 t 烯烃产品(乙烯+丙烯)，年开工时数为 8000h，操作弹性为 70%～110%。

　　该技术经济分析中的物料平衡、公用工程消耗、催化剂及化学药剂消耗及投资等数据均采用基础设计数据。由于公用工程消耗及系统配套投资很难界定，本次测算按不含系统配套投资、公用工程全部外购考虑。

　　流动资金按分项详细估算法估算。

　　项目建设期三年，分年资金投入比例为 20%、50%、30%。

　　项目资本金 30%，其余 70%银行借款，借款年利率 5.94%。

　　项目总投资包括建设投资、建设期贷款利息和流动资金。

12.2.2　经济效益测算

1. 财务评价依据及方法

本项目经济评价的编制执行中国石油化工集团公司《石油化工项目可行性研究报告编制规定》(2005 年版)、中国石油化工项目可行性研究技术经济《参数与数据》(2010)和《建设项目经济评价方法与参数》(第三版)有关新建项目财务评价的规定进行财务评价。

2. 财务评价价格体系

原料及产品价格采用 2005～2009 年国内市场价格、2005～2009 年国际市场平均价格、中石化经济效益测算价(布伦特60美元/桶)、中石化经济效益测算价(80 美元/桶)四套价格体系。具体价格(含税)如表 12.6 所示。

表 12.6　原料及产品价格　　　　　　　(单位：元/t)

	项目	2005～2009 年国内市场均价	2005～2009 年国际市场均价	中石化测算价(60 美元/桶)	中石化测算价(80 美元/桶)
原料	甲醇	2495	2529	1790	2120
产品	燃料气	2721	3306	2550	3198
	混合碳四	4624	4774	4032	4870
	碳五及以上馏分	5190	5190	4022	5279
	聚合级乙烯	9240	8980	6290	7690
	聚合级丙烯	9140	9169	6130	7580

3. 财务评价参数与数据

(1)计算期 18 年，其中建设期 3 年，生产期 15 年，生产期各年生产负荷均按 100%考虑。

(2)燃料动力价格(含税)如表 12.7 所示。

(3)辅助材料价格按市场价格计算。

(4)固定资产按 15 年计提折旧,残值率为 5%,修理费费率为 5%。

(5)无形资产按 10 年摊销,其他资产按 5 年摊销。

(6)定员为 127 人,工资及附加费按 100000 元/(年·人)计算。

(7)其他制造费和其他管理费根据定员分别按 35000 元/(年·人)和 90000 元/(年·人)计算。

(8)固定资产保险费按相关规定计取。

(9)营业费用按销售收入的 1%估算。

(10)增值税:水、蒸汽和混合碳四的税率为 13%,其余均为 17%。

(11)城市维护建设税和教育费附加分别按增值税的 7%和 3%计算。

(12)企业所得税税率为 25%。企业盈余公积金按税后利润的 10%提取。

(13)财务基准内部收益率税后为 13%。

(14)本装置污水以装置处理后可直接提供给煤制甲醇装置使用,如果外购甲醇制烯烃则需要计取污水处理费用。

表 12.7 燃料动力价格

项目	价格
新鲜水/(元/t)	3.63
循环水/(元/t)	0.40
中压脱氧水/(元/t)	10.00
电/[元/(kW·h)]	0.56
蒸汽 4.0Mpa/(元/t)	180.00
蒸汽 1.0Mpa/(元/t)	160.00
凝结水/(元/t)	3.00
净化压缩空气/(元/Nm³)	0.25
非净化压缩空气/(元/Nm³)	0.15
氮气/(元/Nm³)	1.00

4. 经济效益测算结果

根据上述参数和数据测算 DMTO 装置的经济效益,除按中石化测算价 60 美元/桶价格水平测算的经济效益较差外,其他三套价格体系的测算结果均较好,如表 12.8 所示。

表 12.8 主要技术经济数据指标汇总表

	序号	项目	国内市场均价	国际市场均价	中石化测算价(60 美元)	中石化测算价(80 美元)
经济数据	1	总投资/万元	311877	312140	305963	308746
	1.1	含税建设投资/万元	275554	275554	275554	275554
		不含税建设投资/万元	257080	257080	257080	257080

续表

	序号	项目	国内市场均价	国际市场均价	中石化测算价(60 美元)	中石化测算价(80 美元)
	1.2	建设期借款利息/万元	11986	11986	11986	11986
	1.3	流动资金/万元	24337	24599	18423	21206
	2	项目含税报批投资/万元	294841	294920	293067	293902
	3	项目不含税报批投资/万元	276367	276446	274593	275428
	4	年均营业收入/万元	534032	531510	371702	457256
经济数据	5	年均总成本费用/万元	481604	486902	373465	423459
	6	年均增值税/万元	14024	12664	5058	10705
	7	年均营业税金及附加/万元	1402	1266	506	1071
	8	年均利润总额/万元	51025	43342	−2269	32726
	9	年均息税前利润(EBIT)/万元	53903	46412	2616	35980
	10	年均所得税/万元	12756	10835	0	8182
	11	年均所得税后利润/万元	38269	32506	0	24545
	1	所得税前财务内部收益率/%	20.17	17.99	1.83	14.91
	2	所得税前财务现值(i=13%)/万元	104988	71203	−122842	26033
	3	所得税前投资回收期/年	6.94	7.41	16.94	8.22
	4	所得税后财务内部收益率/%	16.65	14.88	1.83	12.40
	5	所得税后财务现值(i=13%)/万元	50437	25356	−122842	−7774
经济评价指标	6	所得税后投资回收期/年	7.68	8.18	16.94	8.99
	7	资本金财务内部收益率/%	26.25	23.46	2.91	19.39
	8	总投资收益率(ROI)/%	17.28	14.87	0.85	11.65
	9	资本金净利率(ROE)/%	42.46	36.03	0.00	27.52
	10	利息备付率/%	6.33	6.08	0.20	4.97
	11	偿债备付率/%	1.10	1.22	0.76	1.22
	12	借款偿还期/年	6.77	7.24	13.27	8.05

5. 不同原料价格下的税前销售成本测算

(1)根据统计数据,2005~2009 年国内市场五年均价混合烯烃平均含税价格为 9190 元/t,不含税价格 7855 元/t;与国内市场五年均价相比,不含税甲醇价格只要低于 2219 元/t(含税 2596 元/t)、2241 元/t(含税 2622 元/ t)和 2283 元/t(含税 2671 元/t),税后财务内部收益率即可达到 13%、12%和 10%。

(2)国际市场 2005~2009 年五年均价(CFR)1065.96 美元/t,折合国内含税均价 9074 元/t,不含税 7779 元/t。与国际市场五年均价相比,不含税甲醇价格只要低于 2194 元/t(含税 2567 元/t)、2216 元/t(含税 2593 元/t)和 2258 元/t(含税 2642 元/t),税后财务内部收益率即可达到 13%、12%和 10%。

(3)不同原料价格下的税前销售成本。假定建设投资不变,而使项目的税后财务内部收益率分别达到13%、12%、10%时,测算不同原料价格条件下的混合烯烃平均销售成本,如表12.9所示。

表12.9　不同原料价格条件下税前销售成本

序号	指标	原料价格														
		1800	1850	1900	1950	2000	2050	2100	2150	2200	2250	2300	2350	2400	2450	2500
一	可变成本/(元/t)	5356.9	5504.9	5652.9	5801.0	5949.0	6097.0	6245.0	6393.1	6541.1	6689.1	6837.1	6985.2	7133.2	7281.2	7429.2
1	原料费用/(元/t)	5328.9	5477.0	5625.0	5773.0	5921.1	6069.1	6217.1	6365.1	6513.2	6661.2	6809.2	6957.2	7105.3	7253.3	7401.3
2	其他原料费用															
3	辅助材料/(元/t)	360.9	360.9	360.9	360.9	360.9	360.9	360.9	360.9	360.9	360.9	360.9	360.9	360.9	360.9	360.9
4	燃料动力/(元/t)	595.6	595.6	595.6	595.6	595.6	595.6	595.6	595.6	595.6	595.6	595.6	595.6	595.6	595.6	595.6
5	副产品回收/(元/t)	−928.6	−928.6	−928.6	−928.6	−928.6	−928.6	−928.6	−928.6	−928.6	−928.6	−928.6	−928.6	−928.6	−928.6	−928.6
二	与人工相关的费用/(元/t)	20.9	20.9	20.9	20.9	20.9	20.9	20.9	20.9	20.9	20.9	20.9	20.9	20.9	20.9	20.9
三	与投资相关的成本费用/(元/t)	633.9	635.7	637.4	639.2	641.0	642.8	644.6	646.4	648.2	649.9	651.7	653.5	655.3	657.1	658.9
四	生产成本/(元/t)	6011.6	6161.5	6311.3	6461.1	6610.9	6760.7	6910.5	7060.3	7210.1	7359.9	7509.7	7659.5	7809.4	7959.2	8109.0
五 利润税金	满足13%财务内部收益率/(元/t)	579.8	580.7	581.6	582.4	583.3	584.1	585.0	585.9	586.7	587.6	588.4	589.3	590.1	591.0	591.9
	满足12%财务内部收益率/(元/t)	514.2	515.0	515.7	516.5	517.3	518.1	518.9	519.7	520.5	521.3	522.0	522.8	523.6	524.4	525.2
	满足10%财务内部收益率/(元/t)	389.1	389.7	390.3	391.0	391.6	392.2	392.8	393.4	394.0	394.7	395.3	395.9	396.5	397.1	397.7
六 税前销售成本	满足13%财务内部收益率/(元/t)	6591.5	6742.2	6892.8	7043.5	7194.2	7344.8	7495.5	7646.2	7796.8	7947.5	8098.2	8248.8	8399.5	8550.2	8700.8
	满足12%财务内部收益率/(元/t)	6525.8	6676.4	6827.0	6977.6	7128.2	7278.8	7429.4	7580.0	7730.6	7881.2	8031.8	8182.4	8333.0	8483.6	8634.2
	满足10%财务内部收益率/(元/t)	6400.8	6551.2	6701.6	6852.0	7002.5	7152.9	7303.3	7453.7	7604.2	7754.6	7905.0	8055.4	8205.8	8356.3	8506.7
七	原料占生产成本比例/%	88.6	88.9	89.1	89.4	89.6	89.8	90.0	90.2	90.3	90.5	90.7	90.8	91.0	91.1	91.3

6. 投资增加10%情况下的税前销售成本

由于工程实施中投资有可能增加,故测算在投资增加10%情况下混合烯烃的税前销售成本。

(1)与国内市场五年均价相比,只要不含税甲醇价格在2184元/t(含税2555元/ t)、2208元/t(含税2583元/t)、2254元/t(含税2637元/t),税后财务内部收益率即可达到13%、12%和10%。

(2)与国际市场五年均价相比,只要不含税甲醇价格在2158元/t(含税2525元/t)、2182元/t(含税2553元/t)、2229元/t(含税2608元/t),税后财务内部收益率即可达到13%、12%和10%。

(3)不同原料价格下的税前销售成本。假定建设投资增加10%,而使项目的税后财务内部收益率分别达到13%、12%、10%时,测算不同原料价格条件下的混合烯烃平均销售成本,详见表12.10。

(4)当投资增加10%时,与投资不增加相比,满足财务内部收益率13%烯烃价格增加107.64元/t,满足财务内部收益率12%烯烃价格增加101.22元/t,满足财务内部收益率10%烯烃价格增加88.9元/t。

表 12.10　不同原料价格条件下税前销售成本（投资增加 10%）

序号	指标	原料价格/(元/t)														
		1800	1850	1900	1950	2000	2050	2100	2150	2200	2250	2300	2350	2400	2450	2500
一	可变成本/(元/t)	5356.9	5504.9	5652.9	5801.0	5949.0	6097.1	6245.0	6393.1	6541.1	6689.1	6837.1	6985.2	7133.2	7281.2	7429.2
1	原料费用/(元/t)	5328.9	5477.0	5625.0	5773.0	5921.1	6069.1	6217.1	6365.1	6513.2	6661.2	6809.2	6957.2	7105.3	7253.3	7401.3
2	其他原料费用/(元/t)															
3	辅助材料/(元/t)	360.9	360.9	360.9	360.9	360.9	360.9	360.9	360.9	360.9	360.9	360.9	360.9	360.9	360.9	360.9
4	燃料动力/(元/t)	595.6	595.6	595.6	595.6	595.6	595.6	595.6	595.6	595.6	595.6	595.6	595.6	595.6	595.6	595.6
5	副产品回收/(元/t)	−928.6	−928.6	−928.6	−928.6	−928.6	−928.6	−928.6	−928.6	−928.6	−928.6	−928.6	−928.6	−928.6	−928.6	−928.6
二	与人工相关的费用/(元/t)	20.9	20.9	20.9	20.9	20.9	20.9	20.9	20.9	20.9	20.9	20.9	20.9	20.9	20.9	20.9
三	与投资相关的成本费用/(元/t)	687.1	688.9	690.6	692.4	694.2	696.0	697.8	699.6	701.3	703.1	704.9	706.7	708.5	710.3	712.0
四	生产成本/(元/t)	6064.8	6214.6	6364.5	6514.3	6664.1	6813.9	6963.7	7113.5	7263.3	7413.1	7562.9	7712.7	7862.6	8012.4	8162.2
五 利润税金	满足 13%财务内部收益率/(元/t)	634.3	635.1	636.0	636.9	637.7	638.6	639.4	640.3	641.1	642.0	642.9	643.7	644.6	645.4	646.3
	满足 12%财务内部收益率/(元/t)	562.1	563.0	563.8	564.6	565.4	566.2	567.0	567.7	568.5	569.3	570.1	570.9	571.6	572.4	573.2
	满足 10%财务内部收益率/(元/t)	424.8	425.4	426.0	427.7	427.3	427.9	428.5	429.1	429.7	430.3	431.0	431.6	432.2	432.8	433.4
六 税前销售成本	满足 13%财务内部收益率/(元/t)	6699.1	6849.8	7000.5	7151.1	7301.8	7452.5	7603.1	7753.8	7904.5	8055.1	8205.8	8356.5	8507.1	8657.8	8808.5
	满足 12%财务内部收益率/(元/t)	6627.0	6777.6	6928.2	7078.8	7229.4	7380.1	7530.7	7681.2	7831.8	7982.4	8133.0	8283.6	8434.2	8584.8	8735.4
	满足 10%财务内部收益率/(元/t)	6489.6	6640.1	6790.5	6941.9	7091.3	7241.8	7392.2	7542.6	7693.0	7843.5	7993.9	8144.3	8294.7	8445.2	8595.6
七	原料占生产成本比例/%	87.9	88.1	88.4	88.6	88.9	89.1	89.3	89.5	89.7	89.9	90.0	90.2	90.4	90.5	90.7

12.2.3　煤制烯烃项目经济效益评价实例

国内某公司以已投产并商业运行的煤制烯烃项目进行了经济效益评价。根据该项目运行的考核结果，测算了项目财务效益。项目财务效益测算中，产品价格确定和评价参数选取参照中石化 2011 年参数，根据项目具体情况调整。该项目测算基本数据与结果如表 12.11 所示。

表 12.11　项目测算基本数据与结果表[1]

序号	名称	原油 80 美元/桶	原油 100 美元/桶	备注
1	建设投资/亿元	158	158	
2	总投资/亿元	165	165.2	
3	建设期利息/亿元	4.5	4.5	三年建设期
4	流动资金/亿元	2.5	2.7	
5	资本金/%	30	30	
6	烯烃规模/(万 t/a)	60	60	
7	PP 产品售价/(元/t)	9870	10880	含税
8	PE 产品售价/(元/t)	10190	11190	含税
9	原料煤价格/(元/t)	380	420	含税
10	燃料煤价格/(元/t)	300	380	含税
11	电价/[元/(kW·h)]	0.40	0.45	含税
12	税前财务内部收益率/%	15.24	16.75	基准收益率 11%
13	税后财务内部收益率/%	13.33	14.70	
14	烯烃单位成本/(元/t)	5230	5584	不含税

续表

序号	名称	原油 80 美元/桶	原油 100 美元/桶	备注
15	毛利率/%	38.99	40.79	
16	煤炭价格临界点/(元/t)	510/597	610/714	不含税/含税
17	烯烃产品竞争力价格/(元/t)	7287/8526	7640/8939	不含税/含税

注：项目热电站方案按照以热定电考虑，未考虑将 14 亿元空分卖出状况，该状况效益影响有限。

12.3 煤制烯烃与石油基制烯烃综合竞争力分析

12.3.1 经济竞争力对比

1. 煤炭和石油价格关系

2003～2010 年，布伦特原油现货价格与澳大利亚 BJ 动力煤现货价格、我国秦皇岛煤炭现货价格情况如图 12.5 所示。

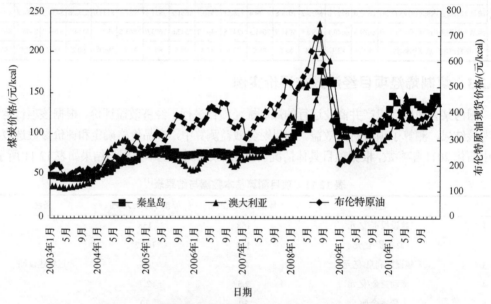

图 12.5 布伦特原油和煤炭价格 (5500 kcal/kg) 价格走势图

从图 12.5 可以看出，煤炭价格与石油价格的变化趋势相近，但煤炭价格的波动滞后于石油价格。从 2003 年开始，原油和煤炭价格呈递增趋势，2008 年上半年出现大幅度上涨，受国际金融危机为主导因素的影响，在 2008 年 7 月达到历史最高峰后开始下跌，2009 年上半年开始反弹。

2. 煤制烯烃与石脑油制烯烃成本构成对比

煤制烯烃与石脑油制烯烃成本构成对比数据如表 12.12 所示。

表 12.12 煤制烯烃与石脑油制烯烃成本构成对比[2]

成本构成/%	煤制烯烃	甲醇制烯烃	石脑油制烯烃
气化原料煤	25		
石脑油			75
甲醇		73	
能量			
燃料煤	18		
电力和蒸汽		6	6
财务费用和折扣	40	13	13
催化剂和化学材料	6	3	3
其他	11	5	3

从成本构成中可以看出，煤制烯烃投资是非常大的，带来的财务和折旧费用占到成本的40%，其次为气化原料煤和提供能量的燃料煤，总计占成本的43%。因此控制投资额和煤炭价格是降低煤制烯烃一体化项目成本的关键。

由于不需要投资巨大的煤制甲醇装置，外购甲醇制烯烃项目财务和折旧费用占成本比例仅为13%，能量费用也降低为6%，但原料费用从25%大幅度上升为73%，意味着原料甲醇的价格对项目成本占据主要地位。因此，对于一个外购甲醇制烯烃项目来说，如何保证合理并且稳定的甲醇供应是一个重要的研究课题。

对于石脑油制烯烃项目来说，项目财务和折旧费用占成本比例仅为13%，但原料费用占比大幅提升到75%，这表明原料的价格对项目成本起着决定性的作用。随着国际油价不断高升，我国石脑油制烯烃路径背负着较大的成本压力，使得煤制烯烃项目发展迅猛。

3. 竞争力分析

1) 煤制烯烃不考虑二氧化碳排放成本的竞争力分析

煤制烯烃(MTO/MTP)与石脑油制烯烃，不同双烯烃对应原料价格如表12.13和图12.6所示。

表 12.13 不同双烯成本对应原料价格

双烯成本+回报值(东部沿海地区)/(元/t)	煤制烯烃 MTO 对应原煤价格/(元/t)	煤制烯烃 MTP 对应原煤价格/(元/t)	石脑油裂解制烯烃对应原料价格		中东乙烷裂解制烯烃对应乙烷价格	
			石脑油/(元/t)	对应原油价格/(美元/桶)	乙烷/(元/t)	对应乙烷/(美元/10⁶Btu)
7000	328	288	4687	65	5562	9.81
8000	584	507	5367	76	6363	11.77
9000	840	727	6046	88	7163	13.72
10000	1096	946	6725	99	7963	15.68
11000	1353	1165	7404	110	8764	17.64
12000	1609	1385	8084	122	9564	19.59
13000	1865	1604	8763	133	10365	21.55

注：1Btu=1.05506×10³J。

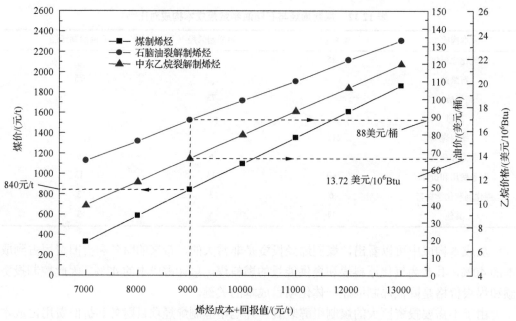

图 12.6　不同双烯成本对应原料价格图[3]

表 12.13 中数据表明：石脑油价格从 4687 元/t 上升到 6725 元/t，双烯烃成本加回报值从 7000 元/t 上升到 10000 元/t。石脑油价格增加 100 元/t，双烯烃成本加回报值增加约 147 元/t，这说明国际原油价格直接影响着石脑油价格，进而影响双烯烃成本。

原煤价格从 328 元/t 上升到 1096 元/t，双烯烃成本加回报值从 7000 元/t 上升到 10000 元/t。原煤价格增加 25 元/t，双烯烃成本加回报值增加约 98 元/t。

当原油价格在 80~100 美元/桶时，我国东部沿海地区石脑油蒸汽裂解装置对应的双烯成本加回报值为 8249~10077 元/t，对应内蒙古地区的 MTO 装置煤炭价格在 648~1116 元/t 范围内，而当前原煤价格远远低于 648 元/t，这说明煤制烯烃 MTO 比石脑油裂解制烯烃更具竞争力。

在相同双烯烃成本加回报值下，对应的煤制烯烃 MTO 原煤价格均高于煤制烯烃 MTP 原煤价格，说明煤制烯烃 MTO 的成本竞争力优于煤制烯烃 MTP。

当煤价为 584 元/t 时，煤制烯烃 MTO 双烯成本加回报值为 8000 元/t，相同双烯成本加回报值对应中东乙烷裂解制烯烃的乙烷价格约为 11.77 美元/10^6 Btu。中东乙烷价格约在 1 美元/10^6 Btu，由此可见中东乙烷裂解装置相比我国煤制烯烃 MTO/MTP、石脑油裂解制烯烃装置具有很强的竞争力。

2) 煤制烯烃考虑二氧化碳排放成本的竞争力分析

(1) 煤制烯烃二氧化碳排放成本分析。

以煤制烯烃 MTO 与石脑油裂解制烯烃为例进行分析，煤制烯烃 MTO 吨聚烯烃产品二氧化碳排放成本约 2422 元/t，石脑油裂解制烯烃吨聚烯烃二氧化碳排放成本约 495 元/t，煤制烯烃 MTO 与石脑油裂解制烯烃相比，每吨聚烯烃产品减排成本多 1927 元/t。乙烷路线制烯烃二氧化碳排放量较低，暂不考虑，具体如表 12.14 所示。

表 12.14　吨聚烯烃产品二氧化碳排放量与排放成本

序号	项目名称	煤制烯烃 MTO		石脑油裂解制烯烃	
		排放量/(t/t)	排放成本/(元/t)	排放量/(t/t)	排放成本/(元/t)
一	直接排放	14.15	2212	1	300
1	原料	9.24	739	0	0
2	燃料	4.91	1473	1	300
二	间接排放	0.7	210	0.65	195
三	合计	14.85	2422	1.65	495

(2)考虑二氧化碳排放成本后的竞争力分析。

当原油价格为 80 美元/桶时,我国东部沿海地区石脑油蒸汽裂解装置双烯成本加回报值为 8249 元/t,加上二氧化碳排放成本为 8744 元/t,对应内蒙古地区的 MTO 装置煤炭价格为 154 元/t,即当原油价格为 80 美元/桶,考虑二氧化碳排放成本后,煤炭价格低于 154 元/t 时,煤制烯烃 MTO 比石脑油裂解制烯烃才具竞争力。当原油价格为 100 美元/桶时,我国东部沿海地区石脑油蒸汽裂解装置双烯成本加回报值为 10243 元/t,加上二氧化碳排放成本为 10738 元/t,对应内蒙古地区的 MTO 装置煤炭价格为 665 元/t,即当原油价格高于 100 美元/桶,煤炭价格低于 665 元/t 时,煤制烯烃 MTO 比石脑油裂解制烯烃更具竞争力。

按 2011 年内蒙古地区原煤(6000 kcal/kg)含税价 525 元/t 测算煤制烯烃 MTO 双烯成本加回报值为 7770 元/t,考虑二氧化碳排放成本后为 10192 元/t,相同双烯成本对应石脑油裂解制烯烃的原油价格约为 96 美元/桶。

考虑二氧化碳排放成本后,相同的烯烃成本加回报值下的不同工艺路线的原料价格如表 12.15 所示。双烯成本含碳排成本对应原料价格如图 12.7 所示。

表 12.15　相同的烯烃成本加回报值下的不同工艺路线的原料价格

双烯成本+回报值 (东部沿海地区)/(元/t)	煤制烯烃 MTO 对应原煤价格/ (元/t)	石脑油裂解制烯烃对应原料价格	
		石脑油/(元/t)	对应原油价格/ (美元/桶)
7000		4351	59
8000		5030	71
9000	220	5710	82
10000	476	6389	93
11000	732	7068	105
12000	988	7747	116
13000	1245	8427	127

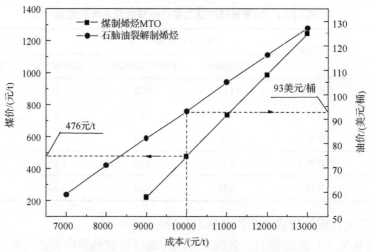

图 12.7　双烯成本含碳排成本对应原料价格图

12.3.2　当前原油价格对甲醇制烯烃成本的影响

自 2014 年下半年以来，原油市场便步入下行通道，且持续时间长达近 6 个月之久，6 月以来，WTI 累计下跌 61.37 美元/桶或 57.2%；布伦特累计下跌 68.47 美元/桶或 59.5%，为 2008 年以来新低。原油暴跌影响的不仅仅影响自身产业链，也顺带影响了与之相关的行业，特别是对于去年之前一直蓬勃发展的 MTO/MTP 产业更是如此。

煤到甲醇再到烯烃这三个环节中，产品增值最快的部分是在甲醇部分，因此 MTO 的成本受到原料甲醇的影响较大，而相对来说，煤制烯烃(CTO)成本则相对稳定。丙烷脱氢装置的烯烃成本则跟随。

从 2014 年 6 月，甲醇制烯烃成本与石油蒸汽裂解成本对比尚有 3000 元/t 成本优势，而到 2014 年 9 月，这一差距已经缩小至 800 元/t 以内，到 10 月，差距被缩窄至 200 元以内；而到了 11 月，这一状况则出现了逆转，蒸汽裂解装置成本快速降至 7500 元/t，而这时甲醇制烯烃成本还在 8000 元/t 左右。到了年底，这一状况被扩至最大，到 12 月，随着原油的快速回落，蒸汽裂解制烯烃的成本已经比甲醇制烯烃成本低 1200～1400 元/t。但是，即使在原油价格低点时，对于国内的一些已经投产的 MTO 装置，由于后续乙烯、丙烯的利用不同，仍然有经济效益。

据卓创不完全统计，2014 年，我国已有煤制烯烃产能达到 346 万 t 左右，PDH 装置产能达到 210 万 t。而目前蒸汽裂解装置我国共有 27 家生产企业、35 套生产装置，装置平均规模约 52.4 万 t/a，总的大乙烯装置超过 1800 万 t。

12.4　小　　结

煤制烯烃项目的主要经济风险在于技术成熟度和控制投资，其中投资是影响煤制烯烃成本的关键因素。石脑油制烯烃项目的主要经济风险在于原油价格波动，油价波动对石脑油制烯烃影响较大，由于可变成本比重高，容易受市场冲击。在高油价情况下，煤制烯烃对煤炭价格承受能力强，受市场波动影响小于石脑油制烯烃。随着煤制烯烃国内自主技术逐渐成熟，单位产品投资有可能降低，对其效益产生有利影响。

　　在东部沿海地区，石脑油制烯烃依托港口建设，靠近烯烃目标市场，项目具有竞争优势。在煤炭资源比较丰富的西部地区，选择水资源相对充裕的区域，靠近煤矿坑口建设煤制烯烃项目。目标市场确定为中西部地区，在一定的市场半径内，项目具有竞争优势。

参 考 文 献

[1] 石油和化学工业规划院. 神华包头煤制烯烃示范项目后评价报告. 内部资料, 2011: 38
[2] 亚化咨询. 中国煤制烯烃发展现状与趋势分析. 煤化工行业信息月报, 2013: 11

第13章 甲醇制烯烃的应用

在国家发展和改革委员会和陕西省委省政府的支持下，大连化物所、新兴能源科技有限公司和中石化洛阳工程有限公司合作进行流化床工艺的甲醇制烯烃技术（DMTO）工业性试验，建设了世界第一套万吨级甲醇制烯烃工业性试验装置。2006年2月实现投料试车一次成功，累积平稳运行近1150h。甲醇转化率近100%，吨乙烯+丙烯原料消耗为2.96t。取得了专用分子筛合成及催化剂制备、工业化DMTO工艺包设计基础条件、工业化装置开停工和运行控制方案等系列技术成果，2006年6月17日，受国家发展和改革委员会委托，中国石油和化学工业联合会组织相关单位和专家对该工业化试验装置进行了72h现场考核。2006年8月23日，DMTO试验项目在北京通过了专家技术鉴定。专家组一致认为：甲醇制烯烃工业性试验取得了重大突破性进展，装置规模和各项指标已达到世界领先水平，为我国建设年产百万吨级DMTO工业化示范项目奠定了基础。

13.1　DMTO技术工业应用情况

DMTO技术工业性试验的成功，引起了许多大型煤炭企业的高度关注。2006年12月，中国神华集团包头煤化工有限公司获国家发改委核准（发改工业[2006]2772号），采用DMTO技术在内蒙古包头建设了60万t/a煤经甲醇制烯烃项目，这是国内外首次甲醇制烯烃的大型工业化实践。

截至2014年年底，已经签署了18个DMTO技术实施许可合同，共计20套工业装置，烯烃产能共计1126万t/a，这些装置中，已有7套装置成功投产，合计烯烃产能400万t/a，其他将在2013~2016年相继投产。各项目基本情况如表13.1所示。这些项目的建设，标志着DMTO技术带动了我国新兴的以煤或甲醇为原料的烯烃工业的兴起，对国家石油替代的实施和保障国家能源安全具有重要意义。

表13.1　采用DMTO技术的烯烃项目基本情况

项目应用领域		项目名称	建设地点	原料	规模/（万t烯烃/a）	合同启动时间	开车或预计开车时间	备注
煤制烯烃	1	神华包头	包头市九原区新型工业基地	煤基甲醇	60	2007年3月	2010年8月	合同执行结束
	2	延长靖边	陕西省榆林市靖边化工园区	煤气基甲醇	60	2008年10月	2014年6月	
	3	中煤榆林	陕西省榆横煤化学工业区	煤基甲醇	60×2	2011年7月	2014年7月	分两期建设，二期尚未启动
	4	蒲城能化	陕西省渭南市蒲城县	煤基甲醇	67	2010年12月	2014年12月	DMTO-Ⅱ项目

续表

项目应用领域		项目名称	建设地点	原料	规模/(万 t 烯烃/a)	合同启动时间	开车或预计开车时间	备注
煤制烯烃	5	中煤蒙大	鄂尔多斯乌审召化工项目区	下属企业煤基甲醇和气基甲醇	60	2012 年 7 月	2015 年 6 月	
	6	神华榆林	榆林市榆神工业区清水煤化学工业园	下属企业煤基甲醇	60	2012 年 3 月	2015 年 9 月	
	7	青海大美	西宁(国家级)经济技术开发区甘河工业园区	煤基甲醇、天然气甲醇、外购甲醇	60	2012 年 7 月	2016 年 10 月	
	8	延长延安	陕西省延安市富县	煤气基甲醇	60	2011 年 3 月	2016 年底	
	9	青海矿业	青海乌兰工业园	煤基甲醇、焦炉煤气甲醇	60	2013 年 9 月	2016 年底	
外购甲醇发展精细化学品行业	10	宁波富德	宁波石化经济技术开发区	外购甲醇	60	2010 年 6 月	2013 年 1 月	原宁波禾元,合同执行结束
	11	山东神达	滕州市鲁南高科技化工园区	外购甲醇	33	2010 年 2 月	2014 年 11 月	
	12	浙江兴兴	浙江嘉兴港区	外购甲醇	60	2011 年 3 月	2015 年 4 月	
	13	富德常州	江苏省常州市新北工业园区	外购甲醇	33	2012 年 6 月	2015 年 12 月	
聚氯乙烯(PVC)产业升级	14	青海盐湖	格尔木市	煤基甲醇	33	2010 年 4 月	2015 年 5 月	
焦化行业深加工	15	宁夏宝丰	宁夏灵武市宁东镇临河工业园区	煤基甲醇、焦炉煤气甲醇	60×2	2011 年 7 月	2014 年 10 月	分两期建设,二期尚未启动
	16	山西焦化	山西省洪洞县广胜寺镇	焦炉煤气甲醇、外购甲醇	60	2012 年 5 月	2016 年底	

注:河南中科、甘肃平凉 60 万 t/a 烯烃项目合同已签,项目尚未启动。

13.2　煤 制 烯 烃

甲醇以从煤炭、天然气或生物质为原料转化后生产,现阶段这些原料都必须经过甲醇这一过程,再以甲醇为原料制取烯烃。我国是典型的缺油少气、相对富煤的国家,在我国,煤炭经气化制合成气然后生产甲醇已经是成熟的工业技术。通过煤制甲醇进而甲醇制烯烃,成为甲醇制烯烃技术在我国应用的一条重要技术路线。

对于煤炭企业,依托其煤炭资源,就地转化,譬如神华集团在包头建设的煤制烯烃项目,优势在于不受上游原料的制约,可将化工联合装置和石化联合装置整合建设,实现石油替代,提高企业抗风险能力。劣势在于,资源决定厂址,受到资源的限制,煤制烯烃项目往往建在西部地区,而对烯烃的需求却主要集中在东南沿海区域,存在着产销不一致问题。

13.2.1　神华包头煤制烯烃项目

神华包头煤化工有限公司的煤制烯烃项目为世界首套煤制烯烃工业项目，也是"十一五"期间国家核准的唯一一个大型煤制烯烃工业化示范工程，是集高新技术、密集资金和高端人才为一体的现代新型煤化工项目。该项目采用的以煤为原料，通过煤气化制合成气、合成气制甲醇、甲醇制烯烃技术路线是一条全新的以煤为原料生产乙烯和丙烯等基础有机化工原料的技术路线。该项目由煤制甲醇、甲醇制烯烃及烯烃聚合、热电、公用工程、辅助设施、厂外工程等 6 大系统共 46 套装置组成，主要装置包括 180 万 t/a 甲醇装置、60 万 t/a DMTO 装置、30 万 t/a 聚乙烯装置、30 万 t/a 聚丙烯装置，其核心生产装置甲醇制烯烃装置采用 DMTO 技术。

神华包头大型煤制烯烃示范工程自 2007 年 9 月 23 日开工建设到 2010 年 5 月 31 日全面建成历时近三年，2010 年 8 月 8 日甲醇制烯烃核心生产装置投料试车一次成功，当天即达到设计负荷的 90%；8 月 12 日，烯烃分离装置生产出合格的乙烯和丙烯单体；8 月 21 日打通全流程，生产出合格的聚乙烯和聚丙烯产品，2011 年正式进入商业化运行，并于 2011 年 3 月顺利通过了性能考核，其装置运行负荷、每吨烯烃甲醇原料消耗、催化剂及公用工程消耗等各项技术指标均圆满达到了合同要求，目前处于满负荷平稳生产状态。标志着采用我国自主知识产权 DMTO 技术的煤制烯烃生产示范项目和新兴产业取得突破进展，开创了煤基能源化工产业新途径，奠定了我国在世界煤基烯烃工业化产业中的国际领先地位，对于我国石油化工原料替代，保障国家能源安全具有重大意义。

神华包头煤制烯烃项目工艺核心装置——甲醇制烯烃装置与目前其他国内外现有工艺相比在以下几方面具有明显的先进性。

(1)甲醇制烯烃装置处理能力大。单套甲醇制烯烃装置甲醇处理能力为 180 万 t/a(折纯)，为世界最大规模的工业化装置。

(2)甲醇制烯烃装置技术指标先进。装置负荷可在 70%～110%调整，乙烯+丙烯的选择性达到 78.32%。

(3)甲醇制烯烃装置稳定性好。开车以来，除按计划停车，未发生一起非计划停车，装置最长连续运转周期达 248 天。

在该项目建设、试车、开车及商业化运行中，采用中石化洛阳工程有限公司开发的具有自主知识产权的 MTO 工程技术，在 DMTO 万吨级工业性试验的基础上，攻克了百万吨级工业放大的技术难题，建成了世界首套百万吨级煤制低碳烯烃工业装置，实现了煤气化–甲醇–乙烯、丙烯–聚丙烯、聚乙烯的技术集成，实现了煤化工与石油化工的有机结合。

神华包头煤制烯烃项目甲醇制烯烃装置于 2010 年 8 月 8 日首次投料，不仅在国内三套在建煤制烯烃项目(神华包头 MTO、大唐多伦 MTP、神华宁煤 MTP)中率先投料试车成功，还创造了大型化工、石化项目投料试车出产品最快的纪录；取得了首次全流程投料试车高负荷连续运行 1250h 的骄人成绩。2010 年 8 月 19 日，聚丙烯颗粒产品出厂，世界首批煤制聚烯烃产品销往市场，产品质量获得了用户的高度认可，产品供不应求。神华包头煤制烯烃项目实现了当年建成、当年投产、当年赢利的伟大创举，此后的运营结果也验证了煤制烯烃技术的可工业化生产和可观的经济效益。2011 年全面转入商业化运营后，各生产装置基本实现安全、平稳、长周期、高负荷运行，全年稳定运行 318 天，平均生产负荷达到 85%，全厂生产聚烯烃 50.2 万 t，实现利税 17.9 亿元。2012 年，MTO装置稳定运行 341 天，平均生产负荷 97%，全厂生产聚烯烃 54.7 万 t，实现利税 17.2 亿元。2013 年 1 月至 11 月，MTO 装置稳定运行 297 天，平均生产负荷 100%，全年生产聚烯烃 54.5 万 t，实现利税 19.2 亿元。截至 2014 年底，包头煤制烯烃工业化示范装置已稳定运行 1288 天，生产聚烯烃 212 万 t，实现销售收入 235 亿元、利润 43.4 亿元、纳税 18.4 亿元，取得了良好的经济效益和社会效益。

该示范工程的成功运行及良好的经济效益，使我国新型煤化工成套工业化技术处于世界领先地位。具有中国自主知识产权的煤制烯烃项目的工业示范成功，开辟了一条以煤为原料生产烯烃、聚烯烃，高碳能源低碳化应用的新型煤化工技术路线，间接实现石油替代的能源安全战略的新途径。对解决我国石油短缺，保证能源安全稳定供给具有重大现实意义和战略意义。为我国发展煤制烯烃产业提供了示范，对推进低碳经济发展，减轻和缓解石油高度对外依存的压力，保障国家能源战略安全具有重要意义，推广应用前景广阔。

13.2.2　陕西延长能源化工综合利用启动项目

陕西延长中煤榆林能源化工有限公司(原陕西延长石油集团榆林能源化工有限公司)是陕西延长石油(集团)有限公司与中国中煤能源集团有限公司通过增资扩股组建的一家大型煤气油盐综合利用化工企业，其靖边能源化工综合利用启动项目位于陕西榆林靖边能源化工综合利用园区，项目以煤、气、油、盐综合利用为特色，以建设节能减排、循环经济的生态型园区为目标，已被列为"联合国清洁煤技术示范推广项目"和"陕西省循环经济示范项目"。项目包括 180 万 t/a 煤制甲醇装置、60 万 t/a 甲醇制烯烃装置、150万 t/a 渣油催化热裂解(DCC)装置、2×30 万 t/a 聚乙烯装置、2×30 万 t/a 聚丙烯装置、9万 t/aMTBE 和 4 万 t/a 丁烯-1 装置等。该项目开创了一条煤气油综合利用、碳氢互补、实现低排放高收率的烯烃新路线，对于改善我国传统的能源利用方式、提高能源转化效率、探索高碳能源低碳利用的新路线具有重大意义。

60 万 t/a 甲醇制烯烃联合装置是该项目的核心装置之一，也是中石化洛阳工程有限公司采用 EPC 模式对 MTO 和烯烃分离两个单元进行联合布局、一体化建设的第一个MTO 总承包项目，该联合装置采用 DMTO 专利工艺技术，以粗甲醇(含水约 8%)为原料，生产聚合级乙烯和聚合级丙烯产品。DMTO 联合装置于 2014 年 6 月 21 日开始甲醇进料，6 月 25 日生产出合格的丙烯产品，6 月 27 日生产出合格的乙烯产品，顺利打通了装置全流程，实现一次投料成功，再一次验证了具有我国自主知识产权的 DMTO 技术的先进性和可靠性。

13.2.3　中煤榆林甲醇醋酸系列深加工及综合利用项目(一期)

中煤榆林是中国中煤能源集团有限公司在陕西组建的独资子公司。其规划的甲醇醋酸系列深加工及综合利用项目厂址位于榆林市榆横煤化学工业园区的南区，该项目以榆

横矿区大海则井田煤炭为原料，生产聚乙烯和聚丙烯。项目规划了 360 万 t/a 甲醇制 120
万 t/a 烯烃装置，分两期实施。一期项目包括 180 万 t/a 甲醇装置、60 万 t/a MTO 装置及烯
烃分离装置、30 万 t/a 聚乙烯(PE)装置、30 万 t/a 聚丙烯(PP)装置、甲基叔丁基醚(MTBE)
装置、OCU (olefin conversion unit) 装置、24 万 Nm^3 (氧气)/h 空分装置，并配套建设 4 台
480t/h 高压蒸汽锅炉和 2×100MW 汽轮发电机组，以及公用工程、辅助生产设施、厂外
工程。

2014 年 5 月 27 日顺利实现工程中交。2014 年 7 月 6 日 DMTO 装置甲醇投料，并于
7 月 11 日生产出合格乙烯、丙烯，7 月底打通全流程，产出合格聚乙烯、聚丙烯产品，
实现一次投料试车成功。

13.2.4 陕西蒲城 180 万 t/a DMTO-II 项目

蒲城清洁能源化工有限责任公司(以下简称"蒲城能化")位于陕西省渭南市蒲城县，
是陕西煤业化工集团公司和中国长江三峡集团公司于 2008 年 11 月共同出资设立的股份
制企业，注册资本 25 亿元，一期项目投资约 180 亿元。

蒲城能化煤制烯烃项目核心装置——甲醇制烯烃装置采用的是新一代甲醇制取低碳
烯烃技术(DMTO-II)，装置规模为 180 万 t 甲醇制 67 万 t 烯烃/a。与第一代技术相比，
DMTO-II 技术将甲醇制烯烃装置产物中 C$_4$ 以上组分进行回炼，大幅度提高了乙烯和丙
烯产率，乙烯+丙烯产率比第一代技术提高 10%。

该项目于 2010 年开工建设，2013 年 5 月，DMTO 装置开始全面施工建设，2014 年
11 月 20 日建成中交。2014 年 12 月 21 日首次甲醇进料，12 月 24 日产出合格聚合级丙
烯，12 月 26 日产出合格聚合级乙烯。继 MTO 装置生产出合格的聚合级乙烯、丙烯后，
C$_{4+}$ 组分回炼单元于 2015 年 2 月 3 日首次进料，2 月 6 日反应气并入烯烃分离单元，标
志着 DMTO-II 工业装置打通全流程。

DMTO-II 技术是 DMTO 技术的再创新，DMTO-II 工业装置的开车成功，进一步巩
固了我国具有自主知识产权的 DMTO 系列技术的国际领先地位，将对我国甲醇制烯烃新
兴战略产业的发展起到重要的推动作用。

13.2.5 中煤蒙大 180 万 t/a DMTO 项目

内蒙古中煤蒙大新能源化工有限公司是中国中煤能源股份有限公司控股的二级企
业，公司位于内蒙古自治区鄂尔多斯市乌审召化工项目园区。该公司年产 50 万 t 工程塑
料项目采用 DMTO 技术，延伸发展甲醇下游产品，原料甲醇中 120 万 t/a 甲醇来自其控
股公司博源联化甲醇厂和苏里格甲醇厂，用管道输送到界区，另外 60 万 t/a 甲醇由中煤
蒙大甲醇厂供给，由槽车运输至界区。主要产品有 30 万 t/a 聚乙烯、30 万 t/a 聚丙烯和 C$_4$、
MTBE 等。项目包含 DMTO、烯烃分离、MTBE/丁烯-1、聚乙烯、聚丙烯、PSA 等六套主
要生产装置及配套的热电、循环水、污水回用等公用工程装置，总投资 107.8 亿元。

由中石化洛阳工程有限公司承担 EPC 总承包工作的 60 万 t/a DMTO 装置，于 2013
年 5 月 31 日签订 EPC 总承包合同，装置正在建设中，预计 2016 年 4 月投产。

13.2.6　神华陕西甲醇下游加工项目

神华陕西甲醇下游加工项目是神华煤制油化工有限公司落实神华集团公司与陕西省的战略合作、实现神华集团公司在陕北地区能源规划的重要举措。该项目位于陕西省榆林市榆神工业区清水煤化学工业园北区,总占地面积 165hm²。该项目以甲醇为原料,经甲醇制烯烃过程转化、烯烃分离,最后生产聚乙烯、聚丙烯产品。包括 60 万 t/a 甲醇制烯烃(MTO)装置、烯烃分离装置、30 万 t/a 聚乙烯装置和 30 万 t/a 聚丙烯装置,及配套的公用工程、辅助设施和厂外工程等。原料甲醇由收购的陕西神木化学工业有限公司和陕西咸阳化学工业有限公司各提供 60 万 t/a 的煤制甲醇,其余为外购。项目建成后将有力推进陕北地区发展,把当地资源优势转化为经济优势,把发展潜力转化为现实生产力,实现资源的深度转化。其核心生产装置甲醇制烯烃装置采用国内自主知识产权的 DMTO 技术,预计 2015 年 12 月投产。

13.2.7　延长延安 180 万 t/a DMTO 项目

陕西延长石油(集团)有限责任公司(以下简称"延长集团")在保持油气资源勘探开发稳定发展的同时,积极拓展能源化工领域,在延安富县建设以油田伴生气、煤为原料的大型甲醇项目为龙头的大型石油化工联合装置,有利于企业优化产业结构,实现又好、又快、可持续发展目标。为此延长集团专门成立了陕西延长石油延安能源化工有限责任公司,负责建设和实施集团规划的继"陕西延长能源化工综合利用启动项目"之后的又一大型油气煤综合利用的一体化项目,该项目包括 180 万 t/a 甲醇、60 万 t/a 甲醇制烯烃及 45 万 t/a 聚乙烯、25 万 t/a 聚丙烯、20 万 t/a 丁辛醇、6 万 t/a 乙丙橡胶等装置。其中180 万 t 甲醇/a 装置采用油气煤联合技术,包括煤制气、气体净化、甲烷转化、甲醇合成与精馏等,核心生产装置 60 万 t/a 甲醇制烯烃装置采用国内自主知识产权的 DMTO 技术。项目地址为陕西延安市富县,投资估算 219 亿元,预计 2016 年底建成投产。

13.2.8　青海大美 180 万 t/a DMTO 项目

青海大美煤业股份有限公司是青海西部矿业集团公司的控股公司,在青海省西宁(国家级)经济技术开发区甘河工业园区西区建设青海大美煤炭深加工示范项目。

一期工程建设规模为 1000 万 t/a 选煤、300 万 t/a 焦化、30 万 t/a 煤制甲醇、50 万 t 天然气制甲醇、180 万 t/a 甲醇制烯烃(100 万 t/a 甲醇外购)、60 万 t/a 聚烯烃,一期工程投资约 150 亿元。该项目采用无压重介分选工艺选煤、捣固炼焦工艺生产焦炭、焦炉气净化转化合成甲醇、甲醇转化制烯烃、烯烃聚合工艺路线生产颗粒状聚乙烯和聚丙烯产品,其中甲醇制烯烃采用 DMTO 技术。由中石化洛阳工程有限公司承担 EPC 总承包工作的 60 万 t/a DMTO 装置(包括 MTO、烯烃分离、MTBE/丁烯-1、OCU 单元),已开始进入现场施工阶段,预计 2018 年建成投产。

13.2.9　青海矿业 180 万 t/a DMTO 项目

青海省矿业股份有限公司是经青海省政府批准组建,由青海省木里煤业开发集团有限公司、青海柴达木开发建设投资有限公司、中铁资源集团青海有限公司、青海庆华矿冶煤化集团有限公司、义马煤业集团青海义海能源有限责任公司、青海省兴青工贸工程集团有限公司等共同出资成立的国有控股企业。

青海省矿业集团股份有限公司在青海省格尔木市格尔木工业园建设的"柴达木循环经济试验区青海矿业煤基多联产项目",投资 235 亿。一期工程建设规模为焦化装置 200万 t/a,焦炉煤气制甲醇 20 万 t/a,煤制甲醇 180 万 t/a,DMTO 装置 60 万 t/a(包括 DMTO单元、烯烃分离单元、烯烃转化单元、MTBE/丁烯-1 单元),聚丙烯 40 万 t/a,聚乙烯30 万 t/a,MTBE 装置 1.5 万 t/a,丁烯-1 装置 2 万 t/a,其核心生产装置甲醇制烯烃装置采用 DMTO 技术,预计将于 2016 年底建成投产。

13.3　外购甲醇发展精细化学品行业

以乙烯和丙烯为原料可以生产多种高附加值的精细化学品,然而我国众多精细化学品生产企业的发展受到原料缺乏的限制,这主要是由于我国的烯烃资源大多由大型石油化工企业掌握,中小型企业难以获得。对于煤炭资源缺乏的沿海地区和中小型企业,可以采用外购甲醇的方式,通过甲醇制烯烃技术生产乙烯和丙烯,以满足生产下游精细化学品的需求,一方面缓解了中小企业生产精细化学品无原料来源、发展受限的窘境,另一方面缓解了石油资源短缺的压力,从而实现石化原料的多元化,同时也有利于缓解国内甲醇企业开工不足的问题。

利用外购甲醇发展 MTO 项目摆脱了对煤和水资源的依赖,避免了整个煤制烯烃产业链中相对污染较高、能耗较高的煤气化制甲醇过程,减少了二氧化碳排放,符合国家的产业政策。

13.3.1　宁波富德 180 万 t/a DMTO 项目

宁波富德能源有限公司(原宁波禾元化学有限公司)位于宁波化学工业区,其年产 40万 t 聚丙烯、50 万 t 乙二醇项目内容包括 180 万 t 甲醇/a DMTO 装置、50 万 t/a 乙二醇装置、40 万 t/a 聚丙烯三套主要生产装置及油品储运及产品装卸设施、供水、供电、供热及辅助生产设施。其中核心装置是 DMTO 装置,这是首套以外购甲醇为原料(部分国外进口),在沿海地区建设的大型甲醇制烯烃项目。

该项目 180 万 t/a DMTO 装置于 2010 年 2 月签署技术实施许可合同,2011 年 3 月 MTO装置打桩施工,2012 年 12 月底装置建成中交,2013 年 1 月 28 日工厂投料试车,2013 年 2月 3 日生产出合格乙烯、丙烯产品。目前 DMTO 装置已完成性能考核,装置运行负荷、吨烯烃甲醇原料消耗、催化剂消耗等各项技术指标均达到了合同要求并优于合同指标。

宁波富德甲醇制烯烃项目是继神华包头煤制烯烃项目之后,全球第二套建成投产的甲醇制烯烃项目。该项目在烯烃原料需求旺盛的东南沿海地区开创了一条以外购甲醇为原料生产低碳烯烃的新路线,具有十分鲜明的工艺特色,标志着我国新兴的以煤或甲醇为原料的烯烃工业的崛起,符合我国能源结构特点和低碳经济的要求,符合国家烯烃原料多元化的指导思想,进一步奠定了我国在世界甲醇制烯烃工业化产业中的国际领先地位,对于缓解石油短缺、保障我国能源安全、优化能源消费结构、提高能源利用效率、减少环境污染乃至国家经济运行的安全有着十分重要的战略意义。

13.3.2　山东神达 100 万 t/a DMTO 项目

联想控股滕州化工基地包括山东神达化工有限公司甲醇制烯烃项目和山东昊达化学有限公司乙烯下游衍生物工程项目两大部分。项目占地 1750 亩[①],总投资 73 亿元,位于山东省滕州市鲁南高科技化工园区。

山东神达化工有限公司是以甲醇为原料生产烯烃系列产品的新型化工企业。神达化工项目规划建设规模为:100 万 t/a 甲醇制烯烃装置、20 万 t/a 聚丙烯装置、17 万 t/a 聚乙烯装置,项目建设总投资 35 亿元。建成后将形成年产 20 万 t 聚丙烯、17 万 t 乙烯(供下游山东昊达化学有限公司进行深加工)、6 万 t C_4、C_5 的生产能力。甲醇制烯烃装置采用 DMTO 技术,甲醇原料均外购,其中 72 万 t 从新能凤凰(滕州)能源有限公司采购。

山东昊达化学有限公司以乙烯为原料进行深加工,生产乙烯共聚物和醇醚、聚醚类产品。昊达化学项目规划建设规模为:10 万 t/a EVA 装置、12 万 t/a 环氧乙烷装置、12 万 t/a 烷氧基化装置及相关配套设施,项目建设总投资 37.5 亿元。

由中石化洛阳工程有限公司承担的 EPC 总承包的山东神达/昊达项目 100 万 t/a DMTO 装置,2014 年 9 月 28 日中交,2014 年 11 月 19 日开始甲醇进料,11 月 30 日产出合格的 C_4、C_{5+} 产品,12 月 1 日产出合格的聚合级乙烯产品,12 月 5 日产出合格的聚合级丙烯产品,标志着世界首套 100 万 t 甲醇进料规模的 DMTO 联合装置实现一次开车成功。

13.3.3　富德(常州) 100 万 t/a DMTO 项目

富德(常州)能源化工发展有限公司是富德能源化工(国际)发展有限公司全额出资成立的子公司。公司一期项目投资新建 100 万 t 甲醇/a DMTO 装置、9 万 t/a OCU 装置、30 万 t/a 聚丙烯装置以及全厂公用工程,项目厂址位于江苏省常州市新北工业园区,占地面积 880 亩,预计总投资 40 多亿元,二期项目规划建设 180 万 t/a 甲醇制烯烃项目,占地面积 500 亩。

中石化洛阳工程有限公司是该项目的总体设计单位,也是 DMTO 装置、OCU 装置、聚丙烯装置和系统配套工程等的 EPC 总承包商。其中,100 万 t/a DMTO 装置是整个项目的核心装置,2014 年 10 月 30 日,签订 EPC 总承包合同,预计 2017 年初投产。

13.3.4　浙江兴兴 180 万 t/a DMTO 项目

浙江兴兴新能源科技有限公司(以下简称"浙江兴兴公司")是由杭州浩明投资有限公司控股、浙江嘉化集团股份有限公司和其他股东参股共同组建的一家石化企业。

浙江兴兴公司在浙江嘉兴港区总体规划投资建设两套 180 万 t/a 甲醇制烯烃项目。总占地面积约 633 亩,总投资 60 亿元,一次规划,分两期实施。一期项目包括 180 万 t/a MTO 装置、9 万 t/a OCU 装置、烯烃分离装置、污水处理场、总变电站、循环水场、罐区等

---

① 1 亩≈666.6m²。

公用工程设施。乙烯产品供给园区内的三江化工公司作为生产环氧乙烷的原料。丙烯作为产品直接销售给工业园区内企业。MTO 装置采用我国自主知识产权的 DMTO 技术。其中甲醇制烯烃装置、烯烃分离装置、烯烃转化装置由 LPEC 总承包建设。2013 年 6 月，项目现场正式开始施工，2015 年 4 月投产。

13.4　聚氯乙烯(PVC)产业升级

乙烯氧氯化法路线是目前世界公认的先进、合理的 PVC 生产路线，世界上 80%以上的 PVC 通过此工艺路线生产。但我国是石油乙烯资源相对稀缺的国家，国内 PVC 生产中 80%以上仍采用的是高能耗、高污染、超恶劣生产工作环境的电石乙炔法。作为电石生产的两个基本原料，焦炭和石灰的生产都存在着环境污染严重的状况。在我国，许多石灰生产企业普遍规模小、技术水平低、能源消耗高、环境污染严重。石灰窑在生产过程中，由于烧制不完全及石灰生产过程中所形成的微小炭颗粒和烟尘会随烟气一起排入大气，形成对大气环境的污染。同时石灰矿的开采对地表环境的破坏是巨大的且是不可恢复的。电石生产所需的另一基本原料焦炭，其生产存在严重的环境污染和资源浪费。焦炭生产排放出废水、废气、苯并芘等大量有害污染物，是污染最为严重的行业之一。而用于电石生产时，许多企业主要是使用半焦(俗称兰炭)，其生产过程造成的环境污染和资源浪费更严重于冶金焦炭。利用电石生产氯乙烯单体(VCM)的过程中，主要的废弃物除了大量的电石渣外，还有大量的含有重金属 Hg 的废催化剂需要处理。事实上由于许多现有的电石法 PVC 工厂缺乏良好的废催化剂回收处理系统，这些含有剧毒重金属的废催化剂对环境产生了巨大的污染。

由于国内的氯碱企业很难获得乙烯资源，因此目前国内氯碱企业采用乙烯法生产 PVC 的装置不多。同时，一些东部沿海企业采用进口 VCM 或 EDC 单体生产 PVC。而使用甲醇制烯烃技术，通过易得的化工原料甲醇来生产乙烯，在 PVC 行业应用后有希望实现行业的技术路线升级，用先进的乙烯氧氯化法路线代替电石乙炔法路线。

青海盐湖工业集团股份有限公司下属的青海盐湖镁业有限公司规划了金属镁一体化项目，项目总体规划为：年产 40 万 t/a 金属镁、240 万 t/a 甲醇及甲醇制烯烃、200 万 t/a PVC、200 万 t/a 纯碱、240 万 t/a 焦炭、30 万 t/a PP、200 万 t 电石及配套热电项目等，总投资数百亿元。一期启动项目总投资约 200 亿元，包括 10 万 t/a 金属镁、100 万 t/a 甲醇、100 万 t/a 甲醇制烯烃、80 万 t/a PVC、16 万 t/a 聚丙烯、240 万 t/a 焦炭、80 万 t/a 电石、100 万 t/a 纯碱及配套 2400t/h+320MW 热电联产项目。该项目是盐湖集团依托柴达木盆地丰富的矿产资源，以生产氯化钾所产生的大量"废液"老卤为原料，以金属镁为核心、以钠资源利用为副线，采用 DMTO 技术，以煤炭为支撑生产甲醇进而生产烯烃，通过乙烯氧氯化法生产 PVC 来平衡金属镁副产的氯气，最终生产附加值高的金属镁、聚丙烯、聚氯乙烯等系列产品。该项目改变了传统电石法生产 PVC 的生产路线，为甲醇制烯烃技术开辟了一条新的应用领域，青海盐湖项目由此也将建成甲醇制烯烃技术在 PVC 行业应用的示范工程，该项目已被国家列为柴达木循环经济试验区核心建设项目。

100 万 t/a DMTO 装置于 2010 年 7 月开工建设，2014 年 12 月 23 日中交，它的建成中交标志着目前世界上海拔最高的煤化工项目顺利进入投料试车阶段,预计将于 2016 年 11 月投产。

13.5　焦化行业深加工

在焦炭行业,利用副产的焦炉煤气生产甲醇进而生产烯烃,并与从焦油中回收的芳烃进一步进行深加工,可以生产更高附加值化工产品,同时可以减少焦炉煤气的排放,节能减排,发展循环经济,减少环境污染,延长企业产业链。

目前我国焦炭总生产能力约 2.2 亿 t,焦炉煤气是炼焦行业最主要的副产品之一,每炼 1t 焦炭,可以产生 430m³ 左右的煤气,其中一半回炉助燃,另外约 200m³ 的焦炉煤气必须使用专门的装置进行化工产品回收,否则只能直接排入空气或直接燃烧放散,俗称"点天灯"。由于我国焦化产业只注重焦炭生产而忽略化工产品回收,只有不到 10% 的焦炉煤气被回收,用于城市煤气供应、发电、化工生产等,其余绝大多数副产品焦炉煤气大量被"点天灯",由此造成的经济价值损失达数百亿元/年。

焦炉煤气制取甲醇是焦炉煤气综合利用的先进技术,国内在建及已建成装置有十几套。若通过甲醇制烯烃技术将这部分甲醇用于生产乙烯、丙烯,再结合焦炉轻油和煤焦油中得到的苯,便可以制取苯乙烯、对二甲苯等高附加值化工产品,同时对煤焦油进行深加工,可制取低冰点航空煤油,从而打破焦化行业"只焦不化"、产品单一的传统格局,开创以新技术带动原有产业向产品多元化发展的新格局,既符合国家节能减排政策,又利于资源合理利用,提高企业抗风险能力。

13.5.1　宁夏宝丰焦化废气综合利用制烯烃项目

宁夏宝丰能源集团有限公司在宁夏回族自治区灵武市宁东镇临河工业园区内建设的焦化废气综合利用制烯烃项目,包括焦炉废气(一、二期焦炉总规模为 440 万 t/a 焦化)制甲醇 60 万 t/a,煤制甲醇 120 万 t/a,60 万 t/a DMTO 装置,30 万 t/a 聚丙烯装置,30 万 t/a 聚乙烯装置,3 套 5.2 万 Nm³/h(氧)的空分装置。项目总投资 141.5 亿元,利用宝丰能源循环工业基地一、二期焦炉废气、甲醇弛放气,并通过航天炉补碳生产出甲醇中间产品,通过 DMTO 工艺,年产 30 万 t 聚乙烯、30 万 t 聚丙烯。

DMTO 装置于 2014 年 10 月 31 日开始甲醇投料,11 月 25 日打通全流程,实现一次开车成功,生产出合格的聚乙烯和聚丙烯产品,系统稳定运行。该项目成功实现将焦炉废气和甲醇弛放气高效利用,通过煤、气联合经甲醇制烯烃进而生产高附加值的聚烯烃等产品,低碳减排,也对推动宁东能源化工基地建设、促进宁夏及西部地区经济社会发展意义重大。

13.5.2　山西焦化烯烃项目

山西焦煤集团与神华集团合作共同规划建设 3000 万 t/a "煤焦化"循环经济一体化项目,项目分为两个 1500 万 t/a "煤焦化"循环经济一体化项目,其中之一落户在山西洪洞煤焦化深加工产业示范基地,建设 1500 万 t/a 煤焦化一体化项目,包括园区外 2800 万 t/a 原煤生产及洗选,园区内 1500 万 t/a 炼焦及炼焦副产品深加工。深加工项目主要包括焦炉气制甲醇、甲醇制烯烃、煤焦油深加工和粗苯加氢精制等。首先建设以焦炉煤气制甲醇为原料生产 60 万 t/a 烯烃项目。山西焦煤集团飞虹化工股份有限公司是由山西焦煤集团有限责任公司设立的二级公司，全权负责该项目建设和竣工投产后的运营。在山西实施甲醇制烯烃项目，可有效带动焦炉煤气制甲醇产业的发展，使传统焦化产业获得新的生命力和发展空间，有利于促进传统焦化产业的振兴和转型发展，提升焦化产业整体竞争力。

该 60 万 t/a 烯烃项目是山西焦煤"十二五"规划的骨干支撑项目，是山西省综改转型标杆项目，项目建设地在山西省洪洞县广胜寺镇，主要包括 180 万 t/a 甲醇制烯烃装置、烯烃分离装置、OCU 装置、MTBE/丁烯-1 分离装置、聚乙烯装置、聚丙烯装置及热电站、循环水、罐区、产品储运等公辅设施，产品规模为 30 万 t/a 聚乙烯和 30 万 t/a 聚丙烯，核心装置甲醇制烯烃装置采用国内自主知识产权的 DMTO 技术。项目总投资 85.83 亿元，项目计划于 2016 年底投产。

13.6　传统乙烯厂扩能改造

在传统的石脑油蒸汽裂解乙烯厂的扩能改造上采用甲醇制烯烃技术，使用甲醇与石脑油共同作为原料，比传统的石脑油蒸气裂解法更具有经济性。如表 13.2 所示，由于甲醇制烯烃技术的产品气与石脑油蒸汽裂解气组成类似，两者的反应气可以混合后同时用一套烯烃分离装置进行分离。同时，石脑油裂解乙烯厂进一步扩能改造的一个关键限制因素是气压机的处理能力，由于甲醇制烯烃工艺的产品气中乙烯的浓度高于石脑油蒸汽裂解的产品气，应用甲醇制烯烃技术生产部分乙烯，可以解决气压机处理能力的瓶颈问题，使全厂具有更高的产能。例如，对一个 90 万 t/a 的乙烯工厂，采用 DMTO 技术生产 15%的乙烯时，气压机可以降低 9%的瓶颈，多处理 8 万 t 的乙烯通过能力。

表 13.2　MTO 反应气与石脑油裂解炉裂解气组成对比

组成	石脑油裂解炉裂解气/mol%	典型的甲醇制烯烃工艺产品气/mol%
氢气	14.13	2.06
一氧化碳	0.18	0.3
硫化氢	0.03	
甲烷	23.68	3.01
乙炔	0.45	0.002
乙烷	6.41	0.67
乙烯	31.69	38.1
丙烯	9.44	24.83
丙炔	0.46	0.0002
1,3-丁二烯	1.65	0.118
丁炔		0.014

表 13.3 为石脑油裂解乙烯厂扩能改造的设备负荷比较，可以看出，应用甲醇制烯烃

技术，在同等规模的传统乙烯厂扩能改造中，对现有设备的影响更小，因此对工厂的改动较小；或者在相同的改动时，可以增加更多的产能。

表 13.3　石脑油裂解乙烯厂扩能改造的设备负荷比较

设备	以 100%石脑油为基准	83%石脑油 17%甲醇
汽油分馏塔	1.0	0.86
急冷塔	1.0	0.86
裂解气压缩机	1.0	0.94
碱洗塔、碱洗系统	1.0	0.94
脱甲烷塔	1.0	0.96
脱乙烷塔	1.0	0.98
乙炔转化系统	1.0	0.97
乙烯精馏塔	1.0	0.98
脱丙烷塔	1.0	0.94
碳三加氢反应器	1.0	1.09
丙烯精馏塔	1.0	1.02
脱丁烷塔	1.0	0.80
丙烯制冷系统	1.0	0.97
乙烯制冷系统	1.0	0.94

注：采用 Lummus 公司的烯烃分离技术评估。

如表 13.4 所示，以亚洲市场 2008 年 1 月至 6 月的价格作参照，平均石脑油价格为 975 美元/t，平均甲醇价格为 419 美元/t。采用 DMTO 技术，对于一个 90 万 t/a 的乙烯工厂，当 17%的原料采用甲醇时，由于甲醇的价格低于石脑油，整个工厂的营业毛利可以增加 4.5%。如果 25%的原料采用甲醇时，整个工厂的乙烯产能可以增加到 98 万 t/a，整个工厂的营业毛利可以增加 15.1%。

表 13.4　乙烯厂改造方案经济效益对比

指标	原料		
	100% 石脑油	83% 石脑油 17% 甲醇	75% 石脑油 25% 甲醇
改造/万 t	90	90	98
利润增加	0%	4.5%	15.1%

中国石化中原石油化工有限责任公司(中原乙烯)总投资 15 亿元，在河南濮阳建设了设计能力为 60 万 t/a 甲醇生产 10.6 万 t/a 聚合级乙烯及 9.9 万 t/a 聚合级丙烯的乙烯原料路线改造示范项目工程，其下游烯烃分离装置就是利用了原有的烯烃分离装置。该示范装置于 2010 年 8 月开工建设，2011 年 8 月建成，10 月 10 日装置产出合格乙烯、丙烯。

13.7　甲醇制烯烃技术应用前景

在国内,甲醇制烯烃技术的工业化,特别是 DMTO 技术的应用给国民经济做出巨大的贡献。采用 DMTO 技术建设一座 180 万 t/a 的煤制烯烃工厂,如运营 20 年,企业将上交增值税约 138 亿元、所得税约 111 亿元,净利润约 200 亿元。如煤经甲醇制烯烃产业达到 1000 万 t/a 烯烃规模,将节省 3000 万 t 的石脑油,对应原油进口约 1 亿 t,同时新增就业岗位 3 万个。如采用 DMTO 技术经外购甲醇建设 MTO 项目,建设 10 套 180 万 t/a 甲醇制烯烃 MTO 项目,将每年消耗 1800 万 t 甲醇,从而可以激活整个甲醇产业,盘活甲醇行业闲置资产达 1000 亿元。

自 2009 年国家发布《石化产业调整和振兴规划》,稳步开展煤制烯烃等煤化工示范项目开始,随着神华包头煤制烯烃工业示范项目等一批煤制烯烃/甲醇制烯烃项目的成功投产和稳定运行,DMTO 技术已成功地将传统煤化工和石油化工联系在一起,开辟了煤基能源化工产业新途径。截至 2014 年年底,已有 7 套采用 DMTO 技术的甲醇制烯烃装置相继投产,符合我国能源结构特点和国家烯烃原料多元化的指导思想,标志着我国甲醇制烯烃战略新兴产业的迅速崛起,奠定了我国在世界煤制烯烃工业化产业中的国际领先地位,对于我国石油化工原料替代、缓解石油短缺、保障国家能源安全、优化能源消费结构和服务国民经济建设具有重要的战略意义。

根据工业和信息化部《烯烃工业"十二五"发展规划》的内容,"十二五"期间烯烃工业的重点任务是:依托我国丰富的煤炭资源和自主开发的煤制烯烃技术,适度发展煤制烯烃。在煤炭资源丰富、水资源较好、二氧化碳减排潜力和环境容量较大、交通运输便利及产业发展能力较强的煤炭净调出省区,从严布局煤制烯烃项目,新建项目烯烃规模要达到 50 万 t/a 以上,乙烯单体优先用于区域内电石法聚氯乙烯技术升级。在原料可以保证长期稳定供应的前提下,在沿海地区慎重布局进口甲醇制烯烃项目。基本原则是:在"十二五"期间,坚持原料多元化,积极利用国内、国际两种资源、两个市场,拓宽原料路线,保障烯烃原料供给。发展目标是:到 2015 年,中国乙烯产能达到 2700 万 t/a,丙烯产能达到 2400 万 t/a,烯烃原料多元化率达到 20% 以上。

按照国家政策及规划的要求,甲醇制烯烃项目正在国内合理地布局并逐步形成规模。由于煤制烯烃需要先由煤制得甲醇,再由甲醇进一步转化为烯烃(乙烯和丙烯,DMTO 技术;丙烯,MTP 技术),因此煤制烯烃项目首先受制于煤资源,另外对水资源、生态环境、技术、资金等都有一定的要求。在我国,煤炭主要分布于黄河中上游、蒙东和辽西地区、黑龙江东、苏鲁豫皖、中原、云贵、新疆七大区域,同时,煤制甲醇过程需要大量的水资源,而我国往往是煤水资源呈现逆向分布的态势,因此,考虑到我国贫油、少气、富煤的资源结构特点,按照国家规划,煤制烯烃将主要根据国家政策,在煤炭资源丰富并且有水资源的地区实施,以此带动当地煤化工园区的发展。

在经济发达地区,特别是东南沿海城市(港口城市),从海外外购甲醇,生产乙烯、丙烯,发展下游产品,优势明显。近年来北美地区页岩气的大量开发,带来北美市场天然气价格的持续走低,美国掀起了甲醇生产的热潮,这为利用海外天然气制甲醇、支撑中国沿海地区 MTO 装置的发展，提供了难得的机遇。此外，与天然气资源丰富的地区开展合作，通过共同建厂等方式解决甲醇原料的长期稳定供应问题，也将为甲醇制烯烃项目的生产提供可靠原料保障。这既可以替代部分原油生产烯烃，缓和我国日益严重的原油对外依存度，也有利于进口资源，保障国家的能源安全。

第14章 结语与展望

甲醇制烯烃经过长达 30 年的研究终于初步实现了最初设定的目标,即在石油供应紧张的情况下能够利用我国相对丰富的煤炭等非石油资源,为规模庞大且在国民经济中发挥重要作用的石化产业持续提供基础原料。DMTO 技术开发及其世界首次工业化的成功和后续快速发展,是几代科技人员及相关企业共同努力与合作的结果。作为长期从事这项研究的一线工作者,我们感到欣慰,毕竟工作的努力有了真实的效果;同时也感到遗憾,DMTO 技术的应用及甲醇制烯烃工业化高潮的到来,正说明我国的经济社会发展已经到了严重受制于外部资源特别是石油来源的新阶段,这种严峻的形势是我们所不愿意看到的。这是不得不面对并迫使产业结构做出调整的变革时期,所涉及的不仅是甲醇制烯烃技术及其产业,可能需要从煤化工、石油化工及其协调发展甚至更高的层次进行统筹考虑和谋划。这也是别的国家所不曾遇到的局面,更多地需要我们立足于国情依靠自主创新去解决。

本书主要以 DMTO 技术的发展为主线,对反应机理、催化剂及其放大、工艺研究、中试、工业性试验及工程化所涉及的各个方面的内容和我们的研究成果进行了系统介绍,主要偏重于学术或技术性问题的论述。甲醇制烯烃,上游连接着煤化工的最大宗产品甲醇和煤炭资源,下游为石油化工提供基础原料,是联系煤化工与石油化工的桥梁。甲醇制烯烃新兴产业的发展必然会对其上下游产生影响。作为本书的结尾,我们也想跳出学术层面对这些问题提出一些看法供读者参考。另外,不可回避的是,煤化工从发展方向到具体技术路线一直存在争议,近年来这些争议集中到能源效率、水资源消耗甚至 CO_2 排放等指标的对比方面,我们也就此提供一些数据和看法。最后本章就甲醇制烯烃的技术发展提出了建议。

14.1 甲醇制烯烃对产业发展的可能影响

2015 年 2 月 27 日,工业和信息化部发布了 2014 年我国石化行业和化工行业运行情况。2014 年 1 月至 12 月,我国原油产量 2.1 亿 t,同比增长 0.6%;原油加工量 5.03 亿 t,增长 5.3%;乙烯产量 1704.4 万 t,增长 7.6%;甲醇产量 3740.7 万 t,增长 26.2%。其中煤制烯烃产能 453 万 t(含外购甲醇制烯烃 107 万 t),增长 78.3%,产量 236.6 万 t,增长 31.4%。2014 年原油对外依存度 59.4%,乙烯(当量)对外依存度 51%。

从上述数据可以看出,虽然经过努力,我国的石油供应仍然受制于外部供应,原油对外依存度已经接近警戒线。煤制烯烃产能的年增长率很高,但石油化工的基础原料乙烯的当量对外依存度仍然居高不下。在本书第 1 章中我们曾经分析,我国的石油化工取得了很大的发展,但逐渐暴露出其结构性缺陷:①成品油生产过剩,优质烯烃生产原料(石脑油)供应不足;②烯烃生产所使用的原料偏重,优质烯烃原料(石脑油)主要依赖进口;

③面对国际烯烃生产原料的轻质化趋势，国内烯烃的生产成本高，市场竞争力降低。总体上我国烯烃产业同时面临着开工原料不足和产品失去市场竞争力的严峻挑战。上述问题归根结底在于我国的化石资源特别是石油资源不足。

甲醇制烯烃技术的发展，对上下游可能的积极影响如下。

1. 促进煤化工的发展

我国富煤、缺油、少气的资源禀赋决定着煤化工的发展是必然的选择，但是很长时间以来，煤化工的主要产品一直是合成氨和甲醇。现代煤化工的发展很大程度上受制于技术的发展。甲醇制烯烃、煤制乙二醇、煤制油等国家示范项目的成功，为煤化工的发展注入了新的活力，使我国的煤化工发展多了一些技术选项。毫无疑问，我国近年来煤化工的迅猛发展与技术的引领作用是密不可分的。神华包头世界首次煤制烯烃项目采用了本书介绍的 DMTO 技术，每年将 180 万 t 甲醇转化为 60 万 t 聚烯烃产品(副产约 10 万 t 丁烯)，自 2010 年 8 月投产以来，已经稳定运行超过 4 年。截至 2014 年底，该装置稳定运行 1288 天，生产聚烯烃 212 万 t，实现销售收入 235 亿元、利润 43.4 亿元，纳税 18.4 亿元，取得了良好的经济效益和社会效益。从技术和经济两个方面证明了煤制烯烃的可行性。

近期国际原油价格大幅度波动[1](图 14.1)，2014 年 6 月份原油价格快速降低，至 2015 年初达到最低时的约 45 美元/桶，对石油化工产品市场造成巨大冲击。但从近期 4 种工艺烯烃生产成本对比[2] (图 14.2)可以看出，煤制烯烃依然是最具有经济竞争力的技术路线。新技术相关的新产业发展，迟早要经受市场的考验，本轮石油价格大幅波动对煤制烯烃的考验进一步增强了我们发展煤化工的信心，也将对煤化工发展起到积极的促进作用。

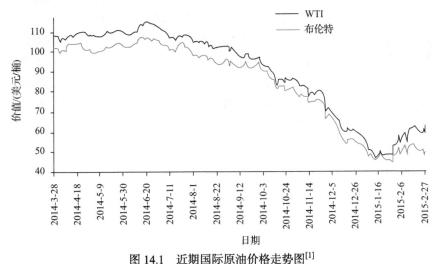

图 14.1　近期国际原油价格走势图[1]

2. 补充烯烃来源，为石油加工和石油化工结构调整创造机会

在烯烃总产能不足、乙烯(当量)对外依存度居高不下的情况下，虽然不排除局部的

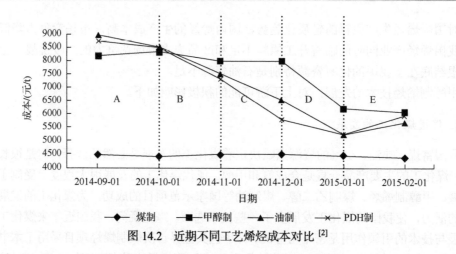

图 14.2　近期不同工艺烯烃成本对比 [2]

市场或产品冲突，但煤制烯烃或甲醇制烯烃与石油路线烯烃之间并不存在直接的竞争关系；特别是在国家有所规划的情况下，甲醇制烯烃或煤制烯烃反而可以弥补石油烯烃的不足，减轻石油进口的压力。我国的主导油田油质偏重，总体上轻油不足，限制了石油化工烯烃、芳烃的生产。如果借助煤制烯烃及煤化工发展的契机，能够统筹考虑和调整石油化工结构，弥补其缺陷，当是很好的机会。

3. 促进煤化工与石油化工的融合

石油化工经过长期发展已经形成了从原料经烯烃到下游产品的完整的产业链，煤炭经合成气、甲醇到烯烃技术路线的成功使原有的石化产品链多了新的原料来源，二者联合构成了新的产业链(图 14.3)。不论石油化工还是煤化工，二者的根本目标是一致的，煤制烯烃使二者自然融合。实际上，中石化集团发展煤化工就是很好的例证。相信这种煤化工与石油化工的融合，不仅促进企业自身的发展，对国家也是十分有益的。神华集团积极发展现代煤化工，通过煤化工向油品和石化产品延伸，不仅在于神华集团的创新精神，也是现代煤化工与石油化工互相融合的性质所决定的。另一个典型的例子是延长石油集团，利用同时兼有石油、煤炭及天然气资源的综合优势，发展油、煤、气从原料到技术及下游产品加工高度融合的新路线，其所显示的优势值得期待。

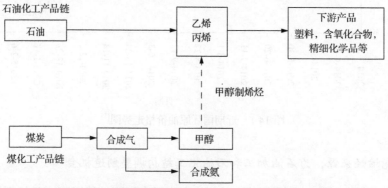

图 14.3　煤制烯烃与石化烯烃及下游产品链的关系

4. 促进烯烃下游精细化工发展

如第 1 章所介绍的，石油化工基础产品不仅是聚合物的原料，同时也是下游精细化工产品的原料，用途十分广泛。由于我国烯烃产能不足，长期以来生产烯烃的大型集团公司主要将其用于生产聚烯烃塑料，以满足我国必须保障的农业和日常生活需要，且烯烃加工通常采用规模化和大批量的方式。这种情况使得中、小企业在市场上很难得到这些基础化工原料，下游灵活多样的精细化工的发展也受到制约。目前我国精细化工产业发展不良应与其原料供应紧张有直接的关系。

甲醇制烯烃提供了新的烯烃来源，不仅可以用煤炭为原料，也可用甲醇为原料直接生产烯烃；大型企业可在西部煤炭产区投资煤制烯烃，中型企业也可在沿海进口甲醇生产烯烃。可以预期，这种新的、灵活的烯烃生产方式和分布，将积极促进下游精细化工产业的发展。第 13 章中的几个例子可以参考。

神华集团在发展聚烯烃产品的同时，注重 C_4 烯烃的深加工，充分利用 DMTO 反应工艺所副产的 C_4 烯烃多为直链烯烃的特点，拟生产 2-丙基庚醇等精细品，是很好的深加工模式。

甲醇制烯烃虽然有众多的积极意义，但也应该看到，其产业发展仍潜藏着危机，希望引起重视。可能的问题如下。

1) 煤制烯烃过热的可能

煤化工的发展前期受高油价和高煤价的驱使，曾出现过热潮。一个例子是煤制甲醇，虽然有国家发改委的文件限制，由于技术门槛低，利润高，我国甲醇行业曾掀起扩能大潮。2007～2010 年，年均增长率高达 30% 左右[3]，2014 年总产能达到 6400 万 t，但实际产量只有 3741 万 t，产能严重过剩，部分企业面临倒闭。甲醇制烯烃技术的成功，仍然在有国家规划和政策限制的情况下，短时期内又形成了新的投资热潮。这一现象的根本原因在于我国煤化工行业发展受制于技术进步(全世界亦如此)，一方面投资热情高涨，一方面技术来源缺乏，一旦有某项技术取得突破，即集中投资形成过热。如果短期内没有众多的技术可供企业选择，分散投资，最终有可能形成类似甲醇产业的局面，造成技术和产品单一、局部过剩、投资浪费的现象。这是需要警惕的。建议政府一方面积极引导，保护企业的投资热情；更重要的是，积极支持技术创新，使更多的类似 DMTO 的技术快速地从实验室走向应用，让企业有更多的选择，也有利于形成合理的产业结构。我们也强烈地呼吁从事技术研究与开发的同行们，积极投身煤化工新技术研究中，以实际行动促进我国煤化工的科技创新。

2) 对上游甲醇过剩产能造成新的冲击

从表面看，甲醇制烯烃是可以消耗甲醇、缓解西部甲醇产能过剩形势的，但实际情况并非如此。目前所有新上的煤制烯烃项目，包括甲醇制丙烯，均从煤出发，自建大型甲醇生产装置，形成从煤炭到终端产品的完整链条。这些装置的共同特征是甲醇生产装置大型化，单套装置可以实现百万吨以上的产能，神华包头的甲醇合成装置达到 180 万 t/a，其规模效益是众多的小型甲醇装置难以比拟的。这些煤制烯烃装置所生产的甲醇主要用于下游烯烃生产，但必要时也完全可以联产精甲醇出售。这一现象造成了新上的煤制烯烃装置不仅不能缓解甲醇产能过剩局面，还有可能造成新的竞争和冲突。

发展新的技术，能够利用甲醇合成现有装置，在不进行大的改造的情况下，实现向高附加值产品的转产，可能是解决甲醇产能过剩的途径。

3) 对石化烯烃造成冲击

煤制烯烃的成本构成中占大部分的是财务成本，其原料成本具有很大优势。石油基烯烃的原料成本占总成本的 75%左右，与石油价格密切相关。在乙烯等烯烃当量对外依存度居高不下、市场需求旺盛的情况下，本不存在煤制烯烃与石化烯烃竞争的问题。但是，如果布局不合理，在石油烯烃工厂附近新上煤制烯烃项目，会造成局部的矛盾和冲突。这样的情况建议预先协调，各自针对不同的产品发展或许是互相有益的，但实际情况是难以预期的。因此，国家政策指导及规划和布局十分重要。

另外的可能性是在沿海地区直接进口甲醇制烯烃，虽然原料来源不同，甲醇与石油价格也不再互相关联，但如果产品重复，也势必会造成冲突。建议沿海甲醇制烯烃项目多向下游延伸，以精细品为主，避免冲突。

14.2　几种煤炭主要利用途径的能耗、物耗、CO_2 排放和水耗对比

近年来，随着煤化工的发展，对其质疑也没有停止过。技术问题，仁者见仁，智者见智，无可厚非。煤化工也应该能够经得起质疑，才能得以真正发展。但是，我们也发现，对于不同的利用方式，有些指标并不一定合理。这里给出了我们的研究结果（表 14.1）。

首先需要说明的是：①数据力求来源于研发单位提供的第一手资料。但应该指出的是，翔实的分析应该立足于工业化数据，而这些技术的工业化程度并不一致，结果还是有一定误差的。②本书的分析基于折算的原料煤用量(原料和动力)。③另外需要说明的是，煤化工技术是从原料到产品的一系列技术的集成，即使目标产品相同，中间的技术路线有变化时，也必然会影响分析的结果。如，煤制合成气，就有不同的技术路线，每种气化方法所对应的技术指标有很大差别。本书基本只考虑了相对理想的技术搭配时的结果。

14.2.1　能源效率

本书中的能源效率是产品热值除以消耗煤炭热值计算得来的(表 14.1、图 14.4)。煤发电的数据采用了 GB 21258—2007 的规定，能源效率为 40.96%，几乎为最先进电厂的指标。煤制天然气能量效率最高，为 60%左右。其次为煤制甲醇，煤制油次之，为 42.05%。煤制烯烃能量效率为 34.33%,若采用新一代甲醇制烯烃技术，能量效率可提高到 38.60%。煤制乙二醇能量效率最低，不到 30%。

表 14.1　几个典型的煤利用过程的主要指标

产品指标	发电	合成天然气 (1.5元/m³)	合成天然气 (3元/m³)	煤制油 (间接法)	甲醇	乙二醇	烯烃	烯烃 (新一代)
原料煤消耗指标	0.3kg/(kW·h) (GB 21258—2007)	2t煤/10³m³天然气		3.4t煤/t油	1.4t煤	2.33t (5.66t褐煤)	3t甲醇 (4.2t煤)	2.65t甲醇 (3.71t煤)
单位产品水耗/(t/t)	4.23kg/(kW·h)	10t/10³m³天然气		12	10		30	26
每吨原料煤水耗/t	14.1	5		3.5	7.1		7.1	7.1
每吨原料煤对应产品产量/t	3333kW·h	500m³(0.36t)		0.294	0.714	0.43	0.24	0.27
产品单位产品热值/(GJ/t)	1000kW·h=3.6GJ	50.00		41.90	22.71	19.03	41.9	41.9
每吨原料煤的产品热值/GJ	12.00	18.00		12.32	16.21	8.18	10.06	11.31
能源效率(产品热值/消耗煤炭热值)/%	40.96	61.43	61.43	42.05	55.32	27.92	34.33	38.60
产品价格/(元/t)	0.55元/(kW·h)	1.5元/m³	3元/m³	6000	2350	7500	10000	
每吨煤对应产品产值/元	1833	750	1500	1764	1669	3225	2400	2700
万元产值煤耗/t	5.46	13.33	6.67	5.67	5.99	3.10	4.17	3.70
万元产值产品量/t	18182kW·h	6667m³(4.80t)	3333m³(2.40t)	1.67	4.26	1.33	1.00	1.00
万元产值产品含碳量/t	0	3.60	1.80	1.43	1.60	0.51	0.86	0.86
碳利用效率(产品中碳/原料中碳)/%	0.00	27.00	27.00	25.23	26.70	16.45	20.64	23.22
万元产值排放 CO_2 对应的煤量/t	5.46	9.73	4.87	4.24	4.39	2.59	3.31	2.84
单位生产产品 CO_2 排放/(kg/kg)	1.08kg/(kW·h)	5.29kg/m³(7.29kg/kg)		9.16	3.71	6.99	11.90	10.20
万元产值 CO_2 排放/t	19.7	35.0	17.5	15.3	15.8	9.3	11.9	10.2
万元产值水耗/t	77.0	66.7	33.3	20.0	42.8	26.5	29.8	26.5
备注	每吨煤为29.3GJ	据大连化物所数据		据山西煤化所数据		据福建物构所数据	据大连化物所数据	计长炔类副产品:碳利用率24.5%;能量效率40.8%

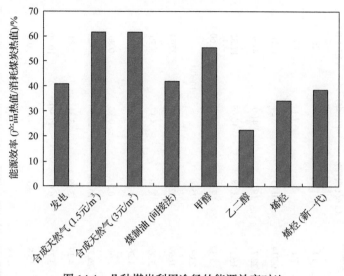

图 14.4　几种煤炭利用途径的能源效率对比

对于煤化工的所有技术路线，不论是能源产品，如油品、天然气等，还是化工品，虽然均能够计算出能源效率，但这样的计算未必合理，特别是对化工品而言，没有人会把聚烯烃或精细化工品当作燃料烧掉。

14.2.2　碳利用率

煤炭毕竟是珍贵的化石资源。如果产品中能够更多地容碳，即碳利用率(产品中碳/原料中碳)高，过程的原子经济性也高，所对应的 CO_2 排放必然会低。

从碳利用率来看，如图 14.5 所示，很显然，发电过程的碳利用率最低。煤制天然气和煤制甲醇的碳利用率最高，达到 27% 和 26.7%，煤制油次之，为 25.23%，煤制烯烃碳利用效率为 23.22%，而煤制乙二醇偏低，为 16.45%。

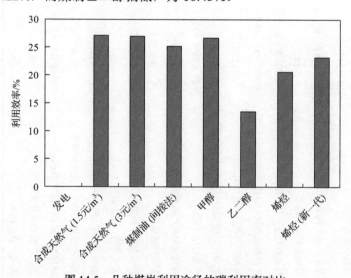

图 14.5　几种煤炭利用途径的碳利用率对比

14.2.3 万元产值煤炭消耗

任何生产过程都必须兼顾其经济性。因此，仅以能源效率或碳利用率未必能够反映该过程的经济性和合理性。煤发电就是典型的例子，其碳利用率为零，CO_2 排放量最大，若仅从这两个指标去要求，必然会得出谬误的结论。发电一直是我国重要的能源供应途径，也是现代社会生活的物质基础，可以预期，今后很长时间仍将在煤炭利用中占有重要位置。为了统一对比基础，我们提出了万元产值煤炭消耗的概念。图 14.6 是对比结果。

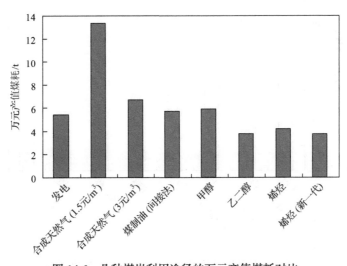

图 14.6　几种煤炭利用途径的万元产值煤耗对比

万元产值煤炭消耗量数据显示出，煤制天然气的煤耗偏大，这与天然气的价格密切相关，当天然气价格从 1.5 元/m³ 增加至 3 元/m³ 时，其煤炭消耗则与间接法煤制油和煤制甲醇相当，但还达不到煤制乙二醇和煤制烯烃的水平。

14.2.4 CO_2 排放

随着国际社会对 CO_2 排放问题越来越多的关注，与煤炭利用相关的 CO_2 排放问题饱受质疑，CO_2 排放量甚至被当做衡量煤炭利用途径好坏的主要技术指标。应该坦承，只要用化石能源资源，总要排放 CO_2，也是煤炭利用绕不开的问题。但正像碳利用率一样，因产品差别巨大，如何在统一的基准上比较 CO_2 排放，就成为现实的问题。这里提供两套数据进行比较：单位产品的 CO_2 排放和万元产值 CO_2 排放。

1. 单位产品 CO_2 排放

发电因产品形态与其他煤化工不同，难以进行直接比较，这里只给出了具体的数值（每度电排放 CO_2 1.08kg），煤制天然气为 7.29kg/kg，煤制甲醇和乙二醇，因产品中有氧，CO_2 排放相对较低，煤制油为 9.16kg/kg，煤制烯烃以乙烯＋丙烯计算为 11.9kg/kg（神华包头煤制烯烃工厂标定数据为 10.03kg/kg[4]），以 $C_2 \sim C_4$ 烯烃为基础计算为 10.1kg/kg。

2. 万元产值 CO_2 排放

若以万元产值 CO_2 排放量作为比较的基准(图 14.7),煤制乙二醇和煤制烯烃过程 CO_2 的排放量在 10t 左右,相对于煤制天然气、煤制油和煤制甲醇而言,每万元产值 CO_2 排放量减少 40%~50%。

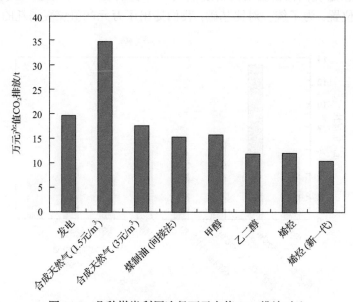

图 14.7 几种煤炭利用途径万元产值 CO_2 排放对比

14.2.5 水耗

水的利用与实际设计及外围水资源状况有关,这里给出一些参考数据。从单位产品水耗的具体数值看,煤发电的水耗经过努力后可达到 4.23kg/(kW·h) (大唐网页数据),煤制天然气的水耗为 $10t/10^3m^3$ 天然气,煤制油为 12t/t,甲醇为 10t/t,煤制烯烃为 26~30t/t。煤制乙二醇水耗数据待查。

但若以每吨原料煤的水耗为基础,发电的水耗最大,为 14.1t/t,煤制甲醇为 7.1t/t,煤制烯烃与煤制甲醇相当(实际上从甲醇到烯烃还副产一些水,0.56t 水/t 甲醇)。煤制天然气的水耗为 5t/t,煤制油的水耗并不高,为 3.5t/t,几乎是最低的。

若以万元产值为基准,则水耗分别为:发电 77t,合成天然气 33.3t(单价 3 元/m³ 时),间接煤制油 20.0t,合成甲醇 42.8t,煤制烯烃 29.8t。

从上述分析看,即使同样的过程,同样的技术指标,采用不同的比较基准,会得出完全不同的结论;若将指标外推到其他产品或技术,甚至得出完全错误的结论。因此,不同的过程,不同形态的产品,应该首先建立统一的比较标准,才有对比的可能。考虑到新技术既要兼顾资源利用效率,又要兼顾经济性,建议以万元产值作为比较的基准,产值计算的基础可以采用近 5 年市场的平均值,这样基本能够将煤炭利用的不同途径(包括合成氨等)对比统一起来。

14.3　甲醇制烯烃技术发展方向

甲醇制烯烃反应与工艺虽然经历了 30 多年的研究,于近期实现了工业化,我们所发展的 DMTO 技术的可靠性和经济性也被工业实践所证明。但正如催化裂化技术首次工业应用几十年后的今天仍在进行技术创新一样,甲醇制烯烃技术发展还处于产业技术进步的初级阶段,仍然有巨大的技术进步空间,需要持续不断的创新与发展。基于我们的认识,提出以下建议。

14.3.1　反应基础研究

甲醇制烯烃的研究在反应机理研究方面已经取得了长足的进步。从最初提出 C—C 生成的直接反应机理,到更为复杂但更为合理的间接反应机理的提出和验证,及针对不同的催化剂结构提出了不同的烯烃生成途径,这些研究成果从更为深入的层面解释了催化剂构效关系,并在很大程度上为分子筛的选择和进一步提升分子筛催化剂的性能提供了理论依据。但是,随着研究的深入,这一反应的复杂性也越来越多地显露出来。

我们的机理研究[5]趋向于“烃池”机理是普遍适用的,烯烃的甲基化反应不可避免。烃池碳正离子显示出多变性,随着分子筛“笼”的大小而变化,除分子筛的酸性,孔口大小外,“笼”的大小也强烈地影响着烯烃的选择性。我们基于反应体系内各类反应关系的研究提出了反应的网络模型,但仍然有大量挑战性的问题有待澄清,如反应的第一个 C—C 是如何形成的,反应诱导期内究竟发生了什么反应,各反应之间的确切关系是什么,积碳是如何形成和演变的,如何控制积碳反应等。这些问题的解决有赖于催化反应原位观测与表征技术的进步、理论研究的支持及材料合成的进一步发展。机理研究方面的进步将会对催化剂和催化反应选择性的提高提供理论指导。

14.3.2　催化剂

反应机理及其与催化剂的构效关系研究是催化剂发展的基础,同时新型催化剂的发展很大程度上还依赖于新催化材料的应用。关于机理和分子筛合成的基础研究为 DMTO 催化剂的发展提供了强力支撑。以下相关方向值得重视。

(1)分子筛晶化机理和组成及结构的精确控制合成。

(2)新催化材料的应用,如小晶粒或介孔 – 微孔复合 SAPO-34 分子筛。很多报道证实,介孔 – 微孔复合分子筛可以大幅度提高催化剂寿命,不仅可以提高低碳烯烃选择性,还可以降低催化剂成本。

(3)分子筛结构与积碳关系的研究。我们的研究证实,分子筛的积碳很大程度上来自于烃池,能否找到具有合适“笼”大小的分子筛,可以限制烃池物种向积碳的转变。原理上,应有永不积碳失活的催化剂存在。

(4)没有母液的分子筛廉价合成方法。

　　(5) SAPO 分子筛的后处理改性研究，发展简便易行的后改性方法，调节分子筛的酸性和孔口尺寸，提高低碳烯烃选择性。

　　(6) 分子筛与基质复合研究及大幅度提高催化剂中分子筛含量的方法。

　　(7) 高产乙烯或丙烯的特色 MTO 催化剂，适应市场对 MTO 产品的不同需求等。

14.3.3　反应工艺和工程化研究

　　甲醇制烯烃反应具有酸性催化，反应存在诱导期，自催化反应，低压反应，高转化率，强放热，快速反应及分子筛催化的形状选择性效应等许多特征。我们在发展 DMTO 工艺过程中，为了能够借鉴 FCC 的流态化研究成果和工业化设计经验，使工艺能够快速放大和工业化，也对反应性能做出了一定的牺牲。在保证甲醇转化率 100% 的前提下，理想条件下反应转化效率和低碳烯烃的选择性仍有改善的空间。如，在 DMTO 催化剂上我们曾经将甲醇 WHSV 升高至 $100h^{-1}$，仍能使甲醇完全转化，因此，如何针对该反应特点发展新型反应器使甲醇空速进一步提升仍有探索的必要。另外，DMTO 催化剂的最佳选择性可以达到 90%，优化催化剂的停留时间分布和反应接触时间还可以使低碳烯烃选择性大幅度提高。MTO 反应气与催化剂的快速分离有利于降低副反应，提高选择性。在 MTO 工厂优化操作方面，快速便捷的在线分析和监测仪器仍不能满足实际要求；大量的数据积累并建立反馈控制模型，可以使 MTO 装置的操作进一步优化。相信这些都会在以后的研究中获得进展并使 MTO 工厂持续得到改善。

14.3.4　关注其他相关新技术进展

　　目前甲醇制烯烃是比较有竞争力的煤制烯烃途径，但并非唯一的途径。如，合成气直接制烯烃，可以避免甲醇合成步骤，若能获得突破，对 MTO 技术将构成挑战。从事 MTO 研究者应随时关注这些相关技术的进展，必要时对研究方向进行调整。

　　近期，大连化物所包信和研究员研究组在甲烷(无氧)直接制乙烯和芳烃研究方向取得了突破性进展[6]，将具有高催化活性的单中心低价铁原子通过两个碳原子和一个硅原子镶嵌在氧化硅或碳化硅晶格中，形成高温稳定的催化活性中心；甲烷分子在配位不饱和的单铁中心上催化活化脱氢，获得表面吸附态的甲基物种，进一步从催化剂表面脱附形成高活性的甲基自由基，随后在气相中经自由基偶联反应生成乙烯和其他高碳芳烃分子，如苯和萘等。在反应温度 1090℃ 和空速 21.4L/[g(cat)·h] 条件下，甲烷的单程转化率达 48.1%，乙烯的选择性为 48.4%，所有产物(乙烯、苯和萘)的选择性 >99%(图 14.8)。与天然气转化的传统路线相比，该研究彻底摒弃了高耗能的合成气制备过程，大大缩短了工艺路线，反应过程本身实现了二氧化碳的零排放，碳原子利用效率达到 100%。该研究被评为"2014 年中国十大科技进展新闻"。虽然该研究目前还停留在实验室阶段，但值得高度关注。

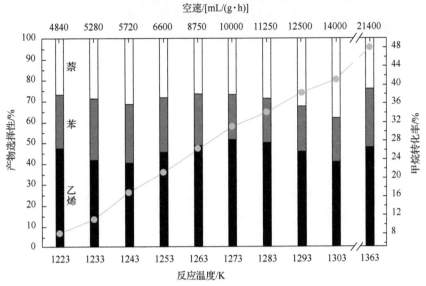

图 14.8　甲烷无氧直接转化为烯烃和芳烃典型结果[6]

参 考 文 献

[1] 亚化咨询.中国继续保持全球最大煤气化市场地位, 国产技术市场份额赶超国外技术. 煤化工行业信息月报, 2015, 2: 2

[2] 卓创资讯. 煤制烯烃甲醇制烯烃最新成本对比分析. http: //coalchem.anychem.com/2015/02/12-14135.html. 2015-2-12

[3] 齐玉琴. 我国甲醇产能严重过剩. 中国石化, 2014, 9: 32-35

[4] 吴秀章. 煤制低碳烯烃工艺与工程. 北京: 化学工业出版社, 2014

[5] Tian P, Wei Y X, Ye M, et al. Methanol to olefins (MTO): From fundamentals to commercialization. ACS Catalysis, 2015, 5 (3): 1922-1938

[6] Guo X G, Fang G Z, Li G, et al. Direct, non-oxidative conversion of methane to ethylene, aromatics, and hydrogen. Science, 2014, 344: 616-619